人民交通出版社“十一五”
高职高专土建类专业规划教材

建筑工程计量与计价

（第二版）

袁建新　许　元　迟晓明　编　著
刘德甫　主　审

人民交通出版社
China Communications Press

内 容 提 要

本教材从掌握工程造价计价方法的角度论述了定额计价方式和清单计价方式，阐述了两种计价方式之间的联系与区别，指出了学员必须在掌握好定额计价方式的基础上，熟练地计算计价工程量才能掌握好工程量清单报价的编制方法，并按照这一思路构建了新的教材结构体系。

本教材内容分三篇，第一篇论述了建筑工程计价原理与方法，第二篇介绍了建筑工程量计量方法，第三篇完整列举了建筑工程计量与计价的实例。这些内容具有实用性、工学结合实践性强的特点，符合高职高专学生的学习规律和培养目标，是建筑工程技术、建筑工程管理、工程造价等专业的适用教材，也可供高校相关专业师生及在岗工程造价人员学习参考。

图书在版编目(CIP)数据

建筑工程计量与计价(第二版)/袁建新等编著. --2 版. --北京：人民交通出版社，2009. 5

ISBN 978-7-114-07627-5

Ⅰ. 建… Ⅱ. 袁…Ⅲ. 建筑工程—工程造价

Ⅳ. TU723. 3

中国版本图书馆 CIP 数据核字(2006)第 144888 号

书 名：建筑工程计量与计价（第二版）
著 作 者：袁建新 许 元 迟晓明
责任编辑：陈志敏 邵 江
出版发行：人民交通出版社
地 址：(100011) 北京市朝阳区安定门外外馆斜街 3 号
网 址：http://www. ccpress. com. cn
销售电话：(010) 59757973
总 经 销：人民交通出版社发行部
经 销：各地新华书店
印 刷：北京密东印刷有限公司
开 本：720×960 1/16
印 张：42. 5
插 页：4
字 数：753 千
版 次：2007 年 11 月 第 1 版 2009 年 5 月 第 2 版
印 次：2014 年 12 月 第 10 次印刷 累计第 11 次印刷
书 号：ISBN 978-7-114-07627-5
定 价：65. 00 元

高职高专土建类专业规划教材编审委员会

高职高专土建类专业规划教材出版说明

近年来，我国职业教育蓬勃发展，教育教学改革不断深化，国家对职业教育的重视达到前所未有的高度。为了贯彻落实《国务院关于大力发展职业教育的决定》的精神，提高我国土建领域的职业教育水平，培养出适应新时期职业需要的高素质人才，人民交通出版社深入调研，周密组织，在全国高职高专教育土建类专业教学指导委员会的热情鼓励和悉心指导下，发起并组织了全国四十余所院校一大批骨干教师，编写出版本系列教材。

本套教材以《高等职业教育土建类专业教育标准和培养方案》为纲，结合专业建设、课程建设和教育教学改革成果，在广泛调查和研讨的基础上进行规划和展开编写工作，重点突出企业参与和实践能力、职业技能的培养，推进教材立体化开发，鼓励教材创新，教材组委会、编审委员会、编写与审稿人员全力以赴，为打造特色鲜明的优质教材做出了不懈努力，希望以此能够推动高职土建类专业的教材建设。

本系列教材先期推出建筑工程技术、工程监理和工程造价三个土建类专业共计四十余种主辅教材，随后在2～3年内全面推出土建大类中七类方向的全部专业教材，最终出版一套体系完整、特色鲜明的优秀高职高专土建类专业教材。

本系列教材适用于高职高专院校、成人高校及二级职业技术学院、继续教育学院和民办高校的土建类各专业使用，也可作为相关从业人员的培训教材。

人民交通出版社

2007年1月

前言

QIANYAN

编制工程量清单报价是工程造价工作岗位的主要工作。要编出高质量的清单报价，首先应该熟悉施工图预算编制方法，掌握工程量计算规则。因为清单报价中的综合单价编制必须按所选定的消耗量定额重新计算计价工程量，然后才能套用定额，最后确定分部分项清单项目的综合单价。因此，本书按照这两者之间的内在联系，较详细地介绍了定额计价方式和清单计价方式，指出了这两种计价方式的联系与区别，为初学者按学习规律编排了教材的内容，提供了正确的学习路线。

本书以"工学结合"的思想为指导，按结合工程造价实际工作的要求精心编排了学习内容，实际工作如何做，教材就如何写；实际工作有什么要求，对学生也提出同样的要求。因此，教材中所选用的定额、图纸、规范、介绍的方法都与实际工作保持一致，使学生在学校期间就能较好地掌握实际工作中的做法，真正达到"工学结合"的目标。

本书由四川建筑职业技术学院袁建新、浙江广厦建设职业技术学院许元、四川建筑职业技术学院迟晓明编著。浙江广厦建设职业技术学院孙丽雅、杜智丰参加了编写。其中，许元编写了第二篇的第五章，迟晓明编写了第二篇的第六章，孙丽雅编写了第二篇的第四章，杜智丰编写了第二篇的第三章，其余各篇各章由袁建新编写。

本书由四川省正益造价工程师事务所总工程师、全国造价工程师刘德甫主审。主审在审稿中提出了以"工学结合"为指导思想的许多好建议和意见。另外，在本书编写过程中参考了有关文献资料，得到人民交通出版社的大力支持，谨此一并致谢。

如何编出工学结合的高质量教材，一直是我们追求的目标，新的内容、新的问题还会不断出现，加之我们的水平有限，书中难免有不妥之处，敬请广大师生和读者批评指正。

作　者

第二版前言

DIERBANQIANYAN

第二版教材的工程量清单计价部分的内容根据2008年版的《建设工程工程量清单计价规范》(GB 50500—2008 、2008年12月1日执行)进行了改写。主要改写了工程量清单计价原理、工程量清单计价方法、定额计价方式的工程造价计算实例,新编了建筑工程、装饰装修工程工程量清单和清单报价实例。

另外,本次对第一版出现的文字错误、计算错误进行了全面更正。对第一版出现表格排版不规范的地方进行了修正。

第二版全书的修订工作:第一篇第一章、第二章、第六章及第二篇第一章、第六章的改写工作;第三篇第一章、第二章的新编工作均由四川建筑职业技术学院袁建新教授完成。

第二版由四川省正益造价工程师事务所总工程师、全国造价工程师刘德甫主审。在改写过程中参考了有关文献资料,得到了人民交通出版社的大力支持,谨此一并致谢。

作　者

目录

MULU

第一篇　建筑工程计价

第二篇　建筑工程计量

第三篇　建筑工程计量与计价实务

第一篇　建筑工程计价

第一章 概述

第一节 建筑工程造价简述

建筑工程造价是指承建建筑工程所发生的全部费用，包括工程直接费、间接费、利润和税金。

建筑工程造价按发生的过程可以分为概算造价、预算造价、标底价、投标价、中标价、结算价等。

1. 概算造价

概算造价也称设计概算造价，是在建筑工程设计阶段，根据施工图、概算定额（或概算指标）和费用定额计算出来的拟建工程所发生的建造费用。

2. 预算造价

预算造价也称施工图预算造价，是工程施工前由业主或承包商根据施工图、预算定额、费用定额和有关施工条件计算出来的拟建工程的建造费用。

3. 标底价

标底价是指在工程招标前，招标人根据施工图、招标文件、消耗量定额（可以是预算定额）、工料机单价、费用定额和有关施工条件计算出来的发包拟建工程的期望造价，用作评定中标价的依据。

4. 投标价

投标价是指在工程招标时，承包商根据招标文件、施工图、工程量清单、消耗量定额、工料机单价、费用标准和施工方案计算出来的拟承接拟建工程的期望造价。

5. 中标价

中标价是指在招投标评标会上，按照招标文件的评标办法，经评标专家评定的、承发包双方都愿意接受的拟建工程的工程造价。

6. 结算价

结算价也称工程结算造价，是指工程竣工验收后，承包商根据工程中标价、工程变更资料和有关条件计算出来的、得到业主认可的承建该工程的全部费用。

第二节　建筑工程计价方式简介

一 计价方式的概念

工程造价计价方式是指根据不同的计价原则、计价依据、造价计算方法、计价目的所确定工程造价的计价方法。

确定工程造价的计价原则包括按市场经济规则计价和按计划经济规则计价两种。

确定工程造价的计价依据主要包括：估价指标、概算指标、概算定额、预算定额、企业定额、建设工程工程量清单计价规范、工料机单价、利税率、间接费率、设计方案、初步设计、施工图、竣工图和施工方案等。

确定工程造价的主要方法有：建设项目评估、设计概算、施工图预算、工程量清单报价、竣工结算等。

在工程建设的不同阶段，有着不同的计价目的。例如，在建设工程决策阶段，主要确定建筑工程的估算造价；在设计阶段，主要确定建筑工程的概算造价或预算造价；在工程招标投标阶段，主要确定建筑工程的承发包价格；在竣工验收阶段，主要确定建筑工程的结算价格。

二 我国确定工程造价的主要计价方式

解放初期，我国引进和沿用了前苏联建筑工程定额计价方式。该方式是计划经济体制下的产物。

由于各种原因，文革期间没有执行定额计价方式，而是施工单位采用包工不包料和“三七切块”的方式来与建设单位进行工程结算。

20 世纪 70 年代末，我国开始加强了工程造价的管理工作，要求工程建设的定价严格按政府主管部门颁发的定额和价格计算工程造价。这一做法，具有典型的计划经济特征。

随着我国改革开放的不断深入，以及建立社会主义市场经济体制要求的提出，定额计价方式进行了一些变革。例如，政府主管部门定期调整预算定额的人工费，变计划利润为竞争利润等。随着社会主义市场经济的进一步发展，政府主管部门又提出了用“量价分离”的方法来确定工程造价。应该指出，上述做法只是一些小改小革，没有从根本上改变计划价格的性质，基本上属于定额计价的范畴。

到了 2003 年 7 月 1 日，国家颁发了《建设工程工程量清单计价规范》，在建设工程招标投标中实施了工程量清单计价，这时，工程造价的确定真正体现了市场经济规律的要求。

三 计价方式的分类

工程造价计价方式可以从以下几个角度进行分类。

(一)按经济体制分类

1. 计划经济体制下的计价方式

计划经济体制下的计价方式是指以国家行政主管部门统一颁发的概算指标、概算定额、预算定额、费用定额等为依据，按照国家行政主管部门规定的计算程序、取费项目和计算方法确定工程造价的计价方法。

2. 市场经济体制下的计价方式

市场经济的重要特征是具有竞争性。当建筑工程标的物及有关条件明确后，通过公开竞价来确定工程造价和承包商，这种方式符合市场经济的基本规律。

根据建设工程工程量清单计价规范，采用清单计价方式，通过招标投标来确定工程造价，体现了市场经济规律的基本要求。因此，工程量清单计价是较典型的市场经济体制下的计价方式。

(二)按编制的依据分类

1. 定额计价方式

定额计价方式是指采用国家行政主管部门统一颁发的定额和计算程序及工料机指导价确定工程造价的计价方法。

2. 清单计价方式

清单计价方式是指按照《建设工程工程量清单计价规范》，根据招标文件发布的工程量清单和企业自身的条件，自主选择消耗量定额、工料机单价和有关费率确定工程造价的计价方法。

(三)按在不同阶段发挥的作用分类

1.在招标投标阶段发挥作用

工程量清单计价方式一般在工程招标投标中确定中标价和中标人时发挥作用。

2.在工程造价控制的各阶段发挥作用

定额计价方式确定工程造价,在建设工程项目的决策阶段(采用指标编制估价)、设计阶段(编制设计概算)、招标投标阶段(以施工图预算为基础确定标底)、施工阶段(用施工图预算控制工程成本)、竣工验收阶段(采用施工图预算的方法确定工程变更项目的造价)均发挥作用。因此,定额计价方式在工程造价控制的各阶段都发挥着重要作用。

四 计价方式简介

(一)定额计价

定额计价方式是主要通过编制施工图预算来确定工程造价的。

1.施工图预算的概念

施工图预算是确定建筑工程预算造价的技术经济文件。简而言之,施工图预算是在修建房子之前,事先算出房子建成需花多少钱的计价方法。因此,施工图预算的主要作用就是确定建筑工程预算造价。

施工图预算一般在施工图设计阶段、施工招标投标阶段编制,一般由设计单位或施工单位编制。

2.施工图预算构成要素

(1)工程量

工程量是指依据施工图、预算定额、工程量计算规则计算出来的拟建工程的实物数量。例如,该工程经计算有多少立方米混凝土基础、多少立方米砖墙、多少平方米水泥砂浆抹墙面等工程量。

(2)工料机消耗量

人工、材料、机械台班(即工料机)消耗量是指根据分项工程量乘以预算定额子目的定额消耗量汇总而成的数量。例如,一幢办公楼工程需要多少个人工、多少吨水泥、多少吨钢材、多少个塔吊台班才能建成。

(3)直接费

直接费是指工程量乘以定额基价后汇总而成的费用。直接费是该工程工、料、机实物消耗量的货币表现。

(4)工程费用

工程费用包括间接费、利润和税金。间接费和利润一般根据工程直接费或工程人工费，分别乘以不同的费率计算；税金根据直接费、间接费、利润之和，乘以税率计算。

直接费、间接费、利润、税金之和构成工程预算造价。

3.编制施工图预算的步骤

第一步：根据施工图和预算定额确定预算项目并计算工程量；

第二步：根据工程量和预算定额分析工料机消耗量；

第三步：根据工程量和预算定额基价计算直接费；

第四步：根据直接费（或人工费）和间接费率计算间接费；

第五步：根据直接费（或人工费）和利润率计算利润；

第六步：根据直接费、间接费、利润之和及税率计算税金；

第七步：将直接费、间接费、利润、税金汇总为工程预算造价。

4.施工图预算编制示例

根据下面给出的某工程基础平面图和剖面图（图 1-1-1），计算其中 1-1 剖面所示 C10 混凝土基础垫层和 1∶2 水泥砂浆基础防潮层两个项目的施工图预算造价。计算过程如下：

(1)计算工程量

①C10 混凝土基础垫层

V＝垫层宽×垫层厚×垫层长

$$\text{外墙垫层长}=(\overset{\text{Ⓐ轴}}{3.60}+3.30)+(\overset{\text{Ⓒ轴}}{3.60}+3.30+2.70)+(\overset{\text{①轴}}{2.0}+3.0)+\overset{\text{③轴}}{2.0}+\overset{\text{④轴}}{3.0}+\overset{\text{Ⓑ轴}}{2.70}=29.20(\text{m})$$

$$\text{内墙垫层长}=\left(\overset{\text{②轴}}{2.0}+3.0-\overset{\text{Ⓐ轴半个垫层宽}}{\frac{0.80}{2}}-\overset{\text{Ⓒ轴半个垫层宽}}{\frac{0.80}{2}}\right)+\left(\overset{\text{③轴}}{3.0}-\overset{\text{Ⓑ轴半个垫层宽}}{\frac{0.80}{2}}-\overset{\text{Ⓒ轴半个垫层宽}}{\frac{0.80}{2}}\right)$$

$$=4.20+2.2=6.40(\text{m})$$

$$V=0.80\times0.20\times(29.20+6.40)$$

$$=5.696(\text{m}^3)$$

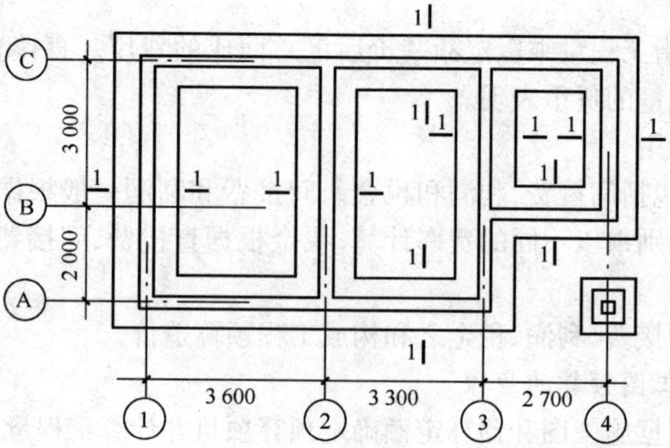

基础平面图

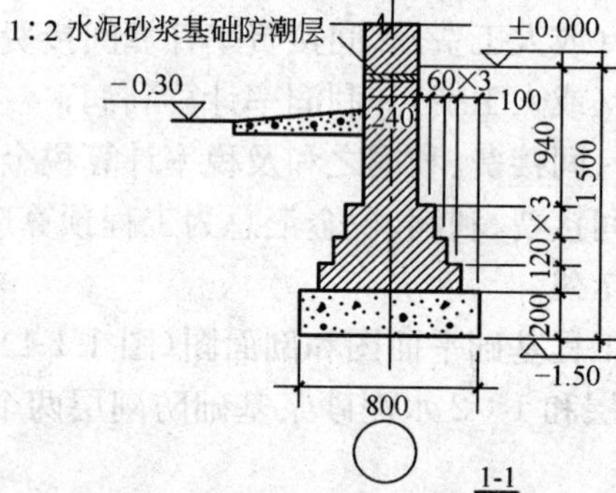

1-1

图 1-1-1　某工程基础平面图、剖面图(高程单位:m;尺寸单位:mm)

②1∶2 水泥砂浆基础防潮层

S=内外墙长×墙厚

外墙长=垫层长=29.20(m)

$$\text{内墙长}=\left(\overset{\text{②轴}}{2.0}+3.0-\overset{\text{Ⓐ轴半个墙厚}}{\frac{0.24}{2}}-\overset{\text{Ⓒ轴半个墙厚}}{\frac{0.24}{2}}\right)+\left(\overset{\text{③轴}}{3.0}-\overset{\text{Ⓐ轴半个墙厚}}{\frac{0.24}{2}}-\overset{\text{Ⓒ轴半个墙厚}}{\frac{0.24}{2}}\right)$$

$$=7.52(\text{m})$$

$$S=(29.20+7.52)\times0.24$$
$$=36.72\times0.24$$
$$=8.81(\text{m}^2)$$

(2)计算直接费

计算直接费的依据除了工程量外，还需要预算定额。计算直接费一般采用两种方法，即单位估价法和实物金额法。单位估价法采用含有基价的预算定额；实物金额法采用不含有基价的预算定额。我们以单位估价法为例来计算直接费。含有基价的预算定额摘录见表 1-1-1。

建筑工程预算定额(摘录)

工程内容：略

表 1-1-1

定额编号				8-16	9-53
项目		单位	单价(元)	C10 混凝土基础垫层	1∶2 水泥砂浆基础防潮层
				$1m^3$	$1m^2$
基价		元		159.73	7.09
其中	人工费	元		35.80	1.66
	材料费	元		117.36	5.38
	机械费	元		6.57	0.05
人工	综合用工	工日	20.00	1.79	0.083
材料	1∶2 水泥砂浆	m^2	221.60		0.0207
	C10 混凝土	m^3	116.20	1.01	
	防水粉	kg	1.20		0.664
机械	400L 混凝土搅拌机	台班	55.24	0.101	
	平板式振动器	台班	12.52	0.079	
	200L 砂浆搅拌机	台班	15.38		0.0035

直接费计算公式如下：

$$直接费=\sum_{i=1}^{n}(工程量\times 定额基价)_i \qquad (1\text{-}1\text{-}1)$$

也就是说，各项工程量分别乘以定额基价，汇总后即为直接费。例如，上述两个项目的直接费见表 1-1-2。

直接费计算表

表 1-1-2

序号	定额编号	项目名称	单位	工程量	基价(元)	合价(元)	备注
1	8-16	C10 混凝土基础垫层	m^3	5.696	159.73	909.82	
2	9-53	1∶2 水泥砂浆基础防潮层	m^2	8.81	7.09	62.46	
		小计				972.28	

(3)计算工程费用

按某地区费用定额规定，本工程以直接费为基础计算各项费用，其中，间接费费率为12%，利润率为5%，营业税等税率为3.092 8%，计算过程见表1-1-3。

工程费用(造价)计算表

表1-1-3

序号	费用名称	计 算 式	金额(元)
1	直接费	详见计算表	972.28
2	间接费	972.28×12%	116.67
3	利润	972.28×5%	48.61
4	税金	(972.28+116.67+48.61)×3.0928%	35.18
	工程造价		1172.74

(二)清单计价

2008年清单计价规范包含的内容有工程量清单、招标控制价、投标报价、工程结算编制。

本书主要介绍两个方面的内容：一是工程量清单的编制；二是工程量清单报价的编制。

1. 工程量清单简介

(1)工程量清单的概念

工程量清单是指表达建设工程的分部分项工程项目、措施项目、其他项目、规费项目、税金项目的名称和相应数量的明细清单。

(2)工程量清单的构成要素

①分部分项工程量清单项目

分部分项工程量清单是工程量清单的主体，是指按照建设工程工程量清单计价规范的要求，根据拟建工程施工图计算出来的工程实物数量。

②措施项目清单

措施项目清单是指按照建设工程工程量清单计价规范的要求和施工方案及承包商的实际情况编制的，为完成工程施工而发生的各项措施费用。例如，脚手架搭设费、临时设施费等。

③其他项目清单

其他项目清单是上述两部分清单项目的必要补充，是指按照建设工程工程量清单计价规范的要求及招标文件和工程实际情况编制的具有预见性或者需要单独处理的费用项目。例如,暂列金额等。

④规费项目清单

规费项目清单是指根据省级政府或省级有关权力部门规定必须缴纳的,应计入建筑安装工程造价的费用,例如,工程排污费、失业保险费等。

⑤税金项目清单

税金项目清单是根据目前国家税法规定应计入建筑安装工程造价内的税种,包括营业税等。

(3)编制工程量清单的步骤

第一步:根据施工图、招标文件和建设工程工程量清单计价规范,列出分部分项工程项目名称并计算分部分项清单工程量;

第二步:将计算出的分部分项清单工程量汇总到分部分项工程量清单表中;

第三步:根据招标文件、国家行政主管部门的文件和建设工程工程量清单计价规范列出措施项目清单;

第四步:根据招标文件、国家行政主管部门的文件和建设工程工程量清单计价规范及拟建工程实际情况,列出其他项目清单、规费项目清单、税金项目清单;

第五步:将上述五种清单内容汇总成单位工程工程量清单。

2. 工程量清单编制示例

根据给出的某工程基础施工图(图 1-1-2)、地区工程量清单计价定额(表 1-1-4)和清单计价规范项目(表 1-1-5),计算砖基础清单工程量,列出分部分项工程量清单、措施项目清单、其他项目清单、规费和税金项目清单。

工程量清单计价定额摘录

工程内容:略

表 1-1-4

定额编号				AC0003	AG0523
项目		单位	单价	M5 水泥砂浆砌砖基础	1:2 水泥砂浆墙基防潮层
				$10m^3$	$100m^2$
综合单(基)价		元		1521.94	901.77
其中	人工费	元		302.90	227.84
	材料费	元		1073.89	565.65
	机械费	元		6.10	3.97
	综合费	元		139.05	104.31

续上表

定额编号				AC0003	AG0523
材料	M5 水泥砂浆	m^3	120.00	2.38	
	红(青)砖	块	0.15	5240	
	水泥 32.5	kg	0.30	(537.88)	(1242.00)
	细砂	m^3	45.00	(2.761)	
	水	m^3	1.30	1.76	4.42
	防水粉	kg	1.20		66.38
	1∶2 水泥砂浆	m^3	232.00		2.07
	中砂	m^3	50.00		(2.153)

注：人工单价 25 元/工日。

砖基础工程量清单计价规范(摘录) 表 1-1-5

项目编码	项目名称	项目特征	计量单位	工程量计算规则	工程内容
010301001	砖基础	1. 砖品种、规格、强度等级； 2. 基础类型； 3. 基础深度； 4. 砂浆强度等级	m^3	按设计图示尺寸以体积计算。包括附墙垛基础宽出部分体积，扣除地梁(圈梁)、构造柱所占体积，不扣除基础大放脚T形接头处的重叠部分及嵌入基础内的钢筋、铁件、管道、基础砂浆防潮层和单个面积 0.3m^2 以内的孔洞所占体积，靠墙暖气沟的挑檐不增加 基础长度：外墙按中心线、内墙按净长线计算	1. 砂浆制作、运输； 2. 砌砖； 3. 防潮层铺设； 4. 材料运输

(1)计算清单工程量

砖基础清单工程量计算如下(不计算柱基)：

2-2 剖面砖基础长＝3.60×4×2(道)

＝28.80(m)

1-1 剖面砖基础长＝6.0×2＋(6.0－0.18)×3(道)

＝12.0＋17.46

＝29.46(m)

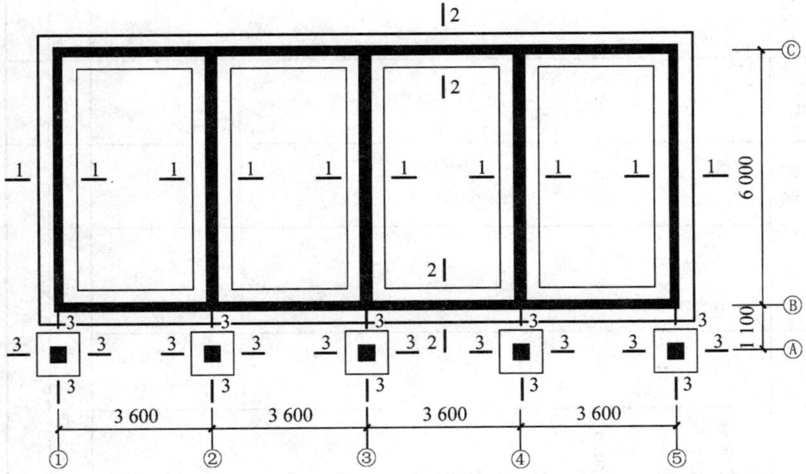

基础平面布置图

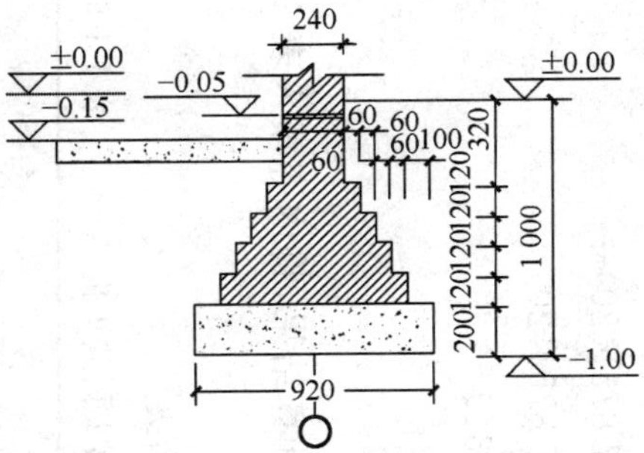

1-1

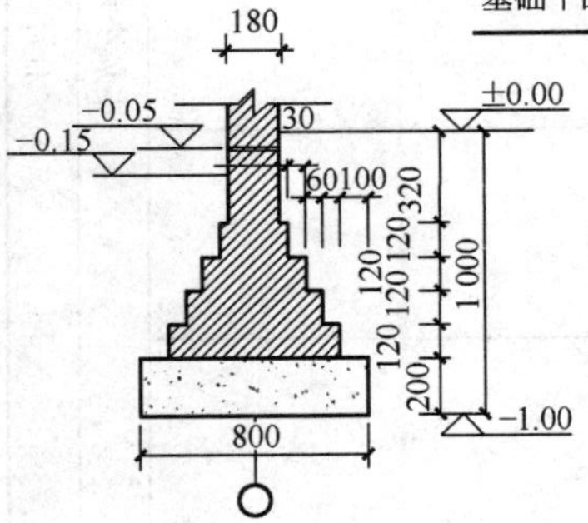

2-2

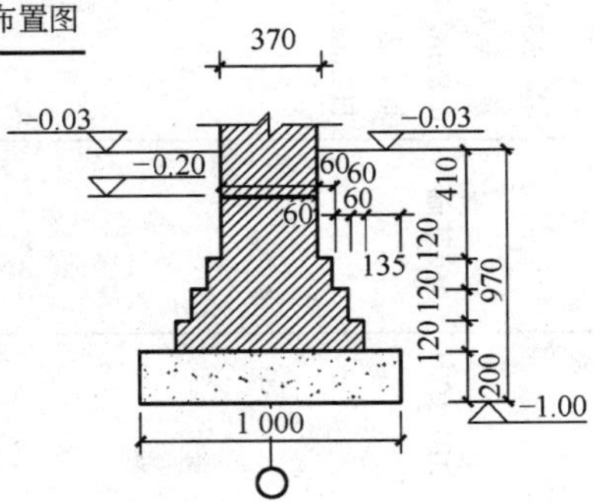

3-3

结构设计说明

1. 基础，垫层为C10素混凝土，厚200;MU7.5页岩标准砖、M5 水泥砂浆砖砌大放脚。
2. 砖墙，MU7.5页岩标准砖，M2.5 混合砂浆砌筑。
3. 防潮层的标高，墙体为−0.05m，砖柱为−0.20m，1∶2 水泥砂浆厚 20mm

图 1-1-2　某工程基础平面图、剖面图（尺寸单位：mm；标高单位：m）

砖基础工程量＝砖基础长×砖基础断面积

$=28.80\times(0.18\times0.80+0.007\,875\times20)+$

$29.46\times(0.24\times0.80+0.007\,875\times20)$

$=28.80\times0.301\,5+29.46\times0.349\,5$

$=8.68+10.30$

$=18.98(m^3)$

根据清单计价规范(表 1-1-5)的要求和上述计算结果,将内容填入表 1-1-6“分部分项工程量清单与计价表”。

分部分项工程量清单与计价表

工程名称:某工程　　标段:　　第 1 页共 1 页　　表 1-1-6

序号	项目编码	项目名称	项目特征描述	计量单位	工程量	金额(元)		
						综合单价	合价	其中:暂估价
1	010301001001	砖基础	M5 水泥砂浆砌条形基础,深 0.85m,MU7.5 页岩砖 240mm×115mm×53mm	m^3	18.98			
本页小计								
合计								

注:根据建设部、财政部发布的《建筑安装工程费用组成》(建标〔2003〕206 号)的规定,为计取规费等的使用,可在表中增设:“直接费”、“人工费”或“人工费＋机械费”。

(2)根据清单计价规范、招标文件、行政主管部门的有关规定，列出措施项目清单(见表 1-1-7)、其他项目清单(见表 1-1-8)、规费和税金项目清单(见表 1-1-9)。

措施项目清单与计价表(一)

工程名称:某工程　　　　标段:　　　　第 1 页共 1 页　　　　表 1-1-7

序号	项目名称	计算基础	费率(%)	金额(元)
1	安全文明施工费			
2	夜间施工费			
3	二次搬运费			
4				
5				
6				
7				
8				
9				
10				
11				
12				
合计				

注:1. 本表适用于以“项”计价的措施项目。

2. 根据建设部、财政部发布的《建筑安装工程费用组成》(建标〔2003〕206 号)的规定，“计算基础”可为“直接费”、“人工费”或“人工费＋机械费”。

其他项目清单与计价汇总表

工程名称:某工程　　　　标段:　　　　第 1 页共 1 页　　　　表 1-1-8

序号	项目名称	计算单位	金额(元)	备注
1	暂列金额	项	500	
2	暂估价			
2.1	材料暂估价			
2.2	专业工程暂估价			
3	计日工			
4	总承包服务费			
5				
合计				—

注:材料暂估单价进入清单项目综合单价，此处不汇总。

规费、税金项目清单与计价表

工程名称:某工程　　标段:　　第1页共1页　　表1-1-9

序号	项目名称	计算基础	费率(%)	金额(元)
1	规费			
1.1	工程排污费			
1.2	社会保障费			
(1)	养老保险费			
(2)	失业保险费			
(3)	医疗保险费			
1.3	住房公积金			
1.4	危险作业意外伤害保险			
1.5	工程定额测定费			
2	税金	分部分荐工程费+措施项目费+其他项目费+规费		
合计				

注:根据建设部、财政部发布的《建筑安装工程费用组成》(建材〔2003〕206号)的规定,"计算基础"可为"直接费"、"人工费"或"人工费+机械费"。

3.工程量清单报价

(1)工程量清单报价的概念

工程量清单报价是指根据工程量清单、消耗量定额、施工方案、市场价格、施工图、清单计价规范编制的,满足招标文件各项要求的,建设单位自主确定拟建工程投标价的工程造价文件。

(2)工程量清单报价的构成要素

①分部分项工程量清单费

分部分项工程量清单费是指根据发布的分部分项工程量清单乘以承包商自己确定的综合单价计算出来的费用。

②措施项目清单费

措施项目清单费是指根据发布的措施项目清单,由承包商根据招标文件的有关规定自主确定的各项措施费用。

③其他项目清单费

其他项目清单费是指根据招标方发布的其他项目清单中招标人的预留金及招标文件要求的有关内容由承包商自主确定的有关费用。

④规费

规费是指承包商根据国家行政主管部门规定的项目和费率计算的各项费用。例如,工程排污费、失业保险费等。

⑤税金

税金是指按国家税法等有关规定,计入工程造价的营业税、城市维护建设税、教育费附加。

(3)编制工程量清单报价的主要步骤

第一步:根据分部分项工程量清单、清单计价规范、施工图、消耗量定额等计算计价工程量;

第二步:根据计价工程量、消耗量定额、工料机市场价、管理费率、利润率和分部分项工程量清单计算综合单价;

第三步:根据综合单价及分部分项工程量清单计算分部分项工程量清单费;

第四步:根据措施项目清单、施工图等确定措施项目清单费;

第五步:根据其他项目清单,确定其他项目清单费;

第六步:根据规费项目清单和有关费率计算规费项目清单费;

第七步:根据分部分项工程清单费、措施项目清单费、其他项目清单费、规费项目清单费和税率计算税金;

第八步:将上述五项费用汇总,即为拟建工程工程量清单报价。

(4)工程量清单报价编制示例

①计价工程量计算

根据表 1-1-5 中工程内容的分析,砖基础清单项目按预算定额项目划分,应该划分为砖基础和防潮层二个项目。所以,要根据预算定额的工程量计算规则分别计算上述二项计价工程量。

a. 计算砖基础计价工程量

由于砖基础计价工程量计算规则与清单工程量计算规则相同,故其工程量也相同,为 $15.31m^3$。

b. 计算基础防潮层计价工程量

1∶2 水泥砂浆基础防潮层工程量$=\underbrace{(3.60\times4\times2)}_{\text{2-2 剖面}}\times0.18+\underbrace{[6.0\times2+(6.0-0.18)\times3]}_{\text{1-1 剖面}}\times0.24$

$=28.80\times0.18+29.46\times0.24$

$=5.18+7.07$

$=12.25(m^2)$

②确定综合单价

根据上述砖基础计价工程量和表 1-1-4 清单计价定额分析砖基础综合单价(见表 1-1-10)。

根据砖基础工程量清单和综合单价,计算分部分项清单费(见表 1-1-11)。

③计算基础工程清单报价。

根据招标文件、工程量清单、清单计价规范自主计算除建设主管部门必须按规定计算的有关费用外的措施项目清单费(见表 1-1-12),其他项目清单费(见表 1-1-13、表 1-1-14)、规费和税金项目清单费(见表 1-1-15),并填制投标报价汇总表(见表 1-1-16)。

总之,确定建筑工程造价,有一套完整的计价理论和计价方法。如何从理论上掌握建筑工程造价的编制程序和编制内容,从实践上掌握建筑工程造价的编制方法,是本门课程主要的学习目的。

要想掌握建筑工程计量方法,就需要识读施工图,了解建筑力学与结构知识,熟悉施工过程和建筑材料的性能和用途。因此,就要求学好《建筑识图与构造》、《建筑力学与结构》、《建筑施工》、《建筑材料与检测》等相关课程。要想掌握本课程的计价理论,除了学好上述课程外,还要学好《建筑经济》、《市场经济》等相关课程。

工程量清单综合单价分析表

工程名称:某工程　　标段:　　第1页共1页　　表1-1-10

项目编码	010301001001			项目名称		砖基础		计量单位		m³	
清单综合单价组成明细											
定额编号	定额名称	定额单位	数量	单价				合价			
				人工费	材料费	机械费	管理费和利润	人工费	材料费	机械费	管理费和利润
AC0003	M5水泥砂浆砌砖基础	10m³	0.100	302.90	1073.89	6.10	139.05	30.29	107.39	0.61	13.91
AG0523	1∶2水泥砂浆墙基防潮层	100m²	0.00645	227.84	565.65	3.97	104.31	1.47	3.65	0.03	0.67
人工单价		小计						31.76	111.04	0.64	14.58
25元/工日		未计价材料费									
清单项目综合单价								158.02			
材料费明细	主要材料名称、规格、型号				单位	数量	单价(元)	合价(元)	暂估单价(元)	暂估合价(元)	
	M5水泥砂浆				m³	0.238	120.00	28.56			
	1∶2水泥砂浆				m³	0.01335	232.00	3.10			
	红(青)砖				块	524	0.15	78.60			
	水				m³	0.2045	1.30	0.27			
	细砂				m³	(0.276)	45.00	(12.42)			
	中砂				m³	(0.0139)	50.00	(0.69)			
	防水粉				kg	0.428	1.20	0.51			
	水泥32.5				kg	(61.80)	0.30	(18.54)			
	其他材料费						—		—		
	材料费小计						—	111.04	—		

注:1.如不使用省级或行业建设主管部门发布的计价依据,可不填定额项目、编号等。

2.招标文件提供了暂估单价的材料,按暂估的单价填入表内"暂估单价"栏及"暂估合价"栏。

分部分项工程量清单与计价表

工程名称:某工程　　标段:　　第 1 页共 1 页　　表 1-1-11

序号	项目编码	项目名称	项目特征描述	计量单位	工程量	金额(元)		
						综合单价	合价	其中:暂估价
1	010301001001	砖基础	M5 水泥砂浆砌条形基础,深 0.85m,MU7.5 页岩砖 240mm×115mm×53mm	m^3	18.98	158.02	2999.22	
本页小计							2999.22	
合计							2999.22	

注:根据建设部、财政部发布的《建筑安装工程费用组成》(建标〔2003〕206 号)的规定,为计取规费等的使用,可在表中增设:"直接费"、"人工费"或"人工费+机械费"。

措施项目清单与计价表

工程名称:某工程　　　　　　标段:　　　　　　第1页共1页　　　　表1-1-12

序　号	项 目 名 称	计 算 基 础	费率(%)	金额(元)
1	安全文明施工费	人工费	30	180.84
2	夜间施工费	人工费	3	18.08
3	二次搬运费	人工费	2	12.06
4				
5				
6				
7				
8				
9				
10				
11				
12				
合计				210.98

注:1. 本表适用于以"项"计价的措施项目。

2. 根据建设部、财政部发布的《建筑安装工程费用组成》(建标〔2003〕206号)的规定,"计算基础"可为"直接费"、"人工费"或"人工费+机械费"。

暂列金额明细表

工程名称:某工程　　标段:　　第1页共1页　　表1-1-13

序号	项目名称	计量单位	暂定金额(元)	备注
1	工程量清单中工程量偏差和设计变更	项	500	
2				
3				
4				
5				
6				
7				
8				
9				
10				
11				
	合计		500	—

注:此表由招标人填写,如不详列,也可只列暂定金额总额,投标人应将上述暂列金额计入投标总价中。

其他项目清单与计价汇总表

工程名称:某工程　　　标段:　　　　第1页共1页　　表1-1-14

序号	项目名称	计量单位	金额(元)	备注
1	暂列金额	项	500	
2	暂估价			
2.1	材料暂估价			
2.2	专业工程暂估价			
3	计日工			
4	总承包服务费			
5				
	合计		500	—

注:材料暂估单价计入清单项目综合单价,此处不汇总。

规费、税金项目清单与计价表

工程名称:某工程　　标段:　　第1页共1页　　表1-1-15

序号	项目名称	计算基础	费率(%)	金额(元)
1	规费			176.99
1.1	工程排污费	根据工程所在地环保部门规定按实计算		
1.2	社会保障费	(1)+(2)+(3)		132.62
(1)	养老保险费	人工费	14	84.39
(2)	失业保险费	人工费	2	12.06
(3)	医疗保险费	人工费	6	36.17
1.3	住房公积金	人工费	6	36.17
1.4	危险作业意外伤害保险	人工费	0.5	3.01
1.5	工程定额测定费	税前工程造价	0.14	5.19
2	税金	分部分项工程费+措施项目费+其他项目费+规费	3.41	
合计				

注:根据建设部、财政部发布的《建筑安装工程费用组成》(建标〔2003〕206号)的规定,“计算基础”可为“直接费”、“人工费”或“人工费+机械费”。

单位工程招标控制价/投标报价汇总表

工程名称:某工程　　　　　　　　　第 1 页共 1 页　　　　　　　表 1-1-16

序　号	单项工程名称	金额(元)	其中:暂估价(元)
1	分部分项工程		
1.1	A、3 砌筑工程	2999.22	
1.2			
1.3			
1.4			
2	措施项目	210.98	
2.1	安全文明施工费	180.84	—
3	其他项目	500	—
3.1	暂列金额	500	—
3.2	专业工程暂估价		—
3.3	计日工		—
3.4	总承包服务费		—
4	规费	176.99	—
5	税金	132.55	—
招标控制价/投标报价合计＝1＋2＋3＋4＋5		4019.74	

注:本表适用于单位工程招标控制价或投票报价的汇总,如无单位工程划分,单项工程也使用本表汇总。

练 习 题

问答题

1. 叙述建筑工程造价的概念。
2. 什么是计价方式?
3. 什么是定额计价方式?
4. 什么是清单计价方式?
5. 什么是工程量清单?
6. 什么是工程量清单报价?
7. 叙述编制工程量清单的步骤。
8. 本课程与哪些课程有关系?

第二章
建筑工程计价原理

第一节　建筑工程定额简介

一　建筑工程定额的内容

建筑工程定额是一个大家族，除了建筑工程预算定额外，还包括以下内容：

(一)投资估算指标

投资估算指标是指以一个建设项目为对象，用于确定设备、器具购置费用，建筑安装工程费用，工程建设其他费用，流动资金需用量的依据。

投资估算指标是在建设项目决策阶段，编制投资估算、进行投资预测、投资控制、投资效益分析的重要依据。

(二)概算指标

概算指标是指以整个建筑物或构筑物为对象，以“m^3”、“m^2”、“座”等为计量单位，用于确定人工、材料、机械台班消耗量及其费用的标准。

概算指标是在初步设计阶段编制设计概算的依据，其主要作用是优选设计方案和控制建设投资。

(三)概算定额

概算定额是确定一定计量单位的扩大分项工程中人工、材料、机械台班消耗量的数量标准。

概算定额是在扩大初步设计阶段或施工图设计阶段编制设计概算的主要依据。

(四)预算定额

预算定额是指规定消耗在单位建筑产品上的人工、材料、机械台班的社会必要劳动消耗量的数量标准。

预算定额是在施工图设计阶段及招标投标阶段，控制工程造价、编制标底和标价的重要依据。

(五)施工定额

施工定额是指规定消耗在单位建筑产品上的人工、材料、机械台班的企业劳动消耗量的数量标准。

施工定额主要用于编制施工预算和工程量清单报价，也是施工阶段签发施工任务书和限额领料单的重要依据。

(六)劳动定额

劳动定额是指在正常施工条件下，某工种某等级工人或工人小组，生产单位合格产品所消耗的劳动时间，或者是在单位工作时间内生产单位合格产品的数量标准。

劳动定额的主要作用是下达施工任务单、核算企业内部的用工数量，也是编制施工定额、预算定额的依据。例如，砌 $1m^3$ 砖基础的时间定额为 0.956 工日/m^3。

(七)材料消耗定额

材料消耗定额是指在正常施工、节约和合理使用材料的条件下，生产单位合格产品所消耗的一定品种规格的材料数量。

材料消耗定额的主要作用是下达施工限额领料单、核算企业内部用料数量，也是编制施工定额和预算定额的依据。例如，砌 $1m^3$ 砖基砖的标准砖用量为 521 块/m^3。

(八)机械台班使用定额

机械台班使用定额规定了在正常施工条件下，利用某种机械，生产单位合格产品所消耗的机械工作时间，或者是在单位工作时间内机械完成合格产品的数量标准。例如，8t 载重汽车运预制空心板，当运距为 1km 时的产量定额为 65.4t/台班。

(九)工期定额

工期定额是指以单位工程或单项工程为对象,在平均施工管理水平、合理施工装备水平和正常施工条件下,按施工图设计的要求,按工程结构类型和地区划分的要求,规定的从工程开工到竣工验收合格交付使用全过程所需的合理施工日历天数。

工期定额是编制招标文件的依据,是签订施工合同、处理施工索赔的基础,也是施工企业编制施工组织设计,安排施工进度的依据。

二 建筑工程预算定额的构成要素

预算定额一般由项目名称、单位、工料机消耗量等要素构成。若要反映其货币量,则还应包括定额基价。预算定额示例见表 1-2-1。

预 算 定 额 摘 录

工程内容:略　　　　表 1-2-1

定 额 编 号				5-408
项目		单位	单价	现浇 C20 混凝土圈梁(m^3)
基价		元		199.05
其中	人工费	元		58.60
	材料费	元		137.50
	机械费	元		2.95
人工	综合用工	工日	20.00	2.93
材料	C20 混凝土	m^3	134.50	1.015
	水	m^3	0.90	1.087
机械	混凝土搅拌机 400L	台班	55.24	0.039
	插入式振动器	台班	10.37	0.077

(一)项目名称

预算定额的项目名称也称定额子目名称。定额子目是构成工程实体或有助于构成工程实体的最小组成部分。一般情况下,一个单位工程预算需要使用几十个甚至上百个定额子目。

(二)工料机消耗量

工料机消耗量是预算定额的主要内容,这些消耗量是完成单位建筑产品(一个单位的定额子目)的规定数量。例如,现浇 $1m^3$ 混凝土圈梁的用工是2.93工日。

(三)定额基价

定额基价也称工程单价,是上述定额子目中工料机消耗量的货币表现。其表达式为:

$$定额基价=工日数\times工日单价+\sum_{i=1}^{n}(材料用量\times材料单价)_i+\sum_{j=1}^{m}(机械台班量\times台班单价)_j \quad (1\text{-}2\text{-}1)$$

三 建筑工程预算定额的编制内容

(一)准备工作

编制预算定额前要完成许多准备工作。

(1)首先,要确定编几个分部(或编几章),每一分部分几个小节,每个小节需要划分几个子目。

(2)其次,要确定定额子目的计量单位。比如是采用"m^3"还是采用"m^2"等。

(3)再次,要合理确定定额水平,要分析哪些施工企业的劳动消耗量水平能够反映社会必要劳动量的水平。

(二)测算预算定额子目消耗量

编制人员要采用一定的技术方法、计算方法、调查研究方法,测算各定额子目的人工、材料、机械台班消耗量。

(三)编排预算定额

根据划分好的定额子目和取得的测算资料,采用事先设计好的表格,计算和填写各项消耗标准,最终汇编成供人们使用的预算定额手册。

四 建筑工程预算定额编制示例

上述介绍的编制预算定额的过程现以定额中砌筑分部、砌砖小节、砌灰砂砖墙定额子目的预算定额编制过程举例如下。

第一步：划分子目，确定计量单位。

砌灰砂砖墙拟划分为5个子目，其子目名称、计量单位的确定见表1-2-2。

定额子目划分表

分部名称：砌筑　节名称：砌砖　项目名称：灰砂砖墙　　表1-2-2

定额编号	定额子目名称	计量单位
4-1	1/2砖厚灰砂砖墙	m^3
4-2	3/4砖厚灰砂砖墙	m^3
4-3	1砖厚灰砂砖墙	m^3
4-4	1砖半厚灰砂砖墙	m^3
4-5	2砖及2砖以上厚灰砂砖墙	m^3

第二步：确定工料机消耗量。

依据现场测定资料和统计资料，确定各子目的工料机消耗量(见表1-2-3)。

定额子目工料机消耗量取定表　　表1-2-3

定额编号		4-1	4-2	4-3	4-4	4-5
子目名称	单位	混合砂浆砌灰砂砖墙				
		$\frac{1}{2}$砖	$\frac{3}{4}$砖	1砖	1砖半	2砖及2砖以上
综合用工	工日	2.19	2.16	1.89	1.78	1.71
M5混合砂浆	m^3	0.195	0.213	0.225	0.240	0.245
灰砂砖	块	564	551	541	535	531
水	m^3	0.113	0.11	0.11	0.11	0.11
200L灰浆搅拌机	台班	0.33	0.35	0.38	0.40	0.41

第三步：编制预算定额。

根据上述步骤计算确定的工料机消耗量，根据事先确定的工料机单价，用预算定额表格汇总成预算定额手册。其步骤如下：

①将工料机消耗量填入表1-2-4内；

②将工料机单价填入表1-2-4内；

③计算人工费、材料费、机械费，计算过程为：

人工费＝综合用工数×工日单价＝2.19×20.00＝43.80(元)

$$材料费=\sum_{i=1}^{n}(材料用量\times材料单价)_i$$
$$=0.195\times99.00+564\times0.18+0.113\times0.90$$
$$=120.93(元)$$

$$机械费=\sum_{j=1}^{m}(台班用量\times台班单价)_j=0.33\times15.38=5.08(元)$$

④将人工费、材料费、机械费汇总为定额基价。例如，4-1 号定额的基价为：

$$基价=43.80+120.93+5.08=169.81(元)$$

预算定额手册编制表 表 1-2-4

工程内容：略 定额单位：m^3

定额编号				4-1
项目		单位	单价	混合砂浆砌$\frac{1}{2}$砖灰砂砖墙
基价		元		169.81
其中	人工费	元		43.80
	材料费	元		120.93
	机械费	元		5.08
人工	综合用工	工日	20.00	2.19
材料	M5 混合砂浆	m^3	99.00	0.195
	灰砂砖	块	0.18	564
	水	m^3	0.90	0.113
机械	200L 灰浆搅拌机	台班	15.38	0.33

第二节 定额计价原理

定额计价原理是指主要采用预算定额，通过编制施工图预算的方法确定工程造价的基本理论。

一 施工图预算的费用构成

我们知道，施工图预算最主要的作用就是确定拟建工程的工程造价（以下简称工程造价）。如果我们从产品的角度看，工程造价就是建筑产品的价格。

从理论上讲，建筑产品的价格也同其他产品一样，都是由生产这个产品的社会必要劳动量来确定。劳动价值论将产品的价值(价格)表达为 $C+V+m$。现行的建设预算制度,将建筑产品的 $C+V$ 表达为工程直接费和间接费,将建筑产品的 m 表达为利润和税金。因此,施工图预算由上述四部分费用构成。

(一)直接费

直接费是与建筑产品生产直接有关的各项费用,包括直接工程费和措施费。

1. 直接工程费

直接工程费是指构成工程实体的各项费用,主要包括:人工费、材料费和施工机械使用费。

2. 措施费

措施费是指有助于构成工程实体形成的各项费用,主要包括:冬雨期施工增加费、夜间施工增加费、材料二次搬运费、脚手架搭设费、临时设施费等。

(二)间接费

间接费是指费用发生后,不能直接计入某个建筑工程,而只有通过分摊的办法间接计入建筑工程成本的费用,主要包括企业管理费和规费。

(三)利润

利润是劳动者为社会劳动、为企业劳动创造的价值。按国家或地方规定的利润率计取。

利润的计取具有竞争性。承包商投标时,可根据本企业的经营管理水平和建筑市场的供求状况,在一定的范围内确定本企业的利润水平。

(四)税金

税金是劳动者为社会劳动创造的价值。与利润的不同点,它具有法令性和强制性。按现行规定,税金主要包括营业税、城市维护建设税和教育费附加。

二 建筑产品的特性

建筑产品具有产品生产的单件性、建设地点的固定性、施工生产的流动性等特性。这些特性是建筑产品必须通过编制施工图预算确定工程造价的根本原因。

(一)单件性

建筑产品的单件性是指每个建筑产品都具有特定的功能和用途,即在建筑物的造型、结构、尺寸、设备配置和内外装修等方面都有不同的具体要求。就是用途完全相同的工程项目,在建筑等级、基础工程等方面都会发生不同的情况。可以这么说,在实践中找不到两个完全相同的建筑产品。因而,建筑产品的单件性使得建筑物在实物形态上千差万别,各不相同。

(二)固定性

建设地点的固定性是指建筑产品的生产和使用必须固定在某一个地点,不能随意移动。建筑产品固定性的客观事实,使得建筑物的结构和造型受当地自然气候、地质、水文、地形等因素的影响和制约,使得功能相同的建筑物在实物形态上仍有较大的差别,从而使每个建筑产品的工程造价各不相同。

(三)流动性

建筑产品的固定性是产生施工生产流动性的根本原因。因为建筑物固定,施工队伍就要流动。流动性是指施工企业必须在不同的建设地点组织施工、建造房屋。

由于每个建设地点离施工单位基地的距离、资源条件、运输条件、工资水平等不同,都会影响建筑产品的造价。

三 工程造价的确定

建筑产品的三大特性,决定了其在实物形态上和价格要素上千差万别的特点。这种差别形成了制订统一建筑产品价格的障碍,给建筑产品定价带来了困难,通常工业产品的定价方法已经不适用于建筑产品的定价。

当前,建筑产品价格主要有二种表现形式,一是政府指导价,二是市场竞争价。施工图预算确定的工程造价属于政府指导价;招标投标确定的承包价属于市场竞争价。但是,应该指出,市场竞争价也是以施工图预算为基础确定的。所以,用编制施工图预算确定工程造价的方法必须掌握。

产品定价的基本规律除了价值规律外,还应该包括:通过市场竞争形成价格,同类产品的价格水平应该基本一致。

对于建筑产品来说,价格水平一致性的要求和建筑产品单件性的差别特性是一对需要解决的矛盾。因此我们无法做到以一个建筑物为对象来整体定价而达到保持价格水平一致性的要求。通过人们长期实践和探讨,找到了用编制施工图预算确定建筑产品价格的方法,较好地解决了这个问题。因此,从这个意义上说,施工图预算是确定建筑产品价格的特殊方法。

四 定额计价方式的基本理论

将一个复杂的建筑工程分解为具有共性的基本构造要素——分项工程,编制单位分项工程的人工、材料、机械台班消耗量及货币量的预算定额,是确定建筑工程造价基本原理的重要基础。

(一)建设项目的划分

基本建设项目按照合理确定工程造价和基本建设管理工作的要求,划分为建设项目、单项工程、单位工程、分部工程、分项工程五个层次。

1. 建设项目

建设项目一般是指在一个总体设计范围内,由一个或几个工程项目组成,经济上实行独立核算,行政上实行独立管理,并且具有法人资格的建设单位。通常,在工程建设中一个企业、事业单位就是一个建设项目。

2. 单项工程

单项工程又称工程项目,它是建设项目的组成部分,是指具有独立的设计文件,竣工后可以独立发挥生产能力或使用效益的工程。如,一个工厂的生产车间、仓库等,学校的教学楼、图书馆等分别都是一个单项工程。

3. 单位工程

单位工程是单项工程的组成部分。单位工程是指具有独立的设计文件,能单独施工,但建成后不能独立发挥生产能力或使用效益的工程。例如,一个生产车间的土建工程、电气照明工程、给排水工程、机械设备安装工程、电气设备安装工程都分别是一个单位工程,它们是生产车间这个单项工程的组成部分。

4. 分部工程

分部工程是单位工程的组成部分。分部工程一般按工种、使用的材料或设备的不同来划分。例如,土建单位工程划分为:土石方工程、砌筑工程、脚手架工程,钢筋混凝土工程、木结构工程、金属结构工程、装饰工程等。分部工程也可按单位工程的构成部分来划分。例如,划分为基础工程、墙体工程、梁柱工程、楼地面工程、门窗工程、屋面工程等。一般,建筑工程预算定额综合了上述两种方法来划分分部工程。

5.分项工程

分项工程是分部工程的组成部分。一般按照分部工程划分的方法，再将分部工程划分为若干个分项工程。例如，基础工程还可以划分为基槽开挖、基础垫层、基础砌筑、基础防潮层、基槽回填土、土方运输等分项工程。

分项工程是建筑工程的基本构造要素。通常，我们把这一基本构造要素称为假定建筑产品。假定建筑产品虽然没有独立存在的意义，但是这一概念在预算编制原理、计划统计、建筑施工及管理、工程成本核算等方面都是十分重要的。

建设项目划分示意图见图 1-2-1。

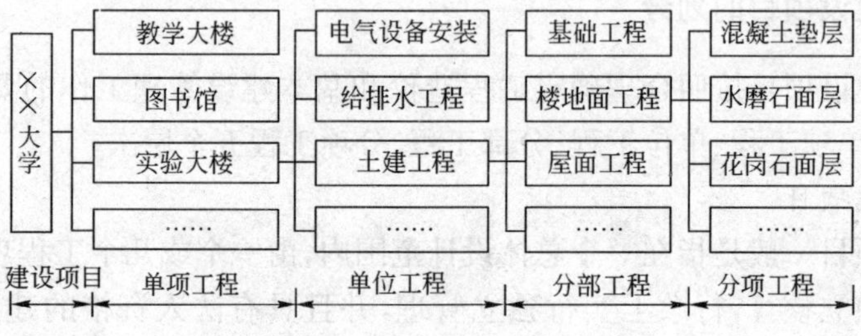

图 1-2-1　建设项目划分示意图

(二)建筑产品的共同要素

建筑产品是结构复杂、体型庞大的工程，要对这样一类完整产品进行统一定价，不太容易办到，这就需要按照一定的规则，将建筑产品进行合理分解，层层分解到构成完整建筑产品的共同要素——分项工程，才能实现对建筑产品定价的目的。

从建设项目划分的内容来看，将一个单位工程按结构构造部位和工程工种来划分，可以分解为若干个分部工程。但是，从对建筑产品定价要求来看，仍然不能满足要求。因为以分部工程为对象定价，其影响因素较多。例如，同样是砖墙，由于它构造不同，如实砌墙或空花墙；材料不同，如标准砖或灰砂砖等，受这些因素影响，其人工、材料消耗的差别较大。所以，还必须按照不同的构造、材料等要求，将分部工程分解为更为简单的组成部分——分项工程，如 M5 混合砂浆砌 240mm 厚灰砂砖墙，现浇 C20 钢筋混凝土圈梁等。

分项工程是经过逐步分解，最后得到能够用较为简单的施工过程生产出来的、可以用适当计量单位计算的工程基本构造要素。

(三)单位分项工程的消耗量标准

将建筑工程层层分解后，我们就能采用一定的方法，编制出用于确定单位分项工程的人工、材料、机械台班消耗量的标准——预算定额。

虽然不同的建筑工程由不同的分项工程项目和不同的工程量构成，但是有了预算定额后，就可以计算出价格水平基本一致的工程造价。这是因为预算定额所确定的每一单位分项工程的人工、材料、机械台班消耗量起到了统一建筑产品劳动消耗水平的作用，从而使我们能够将千差万别的建筑工程中不同的工程数量，计算出符合统一价格水平的工程造价成为现实。

例如，甲工程砖基础工程量为 $68.56m^3$，乙工程砖基础工程量为 $205.66m^3$，虽然工程量不同，但使用统一的预算定额后，它们的人工、材料、机械台班消耗量水平是一致的。

如果在预算定额消耗量的基础上再考虑价格因素，用货币量反映定额基价，那么，我们就可以计算出直接费、间接费、利润和税金，从而算出整个建筑产品的工程造价。

必须明确指出，施工图预算以单位工程为对象编制，也就是说，施工图预算确定的是单位工程的预算造价。

(四)确定工程造价的数学模型

用编制施工图预算确定工程造价，一般采用下列三种方法，同时也需构建三种数学模型。

1. 单位估价法

单位估价法是编制施工图预算常采用的方法。该方法根据施工图和预算定额，通过计算分项工程量、分项直接工程费，将分项直接工程费汇总成单位工程直接工程费后，再根据措施费费率、间接费费率、利润率、税率分别计算出各项费用和税金，最后汇总成单位工程造价。其数学模型如下：

$$\text{工程造价}=\text{直接费}+\text{间接费}+\text{利润}+\text{税金} \qquad (1\text{-}2\text{-}2)$$

即：

$$\begin{aligned}\text{以直接费为取费基础的工程造价}=&[\sum_{i=1}^{n}(\text{分项工程量}\times\text{定额基价})_i\times\\&(1+\text{措施费费率}+\text{间接费费率}+\text{利润率})]\times\\&(1+\text{税率}) \qquad (1\text{-}2\text{-}3)\end{aligned}$$

$$\text{以人工费为取费基础的工程造价}=[\sum_{i=1}^{n}(\text{分项工程量}\times\text{定额基价})_i+$$

$$\sum_{i=1}^{n}(\text{分项工程量}\times\text{定额基价中人工费})_i\times(\text{措施费费率}+\text{间接费费率}+\text{利润率})]\times(1+\text{税率}) \quad (1\text{-}2\text{-}4)$$

提示：通过表 1-1-2、表 1-1-3 中的简例来理解上述工程造价数学模型。

2. 实物金额法

当预算定额中只有人工、材料、机械台班消耗量，而没有定额基价的货币量时，我们可以采用实物金额法来计算工程造价。

实物金额法的基本做法：先算出分项工程的人工、材料、机械台班消耗量，然后汇总成单位工程的人工、材料、机械台班消耗量，再将这些消耗量分别乘以各自的单价，最后汇总成单位工程直接工程费。后面各项费用的计算同单位估价法。其数学模型如下：

$$\text{工程造价}=\text{直接费}+\text{间接费}+\text{利润}+\text{税金}$$

即：

$$\text{以直接费为取费基础的工程造价}=\{[\sum_{i=1}^{n}(\text{分项工程量}\times\text{定额用工量})_i\times\text{工日单价}+\sum_{j=1}^{m}(\text{分项工程量}\times\text{定额材料用量})_j\times\text{材料单价}+\sum_{k=1}^{p}(\text{分项工程量}\times\text{定额机械台班量})_k\times\text{台班单价}]\times(1+\text{措施费费率}+\text{间接费费率}+\text{利润率})\}\times(1+\text{税率}) \quad (1\text{-}2\text{-}5)$$

$$\text{以人工费为取费基础的工程造价}=[\sum_{i=1}^{n}(\text{分项工程量}\times\text{定额用工量})_i\times\text{工日单价}\times(1+\text{措施费费率}+\text{间接费费率}+\text{利润率})+\sum_{j=1}^{m}(\text{分项工程量}\times\text{定额材料用量})_j\times\text{材料单价}+\sum_{k=1}^{p}(\text{分项工程量}\times\text{定额机械台班量})_k\times\text{台班单价}]\times(1+\text{税率}) \quad (1\text{-}2\text{-}6)$$

3. 分项工程完全单价计算法

分项工程完全单价计算法的特点是，以分项工程为对象计算工程造价，再将分项工程造价汇总成单位工程造价。该方法从形式上类似于工程量清单计价法，但又有本质上的区别。

分项工程完全单价计算法的数学模型为：

$$\text{以直接费为取费基础计算的工程造价}=\sum_{i=1}^{n}[(\text{分项工程量}\times\text{定额基价})\times(1+\text{措施费费率}+\text{间接费费率}+\text{利润率})\times(1+\text{税率})_i] \tag{1-2-7}$$

$$\text{以人工费为取费基础计算的工程造价}=\sum_{i=1}^{n}\{[(\text{分项工程量}\times\text{定额基价})+(\text{分项工程量}\times\text{定额用工量}\times\text{工日单价})\times(\text{措施费费率}+\text{间接费费率}+\text{利润率})]\times(1+\text{税率})\}_i \tag{1-2-8}$$

上述数学模型分两种情况表述的原因是，建筑工程造价一般以直接费为基础计算；装饰工程造价或安装工程造价一般以人工费为基础计算。

(五)施工图预算的编制

上述工程造价的数学模型反映了编制施工图预算的本质特征，同时也反映了编制施工图预算的步骤与方法。

所谓施工图预算编制程序是指编制施工图预算时有规律的步骤和顺序。在介绍编制程序之前需要先介绍编制依据和编制内容。

1.施工图预算编制依据

(1)施工图

施工图是计算工程量和套用预算定额的依据。广义地讲，施工图除了施工蓝图外，还包括标准施工图、图纸会审纪要和设计变更等资料。

(2)施工组织设计或施工方案

施工组织设计或施工方案是施工单位根据工程特点、现场条件等编制的，用来确定施工方案、布置现场和安排进度。它是编制施工图预算过程中，计算工程量和套用预算定额时，确定土方类别、基础工作面大小、构件运输距离及运输方式等的依据。

(3)预算定额

预算定额是确定分项工程项目、计量单位，计算分项工程量、分项工程直接费和人工、材料、机械台班消耗量的依据。

(4)地区材料预算价格

地区材料预算价格或材料指导价是计算材料费和调整材料价差的依据。

(5)费用定额和税率

费用定额包括措施费、间接费、利润和税金的计算基础和费率、税率的规定。

(6)施工合同

施工合同是确定收取哪些费用,按多少收取的依据。

2.施工图预算编制内容

施工图预算编制的主要内容包括:

(1)列出分项工程项目,简称列项;

(2)计算工程量;

(3)套用预算定额及定额基价换算;

(4)工料机分析及汇总;

(5)计算直接费;

(6)材料价差调整;

(7)计算间接费;

(8)计算利润;

(9)计算税金;

(10)汇总为工程造价。

3.施工图预算编制程序

按单位估价法编制施工图预算的程序见图 1-2-2。

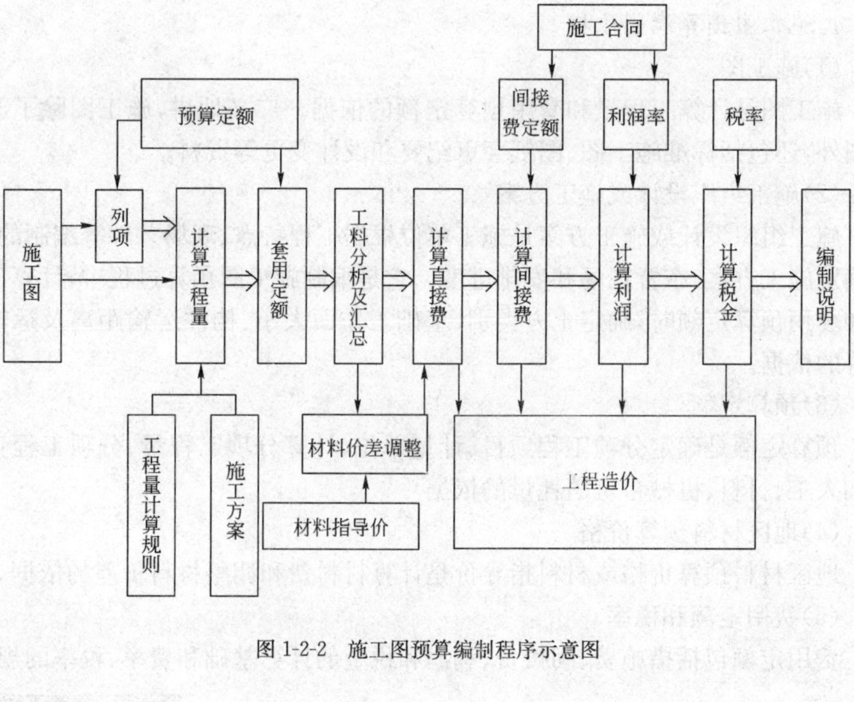

图 1-2-2 施工图预算编制程序示意图

第三节　工程量清单计价原理

一　工程量清单报价的费用构成

我们知道，工程量清单报价是一种确定建筑产品价格的计价方式，其费用也应由 $C+V+m$ 三部分构成。现行的《建设工程工程量清单计价规范》将这三个部分的费用表达为分部分项工程量清单费、措施项目清单费、其他项目清单费、规费和税金五部分费用。

(一)分部分项工程量清单费

分部分项工程量清单费包括以下三部分费用：

(1)直接用于工程实体所消耗的各项费用，包括人工费、材料费、机械台班费等；

(2)不构成工程实体而在工程管理中必然发生的管理费；

(3)利润和风险费。

(二)措施项目清单费

措施项目清单费是指有助于工程实体构成的各项费用，包括安全施工、临时设施、脚手架搭设等各项费用。

(三)其他项目清单费

其他项目清单费是指工程建设中预计发生的有关费用，一般包括暂列金额、材料暂估价、总承包服务费、计日工费等。

(四)规费

规费是指行政主管部门规定工程建设中必须缴纳的各项费用，包括工程排污费、失业保险费等。

(五)税金

税金是指按国家税法和相关文件规定，应计入工程造价的营业税、城市维护建设税和教育费附加。

二 工程量清单计价方式的基本理论

(一)市场竞争理论

竞争是市场经济的有效法则,是市场经济有效性的根本保证。市场机制正是通过优胜劣汰的竞争,迫使企业降低成本、提高质量、改善管理、积极创新,从而达到提高效率、优化资源配置的目的。

(二)市场均衡理论

西方经济学认为,价格由供求关系决定,即商品的价格由市场供求均衡时的价格确定。市场均衡理论是工程量清单计价方式的重要基础理论。

(三)《建设工程工程量清单计价规范》

《建设工程工程量清单计价规范》(GB 50500—2008)是工程量清单计价的标准,具有强制性,大家必须遵守执行。这一特性使得各施工企业在同一个平台上进行竞争。

此规范的重要作用是,统一规定了工程量清单由分部分项工程量清单、措施项目清单、其他项目清单、规费项目清单和税金项目清单五部分内容构成;统一规定了工程量清单报价由分部分项工程量清单费、措施项目清单费、其他项目清单费、规费和税金五部分费用构成;统一规定了分部分项工程量清单的专业划分、项目名称、项目编码、项目特征、计量单位、工程内容和工程量计算规则。这三个方面的统一,搭起了一个规范的竞争平台。各投标人根据这一平台编制的工程量清单报价,具有较大的透明度,业主可以较容易地判断各承包商报价的高低情况,从而确定中标价。

(四)工程量清单计价方式确定工程造价的数学模型

$$\text{工程造价}=\begin{matrix}\text{分部分项工}\\\text{程量清单费}\end{matrix}+\text{措施项目费}+\text{其他项目费}+\text{规费}+\text{税金} \tag{1-2-9}$$

其中:

$$\text{分部分项工程量清单费}=\sum_{i=1}^{n}(\text{清单工程量}\times\text{综合单价})_i \tag{1-2-10}$$

$$\text{综合单价}=[\sum_{i=1}^{n}(\text{计价工程量}\times\text{定额用工量}\times\text{人工单价})_i+$$

$$\sum_{j=1}^{n}(\text{计价工程量}\times\text{定额材料消耗量}\times\text{材料单价})_j+ \tag{1-2-11}$$

$$\sum_{k=1}^{n}(\text{计价工程量}\times\text{定额机械台班消耗量}\times\text{台班单价})_k]\times$$
$$(1+\text{管理费率})\times(1+\text{利润率})\div\text{清单工程量}$$

措施项目清单费＝安全施工费＋临时设施费＋…＋脚手架费 (1-2-12)

其他项目清单费＝暂列金额＋总承包服务费＋…＋计日工费 (1-2-13)

规费＝工程排污费＋定额测定费＋…＋养老保险费 (1-2-14)

税金＝(分部分项工程量清单费＋措施项目清单费＋其他项目清单费＋规费)×税率 (1-2-15)

三 工程量清单报价的编制程序

上述工程量清单计价的数学模型反映了编制工程量清单的本质特征，同时也反映了工程量清单报价的编制程序。

(一)工程量清单报价的编制依据

1.《建设工程工程量清单计价规范》(GB 50500—2008)

清单计价规范中的项目编码、项目名称、计量单位、计算规则、项目特征、工程内容等，是计算清单工程量和计算计价工程量的依据。清单计价规范中的费用划分是计算综合单价、措施项目费、其他项目费、规费和税金的依据。

2. 工程招标文件

工程招标文件包括对拟建工程的技术要求、分包要求、材料供货方式的要求等，是确定分部分项工程量清单、措施项目清单、其他项目清单的依据。

3. 建设工程设计文件及相关资料

建设工程设计文件是计算清单工程量、计价工程量、措施项目清单等的依据。

4. 企业定额，国家或省级、行业建设主管部门颁发的计价定额

该定额是计算计价工程量的工料机消耗量后，确定综合单价的依据。

5. 工料机市场价

工料机市场价是计算综合单价的依据。

6. 工程造价管理机构发布的管理费率、利润率、规费费率、税率等造价信息

它们分别是计算管理费、利润、规费、税金的依据。

(二)工程量清单报价的编制内容

(1)计算清单工程量(一般由招标人提供)；

(2)计算计价工程量；

(3)根据计价工程量套用计价定额或有关消耗量定额进行工料分析；

(4)确定工料机单价；

(5)分析和计算清单工程量的综合单价；

(6)计算分部分项工程量清单费；

(7)计算措施项目清单费；

(8)计算其他项目清单费；

(9)计算规费和税金；

(10)汇总工程量清单报价。

(三)工程量清单报价编制程序示意图

工程量清单报价编制程序示意图见图 1-2-3。

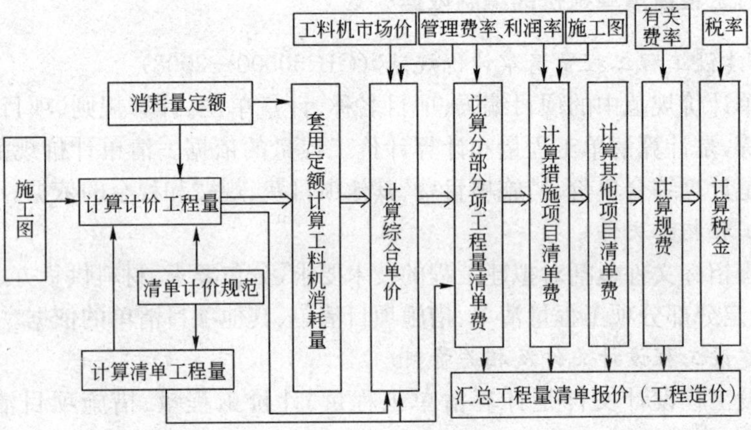

图 1-2-3　工程量清单报价编制程序示意图

练 习 题

一、多选题

1. 直接费包括(　　)。

A. 直接费　　B. 直接工程费

C. 措施费　　D. 其他直接费

2. 直接工程费是指有助于构成工程实体的各项费用，包括(　　)。

A. 人工费　　B. 材料费

C. 施工机械使用费　　D. 其他直接费

3. 措施费包括(　　)。

A. 材料二次搬运费　　B. 临时设施费

C. 脚手架搭设费　　D. 加班费

4. 间接费主要包括(　　)。

A. 企业管理费　　B. 利润

C. 规费　　D. 夜间施工增加费

5. 税金具有(　　)。

A. 法令性　　B. 灵活性

C. 固定性　　D. 强制性

6. 建筑产品的特点有(　　)。

A. 稳定性　　B. 单件性

C. 固定性　　D. 流动性

7. 建筑产品价格表现形式有(　　)。

A. 政府指导价　　B. 市场竞争价

C. 市场牌价　　D. 协商价

8. 建设项目按照(　　)的要求进行划分。

A. 合理确定工程造价　　B. 基本建设管理工作

C. 成本核算　　D. 项目评估

9. 建设项目可以划分为(　　)几个层次。

A. 单项工程　　B. 单位工程

C. 分部工程　　D. 分项工程

10. 假定建筑产品的概念在(　　)都有十分重要的意义。

A. 预算编制原理　　B. 计划统计

C. 施工管理　　D. 工程成本核算

11. 下列项目属于分项工程的有(　　)。(参照预算定额)

A. 土方运输　　B. 人工运土方(运距 20m)

C. 砌砖　　D. M5 水泥砂浆砌砖基础

12. 用编制施工图预算确定工程造价的方法有(　　)。

A. 单位估价法　　B. 总金额法

C. 实物金额法　　D. 分项工程完全单价法

13. 施工图预算的编制依据有(　　)。

A. 施工图　　B. 施工方案

C. 预算定额　　D. 材料预算价格

E. 费用定额　　F. 施工合同

14. 施工图预算的编制内容有(　　)。

A. 列项　　B. 计算工程量

C. 套用预算定额　　D. 工料机分析及汇总

E. 计算直接费　　F. 材料价差调整

G. 计算间接费　　H. 计算利润和税金

二、判断题

1. $C+V+m$ 中的 m 在施工图预算中表达为利润和税金。(　　)
2. 直接费是直接工程费的简称。(　　)
3. 失业保险费属于措施费。(　　)
4. 规费属于间接费。(　　)
5. 利润的计取具有竞争性。(　　)
6. 税金就是指营业税。(　　)
7. 建筑产品的流动性是指产品可以流动。(　　)
8. 用编制施工图预算确定建筑产品价格的方法是科学的方法。(　　)
9. 单位工程包含单项工程。(　　)
10. 分部工程包含分项工程。(　　)
11. 分项工程是建筑工程的基本构造要素。(　　)
12. 分部工程是假定建筑产品。(　　)
13. 预算定额是确定单位分项工程的消耗量标准。(　　)
14. 预算定额是预算列项的必不可少的依据。(　　)
15. 本地区建筑工程(预算)计价定额适用于单位估价法。(　　)
16. 全国统一建筑工程基础定额适用于实物金额法。(　　)
17. 编制施工图预算可以直接费为基础计算间接费。(　　)
18. 编制施工图预算也可以人工费为基础计算间接费。(　　)
19. 税率可以通过施工承包合同确定。(　　)
20. 利润率可以通过施工承包合同确定。(　　)

第三章
建筑工程预算定额

第一节　定额编制的方法

一　技术测定法

技术测定法也称计时观察法，它是一种科学的编制定额的方法。该方法通过对施工过程的具体活动进行实地观察，详细记录工人和施工机械的工作时间消耗，测定完成产品的数量和有关影响因素，将观察记录结果进行分析研究，整理出可靠的数据资料，再运用一定的计算方法编制出定额的基础数据。

（一）技术测定法的主要步骤

（1）确定拟编定额项目的施工过程，对其组成部分进行必要的划分；

（2）选择正常的施工条件和合适的观察对象；

（3）到施工现场对观察对象进行测时观察，记录完成产品的数量、工时消耗及影响因素；

（4）分析整理观察资料。

（二）常用的技术测定方法

常用的技术测定方法有测时法、写实记录法、工作日写实法。

二　经验估计法

经验估计法是根据定额员、施工员、专业技术员、老工人的实际工作经验，对生产某一产品或完成某项工作所需的人工、材料、机械台班数量进行分析、讨论、估算,并最终确定消耗量的一种方法。

经验估计法的特点:简单、工作量小、精度差。

三 统计计算法

统计计算法是运用过去统计资料编制定额的一种方法。

统计计算法编制定额简单可行,只要对过去的统计资料加以分析和整理就可以计算出定额消耗指标。缺点是统计资料不可避免地包含各种不合理因素,这些因素必然会影响定额水平,降低定额质量。

四 比较类推法

比较类推法也叫典型定额法。该方法是在同类型的定额子目中,选择有代表性的典型子目,用技术测定法确定各种消耗量,然后根据测定的定额用比较类推的方法编制其他相关定额。

比较类推法简单易行,有一定的准确性。缺点是该方法运用了正比例的关系来编制定额,故存在一定的局限性。

第二节　预算定额的特性

在社会主义市场经济条件下,定额具有以下三个方面的特性。

一 科学性

预算定额的科学性是指,定额是采用技术测定法、统计计算法等科学方法,在认真研究施工生产过程中客观规律的基础上,通过长期的观察、测定、统计分析总结生产实践经验,以及在广泛搜集现场资料的基础上编制的;在编制过程中,对工作时间、现场布置、工具设备改革、工艺过程及施工生产技术与组织管理等方面,进行科学的研究分析。因而,所编制的预算定额客观地反映了行业的社会平均水平,故定额具有科学性。简而言之,用科学的方法编制定额,使定额具有科学性。

二 权威性

在计划经济体制下,定额具有法令性,即定额经国家主管机关批准颁发后,具有经济法规的性质，执行定额的所有各方必须严格遵守，不能随意改变定额的内容和水平。

但是，在市场经济条件下，定额的执行过程中允许施工企业根据招标投标的具体情况进行调整，内容和水平也可以变化，使其体现了市场经济竞争性的特点和自主报价的特点，故定额的法令性淡化了。所以，具有权威性的预算定额既能起到宏观调控建筑市场的作用，又能起到让建筑市场充分发育的作用。这种具有权威性的定额，能使承包商在竞争过程中有根据地改变其定额水平，起到推动社会生产力水平发展和提高建设投资效益的目的。

定额的权威性是建立在采用先进科学的编制方法、能正确反映本行业的生产力水平、符合社会主义市场经济发展规律基础之上的。

三 群众性

定额的群众性是指定额的制定和执行都必须有广泛的群众基础。首先，定额的水平高低主要取决于建筑安装工人所创造的劳动生产力水平的高低；其次，工人直接参加定额的测定工作，有利于制定出容易使用和推广的定额；最后，定额的执行要依靠广大职工的生产实践活动才能完成。

第三节　预算定额的编制原则

预算定额的编制原则主要有以下两个。

一 平均水平原则

平均水平是指编制预算定额时应遵循价值规律的要求，即按生产该产品的社会必要劳动量来确定其人工、材料、机械台班消耗量。这就是说，在正常施工条件下，以平均的劳动强度、平均的技术熟练程度、平均的技术装备条件，完成单位合格建筑产品所需的劳动消耗量来确定预算定额的消耗量水平。这种以社会必要劳动量来确定定额水平的原则，就称为平均水平原则。

二 简明适用原则

定额的简明与适用是统一体中的一对矛盾体，如果只强调简明，适用性就差；如果单纯追求适用，简明性就差。因此，预算定额应在适用的基础上力求简明。

简明适用原则主要体现在以下几个方面：

(1)满足使用各方的需要。例如，满足编制施工图预算、编制竣工结算、编制投标报价、工程成本核算、编制各种计划等的需要，不但要注意项目齐全，而且还要注意补充新结构、新工艺的项目。另外，还要注意每个定额子目的内容划分要恰当。例如，预制构件的制作、运输、安装划分为三个子目较合适，因为在工程施工中，预制构件的制、运、安往往由不同的施工单位来完成。

(2)确定预算定额的计量单位时，要考虑简化工程量的计算。例如，砌墙定额的计量单位采用“m^3”要比用“块”更简便。

(3)预算定额中的各种说明，要简明扼要，通俗易懂。

(4)编制预算定额时要尽量少留活口，因为补充预算定额必然会影响定额水平的一致性。

第四节　劳动定额编制

预算定额是根据劳动定额、材料消耗定额、机械台班定额编制的，在讨论预算定额编制前应该了解上述三种定额的编制方法。

一　劳动定额的表现形式及相互关系

(一)产量定额

在正常施工条件下，某工种工人在单位时间内完成合格产品的数量，称为产量定额。产量定额的常用单位有：m^2/工日、m^3/工日、t/工日、套/工日、组/工日等。

例如，砌一砖半厚标准砖基础的产量定额为 1.08m^3/工日。

(二)时间定额

在正常施工条件下，某工种工人完成单位合格产品所需的劳动时间，称为时间定额。时间定额的常用单位是：工日/m^2、工日/m^3、工日/t、工日/组等。

例如，现浇混凝土过梁的时间定额为 1.99 工日/m^3。

(三)产量定额与时间定额的关系

产量定额和时间定额是劳动定额两种不同的表现形式，它们之间是互为倒数的关系。

$$时间定额=\frac{1}{产量定额} \tag{1-3-1}$$

或
$$时间定额\times产量定额=1 \tag{1-3-2}$$

利用这种倒数关系，我们就可以求另外一种表现形式的劳动定额。例如：

$$一砖半厚砖基础的时间定额=\frac{1}{产量定额}=\frac{1}{1.08}=0.926(工日/m^3)$$

$$现浇过梁的产量定额=\frac{1}{时间定额}=\frac{1}{1.99}=0.503(m^3/工日)$$

二 时间定额与产量定额的特点

产量定额以 m^2/工日、m^3/工日、t/工日、套/工日等单位表示，数量直观、具体，容易为工人理解和接受。因此，产量定额适用于向工人班组下达生产任务。

时间定额以工日/m^2、工日/m^3、工日/t、工日/组等为单位，不同的工作内容有共同的时间单位，定额完成量可以相加。因此，时间定额适用于劳动计划的编制和统计完成任务情况。

三 劳动定额编制方法简介

在取得现场测定资料后，一般采用下列计算公式编制劳动定额：

$$N=\frac{N_{基}\times100}{100-(N_{辅}+N_{准}+N_{息}+N_{断})} \tag{1-3-3}$$

式中：N——单位产品时间定额；

$N_{基}$——完成单位产品的基本工作时间；

$N_{辅}$——辅助工作时间占全部定额工作时间的百分比；

$N_{准}$——准备结束时间占全部定额工作时间的百分比；

$N_{息}$——休息时间占全部定额工作时间的百分比；

$N_{断}$——不可避免的中断时间占全部定额工作时间的百分比。

【例 1-3-1】 根据下列现场测定资料，计算每 100m^2 水泥砂浆抹地面的时间定额和产量定额。

基本工作时间：1 450 工分/50m^2

辅助工作时间：占全部工作时间 3%

准备与结束工作时间：占全部工作时间 2%

不可避免中断时间：占全部工作时间 2.5%

休息时间：占全部工作时间 10%

解：

$$\text{抹 }100\text{m}^2\text{ 水泥砂浆地面的时间定额}=\frac{1\,450\times 100}{100-(3+2+2.5+10)}\div 50\times 100$$

$$=\frac{145\,000}{100-17.5}\times\frac{100}{50}=\frac{145\,000}{82.5}\times 2$$

$$=3\,515(\text{工分})=58.58(\text{工时})$$

$$=7.32(\text{工日})$$

抹水泥砂浆地面的时间定额＝7.32(工日/100m^2)

$$\text{抹水泥砂浆地面的产量定额}=\frac{1}{7.32}=0.137(100\text{m}^2/\text{工日})=13.7(\text{m}^2/\text{工日})$$

第五节　材料消耗定额编制

一　材料净用量定额和损耗量定额

(一)材料消耗量定额的构成

材料消耗量定额包括：

(1)直接用于建筑安装工程上的构成工程实体的材料；

(2)不可避免地产生的施工废料；

(3)不可避免的材料施工操作损耗。

(二)材料消耗净用量定额与损耗量定额的划分

直接构成工程实体的材料，称为材料消耗净用量定额。

不可避免的施工废料和施工操作损耗，称为材料损耗量定额。

(三)净用量定额与损耗量定额之间的关系

$$\text{材料消耗定额}=\text{材料消耗净用量定额}+\text{材料损耗量定额} \tag{1-3-4}$$

$$\text{材料损耗率}=\frac{\text{材料损耗量定额}}{\text{材料消耗量定额}}\times 100\% \tag{1-3-5}$$

或 $$材料损耗率=\frac{材料损耗量}{材料总消耗量}\times 100\%\tag{1-3-6}$$

$$材料消耗定额=\frac{材料消耗净用量定额}{1-材料损耗率}\tag{1-3-7}$$

或 $$总消耗量=\frac{净用量}{1-损耗率}\tag{1-3-8}$$

在实际工作中，为了简化上述计算过程，常用下列公式计算总消耗量：

$$总消耗量=净用量\times(1+损耗率')\tag{1-3-9}$$

其中： $$损耗率'=\frac{损耗量}{净用量}\tag{1-3-10}$$

二 编制材料消耗定额的基本方法

(一)现场技术测定法

采用现场技术测定法可以取得编制材料消耗定额的全部资料。

一般地，材料消耗定额中的净用量比较容易确定，损耗量较难确定。我们可以通过现场技术测定方法来确定材料的损耗量。

(二)试验法

试验法是在实验室内采用专门的仪器设备，通过实验的方法来确定材料消耗定额的一种方法。用这种方法提供的数据，虽然精确度较高，但容易脱离现场实际情况。

(三)统计法

统计法是通过对现场用料的大量统计资料进行分析计算的一种方法。用该方法可以获得材料消耗定额的数据。

虽然统计法比较简单，但不能准确区分材料消耗的性质，因而不能区分材料净用量和损耗量，只能笼统地确定材料消耗定额。

(四)理论计算法

理论计算法是运用一定的计算公式确定材料消耗定额的方法。该方法较适合计算块状、板状、卷材状的材料消耗量计算。

三 砌体材料用量计算方法

(一)砌体材料用量计算的一般公式

$$1\text{m}^3\text{砌体砌块净用量(块)}=\frac{1\text{m}^3\text{砌体体积}}{\text{墙厚(m)}\times(\text{砌块长}+\text{灰缝})(\text{m})\times(\text{砌块厚}+\text{灰缝})(\text{m})}\times\text{分母体积中砌块的数量} \quad (1\text{-}3\text{-}11)$$

$$\text{砂浆净用量}=1\text{m}^3\text{砌体体积}-\text{砌块净用量}\times\text{砌块的单件体积}(\text{m}^3) \quad (1\text{-}3\text{-}12)$$

(二)砖砌体材料用量计算

灰砂砖的尺寸为240mm×115mm×53mm(见图1-3-1),其材料用量计算公式为:

$$1\text{m}^3\text{砌体灰砂砖净用量(块)}=\frac{1}{\text{墙厚}\times(\text{砖长}+\text{灰缝})\times(\text{砖厚}+\text{灰缝})}\times\text{墙厚的砖数}\times 2 \quad (1\text{-}3\text{-}13)$$

$$\text{灰砂砖总消耗量}=\frac{\text{净用量}}{1-\text{损耗率}}$$

$$\text{砂浆净用量}=1\text{m}^3-\text{灰砂砖净用量}\times 0.24\times 0.115\times 0.053 \quad (1\text{-}3\text{-}14)$$

$$\text{砂浆总消耗量}=\frac{\text{净用量}}{1-\text{损耗率}} \quad (1\text{-}3\text{-}15)$$

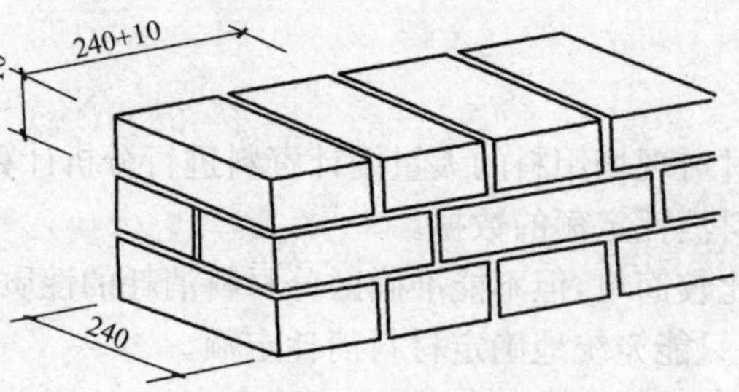

图1-3-1 砖砌体计算尺寸示意图(尺寸单位:mm)

【例1-3-2】 计算1m³一砖厚灰砂砖墙的砖和砂浆的总消耗量,灰缝10mm厚,砖损耗率1.5%,砂浆损耗率1.2%。

解： (1)灰砂砖净用量

$$1m^3\text{砖墙灰砂砖净用量}=\frac{1}{0.24\times(0.24+0.01)\times(0.053+0.01)}\times1\times2$$

$$=\frac{1}{0.24\times0.25\times0.063}\times2$$

$$=\frac{1}{0.003\,78}\times2$$

$$=529.1(\text{块})$$

(2)灰砂砖总消耗量

$$1m^3\text{砖墙灰砂砖总消耗量}=\frac{529.1}{1-1.5\%}=\frac{529.1}{0.985}=537.16(\text{块})$$

(3)砂浆净用量

$$1m^3\text{砌体砂浆净用量}=1-529.1\times0.24\times0.115\times0.053=1-0.773\,967=0.226(m^3)$$

(4)砂浆总消耗量

$$1m^3\text{砌体砂浆总消耗量}=\frac{0.226}{1-1.2\%}=\frac{0.226}{0.988}=0.229(m^3)$$

(三)砌块砌体材料用量计算

【例 1-3-3】 计算尺寸为 390mm×190mm×190mm 的每立方米 190mm 厚混凝土空心砌块墙的砌块和砂浆总消耗量，灰缝 10mm，砌块与砂浆的损耗率均为 1.8%。

解： (1)空心砌块总消耗量

$$1m^3\text{砌体空心砌块净用量}=\frac{1}{0.19\times(0.39+0.01)\times(0.19+0.01)}\times1$$

$$=\frac{1}{0.19\times0.40\times0.20}=65.8(\text{块})$$

$$1m^3\text{砌体空心砌块总消耗量}=\frac{65.8}{1-1.8\%}=\frac{65.8}{0.982}=67.0(\text{块})$$

(2)砂浆总消耗量

$$1m^3\text{砌体砂浆净用量}=1-65.8\times0.19\times0.19\times0.39$$

$$=1-0.926\,4=0.074(m^3)$$

$$1m^3\text{砌体砂浆总消耗量}=\frac{0.074}{1-1.8\%}=\frac{0.074}{0.982}=0.075(m^3)$$

四 块料面层材料用量计算

$$\begin{matrix}100\text{m}^2\text{ 块料}\\ \text{面层块料净用量}\end{matrix}(\text{块})=\frac{100}{(\text{块料长}+\text{灰缝})\times(\text{块料宽}+\text{灰缝})} \quad (1\text{-}3\text{-}16)$$

$$\begin{matrix}100\text{m}^2\text{ 块料}\\ \text{总消耗量}\end{matrix}(\text{块})=\frac{\text{净用量}}{1-\text{损耗率}}$$

$$\begin{matrix}100\text{m}^2\text{ 结合}\\ \text{层砂浆净用量}\end{matrix}=100\text{m}^2\times\text{结合层厚度} \quad (1\text{-}3\text{-}17)$$

$$\begin{matrix}100\text{m}^2\text{ 结合}\\ \text{层砂浆总消耗量}\end{matrix}=\frac{\text{净用量}}{1-\text{损耗率}}$$

$$\begin{matrix}100\text{m}^2\text{ 块料面层}\\ \text{灰缝砂浆净用量}\end{matrix}=(100-\text{块料长}\times\text{块料宽}\times\text{块料净用量})\times\text{灰缝深} \quad (1\text{-}3\text{-}18)$$

$$\begin{matrix}100\text{m}^2\text{ 块料面层}\\ \text{灰缝砂浆总消耗量}\end{matrix}=\frac{\text{净用量}}{1-\text{损耗率}}$$

【例 1-3-4】 用水泥砂浆铺 500mm×500mm×15mm 花岗石板地面，结合层 5mm 厚，灰缝 1mm 宽，花岗石损耗率 2%，砂浆损耗率 1.5%，试计算 100m^2 地面的花岗石和砂浆的总消耗量。

解： (1)计算花岗石总消耗量

$$\begin{matrix}100\text{m}^2\text{ 地面花}\\ \text{岗石净消耗量}\end{matrix}=\frac{100}{(0.5+0.001)\times(0.5+0.001)}$$

$$=\frac{100}{0.501\times0.501}$$

$$=398.4(\text{块})$$

$$\begin{matrix}100\text{m}^2\text{ 地面花}\\ \text{岗石总消耗量}\end{matrix}=\frac{398.4}{1-2\%}=\frac{398.4}{0.98}=406.5(\text{块})$$

(2)计算砂浆总消耗量

$$\begin{matrix}100\text{m}^2\text{ 花岗石地面}\\ \text{结合层砂浆净用量}\end{matrix}=100\text{m}^2\times0.005=0.5(\text{m}^3)$$

$$\begin{matrix}100\text{m}^2\text{ 花岗石地面}\\ \text{灰缝砂浆净用量}\end{matrix}=(100-0.5\times0.5\times398.4)\times0.015$$

$$=(100-99.6)\times0.015$$

$$=0.006(\text{m}^3)$$

$$砂浆总消耗量=\frac{0.5+0.006}{1-1.5\%}=\frac{0.506}{0.985}=0.514(m^3)$$

五 预制构件模板摊销量计算

预制构件模板摊销量是按多次使用、平均摊销的方法计算的。计算公式如下：

$$\frac{模板一次}{使用量}=\frac{1m^3\ 构件模}{板接触面积}\times\frac{1m^2\ 接触面}{积模板净用量}\times\frac{1}{1-损耗率} \tag{1-3-19}$$

$$模板摊销量=\frac{一次使用量}{周转次数} \tag{1-3-20}$$

【例 1-3-5】 根据选定的预制过梁标准图计算，$1m^3$ 构件的模板接触面积为 $10.16m^2$，$1m^2$ 接触面积的模板净用量 $0.095m^3$，模板损耗率 5%，模板周转 28 次，试计算 $1m^3$ 预制过梁的模板摊销量。

解：(1)模板一次使用量计算

$$模板一次使用量=10.16\times0.095\times\frac{1}{1-5\%}$$

$$=\frac{0.9652}{0.95}=1.016(m^3)$$

(2)模板摊销量计算

$$预制过梁模板摊销量=\frac{1.016}{28}=0.036(m^3/次)$$

第六节　机械台班定额编制

施工机械台班定额是施工机械生产率的反映。编制高质量的机械台班定额是合理组织机械施工，有效利用施工机械，进一步提高机械生产率的必备条件。

编制机械台班定额，主要包括以下内容：

(一)拟定正常施工条件

机械操作与人工操作相比，劳动生产率在更大程度上受施工条件的影响，所以需要更好地拟定正常的施工条件。

拟定机械工作正常的施工条件，主要是拟定工作地点的合理组织和拟定合理的工人编制。

(二)确定机械纯工作1h的正常生产率

确定机械正常生产率必须先确定机械纯工作1h的正常劳动生产率。因为，只有先取得机械纯工作1h正常生产率，才能根据机械利用系数计算出施工机械台班定额。

机械纯工作时间，就是指机械必须消耗的净工作时间，包括正常负荷下工作时间、有根据降低负荷下工作时间、不可避免的无负荷工作时间、不可避免的中断时间。

机械纯工作1h的正常生产率，就是在正常施工条件下，由具备一定技能的技术工人操作施工机械净工作1h的劳动生产率。

确定机械纯工作1h正常劳动生产率可分以下三步进行：

第一步，计算机械循环一次的正常延续时间。它等于本次循环中各组成部分延续时间之和，计算公式为：

$$\text{机械循环一次正常延续时间}=\sum\text{循环内各组成部分延续时间} \tag{1-3-21}$$

【例1-3-6】 某轮胎式起重机吊装大型屋面板，每次吊装一块，经过现场计时观察，测得循环一次的各组成部分的平均延续时间如下，试计算机械循环一次的正常延续时间。

挂钩时的停车的时间30.2s；

将屋面板吊至15m高的时间95.6s；

将屋面板下落就位的时间54.3s；

解钩时的停车的时间38.7s；

回转悬臂、放下吊绳空回至构件堆放处的时间51.4s。

解： 轮胎式起重机循环

$$\begin{aligned}\text{一次的正常延续时间}&=30.2+95.6+54.3+38.7+51.4\\&=270.2(\text{s})\end{aligned}$$

第二步，计算机械纯工作一小时的循环次数，计算公式为：

$$\begin{matrix}\text{机械纯工作1h}\\\text{循环次数}\end{matrix}=\frac{60\times60(\text{s})}{\text{一次循环的正常延续时间}} \tag{1-3-22}$$

【例1-3-7】 根据上例计算结果，计算轮胎式起重机纯工作一小时的循环次数。

解：
$$\begin{matrix}\text{轮胎式起重机纯工作}\\\text{1h循环次数}\end{matrix}=\frac{60\times60}{270.2}=13.32(\text{次})$$

第三步，求机械纯工作1h的正常生产率，计算公式为：

$$\text{机械纯工作1h正常生产率}=\text{机械纯工作1h正常循环次数}\times\text{一次循环的产品数量} \tag{1-3-23}$$

【例1-3-8】 根据上例计算结果和每次吊装1块的产品数量，计算轮胎式起重机纯工作1h的正常生产率。

解： $\text{轮胎式起重机纯工作1h正常生产率}=13.32(\text{次})\times1(\text{块/次})=13.32(\text{块})$

（三）确定施工机械的正常利用系数

机械的正常利用系数，是指机械在工作班内工作时间的利用率。

机械正常利用系数与工作班内的工作状况有着密切的关系。

拟定工作班的正常状况，关键是如何保证合理利用工时，因此，要注意下列几个问题：

(1)尽量利用不可避免的中断时间、工作开始前与结束后的时间，进行机械的维护和养护；

(2)尽量利用不可避免的中间时间作为工人的休息时间；

(3)根据机械工作的特点，在担负不同工作时，规定不同的开始与结束时间；

(4)合理组织施工现场，排除由于施工管理不善造成的机械停歇。

确定机械正常利用系数，首先要计算工作班在正常状况下，准备与结束工作、机械开动、机械维护等工作必须消耗的时间，以及有效工作的开始与结束时间，然后再计算机械工作班的纯工作时间，最后确定机械正常利用系数。机械正常利用系数按下列公式计算：

$$\text{机械正常利用系数}=\frac{\text{工作班内机械纯工作时间}}{\text{机械工作班延续时间}} \tag{1-3-24}$$

（四）计算机械台班定额

计算机械台班定额是编制机械台班定额的最后一个环节。

在确定了机械正常工作条件、机械一小时纯工作时间正常生产率和机械利用系数后，就可以确定机械台班的定额消耗指标了。计算公式如下：

$$\text{施工机械台班产量定额}=\text{机械纯工作1h正常生产率}\times\text{工作班延续时间}\times\text{机械正常利用系数} \tag{1-3-25}$$

【例1-3-9】 轮胎式起重机吊装大型屋面板，机械纯工作一小时的正常生产率为13.32块，工作班8h内实际工作时间7.2h，求产量定额和时间定额。

解：（1）计算机械正常利用系数

$$机械正常利用系数=\frac{7.2}{8}=0.9$$

（2）计算机械台班产量定额

$$\begin{matrix}轮胎式起重机\\台班产量定额\end{matrix}=13.32\times8\times0.9=96(块/台班)$$

（3）求机械台班时间定额

$$\begin{matrix}轮胎式起重机\\台班时间定额\end{matrix}=\frac{1}{96}=0.01(台班/块)$$

第七节　建筑工程预算定额编制

一　预算定额的编制步骤

编制预算定额一般分为以下三个阶段进行。

（一）准备工作阶段

（1）根据工程造价主管部门的要求，组织编制预算定额的领导机构和专业小组；

（2）拟定编制定额的工作方案，提出编制定额的基本要求，确定编制定额的原则、适用范围，确定定额的项目划分及定额表格形式等；

（3）调查研究，收集各种编制依据和资料。

（二）编制初稿阶段

（1）对调查和收集的资料进行分析研究；

（2）按编制方案中项目划分的要求和选定的典型工程施工图计算工程量；

（3）根据取定的各项消耗指标和有关编制依据，计算分项工程定额中的人工、材料和机械台班消耗量，编制出定额项目表；

（4）测算定额水平，定额初稿编出后，应将新编定额与原定额进行比较，测算新定额的水平。

（三）修改和定稿阶段

组织有关部门和单位讨论新编定额，将征求到的意见交编制专业小组修改定稿，并写出送审报告，交审批机关审定。

二 确定预算定额消耗量指标

(一)定额项目计量单位的确定

预算定额项目计量单位的选择，与预算定额的准确性、简明适用性有着密切的关系。因此，首先要确定好定额各项目的计量单位。

在确定项目计量单位时，应首先考虑采用该单位能否确切反映单位产品的工、料、机消耗量，保证预算定额的准确性；其次，要有利于减少定额项目数量，提高定额的综合性；最后，要有利于简化工程量计算和预算的编制，保证预算的准确性和及时性。

由于各分项工程的形状不同，定额计量单位应根据分项工程不同的形状特征和变化规律来确定。一般要求如下。

(1)凡物体的长、宽、高三个度量都在变化时，应采用立方米为计量单位。例如，土方、石方、砌筑、混凝土构件等项目。

(2)当物体有一固定的厚度，而长和宽两个度量所决定的面积不固定时，宜采用平方米为计量单位。例如，楼地面面层、屋面防水层、装饰抹灰、木地板等项目。

(3)如果物体截面形状大小固定，但长度不固定时，应以延长米为计量单位。例如，装饰线、栏杆扶手、给排水管道、导线敷设等项目。

(4)有的项目体积、面积变化不大，但重量和价格差异较大。例如，金属结构制、运、安等，应当以重量单位"t"或"kg"计算。

(5)有的项目还可以"个、组、座、套"等自然计量单位计算。例如，屋面排水用的水斗、水口及给排水管道中的阀门、水嘴安装等均以"个"为计量单位；电气照明工程中的各种灯具安装则以"套"为计量单位。

定额项目计量单位确定之后，在预算定额项目表中，常用所采用单位的"10倍"或"100倍"等倍数的计量单位来计算定额消耗量。

(二)预算定额消耗指标的确定

确定预算定额消耗指标，一般按以下步骤进行。

1.按选定的典型工程施工图及有关资料计算工程量

计算工程量的目的是为了综合不同类型工程在本定额项目中实物消耗量的比例数，使定额项目的消耗量更具有广泛性、代表性。

2.确定人工消耗指标

预算定额中的人工消耗指标是指完成该分项工程必须消耗的各种用工量。

包括基本用工、材料超运距用工、辅助用工和人工幅度差。

(1)基本用工。它是指完成该分项工程的主要用工。例如,砌砖墙中的砌砖、调制砂浆、运砖等的用工。采用劳动定额综合成预算定额项目时,还要增加附墙烟囱、垃圾道砌筑等的用工。

(2)材料超运距用工。拟定预算定额项目的材料、半成品平均运距要比劳动定额中确定的平均运距远。因此在编制预算定额时,比劳动定额远的那部分运距,要计算超运距用工。

(3)辅助用工。它是指施工现场发生的加工材料的用工,如筛砂子、淋石灰膏的用工。这类用工在劳动定额中是单独的项目,但在编制预算定额时要综合进去。

(4)人工幅度差。主要指在正常施工条件下,预算定额项目中劳动定额没有包含的用工因素,以及预算定额与劳动定额的水平差。例如,各工种交叉作业的停歇时间,工程质量检查和隐蔽工程验收等所占的时间。

预算定额的人工幅度差系数一般在10%～15%之间。人工幅度差的计算公式为:

$$\text{人工幅度差}=(\text{基本用工}+\text{超运距用工}+\text{辅助用工})\times\text{人工幅度差系数} \tag{1-3-26}$$

3.材料消耗指标的确定

由于预算定额是在劳动定额、材料消耗定额、机械台班定额的基础上综合而成的,所以其材料消耗量也要综合计算。例如,每砌10m³一砖内墙的灰砂砖和砂浆用量的计算过程如下:

(1)计算10m³一砖内墙的灰砂砖净用量;

(2)根据典型工程的施工图计算每10m³一砖内墙中梁头、板头所占体积;

(3)扣除10m³砖墙体积中梁头、板头所占体积;

(4)计算10m³一砖内墙砌筑砂浆净用量;

(5)计算10m³一砖内墙灰砂砖和砂浆的总消耗量。

4.机械台班消耗指标的确定

预算定额中配合工人班组施工的施工机械,按工人小组的产量计算台班产量。计算公式为:

$$\text{分项工程定额机械台班使用量}=\frac{\text{分项工程定额计量单位值}}{\text{小组总产量}} \tag{1-3-27}$$

三 编制预算定额项目表

当分项工程的人工、材料、机械台班消耗量指标确定后，就可以着手编制预算定额项目表。

四 预算定额编制实例

(一)典型工程工程量计算

计算一砖厚标准砖内墙及墙内构件体积时，选择了六个典型工程，它们是某食品厂加工车间、某单位职工住宅、某中学教学楼、某职业技术学院教学楼、某单位综合楼、某住宅商品房。具体计算过程见表 1-3-1。

标准砖一砖内墙及墙内构件体积工程量计算表 表 1-3-1

分部名称：砖石工程　　项目：砖内墙

分节名称：砌砖　　子目：一砖厚

序号	工程名称	砖墙体积(m^3)		门窗面积(m^2)		板头体积(m^3)		梁头体积(m^3)		弧形及圆形旋(m)	附墙烟囱孔(m)	垃圾道(m)	抗震柱孔(m)	墙顶面抹灰找平(m^2)	壁橱(个)	吊柜(个)
		1	2	3	4	5	6	7	8	9	10	11	12	13	14	15
		数量	%	数量	%	数量	%	数量	%	数量	数量	数量	数量	数量	数量	数量
一	加工车间	30.01	2.51	24.50	16.38	0.26	0.87									
二	职工住宅	66.10	5.53	40.00	12.68	2.41	3.65	0.17	0.26	7.18			59.39	8.21		
三	普通中学教学楼	149.13	12.47	47.92	7.16	0.17	0.11	2.00	1.34					10.33		
四	高职教学楼	164.14	13.72	185.09	21.30	5.89	3.59	0.46	0.28							
五	综合楼	432.12	36.12	250.16	12.20	10.01	2.32	3.55	0.82		217.36	19.45	161.31	28.68		
六	住宅商品房	354.73	29.65	191.58	11.47	8.65	2.44				189.36	16.44	138.17	27.54	2	2
	合计	1196.23	100	739.25	81.89	27.39	2.29	6.18	0.52	7.18	406.72	35.89	358.87	74.76	2	2

一砖内墙及墙内构件体积工程量计算表中门窗洞口面积占墙体总面积的百分比计算公式为：

$$\text{门窗洞口面积占墙体总面积百分比}=\frac{\text{门窗面积}}{\text{砖墙体积}\div\text{墙厚}+\text{门窗面积}}\times 100\% \quad (1\text{-}3\text{-}28)$$

例如，加工车间门窗洞口面积占墙体总面积百分比的计算式为：

$$\text{加工车间门窗洞口面积占墙总面积百分比}=\frac{24.50}{30.01\div 0.24+24.50}\times 100\%$$

$$=\frac{24.5}{149.54}\times 100\%=16.38\%$$

通过上述六个典型工程测算，在一砖内墙中，单面清水、双面清水墙各占20%，混水墙占60%。

(二)人工消耗指标确定

预算定额砌砖工程材料超运距计算见表1-3-2。

预算定额砌砖工程材料超运距计算表(单位：m)　　表1-3-2

材料名称	预算定额运距	劳动定额运距	超运距
砂子	80	50	30
石灰膏	150	100	50
灰砂砖	170	50	120
砂浆	180	50	130

注：每砌10m³一砖内墙的砂子定额用量为2.43m³，石灰膏用量为0.19m³。

根据上述计算的工程量有关数据和某劳动定额计算的每10m³一砖内墙的预算定额人工消耗指标见表1-3-3。

预算定额项目劳动力计算表　　表1-3-3

子目名称：一砖内墙　　单位：10m³

用工	施工过程名称	工程量	单位	劳动定额编号	工种	时间定额	工日数
	1	2	3	4	5	6	7=2×6
基本工	单面清水墙	2.0	m³	§4-2-10	砖工	1.16	2.320
	双面清水墙	2.0	m³	§4-2-5	砖工	1.20	2.400
	混水内墙	6.0	m³	§4-2-16	砖工	0.972	5.832
	小计						10.552
	弧形及圆形旋	0.006	m	§4-2加工表	砖工	0.03	0.002
	附墙烟囱孔	0.34	m	§4-2加工表	砖工	0.05	0.170
	垃圾道	0.03	m	§4-2加工表	砖工	0.06	0.018
	预留抗震柱孔	0.30	m	§4-2加工表	砖工	0.05	0.150
	墙顶面抹灰找平	0.0625	m²	§4-2加工表	砖工	0.08	0.050
	壁橱	0.002	个	§4-2加工表	砖工	0.30	0.006
	吊柜	0.002	个	§4-2加工表	砖工	0.15	0.003
	小计						0.399
	合计						10.951

续上表

用工	施工过程名称	工程量	单位	劳动定额编号	工种	时间定额	工日数
	1	2	3	4	5	6	7=2×6
超运距用工	砂子超运 30m	2.43	m^3	§4-超运距加工表-192	普工	0.0453	0.110
	石灰膏超运 50m	0.19	m^3	§4-超运距加工表-193	普工	0.128	0.024
	标准砖超运 120m	10.00	m^3	§4-超运距加工表-178	普工	0.139	1.390
	砂浆超运 130m	10.00	m^3	§4-超运距加工表-{178, 173}	普工	{0.0516, 0.00816}	0.598
	合计						2.122
辅助工	筛砂子	2.43	m^3	§1-4-82	普工	0.111	0.270
	淋石灰膏	0.19	m^3	§1-4-95	普工	0.50	0.095
	合计						0.365
共计	人工幅度差=(10.951+2.122+0.365)×10%=1.344 工日						
	定额用工=10.951+2.122+0.365+1.344=14.782 工日						

(三)材料消耗指标确定

1. 10m^3 一砖内墙灰砂砖净用量

$$\begin{array}{c}10m^3\text{ 砌体}\\\text{灰砂砖净用量}\end{array}=\frac{1}{0.24\times0.25\times0.063}\times2\times10$$

$$=529.1\times10=5\,291(\text{块}/10m^3)$$

2. 扣除 10m^3 砌体中梁头、板头所占体积

查表 1-3-2,梁头和板头占墙体积的百分比为:

梁头 0.52%+板头 2.29%=2.81%

扣除梁头、板头体积后的灰砂砖净用量为:

灰砂砖净用量=5 291×(1−2.81%)=5 291×0.971 9=5 142(块)

3. 10m^3 一砖内墙砌筑砂浆净用量

砂浆净用量=(1−529.1×0.24×0.115×0.053)×10=2.26(m^3)

4. 扣除梁头、板头体积后的砂浆净用量

砂浆净用量=2.26×(1−2.81%)=2.26×0.971 9=2.196(m^3)

5. 材料总消耗量计算

当灰砂砖损耗率为 1%,砌筑砂浆损耗率为 1%时,计算灰砂砖和砂浆的总

消耗量。

$$灰砂砖总消耗量=\frac{5142}{1-1\%}=5\,194(块/10m^3)$$

$$砌筑砂浆总消耗量=\frac{2.196}{1-1\%}=2.218(m^3/10m^3)$$

(四)机械台班消耗指标确定

预算定额项目中配合工人班组施工的机械台班消耗指标按小组产量计算。

根据上述六个典型工程的工程量数据和劳动定额规定，砌砖工人小组由22人组成，计算每$10m^3$一砖内墙的塔吊和灰浆搅拌机的台班定额。

$$小组总产量=22\times[单面清水20\%\times0.862(m^3/工日)+双面清水20\%\times0.833(m^3/工日)+混水60\%\times1.029(m^3/工日)]$$
$$=22\times0.9564(m^3/工日)=21.04(m^3/工日)$$

$$2t塔吊时间定额=\frac{分项定额计量单位值}{小组总产量}=\frac{10}{21.04}=0.475(台班/10m^3)$$

$$200L砂浆搅拌机时间定额=\frac{10}{21.04}=0.475(台班/10m^3)$$

(五)编制预算定额项目表

根据上述计算的人工、材料、机械台班消耗指标编制的一砖厚内墙的预算定额项目表见表1-3-4。

预算定额项目表 表1-3-4

工程内容：略 单位：$10m^3$

定额编号			×××	×××	×××
项目		单位	内墙		
			1砖	3/4砖	1/2砖
人工	砖工	工日	12.046	……	……
	其他用工	工日	2.736		
	小计	工日	14.782		
材料	灰砂砖	块	5 194	……	……
	砂浆	m^3	2.218		
机械	2t塔吊	台班	0.475	……	……
	200L砂浆搅拌机	台班	0.475		

第八节　建筑工程预算定额的应用

一　预算定额的构成

预算定额一般由总说明、分部说明、分节说明、建筑面积计算规则、工程量计算规则、分项工程消耗指标、分项工程基价、机械台班预算价格、材料预算价格、砂浆和混凝土配合比表、材料损耗率表等内容构成，见图 1-3-2。

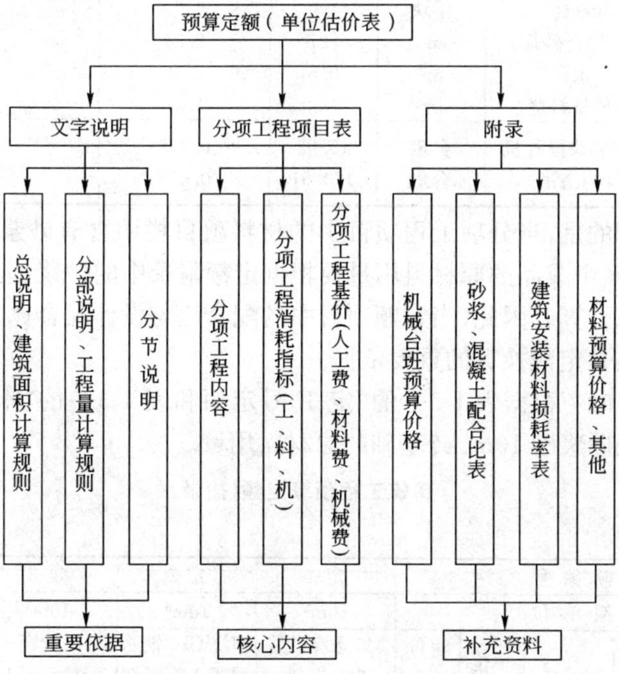

图 1-3-2　预算定额构成示意图

由此可见，预算定额是由文字说明、分项工程项目表和附录等三部分内容所构成。其中，分项工程项目表是预算定额的核心内容。例如，表 1-3-5 为某地区土建部分砌砖项目工程的定额项目表，它反映了砌砖工程某子目工程的预算价值（定额基价）及人工、材料、机械台班消耗量指标。

建筑工程预算定额

工程内容：略 表 1-3-5

定额编号				定-1	×××
定额单位				$10m^3$	×××
项目		单位	单价(元)	M5 混合砂浆砌砖墙	×××
基价		元		1999.84	×××
其中	人工费	元		888.00	×××
	材料费	元		1023.24	
	机械费	元		88.60	
人工	合计用工	工日	50.00	17.76	×××
材料	标准砖	千块	140	5.26	×××
	M5 混合砂浆	m^3	127	2.24	
	水	m^3	0.5	2.16	
	其他材料费	元		1.28	
机械	200L 砂浆搅拌机	台班	15.92	0.475	×××
	2t 内塔吊	台班	170.61	0.475	

需要强调的是，当分项工程项目中的材料项目栏中含有砂浆或混凝土半成品的用量时，其半成品的原材料用量要根据定额附录中的砂浆、混凝土配合比表的材料用量来计算。因此，当定额项目中的配合比与设计配合比不同时，附录半成品配合比表是定额换算的重要依据。

【例 1-3-10】 根据表 1-3-6 的“定-1”号定额和表 1-3-7 的“附-1”号定额，计算用 M5 水泥砂浆砌 $10m^3$ 砖基础的原材料用量。

建筑工程预算定额(摘录)

工程内容：略 表 1-3-6

定额编号				定-1	定-2	定-3	定-4
定额单位				$10m^3$	$10m^3$	$10m^3$	$100m^2$
项目		单位	单价(元)	M5 水泥砂浆砌砖基础	现浇 C20 钢筋混凝土矩形梁	C15 混凝土地面垫层	1∶2 水泥砂浆墙基防潮层
基价		元		1588.05	9505.32	2493.24	1036.29
其中	人工费	元		621.50	3663.00	1078.00	475.00
	材料费	元		958.99	5684.33	1384.26	557.31
	机械费	元		7.56	157.99	30.98	3.98
人工	基本工	工日	50.00	10.32	52.20	13.46	7.20
	其他工	工日	50.00	2.11	21.06	8.10	2.30
	合计	工日	50.00	12.43	73.26	21.56	9.5

续上表

定额编号				定-1	定-2	定-3	定-4
定额单位				$10m^3$	$10m^3$	$10m^3$	$100m^2$
项目		单位	单价（元）	M5水泥砂浆砌砖基础	现浇C20钢筋混凝土矩形梁	C15混凝土地面垫层	1∶2水泥砂浆墙基防潮层
材料	标准砖	千块	127.00	5.23			
	M5水泥砂浆	m^3	124.32	2.36			
	木材	m^3	700.00		0.138		
	钢模板	kg	4.60		51.53		
	零星卡具	kg	5.40		23.20		
	钢支撑	kg	4.70		11.60		
	ϕ10内钢筋	kg	3.10		471		
	ϕ10外钢筋	kg	3.00		728		
	C20混凝土(0.5～4)	m^3	146.98		10.15		
	C15混凝土(0.5～4)	m^3	136.02			10.10	
	1∶2水泥砂浆	m^3	230.02				2.07
	防水粉	kg	1.20				66.38
	其他材料费	元			26.83	1.23	1.51
	水	m^3	0.60	2.31	13.52	15.38	
机械	200L砂浆搅拌机	台班	15.92	0.475			0.25
	400L混凝土搅拌机	台班	81.52		0.63	0.38	
	2t内塔吊	台班	170.61		0.625		

砌筑砂浆配合比表（单位：m^3）（摘录） 表1-3-7

定额编号				附-1	附-2	附-3	附-4
项目		单位	单价（元）	水泥砂浆			
				M5	M7.5	M10	M15
基价		元		124.32	144.10	160.14	189.98
材料	32.5级水泥	kg	0.30	270.00	341.00	397.00	499.00
	中砂	m^3	38.00	1.140	1.100	1.080	1.060

解：32.5级水泥：$2.36(m^3/10m^3)\times270(kg/m^3)=637.20(kg/10m^3)$

中砂：$2.36(m^3/10m^3)\times1.14(m^3/m^3)=2.690(m^3/10m^3)$

二 预算定额的使用

(一)预算定额的直接套用

当施工图的设计要求与预算定额的项目内容一致时,可直接套用预算定额。

在编制单位工程施工图预算的过程中,大多数项目可以直接套用预算定额。套用时应注意以下几点:

(1)根据施工图、设计说明和做法说明,选择定额项目;

(2)要从工程内容、技术特征和施工方法上仔细核对,才能较准确地确定相对应的定额项目;

(3)分项工程的名称和计量单位要与预算定额相一致。

(二)预算定额的换算

当施工图中的分项工程项目不能直接套用预算定额时,就产生了定额的换算。

1. 预算定额的换算原则

为了保持定额的水平,在预算定额的说明中规定了有关换算原则,一般包括:

(1)定额的砂浆、混凝土强度等级。如设计与定额不同时,允许按定额附录的砂浆、混凝土配合比表换算,但配合比中的各种材料用量不得调整。

(2)定额中抹灰项目已考虑了常用厚度,各层砂浆的厚度一般不作调整。如果设计有特殊要求时,定额中工、料可以按厚度比例换算。

(3)必须按预算定额中的各项规定换算定额。

2. 预算定额的换算类型

预算定额的换算类型有以下四种:

(1)砂浆换算,即砌筑砂浆换强度等级、抹灰砂浆换配合比及砂浆用量;

(2)混凝土换算,即构件混凝土、楼地面混凝土的强度等级、混凝土类型的换算;

(3)系数换算,即按规定对定额中的人工费、材料费、机械费乘以各种系数的换算;

(4)其他换算,即除上述三种情况以外的定额换算。

(三)定额换算的基本思路

定额换算的基本思路是:根据选定的预算定额基价,按规定换入增加的费用,换出扣除的费用。

这一思路用下列表达式表述:

换算后的定额基价=原定额基价+换入的费用-换出的费用　　(1-3-29)

例如，某工程施工图设计用M15水泥砂浆砌砖墙，查预算定额中只有M5、M7.5、M10水泥砂浆砌砖墙的项目，这时就需要选用预算定额中的某个项目，再依据定额附录中M15水泥砂浆的配合比用量和基价进行换算：

$$\text{换算后定额基价}=\text{M5(或M10)水泥砂浆砌砖墙定额基价}+\text{定额砂浆用量}\times\text{M15水泥砂浆基价}-\text{定额砂浆用量}\times\text{M5(或M10)水泥砂浆基价}$$

上述项目的定额基价换算示意见图1-3-3。

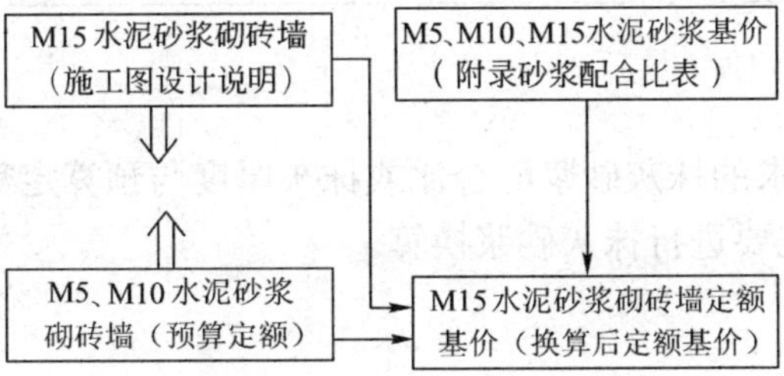

图1-3-3 定额基价换算示意图

三 砌筑砂浆换算

(一)换算原因

当设计图纸要求的砌筑砂浆强度等级在预算定额中缺项时，就需要调整砂浆强度等级，求出新的定额基价。

(二)换算特点

由于砂浆用量不变，所以人工、机械费不变，因而只换算砂浆强度等级和调整砂浆材料费。

砌筑砂浆换算公式：

$$\text{换算后定额基价}=\text{原定额基价}+\text{定额砂浆用量}\times\left(\text{换入砂浆基价}-\text{换出砂浆基价}\right) \tag{1-3-30}$$

【例1-3-11】 M7.5水泥砂浆砌砖基础。

解： 用公式(1-3-30)换算。

换算定额号：定-1(表1-3-6)、附-1、附-2(表1-3-7)。

$$\begin{aligned}\text{换算后定额基价}&=1\,588.05+2.36\times(144.10-124.32)\\&=1\,588.05+2.36\times19.78\\&=1\,588.05+46.68\end{aligned}$$

$=1\,634.73$(元/10m^3)

换算后材料用量(每 10m^3 砌体):

32.5 级水泥: $2.36\times341.00=804.76$(kg)

中砂: $2.36\times1.10=2.596$(m^3)

四 抹灰砂浆换算

(一)换算原因

当设计图纸要求的抹灰砂浆配合比或抹灰厚度与预算定额的抹灰砂浆配合比或厚度不同时,就要进行抹灰砂浆换算。

(二)换算特点

第一种情况:当抹灰厚度不变只换算配合比时,人工费、机械费不变,只调整材料费;

第二种情况:当抹灰厚度发生变化时,砂浆用量要改变,因而人工费、材料费、机械费均要换算。

(三)换算公式

第一种情况的换算公式:

$$\begin{matrix}\text{换算后定额}\\\text{基价}\end{matrix}=\begin{matrix}\text{原定额}\\\text{基价}\end{matrix}+\begin{matrix}\text{抹灰砂浆}\\\text{定额用量}\end{matrix}\times\left(\begin{matrix}\text{换入砂}\\\text{浆基价}\end{matrix}-\begin{matrix}\text{换出砂}\\\text{浆基价}\end{matrix}\right)\qquad(1\text{-}3\text{-}31)$$

第二种情况换算公式:

$$\begin{matrix}\text{换算后定额}\\\text{基价}\end{matrix}=\begin{matrix}\text{原定额}\\\text{基价}\end{matrix}+\left(\begin{matrix}\text{定额}\\\text{人工费}\end{matrix}+\begin{matrix}\text{定额}\\\text{机械费}\end{matrix}\right)\times(K-1)+$$

$$\sum\left(\begin{matrix}\text{各层换入}\\\text{砂浆用量}\end{matrix}\times\begin{matrix}\text{换入砂}\\\text{浆基价}\end{matrix}-\begin{matrix}\text{各层换出}\\\text{砂浆用量}\end{matrix}\times\begin{matrix}\text{换出砂}\\\text{浆基价}\end{matrix}\right)$$

(1-3-32)

其中:

$$K=\frac{\text{设计抹灰砂浆总厚}}{\text{定额抹灰砂浆总厚}}\qquad(1\text{-}3\text{-}33)$$

$$\begin{matrix}\text{各层换入}\\\text{砂浆用量}\end{matrix}=\frac{\text{定额砂浆用量}}{\text{定额砂浆厚度}}\times\text{设计厚度}\qquad(1\text{-}3\text{-}34)$$

$$\begin{matrix}\text{各层换出}\\\text{砂浆用量}\end{matrix}=\text{定额砂浆用量}\qquad(1\text{-}3\text{-}35)$$

式中：K——工、机费换算系数。

【例 1-3-12】 1∶2 水泥砂浆底 13 厚，1∶2 水泥砂浆面 7 厚抹砖墙面。

解：用公式(1-3-31)换算(砂浆总厚不变)。

换算定额号：定-6(表 1-3-8)、附-6、附-7(表 1-3-9)。

建筑工程预算定额(摘录)

工程内容：略　　表 1-3-8

定额编号				定-5	定-6
定额单位				$100m^2$	$100m^2$
项目		单位	单价(元)	C15 混凝土地面面层(60 厚)	1∶2.5 水泥砂浆抹砖墙面(底 13 厚、面 7 厚)
基价		元		1523.78	1273.44
其中	人工费	元		665.00	770.00
	材料费	元		833.51	451.21
	机械费	元		25.27	52.23
人工	基本工	工日	50.00	9.20	13.40
	其他工	工日	50.00	4.10	2.00
	合计	工日	50.00	13.30	15.40
材料	C15 混凝土(0.5～4)	m^3	136.02	6.06	
	1∶2.5 水泥砂浆	m^3	210.72		2.10(底：1.39；面：0.71)
	其他材料费	元			4.50
	水	m^3	0.60	15.38	6.99
机械	200 砂浆搅拌机	台班	15.92		0.28
	400L 混凝土搅拌机	台班	81.52	0.31	
	塔式起重机	台班	170.61		0.28

抹灰砂浆配合比表(单位：m^3)(摘录)　　表 1-3-9

定额编号				附-5	附-6	附-7	附-8
项目		单位	单价(元)	水泥砂浆			
				1∶1.5	1∶2	1∶2.5	1∶3
基价		元		254.40	230.02	210.72	182.82
材料	32.5 级水泥	kg	0.30	734	635	558	465
	中砂	m^3	38.00	0.90	1.04	1.14	1.14

换算后定额基价 $=1\,273.44+2.10\times(230.02-210.72)$
$=1\,273.44+2.10\times19.30$
$=1\,273.44+40.53$
$=1\,313.97$(元/100m^2)

换算后材料用量(每100m^2)：

32.5级水泥：　$2.10\times635=1333.50$(kg)

中砂：　$2.10\times1.04=2.184$(m^3)

【例1-3-13】 1∶3水泥砂浆底15厚，1∶2.5水泥砂浆面7厚抹砖墙面。

解:设计抹灰厚度发生了变化，故用公式(1-3-32)换算。换算定额号:定-6(表1-3-8)、附-7、附-8(表1-3-9)。

$$\text{工、机费换算系数}\ K=\frac{15+7}{13+7}=\frac{22}{20}=1.10$$

$$1:3\ \text{水泥砂浆用量}=\frac{1.39}{13}\times15=1.604(\text{m}^3)$$

1∶2.5水泥砂浆用量不变。

换算后定额基价 $=1\,273.44+(770.00+52.23)\times(1.10-1)+1.604\times182.82-1.39\times210.72$
$=1\,273.44+822.23\times0.10+293.24-292.90$
$=1\,273.44+82.22+293.24-292.90$
$=1\,356.00$(元/100m^2)

换算后材料用量(每100m^2)：

32.5级水泥：　$1.604\times465+0.71\times558=1142.04$(kg)

中砂：　$1.604\times1.14+0.71\times1.14=2.638$(m^3)

【例1-3-14】 1∶2水泥砂浆底14厚，1∶2水泥砂浆面9厚抹砖墙面。

解:用公式(1-3-32)换算。

换算定额号:定-6(表1-3-8)、附-6、附-7(表1-3-9)。

$$\text{工、机费换算系数}\ K=\frac{14+9}{13+7}=\frac{23}{20}=1.15$$

$$1:2\ \text{水泥砂浆用量}=\frac{2.10}{20}\times23=2.415(\text{m}^3)$$

换算后定额基价 $=1\,273.44+(770.00+52.23)\times(1.15-1)+2.415\times230.02-2.10\times210.72$

$=1\,273.44+822.23\times0.15+555.50-442.51$

$=1\,273.44+123.33+555.50-442.51$

$=1\,509.76$(元/100m^2)

换算后材料用量(每 100m^2):

32.5 级水泥: 2.415×635=1 533.53(kg)

中砂: 2.415×1.04=2.512(m^3)

五 构件混凝土换算

(一)换算原因

当设计要求构件采用的混凝土强度等级,在预算定额中没有相符合的项目时,就产生了混凝土强度等级或石子粒径的换算。

(二)换算特点

混凝土用量不变,人工费、机械费不变,只换算混凝土强度等级或石子粒径。

(三)换算公式

$$\text{换算后定额基价}=\text{原定额基价}+\text{定额混凝土用量}\times\left(\text{换入混凝土基价}-\text{换出混凝土基价}\right)\qquad(1\text{-}3\text{-}36)$$

【例 1-3-15】 现浇 C25 钢筋混凝土矩形梁。

解:用公式(1-3-36)换算。

换算定额号:定-2(表 1-3-6)、附-10、附-11(表 1-3-10)。

普通塑性混凝土配合比表(单位:m^3)(摘录) 表 1-3-10

定额编号				附-9	附-10	附-11	附-12	附-13	附-14
项目		单位	单价(元)	最大粒径:40mm					
				C15	C20	C25	C30	C35	C40
基价		元		136.02	146.98	162.63	172.41	181.48	199.18
材料	42.5 级水泥	kg	0.30	274	313.00				
	52.5 级水泥	kg	0.35			313	343	370	
	62.5 级水泥	kg	0.40						368
	中砂	m^3	38.00	0.49	0.46	0.46	0.42	0.41	0.41
	0.5~4 砾石	m^3	40.00	0.88	0.89	0.89	0.91	0.91	0.91

$$\text{换算后定额基价}=9\ 505.32+10.15\times(162.63-146.98)$$
$$=9\ 505.32+10.15\times15.65$$
$$=9\ 505.32+158.85$$
$$=9\ 664.17(\text{元}/10\text{m}^3)$$

换算后材料用量(每 $10m^3$)：

52.5 级水泥：　　$10.15\times313=3\ 176.95$(kg)

中砂：　　$10.15\times0.46=4.669(m^3)$

0.5～4 砾石：　　$10.15\times0.89=9.034(m^3)$

六 楼地面混凝土换算

(一)换算原因

楼地面混凝土面层的定额单位一般是平方米。因此，当设计厚度与定额厚度不同时，就产生了定额基价的换算。

(二)换算特点

同抹灰砂浆的换算特点。

(三)换算公式

$$\text{换算后定额基价}=\text{原定额基价}+\left(\text{定额人工费}+\text{定额机械费}\right)\times(K-1)+\text{换入混凝土用量}\times\text{换入混凝土基价}-\text{换出混凝土用量}\times\text{换出混凝土基价} \tag{1-3-37}$$

其中：

$$K=\frac{\text{混凝土设计厚度}}{\text{混凝土定额厚度}} \tag{1-3-38}$$

$$\text{换入混凝土用量}=\frac{\text{定额混凝土用量}}{\text{定额混凝土厚度}}\times\text{设计混凝土厚度} \tag{1-3-39}$$

$$\text{换出混凝土用量}=\text{定额混凝土用量} \tag{1-3-40}$$

式中：K——工、机费换算系数。

【例 1-3-16】 C20 混凝土地面面层 80mm 厚。

解：用公式(1-3-37)换算。

换算定额号：定-5(表 1-3-8)、附-9、附-10(表 1-3-10)。

$$工、机费换算系数 K=\frac{8}{6}=1.333$$

$$换入混凝土用量=\frac{6.06}{6}\times 8=8.08(m^3)$$

换算后定额基价=1 523.78+(665.00+25.27)×(1.333−1)+

8.08×146.98−6.06×136.02

=1 523.78+690.27×0.333+1 187.60−824.28

=1 523.78+229.86+118 7.60−824.28

=2 116.96(元/100m^2)

换算后材料用量(每 100m^2)：

42.5 级水泥：　8.08×313=252 9.04(kg)

中砂：　8.08×0.46=3.717(m^3)

0.5～4 砾石：　8.08×0.89=7.191(m^3)

七 乘系数的换算和其他换算

1. 乘系数换算

乘系数换算是指在使用某些预算定额项目时，定额的一部分或全部乘以规定的系数。例如，某地区预算定额规定，砌弧形砖墙时，定额人工费乘以1.10系数；楼地面垫层用于基础垫层时，定额人工费乘以系数 1.20。

【例 1-3-17】 C15 混凝土基础垫层。

解：根据题意按某地区预算定额规定，楼地面垫层定额用于基础垫层时，定额人工费乘以 1.20 系数。

换算定额号：定-3(表 1-3-6)。

换算后定额基价=原定额基价+定额人工费×(系数−1)

=2 493.24+1 078.00×(1.20−1)

=2 493.24+1 078.00×0.20

=2 493.24+215.60

=2 708.84(元/10m^3)

其中：人工费=1 078.00×1.20=1 293.6(元/10m^3)

2. 其他换算

其他换算是指不属于上述几种换算情况的定额基价换算。

【例 1-3-18】 1∶2 防水砂浆墙基防潮层(加水泥用量 8%的防水粉)。

解:根据题意和定额"定-4"(表 1-3-6)内容应调整防水粉的用量。

换算定额号:定-4(表 1-3-6)、附-6(表 1-3-9)。

防水粉用量=定额砂浆用量×砂浆配合比中的水泥用量×8%

=2.07×635×8%

=105.16(kg)

$$换算后定额基价=\begin{matrix}原定额\\基价\end{matrix}+\begin{matrix}防水粉\\单价\end{matrix}\times\left(\begin{matrix}防水粉\\换入量\end{matrix}-\begin{matrix}防水粉\\换出量\end{matrix}\right)$$

=1 036.29+1.20×(105.16−66.38)

=1 036.29+1.20×38.78

=1 036.29+46.54

=1 082.83(元/100m^2)

材料用量(每 100m^2):

32.5 级水泥: 2.07×635=1 314.45(kg)

中砂: 2.07×1.04=2.153(m^3)

防水粉: 2.07×635×8%=105.16(kg)

八 定额基价换算公式小结

(一)定额基价换算总公式

换算后定额基价=原定额基价+换入费用−换出费用

(二)定额基价换算通用公式

$$\begin{matrix}换算后\\定额基价\end{matrix}=\begin{matrix}原定额\\基价\end{matrix}+\left(\begin{matrix}定额\\人工费\end{matrix}+\begin{matrix}定额\\机械费\end{matrix}\right)\times(K-1)+\sum\left(\begin{matrix}换入半成\\品用量\end{matrix}\times\begin{matrix}换入半成\\品基价\end{matrix}-\begin{matrix}换出半成\\品用量\end{matrix}\times\begin{matrix}换出半成\\品基价\end{matrix}\right) \quad (1\text{-}3\text{-}41)$$

(三)定额基价换算通用公式的变换

在定额基价换算通用公式中:

(1)当半成品为砌筑砂浆时，公式变为：

$$\frac{换算后}{定额基价}=\frac{原定额}{基价}+\frac{砌筑砂浆}{定额用量}\times\left(\frac{换入砂}{浆基价}-\frac{换出砂}{浆基价}\right)$$

说明：砂浆用量不变，工、机费不变，$K=1$；换入半成品用量与换出半成品用量同是定额砂浆用量，提相同的公因式；半成品基价定为砌筑砂浆基价。经过此变换就由公式 1-3-41 变化为上述换算公式。

(2)当半成品为抹灰砂浆，砂浆厚度不变，且只有一种砂浆时的换算公式为：

$$\frac{换算后}{定额基价}=\frac{原定额}{基价}+\frac{抹灰砂浆}{定额用量}\times\left(\frac{换入砂}{浆基价}-\frac{换出砂}{浆基价}\right)$$

(3)当抹灰砂浆厚度发生变化，且各层砂浆配合比不同时，用以下公式换算：

$$\frac{换算后}{定额基价}=\frac{原定额}{基价}+\left(\frac{定额}{人工费}+\frac{定额}{机械费}\right)\times(K-1)+$$

$$\sum\left(\frac{换入砂}{浆用量}\times\frac{换入砂}{浆基价}-\frac{换出砂}{浆用量}\times\frac{换出砂}{浆基价}\right)$$

(4)当半成品为混凝土构件时，公式变为：

$$\frac{换算后}{定额基价}=\frac{原定额}{基价}+\frac{定额混凝}{土用量}\times\left(\frac{换入混凝}{土基价}-\frac{换出混凝}{土基价}\right)$$

(5)当半成品为楼地面混凝土时，公式变为：

$$换算后定额基价=\frac{原定额}{基价}+\left(\frac{定额}{人工费}+\frac{定额}{机械费}\right)\times(K-1)+$$

$$\frac{换入混凝}{土用量}\times\frac{换入混凝}{土基价}-\frac{换出混凝}{土用量}\times\frac{换出混凝}{土基价}$$

综上所述，只要掌握了定额基价换算的通用公式，就掌握了四种类型的换算方法。

练习题

一、多选题

1. 常用的技术测定方法有(　　)。

A. 测时法　　B. 写实记录法

C. 工作日法　　D. 工作日写实法

2. 经验估计法是根据(　　)的实际工作经验确定消耗量的一种方法。

A. 定额员　　B. 施工员

C. 老工人　　D. 成本员

3. 编制定额的基本方法有(　　)。

A. 技术测定法　　B. 经验估计法

C. 统计计算法　　D. 倒推法

4. 预算定额具有(　　)特性。

A. 科学性　　B. 完整性

C. 权威性　　D. 群众性

5. 预算定额的编制原则有(　　)原则。

A. 平均水平　　B. 先进水平

C. 简明适用　　D. 简单适用

6. 预算定额可以根据(　　)编制。

A. 劳动定额　　B. 工期定额

C. 材料消耗定额　　D. 机械台班定额

7. 劳动定额的表现形式有(　　)。

A. 时间定额　　B. 产量定额

C. 任务定额　　D. 消耗量定额

8. 时间定额的单位有(　　)。

A. m^2/工日　　B. 工日/m^3

C. 个/工日　　D. 工日/组

9. 材料消耗量定额包括(　　)。

A. 直接构成工程实体的材料　　B. 不可避免的施工废料

C. 不可避免的施工操作损耗　　D. 不可避免的运输损耗

10. 编制材料消耗定额的方法有(　　)。

A. 现场技术测定法　　B. 试验法

C. 统计法　　D. 理论计算法

11. 机械纯工作时间包括(　　)。

A. 正常负荷下工作时间　　B. 有根据降低负荷下工作时间

C. 不可避免的无负荷工作时间　　D. 不可避免的中断时间

12. 编制预算定额一般按以下几个阶段进行(　　)。

A. 准备工作阶段　　B. 编制初稿阶段

C. 修改和定稿阶段　　D. 水平测试阶段

13. 预算定额项目计量单位的选择，与预算定额的(　　)有密切关系。

A. 准确性　　B. 时效性

C. 合理性　　D. 简明适用性

14. 宜采用以“m^2”为计量单位的预算定额项目有(　　)。

A. 楼地面面层　　B. 装饰抹灰

C. 砌砖墙　　D. 现浇圈梁

15. 确定预算定额消耗量指标，一般按以下步骤进行(　　)。

A. 选定典型工程　　B. 计算工程量

C. 确定人工消耗指标　　D. 确定材料消耗指标

E. 确定机械台班消耗指标

16. 预算定额人工消耗指标包括(　　)。

A. 基本用工　　B. 材料超运距用工

C. 辅助用工　　D. 人工幅度差

二、判断题

1. 技术测定法亦称计时观察法。(　　)
2. 测时法的特点是精度高，技术简单。(　　)
3. 写实记录法的观察对象可以是一个工人小组。(　　)
4. 工作日写实法只研究基本工作时间。(　　)
5. 经验估计法精度高。(　　)
6. 比较类推法没有局限性。(　　)
7. 采用技术测定法编制的预算定额具有科学性。(　　)
8. 预算定额具有法令性。(　　)
9. 群众性体现了定额通俗易懂性。(　　)
10. 平均先进水平是预算定额的编制原则。(　　)
11. 简明适用就是指简单适用。(　　)
12. 时间定额与产量定额互为倒数。(　　)
13. 产量定额的特点是数量直观、具体，容易为工人所理解和接受。(　　)
14. 不可避免的施工废料称为材料损耗量定额。(　　)
15. 总消耗量=净用量×(1+损耗率)。(　　)
16. 一砖厚标准砖墙的砖净用量为539.1块/m^3。(　　)
17. 模板摊销量=一次使用量÷(1+周转次数)。(　　)
18. 机械纯工作时间是指机械必须消耗的净工作时间。(　　)
19. 在预算定额定稿阶段测算定额水平。(　　)
20. 辅助用工是指普通的用工。(　　)

第四章
工程单价

第一节　人工单价编制方法

一　人工单价的概念

人工单价是指工人一个工作日应该得到的劳动报酬。一个工作日一般指工作8小时。

人工单价的内容一般包括基本工资、工资性津贴、养老保险费、失业保险费、医疗保险费、住房公积金等。

(1)基本工资是指完成基本工作内容所得的劳动报酬；

(2)工资性津贴是指流动施工津贴、交通补贴、物价补贴、煤(燃)气补贴等；

(3)养老保险费是指工人在工作期间所交养老保险所发生的费用；

(4)失业保险费是指工人在工作期间所交失业保险所发生的费用；

(5)医疗保险费是指工人在工作期间所交医疗保险所发生的费用；

(6)住房公积金是指工人在工作期间所交住房公积金所发生的费用。

二　人工单价的编制方法

人工单价的编制方法主要有以下几种：

(一)根据劳务市场行情确定人工单价

目前，根据劳务市场行情确定人工单价已经成为计算工程劳务费的主流，这是社会主义市场经济发展的必然结果。根据劳务市场行情确定人工单价应注意以下几个方面的问题：

(1)要尽可能掌握劳动力市场价格中长期历史资料，这对于我们以后采用数学模型预测人工单价成为可能。

(2)在确定人工单价时要考虑用工的季节性变化。当大量聘用农民工时，要考虑农忙季节时人工单价的变化。

(3)在确定人工单价时要采用加权平均的方法综合各劳务市场的劳动力单价。

(4)要分析拟建工程的工期对人工单价的影响。如果工期紧，那么人工单价按正常情况确定后要乘以大于1的系数。如果工期有拖长的可能，那么也要考虑工期延长带来的风险。

根据劳务市场行情确定人工单价的数学模型描述如下：

$$\text{人工单价}=\sum_{i=1}^{n}(\text{某劳务市场人工单价}\times\text{权重})_i\times\text{季节变化系数}\times\text{工期风险系数} \tag{1-4-1}$$

【例 1-4-1】 据市场调查取得的资料分析，抹灰工在劳务市场的价格分别是：甲劳务市场 35 元/工日，乙劳务市场 38 元/工日，丙劳务市场 34 元/工日。调查表明，各劳务市场可提供抹灰工的比例分别为，甲劳务市场 40%，乙劳务市场 26%，丙劳务市场 34%，当季节变化系数、工期风险系数均为 1 时，试计算抹灰工的人工单价。

解：抹灰工的人工单价＝(35.00×40%＋38.00×26%＋34.00×34%)×1×1

＝(14＋9.88＋11.56)×1×1

＝35.44(元/工日)(取 35.50 元/工日)

(二)根据以往承包工程的情况确定

如果在本地以往承包过同类工程，可以根据以往承包工程的情况确定人工单价。

例如，以往在某地区承包过三个与拟建工程基本相同的工程，砖工每个工日支付了 30.00～35.00 元，这时我们就可以进行具体对比分析，在上述范围内(或超过一点范围)确定投标报价的砖工人工单价。

(三)根据预算定额规定的工日单价确定

凡是分部分项工程项目含有基价的预算定额，都明确规定了人工单价，我们可以以此为依据确定拟投标工程的人工单价。

例如，某省2000年预算定额，土建工程的技术工人每个工日20.00元，我们可以根据市场行情在此基础上乘以1.2～1.6的系数，确定拟投标工程的人工单价。

第二节　材料单价编制方法

一　材料单价的概念

材料单价是指材料从采购起运到工地仓库或堆放场地后的出库价格。

二　构成材料单价费用的几种方式

(一)材料供货到工地现场

当材料供应商将材料供货到施工现场或施工现场的仓库时，材料单价由材料原价、采购保管费构成。

(二)在供货地点采购材料

当需要派人到供货地点采购材料时，材料单价由材料原价、运杂费、采购保管费构成。

(三)需二次加工的材料

当某些材料采购回来后，还需要进一步加工的，材料单价除了上述费用外，还包括二次加工费。

三　材料原价的确定

材料原价是指付给材料供应商的材料单价。当某种材料有两个或两个以上的材料供应商供货且材料原价不同时，要计算加权平均材料原价。

加权平均材料原价的计算公式为：

$$加权平均材料原价=\frac{\sum_{i=1}^{n}(材料原价\times材料数量)_i}{\sum_{i=1}^{n}(材料数量)_i} \quad (1\text{-}4\text{-}2)$$

注：①式中 i 是指不同的材料供应商；

②包装费及手续费均已包含在材料原价中。

【例 1-4-2】 某工地所需的三星牌墙面面砖由三个材料供应商供货，其数量和原价如下，试计算墙面砖的加权平均原价。

供 应 商	面砖数量(m^2)	供货单价(元/m^2)
甲	1500	68.00
乙	800	64.00
丙	730	71.00

解：

$$墙面砖加权平均原价=\frac{68\times1\,500+64\times800+71\times730}{1\,500+800+730}$$

$$=\frac{205\,030}{3\,030}$$

$$=67.67(元/m^2)$$

四 材料运杂费计算

材料运杂费是指在材料采购后运回工地仓库所发生的各项费用。包括装卸费、运输费和合理的运输损耗费等。

(1)材料装卸费按行业市场价支付。

(2)材料运输费按行业运输价格计算，若供货来源地点不同且供货数量不同时，需要计算加权平均运输费，其计算公式为：

$$加权平均运输费=\frac{\sum_{i=1}^{n}(运输单价\times材料数量)_i}{\sum_{i=1}^{n}(材料数量)_i} \quad (1\text{-}4\text{-}3)$$

(3)材料运输损耗费是指在运输和装卸材料过程中，不可避免产生的损耗所发生的费用，一般按下列公式计算：

$$材料运输损耗费=(材料原价+装卸费+运输费)\times运输损耗率 \quad (1\text{-}4\text{-}4)$$

【例 1-4-3】 上例中墙面砖由三个地点供货，根据下列资料计算墙面砖运杂费。

供货地点	面砖数量(m^2)	运输单价(元/m^2)	装卸费(元/m^2)	运输损耗率(%)
甲	1500	1.10	0.50	1
乙	800	1.60	0.55	1
丙	730	1.40	0.65	1

解：(1)计算加权平均装卸费

$$\text{墙面砖加权平均装卸费}=\frac{0.50\times 1\,500+0.55\times 800+0.65\times 730}{1\,500+800+730}$$

$$=\frac{1\,664.5}{3\,030}$$

$$=0.55(\text{元}/m^2)$$

(2)计算加权平均运输费

$$\text{墙面砖加权平均运输费}=\frac{1.10\times 1\,500+1.60\times 800+1.40\times 730}{1\,500+800+730}$$

$$=\frac{3\,952}{3\,030}$$

$$=1.30(\text{元}/m^2)$$

(3)计算运输损耗费

$$\text{墙面砖运输损耗费}=(\text{材料原价}+\text{装卸费}+\text{运输费})\times\text{运输损耗率}$$

$$=(67.67+0.55+1.30)\times 1\%$$

$$=0.70(\text{元}/m^2)$$

(4)运杂费小计

$$\text{墙面砖运杂费}=\text{装卸费}+\text{运输费}+\text{运输损耗费}$$

$$=0.55+1.30+0.70$$

$$=2.55(\text{元}/m^2)$$

五 材料采购保管费计算

材料采购保管费是指施工企业在组织采购材料和保管材料过程中发生的各项费用，包括采购人员的工资、差旅交通费、通信费、业务费、仓库保管费等各项费用。

采购保管费一般按前面计算的与材料有关的各项费用之和乘以一定的费率

计算，通常取1%～3%之间。计算公式为：

$$材料采购保管费=(材料原价+运杂费)\times采购保管费率 \quad (1\text{-}4\text{-}5)$$

【例 1-4-4】 上述墙面砖的采购保管费率为2%，根据前面墙面砖的二项计算结果，计算其采购保管费。

解：

$$\begin{aligned}\text{墙面砖采购保管费}&=(67.67+2.55)\times2\%\\&=70.22\times2\%\\&=1.40(\text{元}/m^2)\end{aligned}$$

六 材料单价确定

通过上述分析，我们知道，材料单价的计算公式为：

$$材料单价=\frac{加权平均}{材料原价}+\frac{加权平均}{材料运杂费}+采购保管费 \quad (1\text{-}4\text{-}6)$$

或

$$材料单价=\left(\frac{加权平均}{材料原价}+\frac{加权平均}{材料运杂费}\right)\times(1+采购保管费率) \quad (1\text{-}4\text{-}7)$$

【例 1-4-5】 根据以上计算出的结果，汇总成材料单价。

解：

$$\text{墙面砖材料单价}=67.67+2.55+1.40=71.62(\text{元}/m^2)$$

或

$$\text{墙面砖材料单价}=(67.67+2.55)\times(1+2\%)=71.62(\text{元}/m^2)$$

第三节　机械台班单价编制方法

一 机械台班单价的概念

机械台班单价是指在单位工作班中为使机械正常运转所分摊和支出的各项费用。

按有关规定机械台班单价由七项费用构成。这些费用按其性质划分为第一类费用和第二类费用。

(一)第一类费用

第一类费用亦称不变费用，是指属于分摊性质的费用，包括折旧费、大修理费、经常修理费、安拆及场外运输费等。

(二)第二类费用

第二类费用亦称可变费用，是指属于支出性质的费用，包括燃料动力费、人工费、养路费及车船使用税等。

二 第一类费用计算

从简化计算的角度出发，我们提出以下计算方法：

(一)折旧费

$$台班折旧费=\frac{购置机械全部费用\times(1-残值率)}{耐用总台班} \tag{1-4-8}$$

其中，购置机械全部费用是指机械从购买运到施工单位所在地发生的全部费用，包括原价、购置税、保险费及牌照费、运费等。

耐用总台班计算方法为：

$$耐用总台班=预计使用年限\times年工作台班 \tag{1-4-9}$$

机械设备的预计使用年限和年工作台班可参照有关部门指导性意见，也可根据实际情况自主确定。

【例 1-4-6】 5t 载重汽车的成交价为 75 000 元，购置附加税税率为 10%，运杂费为 2 000 元，残值率为 3%，耐用总台班为 2 000 个，试计算台班折旧费。

解：

$$\begin{aligned}\text{5t 载重汽车台班折旧费}&=\frac{[75\,000\times(1+10\%)+2\,000]\times(1-3\%)}{2\,000}\\&=\frac{81\,965}{2\,000}\\&=40.98(元/台班)\end{aligned}$$

(二)大修理费

大修理费是指机械设备按规定到了大修理间隔台班所需进行大修理，以恢复正常使用功能所需支出的费用。计算公式为：

$$台班大修理费=\frac{一次大修理费\times(大修理周期-1)}{耐用总台班} \tag{1-4-10}$$

【例 1-4-7】 5t 载重汽车一次大修理费为 8 700 元，大修理周期为 4 个，耐用总台班为 2 000 个，试计算台班大修理费。

解：

$$5t载重汽车台班大修理费=\frac{8\,700\times(4-1)}{2\,000}=\frac{26\,100}{2\,000}=13.05(元/台班)$$

(三)经常修理费

经常修理费是指机械设备除大修理外的各级保养及临时故障维修所需支出的费用。它包括为保障机械正常运转所需替换设备，随机配置的工具、附具的摊销及维护费用，机械正常运转及日常保养所需润滑、擦拭材料费用和机械停置期间的维护保养费用等。

台班经常修理费可以用下列简化公式计算：

$$台班经常修理费=台班大修理费\times经常修理费系数 \tag{1-4-11}$$

【例 1-4-8】 经测算 5t 载重汽车的台班经常修理费系数为 5.41，按计算出的 5t 载重汽车大修理费和计算公式，计算台班经常修理费。

解：

$$5t载重汽车台班经常修理费=13.05\times5.41=70.60(元/台班)$$

(四)安拆费及场外运输费

安拆费是指机械在施工现场进行安装、拆卸所需人工、材料、机械费和试运转费，以及机械辅助设施(如行走轨道、枕木等)的折旧、搭设、拆除等费用。

场外运输费是指机械整体或分体自停置地点运至施工现场或由一工地运至另一工地的运输、装卸、辅助材料及架设费用。

该项费用，在实际工作中可以采用两种方法计算。一是当发生时在工程报价中已经计算了这些费用，那么编制机械台班单价就不再计算。二是根据往年发生的费用的年平均数，除以年工作台班计算。计算公式为：

$$台班安拆及场外运输费=\frac{历年统计安拆费及场外运输费的年平均数}{年工作台班} \quad (1\text{-}4\text{-}12)$$

【例 1-4-9】 6t 内塔式起重机(行走式)的历年统计安拆及场外运输费的年平均数为 9 870 元,年工作台班 280 个。试求台班安拆及场外运输费。

解:
$$台班安拆及场外运输费=\frac{9\,870}{280}=35.25(元/台班)$$

三 第二类费用计算

(一)燃料动力费

燃料动力费是指机械设备在运转过程中所耗用的各种燃料、电力、风力、水等的费用。计算公式为:

$$台班燃料动力费=\begin{matrix}每台班耗用的\\燃料或动力数量\end{matrix}\times燃料或动力单价 \quad (1\text{-}4\text{-}13)$$

【例 1-4-10】 5t 载重汽车每台班耗用汽油 31.66kg,单价为 3.15 元/kg,求台班燃料费。

解: 台班燃料费=31.66×3.15=99.72(元/台班)

(二)人工费

人工费是指机上司机、司炉和其他操作人员的工日工资。计算公式为:

$$台班人工费=机上操作人员人工工日数\times人工单价 \quad (1\text{-}4\text{-}14)$$

【例 1-4-11】 5t 载重汽车每个台班的机上操作人员工日数为 1 个工日,人工单价 35 元,求台班人工费。

解: 台班人工费=35.00×1=35.00(元/台班)

(三)养路费及车船使用税

养路费及车船使用税是指按国家规定应缴纳的机动车养路费、车船使用税、保险费及年检费。计算公式为:

$$\begin{matrix}台班养路费\\及车船使用税\end{matrix}=\frac{核定吨位\times(养路费\times12+车船使用税)}{年工作台班}+保险费及年检费$$

(1-4-15)

其中：

$$保险费及年检费=\frac{年保险费及年检费}{年工作台班} \quad (1\text{-}4\text{-}16)$$

注：养路费单位为"元/(t·月)"，车船使用税单位为"元/(t·车)"。

【例 1-4-12】 5t 载重汽车每月每吨应缴纳养路费 80 元，每年应缴纳车船使用税 40 元/t，年工作台班为 250 个，5t 载重汽车年缴保险费、年检费共计 2 000 元，试计算台班养路费及车船使用税。

解：

$$台班养路费及车船使用税=\frac{5\times(80\times12+40)}{250}+\frac{2\,000}{250}$$

$$=\frac{5\,000}{250}+\frac{2\,000}{250}$$

$$=20.00+8.00$$

$$=28.00(元/台班)$$

四 机械台班单价计算实例

将上述计算 5t 载重汽车台班单价的计算过程汇总成台班单价计算表，见表 1-4-1。

机械台班单价计算表　　表 1-4-1

项目		5 吨载重汽车		
		单位	金额	计算式
台班单价		元	287.35	40.98+162.72=287.35
第一类费用	折旧费	元	40.98	$\frac{[75000\times(1+10\%)+2000]\times(1-3\%)}{2000}=40.98$
	大修理费	元	13.05	$\frac{8700\times(4-1)}{2000}=13.05$
	经常修理费	元	70.60	13.05×5.41=70.60
	安拆及场外运输费	元	—	—
小计		元	124.63	
第二类费用	燃料动力费	元	99.72	31.66×3.15=99.72
	人工费	元	35.00	35.00×1=35.00
	养路费及车船使用税	元	28.00	$\frac{5\times(80\times12+40)}{250}+\frac{2000}{250}=28.00$
小计		元	162.72	

练 习 题

一、多选题

1. 预算定额基价由(　　)构成。

A. 人工费　　B. 材料费

C. 机械费　　D. 管理费

2. 人工单价一般包括(　　)。

A. 基本工资　　B. 工资性补贴

C. 保险费　　D. 通信费

3. 工资性补贴包括(　　)。

A. 流动施工津贴　　B. 交通补贴

C. 附加工资　　D. 住房公积金

4. 材料供应商供货到工地现场时材料单价由(　　)构成。

A. 原价　　B. 采购保管费

C. 运输费　　D. 手续费

5. 材料运杂费包括(　　)。

A. 装卸费　　B. 运输费

C. 运输损耗费　　D. 过路过桥费

6. 采购及保管费包括(　　)。

A. 采购人员工资　　B. 采购业务费

C. 仓库保管费　　D. 采购差旅费

7. 机械台班费单价由(　　)构成。

A. 第一类费用　　B. 第二类费用

C. 第三类费用　　D. 第四类费用

8. 机械台班单价的第一类费用包括(　　)。

A. 折旧费　　B. 大修理费

C. 经常修理费　　D. 人工费

9. 机械台班单价的第二类费用包括(　　)。

A. 燃料动力费　　B. 人工费

C. 养路费　　D. 安拆及场外运输费

二、判断题

1. 工程单价是指预算定额基价。 ( )
2. 含基价的预算定额也称单位估价表。 ( )
3. 人工单价是指基本工资。 ( )
4. 预算定额的人工单价是综合平均单价。 ( )
5. 月平均工作天数是 20.92 天。 ( )
6. 预算定额基价中 人工费＝工程量×人工单价。 ( )
7. 当有两个以上材料供应商供应同一种材料时，应计算加权平均原价。 ( )
8. 运杂费就是运输费。 ( )
9. 无论采用什么方式供应和采购材料都应计算采购及保管费。 ( )
10. 机械台班单价是指一台机械工作一个班的价格。 ( )
11. 第二类费用是不变费用。 ( )
12. 折旧费属于第一类费用。 ( )
13. 养路费属于第一类费用。 ( )
14. 台班经常修理费可以根据台班大修费计算。 ( )

三、计算题

1. 已知外墙涂料有三个来源地，根据下列资料计算其材料单价。

货源地	供货数量 (kg)	供货单价 (元/kg)	运输单价 (元/t)	装卸费 (元/t)	运输损耗率 (%)	采购保管费率 (%)
甲	2000	45	50	20	2	2.5
乙	1800	43	60	23	2	2.5
丙	1000	39	65	26	2	2.5

2. 已知 ϕ12 钢筋供货地有四个，根据下列资料计算其材料单价。

货源地	供货数量 (kg)	供货单价 (元/kg)	运输单价 (元/t)	装卸费 (元/t)	运输损耗率 (%)
A	2400	3100	24	18	1.2
B	3800	3180	32	23	1.2
C	1020	3090	22	25	1.2
D	1700	2980	33	26	1.2

第五章 定额计价方法

第一节　工程量计算

一 工程量的概念

工程量是指用物理计量单位或自然计量单位表示的建筑分项工程的实物数量。

物理计量单位是指需度量的具有物理属性的单位，如 m、m^2、m^3、t、kg 等单位；自然计量单位是指无需度量的具有自然属性的单位，如个、组、件、套等单位。

二 计算工程量的依据

(1)施工图及图纸会审纪要；

(2)经审定的施工组织设计或施工方案；

(3)工程承包合同；

(4)预算定额。

三 计算工程量的有关规定

(1)每个单位工程的工程量项目根据拟建工程施工图与预算定额双向选择确定；

(2)工程量的计量单位由对应的预算定额子目的计量单位确定；

(3)工程量计算中各项目之间的划分、计算内容的取舍、计算尺寸的取定均按工程量计算规则执行。

四 工程量计算方法

(1)工程量计算主要采用表达工程实物的长度、面积和体积计算公式计算；

(2)工程量计算必须执行工程量计算规则的各项规定。

各种工程量计算方法见第二篇的内容。

第二节 直接费计算及工料分析

一 直接费的内容

直接费由直接工程费和措施费构成。

(一)直接工程费

直接工程费是指施工过程中耗费的构成工程实体的各项费用，包括人工费、材料费、施工机械使用费。

1.人工费

人工费是指直接从事建筑安装工程施工的生产工人所开支的各项费用，包括：

(1)基本工资。指发放给生产工人的基本工资。

(2)工资性补贴。指按规定发放给生产工人的物价补贴，煤、燃气补贴、交通补贴、住房补贴、流动施工津贴等。

(3)生产工人辅助工资。指生产工人年有效施工天数以外非作业天数的工资，包括职工学习、培训期间的工资，调动工作、探亲、休假期间的工资，因气候影响的停工工资，女工哺乳期间的工资，六个月以内的病假工资及婚、产、丧假期的工资。

(4)职工福利费。指按规定标准计提的职工福利费。

(5)生产工人劳动保护费。指按规定标准发放的劳动保护用品的购置费及修理费，徒工服装补贴，防暑降温费，在有碍身体健康环境中施工的保健费等。

(6)社会保障费。指包含在工资内，由工人交的养老保险费、失业保险费等。

2.材料费

材料费是指施工过程中耗用的构成工程实体，形成工程装饰效果的原材料、辅助材料、构配件、零件、半成品、成品的费用和周转材料的摊销(或租赁)费用。

3.施工机械使用费

施工机械使用费是指使用施工机械作业所发生的机械费用及机械安、拆和进出场费等。

(二)措施费

措施费是指为完成工程项目施工,发生于该工程施工前和施工过程中非工程实体项目的费用。

措施费包括内容:

1.环境保护费

它是指施工现场为达到环保部门要求所需发生的各项费用。

2.文明施工费

它是指为达到施工现场文明施工所需发生的各项费用。

3.安全施工费

它是指为保障施工现场安全施工所需发生的各项费用。

4.临时设施费

它是指施工企业为进行建筑工程施工所必须搭设的生活和生产用的临时建筑物、构筑物和其他临时设施的费用。

临时设施包括:临时宿舍、文化福利及公用事业房屋与构筑物、仓库、办公室、加工厂,以及规定范围内道路、水、电、管线等临时设施和小型临时设施。

临时设施费用包括临时设施的搭设、维修、拆除费或摊销费。

5.夜间施工费

它是指因夜间施工所发生的夜班补助费、夜间施工降效、夜间施工照明设备摊销及照明用电等费用。

6.二次搬运费

它是指因施工场地狭小等特殊情况而发生的二次搬运费用。

7.大型机械设备进出场及安拆费

它是指机械整体或分体自停放场地运至施工现场或由一个施工地点运至另一个施工地点,所发生的机械进出场运输及转移费用,机械在施工现场进行安装、拆卸所需的人工费、材料费、机械费、试运转费和安装所需的辅助设施的费用。

8.混凝土、钢筋混凝土模板及支架费

它是指混凝土施工过程中需要的各种钢模板、木模板、支架等的支、拆、运输费用及模板、支架的摊销(或租赁)费用。

9.脚手架费

它是指施工需要的各种脚手架搭、拆、运输费用及脚手架的摊销(或租赁)费用。

10. 已完工程及设备保护费

它是指竣工验收前，对已完工程及设备进行保护所需费用。

11. 施工排水、降水费

它是指为确保工程在正常条件下施工，采取各种排水、降水措施所发生的各种费用。

直接费划分示意见表 1-5-1。

直接费划分示意表 表 1-5-1

直接费	直接工程费	人工费	基本工资
			工资性补贴
			生产工人辅助工资
			职工福利费
			生产工人劳动保护费
			社会保障费
		材料费	材料原价
			材料运杂费
			运输损耗费
			采购及保管费
			检验试验费
		施工机械使用费	折旧费
			大修理费
			经常修理费
			安拆费及场外运输费
			人工费
			燃料动力费
			养路费及车船使用税
	措施费	环境保护费	
		文明施工费	
		安全施工费	
		临时设施费	
		夜间施工费	
		二次搬运费	
		大型机械设备进出场及安拆费	
		混凝土、钢筋混凝土模板及支架费	
		脚手架费	
		已完工程及设备保护费	

(三)措施费计算方法及有关费率确定方法

1.环境保护费

$$环境保护费=直接工程费\times 环境保护费费率(\%) \tag{1-5-1}$$

$$环境保护费费率(\%)=\frac{本项费用年度平均支出}{全年建安产值\times 直接工程费占总造价比例(\%)} \tag{1-5-2}$$

2.文明施工费

$$文明施工费=直接工程费\times 文明施工费费率(\%) \tag{1-5-3}$$

$$文明施工费费率(\%)=\frac{本项费用年度平均支出}{全年建安产值\times 直接工程费占总造价比例(\%)} \tag{1-5-4}$$

3.安全施工费

$$安全施工费=直接工程费\times 安全施工费费率(\%) \tag{1-5-5}$$

$$安全施工费费率(\%)=\frac{本项费用年度平均支出}{全年建安产值\times 直接工程费占总造价比例(\%)} \tag{1-5-6}$$

4.临时设施费

临时设施费由以下三部分组成：

(1)周转使用临建(如活动房屋等)费；

(2)一次性使用临建(如简易建筑等)费；

(3)其他临时设施(如临时管线等)费。

$$临时设施费=(周转使用临建费+一次性使用临建费)\times [1+其他临时设施所占比例(\%)] \tag{1-5-7}$$

其中：

①周转使用临建费

$$周转使用临建费=\sum\left[\frac{临建面积\times 每平方米造价}{使用年限\times 365\times 利用率(\%)}\times 工期(天)\right]+一次性拆除费 \tag{1-5-8}$$

②一次性使用临建费

$$一次性使用临建费=\sum 临建面积\times 每平方米造价\times [1-残值率(\%)]+一次性拆除费 \tag{1-5-9}$$

③其他临时设施在临时设施费中所占比例

可由各地区造价管理部门依据典型施工企业的成本资料经分析后综合测定。

5.夜间施工增加费

$$夜间施工增加费=\left(1-\frac{合同工期}{定额工期}\right)\times\frac{直接工程费中的人工费合计}{平均日工资单价}\times每工日夜间施工费开支 \quad (1\text{-}5\text{-}10)$$

6.二次搬运费

$$二次搬运费=直接工程费\times二次搬运费费率(\%) \quad (1\text{-}5\text{-}11)$$

$$二次搬运费费率(\%)=\frac{年平均二次搬运费开支额}{全年建安产值\times直接工程费占总造价的比例(\%)} \quad (1\text{-}5\text{-}12)$$

7.混凝土、钢筋混凝土模板及支架

(1)模板及支架费

$$模板及支架费=模板摊销量\times模板价格+支、拆、运输费 \quad (1\text{-}5\text{-}13)$$

$$摊销量=一次使用量\times(1+施工损耗率)\times\left[1+(周转次数-1)\times\frac{补损率}{周转次数}-\frac{(1-补损率)\times50\%}{周转次数}\right] \quad (1\text{-}5\text{-}14)$$

(2)租赁费

$$租赁费=模板使用量\times使用总时间\times租赁价格+支、拆、运输费 \quad (1\text{-}5\text{-}15)$$

8.脚手架搭拆费

(1)脚手架搭拆费

$$脚手架搭拆费=脚手架摊销量\times脚手架价格+搭、拆、运输费 \quad (1\text{-}5\text{-}16)$$

$$脚手架摊销量=\frac{单位一次使用量\times(1-残值率)}{耐用期/一次使用期} \quad (1\text{-}5\text{-}17)$$

(2)租赁费

$$租赁费=脚手架每日租金\times搭设周期+搭、拆、运输费 \quad (1\text{-}5\text{-}18)$$

9.已完工程及设备保护费

$$已完工程及设备保护费=成品保护所需机械费+材料费+人工费 \quad (1\text{-}5\text{-}19)$$

10.施工排水、降水费

$$排水、降水费=\sum排水降水机械台班费\times排水降水周期+排水降水使用材料费、人工费 \quad (1\text{-}5\text{-}20)$$

二 直接费计算及工料分析

当一个单位工程的工程量计算完毕后，就要套用预算定额基价进行直接费的计算。

本节只介绍直接工程费的计算方法，措施费的计算方法详见第三节建筑工程费用计算。

计算直接工程费常采用两种方法，即单位估价法和实物金额法。

(一)用单位估价法计算直接工程费

预算定额项目的基价构成，一般有以下两种形式：

(1)基价中包含了全部人工费、材料费和机械使用费，这种方式称为完全定额基价，建筑工程预算定额常采用此种形式；

(2)基价中包含了全部人工费、辅助材料费和机械使用费，不包括主要材料费，这种方式称为不完全定额基价，安装工程预算定额和装饰工程预算定额常采用此种形式。

凡是采用完全定额基价的预算定额计算直接工程费的方法称为单位估价法，计算出的直接工程费也称为定额直接工程费。

1.单位估价法计算直接工程费的数学模型

单位工程定额直接工程费＝定额人工费＋定额材料费＋定额机械费 (1-5-21)

其中： 定额人工费＝∑(分项工程量×定额人工费单价)

定额机械费＝∑(分项工程量×定额机械费单价) (1-5-22)

定额材料费＝∑[(分项工程量×定额基价)－定额人工费－定额机械费] (1-5-23)

2.单位估价法计算定额直接工程费的方法与步骤

(1)先根据施工图和预算定额计算分项工程量；

(2)根据分项工程量的内容套用相对应的定额基价(包括人工费单价、机械费单价)；

(3)根据分项工程量和定额基价计算出分项工程定额直接工程费、定额人工费和定额机械费；

(4)将各分项工程的各项费用汇总成单位工程定额直接工程费、单位工程定额人工费、单位工程定额机械费。

3.单位估价法简例

【例 1-5-1】 某工程有关工程量如下：C15 混凝土地面垫层 48.56m^3，

M5 水泥砂浆砌砖基础 76.21m^3。根据这些工程量数据和表 1-3-6 中的预算定额，用单位估价法计算定额直接工程费、定额人工费、定额机械费，并进行工料分析。

解：(1)计算定额直接工程费、定额人工费、定额机械费

定额直接工程费、定额人工费、定额机械费的计算过程和计算结果见表 1-5-2。

直接工程费计算表（单位估价法）　　表 1-5-2

定额编号	项目名称	单位	工程数量	单价			总价		
				基价	其中		合价	其中	
					人工费	机械费		人工费	机械费
1	2	3	4	5	6	7	8=4×5	9=4×6	10=4×7
	一、砌筑工程								
定-1	M5 水泥砂浆砌砖基础	m^3	76.21	111.57	14.92	0.76	8502.75	1137.05	57.92
	……								
	分部小计						8502.75	1137.05	57.92
	二、脚手架工程								
	……								
	分部小计								
	三、楼地面工程								
定-3	C15 混凝土地面垫层	m^3	48.56	167.40	25.87	3.10	8128.94	1256.25	150.54
	……								
	分部小计						8128.94	1256.25	150.54
	合计						16631.69	2393.30	208.46

(2)工料分析

人工工日及各种材料分析见表 1-5-3。

人工、材料分析表　　表 1-5-3

定额编号	项目名称	单位	工程量	人工(工日)	主要材料					
					标准砖(块)	M5 水泥砂浆(m^3)	水(m^3)	C15 混凝土(m^3)		
	一、砌筑工程									
定-1	M5 水泥砂浆砌砖基础	m^3	76.21	$\frac{1.243}{94.73}$	$\frac{523}{39.858}$	$\frac{0.236}{17.986}$	$\frac{0.231}{17.60}$			
	分部小计			94.73	39.858	17.986	17.60			
	二、楼地面工程									
定-3	C15 混凝土地面垫层	m^3	48.56	$\frac{2.156}{104.70}$			$\frac{1.538}{74.69}$	$\frac{1.01}{49.046}$		
	分部小计			104.70			74.69	49.046		
	合计			199.43	39.858	17.986	92.29	49.046		

注:主要材料栏的分数中,分子表示定额用量,分母表示工程量乘以定额用量的结果。

(二)用实物金额法计算直接工程费

1. 实物金额法计算直接工程费的方法与步骤

凡是用分项工程量分别乘以预算定额子目中的实物消耗量标准(即人工工日、材料数量、机械台班数量)求出分项工程的人工、材料、机械台班消耗量,然后汇总成单位工程实物消耗量,再分别乘以工日单价、材料预算价格、机械台班预算价格求出单位工程人工费、材料费、机械使用费,最后汇总成单位工程直接工程费的方法,都称为实物金额法。

2. 实物金额法的数学模型

$$\text{单位工程直接工程费} = \text{人工费} + \text{材料费} + \text{机械费} \tag{1-5-24}$$

其中:

$$\text{人工费} = \sum(\text{分项工程量} \times \text{定额用工量}) \times \text{工日单价} \tag{1-5-25}$$

$$\text{材料费} = \sum(\text{分项工程量} \times \text{定额材料用量} \times \text{材料预算价格}) \tag{1-5-26}$$

$$\text{机械费} = \sum(\text{分项工程量} \times \text{定额台班用量} \times \text{机械台班预算价格}) \tag{1-5-27}$$

3. 实物金额法计算直接工程费简例

【例 1-5-2】 某工程有关工程量为:M5 水泥砂浆砌砖基础 76.21m^3,C15 混凝土地面垫层 48.56m^3。根据上述数据和表 1-5-4 中的预算定额分析工料机消耗量，再根据表 1-5-5 中的单价计算直接工程费。

建筑工程预算定额(摘录) 表 1-5-4

定额编号			S-1	S-2
定额单位			$10m^3$	$10m^3$
项目		单位	M5 水泥砂浆砌砖基础	C15 混凝土地面垫层
人工	基本工	工日	10.32	13.46
	其他工	工日	2.11	8.10
	合计	工日	12.43	21.56
材料	标准砖	千块	5.23	
	M5 水泥砂浆	m^3	2.36	
	C15 混凝土(0.5～4 砾石)	m^3		10.10
	水	m^3	2.31	15.38
	其他材料费	元		1.23
机械	200L 砂浆搅拌机	台班	0.475	
	400L 混凝土搅拌机	台班		0.38

人工单价、材料预算价格、机械台班预算价格表 表 1-5-5

序号	名称	单位	单价（元）
一	人工单价	工日	25.00
二	材料预算价格		
1	标准砖	千块	127.00
2	M5 水泥砂浆	m^3	124.32
3	C15 混凝土(0.5～4 砾石)	m^3	136.02
4	水	m^3	0.60
三	机械台班预算价格		
1	200L 砂浆搅拌机	台班	15.92
2	400L 混凝土搅拌机	台班	81.52

(1)分析人工、材料、机械台班消耗量

计算过程见表 1-5-6。

人工、材料、机械台班分析表 表 1-5-6

定额编号	项目名称	单位	工程量	人工（工日）	标准砖（千块）	M5 水泥砂浆（m^3）	C15 混凝土（m^3）	水（m^3）	其他材料费（元）	200L 砂浆搅拌机（台班）	400L 混凝土搅拌机（台班）
	一、砌筑工程										
S-1	M5 水泥砂浆砌砖基础	m^3	76.21	$\frac{1.243}{94.73}$	$\frac{0.523}{39.858}$	$\frac{0.236}{17.986}$		$\frac{0.231}{17.605}$		$\frac{0.0475}{3.620}$	
	二、楼地面工程										
S-2	C15 混凝土地面垫层	m^3	48.56	$\frac{2.156}{104.70}$			$\frac{1.01}{49.046}$	$\frac{1.538}{74.685}$	$\frac{0.123}{5.97}$		$\frac{0.038}{1.845}$
	合计			199.43	39.858	17.986	49.046	92.29	5.97	3.620	1.845

注：分子为定额用量、分母为计算结果。

(2)计算直接工程费

直接工程费计算过程见表 1-5-7。

直接工程费计算表（实物金额法） 表 1-5-7

序号	名　称	单位	数量	单价(元)	合价(元)	备　注
1	人工	工日	199.43	25.00	4985.75	人工费：4985.75
2	标准砖	千块	39.858	127.00	5061.97	材料费：14030.57
3	M5 水泥砂浆	m^3	17.986	124.32	2236.02	
4	C15 混凝土(0.5～4 砾石)	m^3	49.046	136.02	6671.24	
5	水	m^3	92.29	0.60	55.37	
6	其他材料费	元	5.97		5.97	
7	200L 砂浆搅拌机	台班	3.620	15.92	57.63	机械费：208.03
8	400L 混凝土搅拌机	台班	1.845	81.52	150.40	
	合计				19224.35	直接工程费：19224.35

三 材料价差调整

(一)材料价差产生的原因

凡是使用完全定额基价的预算定额,编制的施工图预算,一般需调整材料价差。

目前,预算定额基价中的材料费是根据编制定额所在地区的省会所在地的材料预算价格计算的。由于材料预算价格随着时间的变化而发生变化,其他地区使用该预算定额时材料预算价格也会发生变化。所以,用单位估价法计算定额直接工程费后,一般还要根据工程所在地区的材料预算价格调整材料价差。

(二)材料价差调整方法

材料价差的调整有两种基本方法,即单项材料价差调整法和材料价差综合系数调整法。

1. 单项材料价差调整

当采用单位估价法计算定额直接工程费时,一般对影响工程造价较大的主要材料(如钢材、木材、水泥等)进行单项材料价差调整。

单项材料价差调整的计算公式为:

$$\begin{matrix}单项材料\\价差调整\end{matrix}=\sum\left[\begin{matrix}单位工程某\\种材料用量\end{matrix}\times\left(\begin{matrix}现行材料\\预算价格\end{matrix}-\begin{matrix}预算定额中\\材料单价\end{matrix}\right)\right] \quad (1\text{-}5\text{-}28)$$

【例 1-5-3】 根据某工程有关材料消耗量和现行材料预算价格,调整材料价差,有关数据如表 1-5-8。

表 1-5-8

材料名称	单位	数量	现行材料预算价格	预算定额中材料单价
42.5 号水泥	kg	7345.10	0.35 元/kg	0.30 元/kg
ϕ10 圆钢筋	kg	5618.25	2.65 元/kg	2.80 元/kg
花岗岩板	m^2	816.40	350.00 元/m^2	290.00 元/m^2

解:(1)直接计算。

$$\begin{aligned}\begin{matrix}某工程单项\\材料价差\end{matrix}&=7\,345.10\times(0.35-0.30)+5\,618.25\times(2.65-2.80)+\\&\quad 816.40\times(350-290)\\&=7\,345.10\times0.05-5\,618.25\times0.15+816.40\times60\\&=48\,508.52(元)\end{aligned}$$

(2)用“单项材料价差调整表(表1-5-9)”计算。

单项材料价差调整表

工程名称:××工程　　　　　　　　　　　　　　表1-5-9

序号	材料名称	数量	现行材料预算价格	预算定额中材料预算价格	价差(元)	调整金额(元)
1	42.5号水泥	7345.10kg	0.35元/kg	0.30元/kg	0.05	367.26
2	ϕ10圆钢筋	5618.25kg	2.65元/kg	2.80元/kg	−0.15	−842.74
3	花岗岩板	816.40m²	350.00元/m²	290.00元/m²	60.00	48984.00
	合计					48508.52

2.综合系数调整材料价差

采用单项材料价差的调整方法,其优点是准确性高,但计算过程较繁杂。因此,一些用量大、单价相对低的材料(如地方材料、辅助材料等)常采用综合系数的方法来调整单位工程材料价差。

采用综合系数调整材料价差的具体做法就是用单位工程定额材料费或定额直接工程费乘以综合调整系数,求出单位工程材料价差,其计算公式如下:

$$\begin{matrix}\text{单位工程采用综合}\\\text{系数调整材料价差}\end{matrix}=\begin{matrix}\text{单位工程定}\\\text{额材料费}\end{matrix}\left(\begin{matrix}\text{定额直}\\\text{接工程费}\end{matrix}\right)\times\begin{matrix}\text{材料价差综}\\\text{合调整系数}\end{matrix}\tag{1-5-29}$$

【例1-5-4】 某工程的定额材料费为786 457.35元,按规定以定额材料费为基础乘以综合调整系数1.38%,计算该工程地方材料价差。

解: $\begin{matrix}\text{某工程地方材}\\\text{料的材料价差}\end{matrix}=786\ 457.35\times1.38\%=10\ 853.11$(元)

第三节　建筑安装工程费用计算

一　建筑安装工程费用的构成

建筑安装工程费用亦称建筑安装工程造价。

为了加强建设项目投资管理和适应建筑市场的发展,有利于合理确定和控制工程造价,提高建设投资效益,国家统一了建筑安装工程费用划分的口径。这一做法,使得业主、承包商、监理公司、政府主管及监督部门各方,在编制设计概算、施工图预算、建设工程招标文件,进行工程成本核算,确定工程承包价、工程结算等方面有了统一的标准。

按照现行规定，建筑安装工程费（造价）由直接费、间接费、利润、税金等四部分构成，见图 1-5-1，其中直接费与间接费之和称为工程预算成本。

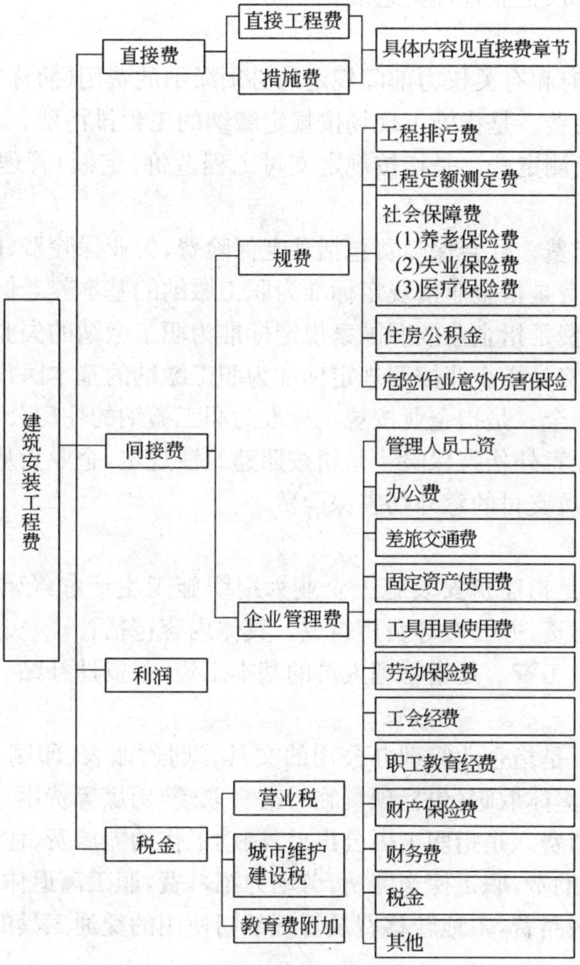

图 1-5-1　建筑安装工程费用构成示意图

二　建筑安装工程费用的内容

（一）直接费

直接费的各项内容详见本书前面部分的叙述。

(二)间接费

间接费由规费、企业管理费组成。

1.规费

规费是指政府和有关权力部门规定的必须缴纳的费用(简称规费)。包括:

(1)工程排污费。是指施工现场按规定缴纳的工程排污费。

(2)工程定额测定费。是指按规定支付工程造价(定额)管理部门的定额测定费。

(3)社会保障费。社会保障费包括养老保险费、失业保险费、医疗保险费。

①养老保险费是指企业按规定标准为职工缴纳的基本养老保险费。

②失业保险费是指企业按照国家规定标准为职工缴纳的失业保险费。

③医疗保险费是指企业按照规定标准为职工缴纳的基本医疗保险费。

(4)住房公积金。是指企业按规定标准为职工缴纳的住房公积金。

(5)危险作业意外伤害保险。是指按照建筑法规定,企业为从事危险作业的建筑安装施工人员支付的意外伤害保险费。

2.企业管理费

企业管理费是指建筑安装施工企业为组织施工生产和经营管理所需的费用,由管理人员工资、办公费等费用组成。具体内容包括:

(1)管理人员工资。是指管理人员的基本工资、工资性补贴、职工福利费、劳动保护费等。

(2)办公费。是指企业管理办公用的文具、纸张、账表、印刷、邮电、书报、会议、水电、烧水和集体取暖(包括现场临时宿舍取暖)用煤等费用。

(3)差旅交通费。是指职工因公出差、调动工作的差旅费、住勤补助费,市内交通费和误餐补助费,职工探亲路费,劳动力招募费,职工离退休、退职一次性路费,工伤人员就医路费,工地转移费及管理部门使用的交通工具的油料、燃料、养路费及牌照费。

(4)固定资产使用费。是指管理和试验部门及附属生产单位使用的属于固定资产的房屋、设备仪器等的折旧、大修、维修或租赁费。

(5)工具用具使用费。是指管理使用的不属于固定资产的生产工具、器具、家具、交通工具和检验、试验、测绘、消防用具等的购置、维修和摊销费。

(6)劳动保险费。是指由企业支付离退休职工的易地安家补助费、职工退职金、六个月以上的病假人员工资、职工死亡丧葬补助费、抚恤费、按规定支付给离休干部的各项经费。

(7)工会经费。是指企业按职工工资总额计提的工会经费。

(8)职工教育经费。是指企业为职工学习先进技术和提高文化水平，按职工工资总额计提的费用。

(9)财产保险费。是指施工管理用财产、车辆保险。

(10)财务费。是指企业为筹集资金而发生的各种费用。

(11)税金。是指企业按规定缴纳的房产税、车船使用税、土地使用税、印花税等。

(12)其他。包括技术转让费、技术开发费、业务招待费、绿化费、广告费、公证费、法律顾问费、审计费、咨询费等。

(三)利润

利润是指施工企业完成所承包工程获得的盈利。

(四)税金

税金是指国家税法规定的应计入建筑安装工程造价内的营业税、城市维护建设税及教育费附加等。

(五)间接费、利润、税金的计算方法与费率的确定方法

1.间接费

间接费的计算方法按取费基数的不同分为以下三种：

(1)以直接费为计算基础

$$间接费=直接费合计\times间接费费率(\%) \quad (1-5-30)$$

(2)以人工费为计算基础

$$间接费=人工费合计\times间接费费率(\%) \quad (1-5-31)$$

(3)以人工费和机械费合计为计算基础

$$间接费=人工费和机械费合计\times间接费费率(\%) \quad (1-5-32)$$

$$间接费费率(\%)=规费费率(\%)+企业管理费费率(\%) \quad (1-5-33)$$

2.规费费率

根据本地区典型工程发承包价的分析资料综合取定规费计算中所需数据：

(1)每万元发承包价中人工费含量和机械费含量；

(2)人工费占直接费的比例；

(3)每万元发承包价中所含规费缴纳标准的各项基数。

规费费率的计算公式：

①以直接费为计算基础

$$规费费率(\%)=\frac{\sum 规费缴纳标准\times 每万元发承包价计算基数}{每万元发承包价中的人工费含量}\times 人工费占直接费的比例(\%) \quad (1\text{-}5\text{-}34)$$

②以人工费和机械费合计为计算基础

$$规费费率(\%)=\frac{\sum 规费缴纳标准\times 每万元发承包价计算基数}{每万元发承包价中的人工费含量和机械费含量}\times 100\% \quad (1\text{-}5\text{-}35)$$

③以人工费为计算基础

$$规费费率(\%)=\frac{\sum 规费缴纳标准\times 每万元发承包价计算基数}{每万元发承包价中的人工费含量}\times 100\% \quad (1\text{-}5\text{-}36)$$

3. 企业管理费费率

企业管理费费率计算公式：

①以直接费为计算基础

$$企业管理费费率(\%)=\frac{生产工人年平均管理费}{年有效施工天数\times 人工单价}\times 人工费占直接费比例(\%) \quad (1\text{-}5\text{-}37)$$

$$企业管理费=直接费\times 企业管理费费率 \quad (1\text{-}5\text{-}38)$$

②以人工费和机械费合计为计算基础

$$企业管理费费率(\%)=\frac{生产工人年平均管理费}{年有效施工天数\times\left(人工单价+每一工日机械使用费\right)}\times 100\% \quad (1\text{-}5\text{-}39)$$

$$企业管理费=(人工费+机械费)\times 企业管理费费率 \quad (1\text{-}5\text{-}40)$$

③以人工费为计算基础

$$企业管理费费率(\%)=\frac{生产工人年平均管理费}{年有效施工天数\times 人工单价}\times 100\% \quad (1\text{-}5\text{-}41)$$

$$企业管理费=人工费\times 企业管理费费率 \quad (1\text{-}5\text{-}42)$$

4. 利润

利润计算公式：

①以直接费为计算基础

$$利润=直接费\times 利润率 \quad (1\text{-}5\text{-}43)$$

②以人工费和机械费合计为计算基础

$$利润=(人工费+机械费)\times 利润率 \quad (1\text{-}5\text{-}44)$$

③以人工费为计算基础

$$利润=人工费\times 利润费 \tag{1-5-45}$$

5. 税金的计算及税率的确定

税金计算公式：

$$税金=(税前造价+利润)\times 税率(\%) \tag{1-5-46}$$

①纳税地点在市区的企业

$$税率(\%)=\frac{1}{1-3\%-3\%\times 7\%-3\%\times 3\%}-1$$

②纳税地点在县城、镇的企业

$$税率(\%)=\frac{1}{1-3\%-3\%\times 5\%-3\%\times 3\%}-1$$

③纳税地点不在市区、县城、镇的企业

$$税率(\%)=\frac{1}{1-3\%-3\%\times 1\%-3\%\times 3\%}-1$$

三 建筑安装工程费用计算方法

(一)建筑安装工程费用(造价)理论计算方法

根据前面论述的建筑安装工程预算编制原理中计算工程造价的理论公式和建筑安装工程的费用构成，可以确定以下理论计算方法，见表 1-5-10。

建筑安装工程费用(造价)理论计算方法 表 1-5-10

序号	费用名称		计算式
(一)	直接费	定额直接工程费	Σ(分项工程量×定额基价)
		措施费	定额直接工程费×有关措施费费率 或：定额人工费×有关措施费费率 或：按规定标准计算
(二)	间接费		(一)×间接费费率 或：定额人工费×间接费费率
(三)	利润		(一)×利润率 或：定额人工费×利润率
(四)	税金		营业税=[(一)+(二)+(三)]× $\frac{营业税率}{1-营业税率}$ 城市维护建设税=营业税×税率 教育费附加=营业税×附加税率
(五)	工程造价		(一)+(二)+(三)+(四)

(二)计算建筑安装工程费用的原则

定额直接工程费根据预算定额基价算出,这具有很强的规范性。按照这一思路,对于措施费、规费、企业管理费等有关费用的计算也必须遵循其规范性,以保证建筑安装工程造价的社会必要劳动量的水平。为此,工程造价主管部门对各项费用的计算作了明确的规定:

(1)建筑工程一般以定额直接工程费为基础计算各项费用;

(2)安装工程一般以定额人工费为基础计算各项费用;

(3)装饰工程一般以定额人工费为基础计算各项费用;

(4)材料价差不能作为计算间接费等费用的基础。

为什么要规定上述计算基础呢?因为这是确定工程造价的客观需要。

首先,要保证计算出的措施费、间接费等各项费用的水平具有稳定性。

我们知道,措施费、间接费等费用是按一定的取费基础乘上规定的费率确定的。当费率确定后,要求计算基础必须相对稳定。因而,以定额直接工程费或定额人工费作为取费基础,具有相对稳定性,不管工程在定额执行范围内的什么地方施工,不管由哪个施工单位施工,都能保证计算出水平较一致的各项费用。

其次,以定额直接工程费作为取费基础,既考虑了人工消耗与管理费用的内在关系,又考虑了机械台班消耗量对施工企业提高机械化水平的推动作用。

再者,由于安装工程、建筑装饰工程的材料、设备设计的要求不同,使材料费产生较大幅度的变化,而定额人工费具有相对稳定性,再加上措施费、间接费等费用与人员的管理幅度有直接联系。所以,安装工程、装饰工程采用定额人工费为取费基础计算各项费用较合理。

(三)建筑安装工程费用计算程序

建筑安装工程费用计算程序亦称建筑安装工程造价计算程序,是指计算建筑安装工程造价有规律的顺序。

建筑安装工程费用计算程序没有全国统一的格式,一般由省、市、自治区工程造价主管部门结合本地区具体情况确定。

1.建筑安装工程费用计算程序的拟定

拟定建筑安装工程费用计算程序主要有两个方面的内容,一是拟定费用项目和计算顺序;二是拟定取费基础和各项费率。

(1)建筑安装工程费用项目及计算顺序的拟定

各地区参照国家主管部门规定的建筑安装工程费用项目和取费基础，结合本地区实际情况拟定费用项目和计算顺序，并颁布在本地区使用的建筑安装工程费用计算程序。

(2)费用计算基础和费率的拟定

在拟定建筑安装工程费用计算基础时，应遵照国家的有关规定和工程造价的客观经济规律，使工程造价的计算结果较准确地反映本行业的生产力水平。

当取费基础和费用项目确定之后，就可以根据有关资料测算出各项费用的费率，以满足计算工程造价的需要。

2.建筑安装工程费用计算程序实例

建筑安装工程费用计算程序实例见表1-5-11。

建筑安装工程费用(造价)计算程序　　表1-5-11

<table>
<tr><th rowspan="2">费用名称</th><th rowspan="2">序号</th><th rowspan="2" colspan="2">费用项目</th><th colspan="2">计算式</th></tr>
<tr><th>以定额直接工程费为计算基础</th><th>以定额人工费为计算基础</th></tr>
<tr><td rowspan="15">直接费</td><td>(一)</td><td colspan="2">直接工程费</td><td>Σ(分项工程量×定额基价)</td><td>Σ(分项工程量×定额基价)</td></tr>
<tr><td>(二)</td><td colspan="2">单项材料价差调整</td><td>Σ[单位工程某材料用量×(现行材料单价－定额材料单价)]</td><td>Σ[单位工程某材料用量×(现行材料单价－定额材料单价)]</td></tr>
<tr><td>(三)</td><td colspan="2">综合系数调整材料价差</td><td>定额材料费×综调系数</td><td>定额材料费×综调系数</td></tr>
<tr><td rowspan="12">(四)</td><td rowspan="12">措施费</td><td>环境保护费</td><td>按规定计取</td><td>按规定计取</td></tr>
<tr><td>文明施工费</td><td>(一)×费率</td><td>定额人工费×费率</td></tr>
<tr><td>安全施工费</td><td>(一)×费率</td><td>定额人工费×费率</td></tr>
<tr><td>临时设施费</td><td>(一)×费率</td><td>定额人工费×费率</td></tr>
<tr><td>夜间施工费</td><td>(一)×费率</td><td>定额人工费×费率</td></tr>
<tr><td>二次搬运费</td><td>(一)×费率</td><td>定额人工费×费率</td></tr>
<tr><td>大型机械进出场及安拆费</td><td>按措施项目定额计算</td><td>按措施项目定额计算</td></tr>
<tr><td>混凝土、钢筋混凝土模板及支架费</td><td>按措施项目定额计算</td><td>按措施项目定额计算</td></tr>
<tr><td>脚手架费</td><td>按措施项目定额计算</td><td>按措施项目定额计算</td></tr>
<tr><td>已完工程及设备保护费</td><td>按措施项目定额计算</td><td>按措施项目定额计算</td></tr>
<tr><td>施工排水、降水费</td><td>按措施项目定额计算</td><td>按措施项目定额计算</td></tr>
</table>

续上表

<table>
<tr><td rowspan="2">费用名称</td><td rowspan="2">序号</td><td rowspan="2" colspan="2">费 用 项 目</td><td colspan="2">计 算 式</td></tr>
<tr><td>以定额直接工程费为计算基础</td><td>以定额人工费为计算基础</td></tr>
<tr><td rowspan="6">间接费</td><td rowspan="5">(五)</td><td rowspan="5">规费</td><td>工程排污费</td><td>按规定计算</td><td>按规定计算</td></tr>
<tr><td>工程定额测定费</td><td>(一)×费率</td><td>(一)×费率</td></tr>
<tr><td>社会保障费</td><td>定额人工费×费率</td><td>定额人工费×费率</td></tr>
<tr><td>住房公积金</td><td>定额人工费×费率</td><td>定额人工费×费率</td></tr>
<tr><td>危险作业意外伤害保险</td><td>定额人工费×费率</td><td>定额人工费×费率</td></tr>
<tr><td>(六)</td><td colspan="2">企业管理费</td><td>(一)×企业管理费费率</td><td>定额人工费×企业管理费费率</td></tr>
<tr><td>利润</td><td>(七)</td><td colspan="2">利润</td><td>(一)×利润率</td><td>定额人工费×利润率</td></tr>
<tr><td rowspan="3">税金</td><td>(八)</td><td colspan="2">营业税</td><td>$[(一)\sim(七)之和]\times\frac{营业税率}{1-营业税率}$</td><td>$[(一)\sim(七)之和]\times\frac{营业税率}{1-营业税率}$</td></tr>
<tr><td>(九)</td><td colspan="2">城市维护建设税</td><td>(八)×城市维护建设税率</td><td>(八)×城市维护建设税率</td></tr>
<tr><td>(十)</td><td colspan="2">教育费附加</td><td>(八)×教育费附加税率</td><td>(八)×教育费附加税率</td></tr>
<tr><td>工程造价</td><td></td><td colspan="2">工程造价</td><td>(一)～(十)之和</td><td>(一)～(十)之和</td></tr>
</table>

四 确定计算建筑安装工程费用的条件

计算建筑安装工程费用，要根据工程类别和施工企业取费等级确定各项费率。

(一)建设工程类别划分

1. 建筑工程类别划分

建筑工程类别划分见表 1-5-12。

2. 装饰工程类别划分

装饰工程类别划分见表 1-5-13。

建筑工程类别划分表　　表 1-5-12

一类工程	(1)跨度在 30m 以上的单层工业厂房，建筑面积在 $9000m^2$ 以上的多层工业厂房； (2)单炉蒸发量在 10t/h 以上或蒸发量在 30t/h 以上的锅炉房； (3)30 层以上多层建筑； (4)跨度在 30m 以上的钢网架、悬索、薄壳屋盖建筑； (5)建筑面积在 $12000m^2$ 以上的公共建筑，20000 个座位以上的体育场； (6)高度在 100m 以上的烟囱，高度在 60m 以上或容积在 $100m^3$ 以上的水塔，容积在 $4000m^3$ 以上的池类
二类工程	(1)跨度在 30m 以内的单层工业厂房，建筑面积在 $6000m^2$ 以上的多层工业厂房； (2)单炉蒸发量在 6.5t/h 以上或蒸发量在 20t/h 以上的锅炉房； (3)16 层以上多层建筑； (4)跨度在 30m 以内的钢网架、悬索、薄壳屋盖建筑； (5)建筑面积在 $8000m^2$ 以上的公共建筑，20000 个座位以内的体育场； (6)高度在 100m 以内的烟囱，高度在 60m 以内或容积在 $100m^3$ 以内的水塔，容积在 $3000m^3$ 以上的池类
三类工程	(1)跨度在 24m 以内的单层工业厂房，建筑面积在 $3000m^2$ 以上的多层工业厂房； (2)单炉蒸发量在 4t/h 以上或蒸发量在 10t/h 以上的锅炉房； (3)8 层以上多层建筑； (4)建筑面积在 $5000m^2$ 以上的公共建筑； (5)高度在 50m 以内的烟囱，高度在 40m 以内或容积在 $50m^3$ 以内的水塔，容积在 $1500m^3$ 以上的池类； (6)栈桥、混凝土贮仓、料斗
四类工程	(1)跨度在 18m 以内的单层工业厂房，建筑面积在 $3000m^2$ 以内的多层工业厂房； (2)单炉蒸发量在 4t/h 以内或蒸发量在 10t/h 以内的锅炉房； (3)层数在 8 层以内多层建筑； (4)建筑面积在 $5000m^2$ 以内的公共建筑； (5)高度在 30m 以内的烟囱，高度在 25m 以内的水塔，容积在 $1500m^3$ 以内的池类； (6)运动场、混凝土挡土墙、围墙、保坎、砖、石挡土墙

注：1. 跨度指按设计图标注的相邻两纵向定位轴线的距离，多跨厂房或仓库按主跨划分。

2. 层数指建筑分层数。地下室、面积小于标准层 30% 的顶层、2.2m 以内的技术层，不计层数。

3. 面积指单位工程的建筑面积。

4. 公共建筑指：①礼堂、会堂、影剧院、俱乐部、音乐厅、报告厅、排演厅、文化宫、青少年宫；②图书馆、博物馆、美术馆、档案馆、体育馆；③火车站、汽车站的客运楼、机场候机楼、航运站客运楼；④科学试验研究楼、医疗技术楼、门诊楼、住院楼、邮电通信楼、邮政大楼、大专院校教学楼、电教楼、试验楼；⑤综合商业服务大楼、多层商场、贸易科技中心大楼、食堂、浴室、展销大厅。

5. 冷库工程和建筑物有声、光、超净、恒温、无菌等特殊要求者按相应类别的上一类取费。

6. 工程分类均按单位工程划分，内部设施、相连裙房及附属于单位工程的零星工程（如化粪池、排水、排污沟等），如为同一企业施工，应并入该单位工程一并分类。

装饰工程类别划分表　　表 1-5-13

一类工程	每平方米(装饰建筑面积)定额直接费(含未计价材料费)在 1600 元以上的装饰工程,外墙面各种幕墙、石材干挂工程
二类工程	每平方米(装饰建筑面积)定额直接费(含未计价材料费)在 1000 元以上的装饰工程,外墙面二次块料面层单项装饰工程
三类工程	每平方米(装饰建筑面积)定额直接费(含未计价材料费)在 500 元以上的装饰工程
四类工程	独立承包的各类单项装饰工程,每平方米(装饰建筑面积)定额直接费(含未计价材料费)在 500 元以内的装饰工程,家庭装饰工程

注:除一类装饰工程外,有特殊声光要求的装饰工程,其类别按上表规定相应提高一类。

(二)施工企业工程取费级别评审条件

施工企业工程取费级别评审条件见表 1-5-14。

施工企业工程取费级别评审条件　　表 1-5-14

取费级别	评审条件
一级取费	1. 企业具有一级资质证书; 2. 企业近五年来承担过两个以上一类工程; 3. 企业参加了社会劳保统筹,退(离)休职工人数占在册职工人数 30%以上
二级取费	1. 企业具有二级资质证书; 2. 企业近五年来承担过两个以上二类及其以上工程; 3. 企业参加了社会劳保统筹,退(离)休职工人数占在册职工人数 20%以上
三级取费	1. 企业具有三级资质证书; 2. 企业近五年来承担过两个三类及其以上工程; 3. 企业参加了社会劳保统筹,退(离)休职工人数占在册职工人数 10%以上
四级取费	1. 企业具有四级资质证书; 2. 企业五年来承担过两个四类及其以上工程; 3. 企业参加了社会劳保统筹,退(离)休职工人数占在册职工人数 10%以下

五 建筑安装工程费费率实例

(一)措施费标准

1. 建筑工程

某地区建筑工程主要措施费标准见表 1-5-15。

建筑工程措施费标准 表 1-5-15

工程类别	计算基础	文明施工(%)	安全施工(%)	临时设施(%)	夜间施工(%)	二次搬运(%)
一类	定额直接工程费	1.5	2.0	2.8	0.8	0.6
二类	定额直接工程费	1.2	1.6	2.6	0.7	0.5
三类	定额直接工程费	1.0	1.3	2.3	0.6	0.4
四类	定额直接工程费	0.9	1.0	2.0	0.5	0.3

2. 装饰工程

某地区装饰工程主要措施费标准见表 1-5-16。

装饰工程主要措施费标准 表 1-5-16

工程类别	计算基础	文明施工(%)	安全施工(%)	临时设施(%)	夜间施工(%)	二次搬运(%)
一类	定额人工费	7.5	10.0	11.2	3.8	3.1
二类	定额人工费	6.0	8.0	10.4	3.4	2.6
三类	定额人工费	5.0	6.5	9.2	2.9	2.2
四类	定额人工费	4.5	5.0	8.1	1.5	1.6

(二)规费标准

某地区建筑工程、装饰工程主要规费标准见表 1-5-17。

建筑工程、装饰工程主要规费标准 表 1-5-17

工程类别	计算基础	社会保障费(%)	住房公积金(%)	危险作业意外伤害保险(%)
一类	定额人工费	16	6.0	0.6
二类	定额人工费	16	6.0	0.6
三类	定额人工费	16	6.0	0.6
四类	定额人工费	16	6.0	0.6
工程定额测定费:(一~四类工程)直接工程费×0.12%				

(三)企业管理费标准

某地区企业管理费标准见表 1-5-18。

企业管理费标准　表 1-5-18

工程类别	建筑工程		装饰工程	
	计算基础	费率(%)	计算基础	费率(%)
一类	定额直接工程费	7.5	定额人工费	38.6
二类	定额直接工程费	6.9	定额人工费	35.2
三类	定额直接工程费	5.9	定额人工费	32.5
四类	定额直接工程费	5.1	定额人工费	27.6

(四)利润标准

某地区利润标准见表 1-5-19。

利润标准　表 1-5-19

取费级别		计算基础	利润(%)	计算基础	利润(%)
一级取费	I	定额直接工程费	10	定额人工费	55
	II	定额直接工程费	9	定额人工费	50
二级取费	I	定额直接工程费	8	定额人工费	44
	II	定额直接工程费	7	定额人工费	39
三级取费	I	定额直接工程费	6	定额人工费	33
	II	定额直接工程费	5	定额人工费	28
四级取费	I	定额直接工程费	4	定额人工费	22
	II	定额直接工程费	3	定额人工费	17

(五)计取税金的标准

某地区计取税金的标准见表 1-5-20。

计取税金标准　表 1-5-20

工程所在地	营业税		城市维护建设税		教育费附加	
	计算基础	税率(%)	计算基础	税率(%)	计算基础	税费(%)
市区	直接费+间接费+利润	3.093	营业税	7	营业税	3
县城、镇	直接费+间接费+利润	3.093	营业税	5	营业税	3
不属于市区、县城、镇	直接费+间接费+利润	3.093	营业税	1	营业税	3

六 建筑工程费用计算实例

【例 1-5-5】 某食堂工程由某二级施工企业施工，根据下列数据和有关条件，计算该工程的工程造价(表 1-5-21)。

有关条件如下：

(1)建筑层数及工程类别：三层，四类工程，工程在市区。

(2)取费等级：二级 II 档。

(3)直接工程费：

其中：人工费 84 311.00 元

机械费 22 732.23 元

材料费 210 402.63 元

扣减脚手架费 10 343.55 元

扣减模板费 22 512.24 元

直接工程费小计：317 445.86－10 343.55－22 512.24＝284 590.07 元

(4)有关规定。

按合同规定收取下列费用：

①环境保护费(某地区规定，按直接工程费的 0.4%收取)；

②文明施工费；

③安全施工费；

④临时设施费；

⑤二次搬运费；

⑥脚手架费；

⑦混凝土及钢筋混凝土模板及支架费；

⑧工程定额测定费；

⑨社会保障费；

⑩住房公积金；

⑪利润和税金。

(5)根据上述条件和表 1-5-12、表 1-5-14、表 1-5-15、表 1-5-17、表 1-5-18、表 1-5-19、表 1-5-20 确定有关费率并计算各项费用。

(6)根据费用计算程序以直接工程费为基础计算某食堂工程的工程造价。

某食堂工程建筑工程造价计算表

表 1-5-21

序号	费用名称		计算式	金额(元)
(一)	直接工程费(见表)		317445.86－10343.55－22512.24	284590.07
(二)	单项材料价差调整		采用实物金额法不计算此费用	—
(三)	综合系数调整材料价差		采用实物金额法不计算此费用	—
(四)	措施费	环境保护费	284590.07×0.4%＝1138.36元	47480.57
		文明施工费	284590.07×0.9%＝2561.31元	
		安全施工费	284590.07×1.0%＝2845.90元	
		临时设施费	284590.07×2.0%＝5691.80元	
		夜间施工费	284590.07×0.5%＝1422.95元	
		二次搬运费	284590.07×0.3%＝853.77元	
		大型机械进出场及安拆费	—	
		脚手架费	10343.55元	
		已完工程及设备保护费	—	
		混凝土及钢筋混凝土模板及支架费	22512.24元	
		施工排水、降水费	—	
(五)	规费	工程排污费	—	18889.93
		工程定额测定费	284590.07×0.12%＝341.51元	
		社会保障费	见表1-21-3： 84311.00×16%＝13489.76元	
		住房公积金	见表1-21-3： 84311.00×6.0%＝5058.66元	
		危险作业意外伤害保险	—	
(六)	企业管理费		284590.07×5.1%＝14514.09元	14514.09
(七)	利润		284590.07×7%＝19921.30元	19921.30
(八)	营业税		385396.00×3.093%＝11920.30元	11920.30
(九)	城市维护建设税		11920.30×7%＝834.42元	834.42
(十)	教育费附加		11920.30×3%＝357.61元	357.61
	工程造价		(一)～(十)之和	398508.29

练 习 题

一、多选题

1. 直接费由(　　)构成。

A. 直接工程费　　B. 间接费

C. 措施费　　D. 规费

2. 直接工程费包括(　　)。

A. 人工费　　B. 材料费

C. 机械使用费　　D. 措施费

3. 人工费包括(　　)。

A. 基本工资　　B. 工资性补贴

C. 职工福利费　　D. 社会保障费

4. 措施费包括(　　)。

A. 环境保护费　　B. 文明施工费

C. 安全施工费　　D. 夜间施工费

5. 实物金额法计算直接工程费的依据有(　　)。

A. 工程量　　B. 预算定额

C. 人工单价　　D. 材料单价

6. 单位估价法计算直接工程费的依据有(　　)。

A. 工程量　　B. 定额基价

C. 间接费定额　　D. 费用定额

7. 材料价差产生的原因有(　　)。

A. 用单位估价法计直接工程费

B. 用实物金额法计算直接工程费

C. 现行的材料单价与定额基价的材料单价发生了变化

D. 用完全定额基价的预算定额编制施工图预算

8. 材料价差的调整方法有(　　)

A. 随机价差调整　　B. 定时价差调整

C. 单项材料价差调整　　D. 综合系数材料价差调整

9. 国家统一建筑安装工程费用划分口径的目的是(　　)。

A. 规范业主投资行为　　B. 加强建设项目投资管理

C. 合理确定工程造价　　D. 合理控制工程造价

10. 国家统一建筑安装工程费用划分口径后，使得（　　）等方面有了统一的标准。

A. 编制施工图预算　　B. 建设工程招投标

C. 工程成本核算　　D. 工程结算

11. 间接费由（　　）组成。

A. 措施费　　B. 规费

C. 企业管理费　　D. 其他费用

12. 社会保障费包括（　　）。

A. 养老保险费　　B. 失业保险费

C. 医疗保险费　　D. 意外伤害保险费

13. 企业管理费包括（　　）

A. 工人工资　　B. 办公费

C. 差旅交通费　　D. 劳动保险费

14. 税金包括（　　）

A. 营业税　　B. 城市维护建设税

C. 教育费附加　　D. 交通费附加

15. 下列提法正确的有（　　）

A. 建筑工程一般以定额直接工程费为基础计算各项费用

B. 安装工程一般以定额人工费为基础计算各项费用

C. 装饰工程一般以定额直接工程费为基础计算各项费用

D. 材料价差不能作为计算间接费等费用的基础

二、判断题

1. 直接费由直接工程费和措施费构成。（　　）
2. 机械使用费是人工费的组成部分。（　　）
3. 脚手架费属于措施费。（　　）
4. 安全施工费属于规费。（　　）
5. 现场临时管线属于临时设施。（　　）
6. 单位估价法也称单价法。（　　）
7. 实物金额法也称工料单价法。（　　）
8. 采用单位估价法一般要进行材料价差调整。（　　）
9. 建筑安装工程费用亦称建筑安装工程造价。（　　）

10.国家统一建筑安装工程费用划分口径的目的是为了好算账。 (　　)

11.直接费称为预算成本。 (　　)

12.规费是指施工合同中规定的费用。 (　　)

13.工程定额测定费是指以前的定额管理费。 (　　)

14.住房公积金属于规费。 (　　)

15.企业管理费包括管理人员工资。 (　　)

16.企业管理费包括工会经费。 (　　)

17.房产税、土地使用税、车船使用税、印花税属于企业管理费。 (　　)

18.教育费附加的计算基础是营业税。 (　　)

19.营业税的计算基础是不含税工程造价。 (　　)

20.装饰工程一般以定额人工费为基础计算各项费用。 (　　)

第六章 工程量清单计价方法

第一节 概　　述

《建设工程工程量清单计价规范》(GB 50500—2008)规定了工程量清单、招标控制价、投标报价、工程价款结算等工程造价文件的编制原则和方法。

本教材主要介绍工程量清单和投标报价的编制方法。

一 工程量清单的概念

工程量清单是指表达建设工程的分部分项工程项目、措施项目、其他项目、规费项目和税金项目的名称和相应数量等的明细清单。

分部分项工程量清单表明了拟建工程的全部分项实体工程的名称和相应的工程数量。例如，某工程现浇C20钢筋混凝土基础梁，167.26m^3；低压碳钢ϕ219×8无缝钢管安装，320m等。

措施项目清单主要表明了为完成拟建工程全部分项实体工程而必须采取的措施性项目。例如，某工程大型施工机械设备(塔吊)进场及安拆；脚手架搭拆等。

其他项目清单主要表明了，为完成招标人提出的与拟建工程有关的特殊要求所需发生的费用。例如，某工程考虑可能发生工程量变更而预先提出的暂列金额项目，以及材料暂估价、专业工程暂估价、计日工、总承包服务费等项目。

规费项目清单是指根据省级政府或省级有关权力部门规定必须缴纳的，应计入建筑安装工程造价的费用项目，如工程排污、工程定额测定、养老保险、失业保险、医疗保险、住房公积金、危险作业意外伤害保险等。

税金项目清单是根据目前国家税法规定应计入建筑安装工程造价内的税种，包括营业税、城市建设维护税及教育费附加。

工程量清单是招标投标活动中，对招标人和投标人都具有约束力的重要文件，是招标投标活动的重要依据。

二 工程量清单计价方式的概念

工程量清单计价是一种国际上通行的工程造价计价方式。是在建设工程招标投标中，招标人按照国家统一的《建设工程工程量清单计价规范》的要求以及施工图，提供工程量清单，由投标人按照招标文件、工程量清单、施工图、计价定额或企业定额、市场价格等，自主报价并经评审后，合理低价中标的工程造价计价方式。

三 《建设工程工程量清单计价规范》的编制依据

《建设工程工程量清单计价规范》根据《中华人民共和国建筑法》、《中华人民共和国合同法》、《中华人民共和国招标投标法》等法律法规，并遵照国家宏观调控、市场竞争形成价格的原则，结合我国当前的实际情况制定。

四 工程量清单编制原则

工程量清单编制原则包括，四个统一、三个自主、两个分离。

1. 四个统一

分部分项工程量清单包括的内容，应满足两方面的要求，一是满足方便管理和规范管理的要求；二是满足工程计价的要求。为了满足上述要求，工程量清单编制必须符合四个统一的要求，即项目编码统一、项目名称统一、计量单位统一、工程量计算规则统一。

2. 三个自主

工程量清单报价是市场形成工程造价的主要形式。《建设工程工程量清单计价规范》(GB 50500—2008)第 4.3.1 条指出“除本规范强制性规定外，投标价由投标人自主确定，但不得低于成本。”

这一要求使得投标人在报价时自主确定工料机消耗量、自主确定工料机单价、自主确定除规范强制性规定外的措施项目费及其他项目费的内容和费率。

3. 两个分离

两个分离是指，量价分离、清单工程量与计价工程量分离。

量价分离是从定额计价方式的角度来表达的。因为定额计价的方式采用定额基价计算直接费，工料机消耗量和工料机单价是固定的，量价没有分离。而工程量清单计价按规范规定可以自主确定工料机消耗量、自主确定工料机单价，量价是分离的。

清单工程量与计价工程量分离是从工程量清单报价方式来描述的。清单工程量是根据《建设工程工程量清单计价规范》计算的，计价工程量是根据所选定的计价定额或企业定额等消耗量定额计算的，两者的工程量计算规则有所不同，算出的工程数量是不同的，两者是分离的。

第二节　工程量清单编制内容

工程量清单主要包括五部分内容，一是分部分项工程量清单；二是措施项目清单；三是其他项目清单；四是规费项目清单；五是税金项目清单。

一　分部分项工程量清单

一般，每个分部分项工程量清单项目由项目编码、项目名称、项目特征、计量单位和工程量五个要素构成。

1.项目编码

项目编码是指分部分项工程量清单项目名称的数字标志。

分部分项工程量清单的项目编码，应采用十二位阿拉伯数字表示。一至九位应按附录的规定设置，十至十二位编制人根据拟建工程的工程量清单项目名称设置，同一招标工程的项目编码不得有重码。

例如，某拟建工程的砖基础清单项目的编码为“010301001001”，前9位“010301001”为计价规范的统一编码，后3位“001”为该项目名称的顺序编码；又如，某拟建工程的静置设备碳钢填料塔制作清单项目的编码为“030501002001”，前9位“030501002”为计价规范的统一编码，后3位“001”为该清单项目名称的顺序编码。

同一招标工程的项目编码不得有重码。例如一个标段（或合同段）的工程量清单中含有三个单位工程，每一单位工程中都有项目特征相同的标准砖基础，在工程量清单中又需反映三个不同单位工程的标准砖基础工程量时，此时工程量清单应以单位工程为编制对象，则第一个单位工程的标准砖基础的项目编码应为010301001001，第二个单位工程的标准砖基础的项目编码应为

010301001002，第三个单位工程的标准砖基础的项目编码应为010301001003，并分别列出各单位工程标准砖基础的工程量。

编制工程量清单出现附录中未包括的项目，编制人应作补充，并报省级或行业工程造价管理机构备案。

补充项目的编码由附录的顺序码与B和三位阿拉伯数字组成，并应从×B001起顺序编制，同一招标工程的项目不得重码。工程量清单中需附有补充项目的名称、项目特征、计量单位、工程量计算规则、工程内容等。

2.项目名称

分部分项工程量清单的项目名称应按《建设工程工程量清单计价规范》(GB 50500—2008)附录的项目名称，结合拟建工程的实际情况确定。

3.项目特征

项目特征是指构成分部分项工程量清单项目的本质特征。

(1)项目特征的描述要求

分部分项工程量清单项目特征应按附录中规定的项目特征、结合拟建工程项目的实际予以描述。

项目特征必须描述清楚。如果招标人提供的工程量清单对项目特征描述不具体、特征不清、界限不明，会使投标人无法准确理解工程量清单项目的构成要素，评标时就会难以合理的评定中标价；结算时也会引起发、承包双方争议，影响工程量清单计价工作的推进。因此，在工程量清单中准确地描述工程量清单项目特征是有效推进工程量清单计价工作的重要环节。

项目特征是与项目名称相对应的。预算定额的项目，一般按施工工序或工作过程、综合工作过程设置，包含的工程内容相对来说，较单一，据此规定了相应的工程量计算规则。工程量清单项目的划分，一般按“综合实体”来考虑，一个项目中包含了多个工作过程或综合工作过程，据此也规定了相应的工程量计算规则。这两者的工程内容和工程量计算规则有较大的差别，使用时应充分注意。所以，相对地说工程量清单项目的工程内容综合性较强。例如，在工程量清单项目中，砖基础项目的工程内容包括：砂浆制作与运输、材料运输、砌砖基础、防潮层铺设等，该项目可由2个预算定额项目构成。又如，低压$\phi159\times5$不锈钢管安装清单项目包含了管道安装、水压试验、管酸洗、管脱脂、管绝热、镀锌铁皮保护层等6个预算定额项目。

在项目特征中，每一个工作对象都有不同的规格、型号和材质，这些必须说明。所以，每个项目名称都要表达出项目特征。例如，清单项目的砖基础项目，其项目特征包括：砖品种、规格、强度等级、基础类型、基础深度、砂浆强度等级等等。

(2)准确描述项目特征的重要意义

①项目特征是区分清单项目的依据。工程量清单项目特征是用来表述分部分项清单项目的实质内容,用于区分计价规范中同一清单条目下各个具体的清单项目。没有项目特征的准确描述,对于相同或相似的清单项目名称,就无法区分。

②项目特征是确定综合单价的前提。由于工程量清单项目的特征决定了工程实体的实质内容,必然直接决定了工程实体的自身价值。因此,工程量清单项目特征描述的准确与否,直接关系到工程量清单项目综合单价的准确确定。

③项目特征是履行合同义务的基础。实行工程量清单计价,工程量清单及其综合单价是施工合同的组成部分,因此,如果工程量清单项目特征的描述不清甚至漏项、错误,从而引起在施工过程中的更改,都会引起意见分歧,导致不必要的纠纷。

由此可见,清单项目特征的描述,应根据计价规范附录中有关项目特征的要求,结合技术规范、标准图集、施工图纸,按照工程结构、使用材质及规格或安装位置等,予以详细而准确的表述和说明。可以说离开了清单项目特征的准确描述,清单项目就将没有生命力。比如我们要购买某一商品,如电脑,就首先要了解电脑的品牌、型号、内存和硬盘的配置等诸多方面情况,因为这些情况决定了电脑的价格。但相对于建筑产品来说,由于其单件性的特性,情况比较特殊,因此在合同的分类中,工程发、承包施工合同属于加工承揽合同中的一个特例,实行工程量清单计价,就需要对分部分项工程量清单项目的实质内容、项目特征进行准确描述,就好比我们要购买某一商品,要了解品牌、性能等是一样的。因此,准确的描述清单项目的特征对于准确的确定清单项目的综合单价具有决定性的作用。当然,由于种种原因,对同一个清单项目,由不同的人进行编制,会有不同的描述,尽管如此,体现项目本质区别的特征和对报价有实质影响的内容都必须描述,这一点是无可置疑的。

4.计量单位

分部分项工程量清单的计量单位应按附录中规定的计量单位确定。

工程量清单项目的计量单位是按照能够较准确地反映该项目工程内容的原则确定的。例如,“实心砖墙”项目的计量单位是“m^3”,“砖水池”项目的计量单位为“座”,“硬木靠墙扶手”项目的计量单位为“m”,“墙面一般抹灰”项目的计量单位为“m^2”,“墙面干挂石材钢骨架”项目的计量单位为“t”,“荧光灯安装”项目的计量单位为“套”,“车床安装”项目的计量单位为“台”,“接地装置”项目的单位为“项”,“电气配线”的计量单位为“m”,“拱顶罐制作、安装”的计量单位为“台”等。

5. 工程量

工程量即工程的实物数量。分部分项工程量清单项目的计算依据有:施工图纸、《建设工程工程量清单计价规范》(GB 50500—2008)等。

分部分项工程量清单中所列工程量应按附录中规定的工程量计算规则计算。

分部分项工程量清单项目的工程量是一个综合的数量。综合的意思是指一项工程量中,相对消耗量定额综合了若干项工程内容,这些工程内容的工程量可能是相同的,也可能是不相同的。例如,“砖基础”这个项目中,综合了砌砖的工程量、铺设墙基防潮层的工程量。当这些不同工程内容的工程量不相同时,除了应该算出项目实体的(主项)工程量外,还要分别算出相关工程内容的(附项)工程量。例如,根据某拟建工程实际情况,算出的砖基础(主项)工程量为 $125.51m^3$,算出的基础防潮层(附项)工程量为 $8.25m^2$。这时,该项目的主项工程量可以确定为砖基础 $125.51m^3$,但分析综合单价计算材料、人工、机械台班消耗量时,应分别按各自的工程量计算。只有这样计算,才能为计算综合单价提供准确的依据。

还需指出,在分析工、料、机消耗量时套用的定额,必须与所采用的消耗量定额的工程量计算规则的规定相对应。这是因为工程量计算规则与编制定额确定消耗量有着内在的对应关系。

二 措施项目清单

措施项目清单的编制应考虑多种因素,除了工程本身的因素外,还要考虑水文、气象、环境、安全和施工企业的实际情况。为此,《建设工程工程量清单计价规范》(GB 50500—2008)提供了“通用措施项目一览表”(详见表 1-6-1),表中通用项目所列内容是指各专业工程的“措施项目清单”中均可列的措施项目。同时在附录 A、附录 B、附录 C、附录 D、附录 E、附录 F 的各专业中分别提供了措施项目,供列项时参考。

措施项目中可以计算工程量的项目清单宜采用分部分项工程量清单的方式编制,列出项目编码、项目名称、项目特征、计量单位和工程量计算规则;不能计算工程量的项目清单,以“项”为计量单位。

通用措施项目一览表　　表 1-6-1

序号	项目名称	序号	项目名称
1	安全文明施工(含环境保护、文明施工、安全施工、临时设施)	6	施工排水
2	夜间施工	7	施工降水
3	二次搬运	8	地上、地下设施,建筑物的临时保护设施
4	冬雨季施工	9	已完工程及设备保护
5	大型机械设备进出场及安拆		

三 其他项目清单

工程建设项目标准的高低、工程的复杂程度、工程的工期长短、工程的组成内容等直接影响其他项目清单中的具体内容。

其他项目清单应根据拟建工程的具体情况确定。一般包括暂列金额、暂估价、计日工、总承包服务费等。

暂列金额设置主要考虑可能发生的工程量变更而预留的资金。工程量变更主要指工程量清单漏项、有误所引起工程量的增加或施工中的设计变更引起标准提高或工程量的增加等。

总承包服务费包括配合协调招标人工程分包和材料采购所需的费用,此处提出的分包是指国家允许的分包工程。

计日工应根据拟建工程的具体情况,详细列出人工、材料、机械的名称、计量单位和相应数量。例如,某办公楼建筑工程,在设计图纸以外发生的零星工作项目,家具搬运用工 30 个工日。

四 规费项目清单

规费是政府和有关权力部门规定必须缴纳的费用,主要包括工程排污费、工程定额测定费、社会保障费、住房公积金、危险作业意外伤害保险等。

五 税金项目清单

税金项目清单是根据目前国家税法规定应计入建筑安装工程造价内的税种,包括营业税、城市建设维护税及教育费附加等。

第三节　工程量清单计价编制内容

工程量清单计价编制的主要内容包括：工料机消耗量的确定、分部分项工程量清单费的确定、措施项目清单费的确定、其他项目清单费的确定、规费项目清单费的确定、税金项目清单费的确定。

一　工料机消耗量的确定

工料机消耗量是根据分部分项工程量和有关消耗量定额计算出来的。

在套用定额分析计算工料机消耗量时，分两种情况：一是直接套用；二是分别套用。

1. 直接套用定额，分析工料机用量

当分部分项工程量清单项目与定额项目的工程内容和项目特征完全一致时，就可以直接套用定额消耗量，计算出分部分项的工料机消耗量。例如，某工程250mm半圆球吸顶灯安装清单项目，可以直接套用工程内容相对应的消耗量定额时，就可以采用该定额分析工料机消耗量。

2. 分别套用不同定额，分析工料机用量

当定额项目的工程内容与清单项目的工程内容不完全相同时，需要按清单项目的工程内容，分别套用不同的定额项目。例如，某工程M5水泥砂浆砌砖基础清单项目，还包含了1∶2水泥砂浆墙基防潮层附项工程量时，应分别套用1∶2水泥砂浆墙基防潮层消耗量定额和M5水泥砂浆砌砖基础消耗量定额和计算其工料机消耗量；又如，室内DN25焊接钢管螺纹连接清单项目包含主项：焊接钢管安装，还包括附项：铁皮套管制作、安装，手工除锈，刷防锈漆项目时，就要分别套用对应的消耗量定额和计算其工料机消耗量。

二　分部分项工程量清单费的确定

分部分项工程量清单费是根据分部分项清单工程量分别乘以对应的综合单价计算出来的。

1. 综合单价的确定

综合单价是有别于预算定额基价的另一种计价方式。

综合单价以分部分项工程项目为对象，从我国的实际情况出发，包含了人工费、材料费、机械费、管理费、利润、风险费等费用。

综合单价的计算公式表达为：

$$\begin{array}{l}\text{分部分项工程量}\\\text{清单项目综合单价}\end{array}=\text{人工费}+\text{材料费}+\text{机械费}+\text{管理费}+\text{利润}+\text{风险费}$$

其中：

$$\text{人工费}=\sum_{i=1}^{n}(\text{定额工日}\times\text{人工单价})_i$$

$$\text{材料费}=\sum_{i=1}^{n}\left(\begin{array}{l}\text{某种材料}\\\text{定额消耗量}\end{array}\times\text{材料单价}\right)_i$$

$$\text{机械费}=\sum_{i=1}^{n}\left(\begin{array}{l}\text{某种机械台班}\\\text{定额消耗量}\end{array}\times\text{台班单价}\right)_i$$

$$\text{管理费}=\text{人工费（或直接费）}\times\text{管理费费率}$$

$$\text{利润}=\text{人工费（或直接费）}\times\text{利润率}$$

2.分部分项工程量清单费计算

分部分项工程量清单费按照下列公式计算：

$$\text{分部分项工程量清单费}=\sum_{i=1}^{n}(\text{清单工程量}\times\text{综合单价})_i$$

三 措施项目费确定

措施项目费应该由投标人根据拟建工程的施工方案或施工组织设计计算确定。一般，可以采用以下几种方法确定。

1.依据消耗量定额计算

脚手架、大型机械设备进出场及安拆费、垂直运输机械费等可以根据已有的定额计算确定。

2.按系数计算

临时设施费、安全文明施工增加费、夜间施工增加费等，可以按直接费为基础乘以适当的系数确定。

3.按收费规定计算

室内空气污染测试费、环境保护费等可以按有关规定计取费用。

四 其他项目费的确定

招标人部分的其他项目费可按估算金额确定。投标人部分的总承包服务费应根据招标人提出要求按所发生的费用确定。计日工项目费应根据“计日工表”确定。

其他项目清单中的暂列金额为预测和估算数额，虽在投标时计入投标人的报价中，但不应视为投标人所有。竣工结算时，应按承包人实际完成的工作内容结算，剩余部分仍归招标人所有。

五 规费项目清单费的确定

规费应该根据国家、省级政府和有关权力部门规定的项目、计算方法、计算基数、费率进行计算。

六 税金项目清单费的确定

税金是按照国家税法或地方政府及税务部门依据职权对税种进行调整规定的项目、计算方法、计算基数、税率进行计算。

第四节 工程量清单计价与定额计价的区别

工程量清单计价与定额计价主要有以下几个方面的区别。

一 计价依据不同

1.依据不同定额

定额计价按照政府主管部门颁发的预算定额计算各项消耗量；工程量清单计价按照企业定额计算各项消耗量，也可以选择政府主管部门颁发的计价定额或消耗量定额计算工料机消耗量。选择何种定额，由投标人自主确定。

2.采用的单价不同

定额计价的人工单价、材料单价、机械台班单价采用预算定额基价中的单价或政府指导价；工程量清单计价的人工单价、材料单价、机械台班单价采用市场价或政府指导价，由投标人自主确定。

3.费用项目不同

定额计价的费用计算，根据政府主管部门颁发的费用计算程序所规定的项目和费率计算；工程量清单计价的费用除清单计价规范和文件规定强制性的项目外，可以按照工程量清单计价规范的规定，根据拟建工程和本企业的具体情况自主确定费用项目和费率。

二 费用构成不同

定额计价方式的工程造价费用构成一般由直接费(包括直接工程费和措施费)、间接费(包括规费和企业管理费)、利润和税金(包括营业税、城市维护建设税和教育费附加)构成;工程量清单计价的工程造价费用由分部分项工程项目费、措施项目费、其他项目费、规费和税金构成。

三 计价方法不同

定额计价方式常采用单位估价法和实物金额法计算直接费,然后再计算间接费、利润和税金。而工程量清单计价则采用综合单价的方法计算分部分项工程量清单项目费,然后再计算措施项目费、其他措施项目费、规费和税金。

四 本质特性不同

定额计价方式确定的工程造价,具有计划价格的特性;工程量清单计价方式确定的工程造价具有市场价格的特性。两者有着本质上的区别。

第五节 工程量清单计价与定额计价的关系

一 实施工程量清单计价后定额计价的地位

我们知道,工程量清单计价的本质特征是由市场竞争形成工程造价。随着我国社会主义市场经济体制的发展和不断完善,清单计价方式已逐渐成为招标投标中确定工程造价的主流定价方式。但是,我们还应看到,在工程造价控制的其他阶段,甚至是招投标阶段,定额计价方式还在发挥着重要作用。这些作用表明,定额计价方式还将在一定的时间内处于一个比较重要的地位。

1.定额计价方式在工程造价管理各个阶段的作用

定额计价方式的主要特征是,由政府行政主管部门颁发反映社会平均水平的消耗量定额;由工程造价主管部门发布人工、材料等指导价格。当建设项目进入可行性阶段和设计阶段,就需要利用上述定额(或概算指标)和指导价格编制工程估价、设计概算、施工图预算。因此,实施工程量清单计价方式后在不同的工程造价控制和管理阶段还需要用定额计价方式来确定工程估算造价、概算造价、预算造价等，定额计价方式将在相当长的时间与清单计价方式共存。

2. 采用定额计价方式编制标底

不管采用工程量清单招投标还是采用定额计价方式招投标，一般情况下，都应编制标底。

由于标底是业主的期望工程造价，所以，不可能采用某个企业的定额来编制。只有采用反映社会平均水平的预算定额和主管部门颁发的指导价格和有关规定编制，在此基础上进行调整，才能确定合理的标底价。因而，常采用定额计价方式来编制标底。

3. 定额计价方式在特殊工程招标中的应用

在推行工程量清单计价的同时，并没有禁止采用定额计价方式进行招投标。例如，非政府投资、非公有制企业投资的项目，业主可以自行选择清单计价方式，也可以选择定额计价方式。又如，当所建设的特殊工程没有可选择的企业定额，采用定额计价方式显得更为简单合理一些。再如，特种设备安装工程，只能由符合条件的某个专业公司来完成，采用定额计价方式也是较为合适的方法。因为只有这样，才能较好地控制住工程造价。

综上所述，工程量清单计价方式是在市场经济条件下，适合建设工程招标投标这个特定阶段确定工程造价的计价方式。在工程造价控制与管理的其他阶段甚至包括招投标阶段还会采用定额计价方式来计算工程造价。所以，定额计价方式将与清单计价方式长期共存下去。

二 清单计价与定额计价之间的联系

从发展过程来看，我们可以把清单计价方式看成是在定额计价方式的基础上发展而来，是在其基础上发展成的适合市场经济条件的新的计价方式。从这个角度讲，在掌握了定额计价方法的基础上再来学习清单计价方法比直接学习清单计价方法显得较为容易和简单，因为这两种计价方式之间具有传承性。

1. 两种计价方式的编制程序主线条基本相同

清单计价方式和定额计价方式都要经过识图，计算工程量、套用定额、计算费用、汇总工程造价等主要程序来确定工程造价。

2. 两种计价方法的重点都是要准确计算工程量

工程量计算是两种计价方法的共同重点。因为该项工作涉及的知识面较宽，计算的依据较多，花的时间较长，技术含量较高。

两种计价方式计算工程量的不同点主要是，项目划分的内容不同、采用的工程量计算规则不同。清单工程量依据计价规范的附录进行列项和计算工程量；定额计价工程量依据预算定额来列项和计算工程量。应该指出，在清单计价方式下，也会产生上述两种不同的工程量计算，即清单工程量依据计价规范计算；计价工程量依据采用的定额计算。

3. 两种计价方法发生的费用基本相同

不管是清单计价或者是定额计价方式，都必然要计算直接费、间接费、利润和税金。其不同点是，两种计价方式划分费用的方法不一样，计算基数不一样，采用的费率不一样。

4. 两种计价方法的取费方法基本相同

通常，所谓取费方法就是指应该取哪些费、取费基数是什么、取费费率是多少等。在清单计价方式和定额计价方式中都有存在如何取费、取费基数的规定、取费费率的规定的问题。不同的是各项费用的取费基数及费率有所差别。

三 掌握清单计价的特点是掌握该方法的关键

几十年来，我国一直采用定额计价方式来确定工程造价。已经有成千上万的人掌握了该传统的计价方法。定额计价方法有良好的群众基础，已被人们广泛接受。人们也会长时间的使用该方法。为此，我们应该利用这一惯性特点来学习清单计价方法。只要我们在较成熟的定额计价方式的基础上认真学习清单计价方法，那么，我们就可以在较短的时间内掌握好清单计价方法。

1. 掌握本质特征是理解清单计价方法的钥匙

清单计价方法的本质特征是通过市场竞争形成建筑产品价格。这一本质特征决定了该方法必须符合市场经济规律，必须体现清单报价的竞争性。竞争性带来了自主报价。自主报价就决定了投标工程的人工、材料等价格由企业自主确定，决定了自主确定工程实物消耗量，决定了自主确定措施项目费、管理费、利润等费用。理解了这一本质特点是学好清单计价方法的基本前提。

2. 两种计价方式的目标相同

不管是何种计价方式，其目标都是正确确定建筑工程造价。不管造价的计价形式、方法有什么变化，从理论上来讲，工程造价均由直接费、间接费、利润和税金构成。如果说不同，只不过具体的计价方式及费用的归类方法不同而已，其各项费用计算的先后顺序不同而已，其计算基础和费率的不同而已。因此，只要掌握了定额计价方式，就能在短期内较好地掌握清单计价方法。两种计价方式费用划分对照见表 1-6-2。

两种计价方式费用划分对照表 表 1-6-2

清单计价方式		费用划分	定额计价方式		
分部分项工程量清单费	人工费	直接费	人工费	直接工程费	直接费
	材料费		材料费		
	机械使用费		机械使用费		
			二次搬运	措施费	
			脚手架		
			……		
	管理费	间接费	企业管理费		间接费
	利润	利润	利润		利润
措施项目清单费	临时设施	直接费			
	夜间施工				
	二次搬运				
	脚手架				
	……				
其他项目清单费	暂定金额				
	暂估价				
	计日工				
	总承包服务费	间接费	工程排污费	规费	间接费
	……		定额测定费		
规费	工程排污费		社会保障费		
	工程定额测定费		……		
	社会保障费				
	……				
税金	营业税	税金	营业税		税金
	城市维护建设税		城市维护建设税		
	教育费附加		教育费附加		

3. 熟悉工程内容和掌握工程量计算规则是关键

熟悉工程内容和掌握工程量计算规则是正确计算工程量的关键。我们知道,定额计价方式的工程量计算规则和工程内容的范围与清单计价方式是不相同的。从历史上看由于定额计价方式在先,清单计价方式在后,其工程量计算规则具有一定的传承性。了解了这一点，我们就可以通过在掌握定额计价方式的基础上，了解清单计价方式的不同点后，较快的掌握清单计价方式下的计算规则和立项方法。

4.综合单价编制是清单计价方式的关键技术

定额计价方式，一般是先计算分项工程直接费，汇总成单位工程直接费后再计算间接费和利润。而清单计价方式将管理费和利润分别综合在了每一个分部分项工程量清单项目中。这是清单计价方式的重要特点，也是清单报价的关键技术。所以我们必须在定额计价方式的基础上掌握综合单价的编制方法，就可以把握清单报价的关键技术。

综合单价编制之所以说是关键技术，是因为有两个难点，一是如何根据市场价和自身企业的特点确定人工、材料、机械台班单价及管理费费率和利润率；二是要根据清单工程量和所选定的定额计算计价工程量，以便准确报价。

5.自主确定措施项目费

与施工有关和与工程有关的措施项目费是企业根据自己的施工生产水平和管理水平及工程具体情况自主确定的。因此清单计价方式在计算措施项目费上与定额计价方式相比，具有较大的灵活性，当然也有相当的难度。

第六节　工程量清单报价编制方法

一　工程量清单报价编制依据

(1)建设工程工程量清单计价规范；

(2)招标文件及其补充通知、答疑纪要；

(3)工程量清单；

(4)施工图及相关资料；

(5)施工现场情况、工程特点及拟定的投标施工组织设计或施工方案；

(6)企业定额，国家或省级、行业建设主管部门颁发的计价定额等消耗量定额；

(7)市场价格信息或工程造价管理机构发布的价格信息。

二　工程量清单报价编制内容

按编制顺序排列，工程量清单报价编制的主要内容包括：

(1)计算清单项目的综合单价；

(2)计算分部分项工程量清单计价表；

(3)计算措施项目清单计价表(包括表一和表二)；

(4)计算其他项目清单计价汇总表(包括暂列金额明细表、材料暂估单价表、专业工程暂估价表、计日工表、总承包服务费计价表)；

(5)计算规费、税金项目清单计价表；

(6)计算单位工程投标报价汇总表；

(7)计算单项工程投标报价汇总表；

(8)编写总说明；

(9)填写投标总价封面。

三 工程量清单报价编制步骤

(1)根据清单计价规范、招标文件、工程量清单、施工图、施工方案、消耗量定额计算计价工程量。

(2)根据清单计价规范、工程量清单、消耗量定额(计价定额)、工料机市场价(指导价)、计价工程量等分析和计算综合单价。

(3)根据工程量清单和综合单价计算分部分项工程量清单计价表。

(4)根据措施项目清单和确定的计算基础及费率计算措施项目清单计价表。

(5)根据其他项目清单和确定的计算基础及费率计算其他项目清单计价表。

(6)根据规费和税金项目清单和确定的计算基础及费(税)率计算规费和税金项目清单计价表。

(7)将上述分部分项工程量清单计价表、措施项目清单计价表、其他项目清单计价表、规费和税金项目清单计价表的合计金额填入单位工程投标报价汇总表，计算出单位工程投标报价。

(8)将单位工程投标报价汇总表合计数汇总到单项工程投标报价汇总表。

(9)编写总说明。

(10)填写投标总价封面。

四 计价工程量计算方法

1. 计价工程量的概念

计价工程量也称报价工程量，它是计算工程投标报价的重要数据。

计价工程量是投标人根据拟建工程施工图、施工方案、清单工程量和所采用定额及相对应的工程量计算规则计算出来的，用以确定综合单价的重要数据。

清单工程量作为各投标人工程报价的统一口径，是十分重要的，也是十分必要的。但是，投标人不能根据清单工程量直接进行报价。这是因为，施工方案不同，其实际发生的工程量是不同的。例如，基础挖方是否要留工作面，留多少，不同的施工方法其实际发生的工程量是不同的；采用的定额不同，其综合单价的综合结果也是不同的。所以在投标报价时，各投标人必然要计算计价工程量。我们就将用于报价的实际工程量称为计价工程量。

2. 计价工程量计算方法

计价工程量是根据所采用的定额和相对应的工程量计算规则计算的，所以，承包商一旦确定采用何种定额时，就应完全按其定额所划分的项目内容和工程量计算规则计算工程量。

计价工程量的计算内容一般要多于清单工程量。因为，计价工程量不但要计算每个清单项目的主项工程量，而且还要计算所包含的附项工程量。这就要根据清单项目的工程内容和定额项目的划分内容具体确定。例如，M5 水泥砂浆砌砖基础项目，不但要计算主项的砖基础项目，还要计算水泥砂浆墙基防潮层的附项工程量。又如，低压 $\phi159\times5$ 不锈钢管安装项目，除了要计算管道安装主项工程量外，还要计算水压试验、管酸洗、管脱脂、管绝热、镀锌铁皮保护层等 5 个附项工程量。

计价工程量的具体计算方法，同建筑安装工程预算中所介绍的工程量计算方法基本相同。

五 综合单价编制

1. 综合单价的概念

综合单价是相对各分项单价而言，是在分部分项清单工程量以及相对应的计价工程量项目乘以人工单价、材料单价、机械台班单价、管理费费率、利润率的基础上综合而成的。形成综合单价的过程不是简单地将其汇总的过程，而是根据具体分部分项清单工程量和计价工程量以及工料机单价等要素的结合，通过具体计算后综合而成的。

2. 综合单价的编制方法

本教材介绍两种综合单价的编制方法。

(1)计价定额法

是以计价定额为主要依据计算综合单价的方法。

该方法是根据计价定额分部分项的人工费、材料费、机械费、管理费和利润来计算综合费。其特点是能方便的利用计价定额的各项数据。

该方法采用2008年清单计价规范推荐的“工程量清单综合单价分析表”(称为用“表式一”计算)的方法计算综合单价。

(2)消耗量定额法

是以企业定额、预算定额等消耗量定额为主要依据计算的方法。

该方法只采用定额的工料机消耗量,不用任何货币量。其特点是较适合于由施工企业自主确定工料机单价,自主确定管理费、利润的综合单价确定。该方法采用“表式二”计算综合单价。

3. 采用计价定额法(表式一)的综合单价编制方法

编制步骤与方法如下:

①根据分部分项工程量清单将清单编码、项目名称、计量单位填入“表式一”的第一行。

②将清单项目(计价工程量的主项项目)名称填入“清单综合单价组成明细”的定额名称栏目第一行。

③将主项项目选定的定额编号、定额单位、工料机单价、管理费和利润填入对应栏目,将一个单位的工程数量填入“数量”栏目内。

④将计价工程量附项项目选定的定额编号、定额单位、工料机单价、管理费和利润填入第二行的对应栏目,将附项工程量除以主项工程量的系数填入本行的“数量”栏目内,如果还有计价工程量附项项目就按上述方法接着填完。

⑤将主项项目、附项项目所套用定额的材料名称、规格、型号、单位、单价等填入“工程量清单综合单价分析表”下部分的“材料费明细”中对应的栏目内。将材料消耗量以主项工程量为计算基数,经计算和汇总后分别填入“数量”栏目内。数量乘以单价计算出合价,再汇总成材料费。

⑥计算主项项目和全部附项项目人工费、材料费、机械费、管理费和利润的合价并汇总成小计,再加总未计价材料费后成为该项目的综合单价。

说明:如果人工单价、材料单价、管理费、利润发生了变化,那么就要调整后再计算各项费用。

4. 采用“表式一”的综合单价编制实例

(1)综合单价编制条件

①清单计价定额:某地区清单计价定额见表1-6-3。

工程量清单计价定额摘录

工程内容：略　　　　　　　　　　　　　　　　　　　　　表 1-6-3

定额编号				AC0004	AG0523
项目		单位	单价	M7.5 水泥砂浆砌砖基础	1：2 水泥砂浆墙基防潮层
				10m³	100m²
综合单(基)价		元		1843.41	1129.61
其中	人工费	元		605.80	455.68
	材料费	元		1092.46	565.65
	机械费	元		6.10	3.97
	综合费	元		139.05	104.31
材料	M7.5 水泥砂浆	m³	127.80	2.38	
	红(青)砖	块	0.15	5240	
	水泥 32.5	kg	0.30	(599.76)	(1242.00)
	细砂	m³	45.00	(2.761)	
	水	m³	1.30	1.76	4.42
	防水粉	kg	1.20		66.38
	1：2 水泥砂浆	m³	232.00		2.07
	中砂	m³	50.00		(2.153)

注：人工单价 50 元/工日。

②清单工程量项目编码：010301001001。

③清单工程量项目及工程量：砖基础 86.25m³。

④计价工程量项目及工程量：主项 M7.5 水泥砂浆砌砖基础 86.25m³；

附项 1：2 水泥砂浆墙基防潮层 38.50m²。

(2)综合单价编制过程

根据上述条件，采用"表式一"计算综合单价。

"表式一"详细的计算步骤如下(见表 1-6-4)：

①在"表式一"中填入清单工程量项目的项目编码、项目名称、计量单位。

②在"表式一""清单综合单价组成明细"部分的定额编号栏、定额名称栏、定额单位栏中对应填入计价工程量主项选定的定额，编号"AC0004、M7.5"、"水泥

砂浆砌砖基础”、“$10m^3$”。

③在单价大栏的人工费、材料费、机械费、管理费和利润栏目内填入“AC0004”定额号、人工费单价“605.80”、材料费单价“1 092.46”、机械费单价“6.10”、管理费和利润单价“139.05”。

④将主项工程量“$1m^3$”填入对应的数量栏目内。注意，由于定额单位是$10m^3$，所以实际填入的数据是“0.100”。

⑤根据数量和各单价计算合价。0.100×605.80＝60.58 的计算结果“60.58”填入人工费合价栏内，0.100×1 092.46＝109.25 的计算结果“109.25的”填入材料费合价栏内，0.100×6.10＝0.61 的计算结果“0.61”填入机械费合价栏内，0.100×139.05＝13.91 的计算结果“13.91”填入管理费和利润合价栏内。

⑥计价工程量的附项各项费用的计算方法同第②步到第⑤步的方法。应该指出附项最重要的不同点是附项的工程量要通过公式换算后才能填入对应的“数量”栏内。即：

附项数量＝附项工程量÷主项工程量

例如，1∶2 水泥砂浆墙基防潮层数量＝38.50÷86.25＝0.464(m^2)

由于 AG0523 定额单位是 100 ㎡，所以填入该项的数量栏目的数据是：0.464÷100＝0.004 64，该数据也可以看成是附项材料用量与主项材料用量相加的换算系数。

⑦根据定额编号“AC0004、AG0523”中“材料”栏内的各项数据对应填入“表式一”的“材料费明细”各栏内。例如，将“M7.5 水泥砂浆”填入“主要材料名称、规格、型号”栏内；将“m^3”填入“单位”栏内；将“0.238”填入“数量”栏内；将单价“127.80”填入“单价”栏内。然后在本行中将“0.238×127.80＝30.41”的计算结果“30.41”填入“合价”栏内。

⑧当遇到某种材料是主项和附项都发生时，就要进行换算才能计算出材料数量。例如，

32.5 级水泥用量＝1 242.00×0.004 64(系数)＋599.76÷10(m^3)＝65.74(kg)

⑨各种材料的合价计算完成后，就加总没有括号的材料合价，将“111.87”填入材料费小计栏目。该数据应该与“清单综合单价组成明细”部分的材料费合价小计“111.87”是一致的。

⑩最后，将“清单综合单价组成明细”“小计”那行中的人工费、材料费、机械费、管理费和利润合价加总，得出该清单项目的综合单价“189.58”，将该数据填入“清单项目综合单价”栏内。

工程量清单综合单价分析表（表式一）　　　　表 1-6-4

工程名称：　　　　××工程标段：　　　　第 1 页共 1 页

项目编码	010301001001	项目名称	砖基础	计量单位	m^3

清单综合单价组成明细											
定额编号	定额名称	定额单位	数量	单价（元）				合价（元）			
				人工费	材料费	机械费	管理费和利润	人工费	材料费	机械费	管理费和利润
AC0004	M7.5 水泥砂浆砌砖基础	$10m^3$	0.100	605.80	1092.46	6.10	139.05	60.58	109.25	0.61	13.91
AG0523	1∶2 水泥砂浆墙基防潮层	$100m^2$	0.00464	455.68	565.65	3.97	104.31	2.11	2.62	0.02	0.48
人工单价		小计						62.69	111.87	0.63	14.39
元/工日		未计价材料费									
清单项目综合单价（元）								189.58			

材料费明细	主要材料名称、规格、型号	单位	数量	单价（元）	合价（元）	暂估单价（元）	暂估合价（元）
	M7.5 水泥砂浆	m^3	0.238	127.80	30.41		
	红（青）砖	块	524	0.15	78.60		
	水泥 32.5	kg	(65.74)	0.30	(19.72)		
	细砂	m^3	(0.2761)	45.00	(12.42)		
	水	m^3	0.1965	1.30	0.26		
	防水粉	kg	0.308	1.20	0.37		
	1∶2 水泥砂浆	m^3	0.0096	232.00	2.23		
	中砂	m^3	(0.010)	50.00	(0.50)		
	其他材料费			—		—	
	材料费小计			—	111.87	—	

注：1. 如不使用省级或行业建设主管部门发布的计价依据，可不填定额项目、编号等。

2. 招标文件提供了暂估单价的材料，按暂估的单价填入表内"暂估单价"栏及"暂估合价"栏。

5. 采用消耗量定额法(表式二)确定综合单价的数学模型

我们知道,清单工程量乘以综合单价等于该清单工程量对应各计价工程量发生的全部人工费、材料费、机械费、管理费、利润、风险费之和。其数学模型如下:

$$
\begin{aligned}
\text{清单工程量}\times\text{综合单价}=\Big[&\sum_{i=1}^{n}(\text{计价工程量}\times\text{定额用工量}\times\text{人工单价})_i+\\
&\sum_{j=1}^{n}(\text{计价工程量}\times\text{定额材料量}\times\text{材料单价})_j+\\
&\sum_{k=1}^{n}(\text{计价工程量}\times\text{定额台班量}\times\text{台班单价})_k\Big]\times\\
&(1+\text{管理费率}+\text{利润率})\times(1+\text{风险率})
\end{aligned}
$$

上述公式整理后,变为综合单价的数学模型:

$$
\begin{aligned}
\text{综合单价}=\Big\{\Big[&\sum_{i=1}^{n}(\text{计价工程量}\times\text{定额用工量}\times\text{人工单价})_i+\\
&\sum_{j=1}^{n}(\text{计价工程量}\times\text{定额材料量}\times\text{材料单位价})_j+\\
&\sum_{k=1}^{n}(\text{计价工程量}\times\text{定额台班量}\times\text{台班单价})_k\Big]\times\\
&(1+\text{管理费率}+\text{利润率})\times(1+\text{风险率})\Big\}\div\text{清单工程量}
\end{aligned}
$$

6. 采用消耗量定额法(表式二)编制综合单价的方法

编制步骤和方法如下:

①根据分部分项工程量清单将清单编码、项目名称、计量单位、清单工程量填入"表式二"表的上部各对应栏目内。

②根据计价工程量的主项及选定的消耗量定额,将定额编号、定额名称、定额单位、计价工程量填入"表式二""综合单价分析"部分的第一列对应位置。

③根据主项选定的消耗量定额,将人工工日、单位填入"人工"栏目对应的位置,将一个定额单位的人工消费量填入"耗量"对应的栏目,将确定的人工单价填入"单价"对应的栏目,然后再计算人工耗量小计和人工合价,该部分的计算方法为:

$$\text{人工耗量小计}=\text{计价工程量}\times\text{人工定额消费量}$$

$$\text{人工合价}=\text{人工耗量小计}\times\text{人工单价}$$

④根据主项选定的消耗量定额,将各材料名称、单位、一个定额单位的材料消费量填入"材料"栏目对应的位置内,将确定的各材料单价填入各材料对应的"单价"栏目内,然后再计算各材料耗量小计和各材料合价,该部分费用的计算方法为:

$$\text{材料耗量小计}=\text{计价工程量}\times\text{材料定额消费量}$$

$$\text{材料合价}=\text{材料耗量小计}\times\text{材料单价}$$

⑤机械费计算分两种情况。第一种情况是定额列出了机械台班消费量；第二种情况是定额只列出了机械使用费。

第一种情况时：

根据主项选定的消耗量定额，将各机械名称、单位、一个定额单位的机械台班消耗量填入"机械"栏目对应的位置内，将确定的各机械台班单价填入各机械对应的"单价"栏目内，然后再计算各机械台班耗量小计和各机械费合价，该部分费用的计算方法为：

机械台班耗量小计＝计价工程量×机械台班定额消费量

机械费合价＝机械台班耗量小计×机械台班单价

第二种情况时：

根据主项选定的消耗量定额，将各机械名称、单位、一个定额单位的机械费耗用量填入"机械"栏目的"单价"栏内，然后再乘以计价工程量得出机械费合价，该部分费用的计算方法为：

机械费合价＝计价工程量×机械费单价

⑥将主项大栏内的人工、材料、机械各合价位置上的数据汇总后，填入工料机小计栏目内。

⑦各计价工程量的附项工料机小计计算方法同第②步到第⑥步。

⑧计价工程量的主项和各附项工料机小计计算出来后汇总填入工料机合价栏目内。

⑨根据工料机合计和确定的管理费率、利润率计算出管理费和利润填入对应的栏目内，将工料机合计、管理费、利润汇总后填入清单合价栏目内。

⑩清单合价除以清单工程量就得到了该清单项目的综合单价。

综合单价计算方法示意见图 1-6-1。

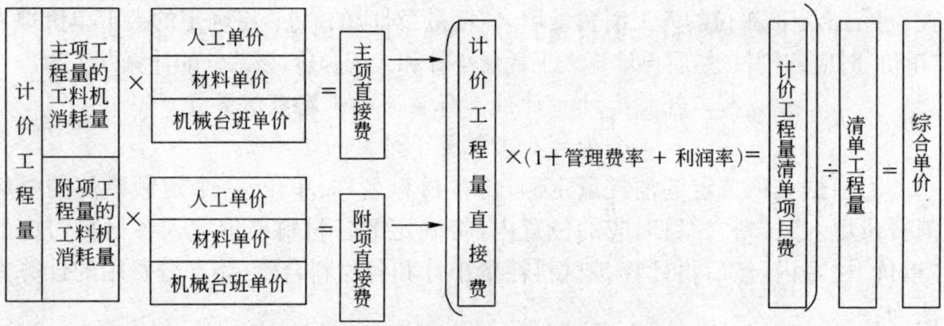

图 1-6-1　综合单价计算方法示意图

7. 采用“表式二”的综合单价编制实例

(1)综合单价编制条件

①预算定额:某地区预算定额见表 1-6-5。

预 算 定 额(摘录)

工程内容:略　　　　表 1-6-5

定额编号				1C0004	1H0058
项目		单位	单价	M7.5 水泥砂浆砌砖基础	1∶2 水泥砂浆墙基防潮层
				$10m^3$	$100m^2$
综合单(基)价		元		1311.56	740.41
其中	人工费	元		273.92	207.34
	材料费	元		1031.49	529.07
	机械费	元		6.15	4.00
材料	M7.5 水泥砂浆	m^3	124.50	2.38	
	红(青)砖	块	0.14	5240	
	水泥 42.5	kg	0.30	(711.62)	(1242.00)
	细砂	m^3	30.00	(2.761)	
	水	m^3	0.90	1.76	4.42
	防水粉	kg	1.00		66.38
	1∶2 水泥砂浆	m^3	221.60		2.07
	中砂	m^3	40.00		(2.153)

注:人工单价 20 元/工日。

②清单工程量项目编码:010301001001。

③清单工程量项目及工程量:砖基础 $86.25m^3$。

④计价工程量项目及工程量:主项 M7.5 水泥砂浆砌砖基础 $86.25m^3$;

附项 1∶2 水泥砂浆墙基防潮层 $38.50m^2$。

⑤人工单价:50 元/工日。

⑥材料单价:

红(青)砖:0.40 元/块;

水泥 42.5:0.45 元/kg;

细砂:60.00 元/m^3;

水:2.00 元/m^3;

防水粉:2.10 元/kg;

中砂：65.00元/m³。

⑦机械费按预算定额数据。

⑧管理费率：5%。

⑨利润率：3%。

(2)综合单价编制过程

根据上述条件，采用"表式二"计算综合单价。

"表式二"详细的计算步骤如下(见表1-6-6)：

①在"表式二""清单编码、清单项目名称、计量单位、清单工程量"栏目内分别填入010301001001、砖基础、m³、86.25等内容。

②根据预算定额在综合单价分析大栏的第一列"定额编号、定额名称、定额单位、计价工程量"栏目内分别填入1C0004、M7.5水泥砂浆砌砖基础、m³、86.25等内容，在"工料机名称"内的"人工"栏内填入"人工"、"单位"栏填入"工日"、人工"耗量"(在分子位置)栏填入定额用工"1.37"(1.37=273.92÷20元/工日÷10m³)，将人工单价50元填入对应的单价栏(在分子位置)，将"耗量小计=计价工程量×耗量=86.25×1.37=118.16"的结果"118.16"填入对应的"小计"内(在分母位置)，将"合价=耗量小计×人工单价=118.16×50=5 908.00"的计算结果"5 908.00"填入对应的"合价"内(在分母位置)。

③根据预算定额在综合单价分析大栏的第一列的材料栏目的"材料名称、单位、定额耗量(在分子位置)"内按材料品种分别填入"红砖、块、524"，"水泥42.5、kg、71.16"，"细砂、m³、0.276"，"水、m³、0.176"，将上述材料的单价"0.40、0.45、60.00、2.00"分别填入对应的单价栏内(在分子位置)，将"耗量小计=计价工程量×耗量"的结果分别填入对应的"小计"内(在分母位置)，将"合价=耗量小计×材料单价"的计算结果分别填入对应的"合价"内(在分母位置)。

④根据预算定额在综合单价分析大栏的第一列的机械栏目的"机械名称、单位、单价(在分子位置)"内填入"机械费、元、0.62"。将"合价=计价工程量×机械费单价=86.25×0.62=53.48"的计算结果"53.08"填入对应的"合价"内(在分母位置)。

⑤将主项工程量计算出来的合价汇总后填入该列的"工料机小计"栏目内。

⑥附项工程量工料机费用计算方法同第②步到第⑤步的方法。

⑦在一个清单项目范围内的计价工程量的主项和各附项工料机小计计算出来后汇总填入工料机合价栏目内。

⑧根据工料机合计和确定的管理费率、利润率计算出管理费和利润，并填入对应的栏目内，将工料机合计、管理费、利润汇总后填入清单合价栏目内。

⑨清单合价除以清单工程量就得到了该清单项目的综合单价。

分部分项工程量清单综合单价计算表(表式二) 表 1-6-6

工程名称:某工程 第1页共1页

项目								
序号			1					
清单编码			010301001001					
清单项目名称			砖基础					
计量单位			m^3					
清单工程量			86.25					
综合单价分析								
定额编号			1C0004		1H0058			
定额名称			M7.5 水泥砂浆砌砖基础		1∶2 水泥砂浆墙基防潮层			
定额单位			m^3		m^2			
计价工程量			86.25		38.50			
工料机名称		单位	耗量 小计	单价(元) 合价(元)	耗量 小计	单价(元) 合价(元)	耗量 小计	单价(元) 合价(元)
人工	人工	工日	1.37 118.16	50.00 5908.00	0.104 4.004	50.00 200.20		
材料	红砖	块	524 45195	0.40 18078.00				
	42.5级水泥	kg	71.16 6137.55	0.45 2761.90	12.42 478.17	0.45 215.18		
	细砂	m^3	0.276 23.81	60.00 1428.60				
	水	m^3	0.176 15.18	2.00 30.36	0.044 1.694	2.00 3.39		
	防水粉	kg			0.664 25.56	2.10 53.68		
	中砂	m^3			0.02153 0.829	65.00 53.89		
机械	机械费	元		0.62 53.48	0.04 1.54			
工料机小计			28260.34		526.14			
工料机合计			28786.48					
管理费(元)			1439.32					
利润(元)			863.59					
清单合价(元)			31089.39					
综合单价(元)			360.46					
	其中		人工费	材料费	机械费	管理费和利润		
			70.82	262.32	0.64	26.70		

注:管理费=工料机合计×5%;利润=工料机合计×3%。

六 措施项目费计算方法

措施项目费的计算方法一般有以下几种：

1. 定额分析法

定额分析法是指：凡是可以套用定额的项目，通过先计算工程量，然后再套用定额分析出工料机消耗量，最后根据各项单价和费率计算出措施项目费的方法。例如，脚手架搭拆费可以根据施工图算出搭设的工程量，然后套用定额、选定单价和费率，计算出除规费和税金之外的全部费用。

2. 系数计算法

系数计算法是以与措施项目有直接关系的分部分项清单项目费为计算基础，乘以措施项目费系数，求得措施项目费。例如，临时设施费可以按分部分项清单项目费乘以选定的系数(或百分率)计算出该项费用。措施项目费的各项系数是根据已完工程的统计资料，通过分析计算得到的。

3. 方案分析法

方案分析法是通过编制具体的措施实施方案，对方案所涉及到的各项费用进行分析计算后，汇总成某个措施项目费。

七 其他项目费

1. 其他项目费的概念

其他项目费是指暂列金额、材料暂估价、总承包服务费、计日工项目费、总承包服务费等估算金额的总和。包括：人工费、材料费、机械台班费、管理费、利润和风险费。

2. 其他项目费的确定

(1)暂列金额

暂列金额主要指考虑可能发生的工程量变化和费用增加而预留的金额。引起工程量变化和费用增加的原因很多，一般主要有以下几个方面：

①清单编制人员错算、漏算引起的工程量增加；

②设计深度不够、设计质量较低造成的设计变更引起的工程量增加；

③在施工过程中应业主要求，经设计或监理工程师同意的工程变更增加的工程量；

④其他原因引起应由业主承担的增加费用，如风险费用和索赔费用。

暂列金额由招标人根据工程特点，按有关计价规定进行估算确定，一般可以按分部分项工程量清单费的10%～15%作为参考。

暂列金额作为工程造价的组成部分计入工程造价。但暂列金额应根据发生的情况和必须通过监理工程师批准方能使用。未使用部分归业主所有。

(2)暂估价

暂估价根据发布的清单计算，不得更改。暂估价中的材料必须按照暂估单价计入综合单价；专业工程暂估价必须按照其他项目清单中列出的金额填写。

(3)计日工

计日工应按照其他项目清单列出的项目和估算的数量，自主确定各项综合单价并计算费用。

(4)总承包服务费

总包服务费应该依据招标人在招标文件列出的分包专业工程内容和供应材料、设备情况，按照招标人提出的协调、配合与服务要求和施工现场管理需要自主确定。

八 规费

1. 规费的概念

规费是指根据省级政府或省级有关权力部门规定必须缴纳的，应计入建筑安装工程造价的费用。

2. 规费的内容

规费一般包括下列内容。

(1)工程排污费：是指按规定缴纳的施工现场的排污费。

(2)定额测定费：是指按规定支付给工程造价(定额)管理部门的定额测定费用。

(3)养老保险费：是指企业按规定标准为职工缴纳的养老保险费(指社会统筹部分)。

(4)失业保险费：是指企业按照国家规定标准为职工缴纳的失业保险费。

(5)医疗保险费：是指企业按规定标准为职工缴纳的基本医疗保险费。

(6)住房公积金：是指企业按规定标准为职工缴纳的住房公积金。

(7)危险作业意外伤害保险：是指按照《中华人民共和国建筑法》规定，企业为从事危险作业的建筑安装施工人员支付的意外伤害保险费。

3. 规费的计算

规费可以按“人工费”或“人工费＋机械费”作为基数计算。投标人在投标报价时必须按照国家或省级、行业建设主管部门的规定计算规费。

规费的计算公式为：

$$规费=计算基数\times对应的费率$$

九 税金

税金是指国家税法规定的应计入建筑安装工程造价内的营业税、城市维护建设税以及教育费附加等。投标人在投标报价时必须按照国家或省级、行业建设主管部门的规定计算税金。

其计算公式为：

$$税金=(分部分项清单项目费+措施项目费+其他项目费+规费+税金项目费)\times税率$$

上述公式变换后成为：

$$税金=(分部分项清单项目费+措施项目费+其他项目费+规费)\times\frac{税率}{1-税率}$$

例如，营业税税金计算公式为：

$$营业税金=\left(\begin{matrix}分部分项\\清单项目费\end{matrix}+\begin{matrix}措施\\项目费\end{matrix}+\begin{matrix}其他\\项目费\end{matrix}+规费\right)\times\frac{3\%}{1-3\%}$$

练习题

一、多选题

1. 工程量清单是表达拟建工程的（　　）名称和相应数量的明细清单。

A. 规费　　B. 分部分项工程项目

C. 措施项目　　D. 其他项目

2. 其他项目清单主要内容有（　　）。

A. 预付款　　B. 预留金

C. 零星工作　　D. 工程变更

3. 工程量清单编制原则包括（　　）。

A. 量价分离　　B. 四个统一　　C. 三个自主　　D. 两个分离

4. 工程量清单编制原则中的“四个统一”，包括（　　）。

A. 项目编码　　B. 项目名称

C. 计量单位　　D. 工程量计算规则

5. 三个自主是指(　　)。

A. 自主确定工料机消耗量　　B. 自主确定工料机单价

C. 自主确定分包单位　　D. 自主确定措施项目费

6. 砖基础项目的工程量清单的工程内容包括(　　)。

A. 砂浆制作与运输　　B. 铺设垫层

C. 砌砖基础　　D. 基础回填土

7. 措施项目清单中通用项目有(　　)。

A. 文明施工　　B. 垂直运输机械

C. 临时设施　　D. 脚手架

8. 工程量清单计价编制主要内容包括(　　)。

A. 工料机消耗量确定　　B. 综合单价确定

C. 措施项目费确定　　D. 其他项目费确定

9. 综合单价主要包括(　　)。

A. 人工费　　B. 管理费　　C. 利润　　D. 税金

10. 措施项目费一般可采用(　　)方法确定。

A. 依据定额计算　　B. 按系数计算

C. 依据业主规定　　D. 按收费规定计算

11. 工程量清单计价与定额计价主要区分是(　　)。

A. 依据不同　　B. 单位不同

C. 计价方法不同　　D. 本质特征不同

二、判断题

1. 工程量清单是指拟建工程的分部分项工程项目清单。(　　)

2. 工程量清单计价必然套用预算定额。(　　)

3.《中华人民共和国合同法》是《建设工程工程量清单计价规范》的编制依据。(　　)

4. 统一使用定额是清单报价的要求。(　　)

5. 清单报价的材料单价由业主确定。(　　)

6. 工程量清单的内容包括间接费。(　　)

7. 分部分项工程量清单编码以 12 位阿拉伯数字表示。(　　)

8. 工程量清单中应表达项目特征。(　　)

9. 建筑工程的措施项目与装饰装修工程的措施项目一致。(　　)

10. 安全施工属于其他项目清单。(　　)

11. 暂列金额包含了总承包服务费。（ ）
12. 综合单价等同预算定额基价。（ ）
13. 规费是指业主规定计取的费用。（ ）
14. 直接费是直接工程费的简称。（ ）
15. 清单计价与定额计价的本质特征是相同的。（ ）
16. 只要取得注册造价工程师资格就可以编制工程量清单。（ ）
17. 措施项目费由业主规定。（ ）
18. 其他项目清单由招标人提出。（ ）

第二篇　建筑工程计量

第一章 概述

第一节 建筑面积

一 建筑面积的概念

建筑面积亦称建筑展开面积，是建筑物各层面积的总和。

建筑面积包括使用面积、辅助面积和结构面积三部分。

(一)使用面积

使用面积是指建筑物各层平面中直接为生产或生活使用的净面积之和。例如，住宅建筑中的居室、客厅、书房等。

(二)辅助面积

辅助面积是指建筑物各层平面中为辅助生产或辅助生活所占的净面积之和。例如，住宅建筑中的楼梯、走道、卫生间、厨房等。使用面积与辅助面积之和称为有效面积。

(三)结构面积

结构面积是指建筑物各层平面中的墙、柱等结构所占的面积之和。

二 建筑面积的作用

(一)重要管理指标

建筑面积是建设投资、建设项目可行性研究、建设项目勘察设计、建设项目评估、建设项目招标投标、建筑工程施工和竣工验收、建设工程造价管理、建筑工程造价控制等一系列管理工作中用到的重要指标。

(二)重要技术指标

建筑面积是计算开工面积、竣工面积、优良工程率、建筑装饰规模等重要的技术指标。

(三)重要经济指标

建筑面积是计算建筑、装饰等单位工程或单项工程的单位面积工程造价、人工消耗、机械台班消耗、工程量消耗的重要经济指标。

各经济指标的计算公式如下：

$$\text{每平方米工程造价}=\frac{\text{工程造价}}{\text{建筑面积}}\quad (\text{元}/\text{m}^2) \tag{2-1-1}$$

$$\text{每平方米人工消耗}=\frac{\text{单位工程用工量}}{\text{建筑面积}}\quad (\text{工日}/\text{m}^2) \tag{2-1-2}$$

$$\text{每平方米材料消耗}=\frac{\text{单位工程某材料用量}}{\text{建筑面积}}\quad (\text{kg}/\text{m}^2\text{、}\text{m}^3/\text{m}^2\text{ 等}) \tag{2-1-3}$$

$$\text{每平方米机械台班消耗}=\frac{\text{单位工程某机械台班用量}}{\text{建筑面积}}\quad (\text{台班}/\text{m}^2\text{ 等}) \tag{2-1-4}$$

$$\text{每平方米工程量}=\frac{\text{单位工程某项工程量}}{\text{建筑面积}}\quad (\text{m}^2/\text{m}^2\text{、}\text{m}/\text{m}^2\text{ 等}) \tag{2-1-5}$$

(四)重要计算依据

建筑面积是计算有关工程量的重要依据。例如,装饰用满堂脚手架工程量等。

综上所述,建筑面积是重要的技术经济指标,在全面控制建筑、装饰工程造价和建设过程中起着重要作用。

三 建筑面积计算规则

由于建筑面积是计算各种技术经济指标的重要依据,这些指标又起着衡量和评价建设规模、投资效益、工程成本等方面重要尺度的作用。因此,中华人民共和国建设部颁发了《建筑工程建筑面积计算规范》(GB/T 50353—2005),规定了建筑面积的计算方法。

《建筑工程建筑面积计算规范》主要规定了以下三个方面的内容：

(1)计算全部建筑面积的范围和规定；

(2)计算部分建筑面积的范围和规定；

(3)不计算建筑面积的范围和规定。

这些规定主要基于以下几个方面的考虑：

①尽可能准确地反映建筑物各组成部分的价值量。例如，有永久性顶盖，无围护结构的走廊，按其结构底板水平面积 1/2 计算建筑面积；有围护结构的走廊(增加了围护结构的工料消耗)则计算全部建筑面积。又如，多层建筑坡屋顶内和场馆看台下，当设计加以利用时，净高在超过 2.10m 的部位应计算建筑面积；净高在 1.20m 至 2.10m 的部位应计算 1/2 面积；净高不足 1.20m 时不应计算面积。

②通过建筑面积计算规范的规定，简化了建筑面积的计算过程。例如，附墙柱、垛等不计算建筑面积。

四 应计算建筑面积的范围

(一)单层建筑物

1. 计算规定

单层建筑物的建筑面积，应按其外墙勒脚以上结构外围水平面积计算，并应符合下列规定：

(1)单层建筑物高度在 2.20m 及其以上应计算全面积；高度不足 2.20m 者应计算 1/2 面积；

(2)利用坡屋顶内空间时，净高超过 2.10m 的部位应计算全面积；净高在 1.20m 至2.10m 的部位应计算 1/2 面积；净高不足 1.20m 的部位不应计算面积。

2. 计算规定解读

(1)单层建筑物可以是民用建筑、公共建筑，也可以是工业厂房。

(2)“应按其外墙勒脚以上结构外围水平面积计算”的规定，主要强调勒脚是墙根部很矮的一部分墙体加厚，不能代表整个外墙结构，因此要扣除勒脚墙体加厚部分。另外，还强调建筑面积只包括外墙的结构面积，不包括外墙抹灰厚度、装饰材料厚度所占的面积。如图 2-1-1 所示，其建筑面积为：

$$S = a \times b(\text{外墙外边尺寸，不含勒脚厚度})$$

(3)利用坡屋顶空间净高计算建筑面积的部位举例如下，见图 2-1-2。

【例 2-1-1】 利用坡屋顶空间计算建筑面积示意图，尺寸见图 2-1-2。

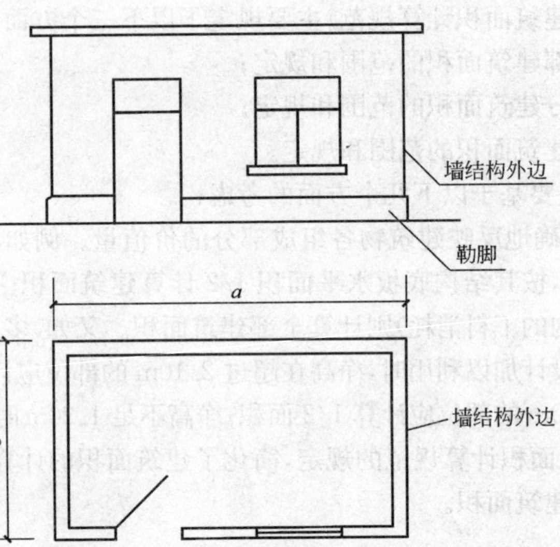

图 2-1-1　建筑面积计算示意

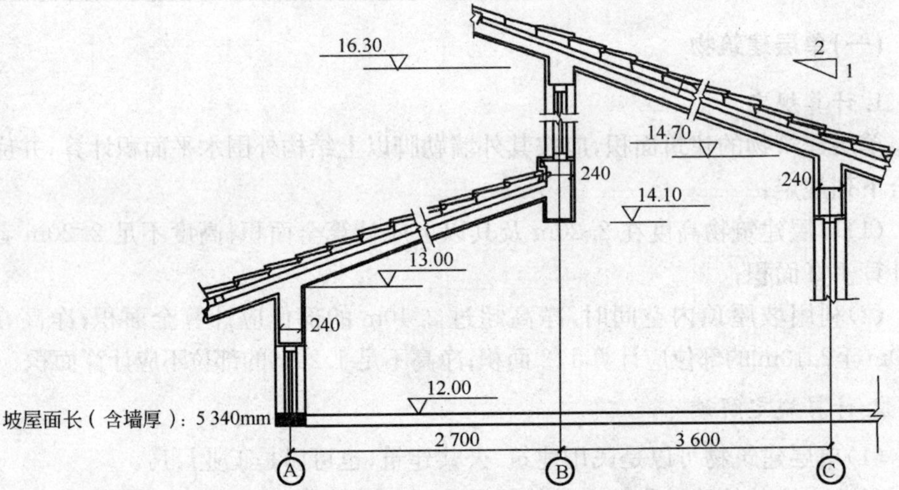

图 2-1-2　利用坡屋顶空间计算建筑面积示意图(尺寸单位：mm)

解：

应计算 1/2 面积(Ⓐ轴～Ⓑ轴)：

$$S_1=\underbrace{(2.70-0.40)}_{\text{符合 1.2m 高的宽}}\times\underbrace{5.34}_{\text{坡屋面长}}\times 0.50=6.15(\text{m}^2)$$

应计算全部面积(Ⓑ轴～Ⓒ轴)：

S_2＝3.60×5.34＝19.22(m²)

小计：S_1+S_2＝6.15＋19.22＝25.37(m²)

(4)单层建筑物应按不同的高度确定面积的计算。其高度指室内地面标高至屋面板板面结构标高之间的垂直距离。遇有以屋面板找坡的平屋顶单层建筑物，其高度指室内地面标高至屋面板最低处板面结构标高之间的垂直距离。

(二)单层建筑内设有局部楼层

1.计算规定

单层建筑物内设有局部楼层者，局部楼层及以上楼层，有围护结构的应按其围护结构外围水平面积计算，无围护结构的应按其底板水平面积计算。层高在2.20m及其以上者应计算全面积；层高不足2.20m者应该计算1/2面积。

2.计算规定解读

(1)单层建筑物内设有部分楼层的如图2-1-3所示。这时，局部楼层的墙厚应包括在楼层面积内。

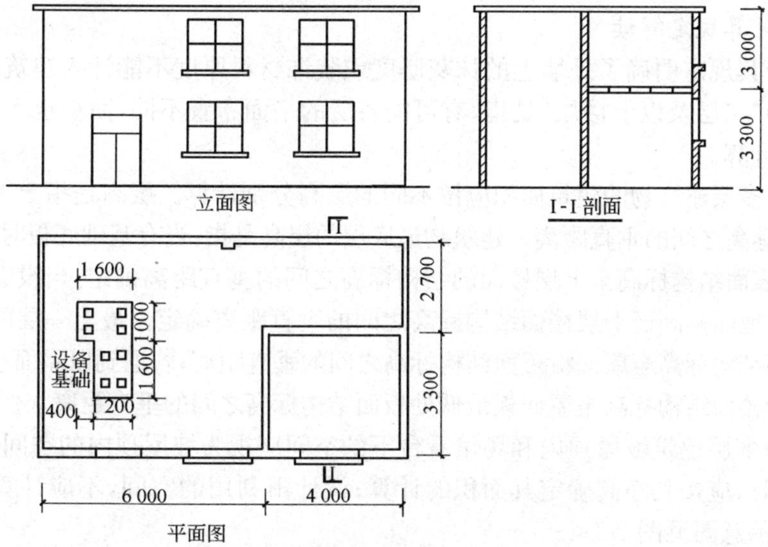

图2-1-3　建筑面积计算示意图(尺寸单位：mm)

【例2-1-2】　根据图2-1-3计算该建筑的建筑面积(墙厚均为240mm)。

解：底层建筑面积＝(6.0＋4.0＋0.24)×(3.30＋2.70＋0.24)

＝10.24×6.24

＝63.90(m²)

楼隔层建筑面积＝(4.0＋0.24)×(3.30＋0.24)

$=4.24\times3.54$

$=15.01(m^2)$

全部建筑面积 $=63.90+15.01=78.91(m^2)$

(2)本规定没有说不算建筑面积的部位，我们可以理解为局部楼层层高一般不会低于1.20m。

(三)多层建筑物

1.计算规定

(1)多层建筑物首层应按其外墙勒脚以上结构外围水平面积计算；二层及以上楼层应按其外墙结构外围水平面积计算。层高在2.20m及以上者应计算全面积；层高不足2.20m者应计算1/2面积。

(2)多层建筑坡屋顶内和场馆看台下，当设计加以利用时，净高超过2.10m的部位应计算全面积；净高在1.20m至2.10m的部位应计算1/2面积；当设计不利用或室内净高不足1.20m时不应计算面积。

2.计算规定解读

(1)其规定明确了外墙上的抹灰厚度或装饰材料厚度不能计入建筑面积。

(2)"二层及以上楼层"是指，有可能各层的平面布置不同，面积也不同，因此要分层计算。

(3)多层建筑物的建筑面积应按不同的层高分别计算。层高是指上下两层楼面结构标高之间的垂直距离。建筑物最底层的层高是指：当有基础底板时，按基础底板上表面结构标高至上层楼面的结构标高之间的垂直距离确定；当没有基础底板时，按地面标高至上层楼面结构标高之间的垂直距离确定。最上一层的层高是指：楼面结构标高至屋面板板面结构标高之间的垂直距离；若遇到以屋面板找坡的屋面，指楼面结构标高至屋面板最低处板面结构标高之间的垂直距离。

(4)多层建筑坡屋顶内和场馆看台下的空间应视为坡屋顶内的空间，设计加以利用时，应按其净高确定其面积的计算；设计不利用的空间，不应计算建筑面积。其示意图见图2-1-4。

(四)地下室

1.计算规定

地下室、半地下室(车间、商店、车站、车库、仓库等)，包括相应的有永久性顶盖的出入口，应按其外墙上口(不包括采光井、外墙防潮层及其保护墙)外边线所围水平面积计算。层高达到2.20m及以上者应计算全面积；层高不足2.20m者应计算 1/2 面积。

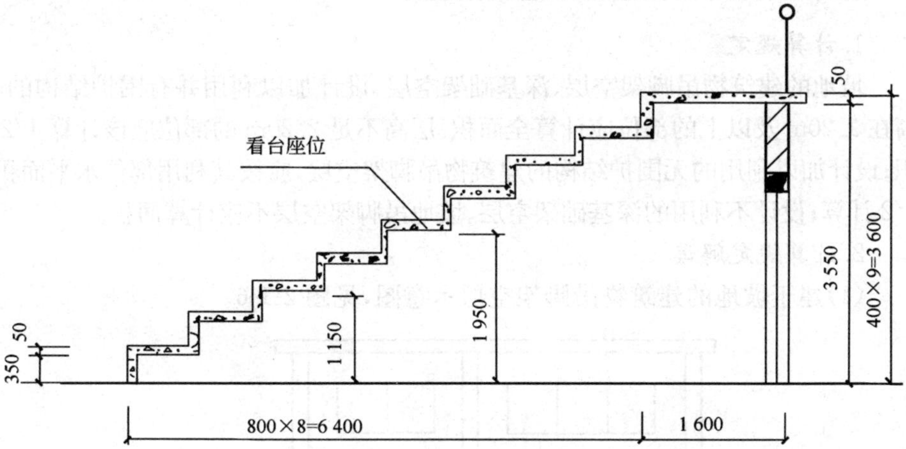

图 2-1-4　看台下空间(场馆看台剖面图)计算建筑面积示意图(尺寸单位:mm)

2. 计算规定解读

(1)地下室采光井是为了满足地下室的采光和通风要求设置的。一般在地下室围护墙上口开设一个矩形或其他形状的竖井,井的上口一般设有铁栅,井的一个侧面安装采光和通风用的窗子,见图 2-1-5。

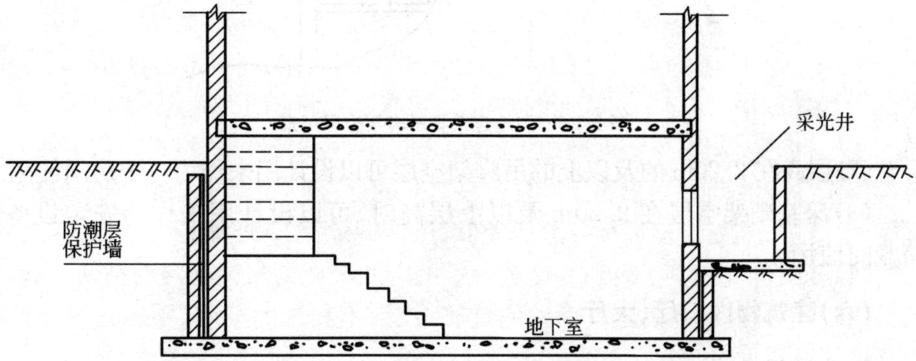

图 2-1-5　地下室建筑面积计算示意图

(2)地下室、半地下室应以其外墙上口外边线所围水平面积计算。以前的计算规则规定:按地下室、半地下室上口外墙外围水平面积计算,文字上不甚严密,"上口外墙"容易被理解成为地下室、半地下室的上一层建筑的外墙。因为通常情况下,上一层建筑外墙与地下室墙的中心线不一定完全重叠,多数情况是凹进或凸出地下室外墙中心线。

(五)建筑物吊脚架空层、深基础架空层

1. 计算规定

坡地的建筑物吊脚架空层、深基础架空层,设计加以利用并有围护结构的,层高在 2.20m 及以上的部位应计算全面积;层高不足 2.20m 的部位应该计算 1/2 面积;设计加以利用的无围护结构的建筑物吊脚架空层,应按其利用部位水平面积的 1/2 计算;设计不利用的深基础架空层、坡地吊脚架空层不应计算面积。

2. 计算规定解读

(1)建于坡地的建筑物吊脚架空层示意图,见图 2-1-6。

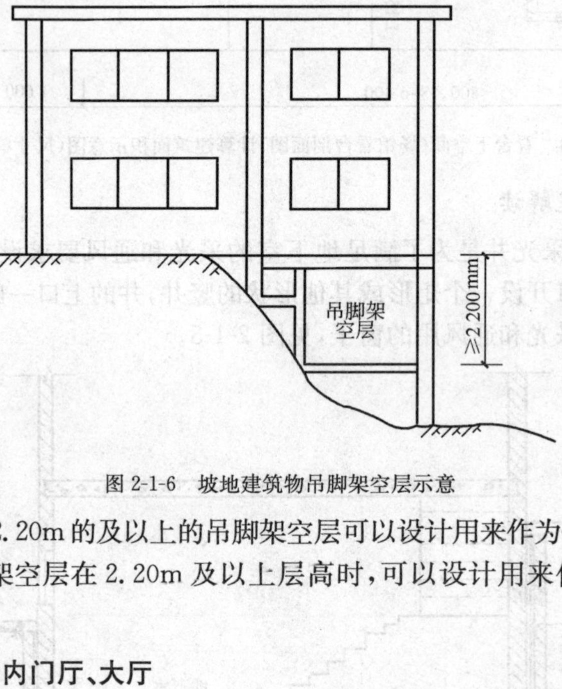

图 2-1-6　坡地建筑物吊脚架空层示意

(2)层高在 2.20m 的及以上的吊脚架空层可以设计用来作为一个房间使用。

(3)深基础架空层在 2.20m 及以上层高时,可以设计用来作为安装设备或储藏间使用。

(六)建筑物内门厅、大厅

1. 计算规定

建筑物的门厅、大厅按一层计算建筑面积。门厅、大厅内设有回廊时,应按其结构底板水平面积计算。层高在 2.20m 及以上者应计算全面积;层高不足 2.20m者应计算 1/2 面积。

2. 计算规定解读

(1)“门厅、大厅内设有回廊”是指,建筑物大厅、门厅的上部(一般该大厅、门厅占两个或两个以上建筑物层高)四周向大厅、门厅、中间挑出的走廊称为回廊,

如图 2-1-7 所示。

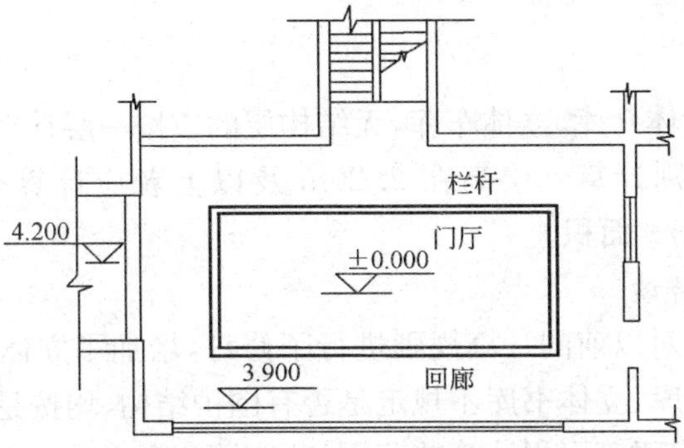

图 2-1-7　大厅、门厅内设有回廊示意图

(2)宾馆、大会堂、教学楼等大楼内的门厅或大厅,往往要占建筑物的二层或二层以上的层高,这时也只能计算一层面积。

(3)“层高不足 2.20m 者应计算 1/2 面积”应该指回廊层高可能出现的情况。

(七)架空走廊

1. 计算规定

建筑物间有围护结构的架空走廊,应按其围护结构外围水平面积计算。层高在 2.20m 及以上者应计算全面积;层高不足 2.20m 者应计算 1/2 面积。有永久性顶盖无围护结构的应按其结构底板水平面积 1/2 计算。

2. 计算规定解读

架空走廊是指建筑物与建筑物之间,在二层或二层以上专门为水平交通设置的走廊,如图 2-1-8 所示。

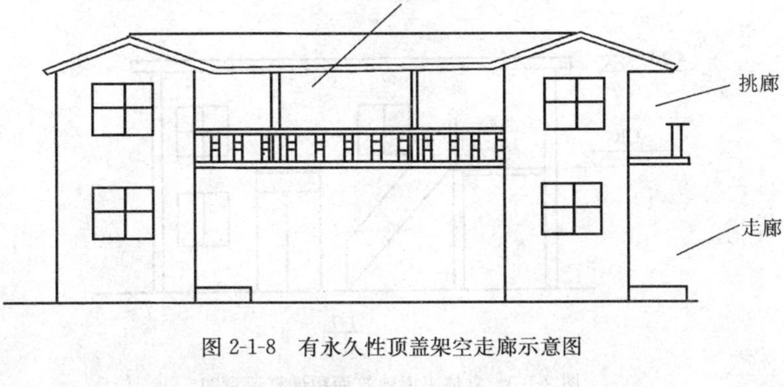

图 2-1-8　有永久性顶盖架空走廊示意图

(八)立体书库、立体仓库、立体车库

1. 计算规定

立体书库、立体仓库、立体车库，无结构层的应按一层计算；有结构层的应按其结构层面积分别计算。层高在 2.20m 及以上者应计算全面积；层高不足 2.20m者应计算 1/2 面积。

2. 计算规定解读

(1)计算规范对以前的计算规则进行了修订，增加了立体车库的面积计算。立体车库、立体仓库、立体书库不规定是否有围护结构，均按是否有结构层，应区分不同的层高确定建筑面积计算的范围；改变了以前按书架层和货架层计算面积的规定。

(2)立体书库建筑面积计算。

【例 2-1-3】 计算图 2-1-9 所示的立体书库建筑面积。

解:

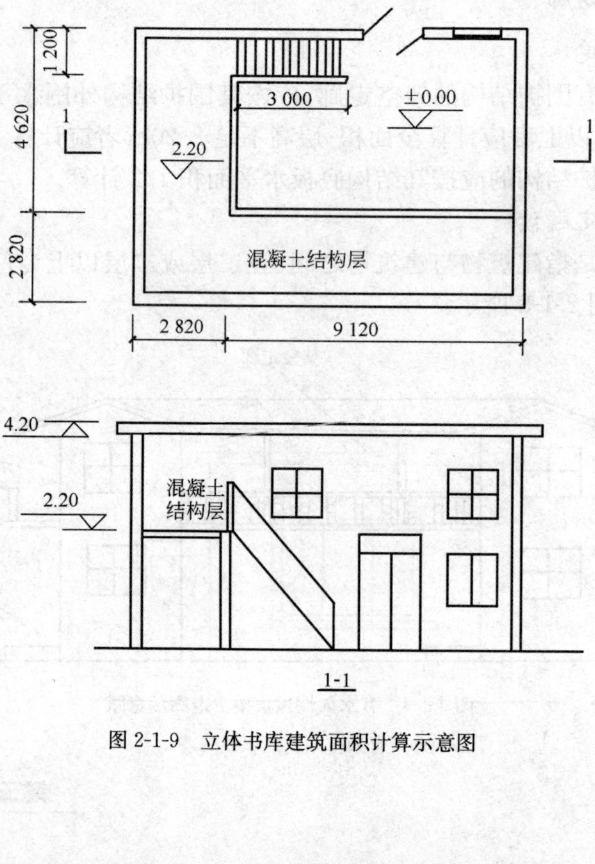

图 2-1-9　立体书库建筑面积计算示意图

底层建筑面积＝(2.82＋4.62)×(2.82＋9.12)＋3.0×1.20（楼梯）

＝7.44×11.94＋3.60

＝92.43(m^2)

结构层建筑面积＝(4.62＋2.82＋9.12)×2.82×0.50(层高 2m)

＝16.56×2.82×0.50

＝23.35(m^2)

(九)舞台灯光控制室

1.计算规定

有围护结构的舞台灯光控制室，应按其围护结构外围水平面积计算。层高在 2.20m 及以上者应计算全面积；层高不足 2.20m 者应计算 1/2 面积。

2.计算规定解读

如果舞台灯光控制室有围护结构且只有一层，那么就不能另外计算面积。因为整个舞台的面积计算已经包含了该灯光控制室的面积。

(十)落地橱窗、门斗、挑廊、走廊、檐廊

1.计算规定

建筑物外有围护结构的落地橱窗、门斗、挑廊、走廊、檐廊，应按其围护结构外围水平面积计算。层高在 2.20m 及以上者应计算全面积；层高不足 2.20m 者应计算 1/2 面积。有永久性顶盖无围护结构的应按其结构底板水平面积的 1/2 计算。

2.计算规定解读

(1)落地橱窗是指突出外墙面，根基落地的橱窗。

(2)门斗是指在建筑物出入口设置的起分隔、挡风、御寒等作用的建筑过渡空间。保温门斗一般有围护结构，见图 2-1-10。

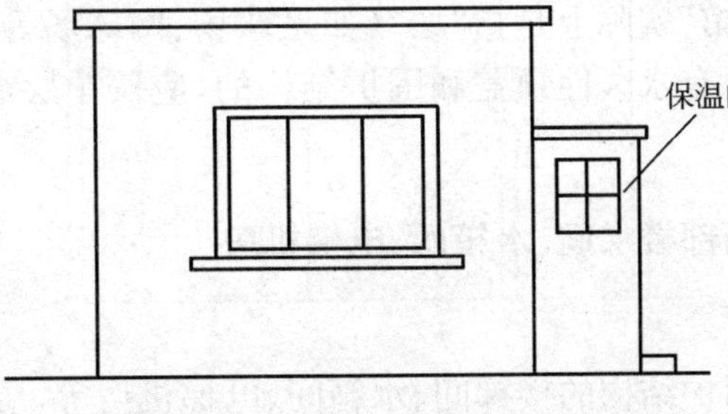

图 2-1-10　有围护结构的保温门斗示意图

(3)挑廊是指挑出建筑物外墙的水平交通空间,见图 2-1-11;走廊指建筑物的水平交通空间,见图 2-1-12;檐廊是指设置在建筑物底层檐下的水平交通空间,见图 2-1-12。

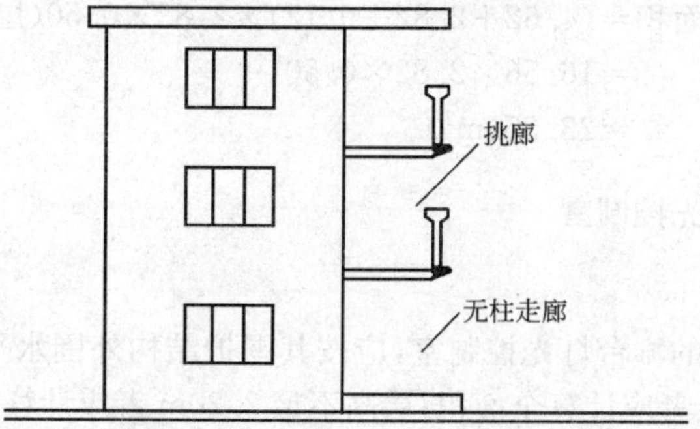

图 2-1-11 挑廊、无柱走廊示意图

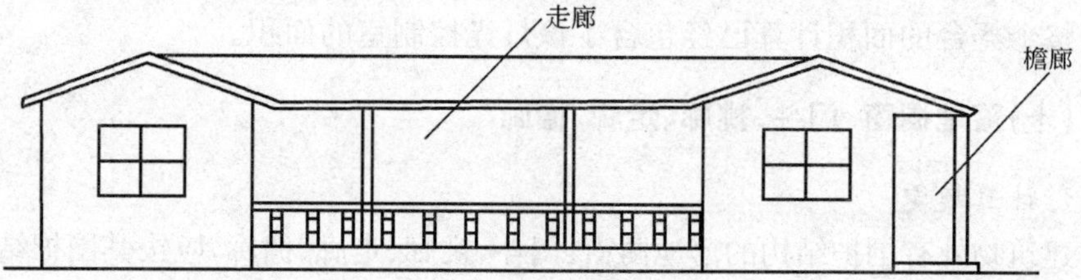

图 2-1-12 走廊、檐廊示意图

(十一)场馆看台

1. 计算规定

有永久性顶盖无围护结构的场馆看台,应按其顶盖水平投影面积的 1/2 计算。

2. 计算规定解读

这里所称的“场馆”实际上是指“场”(如足球场、网球场等)看台上有永久性顶盖部分。“馆”应是有永久性顶盖和围护结构的,应按单层或多层建筑相关规定计算面积。

(十二)建筑物顶部楼梯间、水箱间、电梯机房

1. 计算规定

建筑物顶部有围护结构的楼梯间、水箱间、电梯机房等,层高在 2.20m 及以上者应计算全面积;层高不足 2.20m 者应计算 1/2 面积。

2. 计算规定解读

(1)如遇建筑物屋顶的楼梯间是坡屋顶时，应按坡屋顶的相关规定计算面积。

(2)单独放在建筑物屋顶上的混凝土水箱或钢板水箱，不计算面积。

(3)建筑物屋面水箱间、电梯机房见图 2-1-13。

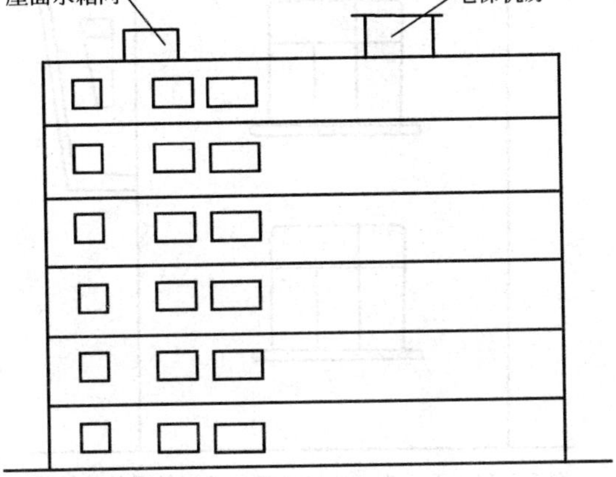

图 2-1-13 屋面水箱间、电梯机房示意图

(十三)不垂直于水平面而超出底板外沿的建筑物

1. 计算规定

设有围护结构不垂直于水平面而超出底板外沿的建筑物，应按其底板面的外围水平面积计算。层高在 2.20m 的及以上者应计算全面积；层高不足 2.20m 者应计算 1/2 面积。

2. 计算规定解读

设有围护结构不垂直于水平面而超出底板外沿的建筑物是指向建筑物外倾斜的墙体(见图 2-1-14)。若遇有向建筑物内倾斜的墙体，应视为坡屋面，应按坡屋顶的有关规定计算面积。

(十四)室内楼梯间、电梯井、垃圾道等

1. 计算规定

建筑物内的室内楼梯间、电梯井、观光电梯井、提物井、管道井、通风排气竖井、垃圾道、附墙烟囱应按建筑物的自然层计算面积。

2. 计算规定解读

(1)室内楼梯间的面积计算，应按楼梯依附的建筑物的自然层数计算，合并

在建筑物面积内。若遇跃层建筑，其共用的室内楼梯应按自然层计算面积；上下两错层户室共用的室内楼梯，应选上一层的自然层计算面积，见图 2-1-15。

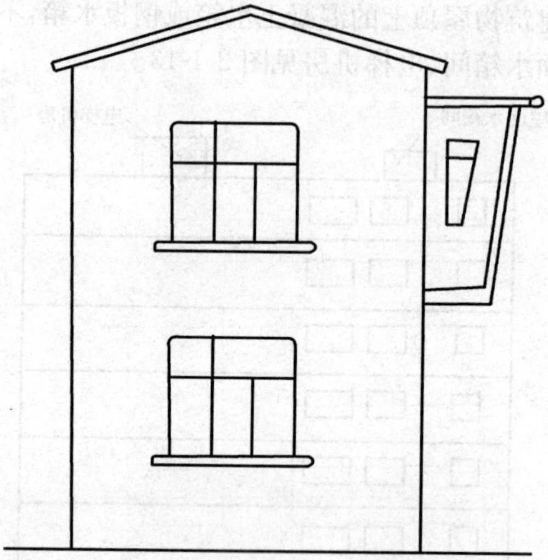

图 2-1-14　不垂直于水平面超出地板外沿的建筑物

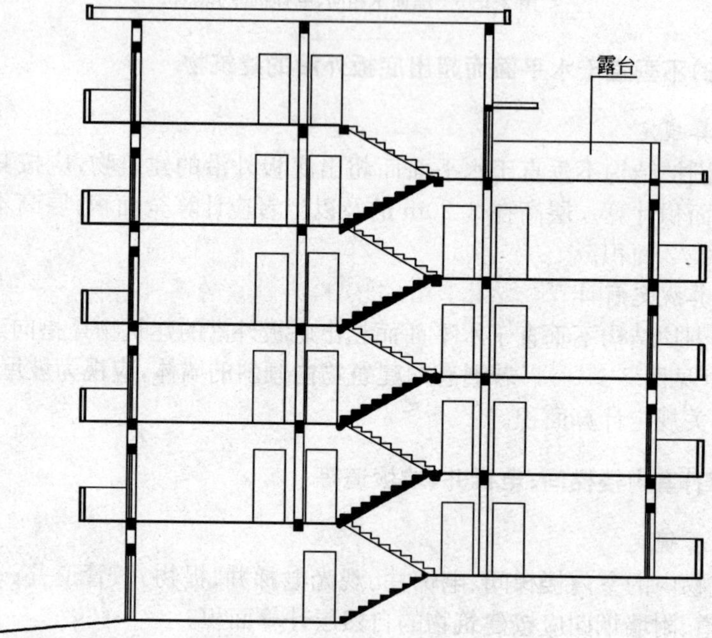

图 2-1-15　户室错层剖面示意图

(2)电梯井是指安装电梯用的垂直通道,见图 2-1-16。

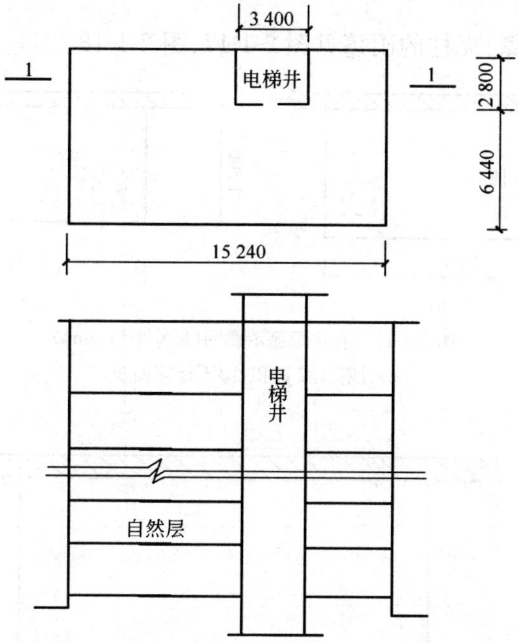

1-1

图 2-1-16　电梯井示意图(尺寸单位:mm)

【例 2-1-4】 某建筑物共 12 层,电梯井尺寸(含壁厚)如图 2-1-16 所示,求电梯井面积。

解: $S=2.80\times3.40\times12(层)=114.24(m^2)$

(3)提物井是指图书馆提升书籍、酒店提升食物的垂直通道。

(4)垃圾道是指写字楼等大楼内每层设垃圾倾倒口的垂直通道。

(5)管道井是指宾馆或写字楼内集中安装给排水、采暖、消防、电线管道用的垂直通道。

(十五)雨篷

1. 计算规定

雨篷结构的外边线至外墙结构外边线的宽度超过 2.10m 者,应按雨篷结构板的水平投影面积的 1/2 计算面积。

2. 计算规定解读

(1)雨篷均以其宽度超过 2.10m 或不超过 2.10m 划分。超过者按雨篷结构板水平投影面积的 1/2 计算;不超过者不计算。上述规定不管雨篷是否有柱或无柱,计算应一致。

(2)有柱的雨篷、无柱的雨篷见图 2-1-17、图 2-1-18。

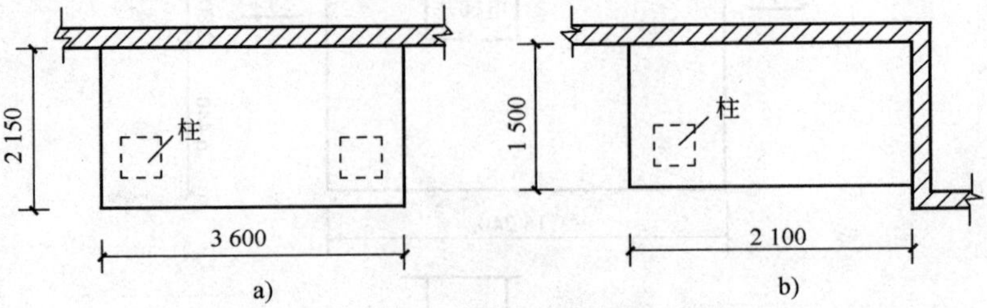

图 2-1-17　有柱雨篷示意图(尺寸单位:mm)

a)计算 1/2 面积;b)不计算面积

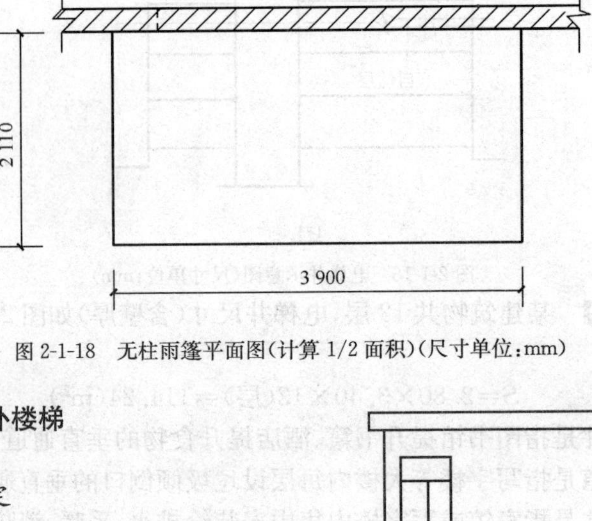

图 2-1-18　无柱雨篷平面图(计算 1/2 面积)(尺寸单位:mm)

(十六)室外楼梯

1. 计算规定

有永久性顶盖的室外楼梯,应按建筑自然层的水平投影面积 1/2 计算。

2. 计算规定解读

室外楼梯,最上层楼梯无永久性顶盖或不能完全遮盖楼梯的雨篷,上层楼梯不计算面积;上层楼梯可视为下层楼梯的永久性顶盖,下层楼梯应计算面积,见图 2-1-19。

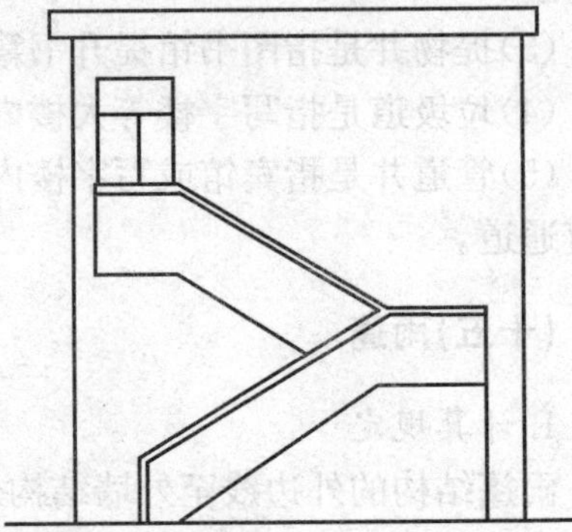

图 2-1-19　室外楼梯示意图

(十七)阳台

1.计算规定

建筑物的阳台均应按其水平投影面积的1/2计算建筑面积。

2.计算规定解读

(1)建筑物的阳台,不论是凹阳台、挑阳台、封闭阳台均按其水平投影面积的1/2计算建筑面积。

(2)挑阳台、凹阳台示意图见图2-1-20、图2-1-21。

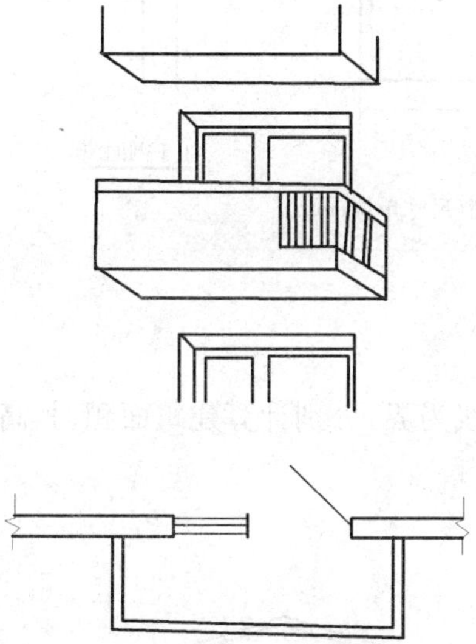

图2-1-20　挑阳台示意图

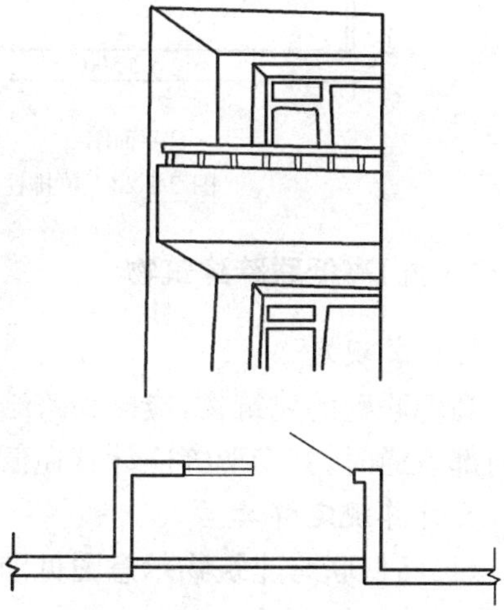

图2-1-21　凹阳台示意图

(十八)车棚、货棚、站台、加油站、收费站等

1.计算规定

有永久性顶盖无围护结构的车棚、货棚、站台、加油站、收费站等,应按其顶盖水平投影面积的1/2计算建筑面积。

2.计算规定解读

(1)车棚、货棚、站台、加油站、收费站等的面积计算,由于建筑技术的发展,出现许多新型结构,如柱不再是单纯的直立柱,而出现正V形、倒Λ形等不同类型的柱,给面积计算带来许多争议。为此,我们不以柱来确定面积,而依据顶盖的水平投影面积计算面积。

(2)在车棚、货棚、站台、加油站、收费站内设有带围护结构的管理房间、休息室等,应另按有关规定计算面积。

(3)站台示意图见图 2-1-22。

其面积为：$S=2.0\times5.50\times0.5$

$=5.50(m^2)$

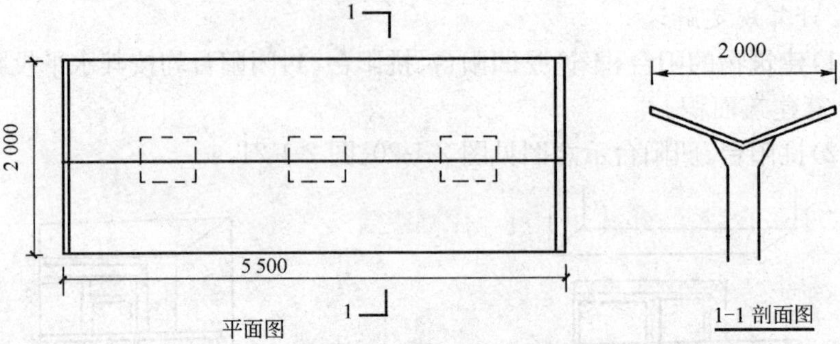

图 2-1-22　单排柱站台示意图(尺寸单位:mm)

(十九)高低联跨建筑物

1.计算规定

高低联跨的建筑物,应以高跨结构外边线为界,分别计算建筑面积;其高低跨内部联通时,其变形缝应计算在低跨面积内。

2.计算规定解读

(1)高低联跨建筑物示意图见图 2-1-23。

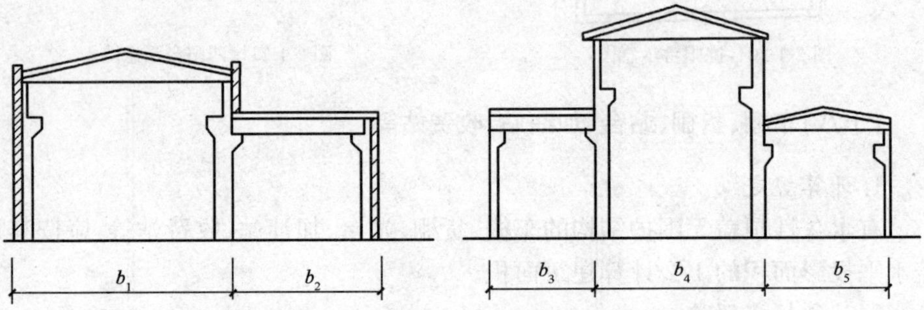

图 2-1-23　高低联跨单层建筑物建筑面积计算示意图

(2)建筑面积计算示例。

【例 2-1-5】 当建筑物长为 L 时的建筑面积。

解: $S_{高1}=b_1\times L$

$S_{高2}=b_4\times L$

$$S_{低1}=b_2\times L$$
$$S_{低2}=(b_3+b_5)\times L$$

(二十)以幕墙作为围护结构的建筑物

1. 计算规定

以幕墙作为围护结构的建筑物,应按幕墙外边线计算建筑面积。

2. 计算规定解读

围护性幕墙是指直接作为外墙起围护作用的幕墙。

(二十一)建筑物外墙外侧有保温隔热层

建筑物外墙外侧有保温隔热层的,应按保温隔热层的外边线计算建筑面积。

(二十二)建筑物内的变形缝

1. 计算规定

建筑物内的变形缝,应按其自然层合并在建筑面积内计算。

2. 计算规定解读

(1)本条规定所指建筑物内的变形缝是与建筑物相联通的变形缝,即暴露在建筑物内可以看得见的变形缝。

(2)室内看得见的变形缝如示意图 2-1-24 所示。

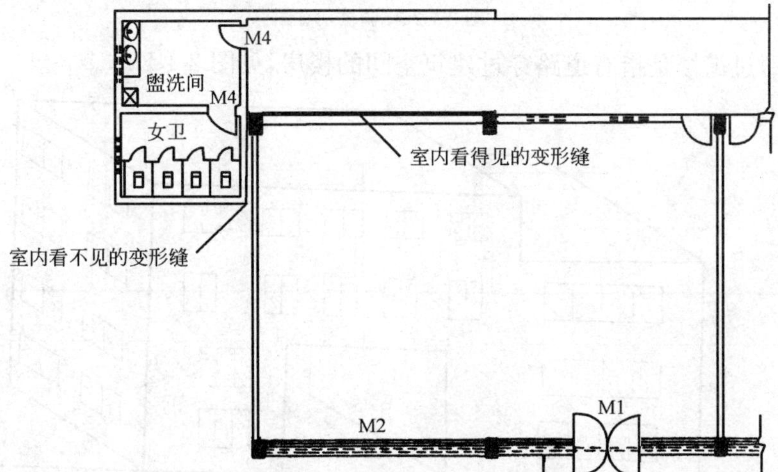

图 2-1-24　室内看得见的变形缝示意图

五 不计算建筑面积的范围

(一)建筑物通道

1. 计算规定

建筑物的通道(骑楼、过街楼的底层),不应计算建筑面积。

2. 计算规定解读

(1)骑楼是指楼层部分跨在人行道上的临街楼房,见图 2-1-25。

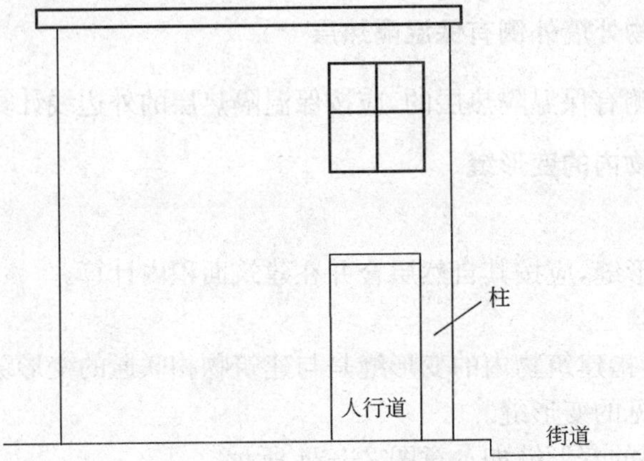

图 2-1-25　骑楼示意图

(2)过街楼是指有道路穿过建筑空间的楼房,见图 2-1-26。

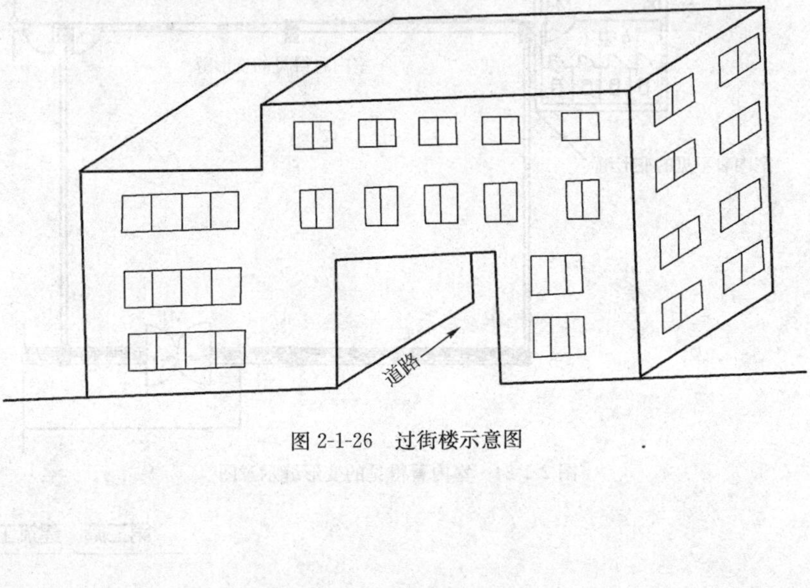

图 2-1-26　过街楼示意图

(二)设备管道夹层

1. 计算规定

建筑物内的设备管道夹层不应计算建筑面积。

2. 计算规定解读

高层建筑的宾馆、写字楼等，通常在建筑物高度的中间部分设置管道及设备层，主要用于集中放置水、暖、电、通风管道及设备。这一设备管道层不应计算建筑面积，如图 2-1-27 所示。

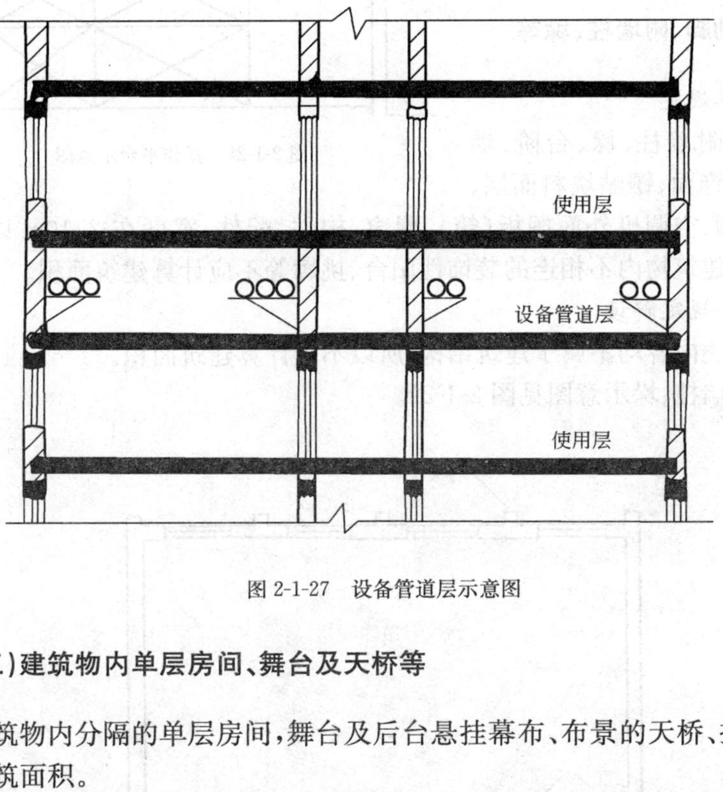

图 2-1-27　设备管道层示意图

(三)建筑物内单层房间、舞台及天桥等

建筑物内分隔的单层房间，舞台及后台悬挂幕布、布景的天桥、挑台等不应计算建筑面积。

(四)屋顶花架、露天游泳池等

屋顶水箱、花架、凉棚、露台、露天游泳池等不应计算建筑面积。

(五)操作、上料平台等

1. 计算规定

建筑物内的操作平台、上料平台、安装箱和罐体的平台不应计算建筑面积。

2. 计算规定解读

建筑物外的操作平台、上料平台等应该按有关规定确定是否应计算建筑面积。操作平台示意图见图 2-1-28。

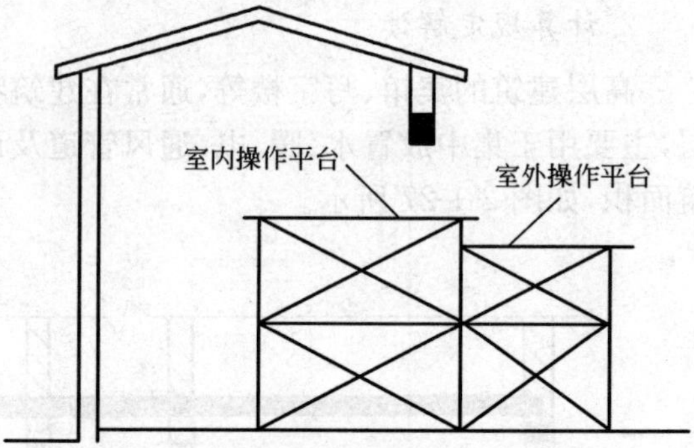

图 2-1-28 操作平台示意图

(六)勒脚、附墙柱、垛等

1. 计算规定

勒脚、附墙柱、垛、台阶、墙面抹灰、装饰面、镶贴块料面层、装饰性幕墙、空调机外面搁板(箱)、飘窗、构件、配件、宽度在 2.10m 以内的雨篷,以及与建筑物内不相连的装饰性阳台、挑廊等不应计算建筑面积。

2. 计算规定解读

(1)上述内容均不属于建筑结构,所以不应计算建筑面积。

(2)附墙柱、垛示意图见图 2-1-29。

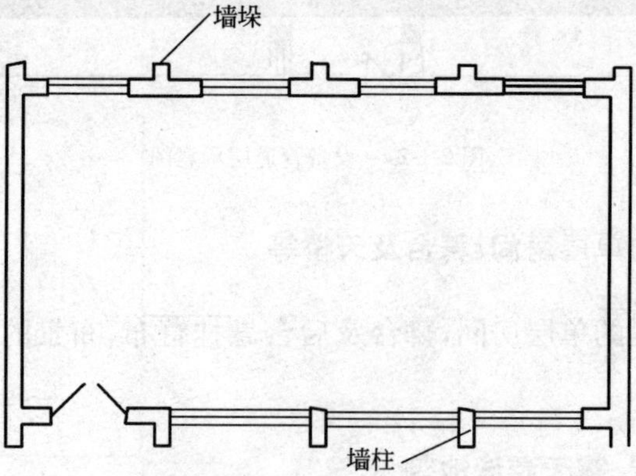

图 2-1-29 附墙柱、垛示意图

(3)飘窗是指为房间采光和美化造型而设置的突出外墙的窗，如图 2-1-30所示。

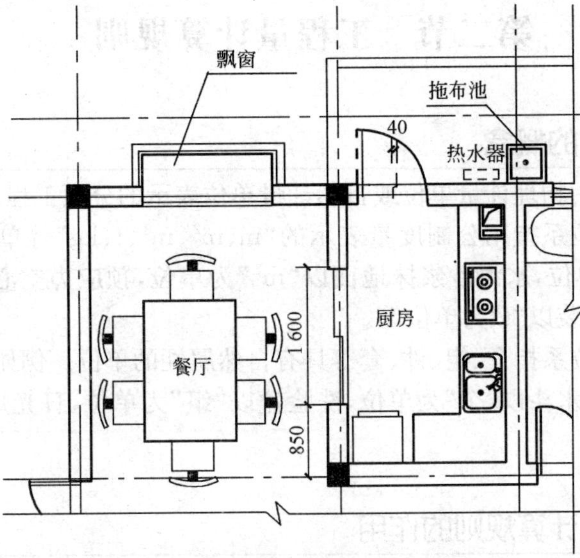

图 2-1-30 飘窗示意图(尺寸单位:mm)

(4)装饰性阳台、挑廊是指人不能在其中活动的空间。

(七)无顶盖架空走廊和检修梯等

1. 计算规定

无永久性顶盖的架空走廊、室外楼梯和用于检修、消防等的室外钢楼梯、爬梯不应计算建筑面积。

2. 计算规定解读

室外检修钢爬梯见图 2-1-31。

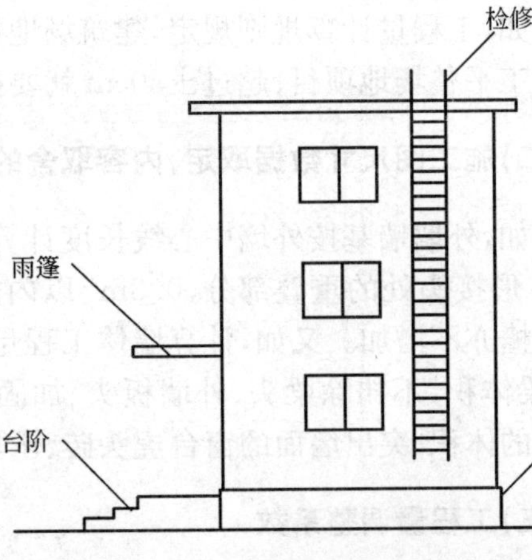

图 2-1-31 室外检修钢爬梯示意图

(八)自动扶梯等

1. 计算规定

自动扶梯、自动人行道不应计算建筑面积。

2. 计算规定解读

自由扶梯(斜步道滚梯)，除两

端固定在楼层板或梁上面之外，扶梯本身属于设备，为此，扶梯不应计算建筑面积。

自动人行道（水平步道滚梯）属于安装在楼板上的设备，不应单独计算建筑面积。

第二节　工程量计算规则

一　工程量的概念

工程量是指用物理计量单位或自然计量单位表示的分项工程的实物数量。

物理计量单位系指用公制度量表示的“m、m^2、m^3、t、kg”等单位。例如，楼梯扶手以“m”为单位，水泥砂浆抹地面以“m^2”为单位，预应力空心板以“m^3”为单位，钢筋制作安装以“t”为单位等。

自然计量单位系指个、组、件、套等具有自然属性的单位。例如，砖砌拖布池以“套”为单位，雨水斗以“个”为单位，洗脸盆以“组”为单位，日光灯安装以“套”为单位等。

二　工程量计算规则的作用

工程量计算规则是计算分项工程项目工程量时，确定施工图尺寸数据、内容取定、工程量调整系数、工程量计算方法的重要规定。工程量计算规则是具有权威性的规定，是确定工程消耗量的重要依据，主要作用如下：

（一）确定工程量项目的依据

例如，工程量计算规则规定，建筑场地挖填土方厚度在±30cm 以内及找平，属于人工平整场地项目；超过±30cm 就要按挖土方项目计算了。

（二）施工图尺寸数据取定，内容取舍的依据

例如，外墙墙基按外墙中心线长度计算，内墙墙基按内墙净长计算，基础大放脚 T 形接头处的重叠部分，0.3m^2 以内洞口所占面积不予扣除，但靠墙暖气沟的挑檐亦不增加。又如，计算墙体工程量时，应扣除门窗洞口，嵌入墙身的圈梁、过梁体积，不扣除梁头、外墙板头、加固钢筋及每个面积在 0.3m^2 以内孔洞等所占的体积，突出墙面的窗台虎头砖、压顶线、三皮砖以内的腰线亦不增加。

（三）工程量调整系数

例如，计算规则规定，木百叶门油漆工程量按单面洞口面积乘以系数 1.25 计算。

(四)工程量计算方法

例如，计算规则规定，满堂脚手架增加层的计算方法为：

$$满堂脚手架增加层=\frac{室内净高-5.2(m)}{1.2(m)}$$

三 制定工程量计算规则考虑的因素

我们知道，工程量计算规则是与预算定额配套使用的。当计算规则作出了规定后，那么编制预算定额就要考虑这些规定的各项内容与计算规则一致，两者是统一的。工程量计算规则有哪些考虑呢?

(一)力求工程量计算的简化

工程量计算规则制定时，要尽量考虑工程造价人员在编制施工图预算时，能尽量简化工程量计算的过程。例如，砖墙体积内不扣除梁头板头体积，也不增加突出墙面的窗台虎头砖、压顶线的体积等计算规则。

(二)计算规则与定额消耗量的对应关系

凡是工程量计算规则指出不扣除或不增加的内容，在编制预算定额时都进行了处理。因为在编制预算定额时，都要通过典型工程相关工程量统计分析后，进行抵扣处理。也就是说，计算规则注明不扣的内容，编制定额时作为扣除；计算规则说不增加的内容，在编制预算定额时已经增加了。所以，定额的消耗量与工程量的计算规则是相对应的。

(三)考虑定额水平的稳定性

虽然编制预算定额是通过若干个典型工程，测算定额项目的工程实物消耗量。但是，也要考虑制定工程量计算规则变化幅度大小的合理性，使计算规则在编制施工图预算确定工程量时具有一定的稳定性，从而使预算定额水平具有一定的稳定性。

四 工程量计算规则的运用

工程量计算规则就像体育运动比赛规则一样，具有事先约定的公开性、公平性和权威性。凡是使用预算定额编制施工图预算的，就必须按此规则计算工程量。因为,工程量计算规则与预算定额项目之间有着严格的对应关系。运用好工程量计算规则是保证施工图预算准确性的基本保证。

(一)全面理解计算规则

我们知道,定额消耗量的取舍与工程量计算规则是相对应的。所以,全面理解工程量计算规则是正确计算工程量的基本前提。

工程量计算规则中贯穿着一个规范工程量计算和简化工程量计算的精神。

所谓规范工程量计算,是指不能以个人的理解来运用计算规则,也不能随意改变计算规则。例如,楼梯水泥砂浆面层抹灰,包括休息平台在内,不能认为只算楼梯踏步。

简化工程量计算的原则,包括以下几个方面:

(1)计算较繁琐但数量又较小的内容,计算规则处理为不计算或不扣除。但是在编制定额时都作为扣除或增加处理,这样计算工程量就简化了。例如,砖墙工程量计算中,规定不扣除梁头、板头所占体积,也不增加挑出墙外窗台线和压顶线的体积等。

(2)工程量不计算,但定额消耗量中已包括。例如,方木屋架的夹板、垫木已包括在相应屋架制作定额项目中,工程量不再计算。此方法也简化了工程量计算。

(3)精简了定额项目。例如,各种木门油漆的定额消耗量之间有一定的比例关系。于是,预算定额只编制单层木门的油漆项目,双层木门、百叶木门的油漆工程量通过计算规则规定的工程量乘以系数的方法来实现定额的套用。所以,这种方法精简了预算定额项目。

(二)领会精神,灵活处理

领会了制定工程量计算规则的精神后,我们就能较灵活地处理实际工作中的一些问题。

1.按实际情况分析工程量计算范围

工程量计算规则规定,楼梯面层是按水平投影面积计算的。具体做法是,将楼梯段和休息平台综合为投影面积计算,不需要按展开面积计算。这种规定简化了工程量计算。但是,单元式住宅计算楼梯面积,需要具体分析。

例如,某单元式住宅,每层2跑楼梯,包括了一个休息平台和一个楼层平台。这时,楼层平台是否算入楼梯面积,需要判断。通过分析,我们知道,连接楼梯的楼层平台有内走廊、外走廊、大厅和单元式住宅楼等几种形式。显然,单元式住宅的楼层平台是众多楼层平台中的特殊形式,而楼梯面层定额项目是针对各种楼层平台情况编制的。所以,单元式住宅的楼层平台不应算入楼梯面层内。

2. 简化计算,处理工程量计算过程

除了领会工程量计算规则制定的精神,还要领会简化工程量计算的精神。在工程量计算过程中灵活处理一些实际问题,使计算过程既符合一定准确性要求,也达到了简化计算的目的。

例如,计算抗震结构钢筋混凝土构件中钢筋的箍筋用量,可以按正规的计算方法计算,即按规定扣除保护层尺寸,加上弯钩的长度计算。但也可以采用按构件矩形截面的外围周长尺寸确定箍筋的长度。因为,通过分析我们发现,采用一种方法计算梁、柱箍筋时,ϕ6.5 的箍筋每个多算了 20mm,ϕ8 箍筋每个少算了 22mm,在一个框架结构的建筑物中,要计算很多 ϕ6.5 的箍筋,也要计算很多 ϕ8 的箍筋。这样,这两种规格在计算过程中不断抵消了多算或少算的数量。而采用后一种方法确定,简化了计算过程,且数量误差又不会太大。

五 工程量计算规则的发展趋势

(一)工程量计算规则的制定有利于工程量的自动计算

使用了计算机,人们可以从繁琐的计算工作中解放出来。所以,用计算机计算工程量是一个发展趋势。那么,用计算机计算工程量,计算规则的制定就要符合计算机处理的要求,包括可以通过建立数学模型来描述工程量计算规则;各计算规则之间的界定要明晰;要总结计算规则的规律性等等。

(二)工程量计算规则宜粗不宜细

工程量计算规则要简化,宜粗不宜细,尽量做到方便人们的使用。这一思路并不影响工程消耗量的准确性,因为可以通过统计分析的方法,将复杂因素处理在预算定额消耗量内。

第三节　运用统筹法计算工程量

一 统筹法计算工程量的要点

施工图预算中工程量计算的特点是项目多、数据量大、费时间,这与编制预算既快又准的基本要求相悖。如何简化工程量计算,提高计算速度和准确性是人们一直关注的问题。

统筹法是一种用来研究、分析事物内在规律及相互依赖关系，从全局角度出发，明确工作重点，合理安排工作顺序，提高工作质量和效率的科学管理方法。

运用统筹思想对工程量计算过程进行分析后，可以看出，虽然各项工程量计算各有特点，但有些数据存在着内在的联系。例如，外墙地槽、外墙基础垫层、外墙基础可以用同一个长度计算工程量。如果我们抓住这些基本数据，利用它们来计算较多工程量，就能达到简化工程量计算的目的。

(一)统筹程序、合理安排

统筹程序、合理安排是应用统筹法计算工程量的一个基本要点，其思想是，不按施工顺序或传统的顺序计算工程量，只按计算简便的原则安排工程量计算顺序。例如，有关地面项目工程量计算顺序按施工顺序完成是：

$$\xrightarrow[\text{长×宽×厚}]{\text{室内回填土}}①\xrightarrow[\text{长×宽×厚}]{\text{地面垫层}}②\xrightarrow[\text{长×宽}]{\text{地面面层}}③$$

这一顺序，计算了三次“长×宽”。如果按计算简便的原则安排，上述顺序变为：

$$\xrightarrow[\text{长×宽}]{\text{地面面层}}①\xrightarrow[\text{地面面层×厚}]{\text{地面垫层}}②\xrightarrow[\text{地面面层×厚}]{\text{室内回填土}}③$$

显然，第二种顺序只需计算一次“长×宽”，节省了时间，简化了计算，也提高了结果的准确度。

(二)利用基数、连续计算

基数是指工程量计算时经常重复使用的一些基本数据。包括 $L_{中}$、$L_{内}$、$L_{外}$、$S_{底}$，简称“三线一面”。

通过分析，在工程量计算中，总有一些数据贯穿在计算的全过程中，只要事先计算好这些数据，提供给后面计算工程量时重复使用，就可以提高工程量的计算速度。

运用基数计算工程量是统筹法的重要思想。

二 统筹法计算工程量的方法

(一)外墙中线长

外墙中线长用 $L_{中}$ 表示，是指围绕建筑物的外墙中心线长度之和。利用 $L_{中}$

可以计算的工程量见表 2-1-1。

利用 $L_{中}$ 可以计算的工程量　　表 2-1-1

基数名称	项目名称	计算方法
$L_{中}$	外墙基槽	$V=L_{中}\times$基槽断面积
	外墙基础垫层	$V=L_{中}\times$垫层断面积
	外墙基础	$V=L_{中}\times$基础断面积
	外墙体积	$V=(L_{中}\times$墙高$-$门窗面积$)\times$墙厚
	外墙圈梁	$V=L_{中}\times$圈梁断面积
	外墙基防潮层	$S=L_{中}\times$墙厚

(二)内墙净长

内墙净长用 $L_{内}$ 表示，是指建筑物内隔墙的长度之和。利用 $L_{内}$ 可以计算的工程量见表 2-1-2。

利用 $L_{内}$ 可以计算的工程量　　表 2-1-2

基数名称	项目名称	计算方法
$L_{内}$	内墙基槽	$V=(L_{内}-$调整值$)\times$基槽断面积
	内墙基础垫层	$V=(L_{内}-$调整值$)\times$垫层断面积
	内墙基础	$V=L_{内}\times$基础断面积
	内墙体积	$V=(L_{内}\times$墙高$-$门窗面积$)\times$墙厚
	内墙圈梁	$V=L_{内}\times$圈梁断面积
	内墙基防潮层	$S=L_{内}\times$墙厚

(三)外墙外边长

外墙外边长用 $L_{外}$ 表示，是指围绕建筑物外墙外边的长度之和。利用 $L_{外}$ 可以计算的工程量见表 2-1-3。

利用 $L_{外}$ 可以计算的工程量　　表 2-1-3

基数名称	项目名称	计算方法
$L_{外}$	人工平整场地	$S=L_{外}\times2+16+S_{底}$①
	墙脚排水坡	$S=(L_{外}+4\times$散水宽$)\times$散水宽
	墙脚明沟(暗沟)	$L=L_{外}+8\times$散水宽$+4\times$明沟(暗沟)宽
	外墙脚手架	$S=L_{外}\times$墙高
	挑檐	$V=(L_{外}+4\times$挑檐宽$)\times$挑檐断面积

注：①$S_{底}$ 为建筑底层面积。

(四)建筑底层面积

建筑底层面积用 $S_{底}$ 表示。利用 $S_{底}$ 可以计算的工程量见表 2-1-4。

利用 $S_{底}$ 可以计算的工程量 表 2-1-4

基数名称	项目名称	计算方法
$S_{底}$	人工平整场地	$S=S_{底}+L_{外}\times2+16$
	室内回填土	$V=(S_{底}-$墙结构面积$)\times$厚度
	地面垫层	$V=(S_{底}-$墙结构面积$)\times$厚度
	地面面层	$S=S_{底}-$墙结构面积
	顶棚面抹灰	$S=S_{底}-$墙结构面积
	屋面防水卷材	$S=S_{底}-$女儿墙结构面积+四周卷起面积
	屋面找坡层	$V=(S_{底}\pm$女儿墙结构面积$)\times$平均厚

三 统筹法计算工程量实例

【例 2-1-6】 用统筹法计算工程量。

(一)接待室施工图

1. 设计说明

(1)本工程为某单位的单层砖混结构接待室,室内地坪标高±0.000,室外地坪标高−0.300。

(2)M5 水泥砂浆砌砖基础,C10 混凝土基础垫层 200mm 厚,位于−0.06m 处做 1∶2 水泥砂浆防潮层 20mm 厚。

(3)M5 混合砂浆砌砖墙、砖柱。

(4)1∶2 水泥砂浆地面面层 20mm 厚,C10 混凝土地面垫层 60mm 厚,基层素土回填夯实。

(5)屋面做法见大样图。

(6)C15 混凝土散水 800mm 宽,60mm 厚。

(7)1∶2 水泥砂浆踢脚线 20mm 厚、150mm 高。

(8)台阶 C10 混凝土基层,1∶2 水泥砂浆面层。

(9)内墙面、梁柱面混合砂浆抹面,刷 106 涂料。

(10)1∶2 水泥砂浆抹外墙面,刷外墙涂料。

(11)单层玻璃窗,单层镶板门,单层镶板门带窗(门 900mm 宽,窗 1 100mm 宽)。

(12)现浇 C20 钢筋混凝土圈梁，钢筋用量为：ϕ12，116.80m；ϕ6.5，122.64m。

(13)现浇 C20 钢筋混凝土矩形梁，钢筋用量为：ϕ14，18.41kg；ϕ12，9.02kg；ϕ6.5，8.70kg。

(14)预应力 C30 钢筋混凝土空心板，单件体积及钢筋用量如下：

YKB-3962　0.164m^3/块　6.57kg/块

YKB-3362　0.139m^3/块　4.50kg/块

YKB-3062　0.126m^3/块　3.83kg/块

2. 门窗统计表(表 2-1-5)

门窗统计表　　表 2-1-5

名　称	代号	洞口宽(mm)	洞口高(mm)	数　量	备　注
单层镶板门	M1	900	2400	3	
单层镶板门带窗	M2	2000	2400	1	其中，门宽 900mm
单层玻璃窗	C1	1500	1500	6	

3. 施工图详见图 3-2-1～图 3-2-4。

(二)接待室工程列项

接待室工程施工图预算分项工程项目列项见表 2-1-6。

接待室工程施工图预算分项工程项目表　　表 2-1-6

利用基数	序号	定额号	分项工程名称	单位
$L_中$ $L_内$	1	1-8	人工挖地槽	m^3
	2	8-16	C10 混凝土基础垫层	m^3
	3	4-1	M5 水泥砂浆砌砖基础	m^3
	4	1-46	人工地槽回填土	m^3
	5	9-53	1∶2 水泥砂浆墙基防潮层	m^2
	6	4-10	M5 混合砂浆砌砖墙	m^3
	7	5-408	现浇 C20 钢筋混凝土圈梁	m^3
	8	3-15	里脚手架	m^2
	9	8-27	1∶2 水泥砂浆踢脚线	m
	10	11-36	混合砂浆抹内墙	m^2
	11	11-636	内墙面刷 106 涂料	m^2
$L_外$	12	1-48	人工平整场地	m^2
	13	3-6	外脚手架	m^2
	14	11-605	1∶2 水泥砂浆抹外墙	m^2
	15	8-43	C15 混凝土散水	m^2

续上表

利用基数	序号	定额号	分项工程名称	单位
	16	8-16 换	C20 细石混凝土刚性屋面 40mm 厚	m^2
	17	8-23	1∶2 水泥砂浆屋面面层	m^2
	18	11-289	预制板底水泥砂浆嵌缝找平	m^2
	19	1-46	室内回填土	m^3
	20	8-16	C10 混凝土地面垫层	m^3
	21	8-23	1∶2 水泥砂浆地面面层	m^2
	22	11-636	预制板底刷 106 涂料	m^2
	23	1-17	人工挖地坑	m^3
	24	1-46	人工地坑回填土	m^3
	25	4-38	M5 混合砂浆砌砖柱	m^3
	26	7-174	单层玻璃窗框制作	m^2
	27	7-175	单层玻璃窗框安装	m^2
	28	7-176	单层玻璃窗扇制作	m^2
	29	7-177	单层玻璃窗扇安装	m^2
	30	7-17	单层镶板门框制作	m^2
	31	7-18	单层镶板门框安装	m^2
$S_底$	32	7-19	单层镶板门扇制作	m^2
	33	7-20	单层镶板门扇安装	m^2
	34	7-121	门带窗框制作	m^2
	35	7-122	门带窗框安装	m^2
	36	7-123	门带窗扇制作	m^2
	37	7-124	门带窗扇安装	m^2
	38	6-93	木门窗运输	m^2
	39	11-409	木门窗油漆	m^2
	40	5-406	现浇 C20 混凝土矩形梁	m^3
	41	5-453	预应力 C30 混凝土空心板制作	m^3
	42	6-8	空心板运输	m^3
	43	6-330	空心板安装	m^3
	44	5-529	空心板接头灌浆	m^3
	45	1-49	人工运土	m^2
	46	5-431	C10 混凝土台阶	m^2
	47	8-25	1∶2 水泥砂浆抹台阶	t
	48	5-294	现浇构件圆钢筋制安 $\phi6.5$	t
	49	5-297	现浇构件圆钢筋制安 $\phi12$	

续上表

利用基数	序号	定额号	分项工程名称	单位
	50	5-309	现浇构件螺纹钢筋制安 ϕ14	t
	51	5-359	预应力构件钢筋制安 ϕ4	t
	52	5-73	现浇圈梁模板安拆	m^2
	53	5-82	现浇矩形梁模板安拆	m^2
	54	5-123	现浇混凝土台阶模板安拆	m^2
	55	11-45	混合砂浆抹梁柱面	m^2

(三)接待室工程基数计算

接待室工程基数计算见表 2-1-7。

接待室工程基数计算表 表 2-1-7

基数名称	代号	图号	墙高(m)	墙厚(m)	单位	数量	计 算 式
外墙中线长	$L_{中}$	建施 1	3.60	0.24	m	29.20	(3.60+3.30+2.70+5.0)×2=29.20m
内墙净长	$L_{内}$	建施 1	3.60	0.24	m	7.52	(5.0−0.24)+(3.0−0.24)=7.52m
外墙外边长	$L_{外}$	建施 1			m	30.16	29.20+0.24×4=30.16m 或:[(3.60+3.30+2.70+0.24)+(5.0+0.24)]×2=30.16m
底层建筑面积	$S_{底}$	建设 1			m^2	51.56	(3.60+3.30+2.70+0.24)×(5.0+0.24)=51.56m^2

(四)接待室工程量计算

1. 人工平整场地

$$S=S_{底}+L_{外}\times2+16=51.56+30.16\times2+16=127.88(m^2)$$

2. 人工挖地槽(不加工作面、不放坡)

$$V=槽长\times槽宽\times槽深$$

$$=(\underset{L_{中}}{29.20}+\underset{L_{内}}{7.52}+0.24\times2-0.80\times2)\times0.80\times(1.50-0.30)$$

$$=(29.20+8.0-1.60)\times0.8\times1.20$$

$$=35.60\times0.8\times1.20$$

$$=34.18(m^3)$$

3.人工挖地坑(不加工作面、不放坡)

V=坑长×坑宽×坑深×个数

=0.80×0.80×(1.50−0.30)×1

=0.80×0.80×1.20×1

=0.77(m^3)

4.C10混凝土基础垫层

V=(外墙垫层长+内墙垫层长)×垫层宽×垫层厚

$L_中$　$L_内$

=(29.20+7.52+0.24×2−0.80×2)×0.80×0.20

=(29.20+8.0−1.60)×0.80×0.20

=35.60×0.80×0.20

=5.70(m^3)

V=柱垫层面积×垫层厚

=0.80×0.80×0.20=0.13(m^3)

小计:5.70+0.13=5.83(m^3)

5.M5水泥砂浆砌砖墙基础

V=($L_中$+$L_内$)×(基础高×墙厚+放脚断面积)

=(29.20+7.52)×[(1.50−0.20)×0.24+0.007875×12]

=36.72×(0.312+0.0945)

=36.72×0.4065

=14.93(m^3)

6.人工地槽回填土

V=挖土体积−(垫层体积+砖墙基础体积−高出室外地坪砖墙基础体积)

=34.18−(5.70+14.93−36.72×0.3×0.24)

=34.18−(5.70+14.93−2.64)

=34.18−17.99

=16.19(m^3)

7.M5水泥砂浆砌砖柱基础

V=柱基高×柱断面积+四周放脚体积

=(1.5−0.2)×(0.24×0.24)+0.033

=1.30×0.0576+0.033

=0.11(m^3)

8. 人工地坑回填土

V =挖土体积－(垫层体积＋砖柱基础体积－高出地坪砖柱基础体积)

＝0.77－(0.13＋0.11－0.30×0.24×0.24)

＝0.77－0.22

＝0.55(m^3)

9. 1：2 水泥砂浆墙基防潮层

S =($L_{中}$ ＋$L_{内}$)×墙厚＋柱断面积×个数

＝36.72×0.24＋0.24×0.24×1

＝8.81＋0.06

＝8.87(m^2)

10. 双排外脚手架

S =墙高(含室外地坪高差)×墙外边长($L_{外}$)

＝(3.60＋0.30)×30.16

＝3.90×30.16

＝117.62(m^2)

11. 里脚手架

S =内墙净长×墙高

$L_{内}$

＝7.52×3.60＝27.07(m^2)

12. 单层玻璃窗框制作

S =窗洞口面积×樘数

＝1.5×1.5×6

＝13.50(m^2)

13. 单层玻璃窗框安装

同序 12　　S＝13.50(m^2)

14. 单层玻璃窗扇制作

同序 12　　S＝13.50(m^2)

15. 单层玻璃窗扇安装

同序 12　　S＝13.50(m^2)

16. 单层镶板门框制作

S =门洞口面积×樘数

＝0.9×2.4×3＝6.48(m^2)

17. 单层镶板门框安装

同序 16　　$S=6.48(m^2)$

18. 单层镶板门扇制作

同序 16　　$S=6.48(m^2)$

19. 单层镶板门扇安装

同序 16　　$S=6.48(m^2)$

20. 镶板门带窗框制作

S =门带窗洞口面积×樘数

$=(2.00\times2.40-1.10\times0.90)\times1$

$=(4.80-0.99)\times1$

$=3.81(m^2)$

21. 镶板门带窗框安装

同序 20　　$S=3.81(m^2)$

22. 镶板门带窗扇制作

同序 20　　$S=3.81(m^2)$

23. 镶板门带窗扇安装

同序 20　　$S=3.81(m^2)$

24. 木门窗运输

S =门面积+窗面积

$=13.50+6.48+3.81$

$=23.79(m^2)$

25. 木门窗油漆

同序 24　　$S=23.79(m^2)$

26. 现浇 C20 钢筋混凝土圈梁

V =圈梁长×圈梁断面积

$=\underset{L_中}{29.20}\times0.24\times0.18$

$=1.26(m^3)$

27. 现浇圈梁模板安拆

S =圈梁侧模面积+圈梁代过梁底模面积

$=\underset{L_中}{29.20}\times0.18\times2$ 边 $+(\underset{C1}{1.5\times6}+\underset{M1}{0.9}+\underset{M2}{2.0})\times0.24$

$=10.51+2.86$

$=13.37(m^2)$

28. 现浇 C20 钢筋混凝土矩形梁

V =梁长×断面积×根数

=2.94×0.24×0.30+(2.0−0.12+0.12)×0.24×0.30

=0.36(m^3)

29. 现浇矩形梁模板安折

S =模板接触面积

内侧　　　　外侧

=侧模(2.70+2.00+2.70+0.24+2.0+0.24)×0.30+

底模(2.70−0.24+2.0−0.24)×0.24

=9.88×0.30+4.22×0.24

=3.98(m^2)

30. C10 混凝土台阶

S =台阶水平投影面积

=(2.7+2.0)×0.3×2

=4.7×0.6

=2.82(m^2)

31. 1∶2 水泥砂浆抹台阶

同序 30　S=2.82(m^2)

32. 台阶模板安折

同序 30　S=2.82(m^2)

33. 现浇构件圆钢筋制安 ϕ6.5

圈梁　　　　矩形梁

ϕ6.5　122.64×0.26(kg/m)+8.70(kg)=40.59(kg)

34. 现浇构件圆钢筋制安 ϕ12

圈梁　　　　矩形梁

ϕ12　116.80×0.888(kg/m)+9.02(kg)=112.73(kg)

35. 现浇构件螺纹钢筋制安 ϕ14

ϕ14　18.41(kg)(见设计说明)

36. 预应力构件钢筋制安 ϕ4

ϕ4YKB-3962　9×6.57(kg/块)=59.13kg
YKB-3362　9×4.50(kg/块)=40.5kg　} 134.10kg
YKB-3062　9×3.83(kg/块)=34.47kg

37. 预应力 C30 钢筋混凝土空心板制作(详见设计说明)

V=单块体积×块数×制作损耗系数

YKB-3962　9×0.164(m^3/块)=1.476m^3
YKB-3362　9×0.139(m^3/块)=1.251m^3　}3.861(m^3)(净)
YKB-3062　9×0.126(m^3/块)=1.134m^3

制作工程量=3.861×1.015* =3.92(m^3)

38. 空心板运输

V=净体积×运输损耗系数
=3.861×1.013*
=3.91(m^3)

39. 空心板安装

V=净体积×安装损耗系数
=3.861×1.005*
=3.88(m^3)

40. 空心板接头灌浆

V=净体积=3.86(m^3)

41. M5 混合砂浆砌砖墙

V=(墙长×墙高-门窗面积)×墙厚-圈梁体积

$L_{中}$　$L_{内}$
=[(29.20+7.52)×3.60-23.79]×0.24-1.26
=(36.72×3.60-23.79)×0.24-1.26
=108.40×0.24-1.26
=26.02-1.26
=24.76(m^3)

42. M5 混合砂浆砌砖柱

V=柱断面积×柱高
=0.24×0.24×3.60
=0.21(m^3)

43. 1∶2 水泥砂浆屋面面层

S=屋面实铺水平投影面积
=(5.0+0.2×2)×(9.60+0.30×2)
=5.4×10.2
=55.08(m^2)

44. C20 细石混凝土刚性屋面(40mm 厚)

同序 43　S=屋面实铺水平投影面积
=55.08(m^2)

45. 预制板底嵌缝找平

S = 空心板实铺面积 − 墙结构面积

$L_{中}$　　$L_{内}$

= 55.08 − (29.20 + 7.52) × 0.24

= 55.08 − 8.81

= 46.27(m^2)

46. 预制板顶棚面刷 106 涂料

同序 45　　S = 46.27(m^2)

47. 1∶2 水泥砂浆地面面层

$S = S_{底}$ − 墙结构面积 − 台阶所占面积

= 51.56 − (29.20 + 7.52) × 0.24 − (2.70 + 2.0 − 0.12 − 0.18) × 0.30

= 51.56 − 8.81 − 1.32

= 41.43(m^2)

48. C10 混凝土地面垫层

V = 室内地面净面积 × 厚度

序 47

= 41.43 × 0.06

= 2.49(m^3)

49. 室内地坪回填土

V = 室内地坪净面积 × 厚度

序 47

= 41.43 × (0.30 − 0.02 − 0.06)

= 1.43 × 0.22

= 9.11(m^3)

50. 人工运土

V = 挖土量 − 回填量

序 2　序 3　序 6　序 8　序 49

= 34.18 + 0.77 − 16.19 − 0.55 − 9.11

= 9.10(m^3)

51. 混合砂浆抹内墙面

S = 内墙面净长 × 净高 − 门窗面积

=[(5.0−0.24+3.60−0.24)×2+(5.0−0.24+3.3−0.24)×2+

③轴、Ⓑ轴　　　C1

(2.7−0.24+3.0−0.24)×2+2.0+2.7]×3.60−1.5×

M-1　　　　M-2

1.5×6−0.9×2.4×3×2(面)−3.81×2(面)

=(16.24+15.64+10.44+4.70)×3.60−30.27

=47.02×3.60−30.27

=139.00(m^2)

52. 水泥砂浆抹外墙面

S=外墙外边周长×墙高−门窗面积

$L_{外}$　　③、Ⓑ轴　　C1

=(30.16−2.7−2.0)×(3.60+0.30)−1.5×1.5×6

=25.46×3.90−13.50

=85.79(m^2)

53. 混合砂浆抹砖柱、矩形梁面

S=柱周长×柱高

=0.24×4×3.60

=3.46(m^2)

S=梁展开面积

=侧面(2.7+2.0+2.7−0.24+2.0−0.24)×0.30+

底面(2.7−0.24+2.0−0.24)×0.24

=2.68+1.01=3.69(m^2)

小计:3.46+3.69=7.15(m^2)

54. 1∶2 水泥砂浆踢脚线

L=内墙净长之和

=(3.60−0.24+5.0−0.24)×2+(3.30−0.24+5.0−0.24)×2+(2.70−0.24+3.0−0.24)×2+2.70+2.0

=47.02(m)

55. C15 混凝土散水 60mm 厚

S=散水长×散水宽−台阶所占面积

=($L_{外}$+4×散水宽)×散水宽−台阶所占面积

=(30.16+4×0.8)×0.80−(2.70+0.30+2.0)×0.30

=26.69−1.50

=25.19(m^2)

练 习 题

一、多选题

1. 单层建筑物应按其外墙勒脚以上结构外围水平面积计算建筑面积,并应符合下列规定(　　)。

A. 高度 2.20m

B. 高度 2.20m 以上

C. 高度不足 2.20m 应计算 1/2 面积

D. 利用坡屋顶内空间时净高超过 2.10m 部位

2. 利用坡屋顶内空间时(　　)。

A. 净高在 1.20m 至 2.10m 的部位应计算 1/2 面积

B. 净高不足 1.20m 的部位不应计算面积

C. 净高在 4.20m 以上的部位应计算 2 倍面积

D. 净高在 3.0m 以上的部位才能计算面积

3. 单层建筑物内设有局部楼层者,局部楼层的二层及以上楼层(　　)。

A. 有围护结构的应按其围护结构外围水平面积计算建筑面积

B. 无围护结构的应按其结构底板水平面积计算建筑面积

C. 层高在 2.20m 及以上者应计算全面积

D. 层高不足 2.20m 者应计算 1/2 面积

4. 多层建筑物首层应按其外墙勒脚以上结构外围水平面积计算,二层及以上楼层应按其外墙结构外围水平面积计算(　　)。

A. 层高为 2.20m 者计算全面积

B. 层高不超过 2.2m 者计算全面积

C. 层高不足 2.20m 者应计算 1/2 面积

D. 层高不足 1.5m 者不计算面积

5. 门厅、大厅内设有回廊时(　　)。

A. 应按其结构底板水平面积计算建筑面积

B. 层高在 2.20m 及以上者计算全面积

C. 层高不足 2.20m 者应计算 1/2 面积

D. 层高不足 1.20m 者不计算建筑面积

6. 立体书库的建筑面积(　　)。

A. 无结构层的应按一层计算

B、有结构层的应按其结构层面积分别计算

C. 层高在 2.20m 及以上者计算全面积

D. 层高不足 2.20m 者应计算 1/2 面积

7. 建筑物外有围护结构的(　　)应按其围护结构外围水平面积计算建筑面积。

A. 落地橱窗　　B. 门斗　　C. 挑廊　　D. 走廊　　E. 檐廊

8. 建筑物顶部有围护结构的楼梯间、水箱间、电梯机房(　　)。

A. 层高 2.20m 者应计算建筑面积

B. 层高 2.20m 以上者计算建筑面积

C. 层高不足 2.20m 者应计算 1/2 建筑面积

D. 层高不足 1.8m 者不计算建筑面积

9. 建筑物内的(　　)应按建筑物的自然层计算建筑面积。

A. 楼梯间　　B. 电梯井　　C. 提物井

D. 管道井　　E. 通风排气竖井　　F. 垃圾道

G. 附墙烟囱

10. (　　)雨篷结构的外边线至外墙结构外边线宽度超过 2.10m 者，应按雨篷结构板的水平投影面积的 1/2 计算。

A. 无柱雨篷　　B. 有柱雨篷　　C. 独立柱雨篷　　D. 吊雨篷

11. 按其水平投影面积 1/2 计算建筑面积的有(　　)。

A. 有永久性顶盖的室外楼梯　　B. 阳台

C. 挑阳台　　D. 凹阳台

12. 有永久性顶盖无围护结构的(　　)应按其顶盖水平投影面积的 1/2 计算。

A. 车棚　　B. 站台　　C. 加油站　　D. 收费站

13. 不计算建筑面积的项目有(　　)。

A. 骑楼　　B. 过街楼的底层

C. 建筑物内设备管道夹层　　D. 屋顶水箱

E. 花架　　F. 凉棚

14. 不计算建筑面积的项目有(　　)。

A. 露台　　B. 露天游泳池　　C. 勒脚　　D. 附墙柱

15. 不计算建筑面积的项目有(　　)。

A. 建筑物内的操作平台　　B. 垛

C. 墙面抹灰　　　　D. 块料面层

16. 不计算建筑面积的项目有(　　)。

A. 飘窗　　　　B. 装饰性阳台

C. 自动扶梯　　　　D. 独立烟囱

17. 不计算建筑面积的项目有(　　)。

A. 无永久性顶盖的室外楼梯　　　　B. 消防梯

C. 地沟　　　　D. 地下人防通道

18. 建筑面积包括(　　)。

A. 使用面积　　　　B. 辅助面积

C. 共用面积　　　　D. 结构面积

19. 建筑物中的(　　)属于辅助面积。

A. 楼梯　　B. 走道　　C. 厕所　　D. 厨房

20. 建筑面积是评价(　　)的重要尺度。

A. 建筑规模　　　　B. 投资效益

C. 建设成本　　　　D. 工程质量

二、判断题

1. 层高是指上下两层之间的净高。(　　)
2. 按楼板结构分层叫自然层。(　　)
3. 建筑物的水平交通空间叫走廊。(　　)
4. 挑出建筑物外墙的水平交通空间叫挑廊。(　　)
5. 建筑物大厅内设置在二层及以上的回形走廊叫回廊。(　　)
6. 建筑物出入口设置的起分隔、挡风、御寒等作用的建筑过渡空间叫门斗。(　　)
7. 围合在建筑物空间四周的墙体、门、窗等叫围护结构。(　　)
8. 为房间采光和美化造型而设置的突出外墙的窗叫飘窗。(　　)
9. 楼层部分跨在人行道上的临街楼房叫骑楼。(　　)
10. 有道路穿过建筑物空间的楼房叫过街楼。(　　)
11. 单层建筑物高度在 2.10m 以上者应计算全面积。(　　)
12. 层高不足 2.10m 的多层建筑物应计算 1/2 面积。(　　)
13. 半地下室应计算 1/2 面积。(　　)
14. 大厅内的回廊不计算面积。(　　)
15. 大厅内的回廊按 1/2 计算面积。(　　)

16. 立体书房按结构层计算面积。 (   )

17. 有永久性顶盖无围护结构的挑廊，按其结构底板水平面积的1/2计算建筑面积。 (   )

18. 屋顶楼梯间不计算建筑面积。 (   )

19. 管道井不计算建筑面积。 (   )

20. 无柱的雨篷不计算建筑面积。 (   )

21. 室外楼梯计算全部建筑面积。 (   )

22. 建筑物内的变形缝不计算建筑面积。 (   )

23. 屋顶花园不计算建筑面积。 (   )

24. 台阶要计算建筑面积。 (   )

25. 装饰性挑廊要计算建筑面积。 (   )

第二章 土方工程量计算

第一节 计价工程量计算

一 土方工程量计算的有关规定

计算土方工程量前，应确定下列各项资料。

(1)土壤及岩石类别的确定。

土方工程土壤及岩石类别的划分，依工程勘测资料与“土壤及岩石分类表”(该表在建筑工程预算定额中)对照后确定。

(2)地下水位标高及排(降)水方法。

(3)土方、沟槽、基坑挖(填)土起止标高、施工方法及运距。

(4)岩石开凿、爆破方法、石渣清运方法及运距。

(5)其他有关资料。

土方体积，均以挖掘前的天然密实体积为准计算。如遇必须以天然密实体积折算的情况，可按表 2-2-1 所列数值换算。

挖土一律以设计室外地坪标高为准计算。

土方体积折算表　　表 2-2-1

虚方体积	天然密实度体积	夯实后体积	松填体积
1.00	0.77	0.67	0.83
1.30	1.00	0.87	1.08
1.50	1.15	1.00	1.25
1.20	0.92	0.80	1.00

注：查表方法实例，已知挖天然密实 $4m^3$ 土方，求虚方体积 V。解：$V=4\times1.30=5.20(m^3)$。

二 平整场地

人工平整场地是指建筑场地挖、填土方厚度在±30cm以内及找平(图2-2-1)的工程项目。挖、填土方厚度超过±30cm以上时,按场地土方平衡竖向布置图另行计算。

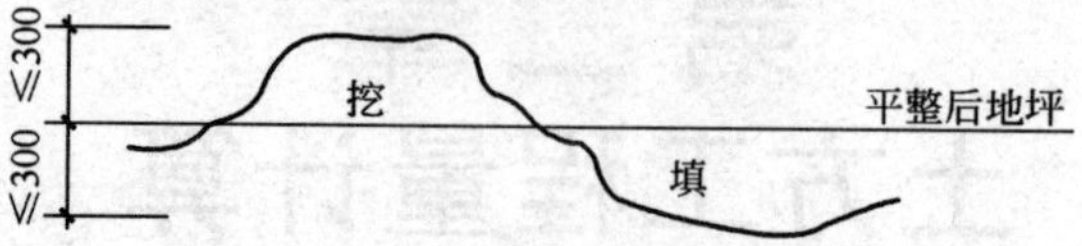

图2-2-1 平整场地示意图(尺寸单位:mm)

说明:

(1)人工平整场地示意见图2-2-2,超过±30cm的按挖、填土方计算工程量。

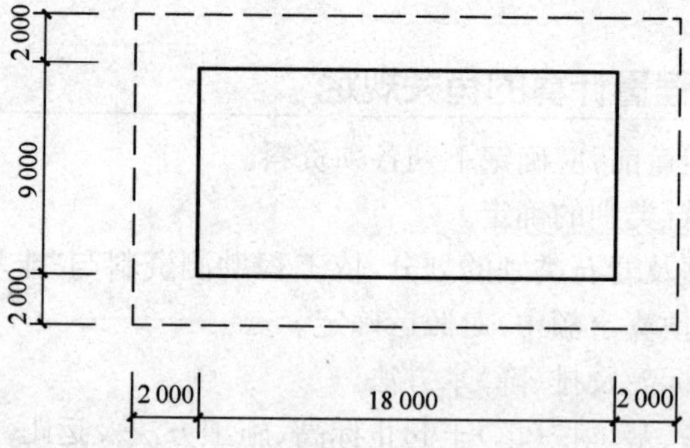

图2-2-2 人工平整场地(尺寸单位:mm)

(2)场地土方平衡竖向布置,是将原有地形划分成20m×20m或10m×10m的若干个方格网,将设计标高和自然地形标高分别标注在方格点的右上角和左下角,再根据这些标高数据计算出零线位置,然后确定挖方区和填方区的精度较高的土方工程量计算方法。

平整场地工程量按建筑物外墙外边线(用$L_{外}$表示)每边各加2m,以平方米计算。

【例2-2-1】 根据图2-2-2计算人工平整场地工程量。

解: $S_{平}=(9.0+2.0\times2)\times(18.0+2.0\times2)=286(m^2)$

根据上例可以整理出平整场地工程量计算公式:

$$S_{平}=(9.0+2.0\times2)\times(18.0+2.0\times2)$$
$$=9.0\times18.0+9.0\times2.0\times2+2.0\times2\times18+2.0\times2\times2.0\times2$$
$$=9.0\times18.0+(9.0\times2+18.0\times2)\times2.0+2.0\times2.0\times4(\text{个角})$$
$$=162+54\times2.0+16$$
$$=286(m^2)$$

上式中，9.0×18.0 为底面积，用 $S_{底}$ 表示；54 为外墙外边周长，用 $L_{外}$ 表示。故可以归纳为：

$$S_{平}=S_{底}+L_{外}\times2+16$$

上述公式示意图见图 2-2-3。

【例 2-2-2】 根据图 2-2-4 计算人工平整场地工程量。

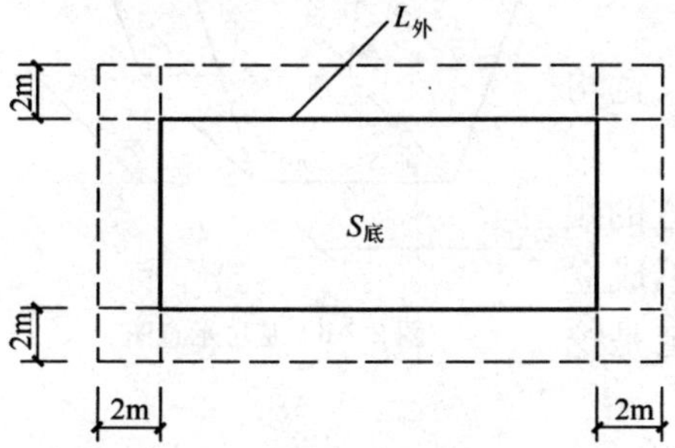

图 2-2-3 平整场地计算公式示意图

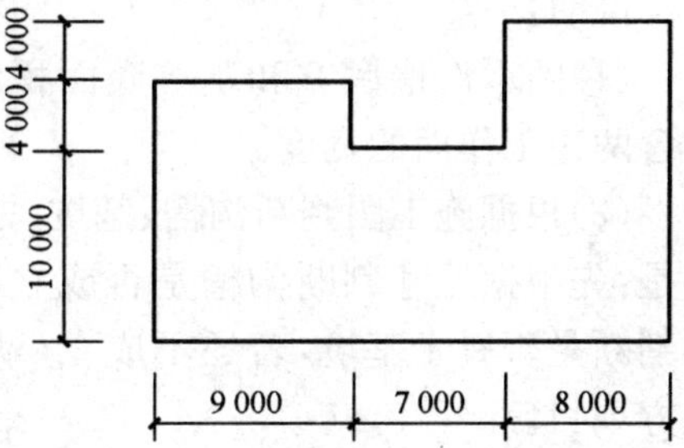

图 2-2-4 人工平整场地实例图示(尺寸单位：mm)

解： $S_{底}=(10.0+4.0)\times9.0+10.0\times7.0+18.0\times8.0=340(m^2)$

$$L_{外}=(18+24+4)\times2=92(m)$$
$$S_{平}=340+92\times2+16=540(m^2)$$

注：上述平整场地工程量计算公式只适合于由矩形组成的建筑物平面布置的场地平整工程量计算，如遇其他形状，还需按有关方法计算。

三 挖掘沟槽、基坑土方的有关规定

(一)沟槽、基坑划分

(1)凡如图 2-2-5 所示底宽在 3m 以内，且长大于宽 3 倍以上的挖土方工程项目称为沟槽。

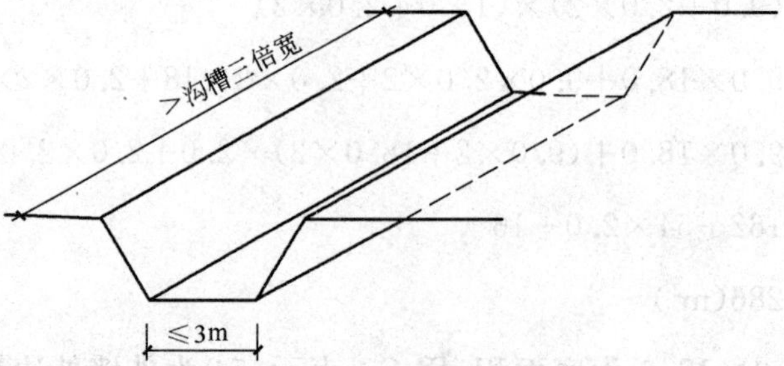

图 2-2-5　沟槽示意图

(2)凡如图 2-2-6 所示底面积在 $20m^2$ 以内挖土方工程项目称为基坑。

(3)凡底宽在 3m 以上,坑底面积在 $20m^2$ 以上,平整场地挖土方厚度在 30cm 以上者,均按挖土方计算。

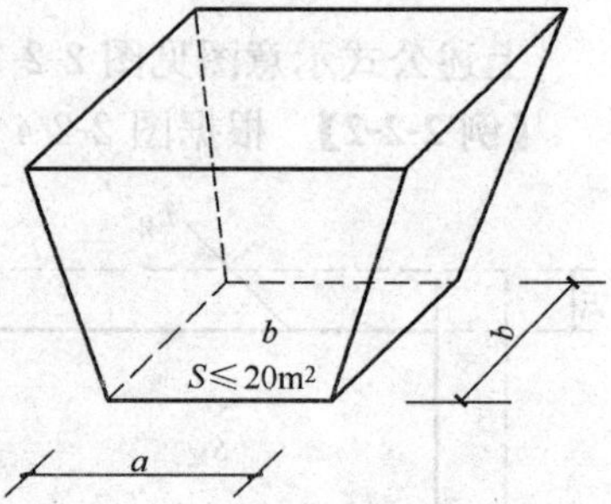

图 2-2-6　基坑示意图

说明:

(1)图示沟槽底宽和基坑底面积的长、宽均不含两边工作面的宽度。

(2)根据施工图判断沟槽、基坑、挖土方的顺序是:先根据尺寸判断沟槽是否成立,若不成立再判断是否属于基坑,若还不成立,就一定是挖土方项目。

(二)放坡系数

计算挖沟槽、基坑、土方工程量需放坡时,放坡系数按表 2-2-2 规定计算。

放坡系数表　　表 2-2-2

土壤类别	放坡起点(m)	人工挖土	机械挖土	
			在坑内作业	在坑上作业
一、二类土	1.20	1∶0.5	1∶0.33	1∶0.75
三类土	1.50	1∶0.33	1∶0.25	1∶0.67
四类土	2.00	1∶0.25	1∶0.10	1∶0.33

注:1. 沟槽、基坑中土壤类别不同时,分别按其放坡起点、放坡系数,依不同土壤厚度加权平均计算。

2. 计算放坡时,在交接处的重复工程量不予扣除,原槽、坑作基础垫层时,放坡从垫层上表面开始计算。

说明:

(1)放坡起点是指挖土方时各类土超过表中的放坡起点深时,才能按表中的系数计算放坡工程量。例如,图 2-2-7 中若是三类土时,$H \geqslant 1.50m$ 才能计算放坡。

(2)表 2-2-2 中，人工挖四类土超过 2m 深时，放坡系数为 1∶0.25，含义是每挖深 1m，放坡宽度 b 就增加 0.25m。

(3)从图 2-2-7 中可以看出，放坡宽度 b 与深度 H 和放坡角度 α 之间的关系是正切函数关系，即 $\tan\alpha=\frac{b}{H}$，不同的土壤类别取不同的 α 角度值。所以不难看出，放坡系数是根据 $\tan\alpha$ 来确定的。例如，三类土的放坡系数 $\tan\alpha=\frac{b}{H}=0.33$。我们设 $\tan\alpha=K$，用 K 来表示放坡系数，故放坡宽度 $b=KH$。

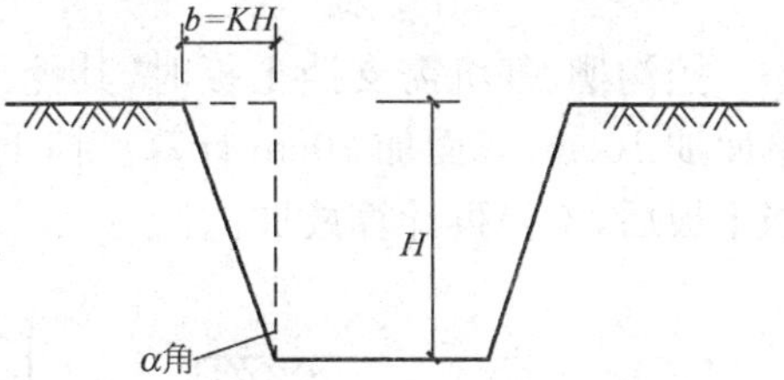

图 2-2-7　放坡示意图

(4)沟槽放坡时，交接处重复工程量不予扣除，示意图见图 2-2-8。

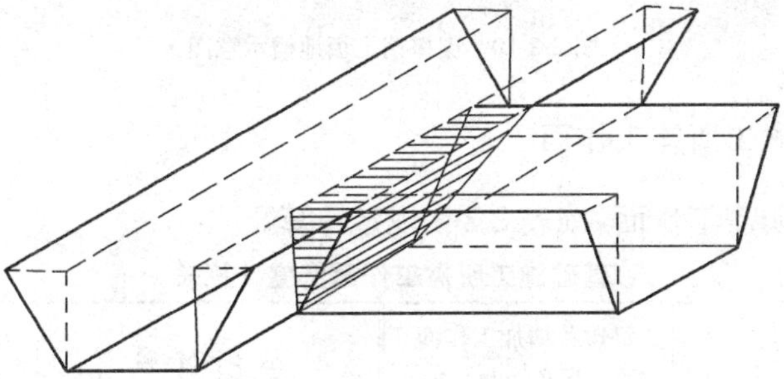

图 2-2-8　沟槽放坡时，交接处重复工程量示意图

(5)原槽、坑作基础垫层时，放坡自垫层上表面开始，示意图见图 2-2-9。

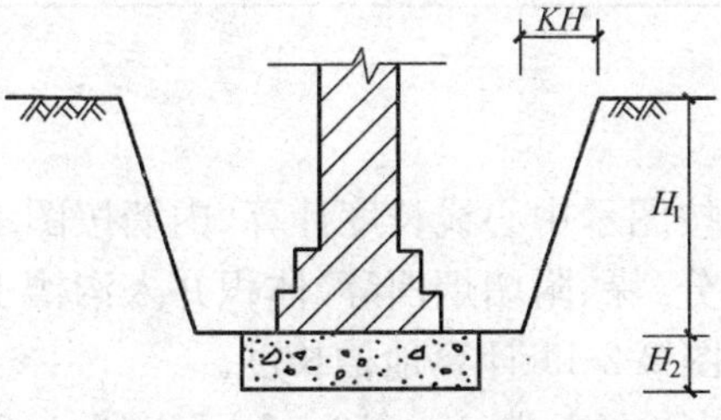

图 2-2-9　从垫层上表面放坡示意图

(三)支挡土板

挖沟槽、基坑需支挡土板时,其挖土宽度按图 2-2-10 所示沟槽、基坑底宽,单面加 10cm,双面加 20cm 计算。挡土板面积,按槽、坑垂直支撑面积计算。支挡土板后,不得再计算放坡。

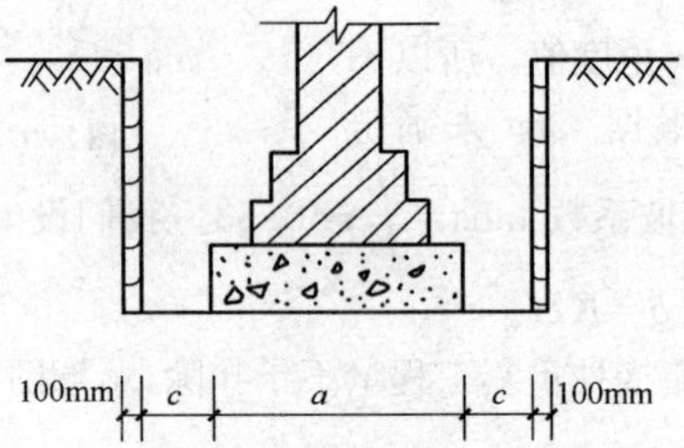

图 2-2-10 支撑挡土板地槽示意图

(四)基础施工所需工作面

基础施工所需工作面,按表 2-2-3 规定计算。

基础施工所需工作面宽度计算表　　表 2-2-3

基础材料	每边各增加工作面宽度(mm)	基础材料	每边各增加工作面宽度(mm)
砖基础 浆砌毛石、条石基础 混凝土基础垫层支模板	200 150 300	混凝土基础支模板 基础垂直面做防水层	300 800

(五)沟槽长度

挖沟槽长度,外墙按图示中心线长度计算,内墙按图示基础底面之间净长线长度计算,内外凸出部分(垛、附墙烟囱等)体积并入沟槽土方工程量内计算。

【例 2-2-3】 根据图 2-2-11 计算地槽长度。

解: 外墙地槽长(宽 1.0m)$=(12+6+8+12)\times2=76$(m)

内墙地槽长(宽 0.9m)$=6+12-\frac{1.0}{2}\times2=17$(m)

内墙地槽长(宽 0.8m)$=8-\frac{1.0}{2}-\frac{0.9}{2}=7.05$(m)

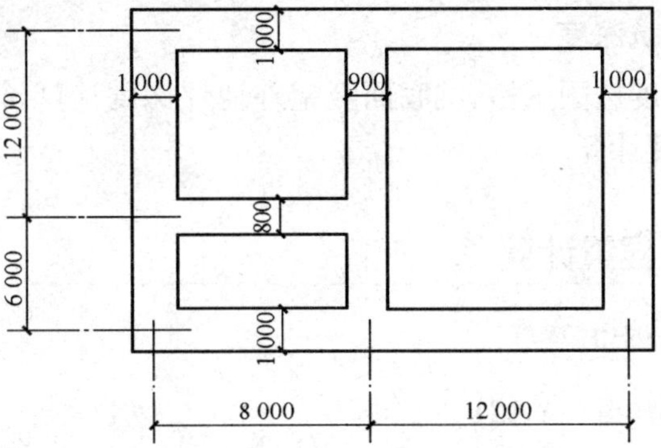

图 2-2-11 地槽及槽底宽平面图(尺寸单位:mm)

(六)人工挖土方深度

人工挖土方深度超过 1.5m 时,按表 2-2-4 的规定增加工日。

人工挖土方超深增加工日表 表 2-2-4

深度	深 2m 以内	深 4m 以内	深 6m 以内
增加工日	5.55 工日	17.60 工日	26.16 工日

(七)挖管道沟槽土方

挖管道沟槽按图示中心线长度计算,沟底宽度,设计有规定的,按设计规定尺寸计算;设计无规定时,可按表 2-2-5 规定的宽度计算。

管道地沟沟底宽度计算表(单位:m) 表 2-2-5

管径(mm)	铸铁管、钢管、石棉水泥管	混凝土、钢筋混凝土、预应力混凝土管	陶土管
50～70	0.60	0.80	0.70
100～200	0.70	0.90	0.80
250～350	0.80	1.00	0.90
400～450	1.00	1.30	1.10
500～600	1.30	1.50	1.40
700～800	1.60	1.80	
900～1000	1.80	2.00	
1100～1200	2.00	2.30	
1300～1400	2.20	2.60	

注:1. 按上表计算管道沟土方工程量时,各种井类及管道(不含铸铁给排水管)接口等处需加宽增加的土方量不另行计算,底面积大于 $20m^2$ 的井类,其增加工程量并入管沟土方内计算。

2. 铺设铸铁给排水管道时其接口等处土方增加量,可按铸铁给排水管道地沟土方总量的 2.5%计算。

(八)沟槽、基坑深度

沟槽、基坑深度按图示槽、坑底面至室外地坪深度计算，管道地沟按图示沟底至室外地坪深度计算。

四 土方工程量计算

(一)地槽(沟)土方

1. 有放坡地槽(图 2-2-12)

计算公式：

$$V=(a+2c+KH)HL \quad (2\text{-}2\text{-}1)$$

式中：a——基础垫层宽度；

c——工作面宽度；

H——地槽深度；

K——放坡系数；

L——地槽长度。

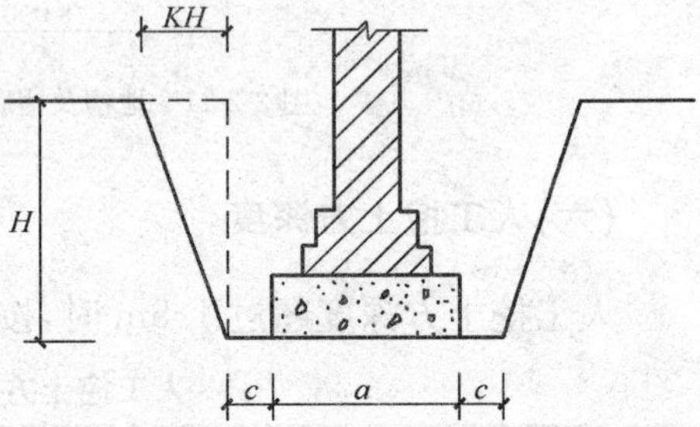

图 2-2-12 有放坡地槽示意图

【例 2-2-4】 某地槽长 15.50m，槽深 1.60m，混凝土基础垫层宽 0.90m，有工作面，三类土，计算人工挖地槽工程量。

解：已知：$a=0.90$m

$c=0.30$m(查表知)

$H=1.60$m

$L=15.50$m

$K=0.33$(查表知)

故：$V=(a+2c+KH)HL$

$=(0.90+2\times0.30+0.33\times1.60)\times1.60\times15.50$

$=2.028\times1.60\times15.50=50.29(\text{m}^3)$

2. 支撑挡土板地槽

计算公式：

$$V=(a+2c+2\times0.10)HL \quad (2\text{-}2\text{-}2)$$

式中变量含义同上。

3. 有工作面不放坡地槽(图 2-2-13)

计算公式：

$$V=(a+2c)HL \quad (2\text{-}2\text{-}3)$$

4. 无工作面不放坡地槽(图 2-2-14)

计算公式：

$$V=aHL \tag{2-2-4}$$

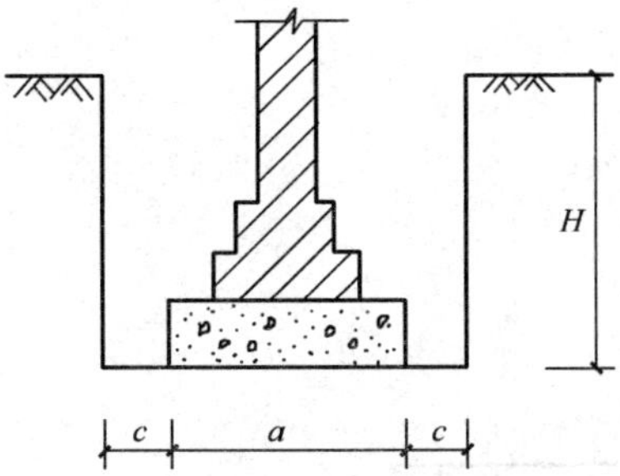

图 2-2-13　有工作面不放坡地槽示意图

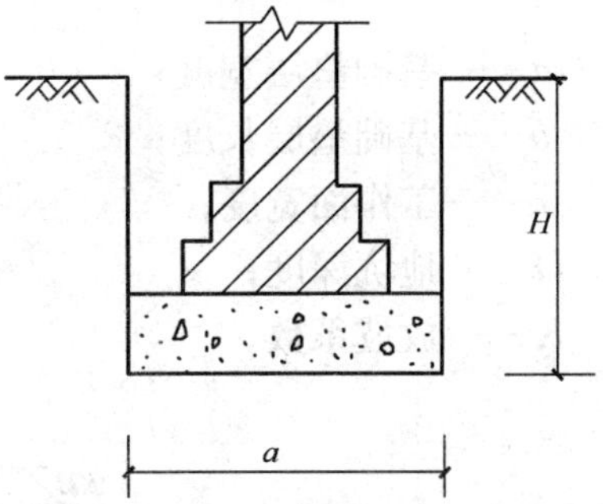

图 2-2-14　无工作面不放坡地槽示意图

5. 自垫层上表面放坡地槽(图 2-2-15)

计算公式：

$$V=[a_1H_2+(a_2+2c+KH_1)H_1]L \tag{2-2-5}$$

【例 2-2-5】 根据图 2-2-15 和已知条件计算 12.8m 长地槽的土方工程量(三类土)。

已知条件：$a_1=0.90\text{m}$

$a_2=0.63\text{m}$

$c=0.30\text{m}$

$H_1=1.55\text{m}$

$H_2=0.30\text{m}$

$K=0.33$(查表知)

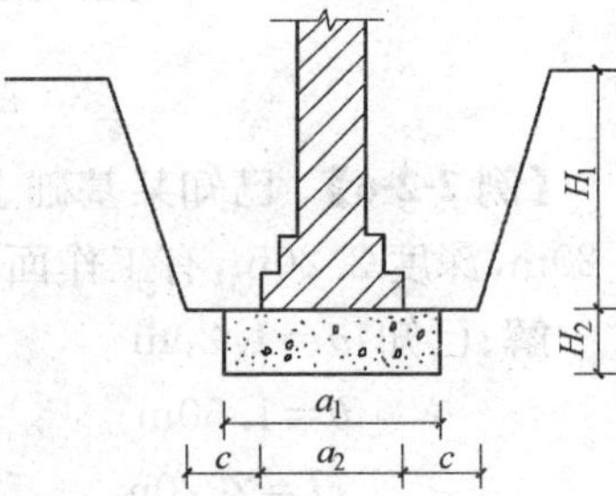

图 2-2-15　自垫层上表面放坡示意图

解：$V=[0.90\times0.30+(0.63+2\times0.30+0.33\times1.55)\times1.55]\times12.8$

$=(0.27+2.70)\times12.80=2.97\times12.80=38.02(\text{m}^3)$

(二)地坑土方

1. 矩形不加工作面不放坡地坑

计算公式：

$$V=abH \tag{2-2-6}$$

2. 矩形有工作面有放坡地坑(图 2-2-16)

计算公式:

$$V=(a+2c+KH)(b+2c+KH)H+\frac{1}{3}K^2H^3 \quad (2\text{-}2\text{-}7)$$

式中:a——基础垫层宽度;

b——基础垫层长度;

c——工作面宽度;

H——地坑深度;

K——放坡系数。

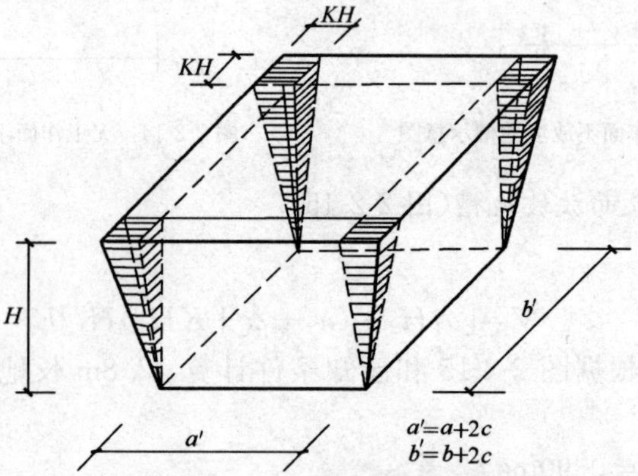

图 2-2-16 放坡地坑示意图

【例 2-2-6】 已知某基础土壤为四类土,混凝土基础垫层长、宽为 1.50m 和 1.20m,深度 2.20m,有工作面,计算该基础工程土方工程量。

解:已知:$a=1.20\text{m}$

$b=1.50\text{m}$

$H=2.20\text{m}$

$K=0.25$(查表知)

$c=0.30$(查表知)

故:$V=(1.20+2\times0.30+0.25\times2.20)\times(1.50+2\times0.30+0.25\times2.20)\times 2.20+\frac{1}{3}\times(0.25)^2\times(2.20)^3$

$=2.35\times2.65\times2.20+0.22=13.92(\text{m}^3)$

3. 圆形不放坡地坑

计算公式:

$$V=\pi r^2 H \qquad (2\text{-}2\text{-}8)$$

4. 圆形放坡地坑(图 2-2-17)

计算公式:

$$V=\frac{1}{3}\pi H[r^2+(r+KH)^2+r(r+KH)] \qquad (2\text{-}2\text{-}9)$$

式中:r——坑底半径(含工作面);

H——坑深度;

K——放坡系数。

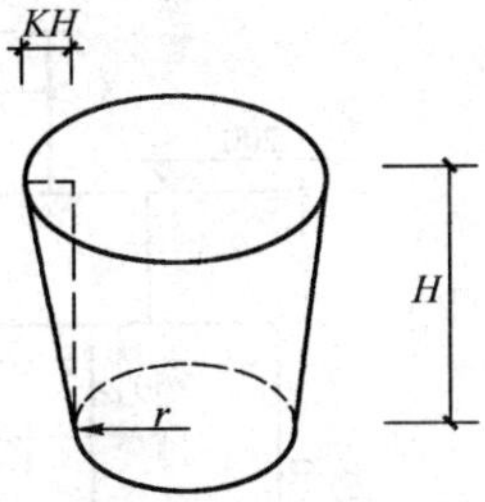

图 2-2-17 圆形放坡地坑示意图

【例 2-2-7】 已知一圆形放坡地坑,混凝土基础垫层半径为 0.40m,坑深 1.65m,二类土,有工作面,计算其土方工程量。

解:已知:$c=0.30$m(查表知)

$r=0.40+0.30=0.70$m

$H=1.65$

$K=0.50$(查表知)

故:$V=\frac{1}{3}\times 3.1416\times 1.65\times[0.70^2+(0.70+0.50\times 1.65)^2+$

$0.70\times(0.70+0.50\times 1.65)]$

$=1.728\times(0.49+2.326+1.068)=1.728\times 3.884=6.71(\text{m}^3)$

(三)挖孔桩土方

人工挖孔桩土方应按图示桩断面积乘以设计桩孔中心线深度计算。

挖孔桩的底部一般是球冠体(图 2-2-18)。

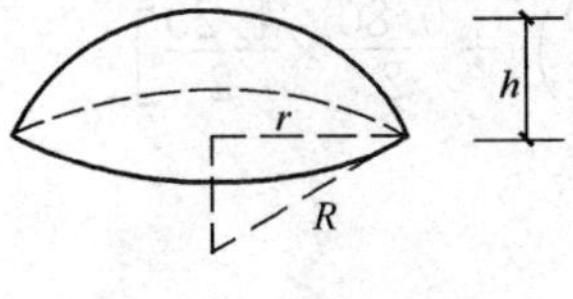

图 2-2-18 球冠示意图

球冠体的体积计算公式为:

$$V=\pi h^2\left(R-\frac{h}{3}\right) \qquad (2\text{-}2\text{-}10)$$

由于施工图中一般只标注 r 的尺寸,无 R 尺寸,所以需变换一下求 R 的公式。

已知:$r^2=R^2-(R-h)^2$,知 $R=\frac{r^2+h^2}{2h}$,公式变换为:

$$V=\pi h^2\left(\frac{r^2+h^2}{2h}-\frac{h}{3}\right) \qquad (2\text{-}2\text{-}11)$$

【例 2-2-8】 根据图 2-2-19 中的有关数据和上述计算公式,计算挖孔桩土方工程量。

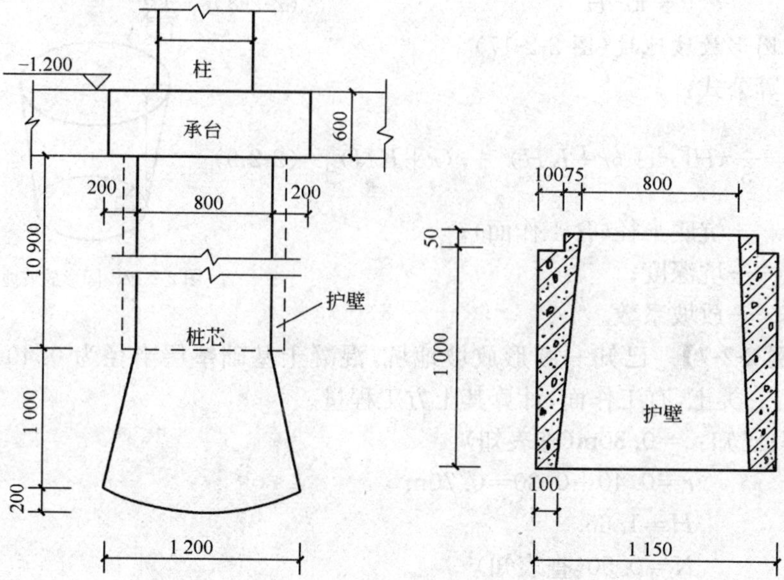

图 2-2-19 挖孔桩示意图(尺寸单位:mm)

解:(1)桩身部分

$$V=3.1416\times\left(\frac{1.15}{2}\right)^2\times10.90=11.32(\text{m}^3)$$

(2)圆台部分

$$V=\frac{1}{3}\pi h(r^2+R^2+rR)$$

$$=\frac{1}{3}\times3.1416\times1.0\times\left[\left(\frac{0.80}{2}\right)^2+\left(\frac{1.20}{2}\right)^2+\frac{0.80}{2}\times\frac{1.20}{2}\right]$$

$$=1.047\times(0.16+0.36+0.24)$$

$$=1.047\times0.76=0.80(\text{m}^3)$$

(3)球冠部分

$$R=\frac{\left(\frac{1.20}{2}\right)^2+(0.2)^2}{2\times0.2}=\frac{0.40}{0.4}=1.0(\text{m})$$

$$V=\pi h^2\left(R-\frac{h}{3}\right)=3.1416\times(0.20)^2\times\left(1.0-\frac{0.20}{3}\right)=0.12(\text{m}^3)$$

挖孔桩体积$=11.32+0.80+0.12=12.24(\text{m}^3)$

(四)挖土方

挖土方是指不属于沟槽、基坑和平整场地厚度超过±30cm按土方平衡竖向布置图的挖方。

建筑工程中竖向布置平整场地，常有大规模土方工程。所谓大规模土方工程系指一个单位工程的挖方或填方工程分别在2 000m^3以上的及无砌筑管道沟的挖土方。其土方量计算，常用的方法有横截面计算法和方格网计算法两种。

1.横截面计算法

计算土方量，按照计算的各截面积，根据相邻两截面间距离，计算出土方量，其计算公式如下：

$$V=\frac{F_1+F_2}{2}\times L \tag{2-2-12}$$

式中：V——相邻两截面间土方量(m^3)；

F_1、F_2——相邻两截面的填、挖方截面(m^2)，计算公式见表2-2-6；

L——相邻两截面的距离(m)。

常用不同截面及其计算公式 表2-2-6

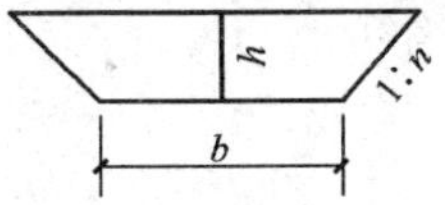	$F=h(b+nh)$
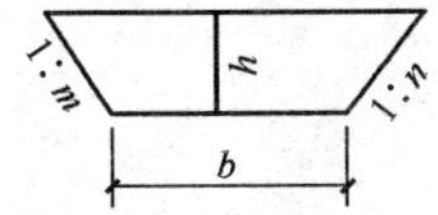	$F=h\left[b+\frac{h(m+n)}{2}\right]$
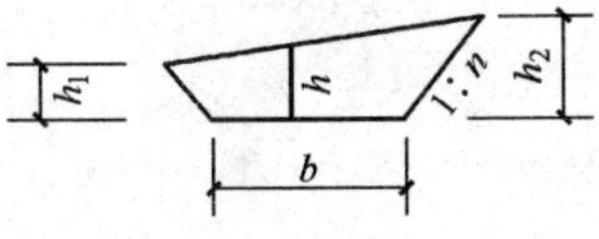	$F=b\frac{h_1+h_2}{2}nh_1h_2$
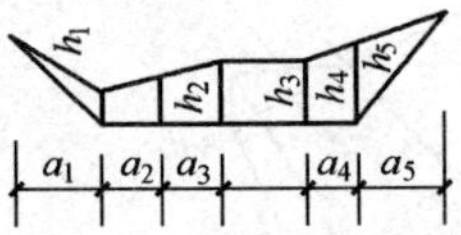	$F=h_1\frac{a_1+a_2}{2}+h_2\frac{a_2+a_3}{2}+h_3\frac{a_3+a_4}{2}+h_4\frac{a_4+a_5}{2}$
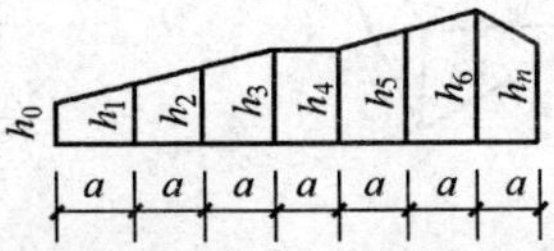	$F=\frac{a}{2}(h_0+2h+h_n)$ $h=h_1+h_2+h_3+h_4+h_5\cdots+h_n$

2. 方格网计算法

在一个方格网内同时有挖土和填土时(挖土地段冠以"+"号,填土地段冠以"—"号),应求出零点(即不填不挖点),零点相连就是划分挖土和填土的零界线(图 2-2-20)。计算零点可采用以下公式:

$$x=\frac{h_1}{h_1+h_4}\times a \tag{2-2-13}$$

式中:x——施工标高至零点的距离;

h_1、h_4——挖土和填土的施工标高;

a——方格网的每边长度。

方格网内的土方工程量计算,有下列几个公式:

①四点均为填土或挖土(图 2-2-21)。

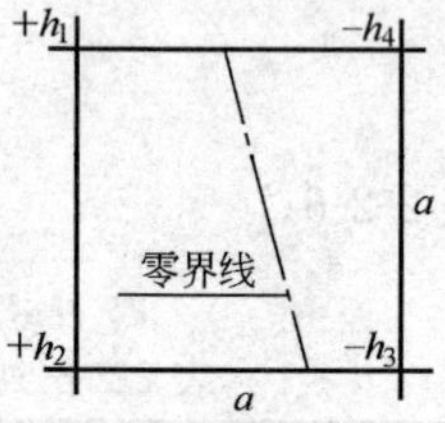

图 2-2-20

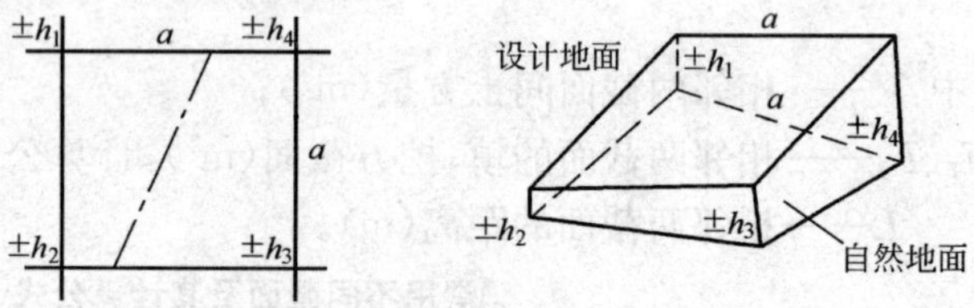

图 2-2-21

公式为:

$$\pm V=\frac{h_1+h_2+h_3+h_4}{4}\times a^2 \tag{2-2-14}$$

式中: $\pm V$——为填土或挖土的工程量(m^3);

h_1、h_2、h_3、h_4——施工标高(m);

a——方格网的每边长度(m)。

②二点为挖土,二点为填土(图 2-2-22)。

图 2-2-22

公式为：

$$+V=\frac{(h_1+h_2)^2}{4(h_1+h_2+h_3+h_4)}\times a^2 \tag{2-2-15}$$

$$-V=\frac{(h_3+h_4)^2}{4(h_1+h_2+h_3+h_4)}\times a^2 \tag{2-2-16}$$

③三点挖土和一点填土或三点填土一点挖土(图 2-2-23)。

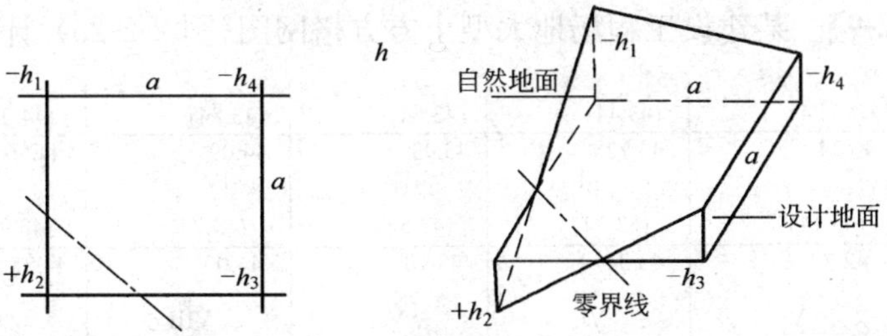

图　2-2-23

公式为：

$$+V=\frac{h_2{}^3}{6(h_1+h_2)(h_2+h_3)}\times a^2 \tag{2-2-17}$$

$$-V=+V+\frac{a^2}{b}(2h_1+2h_2+h_4-h_3) \tag{2-2-18}$$

④二点挖土和二点填土成对角形(图 2-2-24)。

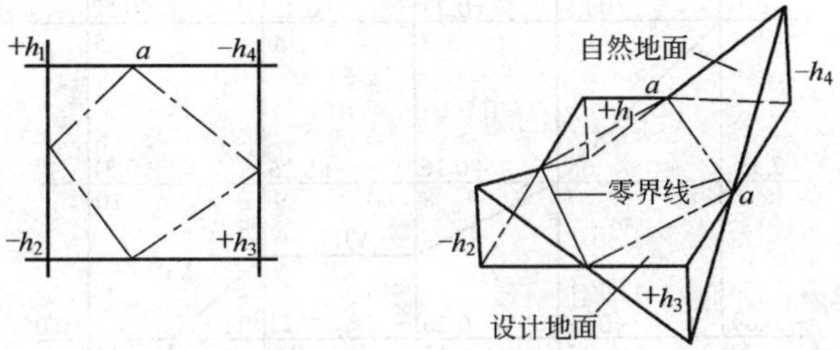

图　2-2-24

中间一块即四周为零界线，就不挖不填，所以只要计算四个三角锥体，公式为：

$$\pm V=\frac{1}{6}\times 底面积\times 施工标高 \tag{2-2-19}$$

以上土方工程量计算公式，是假设在自然地面和设计地面都是平面的条件，但自然地面很少符合实际情况的，因此计算出来的土方工程量会有误差，为了提高计算的精确度，应检查一下计算的精确程度，用 K 值表示：

$$K=\frac{h_2+h_4}{h_1+h_3} \tag{2-2-20}$$

上式即方格网的二对角点的施工标高总和的比例。当 K=0.75～1.35 时，计算精确度为 5%；K=0.80～1.20 时，计算精确度为 3%；一般土方工程量计算的精确度为 5%。

【例 2-2-9】 某建设工程场地大型土方方格网图(图 2-2-25)，计算土方量。

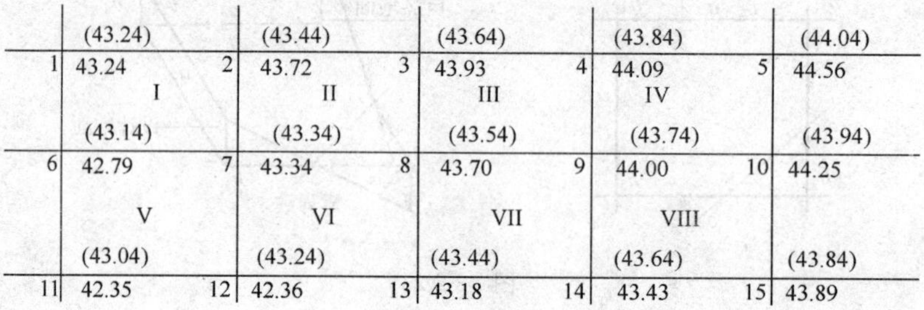

图 2-2-25

a=30m，括号内为设计标高，无括号为地面实测标高，单位均为 m。

解：(1)求施工标高(图 2-2-26)

施工标高＝地面实测标高－设计标高

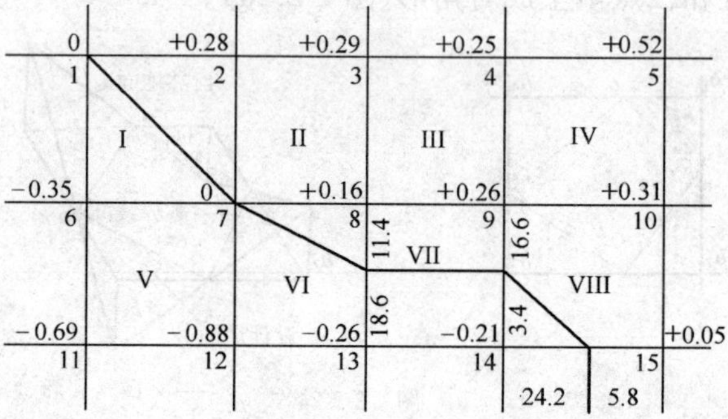

图 2-2-26

(2)求零线

先求零点，图中已知 1 和 7 为零点，尚需求 8～13/9～14、14～15 线上的零点，如 8～13 线上的零点为：

$$x=\frac{ah_1}{h_1+h_2}=\frac{30\times 0.16}{0.26+0.16}=11.4(\mathrm{m})$$

另一段为 $a-x=30-11.4=18.6(\mathrm{m})$

求出零点后，连接各零点即为零线，图上折线为零线，以上为挖方区，以下为填方区。

(3)求土方量(计算见表 2-2-7)

土方工程量计算表 表 2-2-7

方格编号	挖方(+)	填方(−)
I	$\frac{1}{2}\times30\times30\times\frac{0.28}{3}=42$	$\frac{1}{2}\times30\times30\times\frac{0.35}{3}=52.5$
II	$30\times30\times\frac{0.29+0.16+0.28}{4}=164.25$	
III	$30\times30\times\frac{0.25+0.26+0.16+0.29}{4}=216$	
IV	$30\times30\times\frac{0.52+0.31+0.26+0.25}{4}=301.5$	
V		$30\times30\times\frac{0.88+0.69+035}{4}=432$
VI	$\frac{1}{2}\times30\times11.4\times\frac{0.16}{3}=9.12$	$\frac{1}{2}(30+18.6)\times30\times\frac{0.88+0.26}{4}=207.77$
VII	$\frac{1}{2}\times(11.4+16.6)\times30\times\frac{0.16+0.26}{4}=44.10$	$\frac{1}{2}(13.4+18.6)\times30\times\frac{0.21+0.26}{4}=56.40$
VIII	$\left[30\times30-\frac{(30-5.8)\times(30-16.6)}{2}\right]\times\frac{0.26+0.31+0.05}{5}=91.49$	$\frac{1}{2}\times13.4\times24.2\times\frac{0.21}{3}=11.35$
合计	868.46	760.02

(五)回填土

回填土分夯填和松填，按图尺寸和下列规定计算：

1. 沟槽、基坑回填土

沟槽、基坑回填土体积以挖方体积减去设计室外地坪以下埋设砌筑物(包括基础垫层、基础等)体积计算,见图 2-2-27。

计算公式:

$$V=\text{挖方体积}-\text{设计室外地坪以下埋设砌筑物} \quad (2\text{-}2\text{-}21)$$

说明:如图 2-2-27 所示,在减去沟槽内砌筑的基础时,不能直接减去砖基础的工程量,因为砖基础与砖墙的分界线在设计室内地面,而回填土的分界线在设计室外地坪,所以要注意调整两个分界线之间相差的工程量。

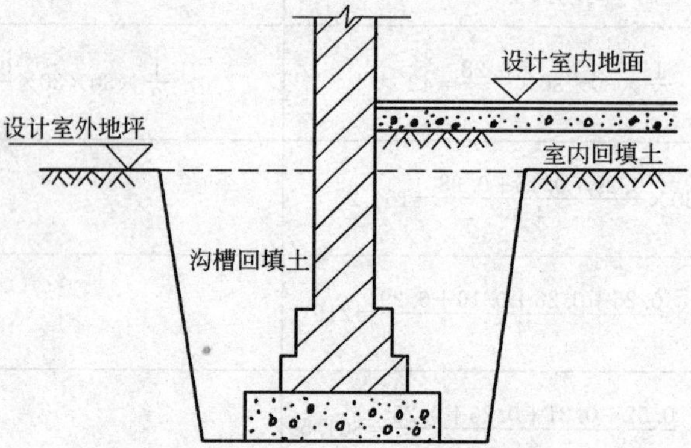

图 2-2-27　沟漕及室内回填土示意图

即:

$$\text{回填土体积}=\text{挖方体积}-\text{基础垫层体积}-\text{砖基础体积}+\text{高出设计室外地坪部分砖基础的体积} \quad (2\text{-}2\text{-}22)$$

2. 房心回填土

房心回填土即室内回填土,按主墙之间的面积乘以回填土厚度计算,见图 2-2-27。

计算公式:

$$\begin{aligned} V &=\text{室内净面积}\times(\text{设计室内地坪标高}-\text{设计室外地坪标高}-\text{地面面层厚}-\text{地面垫层厚}) \\ &=\text{室内净面积}\times\text{回填土厚} \quad (2\text{-}2\text{-}23) \end{aligned}$$

3. 管道沟槽回填土

管道沟槽回填土,以挖方体积减去管道所占体积计算。管径在 500mm 以下的不扣除管道所占体积;管径超过 500mm 以上时,按表 2-2-8 的规定扣除管道所占体积。

管道扣除土方体积表(单位:m^3)　　表 2-2-8

管道名称	管道直径(mm)					
	501～600	601～800	801～1000	1001～1200	1201～1400	1401～1600
钢管	0.21	0.44	0.71			
铸铁管	0.24	0.49	0.77			
混凝土管	0.33	0.60	0.92	1.15	1.35	1.55

(六)运土

运土包括余土外运和取土。当回填土方量小于挖方量时,需余土外运,反之需取土。

各地区的预算定额规定,土方的挖、填、运工程量均按自然密实体积计算,不换算为虚方体积。

计算公式:

$$运土体积=总挖方量-总回填量 \tag{2-2-24}$$

式中计算结果为正值时,为余土外运体积;负值时,为取土体积。

土方运距按下列规定计算:

(1)推土机运距:按挖方区重心至回填方区重心之间的直线距离计算;

(2)铲运机运土距离:按挖方区重心至卸土区重心加转向距离 45m 计算;

(3)自卸汽车运距:按挖方区重心至填方区(或堆放地点)重心的最短距离计算。

五 井点降水

井点降水分别以轻型井点、喷射井点、大口径井点、电渗井点、水平井点,按不同井管深度,安装、拆除以根为单位计算,使用按套、天计算。

井点套组成:

轻型井点:50 根为一套;

喷射井点:30 根为一套;

大口径井点:45 根为一套;

电渗井点阳极:30 根为一套;

水平井点:10 根为一套。

井管间距应根据地质条件和施工降水要求,依施工组织设计确定。施工组织设计没有规定时,可按轻型井点管距 0.8～1.6m,喷射井点管距 2～3m 确定。

使用天应以每昼夜 24h 为一天,使用天数应按施工组织设计规定的天数计算。

第二节 清单工程量计算

一 主要内容

本分部工程量主要包括平整场地,建筑物和构筑物的土方工程、石方工程和土(石)方的回填等。

二 工程量清单项目

(一)平整场地

1. 平整场地的概念

平整场地项目是指建筑物场地厚度在±300mm 以内的就地挖、填、找平,以及由招标人指定距离内的土方运输。

2. 平整场地的工程内容

平整场地的工程内容包括土方挖填、场地找平、土方运输等。

3. 项目特征

平整场地的项目特征包括:

(1)土壤类别。按清单计价规范的"土壤及岩石(普氏)分类表"和施工场地的实际情况确定土壤类别。

(2)弃土运距。按施工现场的实际情况和当地弃土地点确定弃土运距。

(3)取土运距。按施工现场实际情况和当地取土地点确定取土运距。

4. 计算规则

平整场地按设计图示尺寸以建筑物首层面积计算。

5. 计算规则解读

(1)首层面积的概念。首层面积是指首层建筑物所占面积,不一定等于首层建筑面积。

(2)超面积平整场地。如施工方案要求的平整场地面积超出首层面积时,超出部分的面积应包括在报价内。

6. 计算方法

平整场地工程量(m^2)=建筑物首层面积 (2-2-25)

取(弃)土工程时(m^3)=(±300mm 内挖方量)-(±300mm 内填方量)　　(2-2-26)

注:应标明取(弃)土运距。

7. 计算实例

【例 2-2-10】 某住宅工程首层的外墙外边尺寸如图 2-2-28 所示,该场地在±300mm内挖填找平,经计算需取土 7.5m^3 回填,取土距离 2km,试计算人工平整场地清单工程量。

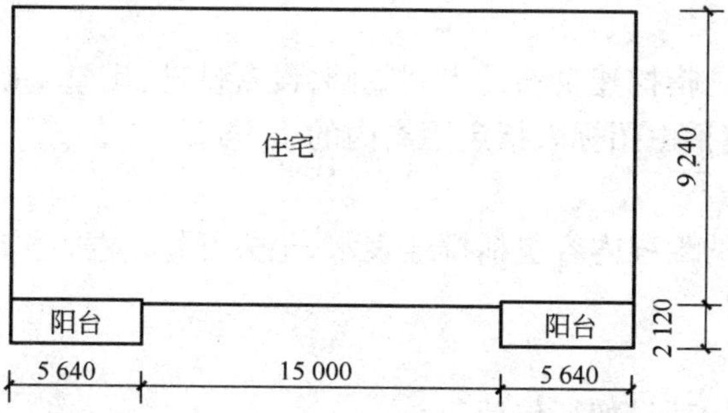

图 2-2-28 人工平整场地示意图(尺寸单位:mm)

解: 人工平整场地工程量=(5.64×2+15.0)×9.24+5.64×2.12×2

=242.83+23.91

=266.74(m^2)

(二)挖土方

1. 基本概念

挖土方是指室外地坪标高 300mm 以上竖向布置的挖土或山坡切土,包括由招标人指定运距的土方运输项目。

2. 工程内容

挖土方工程内容包括排地表水、土方开挖、支拆挡土板、土方运输等。

3. 项目特征

挖土方的项目特征包括:

(1)土壤类别;

(2)挖土平均厚度;

(3)弃土运距。

4. 计算规则

挖土方工程量按设计图示尺寸以体积计算。

5. 计算方法

(1)地形起伏变化不大时，采用平均厚度乘以挖土面积的方法计算土方工程量；

(2)地形起伏变化较大时，采用方格网法或断面法计算挖土方工程量；

(3)需按拟建工程实际情况确定运土方距离。

(三)挖基础土方

1. 基础概念

挖基础土方是指挖建筑物的带型基础、设备基础、满堂基础、独立基础、人工挖孔桩等土方，包括由招标人指定距离内的土方运输。

2. 工程内容

挖基础土方的工程内容包括排地表水、土方开挖、支拆挡土板、截桩头、基底钎探、土方运输等。

3. 项目特征

挖基础土方的项目特征包括：

(1)土壤类别；

(2)基础类型；

(3)垫层底宽、底面积；

(4)挖土深度；

(5)弃土运距。

4. 计算规则

挖基础土方按设计图示尺寸以基础垫层底面积乘以挖土深度计算。

5. 计算方法

$$\text{基础土方工程量} = \text{基础垫层底面积} \times \text{挖土深度} \tag{2-2-27}$$

6. 有关说明

(1)桩间挖土方不扣除桩所占体积。

(2)不考虑施工方案要求的放坡宽度、操作工作面等因素，只按垫层底面积和挖土深度计算。

7. 计算实例

【例 2-2-11】 某工程基础地槽长 13.40m，混凝土基础垫层宽 0.90m，槽深 1.65m，求人工挖基础土方工程量。

土壤类别：三类土

基础类型：带形

垫层底宽:0.90m

挖土深度:1.65m

弃土运距:2km

解: 基础土方工程量=0.90×13.40×1.65=19.90(m^3)

(四)管沟土方

1.基本概念

管沟土方是指各类管沟土方的挖土、回填及招标人指定运距内的土方运输。

2.工程内容

管沟土方的工程内容包括排地表水、土方开挖、挡土板支拆、土方运输、土方回填等。

3.项目特征

管沟土方的项目特征包括:

(1)土壤类别;

(2)管外径;

(3)挖沟平均深度;

(4)弃土运距;

(5)回填要求。

4.计算规则

管沟土方工程量不论有无管沟设计均按管道中心线长度计算。

5.有关说明

工程量计算不考虑施工方案规定的放坡、工作面和接头处理加宽工作面的土方。

6.计算实例

【例 2-2-12】 某混凝土排水管中心线长度为25.66m,其项目特征如下,试计算人工挖管沟土方的工程量。

土壤类别:三类土

管外径:ϕ400

挖土平均深度:0.85m

弃土运距:5km

回填要求:分层夯填

解: ϕ400混凝土排水管管沟土方工程量=25.66(m)

(五)石方开挖

1.基本概念

石方开挖是指人工凿石、人工打眼爆破、机械打眼爆破等,以及在招标人指定运距范围内的石方清除运输。

2.工程内容

石方开挖的工程内容包括打眼、装药、放炮、处理渗水、积水,解小、岩石开凿摊座、清理、运输、安全防护、警卫等。

3.项目特征

石方开挖的项目特征包括:

(1)岩石类别;

(2)开凿深度;

(3)弃渣运距;

(4)光面爆破要求;

(5)基底摊座要求;

(6)爆破石块直径要求。

4.计算规则

石方开挖按设计图纸尺寸以体积计算。

(六)土(石)方回填土

1.基本概念

土石方回填是指场地回填、室内回填和基础回填,以及招标人指定运距内的取土运输。

2.工程内容

土(石)方回填土的工程内容包括挖取土(石)方、装卸、运输、回填、分层碾压、夯实等。

3.项目特征

土(石)方回填土的项目特征包括:

(1)土质要求;

(2)密实度要求;

(3)粒径要求;

(4)夯填(碾压);

(5)松填；

(6)运输距离。

4. 计算规则

土(石)方回填按设计图示尺寸以体积计算。

5. 计算方法

场地土(石)方回填工程量＝回填面积×平均回填厚度　　(2-2-28)

室内土(石)方回填工程量＝主墙间净面积×回填厚度　　(2-2-29)

基础土(石)方回填工程量＝挖方体积－设计室外地坪以下埋设的垫层、构筑物和基础体积　　(2-2-30)

6. 计算实例

【例 2-2-13】 根据某建筑平面图及有关数据(见图 2-2-29)，计算室内回填土工程量。

有关数据：

室内外地坪高差 0.30m

C15 混凝土地面垫层 80mm 厚

1∶2 水泥砂浆面层 25mm 厚

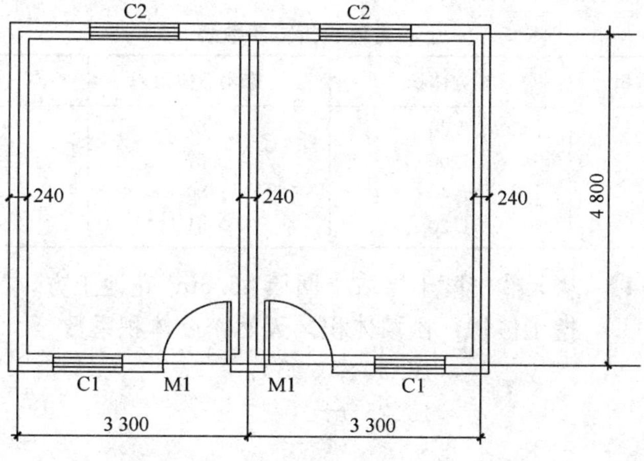

图 2-2-29　某平房平面图(尺寸单位：mm)

解：(1)求回填土厚

回填土厚＝室内外地坪高差－垫层厚－面层厚

＝0.30－0.08－0.025

＝0.195(m)

(2)求主墙间净面积

主墙间净面积＝建筑面积－墙结构面积

＝(3.30×2＋0.24)×(4.80＋0.24)－[(6.60＋4.80)×2＋(4.80－0.24)]×0.24

＝6.84×5.04－27.36×0.24

＝34.47－6.57

$=27.90(m^2)$

(3)求室内回填土体积

室内回填土工程量＝主墙间净面积×回填土厚

＝27.90×0.195

$=5.44(m^3)$

三 有关规定

(一)土石方体积折算系数

土石方体积应按挖掘前的天然密度体积计算。如需按天然密实体积折算时，应按表 2-2-9 规定的系数计算。

土石方体积折算系数表　　表 2-2-9

天然密实度体积	虚方体积	夯实后体积	松填体积
1.00 0.77 1.15 0.93	1.30 1.00 1.49 1.20	0.87 0.67 1.00 0.81	1.08 0.83 1.24 1.00

【例 2-2-14】 从天然密度土层取土回填 $46.5m^3$ 花池土方，求挖土体积。

解： 挖土体积＝松填体积×天然密度体积系数

＝46.50×0.93

$=43.25(m^3)$

(二)挖土方平均厚度确定

挖土方平均厚度应按自然地面测量标高至设计地坪标高间的平均厚度确定。

基础土方、石方开挖深度应按基础的垫层底表面标高至交付施工场地标高确定，无交付施工场地标高时，应按自然表面标高确定。

(三)挖基础土方清单项目内容

项目编码为010101003的挖基础土方工程量清单项目包括带形基础、独立基础、满堂基础(包括地下室基础)及设备基础、人工挖孔桩等的土方。带形基础应按不同底宽和深度编码列项,独立基础和满堂基础应按不同底面积和深度分别编码列项。

(四)管沟土(石)方工程量计算

管沟土(石)方工程量应按设计图示尺寸以管道中心线长度计算。当有管沟设计时,平均深度以沟垫层底表面标高至交付施工场地标高计算;无管沟设计时,直埋管深度应按管底外表面标高至交付施工场地标高的平均高度计算。

(五)湿土划分

湿土划分应按地质资料提供的地下常水位为界,地下常水位以下为湿土。

(六)出现流沙、淤泥的处理方法

挖方出现流沙、淤泥时,可根据实际情况由发包人与承包人双方认证。

练 习 题

一、问答题

1. 什么是平整场地?
2. 本地区预算定额的计算规则如何规定计算平整场地工程量?
3. 如何区分地坑与地槽?
4. 什么是放坡系数?
5. 本地区预算定额如何规定放坡系数的?
6. 写出人工挖有放坡地槽土方的计算公式。
7. 写出人工挖地坑土方的计算公式。
8. 什么是挖孔桩?
9. 如何计算挖孔桩土方工程量?
10. 什么是土方的横截面计算法?
11. 什么是土方的方格网计算法?

12. 清单工程量平整场地如何计算？
13. 清单的土方回填项目包括哪些内容？

二、多选题

1. 土石方工程量包括(　　)内容。
   A. 平整场地　　B. 挖掘沟槽　　C. 打桩　　D. 回填土
2. 人工平整场地工程量根据(　　)数据计算。
   A. 底面积　　B. 底层建筑面积
   C. $L_外$　　D. $L_中$
3. 下列提法正确的是(　　)。
   A. H 是挖土深度　　B. K 是放坡系数
   C. b 是放坡宽度　　D. KH 是放坡宽度
4. 回填土包括(　　)。
   A. 基坑回填土　　B. 房心回填土
   C. 管道沟槽回填土　　D. 场地回填土

三、判断题

1. 人工平整场地是指建筑物的挖、填土方厚度在 30cm 以上的找平。(　　)
2. 平整场地工程量是按建筑物外墙边每边各加 3m 以 m^2 计算。(　　)
3. 本地区建筑工程(预算)计价定额规定的人工挖地坑放坡系数 $K=0.3$。(　　)
4. 人工挖地槽土方的计算公式为 $V=(a+c+KH)HL$。(　　)
5. 人工挖地坑土方的计算公式为 $V=(a+c+KH)(b+c+KH)+K^2H^3$。(　　)
6. 球冠体的计算公式为 $V=\pi h^2\left(R-\frac{h}{3}\right)$。(　　)
7. 运土工程量等于挖土工程量。(　　)
8. 室内回填土＝建筑面积×回填厚度。(　　)

第三章 桩基工程量计算

第一节 计价工程量计算

一 打桩

打预制钢筋混凝土桩的体积，按设计桩长(包括桩尖，不扣除桩尖虚体积)乘以桩截面面积计算，管桩的空心体积应扣除。如管桩的空心部分按设计要求灌注混凝土或其他填充材料时，应另行计算。预制桩、桩靴示意图见图 2-3-1。

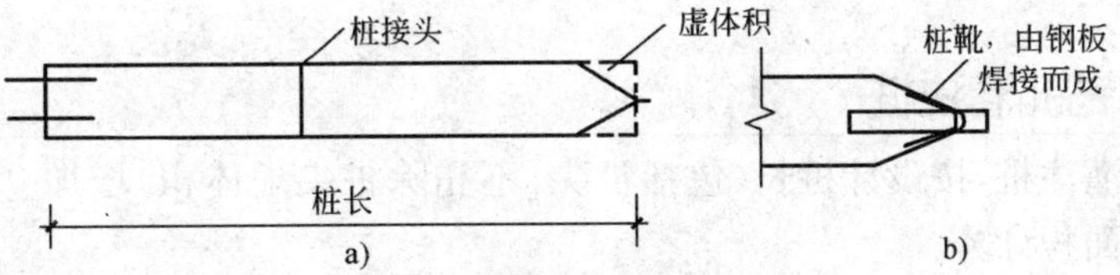

图 2-3-1 预制桩、桩靴示意图
a)预制桩示意图；b)桩靴示意图

二 接桩

电焊接桩按设计接头，以“个”计算(图 2-3-2)；硫磺胶泥接桩按桩断面积以“m^2”计算(图 2-3-3)。

三 送桩

送桩按桩截面面积乘以送桩长度(即从打桩架底至桩顶面高度或自桩顶面至自然地坪面另加 0.5m)计算。

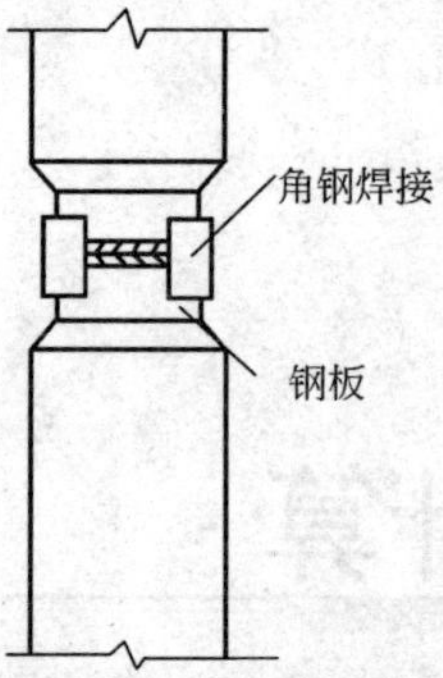

图 2-3-2　电焊接桩示意图

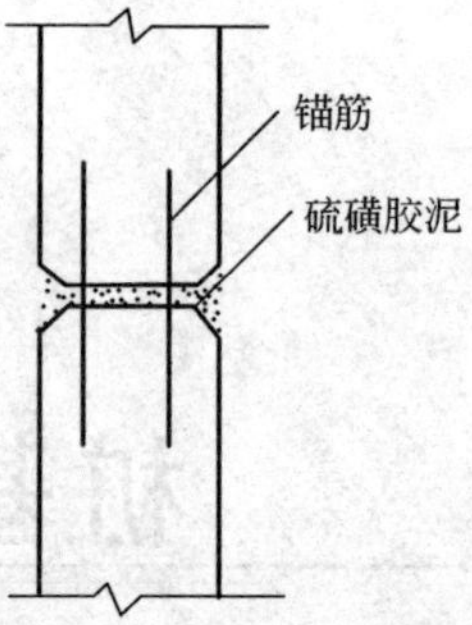

图 2-3-3　硫磺胶泥接桩示意图

四 打孔灌注桩

(1)混凝土桩、砂桩、碎石桩的体积，按设计规定的桩长(包括桩尖，不扣除桩尖虚体积)乘以钢管管箍外径截面面积计算；

(2)扩大桩的体积按单桩体积乘以次数计算；

(3)打孔后先埋入预制混凝土桩尖，再灌注混凝土者，桩尖按钢筋混凝土章节规定计算体积，灌注桩按设计长度(自桩尖顶面至桩顶面高度)乘以钢管管箍外径截面面积计算。

五 钻孔灌注桩

钻孔灌注桩，按设计桩长(包括桩尖，不扣除桩尖虚体积)增加 0.25m 乘以设计断面面积计算。

六 灌注桩钢筋

灌注混凝土桩的钢筋笼制作依设计规定，按钢筋混凝土章节相应项目以“t”计算。

七 泥浆运输

灌注桩的泥浆运输工程量按钻孔体积以“m^3”计算。

第二节　清单工程量计算

一 主要内容

本分部主要包括混凝土桩、其他桩和地基与边坡处理等。

二 工程量清单项目

(一)预制钢筋混凝土桩

1.基本概念

预制钢筋混凝土桩是先在加工厂或施工现场采用钢筋和混凝土预制成各种形状的桩，然后用沉桩设备将其沉入土中以承受上部结构荷载的构件。

2.工程内容

预制钢筋混凝土桩主要包括桩制作、运输、打桩、试验桩、斜桩、送桩、管桩填充材料、刷防护材料，清理、运输等。

3.项目特征

预制钢筋混凝土桩的项目特征包括：

(1)土壤级别；

(2)单桩长度、根数；

(3)桩截面；

(4)板桩面积；

(5)管桩填充材料种类；

(6)桩倾斜度；

(7)混凝土强度等级；

(8)防护材料种类。

4.计算规则

预制钢筋混凝土桩工程量按设计图示尺寸以桩长(包括桩尖)或根数计算，计量单位为“m”或“根”。

5.有关说明

(1)预制钢筋混凝土桩项目适用于预制混凝土方桩、管桩和板桩等；

(2)试桩与打桩之间的间歇时间，机械在现场的停滞，应包括在打试桩报价内；

(3)打钢筋混凝土预制板桩是指留滞原位(即不拔出)的板桩,板桩应在工程量清单中描述其单桩垂直投影面积;

(4)预制桩刷防护材料应包括在报价内。

(二)接桩

1. 基本概念

当钢筋混凝土长桩受到运输条件和打桩架高度限制时,一般分成数节制作,分节打入,这时需要在现场进行接桩。接桩采用的接头方式有焊接、法兰连接和硫磺胶泥锚接等几种。

2. 工程内容

接桩的工程内容包括接桩的制作、运输,接桩、材料运输等。

3. 项目特征

接桩的项目特征包括:

(1)桩截面;

(2)接头长度;

(3)接桩材料。

4. 计算规则

接桩工程量按设计图示规定的尺寸以接头数量(板桩按接头长度)计算,计量单位为“个”或“m”。

(三)混凝土灌注桩

1. 基本概念

混凝土灌注桩是利用各种成孔设备在设计桩位上成孔,然后在孔内灌注混凝土或先放入钢筋笼后再灌注混凝土而制成的承受上部荷载的桩。

2. 工程内容

混凝土灌注桩的工程内容包括桩的成孔、固壁,混凝土制作、运输,灌注、振捣、养护,泥浆池及沟槽砌筑、拆除,泥浆制作、运输等。

3. 项目特征

混凝土灌注桩的项目特征包括:

(1)土壤级别;

(2)单桩长度、根数;

(3)桩截面;

(4)成孔方法；

(5)混凝土强度等级。

4.有关说明

(1)混凝土灌注桩项目适用于人工挖孔灌注桩、钻孔灌注桩、爆扩灌注桩、打管灌注桩、振动管灌注桩等；

(2)人工挖孔时采用的护壁，如砖砌护壁、预制混凝土护壁、现浇混凝土护壁、钢模周转护壁、竹笼护壁等，应包括在报价内；

(3)钻孔周壁泥浆的搅拌运输，泥浆池、泥浆沟槽的砌筑、拆除所发生的费用，应包括在报价内。

5.计算实例

【例 2-3-1】 某工程冲击成孔灌注桩资料如下，试编制工程量清单。

土壤级别：二级土

单根桩设计长度：7.5m

桩总根数：186 根

桩截面：$\phi 760$

混凝土强度等级：C30

解：(1)招标人根据灌注桩基础施工图计算灌注桩长度

$$混凝土灌注桩总长=7.5\times186=1\ 395(m)$$

(2)投标人根据地质资料和施工方案计算灌注桩体积

$$灌注桩混凝土净消耗量=3.1416\times0.38^2\times1\ 395=632.84(m^3)$$

$$\begin{aligned}灌注桩混凝土实际消耗量&=净消耗量\times充盈系数\times(1+损耗率)\\&=747.95\times1.25\times(1+1.5\%)\\&=948.96(m^3)\end{aligned}$$

(3)泥浆消耗量

$$\begin{aligned}泥浆消耗量&=每立方米混凝土灌注桩泥浆用量\times混凝土灌注桩净消耗量\\&=0.486\times632.84\\&=307.56(m^3)\end{aligned}$$

(4)泥浆池

$$泥浆池土方=6.0\times6.0\times1.6=57.60(m^3)$$

$$泥浆池池壁砌砖=5.40\times4\times0.24\times1.60=8.29(m^3)$$

$$泥浆池池底砌砖=(5.40+0.24)^2\times0.115=3.66(m^3)$$

$$泥浆池池底抹灰=(5.40-0.24)^2=26.63(m^2)$$

$$泥浆池池壁抹灰=(5.40-0.24)\times4\times1.60=33.02(m^2)$$

$$拆除泥浆池=8.29+3.66=11.95(m^3)$$

(5)冲击成孔混凝土灌注桩清单项目。

项目编码:010201003001

项目名称:C20 混凝土打孔灌注桩

项目特征:二级土

单根桩长　7.5m

桩总根数　186 根

桩截面　　ϕ760

清单工程量:灌注桩总长　1 395m

计价工程量:灌注桩混凝土制作、运输　948.96m^3

泥浆制作、运输　307.56m^3

泥浆池挖土方　　57.60m^3

泥浆池砌砖　　　11.95m^3

泥浆池抹灰　　　59.65m^2

拆除泥浆池　　　11.95m^3

(四)砂石灌注桩

1.基本概念

砂石灌注桩是采用振动成孔机械或锤击成孔机械将带有活瓣桩类的与砂石桩同直径的钢管沉下,往桩管内灌砂石后,边振动边缓慢拔出桩管后形成砂石桩,从而使地基达到密实,增加地基承受力。

2.工程内容

砂石灌注桩工程内容包括灌注桩成孔、砂石运输、填充、振实。

3.项目特征

砂石灌注桩的项目特征包括:

(1)土壤级别;

(2)桩长;

(3)桩截面;

(4)成孔方法;

(5)砂石级配。

4. 计算规则

砂石灌注桩工程量按设计图示尺寸以桩长(包括桩尖)计算。

(五)灰土挤密桩

1. 基本概念

灰土挤密桩是利用锤击(冲击、爆破等方法)将钢管打入土中侧向挤密成孔，将钢管拔出后，在桩孔中分层回填 2∶8 或 3∶7 灰土夯实而成。它是与桩间土共同组成复合地基以承受上部荷载的桩。

2. 工程内容

灰土挤密桩项目的工程内容包括成孔、灰土拌和及运输、填充、夯实。

3. 项目特征

灰土挤密桩的项目特征包括：

(1)土壤级别；

(2)桩长；

(3)桩截面；

(4)成孔方法；

(5)灰土级配。

4. 计算规则

灰土挤密桩工程量按设计图示尺寸以桩长(包括桩尖)计算。

(六)旋喷桩

1. 基本概念

旋喷桩是利用钻机把带有特殊喷嘴的注浆管钻进至土层的预留位置后，用高压脉冲泵，将水泥浆液通过钻杆下端的喷射装置向四周以高速水平喷入土体，借助流体的冲击力切削土层，使喷射流程内土体遭受破坏。与此同时，钻杆一面以一定的速度旋转，一面低速徐徐提升，使土体与水泥浆充分搅拌混合，待胶结硬化后即在地基中形成直径比较均匀，具有一定强度的圆柱体桩，从而使地基得到加固。

2. 工程内容

旋喷桩包括桩的成孔、水泥浆制作、运输、水泥浆旋喷等。

3. 项目特征

旋喷桩的项目特征包括：

(1)桩长；

(2)桩截面;

(3)水泥强度等级。

4. 计算规则

旋喷桩工程量按设计图示尺寸以桩长(包括桩尖)计算。

(七)喷粉桩

1. 基本概念

喷粉桩系采用喷粉桩机成孔、采用粉体喷射搅拌法,用压缩空气将粉体(水泥或石灰粉)输送到钻头,并以雾状喷射到加固地基的土层中,并借钻头的叶片旋转,加以搅拌使其充分混合,形成土桩体,与原地基构成复合地基,从而达到加固较弱地基基础的目的。

2. 工程内容

喷粉桩包括成孔、粉体运输、喷粉固化等。

3. 项目特征

喷粉桩的项目特征包括:

(1)桩长;

(2)桩截面;

(3)粉体种类;

(4)水泥强度等级;

(5)石灰粉要求。

4. 计算规则

喷粉桩工程量按设计图示尺寸以桩长(包括桩尖)计算。

(八)地下连续墙

1. 基本概念

地下连续墙是在地面上采用一种挖槽机械,沿着深开挖工程的周边轴线,在泥浆护壁的措施下,开挖出一条狭长的深槽,深槽内放入钢筋笼,然后用导管法灌筑地下混凝土,筑成一个个单元槽段,以特殊接头方式在地下筑成一道连续的钢筋混凝土墙壁,作为截水、防渗、承重和挡土结构。它适用于高层建筑的深基础、工业建筑的深池、地下铁道等工程的施工。

2. 工程内容

地下连续墙的工程内容包括挖土成槽、余土外运、导墙制作、安装,锁口管吊拔,浇注混凝土连续墙,材料运输等。

3. 项目特征

地下连续墙的项目特征包括：

(1)墙体厚度；

(2)成槽深度；

(3)混凝土强度等级。

4. 计算规则

地下连续墙工程量计算按设计图示墙中心线长乘以厚度再乘以槽深以体积计算。

(九)地基强夯

1. 基本概念

地基强夯是用起重机械将大吨位(8～25t)夯锤起吊到 6～30m 高度后，自由落下，给地基土以强大的冲击能量的夯击，使土中出现冲击波和很大的冲击应力，迫使土体孔隙压缩，排除孔隙中的水，使土粒重新排列，迅速固结，从而提高地基承载能力，降低其压缩性的一种地基的加固方法。

2. 工程内容

地基强夯的工程内容包括铺夯填材料、强夯、夯填材料运输等。

3. 项目特征

地基强夯的项目特征包括：

(1)夯击能量；

(2)夯击遍数；

(3)地耐力要求；

(4)夯填材料种类。

4. 计算规则

地基强夯按设计图示尺寸以面积计算。

练习题

一、多选题

1. 灌注桩包括(　　)。

A. 打孔灌注桩　　　　B. 钻孔灌注桩

C. 自然灌注桩　　　　D. 人工灌注桩

二、判断题

1. 预制混凝土桩的体积要扣除桩尖虚体积。（　　）
2. 管桩的空心体积要扣除。（　　）
3. 电焊接桩按设计接头以个计算。（　　）

三、问答题

1. 怎样计算打预制混凝土桩的工程量?
2. 怎样计算灌注桩工程量?

第四章 脚手架工程量计算

第一节 计价工程量计算

建筑工程施工中所需搭设的脚手架，应计算工程量。

目前，脚手架工程量有两种计算方法，即综合脚手架工程量和单项脚手架工程量。具体采用哪种方法计算，应按本地区预算定额的规定执行。

一 综合脚手架

为了简化脚手架工程量的计算，一些地区以建筑面积为综合脚手架的工程量。

综合脚手架不论搭设方式，一般综合了砌筑、浇注、吊装、抹灰等所需脚手架材料的摊销量；综合了木制、竹制、钢管脚手架等，但不包括浇灌满堂基础等脚手架的项目。

综合脚手架一般按单层建筑物或多层建筑物并区分不同檐口高度来计算工程量，若是高层建筑还需计算高层建筑超高增加费。

二 单项脚手架

单项脚手架是根据工程具体情况，按不同的搭设方式搭设的脚手架，一般包括单排脚手架、双排脚手架、里脚手架、满堂脚手架、悬空脚手架、挑脚手架、防护架、烟囱(水塔)脚手架、电梯井脚手架、架空运输道等。

单项脚手架的项目应根据批准了的施工组织设计或施工方案确定。如施工方案无规定，应根据预算定额的规定确定。

(一)单项脚手架工程量计算一般规则

(1)建筑物外墙脚手架,凡设计室外地坪至檐口(或女儿墙上表面)的砌筑高度在15m以下的按单排脚手架计算;砌筑高度在15m以上的或砌筑高度虽不足15m,但外墙门窗及装饰面积超过外墙表面积60%以上时,均按双排脚手架计算。

采用竹制脚手架时,按双排计算。

(2)建筑物内墙脚手架,凡设计室内地坪至顶板下表面(或山墙高度的1/2处)的砌筑高度在3.6m以下的(含3.6m),按里脚手架计算;砌筑高度超过3.6m以上时,按单排脚手架计算。

(3)石砌墙体,凡砌筑高度超过1.0m以上时,按外脚手架计算。

(4)计算内、外墙脚手架时,均不扣除门、窗洞口、空圈洞口等所占的面积。

(5)同一建筑物高度不同时,应按不同高度分别计算。

【例2-4-1】 根据图2-4-1图示尺寸,计算建筑物外墙脚手架工程量。

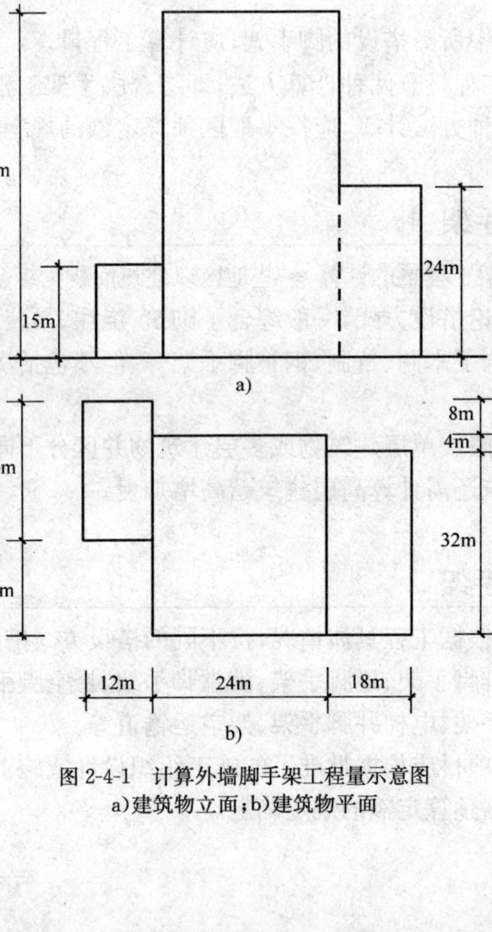

图2-4-1 计算外墙脚手架工程量示意图
a)建筑物立面;b)建筑物平面

解：单排脚手架(15m 高)=(26+12×2+8)×15=870(m^2)

双排脚手架(24m 高)=(18×2+32)×24=1632(m^2)

双排脚手架(27m 高)=32×27=864(m^2)

双排脚手架(36m 高)=(26−8)×36=648(m^2)

双排脚手架(51m 高)=(18+24×2+4)×51=3570(m^2)

(6)现浇钢筋混凝土框架柱、梁按双排脚手架计算。

(7)围墙脚手架，凡室外自然地坪至围墙顶面的砌筑高度在 3.6m 以下的，按里脚手架计算；砌筑高度超过 3.6m 以上时，按单排脚手架计算。

(8)室内顶棚装饰面距设计室内地坪在 3.6m 以上时，应计算满堂脚手架。计算满堂脚手架后，墙面装饰工程则不再计算脚手架。

(9)滑升模板施工的钢筋混凝土烟囱、筒仓，不另计算脚手架。

(10)砌筑贮仓，按双排外脚手架计算。

(11)储水(油)池，大型设备基础，凡距地坪高度超过 1.2m 以上时，均按双排脚手架计算。

(12)整体满堂钢筋混凝土基础，凡其宽度超过 3m 以上时，按其底板面积计算满堂脚手架。

(二)砌筑脚手架工程量计算

(1)外脚手架按外墙外边线长度，乘以外墙砌筑高度以平方米计算，突出墙面宽度在 24cm 以内的墙垛、附墙、烟囱等不计算脚手架；宽度超过 24cm 以上时按图示尺寸展开计算，并入外脚手架工程量之内。

(2)里脚手架按墙面垂直投影面积计算。

(3)独立柱按图示柱结构外围周长另加 3.6m，乘以砌筑高度以平方米计算，套用相应外脚手架定额。

(三)现浇钢筋混凝土框架脚手架计算

(1)现浇钢筋混凝土柱，按柱图示周长尺寸另加 3.6m，乘以柱高以平方米计算，套用外脚手架定额。

(2)现浇钢筋混凝土梁、墙，按设计室外地坪或楼板上表面至楼板底之间的高度，乘以梁、墙净长以平方米计算，套用相应双排外脚手架定额。

(四)装饰工程脚手架工程量计算

(1)满堂脚手架，按室内净面积计算，其高度在 3.6～5.2m 之间时，计算基本层。超过 5.2m 时，每增加 1.2m 按增加一层计算，不足 0.6m 的不计，算式表示如下：

$$满堂脚手架增加层=\frac{室内净高-5.2(m)}{1.2(m)} \qquad (2\text{-}4\text{-}1)$$

【例 2-4-2】 某大厅室内净高 9.50m，试计算满堂脚手架增加层数。

解：满堂脚手架增加层$=\frac{9.50-5.2}{1.2}=3$层余 0.7m＝4 层

(2)挑脚手架，按搭设长度和层数，以延长米计算。

(3)悬空脚手架，按搭设水平投影面积，以平方米计算。

(4)高度超过 3.6m 的墙面装饰不能利用原砌筑脚手架时，可以计算装饰脚手架。装饰脚手架按双排脚手架乘以 0.3 计算。

(五)其他脚手架工程量计算

(1)水平防护架，按实际铺板的水平投影面积，以平方米计算。

(2)垂直防护架，按自然地坪至最上一层横杆之间的搭设高度，乘以实际搭设长度，以平方米计算。

(3)架空运输脚手架，按搭设长度以延长米计算。

(4)烟囱、水塔脚手架，区别不同搭设高度以座计算。

(5)电梯井脚手架，按单孔以座计算。

(6)斜道区别不同高度，以座计算。

(7)砌筑储仓脚手架，不分单筒或储仓组，均按单筒外边线周长乘以设计室外地坪至储仓上口之间距离，以平方米计算。

(8)储水(油)池脚手架，按外壁周长乘以室外地坪至池壁顶面之间高度，以平方米计算。

(9)大型设备基础脚手架，按其外形周长乘以地坪至外形顶面边线之间高度，以平方米计算。

(10)建筑物垂直封闭工程脚手架，按封闭面的垂直投影面积计算。

(六)安全网工程量计算

(1)立挂式安全网，按网架部分的实挂长度乘以实挂高度计算。

(2)挑出式安全网，按挑出的水平投影面积计算。

第二节　清单工程量计算

在工程量清单报价中，脚手架是以费用的形式在措施项目中反映的项目，是措施项目费的组成部分。《建设工程工程量清单计价规范》（GB 50500—2008）没有规定脚手架工程量的计算规则。在清单报价时如果需要计算脚手架工程量，可参照前面脚手架计价工程量的计算方法计算。

练习题

一、问答题

1. 综合脚手架综合了哪些内容？
2. 叙述单项脚手架的搭设方式。
3. 什么是垂直防护架？

二、多选题

1. 满堂脚手架要计算（　　）。

A. 基本层　　B. 增加层　　C. 单层　　D. 多层

2. 其他脚手架包括（　　）。

A. 水平防护架　　B. 垂直防护架

C. 电梯井脚手架　　D. 斜道

3. 安全网的搭设方式有（　　）。

A. 立挂式　　B. 挑出式　　C. 拉紧式　　D. 放松式

第五章 砌筑工程量计算

第一节　计价工程量计算

一 有关规定

(一)计算墙体的规定

(1)计算墙体时,应扣除门窗洞口、过人洞、空圈、嵌入墙身的钢筋混凝土柱、梁(包括过梁、圈梁及埋入墙内的挑梁)、砖平碹(图 2-5-1)、平砌砖过梁和暖气包壁龛(图 2-5-2)及内墙板头(图 2-5-3)的体积,不扣除梁头、外墙板头(图 2-5-4)、檩头、垫木、木楞子、沿椽木、木砖、门窗框走头(图 2-5-5)、砖墙内的加固钢筋、木筋、铁件、钢管及每个面积在 0.3m² 以下的孔洞等所占的体积,凸出墙面的窗台虎头砖(图 2-5-6)、压顶线(图 2-5-7)、山墙泛水(图 2-5-8)、烟囱根(图 2-5-9、图 2-5-10)、门窗套(图 2-5-11)及三皮砖(图 2-5-12)以内的腰线和挑檐等体积亦不增加。

图 2-5-1　砖平碹示意图

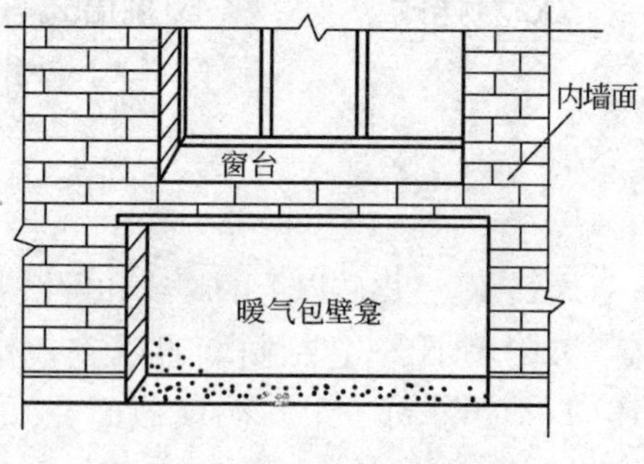

图 2-5-2　暖气包壁龛示意图

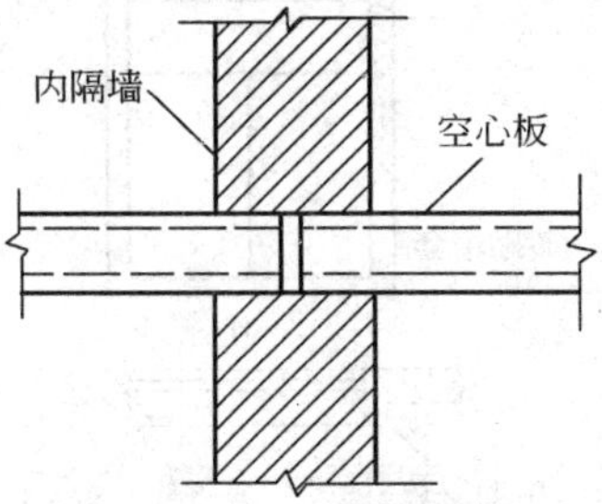

图 2-5-3　内墙板头示意图

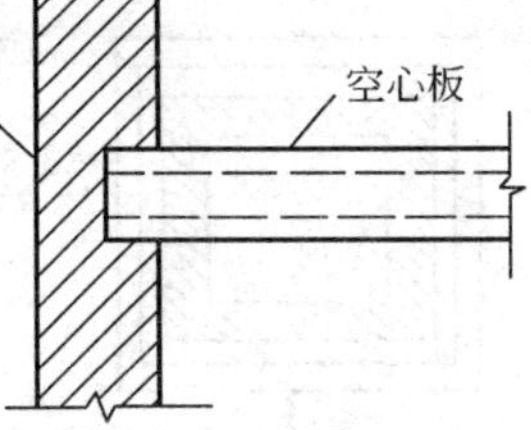

图 2-5-4　外墙板头示意图

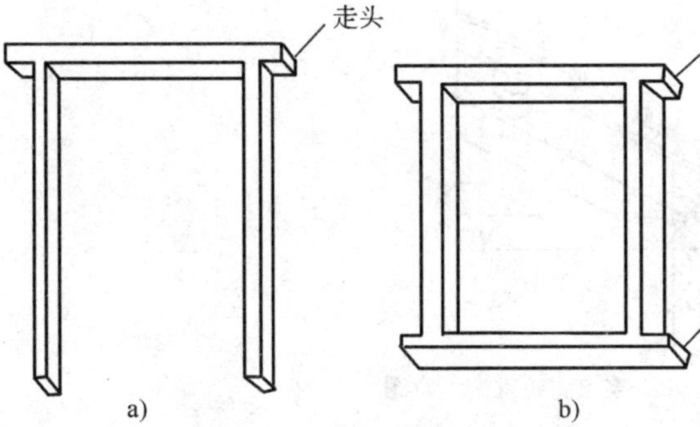

图 2-5-5　木门窗走头示意图

a)木门框走头示意图；b)木窗框走头示意图

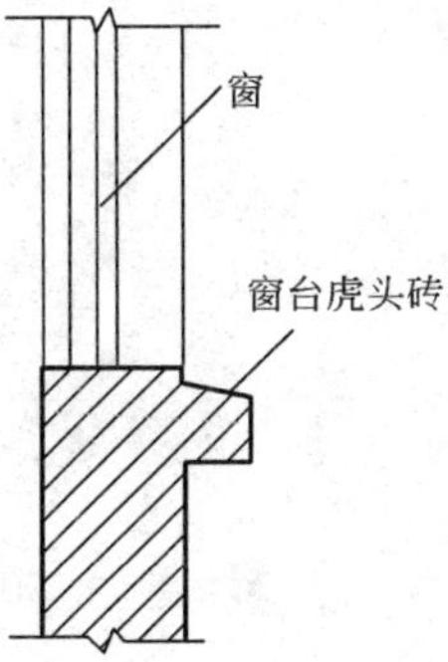

图 2-5-6　凸出墙面的窗台虎头砖示意图

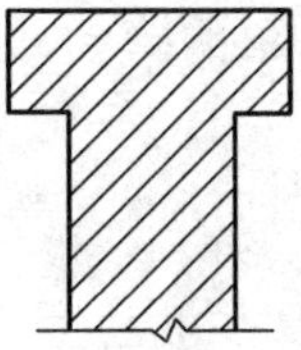

图 2-5-7　砖压顶线示意图

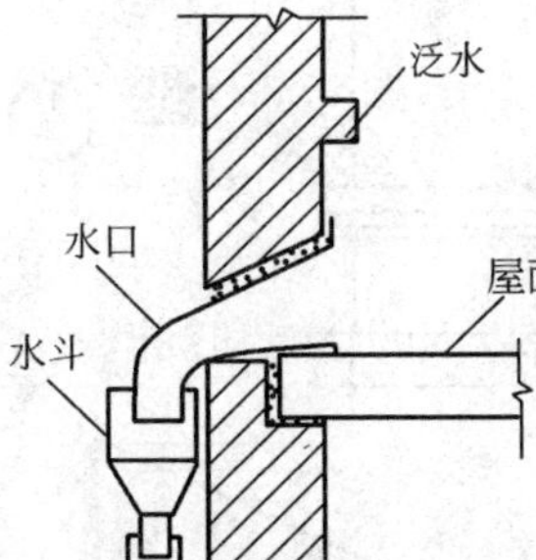

图 2-5-8　山墙泛水、排水示意图

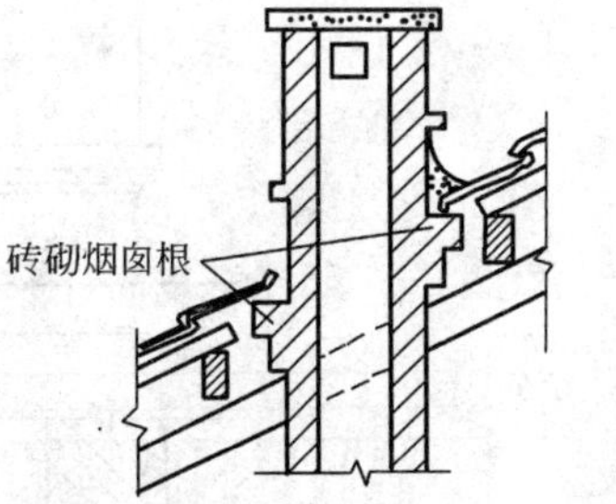

图 2-5-9　砖砌烟囱剖面图（平瓦坡屋面）

(2)砖垛、三皮砖以上的腰线和挑檐等体积，并入墙身体积内计算(图 2-5-13)。

(3)附墙烟囱(包括附墙通风道、垃圾道)按其外形体积计算，并入所依附的墙体内，不扣除每一个孔洞横截面在 0.1m^2 以下的体积，但孔洞内的抹灰工程量亦不增加。

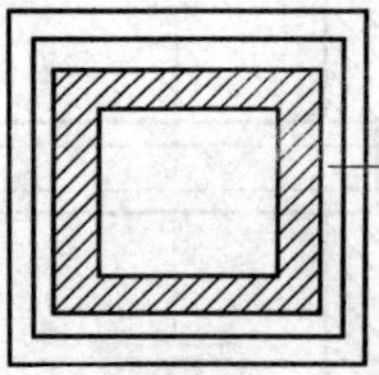

图 2-5-10　砖烟囱平面图

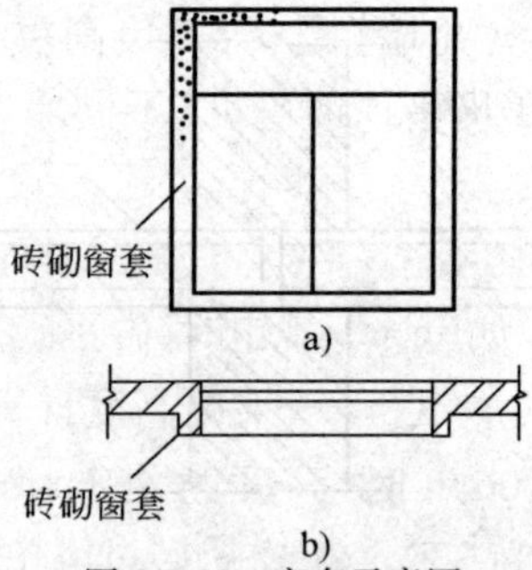

图 2-5-11　窗套示意图
a)窗套立面图；b)窗套剖面图

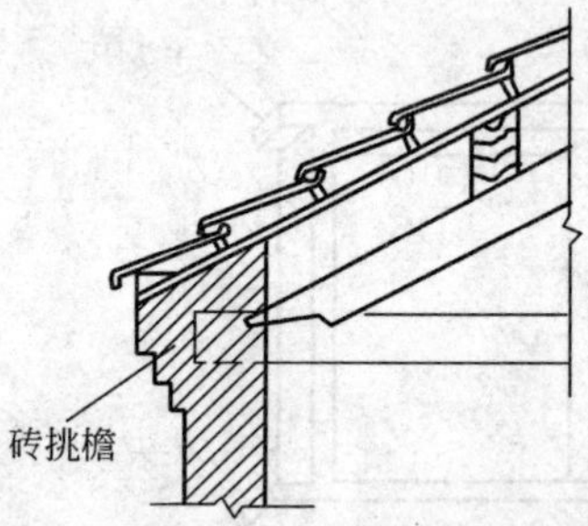

图 2-5-12　坡屋面砖挑檐示意图

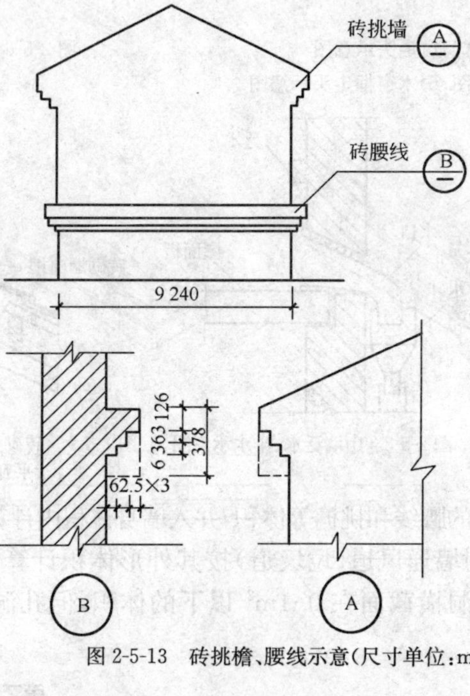

图 2-5-13　砖挑檐、腰线示意(尺寸单位：mm)

(4)女儿墙(图 2-5-14)高度,自外墙顶面至图示女儿墙顶面高度,不同墙厚分别并入外墙计算。

(5)砖平碹、平砌砖过梁按图示尺寸以立方米计算。如设计无规定时,砖平碹按门窗洞口宽度两端共加 100mm,乘以高度计算(门窗洞口宽小于 1500mm 时,高度为 240mm;大于 1500mm 时,高度为 365mm);平砌砖过梁按门窗洞口宽度两端共加 500mm,高按 440mm 计算。

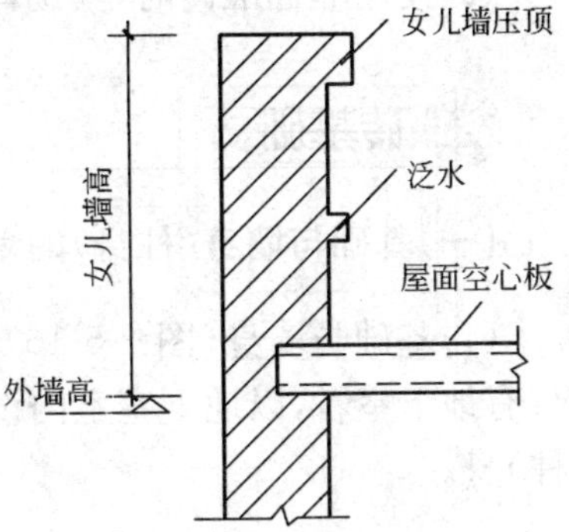

图 2-5-14 女儿墙示意图

(二)砌体厚度的规定

(1)标准砖尺寸以 240mm×115mm×53mm 为准,砖墙与标准砖规格的关系见图 2-5-15,其计算厚度见附录 A 中表 A. 3. 7。

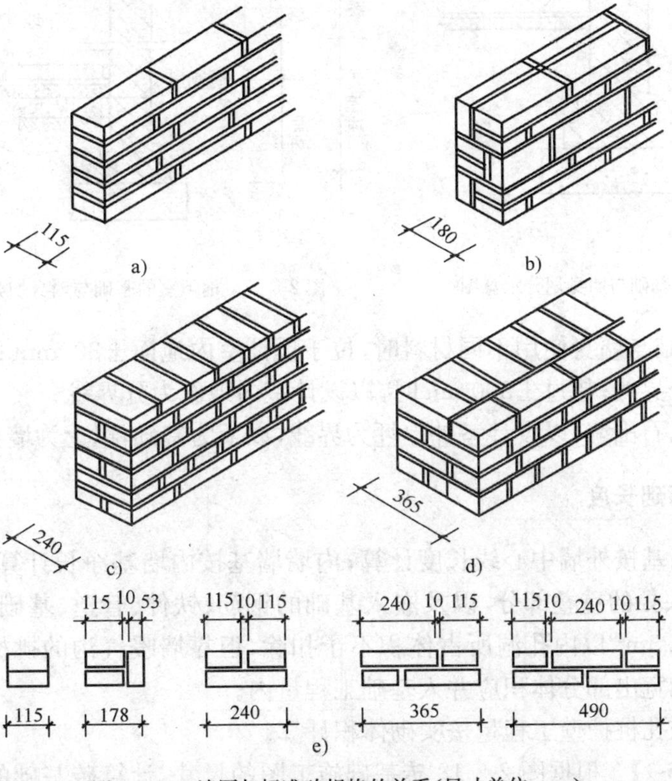

图 2-5-15 墙厚与标准砖规格的关系(尺寸单位:mm)

a)1/2 砖砖墙示意图;b)3/4 砖砖墙示意图;c)1 砖砖墙示意图;d)1½砖砖墙示意图;e)墙厚示意图

(2)使用非标准砖时,其砌体厚度应按砖实际规格和设计厚度计算。

二 砖基础

(一)基础与墙身(柱身)的划分

(1)基础与墙身(图 2-5-16)或柱身使用同一种材料时,以设计室内地面为界;有地下室者,以地下室室内设计地面为界(图 2-5-17),以下为基础,以上为墙(柱)身。

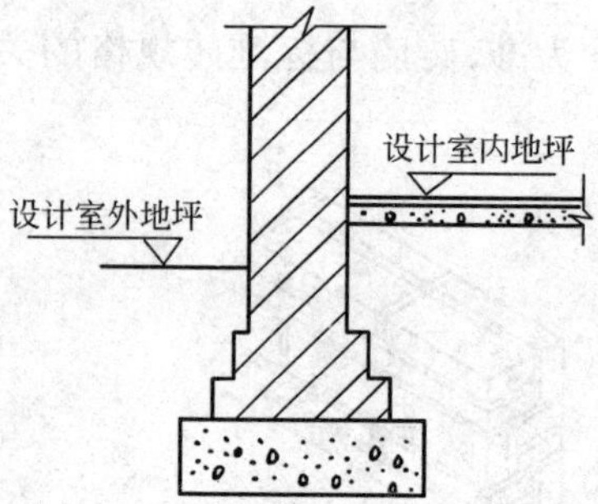

图 2-5-16 基础与墙身划分示意图

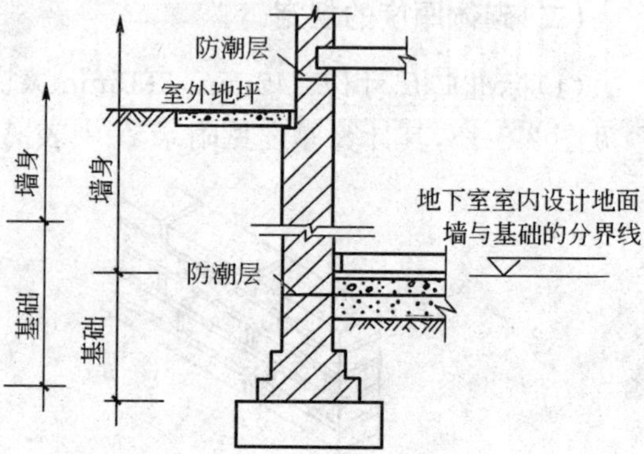

图 2-5-17 地下室的基础与墙身切分示意图

(2)基础与墙身使用不同材料时,位于设计室内地面±300mm 以内时,以不同材料为分界线;超过±300mm 时,以设计室内地面为分界线。

(3)砖、石围墙,以设计室外地坪为界线,以下为基础,以上为墙身。

(二)基础长度

外墙墙基按外墙中心线长度计算;内墙墙基按内墙基净长计算。基础大放脚 T 形接头处的重叠部分,以及嵌入基础的钢筋、铁件、管道、基础防潮层及单个面积在 0.3m^2 以内孔洞所占体积不予扣除,但靠墙暖气沟的挑檐亦不增加。附墙垛基础宽出部分体积应并入基础工程量内。

砖砌挖孔桩护壁工程量按实砌体积计算。

【例 2-5-1】 根据图 2-5-18 砖基础施工图的尺寸,计算砖基础的长度(基础墙均为 240 厚)。

解：(1)外墙砖基础长($l_中$)

$$l_中=[(4.5+2.4+5.7)+(3.9+6.9+6.3)]\times 2$$
$$=(12.6+17.1)\times 2=59.40(\mathrm{m})$$

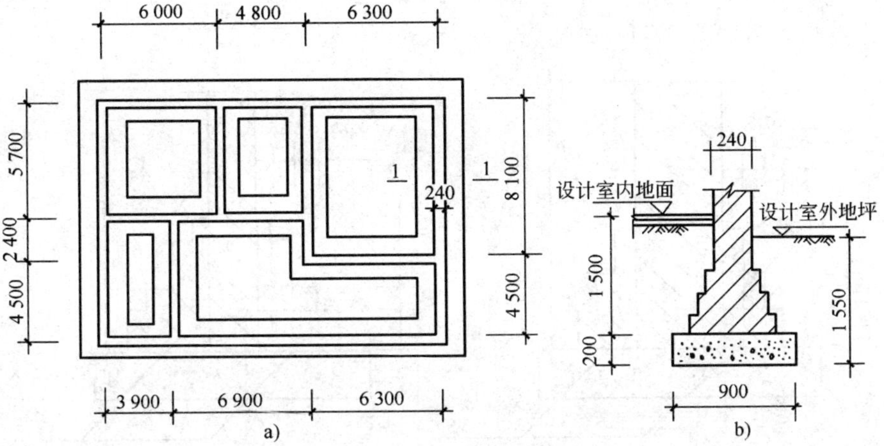

图 2-5-18　砖基础施工图(尺寸单位:mm)

a)基础平面图;b)1-1 剖面图

(2)内墙砖基础净长($l_内$)

$$l_内=(5.7-0.24)+(8.1-0.24)+(4.5+2.4-0.24)+(6.0+4.8-0.24)+6.3$$
$$=5.46+7.86+6.66+10.56+6.30$$
$$=36.84(\mathrm{m})$$

(三)有放脚砖墙基础

1. 等高式大放脚砖基础(图 2-5-19a)

计算公式:

$$V_基=(基础墙厚\times基础墙高+放脚增加面积)\times基础长$$
$$=(d\times h+\Delta S)\times l \tag{2-5-1}$$
$$=[dh+0.126\times 0.0625n(n+1)]l$$
$$=[dh+0.007\,875n(n+1)]l$$

式中：　0.007 875——一个放脚标准块面积；

0.007 $875n(n+1)$——全部放脚增加面积；

n——放脚层数；

d——基础墙厚；

h——基础墙高；

l——基础长。

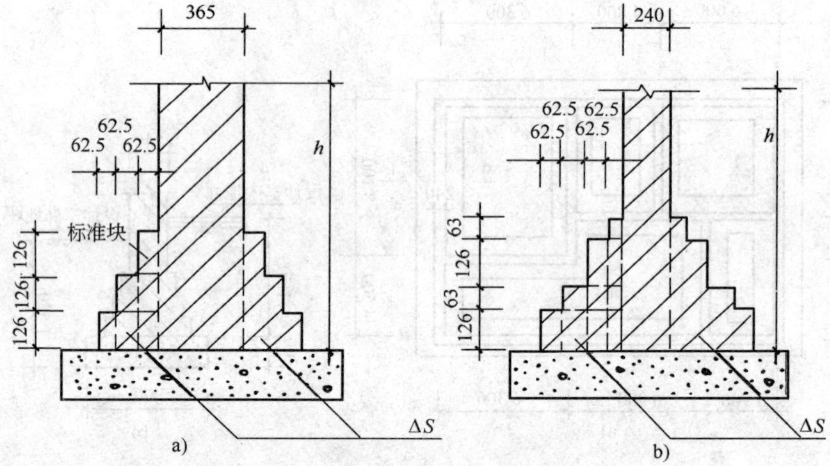

图 2-5-19　大放脚砖基础示意图(尺寸单位:mm)

a)等高式大放脚砖基础;b)不等高式大放脚砖基础

【例 2-5-2】　某工程砌筑的等高式标准砖大放脚基础尺寸如图 2-5-19a)所示，当基础墙高 $h=1.4\text{m}$，基础长 $l=25.65\text{m}$ 时，计算砖基础工程量。

解：已知：$d=0.365$　$h=1.4\text{m}$　$l=25.65\text{m}$　$n=3$

$$V_{砖基}=(0.365\times1.40+0.007\,875\times3\times4)\times25.65$$
$$=0.605\,5\times25.65=15.53(\text{m}^3)$$

2. 不等高式大放脚砖基础(见图 2-5-19b)

计算公式：

$$V_{基}=\{dh+0.007\,875[n+(n+1)-\sum 半层放脚层数值]\}\times l \quad (2\text{-}5\text{-}2)$$

式中，半层放脚层数值是指半层放脚(0.063m 高)所在放脚层的值，如图 2-5-19b)中为 1+3=4；其余字母含义同式 2-5-1。

3. 基础放脚 T 形接头重复部分(见图 2-5-20)

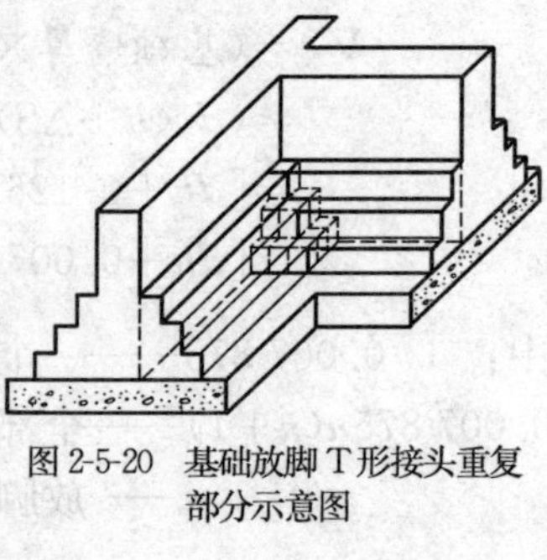

图 2-5-20　基础放脚 T 形接头重复部分示意图

【例 2-5-3】　某工程大放脚砖基础的尺寸见图 2-5-19b)，当 $h=1.56\text{m}$，基础长 $l=18.5\text{m}$ 时，计算砖基础工程量。

解:已知 $d=0.24\text{m}$　$h=1.56\text{m}$　$l=18.5\text{m}$　$n=4$

$$V_{砖基}=\{0.24\times1.56+0.007\,875\times[4\times5-(1+3)]\}\times18.5$$
$$=(0.374\,4+0.007\,875\times16)\times18.5$$
$$=0.500\,4\times18.5$$
$$=9.26(\text{m}^3)$$

标准砖大放脚基础,放脚面积增加量 ΔS 见表 2-5-1。

砖墙基础大放脚面积增加表　　表 2-5-1

放脚层数(n)	增加断面积 $\Delta S(\text{m}^2)$		放脚层数(n)	增加断面积 $\Delta S(\text{m}^2)$	
	等　高	不等高(奇数层为半层)		等　高	不等高(奇数层为半层)
一	0.01575	0.0079	十	0.8663	0.6694
二	0.04725	0.0394	十一	1.0395	0.7560
三	0.0945	0.0630	十二	1.2285	0.9450
四	0.1575	0.1260	十三	1.4333	1.0474
五	0.2363	0.1654	十四	1.6538	1.2679
六	0.3308	0.2599	十五	1.8900	1.3860
七	0.4410	0.3150	十六	2.1420	1.6380
八	0.5670	0.4410	十七	2.4098	1.7719
九	0.7088	0.5119	十八	2.6933	2.0554

注:1. 等高式 $\Delta S=0.007\,875n(n+1)$。

2. 不等高式 $\Delta S=0.007\,875[n+(n+1)-\sum$半层放脚层数值$]$。

(四)毛条石、条石基础

毛条石基础断面见图 2-5-21,毛石基础断面见图 2-5-22。

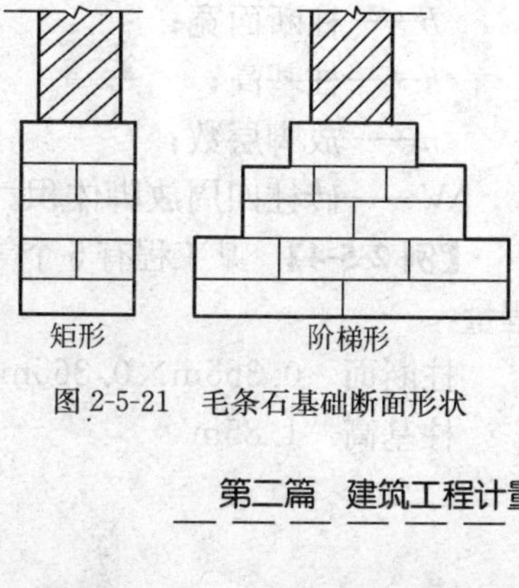

图 2-5-21　毛条石基础断面形状

(五)有放脚砖柱基础

有放脚砖柱基础工程量计算分为两部分,一是将柱的体积算至基础底;二是将柱四周放脚体积算出(图 2-5-23、图 2-5-24)。

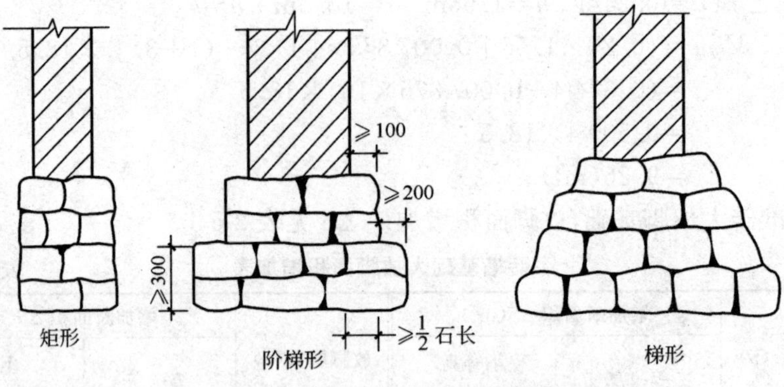

图 2-5-22　毛石基础断面形状(尺寸单位:mm)

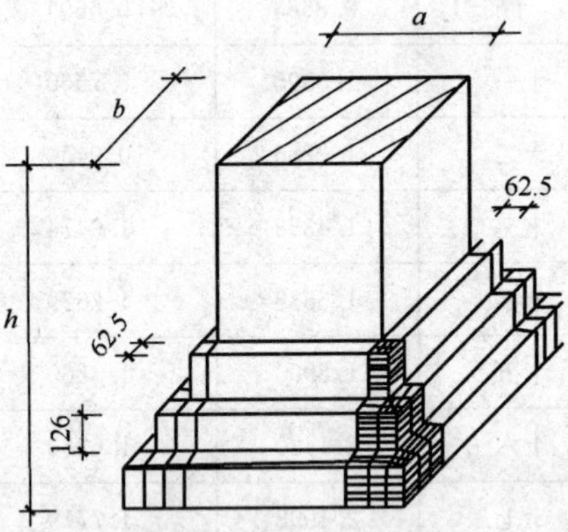

图 2-5-23　砖柱四周放脚示意图(尺寸单位:mm)

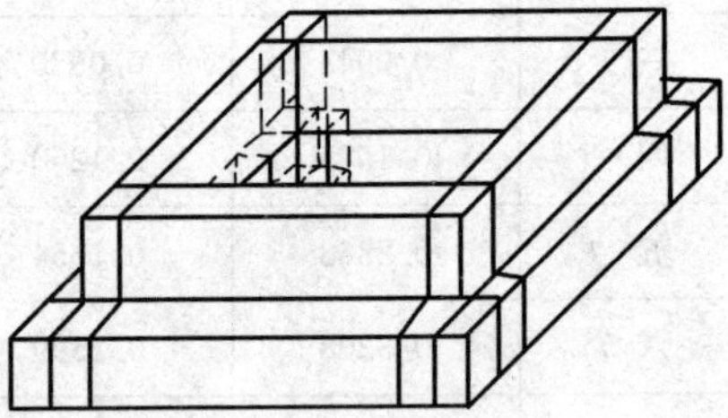

图 2-5-24　砖柱基四周放脚体积 ΔV 示意图

计算公式:

$$V_{柱基}=abh+\Delta V$$

$$=abh+n(n+1)[0.007\,875(a+b)+0.000\,328\,125(2n+1)] \quad (2\text{-}5\text{-}3)$$

式中:a——柱断面长;

b——柱断面宽;

h——柱基高;

n——放脚层数;

ΔV——砖柱四周放脚体积。

【例 2-5-4】　某工程有 5 个等高式放脚砖柱基础,根据下列条件计算砖基础工程量:

柱断面　0.365m×0.365m

柱基高　1.85m

放脚层数　5 层

解:已知 $a=0.365\text{m}$　$b=0.365\text{m}$　$h=1.85\text{m}$　$n=5$

$$V_{柱基}=5(根柱基)\times\{0.365\times0.365\times1.85+5\times6\times[0.007\,875\times(0.365+0.365)+0.000\,328\,125\times(2\times5+1)]\}$$
$$=5\times(0.246+0.281)$$
$$=5\times0.527$$
$$=2.64(\text{m}^3)$$

砖柱基四周放脚体积见表 2-5-2。

砖柱基四周放脚体积表(单位:m^3)　　表 2-5-2

放脚层数 \ $a\times b$	0.24×0.24	0.24×0.365	0.365×0.365 0.24×0.49	0.365×0.49 0.24×0.615	0.49×0.49 0.365×0.615	0.49×0.615 0.365×0.74	0.365×0.865 0.615×0.615	0.615×0.74 0.49×0.865	0.74×0.74 0.615×0.865
一	0.010	0.011	0.013	0.015	0.017	0.019	0.021	0.024	0.025
二	0.033	0.038	0.045	0.050	0.056	0.062	0.068	0.074	0.080
三	0.073	0.085	0.097	0.108	0.120	0.132	0.144	0.156	0.167
四	0.135	0.154	0.174	0.194	0.213	0.233	0.253	0.272	0.292
五	0.221	0.251	0.281	0.310	0.340	0.369	0.400	0.428	0.458
六	0.337	0.379	0.421	0.462	0.503	0.545	0.586	0.627	0.669
七	0.487	0.543	0.597	0.653	0.708	0.763	0.818	0.873	0.928
八	0.674	0.745	0.816	0.887	0.957	1.028	1.095	1.170	1.241
九	0.910	0.990	1.078	1.167	1.256	1.344	1.433	1.521	1.61
十	1.173	1.282	1.390	1.498	1.607	1.715	1.823	1.931	2.04

三 砖墙

(一)墙的长度

外墙长度按外墙中心线长度计算,内墙长度按内墙净长线计算。

墙长计算方法如下:

1. 墙长在转角处的计算

墙体在 90°转角时,用中轴线尺寸计算墙长,就能算准墙体的体积。例如,图 2-5-25a)的Ⓐ轴中,按箭头方向的尺寸算至两轴线的交点时,墙厚方向的水平断面积重复计算的矩形部分正好等于没有计算到的矩形面积。因而,凡是 90°转角的墙,算到中轴线交叉点时,就算够了墙长。

2. T 形接头的墙长计算

当墙体处于 T 形接头时，T 形上部水平墙拉通算完长度后，垂直部分的墙只能从墙内边算净长。例如，图 2-5-25b)中的Ⓑ轴，当③轴上的墙算完长度后，Ⓑ轴墙只能从③轴墙内边起计算Ⓑ轴的墙长，故内墙应按净长计算。

3. 十字形接头的墙长计算

当墙体处于十字形接头状时，计算方法基本同 T 形接头，见图 2-5-25c)中Ⓒ轴的示意。因此，十字形接头处分断的二道墙也应算净长。

【例 2-5-5】 根据图 2-5-25，计算内、外墙长(墙厚均为 240)。

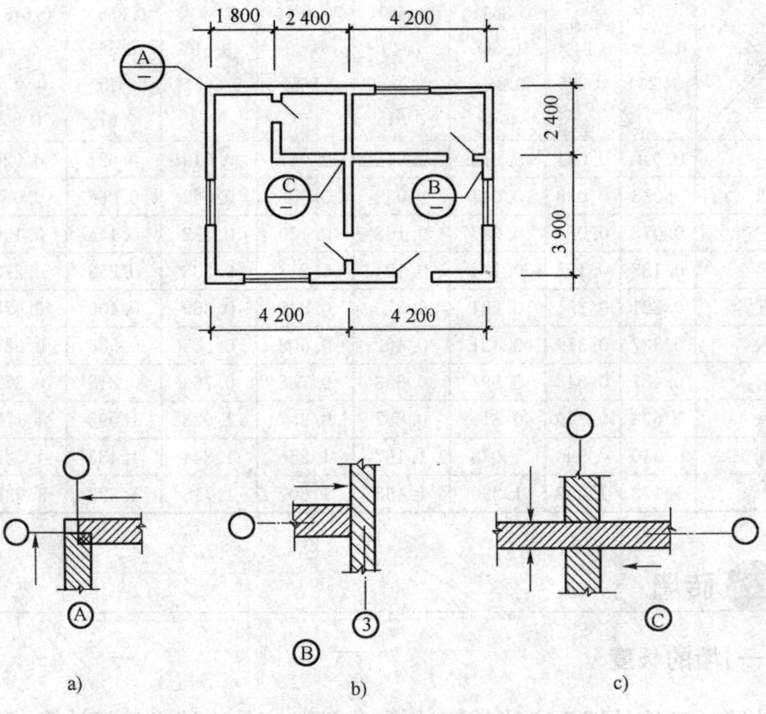

图 2-5-25　墙长计算示意图(尺寸单位:mm)

解:(1)240 厚外墙长

$$l_中=[(4.2+4.2)+(3.9+2.4)]\times2=29.40(\text{m})$$

(2)240 厚内墙长

$$l_中=(3.9+2.4-0.24)+(4.2-0.24)+(2.4-0.12)+(2.4-0.12)=14.58(\text{m})$$

(二)墙身高度的规定

1. 外墙墙身高度

斜(坡)屋面无檐口顶棚者算至屋面板底;有屋架,且室内外均有顶棚者(见图 2-5-26),算至屋架下弦底面另加 200mm;无顶棚者算到屋架下弦底面另加 300mm(图 2-5-27);出檐宽度超过 600mm 时,应按实砌高度计算,平屋面算至钢筋混凝土板底(图 2-5-28)。

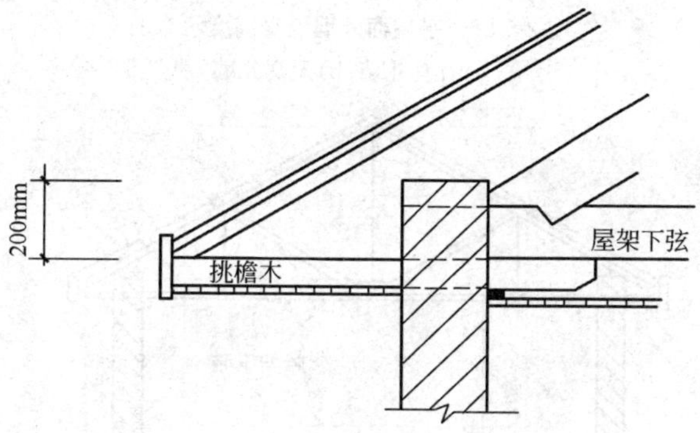

图 2-5-26　室内外均有顶棚时,外墙高度示意图

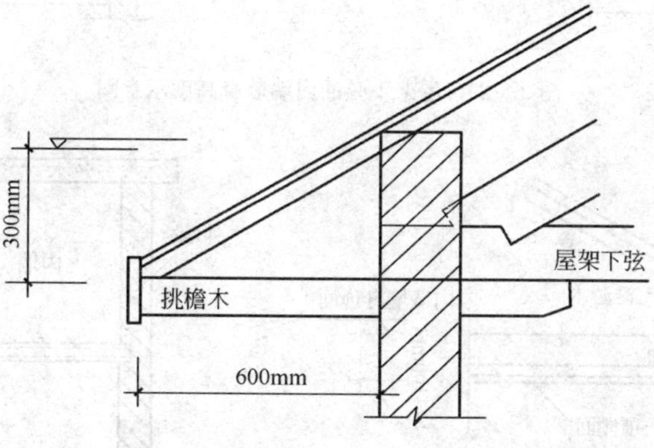

图 2-5-27　有屋架,无顶棚时,外墙高度示意图

2. 内墙墙身高度

内墙位于屋架下弦者(图 2-5-29),其高度算至屋架底;无屋架者(图 2-5-30)算至顶棚底另加 100mm;有钢筋混凝土楼板隔层者(图 2-5-31)算至板底;有框架梁时(图 2-5-32)算至梁底面。

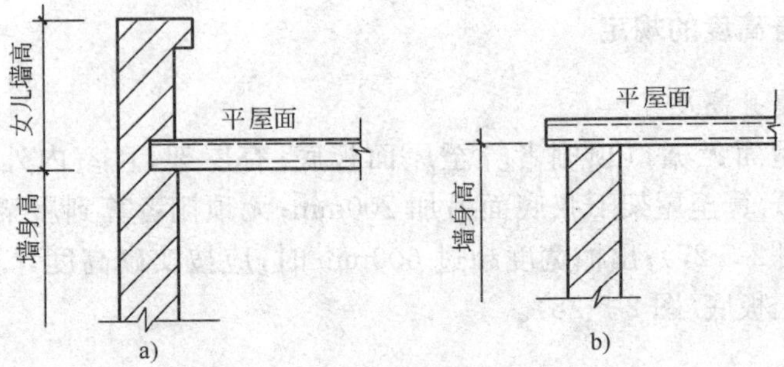

图 2-5-28 平屋面外墙墙身高度示意图

a)有女儿墙；b)无女儿墙

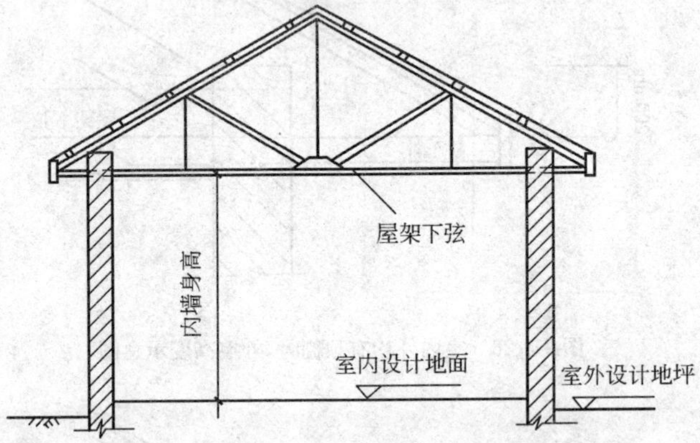

图 2-5-29 屋架下弦的内墙墙身高度示意图

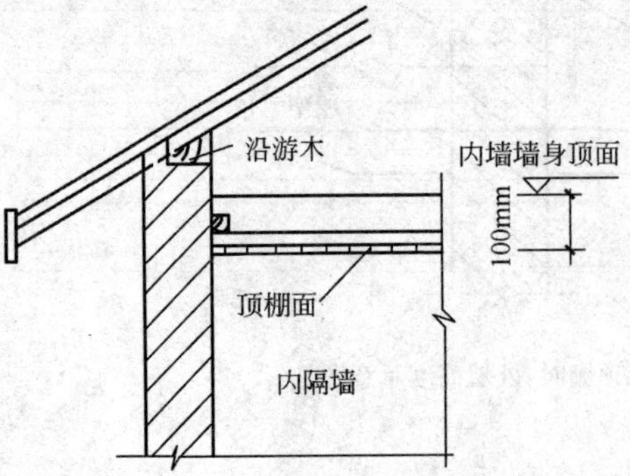

图 2-5-30 无屋架时，内墙墙身高度示意图

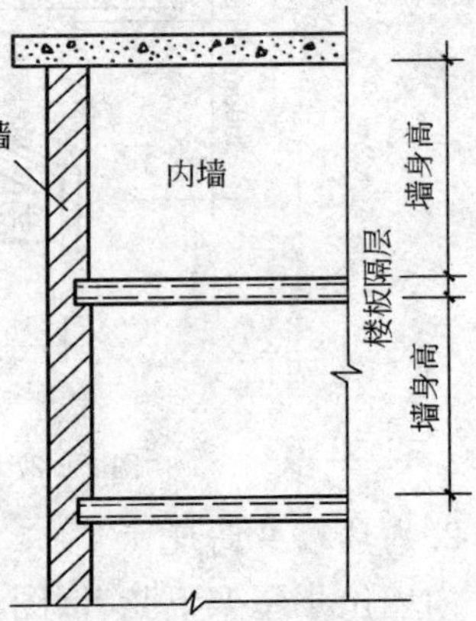

图 2-5-31 有混凝土楼板隔层时的内墙墙身高度示意图

3. 内、外山墙墙身高度

内、外山墙墙身高度按其平均高度计算(图 2-5-32、图 2-5-33)

(三)其他规定

(1)框架间砌体,分别内外墙以框架间的净空面积(图 2-5-34)乘以墙厚计算。框架外表镶贴砖部分亦并入框架间砌体工程量内计算。

(2)空花墙按空花部分外形体积以立方米计算,空花部分不予扣除,其中实体部分另行计算(图 2-5-35)。

(3)空斗墙按外形尺寸以立方米计算,墙角、内外墙交接处,门窗洞口立边,窗台砖及屋檐处的实砌部分已包括在定额内,不另行计算,但窗间墙、窗台下、楼板下、梁头下等实砌部分,应另行计算,套零星砌体定额项目(图 2-5-36)。

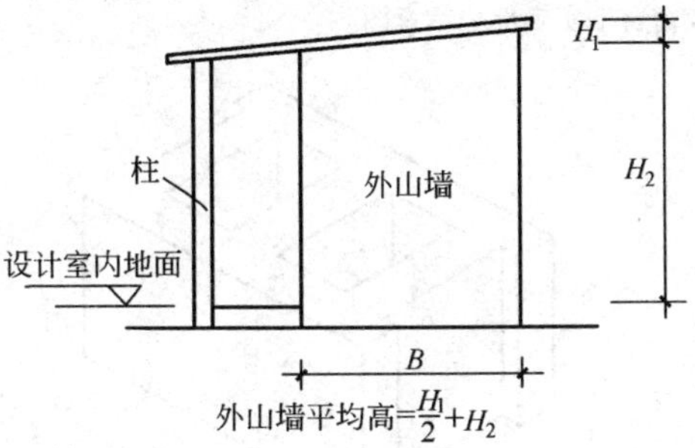

图 2-5-32　一坡水屋面外山墙墙高示意图

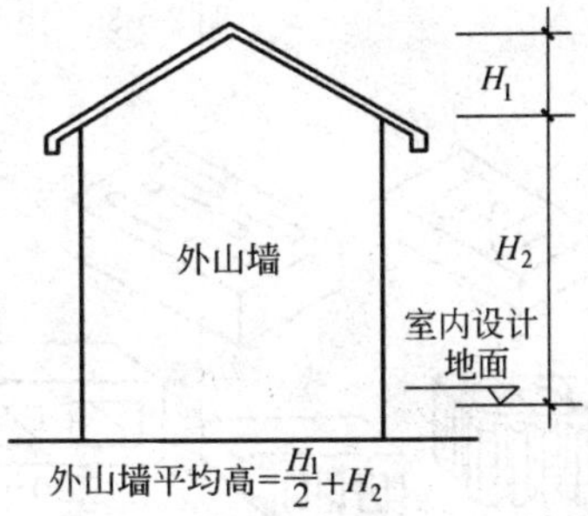

图 2-5-33　二坡水屋面山墙墙身高度示意图

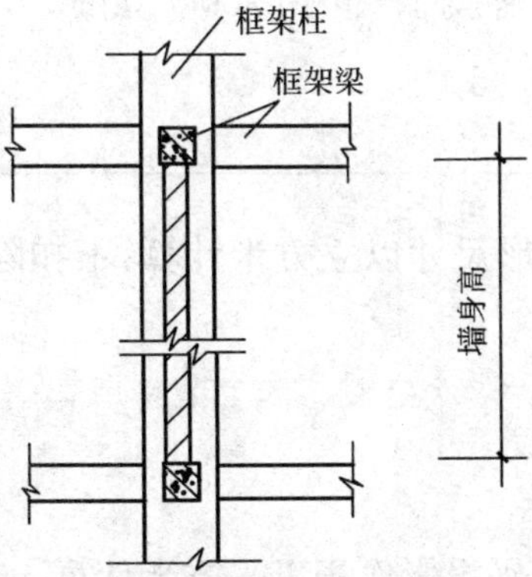

图 2-5-34　有框架梁时的墙身高度示意图

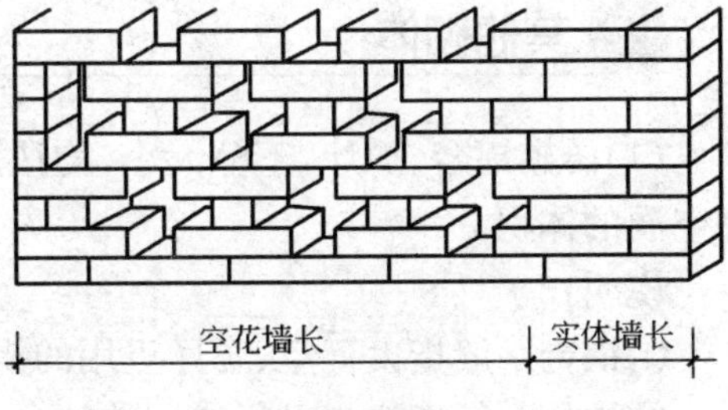

图 2-5-35　空花墙与实体墙划分示意图

(4)多孔砖、空心砖按图示厚度以立方米计算,不扣除其孔、空心部分体积。图 2-5-37 中为各种类型的黏土空心砖。

(5)填充墙按外形尺寸以立方米计算,其中实砌部分已包括在定额内,不另计算。

(6)加砌混凝土墙、硅酸盐砌块墙、小型空心砌块(图 2-5-38)墙,按图示尺寸以立方米计算,按设计规定需要镶嵌砖砌体部分已包括在定额内,不另计算。

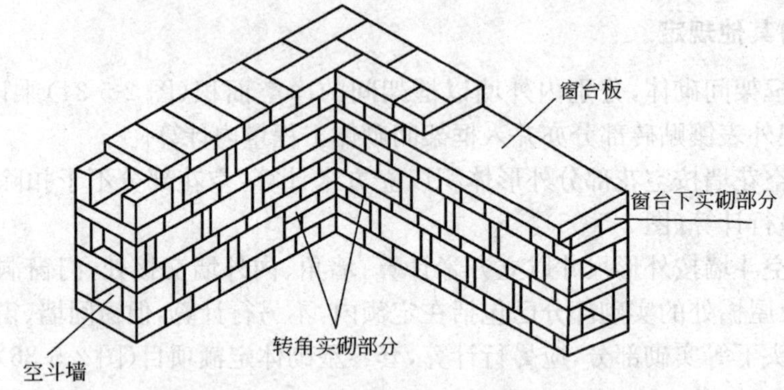

图 2-5-36　空斗墙转角及窗台下实砌部分示意图

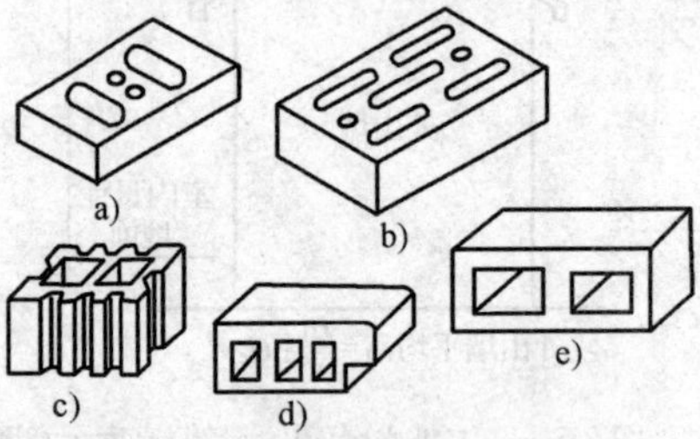

图 2-5-37　黏土空心砖示意图

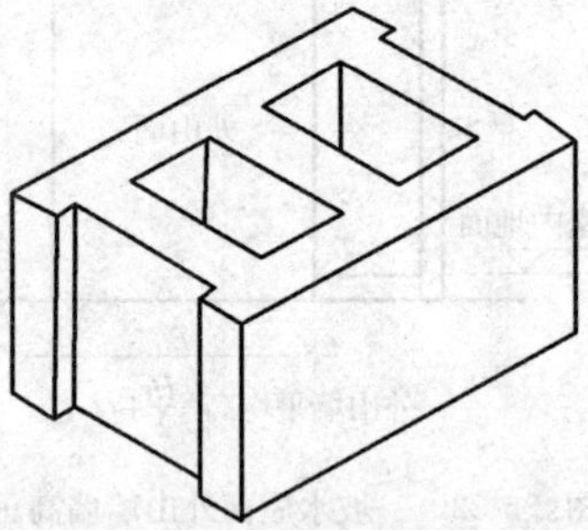

图 2-5-38　混凝土小型空心砌块

四 其他砌体

(1)砖砌锅台、炉灶,不分大小,均按图示外形尺寸以立方米计算,不扣除各种空洞的体积。

说明:

①锅台一般指大食堂、餐厅里用的锅灶;

②炉灶一般指住宅里每户用的灶台。

(2)砖砌台阶(不包括梯带)(图 2-5-39)按水平投影面积以平方米计算。

(3)厕所蹲位、水槽腿、灯箱、垃圾箱、台阶挡墙或梯带、花台、花池、地垄墙及支撑地楞木的砖墩,房上烟囱、屋面架空隔热层砖墩及毛石墙的门窗立边、窗台虎头砖等实砌体积,以立方米计算,套用零星砌体定额项目(图 2-5-40～图 2-5-45)。

注:石墙的窗台虎头砖单独计算工程量。

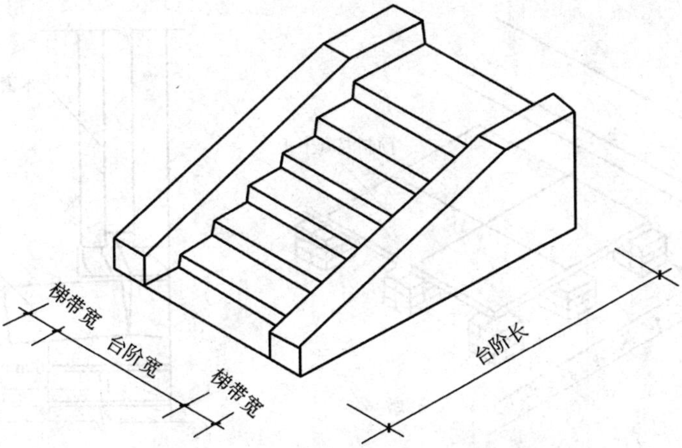

图 2-5-39　砖砌台阶示意图

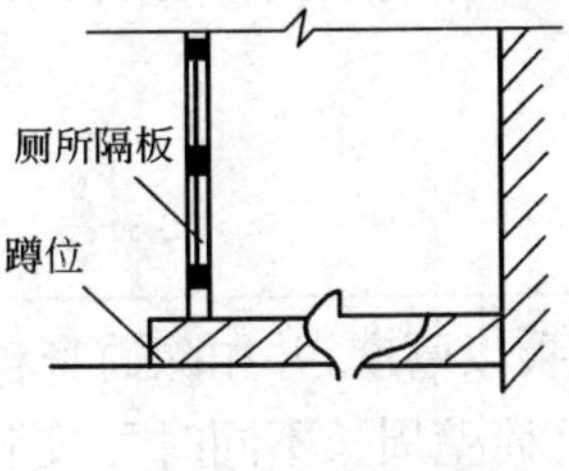

图 2-5-40　砖砌蹲位示意图

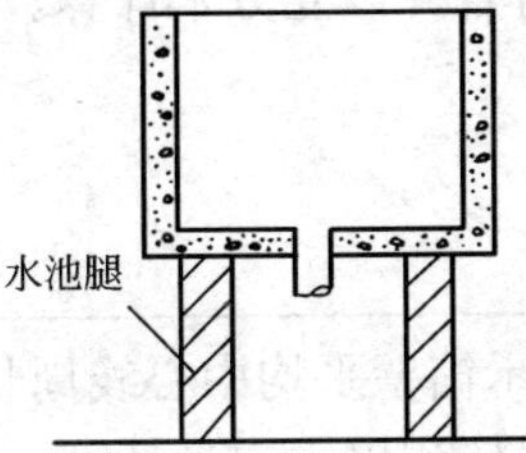

图 2-5-41　砖砌水池(槽)腿示意图

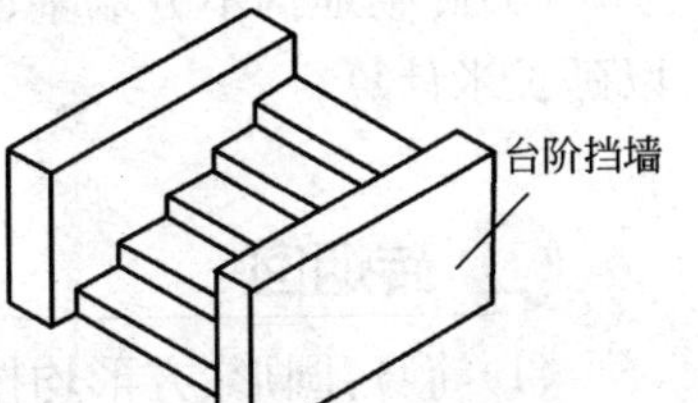

图 2-5-42　有挡墙台阶示意图

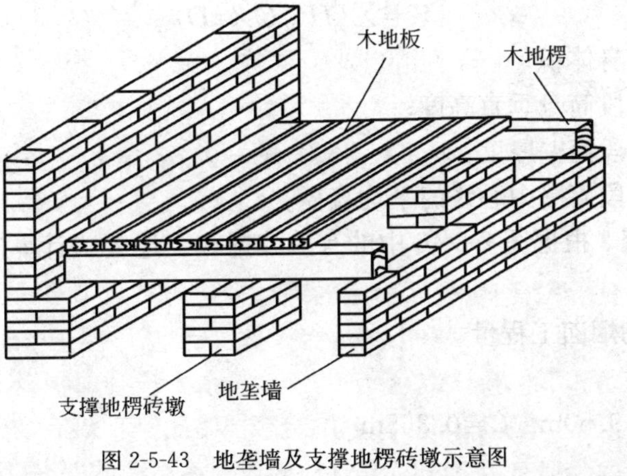

图 2-5-43　地垄墙及支撑地楞砖墩示意图

(4)检查井及化粪池不分壁厚均以立方米计算,洞口上的砖平拱碹等并入砌体体积内计算。

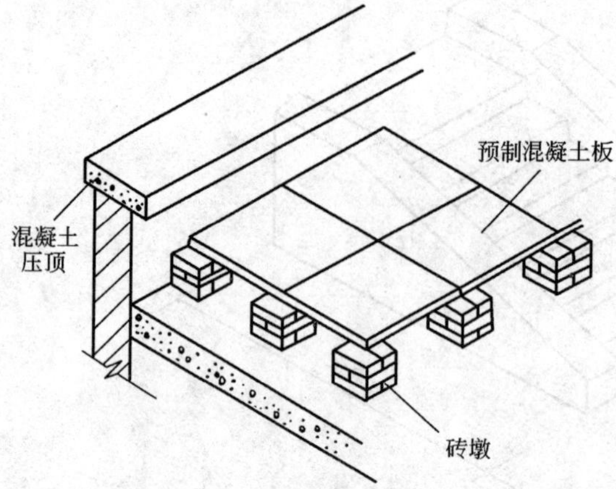

图 2-5-44　屋面架空隔热层砖墩示意图

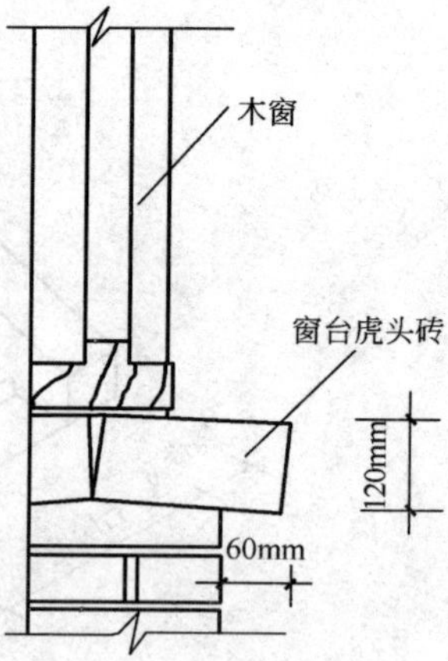

图 2-5-45　窗台虎头砖示意图

(5)砖砌地沟不分墙基、墙身合并以立方米计算。石砌地沟按其中心线长度以延长米计算。

五　砖烟囱

(1)筒身:圆形、方形均按图示筒壁平均中心线周长乘以厚度,并扣除筒身各种孔洞、钢筋混凝土圈梁、过梁等体积以立方米计算。其筒壁周长不同时可按下式分段计算:

$$V=\sum(H\times C\times \pi D) \tag{2-5-4}$$

式中:V——筒身体积;

H——每段筒身垂直高度;

C——每段筒壁厚度;

D——每段筒壁中心线的平均直径。

【例 2-5-6】 根据图 2-5-46 中的有关数据和上述公式计算砖砌烟囱和圈梁工程量。

解:①砖砌烟囱工程量

a. 上段:

已知:$H=9.50\text{m}$　$C=0.365\text{m}$

求 $D=(1.40+1.60+0.365)\times\frac{1}{2}=1.68(\text{m})$

故 $V_{上}=9.50\times0.365\times3.1416\times1.68=18.30(\text{m}^3)$

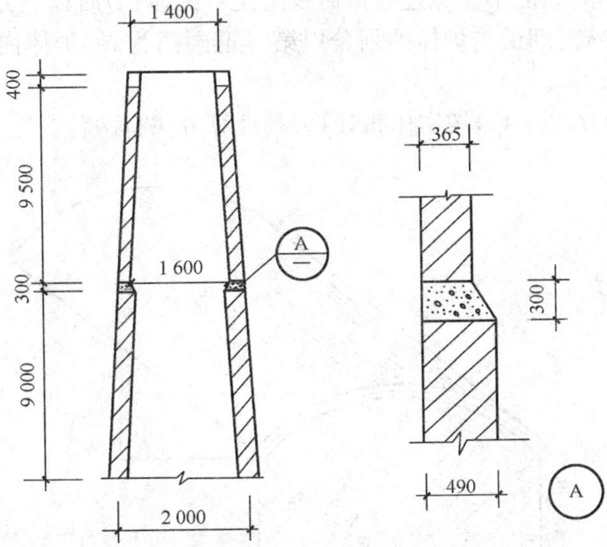

图 2-5-46　有圈梁砖烟囱示意图(尺寸单位:mm)

b. 下段:

已知:H=9.0m　C=0.490m

求 $D=(2.0+1.60+0.365\times2-049)\times\frac{1}{2}=1.92$(m)

故 $V_{下}=9.0\times0.49\times3.1416\times1.92=26.60$($m^3$)

$V=18.30+26.60=44.90$(m^3)

②混凝土圈梁工程量

a. 上部圈梁:

$$V_{上}=1.40\times3.1416\times0.4\times0.365=0.64(m^3)$$

b. 中部圈梁:

圈梁中心直径=1.60+0.365×2−0.49=1.84(m)

圈梁断面积=$(0.365+0.49)\times\frac{1}{2}\times0.30=0.128$($m^2$)

$$V_{中}=1.84\times3.1416\times0.128=0.74(m^3)$$

故 $V=0.74+0.64=1.38$(m^3)

(2)烟道、烟囱内衬按不同材料,扣除孔洞后,以图示实体积计算。

(3)烟囱内壁表面隔热层,按筒身内壁并扣除各种孔洞后的面积以平方米计算;填料按烟囱内衬与筒身之间的中心线平均周长乘以图示宽度和筒高,并扣除各种孔洞所占体积(但不扣除连接横砖及防尘带的体积)后以立方米计算。

(4)烟道砌砖:烟道与炉体的划分以第一道闸门为界,炉体内的烟道部分列入炉体工程量计算。

烟道拱顶(图 2-5-47)按实体积计算,其计算方法有两种:

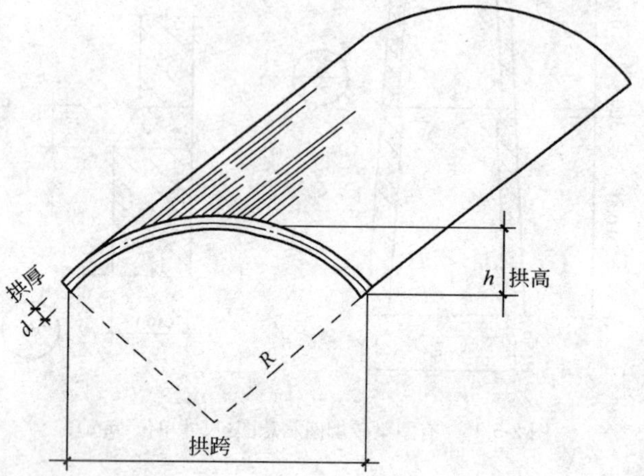

图 2-5-47 烟道拱顶示意图

①按矢跨比公式计算

计算公式:

$$V=\text{中心线拱跨}\times\text{弧长系数}\times\text{拱厚}\times\text{拱长}$$
$$=b\times P\times d\times L \qquad (2\text{-}5\text{-}5)$$

其中,烟道拱顶弧长系数查表得到。弧长系数 P 的计算公式为(当 $h=1$ 时):

$$P=\frac{1}{90}\times\left(\frac{0.5}{b}+0.125b\right)\pi\arcsin\frac{b}{1+0.25b^2} \qquad (2\text{-}5\text{-}6)$$

例如,当矢跨比 $\frac{h}{l}=\frac{1}{7}$ 时,弧长系数 P 为:

$$P=\frac{1}{90}\times\left(\frac{0.5}{7}+0.125\times7\right)\times3.1416\times\arcsin\frac{7}{1+0.25\times7^2}$$
$$=1.054$$

【例 2-5-7】 已知矢高为 1m,拱跨为 6m,拱厚为 0.15m,拱长 7.8m,求拱顶体积。

解:查表 2-5-3,知弧长系数 P 为 1.07。

烟道拱顶弧长系数表　　表 2-5-3

矢跨比$\frac{h}{b}$	$\frac{1}{2}$	$\frac{1}{3}$	$\frac{1}{4}$	$\frac{1}{5}$	$\frac{1}{6}$	$\frac{1}{7}$	$\frac{1}{8}$	$\frac{1}{9}$	$\frac{1}{10}$
弧长系数 P	1.57	1.27	1.16	1.10	1.07	1.05	1.04	1.03	1.02

故 $V=6\times1.07\times0.15\times7.8=7.51\text{m}^3$

②按圆弧长公式计算

计算公式：

$$V=\text{圆弧长}\times\text{拱厚}\times\text{拱长} \tag{2-5-7}$$

$$=L\times d\times L$$

其中，圆弧长为：

$$l=\frac{\pi}{180}R\theta$$

【例 2-5-8】 某烟道拱顶厚 0.18m，半径 4.8m，θ 角为 180°，拱长 10m，求拱顶体积。

解：已知：$d=0.18\text{m}$　$R=4.8\text{m}$　$\theta=180°$　$L=10\text{m}$

$V=\frac{3.1416}{180}\times4.8\times180\times0.18\times10=27.14(\text{m}^3)$

六 砖砌水塔

砖砌水塔如图 2-5-48 所示。

(1)水塔基础与塔身划分：以砖基础的扩大部分顶面为界，以上为塔身，以下为基础，分别套用相应基础砌体定额。

(2)塔身以图示实砌体积计算，并扣除门窗洞口和混凝土构件所占的体积，砖平拱碹及砖出檐等并入塔身体积内计算，套水塔砌筑定额。

(3)砖水箱内外壁，不分壁厚，均以图示实砌体积计算，套用相应的内外砖墙定额。

七 砌体内钢筋加固

砌体内钢筋加固根据设计规定，以吨计算，套用钢筋混凝土章节相应项目(图 2-5-49～图 2-5-52)。

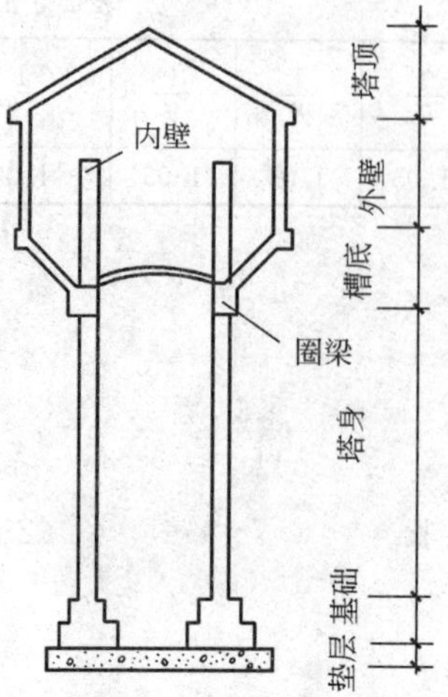

图 2-5-48　水塔构造及各部分划分示意图

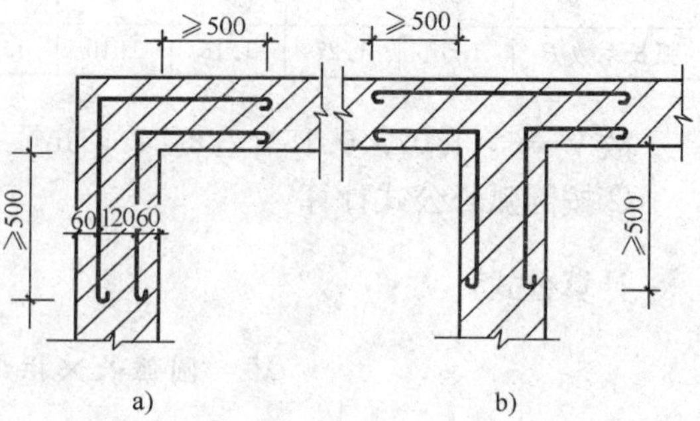

图 2-5-49　砌体内钢筋加固示意图(一)(尺寸单位:mm)

a)砖墙转角处;b)砖墙 T 形接头处

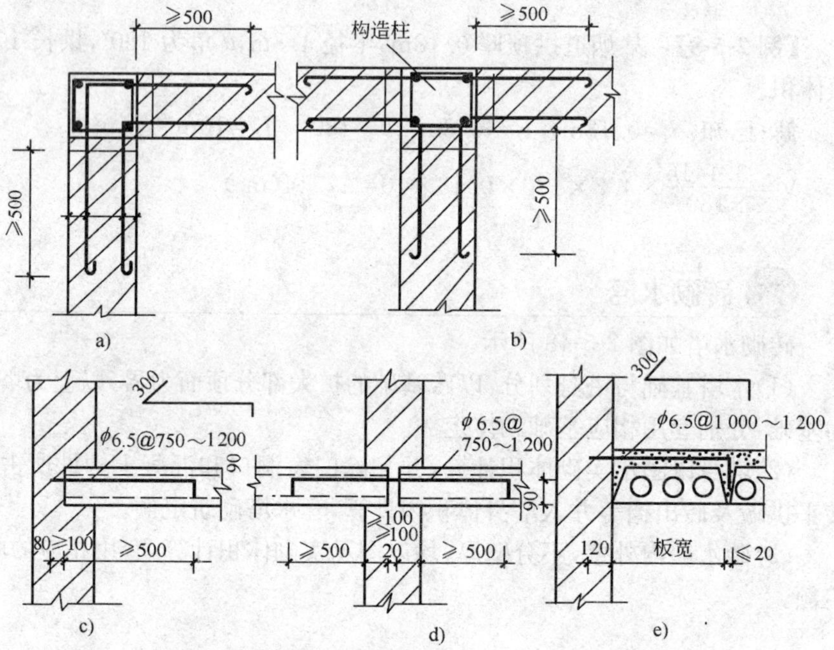

图 2-5-50　砌体内钢筋加固示意图(二)(尺寸单位:mm)

a)有构造柱的墙转角处;b)有构造柱的 T 形墙接头处;c)板端与外墙连接;d)板端内墙连接;e)板与纵墙连接

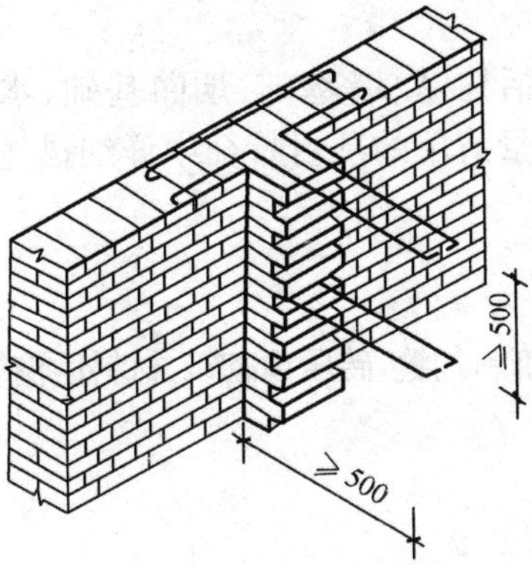

图 2-5-51　T 形接头钢筋加固示意图(尺寸单位:mm)

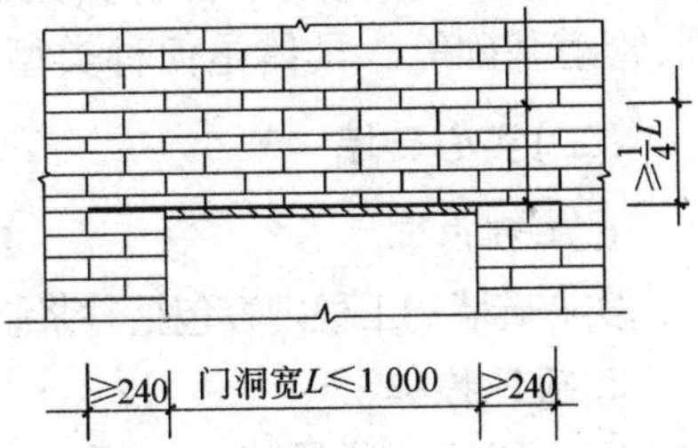

图 2-5-52　钢筋砖过梁(尺寸单位:mm)

第二节　清单工程量计算

一　主要内容

砌筑工程主要包括砖基础、砖砌体、砖构筑物、砌块砌体、石砌体、砖散水、地坪、地沟。

二　工程量清单项目

(一)砖基础

1. 工程内容

砖基础工程内容包括砂浆制作、运输,铺设垫层,砌砖,防潮层铺设,材料运输。

2. 项目特征

砖基础的项目特征包括:

(1)垫层材料种类、厚度;

(2)砖品种、规格、强度等级;

(3)基础类型;

(4)基础深度;

(5)砂浆强度等级。

3. 计算规则

砖基础工程量按设计图示尺寸以体积计算,应扣除地梁(圈梁)、构造柱等所占体积,不扣除基础大放脚 T 形接头处重叠部分等所占体积。

基础长度的确定:外墙按中心线,内墙按净长线计算。

4. 有关说明

砖基础项目适用于各种类型砖基础，包括柱基、墙基础、烟囱基础、水塔基础、管道基础等。具体是何种类型，应在工程量清单的项目特征中详细描述。

(二)实心砖墙

1. 工程内容

实心砖墙的工程内容包括砂浆制作、运输，砌砖，勾缝，砖压顶砌筑，材料运输等。

2. 项目特征

实心砖墙的项目特征包括：

(1)砖品种、规格、强度等级；

(2)墙体类型；

(3)墙体厚度；

(4)墙体高度；

(5)勾缝要求；

(6)砂浆强度等级或配合比。

3. 计算规则

实心砖墙工程量按设计图示尺寸以体积计算。应扣除门窗洞口、过人洞等所占体积，还应扣除嵌入墙内的钢筋混凝土柱、梁、圈梁、挑梁、过梁及凹进墙内的壁龛、暖气槽、消火栓箱等所占体积。不扣除梁头、板头、门窗走头及墙内加固钢筋等所占体积。凸出墙面的腰线、压顶、窗台线、门窗套的体积亦不增加。

墙长的确定：外墙按中心线长，内墙按净长计算。

墙高的确定：基础与墙身使用同一种材料时，以设计室内地面为界，以下为基础，以上为墙身。当为平屋面时，外墙高度算至钢筋混凝土板底；当有钢筋混凝土楼板隔层者，内墙高度算至楼板顶。

4. 有关说明

实心砖墙项目适用于各种类型实心砖墙，包括外墙、内墙、围墙、双面混水墙、双面清水墙、单面清水墙、直形墙、弧形墙等。

(三)空斗墙

1. 基本概念

空斗墙是以普通黏土砖砌筑而成的空心墙体，民居中常采用。墙厚一般为240mm，采取无眠空斗、一眠一斗、一眠三斗等几种砌筑方法。所谓“斗”是指墙体中由两皮侧砌砖与横向拉结砖所构成的空间，而“眠”则是墙体中沿纵向平砌的一皮顶砖。

一砖厚的空斗墙与同厚度的实体墙相比，可节省砖20%左右，可减轻自重，常在三层及三层以下的民用建筑中采用，但下列情况又不宜采用：

(1)土质软弱可能引起建筑物不均匀沉陷的地区；

(2)建筑物有振动荷载时；

(3)地震烈度在七度及七度以上的地区。

2. 工程内容

空斗墙的工程内容包括砂浆制作、运输，砌砖，装填充料，勾缝，材料运输等。

3. 项目特征

空斗墙的项目特征包括：

(1)砖品种、规格、强度等级；

(2)墙体类型；

(3)墙体厚度；

(4)勾缝要求；

(5)砂浆强度等级或配合比。

4. 计算规则

空斗墙工程量按设计图示尺寸以墙的外形体积计算。墙角、内外墙交接处、门窗洞口立边、窗台砖、屋檐处的实砌部分体积并入空斗墙体积内。

5. 有关说明

空斗墙项目适用于各种砌法的空斗墙。应注意窗间墙、窗台下、楼板下、梁头下的实砌部分，应按零星砌砖项目另行列项计算。

(四)砖烟囱、水塔

1. 工程内容

砖烟囱、水塔的工程内容包括砂浆制作、运输，砌砖，涂隔热层，装填充料，砌内衬，勾缝，材料运输等。

2. 项目特征

砖烟囱、水塔的项目特征包括：

(1)筒身高度；

(2)砖品种规格、强度等级；

(3)耐火砖品种、规格；

(4)耐火泥品种；

(5)隔热材料种类；

(6)勾缝要求；

(7)砂浆强度等级或配合比。

3. 计算规则

砖烟囱、水塔工程量按设计图示筒壁平均中心线周长乘以厚度再乘以高度以体积计算。应扣除各种孔洞、钢筋混凝土圈梁、过梁等所占的体积。

4. 计算公式

砖烟囱、水塔工程量计算公式为：

$$V=\sum(H\times C\times \pi D) \tag{2-5-8}$$

式中：V——筒身体积；

H——每段筒身垂直高度；

C——每段筒壁厚度；

D——每段筒壁中心线的平均直径。

5. 有关说明

砖烟囱、水塔项目适用于各种类型砖烟囱和砖水塔。烟囱内衬及隔热填充材料可与烟囱外壁分别编码(采用第五级编码)列项。

(五)砖水池、化粪池

1. 工程内容

砖水池、化粪池工程内容包括土方挖运，砂浆制作、运输，铺设垫层，底板混凝土制作、运输、浇筑、振捣、养护，砌砖、勾缝，池底、壁抹灰，抹防潮层，回填土，材料运输等。

2. 项目特征

砖水池、化粪池项目特征包括：

(1)池截面；

(2)垫层材料种类、厚度；

(3)底板厚度；

(4)勾缝要求；

(5)混凝土强度等级；

(6)砂浆强度等级或配合比。

3. 计算规则

砖水池、化粪池按设计图示数量以座计算。

4. 有关说明

砖水池、化粪池项目适用于各类砖水池、化粪池、沼气池、公厕生化池等。工程量的“座”包括挖土、运输、回填、池底板、池壁、池盖板、池内隔断、隔墙、隔栅小梁、隔板、滤板等全部工程。

练 习 题

一、简答题

1.砖墙与砖基础如何划分?

2.工程量计算中砖墙的高度、长度如何计算?

3.定额中的砖厚度是否按设计施工图标注尺寸确定?

4.砌筑的工程量清单项目划分有哪几个部分?

二、计算题

某建筑物基础工程,由 M5 水泥砂浆砌筑 M10 标准红砖的条形基础组成,砖基础下 C15 混凝土垫层。条形砖基础内设有钢筋混凝土地圈梁,基础平面图和剖面图如下图所示(尺寸单位:mm)。求砖基础工程量,并编制砖基础项目清单。

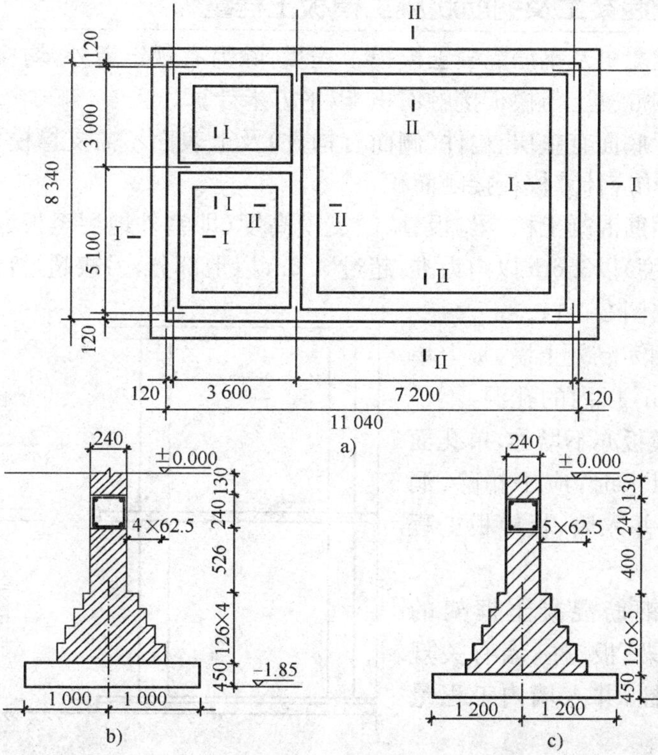

a)基础平面图;b)I-I 剖面图;c)II-II 剖面图

第六章 混凝土工程量计算

第一节 计价工程量计算

一 现浇混凝土及钢筋混凝土模板工程量

(1)现浇混凝土及钢筋混凝土模板工程量，除另有规定者外，均应区别模板的不同材质，按混凝土与模板接触面积，以平方米计算。

说明：除了底面有垫层、构件(侧面有构件)及上表面不需支撑模板外，其余各个方向的面均应计算模板接触面积。

(2)现浇钢筋混凝土柱、梁、板、墙的支模高度(即室外地坪至板底或板面至板底之间的高度)以3.6m 以内为准，超过 3.6m 以上部分，另按超过部分计算增加支撑工程量(图 2-6-1)。

(3)现浇钢筋混凝土墙、板上单孔面积在 0.3m² 以内的孔洞，不予扣除，洞侧壁模板亦不增加，单孔面积在 0.3m² 以上时，应予扣除，洞侧壁模板面积并入墙、板模板工程量内计算。

(4)现浇钢筋混凝土框架的模板，分别按梁、板、柱、墙有关规定计算，附墙柱，并入墙内工程量计算。

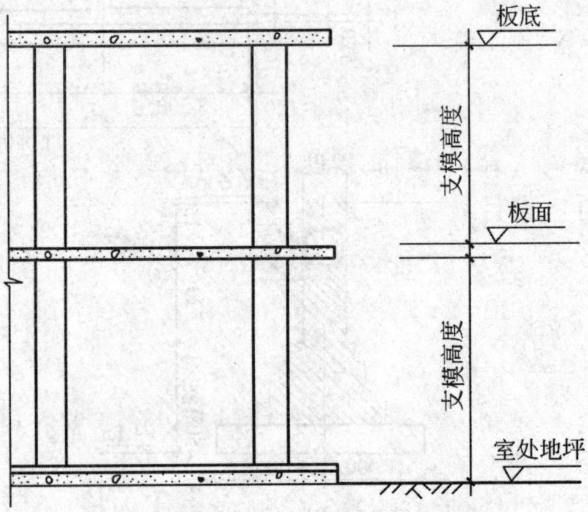

图 2-6-1　支模高度示意图

(5)杯形基础杯口高度大于杯

口大边长度时，套高杯基础模板定额项目(图 2-6-2)。

(6)柱与梁、柱与墙、梁与梁等连接的重叠部分，以及伸入墙内的梁头、板头部分，均不计算模板面积。

(7)构造柱外露面均应按图示外露部分计算模板面积。构造柱与墙接触部分不计算模板面积(图 2-6-3)。

(8)现浇钢筋混凝土悬挑板(雨篷、阳台)按图示外挑部分尺寸的水平投影面积计算。挑出墙外的牛腿梁及板边模板不另计算。

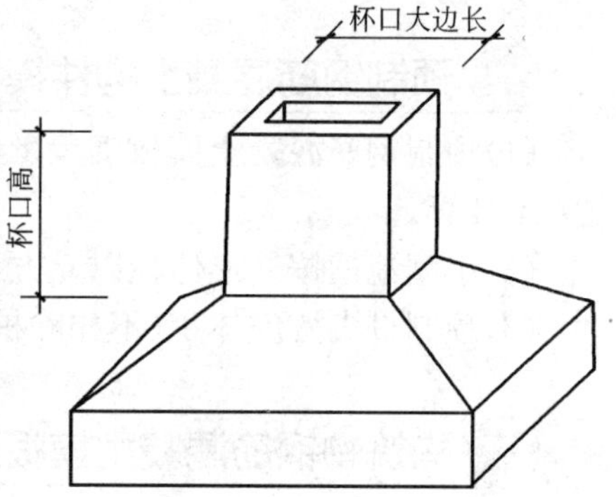

图 2-6-2　高杯基础示意图(杯口高大于杯口大边长时)

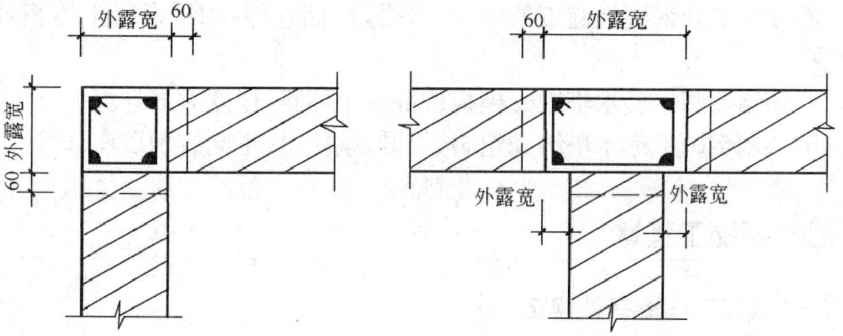

图 2-6-3　构造柱外露宽需支模板示意图(尺寸单位:mm)

说明:"挑出墙外的牛腿梁及板边模板"在实际施工时需支模板，为了简化工程量计算，在编制该项定额时已经将该因素考虑在定额消耗内，所以工程量就不再单独计算。

(9)现浇钢筋混凝土楼梯，以图示露明面尺寸的水平投影面积计算，不扣除小于 500mm 楼梯井所占面积。楼梯的踏步、踏步板、平台梁等侧面模板，不另计算。

(10)混凝土台阶不包括梯带，按图示台阶尺寸的水平投影面积计算，台阶端头两侧不另计算模板面积。

(11)现浇混凝土小型池槽按构件外围体积计算，池槽内、外侧及底部的模板不应另计算。

二 预制钢筋混凝土构件模板工程量

(1)预制钢筋混凝土模板工程量,除另有规定者外,均按混凝土实体体积以立方米计算。

(2)小型池槽按外形体积以立方米计算。

(3)预制桩尖按虚体积(不扣除桩尖虚体积部分)计算。

三 构筑物钢筋混凝土模板工程量

(1)构筑物工程的模板工程量,除另有规定者外,区别现浇、预制和构件类别,分别按上面的有关规定计算。

(2)大型池槽等分别按基础、墙、板、梁、柱等有关规定计算并套相应定额项目。

(3)液压滑升钢模板施工的烟囱、水塔身、储仓等,均按混凝土体积,以立方米计算。

(4)预制倒圆锥形水塔罐壳模板按混凝土体积,以立方米计算。

(5)预制倒圆锥形水塔罐壳组装、提升、就位,按不同容积以座计算。

四 钢筋工程量

(一)钢筋工程量有关规定

(1)钢筋工程,应区别现浇、预制构件、不同钢种和规格,分别按设计长度乘以单位重量,以吨计算。

(2)计算钢筋工程量时,设计已规定钢筋搭接长度的,按规定搭接长度计算;设计未规定搭接长度的,已包括在钢筋的损耗率内,不另计算搭接长度。

(二)钢筋长度的确定

计算公式为:

$$\text{钢筋长}=\text{构件长}-\text{保护层厚度}\times 2+\text{弯钩长}\times 2+\text{弯起钢筋增加值}(\Delta l)\times 2 \qquad (2\text{-}6\text{-}1)$$

1.钢筋的混凝土保护层

受力钢筋的混凝土保护层厚度,应符合设计要求;当设计无具体要求时,不应小于受力钢筋直径,并应符合表 2-6-1 的要求。

纵向受力钢筋的混凝土保护层的最小厚度(单位:mm)　　表 2-6-1

环境类别		板、墙、壳			梁			柱		
		≤C20	C25～C45	≥C50	≤C20	C25～C45	≥C50	≤C20	C25～C45	≥C50
一		20	15	15	30	25	25	30	30	30
二	*a*	—	20	20	—	30	30	—	30	30
	b	—	25	20	—	35	30	—	35	30
三		—	30	25	—	40	35	—	40	35

注:1. 基础中纵向受力钢筋的混凝土保护层厚度不应小于 40mm,当无垫层时不应小于 70mm。

2. 处于一类环境且由工厂生产的预制构件,当混凝土强度等级不低于 C20 时,其保护层厚度可按表中规定减少 5mm,但预应力钢筋的保护层厚度不应小于 15mm;处于二类环境且由工厂生产的预制构件,当表面采取有效保护措施时,保护层厚度可按表中一类环境数值取用。预制钢筋混凝土受弯构件钢筋端头的保护层厚度不应小于 10mm,预制肋形板主肋钢筋的保护层厚度应按梁的数值取用。

3. 板、墙、壳中分布钢筋的保护层厚度不应小于表中相应数值减 10mm,且不应小于 10mm;梁、柱中箍筋和构造钢筋的保护层厚度不应小于 15mm。

4. 当梁、柱中纵向受力钢筋的混凝土保护层厚度大于 40mm 时,应对保护层采取有效的防裂构造措施。

5. 有防火要求的建筑物,其保护层厚度尚应符合国家现行有关防火规范的规定。

对于四、五类环境中的建筑物,其混凝土保护层厚度尚应符合国家现行有关标准的要求。

2. 钢筋的弯钩长度

Ⅰ级钢筋末端需要做 180°、135°、90°弯钩时,其圆弧弯曲直径 D 不应小于钢筋直径 d 的 2.5 倍,平直部分长度不宜小于钢筋直径 d 的 3 倍(见图 2-6-4);HRB335 级、HRB400 级钢筋的弯弧内直径不应小于钢筋直径的 4 倍,弯钩的弯后平直部分应符合设计要求。

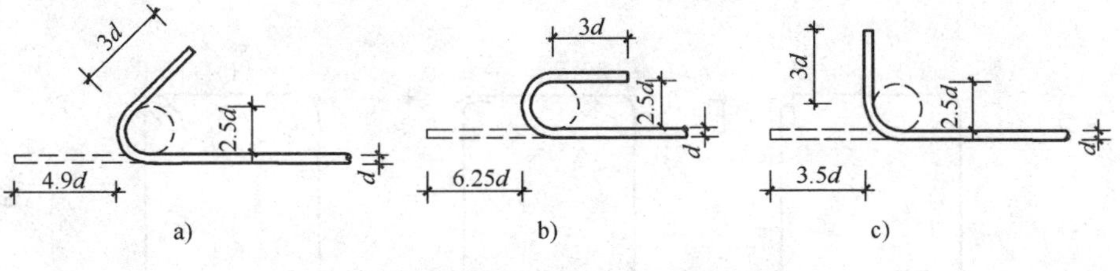

图 2-6-4　钢筋弯钩示意图

a)135°斜弯钩;b)180°半圆弯钩;c)90°直弯钩

由图 2-6-4 可见:

180°弯钩每个长度＝6.25d

135°弯钩每个长度＝4.9d

90°弯钩每个长度=3.5d

注：d是以毫米为单位的钢筋直径。

3. 弯起钢筋的增加长度

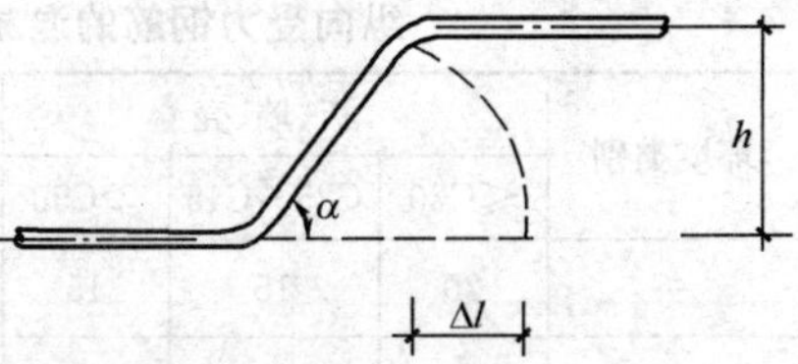

图 2-6-5　弯起钢筋增加长度示意图

弯起钢筋的弯起角度，一般有30°、45°、60°三种，其弯起增加值是指斜长与水平投影长度之间的差值，见图2-6-5。

弯起钢筋斜长及增加长度计算方法见表2-6-2。

弯起钢筋斜长及增加长度计算表　　表 2-6-2

形　状		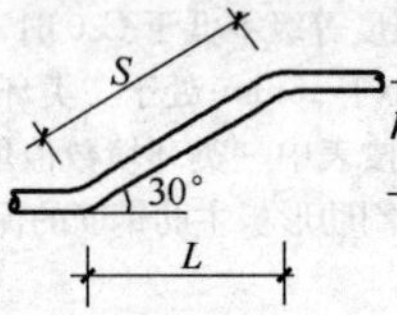	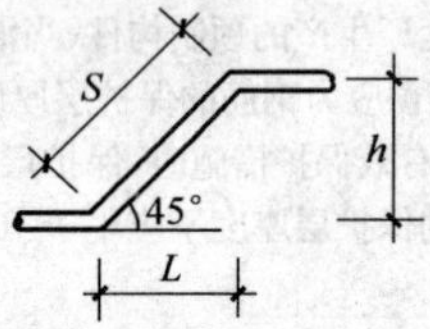	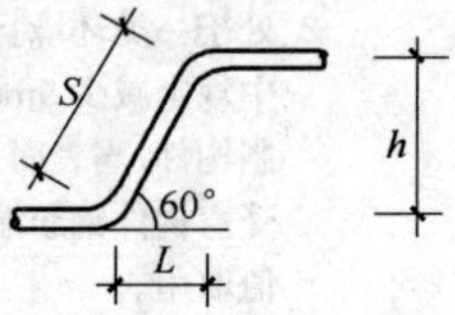
计算方法	斜边长S	2h	1.414h	1.155h
	增加长度 $S-L=\Delta l$	0.268h	0.414h	0.577h

4. 箍筋长度

箍筋的末端应作弯钩，弯钩形式应符合设计要求。当设计无具体要求时，用I级钢筋或冷拔低碳钢丝制作的箍筋，其弯钩的弯曲直径应大于受力钢筋直径，且不小于箍筋直径的2.5倍；弯钩平直部分的长度，对于一般结构，不宜小于箍筋直径的5倍；对于有抗震要求的结构，不应小于箍筋直径的10倍（见图2-6-6）。

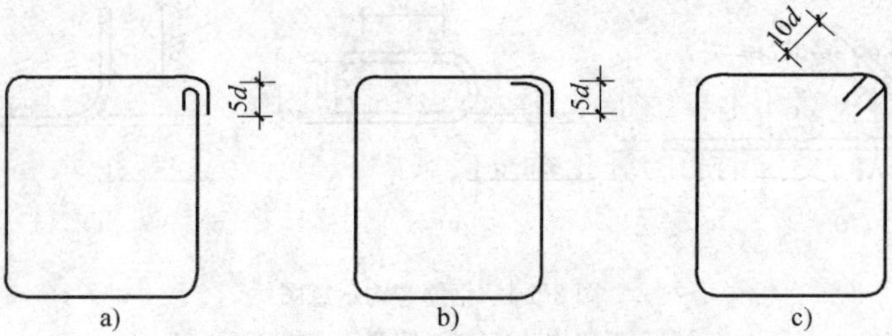

图 2-6-6　箍筋弯钩长度示意图

a）90°/180°一般结构；b）90°/90°一般结构；c）135°/135°抗震结构

箍筋长度，可按构件断面外边周长减8个混凝土保护层厚度再加弯钩长计算，也可按构件断面外边周长加上增减值计算，公式为：

$$箍筋长度=构件断面外边周长+箍筋增减值 \tag{2-6-2}$$

箍筋增减值见表 2-6-3。

箍筋长度调整表(单位:mm)　　表 2-6-3

形状		直径 d						备注
		4	6	6.5	8	10	12	
		Δl						
抗震结构	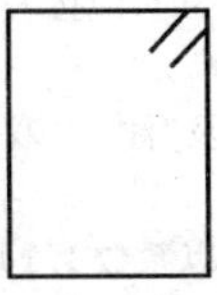	−88	−33	−20	22	78	133	$\Delta l=200-27.8d$
一般结构	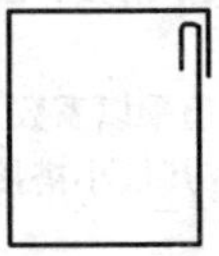	−129	−93.5	−84.6	−58	−22.5	−13	$\Delta l=200-17.75d$
	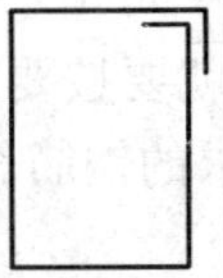	−140	−110	−103	−80	−50	−20	$\Delta l=200-15d$

注：本表根据《混凝土结构工程施工质量验收规范》(GB 50204—2002)第 5.3.2 条编制。保护层按 25mm 考虑。

5. 钢筋的绑扎接头

按《混凝土结构工程施工质量验收规范》(GB 50204—2002)规定：

(1)当纵向受拉钢筋的绑扎搭接接头面积百分率不大于 25%时，其最小搭接长度应符合表 2-6-4 规定(纵向受拉钢筋的绑扎搭接接头面积百分率，梁、板、墙类构件，不宜大于 25%；柱类构件不宜大于 50%)，在任何情况下，受拉钢筋的搭接长度不应小于 300mm。

(2)纵向受压钢筋搭接时，其最小搭接长度按表 2-6-4 及“注释”规定确定后，乘以系数 0.7 取用，在任何情况下，受压钢筋的搭接长度不应小于 200mm。

纵向受拉钢筋最小搭接长度表　　表 2-6-4

钢筋类型		混凝土强度等级			
		C15	C20～C25	C30～C35	≥C40
光圆钢筋	HPB235 级	45d	35d	30d	25d
带肋钢筋	HRB335 级	55d	45d	35d	30d
	HRB400 级　RRB400 级	—	55d	40d	35d

注：1. 当纵向受拉钢筋的绑扎搭接接头面积百分率大于 25%时，但不大于 50%，其最小搭接长度应按表 2-6-4 中的数值乘以系数 1.2 取用；当接头面积百分率大于 50%时，应按表 2-6-4 中的数值乘以系数 1.35 取用。

2. 当符合下列条件时，纵向受拉钢筋的最小搭接长度应根据表 2-6-4 及“注”中第一条确定后，按下列规定进行修正：

①当带肋钢筋的直径大于 25mm 时，其最小搭接长度应按相应数值乘以系数 1.1 取用；

②环氧树脂涂层的带肋钢筋，其最小搭接长度应按相应数值乘以系数 1.25 取用；

③当混凝土在凝固过程中受力钢筋易受扰动时（如滑模施工时），其最小搭接长度应按相应数值乘以系数 1.1 取用；

④对末端采用机械锚固措施的带肋钢筋，其最小搭接长度可按相应数值乘以系数 0.7 取用；

⑤当带肋钢筋的保护层厚度大于搭接钢筋直径的 3 倍且配有箍筋时，其最小搭接长度可按相应数值乘以系数 0.8 取用；

⑥对有抗震设防要求的结构构件，其受力钢筋的最小搭接长度，对一、二级抗震等级应按相应数值乘以系数 1.15 采用，对三级抗震等级应按相应数值乘以系数 1.05 采用。

当设计要求的钢筋长度大于条圆钢筋的实际长度时，就要按要求搭接。为了简化计算过程，可以采用接头系数的方法计算有搭接要求的钢筋长度，计算公式如下：

$$\text{钢筋接头系数}=\frac{\text{钢筋单根长}}{\text{钢筋单根长}-\text{接头长}} \tag{2-6-3}$$

例如，某地区规定直径在 25mm 以内的条圆每 8m 长算一个接头，直径在 25mm 以上的条圆每 6m 长算一个接头，有关条件符合图 2-6-7 所示要求，其钢筋接头系数见表 2-6-5。

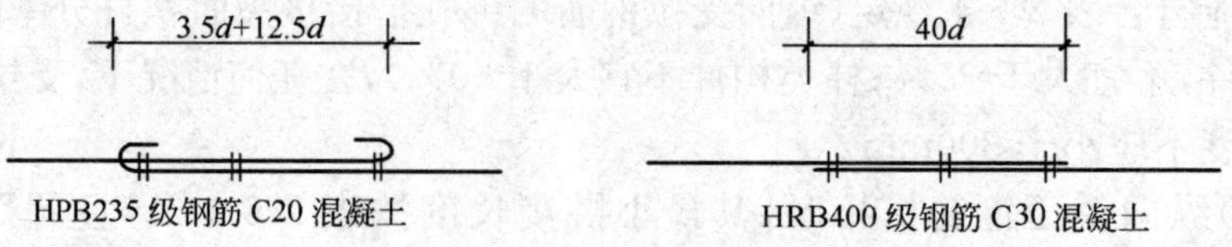

图 2-6-7　绑扎钢筋搭接长度示意图

钢筋接头系数表 表 2-6-5

钢筋直径(mm)	绑扎接头		钢筋直径(mm)	绑扎接头		钢筋直径(mm)	绑扎接头	
	有弯钩	无弯钩		有弯钩	无弯钩		有弯钩	无弯钩
10	1.063	1.053	18	1.120	1.099	25	1.174	1.143
12	1.077	1.064	20	1.135	1.111	26	1.259	1.242
14	1.091	1.075	22	1.150	1.124	28	1.285	1.266
16	1.105	1.087	24	1.166	1.136	30	1.311	1.290

注：1. 根据上述条件，直径在 25mm 以内有弯钩钢筋的搭接长度系数：

$$K_{d}=\frac{8}{8-47.5d}\quad(d\text{ 以 m 为单位})$$

直径在 25mm 以上有弯钩钢筋的搭接长度系数：

$$K_{d}=\frac{6}{6-47.5d}$$

2. 直径在 25mm 以内无弯钩钢筋的搭接长度系数：

$$K_{d}=\frac{8}{8-40d}$$

直径在 25mm 以上无弯钩钢筋的搭接长度系数：

$$K_{a}=\frac{6}{6-45d}$$

3. 上述是受拉钢筋绑扎的搭接长度，受压钢筋绑扎的搭接长度是受拉钢筋搭接长度的 0.7 倍。
4. 有弯钩钢筋接头系数按 HPB235 级钢筋 C20 混凝土计算；无弯钩钢筋接头系数按 HRB400 级钢筋 C30 混凝土计算。

6. 钢筋焊接接头

当采用电渣压力焊时，其接头按个计算，采用其他焊接形式，不计算搭接长度。

7. 钢筋机械连接接头

机械连接的接头常用有套筒挤压接头和锥螺纹接头，其接头按个计算。

(三)钢筋接头系数的应用

ϕ10 以内的盘圆钢筋可以按设计要求的长度下料，但ϕ10 以上的条圆钢筋超过一定的长度后就需要接头，绑扎的接头形式(图 2-6-7)，接头增加长度见表 2-6-5 的规定。

【例 2-6-1】 某工程圈梁钢筋按施工图计算的长度为：

ф16　　184m

ϕ12　　184m

按表 2-6-5 的规定计算含搭接长度的钢筋总长度。

解： ф16 属无弯钩钢筋，$l=184\times1.087=200$m

ϕ12 属有弯钩钢筋，$l=184\times1.077=198.17$m

(四)钢筋的锚固

钢筋的锚固长是指不同构件交接处,彼此的钢筋应相互锚入的长度,如图2-6-8所示。

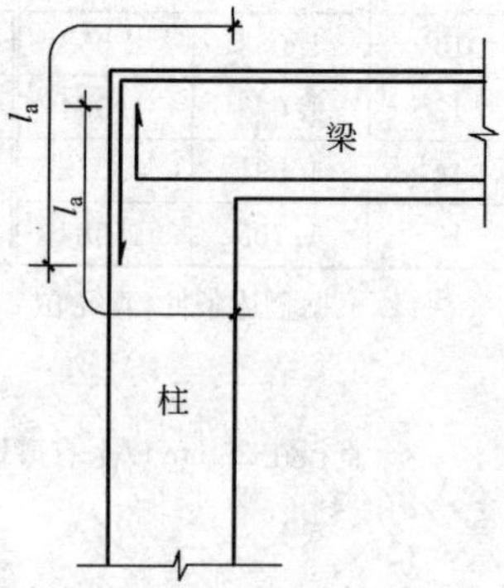

图 2-6-8　锚固筋示意图

设计图上对钢筋的锚固长度有明确规定,应按图计算。如表示不明确,按《混凝土结构设计规范》(GB 50010—2002)规定执行。规范规定:

1. 受拉钢筋锚固长度

受拉钢筋的锚固长度应按下列公式计算:

普通钢筋:

$$l_a=a(f_y/f_t)d \qquad (2\text{-}6\text{-}4)$$

预应力钢筋:

$$l_a=a(f_{py}/f_t)d \qquad (2\text{-}6\text{-}5)$$

式中:f_y、f_{py}——普通钢筋、预应力钢筋的抗拉强度设计值,f_y 按表 2-6-6 采用;

f_t——混凝土轴心抗拉强度设计值,按表 2-6-7 采用,当混凝土强度等级高于 C40 时,按 C40 取值;

d——钢筋的工程直径;

a——钢筋的外形系数(光面钢筋 a 取 0.16,带肋钢筋 a 取 0.14)。

普通钢筋强度设计值　表 2-6-6

单位:N/mm^2

种类		符号	f_y
热轧钢筋	HPB235(Q235)	ϕ	210
	HRB335(20MnSi)	Φ	300
	HRB400(20MnSiV、20MnSiNb,20MnTi)	Φ	360
	RRB400(K20MnSi)	$Φ^R$	360

注:HPB235 系指光面钢筋,HRB335 级、HRB400 级钢筋及 RRB400 级余热处理钢筋系指带肋钢筋。

混凝土抗拉强度设计值(单位:N/mm^2)　表 2-6-7

强度种类	混凝土强度等级													
	C15	C20	C25	C30	C35	C40	C45	C50	C55	C60	C65	C70	C75	C80
f_t	0.91	1.10	1.27	1.43	1.57	1.71	1.80	1.89	1.96	2.04	2.09	2.14	2.18	2.22

说明:当符合下列条件时,计算的锚固长度应进行修正:

(1)当 HRB335、HRB3400、RRB400 级钢筋的直径大于 25mm 时,其锚固长度应乘以修正系数 1.1;

(2)当使用 HRB335、HRB400、RRB400 级的环氧树脂涂层钢筋时，其锚固长度应乘以修正系数 1.25；

(3)当 HRB335、HRB400、RRB400 级钢筋在锚固区的混凝土保护层厚度大于钢筋直径的 3 倍且配有箍筋时，其锚固长度可乘以修正系数 0.8；

(4)经上述修正后的锚固长度不应小于按公式计算箍筋长度的 0.7 倍，且不应小于 250mm；

(5)纵向受压钢筋的锚固长度不应小于受拉钢筋锚固长度的 0.7 倍。

纵向受拉钢筋的抗震锚固长度 l_{aE}应按下列公式计算：

一、二级抗震等级 $l_{aE}=1.15l_a$ (2-6-6)

三级抗震等级 $l_{aE}=1.05l_a$ (2-6-7)

四级抗震等级 $l_{aE}=l_a$ (2-6-8)

2. 圈梁、构造柱钢筋锚固长度

对于钢筋混凝土圈梁、构造柱等，图纸上一般不表示其锚固长度，应按《建筑抗震结构详图》(GJBT—465)，97G329(三)(四)有关规定执行，如图 2-6-9 和表 2-6-8 所示。

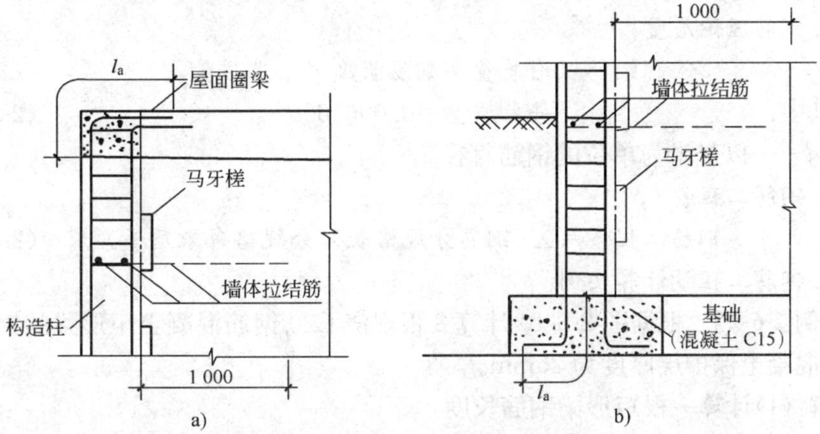

图 2-6-9 构造柱竖筋和圈梁纵筋的锚固

a)柱内纵筋在柱顶的锚固；b)柱内纵筋在基础内的锚固；c)屋盖、楼盖处圈梁纵筋在构造柱内的锚固；d)地下圈梁纵筋在构造柱内的锚固

钢筋锚固长度的规定　　表 2-6-8

竖向钢筋	φ12		φ14	
混凝土强度等级	C15	C20	C15	C20
l_a	600	480	700	560

(五)钢筋其他计算问题

在计算钢筋用量时，除了要准确计算出图纸所表示的钢筋外，还要注意设计图纸未画出及未明确表示的钢筋，如楼板上负弯矩筋的分布筋、满堂基础底板的双层钢筋在施工时支撑所用的马凳及混凝土墙施工时所用的拉筋等。这些钢筋在设计图纸上，有时只有文字说明，或没有文字说明，但这些钢筋在构造上及施工上是必要的，则应按施工验收规范、抗震构造规范等要求补齐，并入钢筋用量中。

(六)钢筋质量计算

1. 钢筋理论质量

钢筋理论质量＝钢筋长度×每米质量　　(2-6-9)

其中：　每米质量＝$0.006165d^2$　　(2-6-10)

式中：d——以毫米为单位的钢筋直径。

2. 钢筋工程量

钢筋工程量＝∑(钢筋分规格长×分规格每米质量)　　(2-6-11)

3. 钢筋工程量计算实例

【例 2-6-2】 根据图 2-6-10 计算 8 根现浇 C20 钢筋混凝土矩形梁的钢筋工程量，混凝土保护层厚度为 25mm。

解：(1)计算一根矩形梁钢筋长度

①号筋(Φ16，2 根)：

l＝(3.90－0.025×2＋0.25×2)×2(根)
＝4.35×2＝8.70(m)

②号筋(φ12，2 根)：

l＝(3.90－0.025×2＋0.012×6.25×2)×2(根)
＝4.0×2＝8.0(m)

③号筋(Φ16，1 根)：

弯起增加值计算，见表 2-6-2(下同)。

l＝3.90－0.025×2＋0.25×2＋(0.35－0.025×2－0.016)×0.414* ×2

$=4.35+0.284\times0.414^{*}\times2=4.35+0.24=4.59$(m)

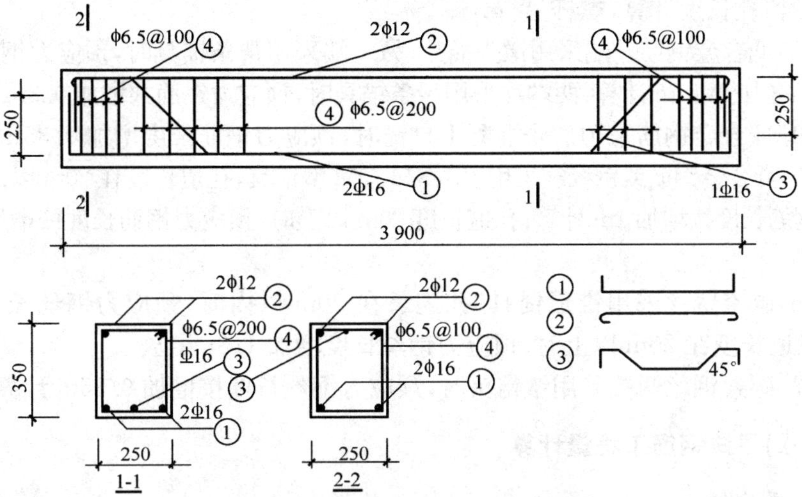

图 2-6-10 现浇 C20 钢筋混凝土矩形梁

④号筋(φ6.5)：

箍筋根数=(3.90−0.025×2)÷0.20+1(根)+4(根)(两端加密筋)

=24(根)

调整值见表 2-6-3(下同)。

箍筋长=(0.35+0.25)×2−0.02=1.18(m)

l=箍筋长×根数=1.18×24=28.32(m)

(2)计算 8 根矩形梁的钢筋质量

Φ16：(8.7+4.59)×8(根梁)×1.58(kg/m)=167.99(kg)

φ12：8.0×8×0.888(kg/m)=56.83(kg)

φ6.5：28.32×8×0.26(kg/m)=58.91(kg)

}284(kg)

注：Φ16 钢筋每米质量=0.006 165×16^2=1.58(kg/m)

φ12 钢筋每米质量=0.006 165×12^2=0.888(kg/m)

φ6.5 钢筋每米质量=0.006 165×6.5^2=0.26(kg/m)

(七)预应力钢筋

先张法预应力钢筋，按构件外形尺寸计算长度，后张法预应力钢筋按设计图纸规定的预应力钢筋预留孔道长度，并区别不同的锚具类型，分别按下列规定计算：

(1)低合金钢筋两端采用螺杆锚具时，预应力的钢筋按预留孔道长度减 0.35m 计算，螺杆另行计算。

(2)低合金钢筋一端采用镦头插片,另一端采用螺杆锚具时,预应力锚筋长度按预留孔长度计算,螺杆另行计算。

(3)低合金钢筋一端采用镦头插片,另一端采用帮条锚具时,预应力钢筋按预留孔长增加0.15m计算,两端均采用帮条锚具时,预应力钢筋共增加0.3m计算。

(4)低合金钢筋采用后张混凝土自锚时,预应力钢筋长度增加0.35m计算。

(5)低合金钢筋或钢绞线采用JM、XM、QM型锚具,孔道长度在20m以内时,预应力钢筋长度按增加1m计算;孔道长度20m以上时,预应力钢筋长度按增加1.8m计算。

(6)碳素钢丝采用锥形锚具,孔道长在20m以内时,预应力钢丝长度增加1m;孔道长度在20m以上时,预应力钢丝长度增加1.8m。

(7)碳素钢丝两端采用镦粗头时,预应力钢丝长度按增加0.35m计算。

(八)平法钢筋工程量计算

1. 梁构件

(1)在平法楼层框架梁中常见的钢筋形状见图2-6-11。

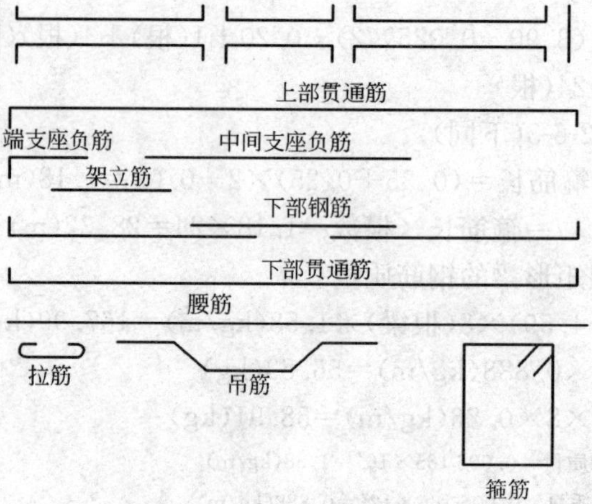

图2-6-11 平法楼层框架梁常见钢筋形状示意图

(2)钢筋长度计算方法。平法楼层框架梁常见的钢筋计算方法有以下几种:

①上部贯通筋(图2-6-12)

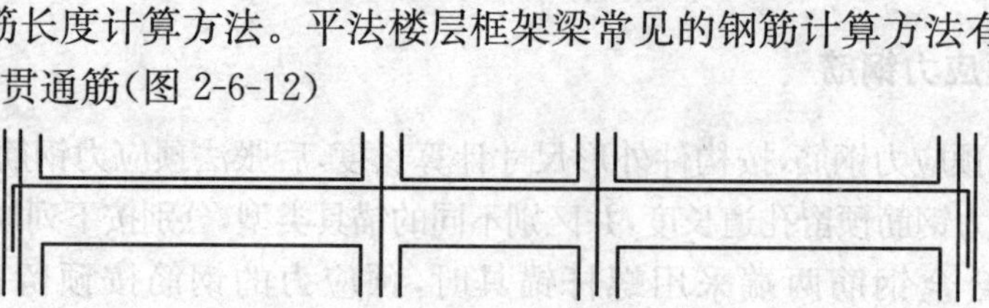

图2-6-12 上部贯通筋

上部贯通筋长 L =各跨长之和－左支座内侧宽－右支座内侧宽＋锚固长度＋搭接长度 (2-6-12)

锚固长度取值:

a.当(支座宽度－保护层)$\geqslant L_{aE}$,且$\geqslant 0.5h_c+5d$ 时,锚固长度$=\max(L_{aE},0.5h_c+5d)$;

b.当(支座宽度－保护层)$<L_{aE}$时,锚固长度=支座宽度－保护层$+15d$。

其中,h_c 为柱宽,d 为钢筋直径。

②端支座负筋(图 2-6-13)

上排钢筋长 $L=L_n/3$＋锚固长度 (2-6-13)

下排钢筋长 $L=L_n/4$＋锚固长度 (2-6-14)

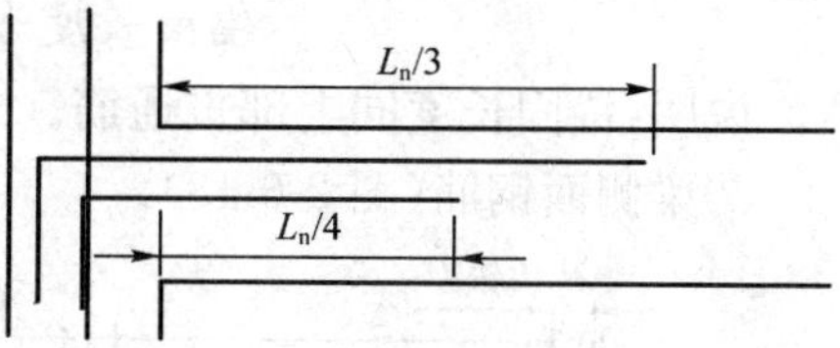

图 2-6-13　端支座负筋示意图

式中,L_n 为梁净跨长,锚固长度同上部贯通筋。

③中间支座负筋(图 2-6-14)

$$上排钢筋长\ L=2\times(L_n/3)+支座长度 \quad (2\text{-}6\text{-}15)$$

$$下排钢筋长\ L=2\times(L_n/4)+支座长度 \quad (2\text{-}6\text{-}16)$$

④架立筋(图 2-6-15)

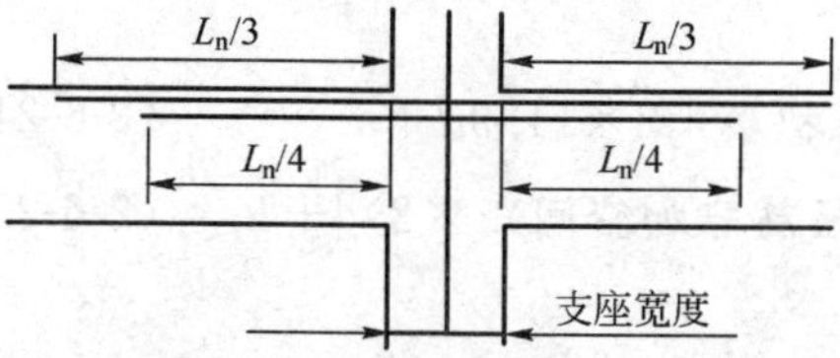

图 2-6-14　中间支座负筋示意图

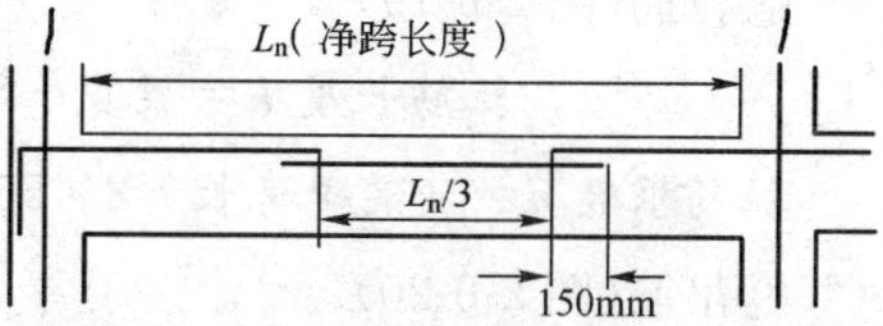

图 2-6-15　架立筋示意图

$$架力筋长\ L=(L_n/3)+2\times搭接长度 \quad (2\text{-}6\text{-}17)$$

搭接长度可按 150mm 计算。

⑤下部钢筋(图 2-6-16)

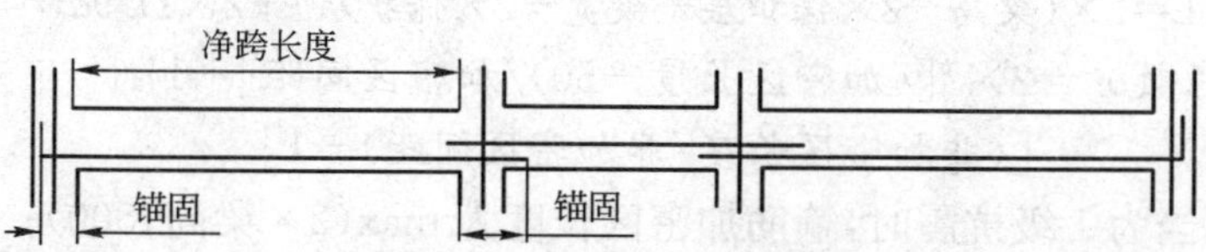

图 2-6-16　框架梁下部钢筋示意图

$$下部钢筋长=\sum_{i=1}^{n}[L_n+2\times锚固长度(或\ 0.5h_c+5d)]_i \quad (2\text{-}6\text{-}18)$$

⑥下部贯通筋(图 2-6-17)

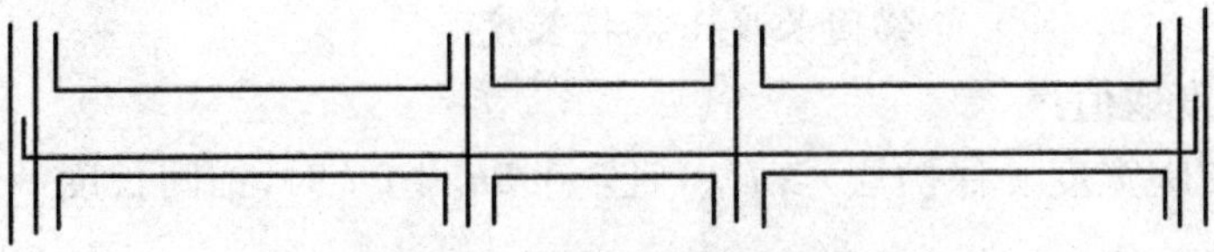

图 2-6-17　框架梁下部钢筋示意图

下部贯通筋长 L＝各跨长之和－左支座内侧宽－右支座内侧宽＋锚固长度＋搭接长度　(2-6-19)

说明:锚固长度同上部贯通筋。

⑦梁侧面钢筋(图 2-6-18)

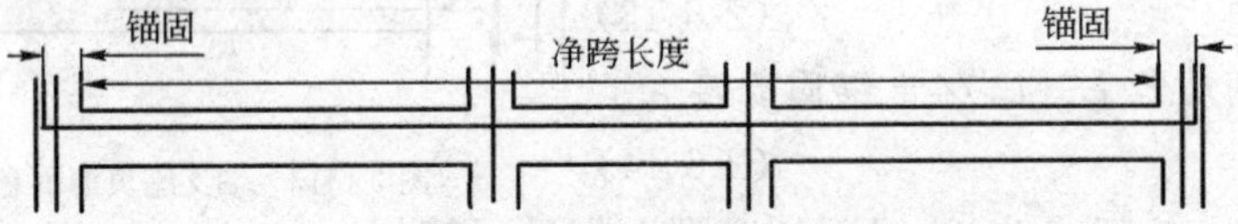

图 2-6-18　框架梁侧面钢筋示意图

梁侧面钢筋长 L＝各跨长之和－左支座内侧宽－右支座内侧宽＋锚固长度＋搭接长度　(2-6-20)

说明:当为侧面构造钢筋时,搭接与锚固长度为 15d;当为侧面受扭纵向钢筋时,锚固长度同框架梁下部钢筋。

⑧拉筋(图 2-6-19)

拉筋长度 L＝梁宽－2×保护层＋2×11.9d＋d　(2-6-21)

拉筋根数 n＝[(梁净跨长－2×50)/(箍筋非加密间距×2)]＋1　(2-6-22)

⑨吊筋(图 2-6-20)

吊筋长度 L＝2×20d(锚固长度)＋2×斜段长度＋次梁宽度＋2×50　(2-6-23)

说明:当梁高≤800mm 时,斜段长度＝(梁高－2×保护层)/sin45°;

当梁高＞800mm 时,斜段长度＝(梁高－2×保护层)/sin60°。

⑩箍筋(图 2-6-21)

箍筋长度 L＝2×(梁高－2×保护层＋梁宽－2×保护层)＋2×11.9d＋4d　(2-6-24)

箍筋根数 n＝2×{[(加密区长度－50)/加密区间距]＋1}＋[(非加密区长度/非加密区间距)－1]　(2-6-25)

说明:当为 1 级抗震时,箍筋加密区长度为 max(2×梁高,500);

当为 2～4 级抗震时,箍筋加密区长度为 max(1.5×梁高,500)。

⑪屋面框架梁钢筋(图 2-6-22)

屋面框架梁纵筋端部锚固长度 L＝柱宽－保护层＋梁高－保护层　(2-6-26)

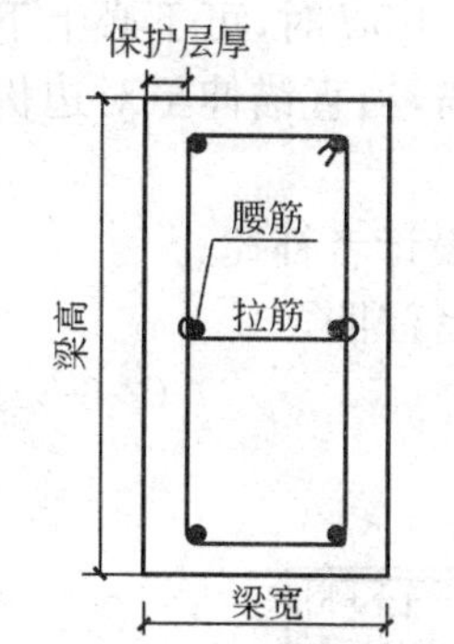

图 2-6-19　框架梁内拉筋示意图

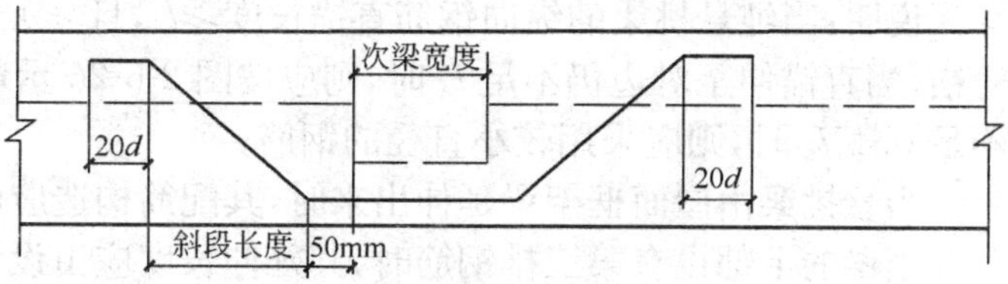

图 2-6-20　框架梁内吊筋示意图

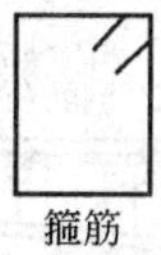

图 2-6-21　框架梁内箍筋示意图

⑫悬臂梁钢筋计算(图 2-6-23、图 2-6-24、图 2-6-25)

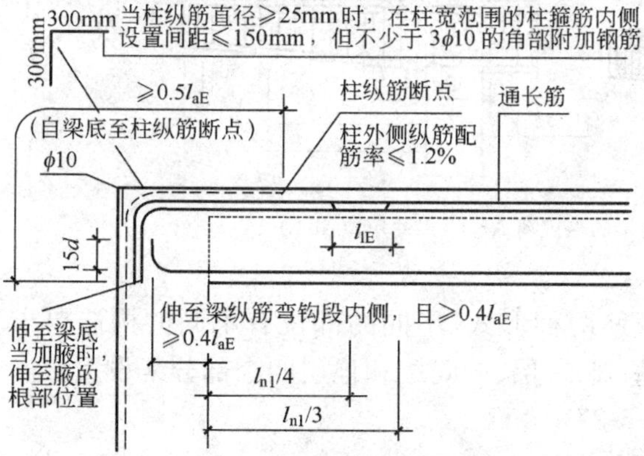

图 2-6-22　屋面框架梁钢筋示意图

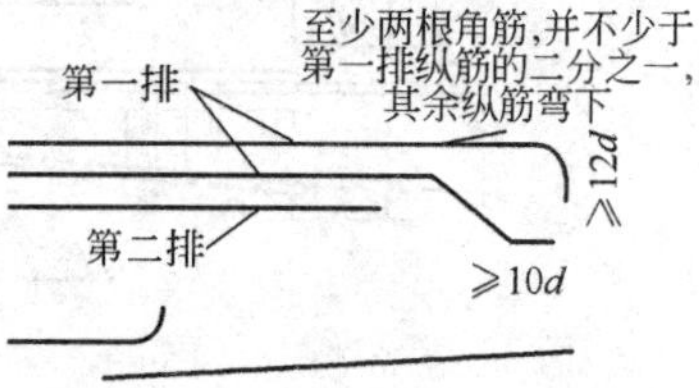

图 2-6-23　悬臂梁钢筋示意图(一)

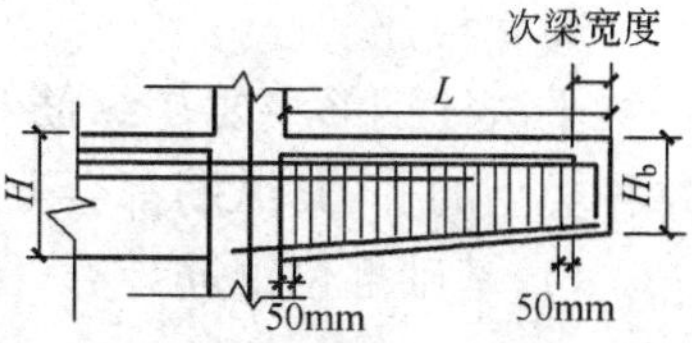

图 2-6-24　悬臂梁钢筋示意图(二)

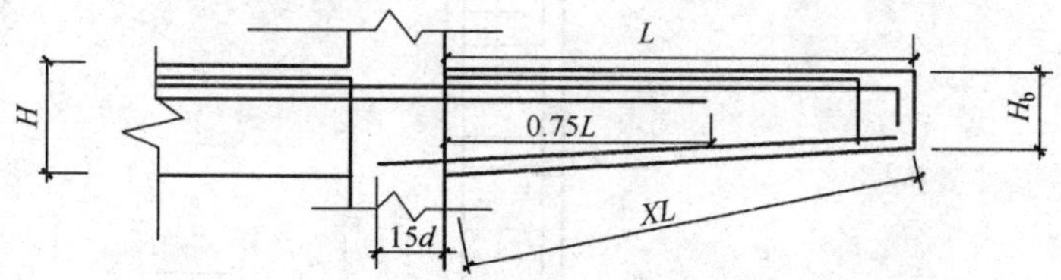

图 2-6-25　悬臂梁钢筋示意图(三)

箍筋长度 $L=2\times[(H+H_b)/2-2\times$保护层$+$挑梁宽$-2\times$保护层$]+11.9d+4d$　(2-6-27)

箍筋根数 $n=(L-$次梁宽$-2\times50)/$箍筋间距$+1$　(2-6-28)

上部上排钢筋 $L=L_n/3+$支座宽$+L-$保护层$+H_b-2\times$保护层$(\geqslant12d)$　(2-6-29)

上部下排钢筋 $L=L_n/4+$支座宽$+0.75L$　(2-6-30)

说明：当纯悬挑梁的纵向钢筋直锚长度$\geqslant l_a$，且$\geqslant 0.5h_c+5d$时，可不必上下弯锚，当直锚伸至对边仍不足l_a时，则应按图 2-6-26 示弯锚，当直锚伸至对边仍不足$0.45l_a$时，则应采用较小直径的钢筋；

当悬挑梁由屋面框架梁延伸出来时，其配筋构造应由设计者补充；

当梁的上部设有第三排钢筋时，其延伸长度应由设计者注明。

$$\text{下部钢筋 } L=15d+XL-\text{保护层} \tag{2-6-31}$$

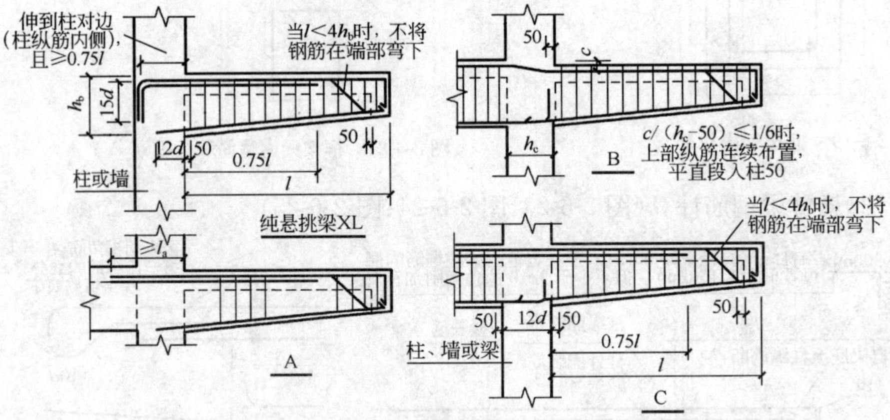

图 2-6-26　各类梁的悬挑端 A～C(尺寸单位：mm)

2. 柱构件

平法柱钢筋主要是纵筋和箍筋两种形式，不同的部位有不同的构造要求。每种类型的柱，其纵筋都会分为基础、首层、中间层和顶层四个部分来设置。

(1)基础部位钢筋计算(图 2-6-27)

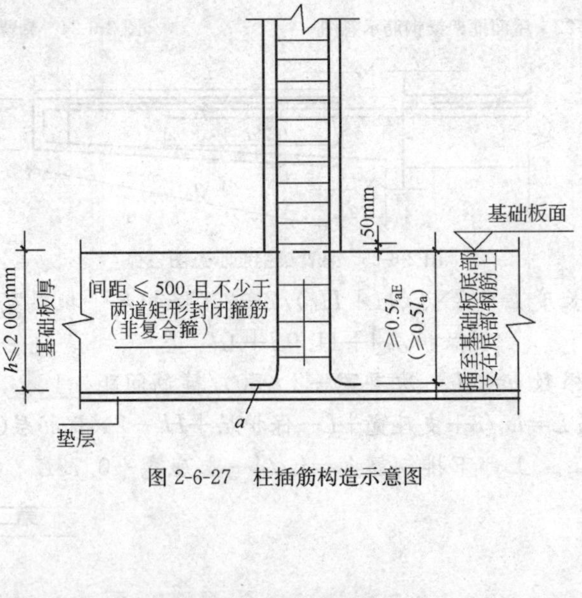

图 2-6-27　柱插筋构造示意图

基础插筋 L=基础高度−保护层+基础弯折 $a(\geqslant 150)$+基础钢筋外露长度 $H_n/3$ (H_n 指楼层净高)+搭接长度(焊接时为 0)　　(2-6-32)

(2)首层柱钢筋计算(图 2-6-28)

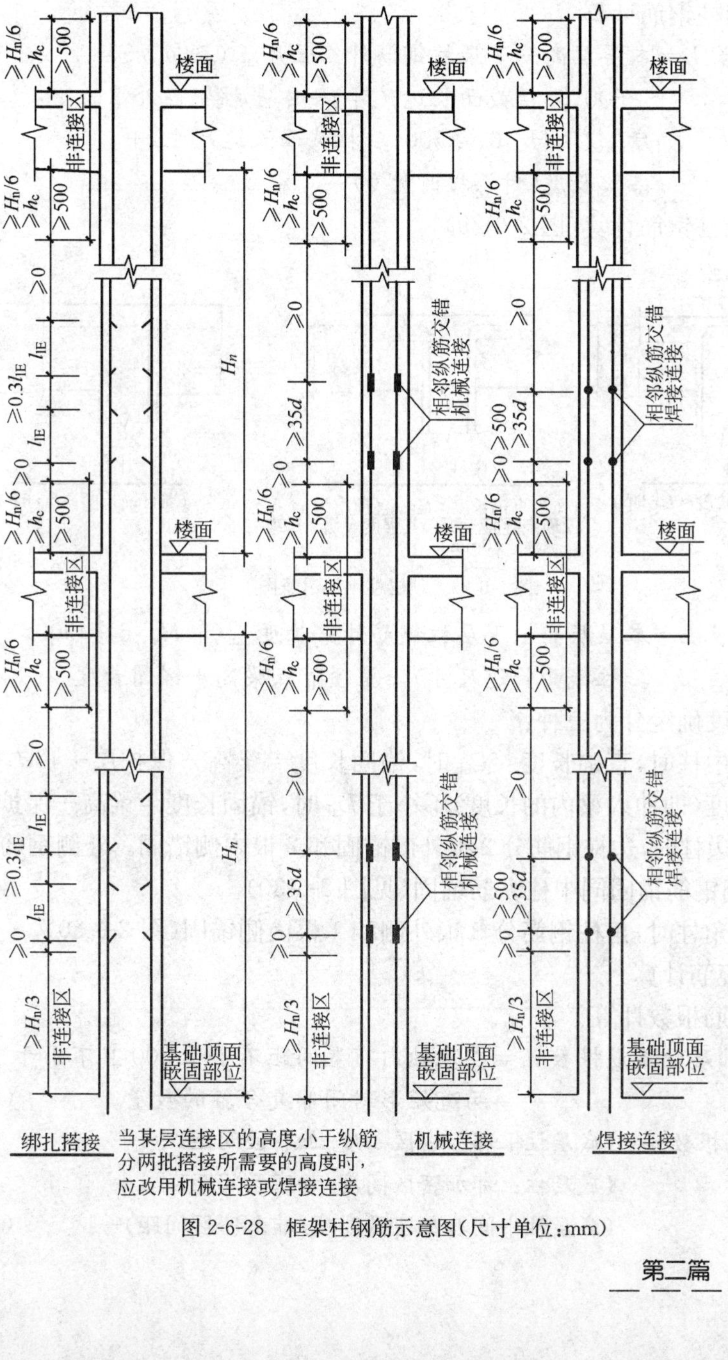

图 2-6-28　框架柱钢筋示意图(尺寸单位:mm)

柱纵筋长度＝首层层高－基础柱钢筋外露长度 $H_n/3$＋本层柱钢筋外露长度$_{max}$（$\geqslant H_n/6$，$\geqslant 500$，$\geqslant$柱截面长边尺寸）＋搭接长度（焊接时为 0） (2-6-33)

(3)中间柱钢筋计算

柱纵筋长 L＝本层层高－下层柱钢筋外露长度$_{max}$（$\geqslant H_n/6$，$\geqslant 500$，$\geqslant$柱截面长边尺寸）＋本层柱钢筋外露长度$_{max}$（$\geqslant H_n/6$，$\geqslant 500$，$\geqslant$柱截面长边尺寸）＋搭接长度（对焊接时为 0） (2-6-34)

(4)顶层柱钢筋计算（图 2-6-29）

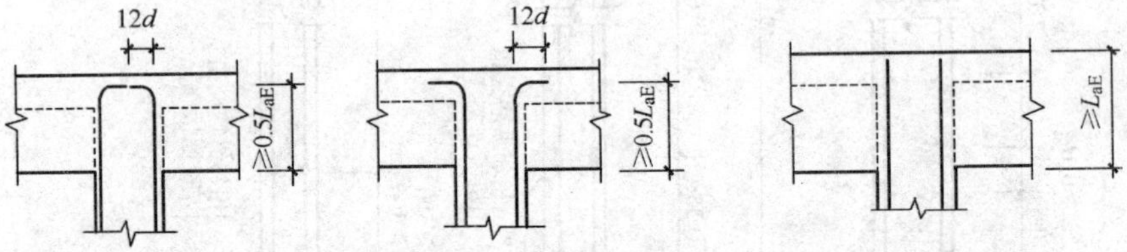

图 2-6-29　顶层柱钢筋示意图

柱纵筋长 L＝本层层高－下层柱钢筋外露长度$_{max}$（$\geqslant H_n/6$，$\geqslant 500$，$\geqslant$柱截面长边尺寸）－屋顶节点梁高＋锚固长度 (2-6-35)

锚固长度确定分为三种：

①当为中柱时，直锚长度＜L_{aE}时，锚固长度＝梁高－保护层＋12d；当柱纵筋的直锚长度（即伸入梁内的长度）不小于 L_{aE}时，锚固长度＝梁高－保护层。

②当为边柱时，边柱钢筋分 2 根外侧锚固和 2 根内侧锚固。外侧钢筋锚固$\geqslant$1.5L_{aE}，内侧钢筋锚固同中柱纵筋锚固（见图 2-6-30）。

③当为角柱时，角柱钢筋分 3 根外侧和 1 根内侧锚固（图 2-6-30）。

(5)柱箍筋计算

①柱箍筋根数计算

基础层柱箍筋根数 n＝在基础内布置间距不小于 500 且不小于两道矩形封闭非复合箍的数量 (2-6-36)

底层柱箍筋根数 n＝（底层柱根部加密区高度/加密区间距）＋1＋（底层柱上部加密区高度/加密区间距）＋1＋（底层柱中间非加密区高度/非加密区间距）－1 (2-6-37)

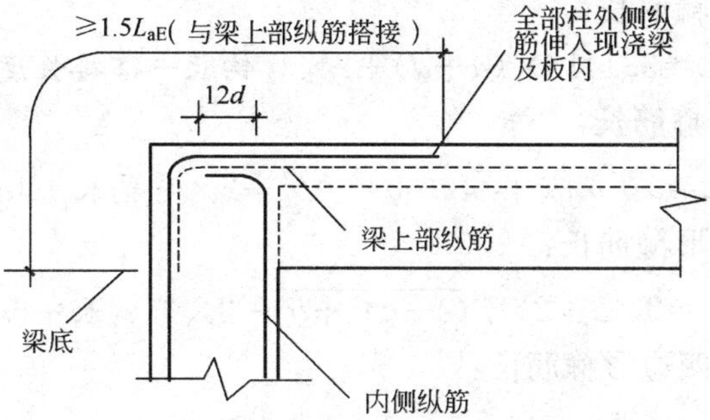

图 2-6-30　边柱、角柱钢筋示意图

$$楼层或顶层柱箍筋根数\ n=\frac{下部加密区高度+上部加密区高度}{加密区间距}+2+\frac{柱中间非加密区高度}{非加密区间距}-1 \quad (2\text{-}6\text{-}38)$$

②柱非复合箍筋长度计算(图 2-6-31)

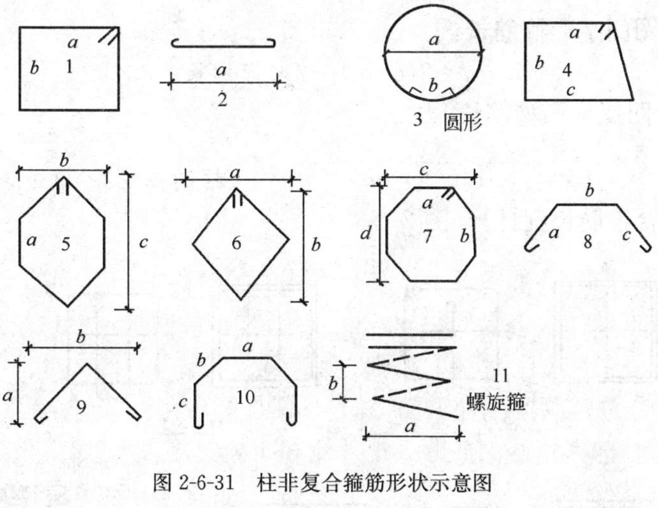

图 2-6-31　柱非复合箍筋形状示意图

各种非复合箍筋长度计算如下(图中尺寸均已扣除保护层厚度):

a. 1 号图矩形箍筋长:

$$L=2\times(a+b)+2\times 弯钩长+4d \quad (2\text{-}6\text{-}39)$$

b. 2 号图一字形箍筋长:

$$L=a+2\times 弯钩长+d \quad (2\text{-}6\text{-}40)$$

c. 3 号图圆形箍筋长：

$$L=3.1416\times(a+d)+2\times\text{弯钩长}+\text{搭接长度} \quad (2\text{-}6\text{-}41)$$

d. 4 号图梯形箍筋长：

$$L=a+b+c+\sqrt{(c-a)^2+b^2}+2\times\text{弯钩长}+4d \quad (2\text{-}6\text{-}42)$$

e. 5 号图六边形箍筋长：

$$L=2\times a+2\times\sqrt{(c-a)^2+b^2}+2\times\text{弯钩长}+6d \quad (2\text{-}6\text{-}43)$$

f. 6 号图平行四边形箍筋长：

$$L=2\times\sqrt{a^2+b^2}+2\times\text{弯钩长}+4d \quad (2\text{-}6\text{-}44)$$

g. 7 号图八边形箍筋长：

$$L=2\times(a+b)+2\times\sqrt{(c-a)^2+(d-b)^2}+2\times\text{弯钩长}+8d \quad (2\text{-}6\text{-}45)$$

h. 8 号图八字形箍筋长：

$$L=a+b+c+2\times\text{弯钩长}+4d \quad (2\text{-}6\text{-}46)$$

i. 9 号图转角形箍筋长：

$$L=2\times\sqrt{a^2+b^2}+2\times\text{弯钩长}+3d \quad (2\text{-}6\text{-}47)$$

j. 10 号图门字形箍筋长：

$$L=a+2(b+c)+2\times\text{弯钩长}+6d \quad (2\text{-}6\text{-}48)$$

k. 11 号图螺旋形箍筋长：

$$L=\sqrt{[3.14\times(a+b)]^2+b^2}+(\text{柱高}\div\text{螺距 }b) \quad (2\text{-}6\text{-}49)$$

③柱复合箍筋长度计算(图 2-6-32)

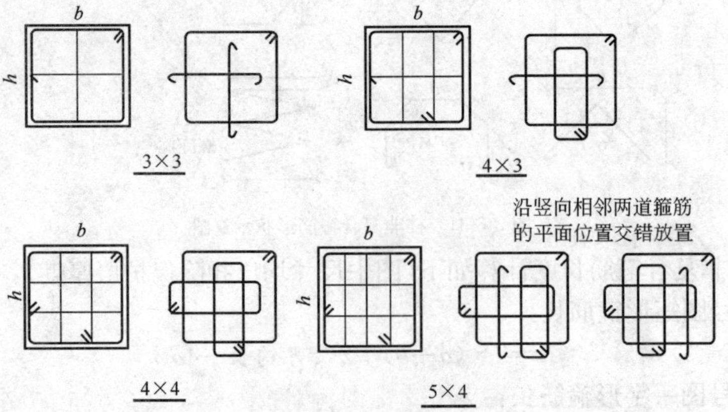

图 2-6-32 柱复合箍筋形状示意图

a. 3×3 箍筋长：

$$外箍筋长 L=2\times(b+h)-8\times保护层+2\times弯钩长+4d \quad (2\text{-}6\text{-}50)$$

$$内一字箍筋长=(h-2\times保护层+2\times弯钩长+d)+(b-2\times保护层+2\times弯钩长+d) \quad (2\text{-}6\text{-}51)$$

b. 4×3 箍筋长：

$$外箍筋长 L=2\times(b+h)-8\times保护层+2\times弯钩长+4d \quad (2\text{-}6\text{-}52)$$

$$内矩形箍筋长 L=[(b-2\times保护层)\div3+d+h-2\times保护层+d]\times2+2\times弯钩长 \quad (2\text{-}6\text{-}53)$$

$$内一字箍筋长 L=b-2\times保护层+2\times弯钩长+d \quad (2\text{-}6\text{-}54)$$

c. 4×4 箍筋长：

$$外箍筋长 L=2\times(b+h)-8\times保护层+2\times弯钩长+4d \quad (2\text{-}6\text{-}55)$$

$$内矩形箍筋长 L_1=[(b-2\times保护层)\div3+d+h-2\times保护层+d]\times2+2\times弯钩长 \quad (2\text{-}6\text{-}56)$$

$$内矩形箍筋长 L_2=[(h-2\times保护层)\div3+d+b-2\times保护层+d]\times2+2\times弯钩长$$

d. 4×5 箍筋长：

$$外箍筋长 L=2\times(b+h)-8\times保护层+2\times弯钩长+4d \quad (2\text{-}6\text{-}57)$$

$$内矩形箍筋长 L_1=[(b-2\times保护层)\div3+d+h-2\times保护层+d]\times2+2\times弯钩长 \quad (2\text{-}6\text{-}58)$$

$$内矩形箍筋长 L_2=[(h-2\times保护层)\div3+d+b-2\times保护层+d]\times2+2\times弯钩长 \quad (2\text{-}6\text{-}59)$$

$$内一字箍筋长 L=h-2\times保护层+2\times弯钩长+d \quad (2\text{-}6\text{-}60)$$

3. 板构件

(1)板中钢筋计算

$$板底受力钢筋长 L=板跨净长+两端锚固_{max}(1/2\ 梁宽,5d) \quad (2\text{-}6\text{-}61)$$

$$板底受力钢筋根数 n=(板跨净长-2\times50)\div布置间距+1 \quad (2\text{-}6\text{-}62)$$

$$板面受力钢筋长 L=板跨净长+两端锚固 \quad (2\text{-}6\text{-}63)$$

$$板面受力钢筋根数 n=(板跨净长-2\times50)\div布置间距+1 \quad (2\text{-}6\text{-}64)$$

说明：板面受力钢筋在端支座的锚固，结合平法和施工实际情况，大致有以下四种构造：

①直接取 L_a；

②$0.4\times L_a+15d$；

③梁宽＋板厚－2×保护层；

④1/2 梁宽＋板厚－2×保护层。

(2)板负筋计算(图 2-6-33)

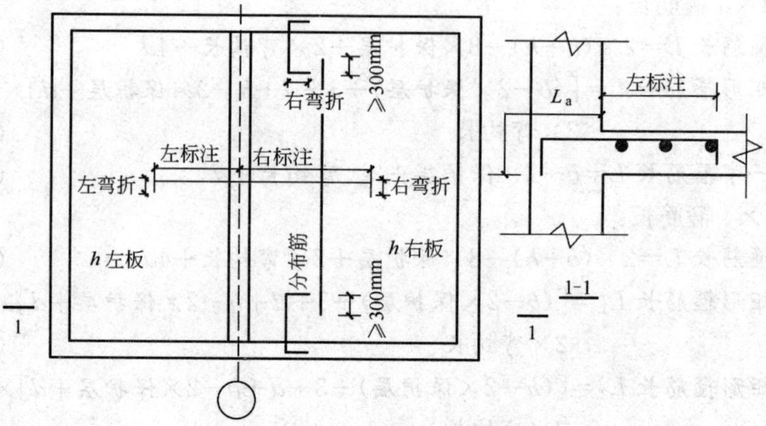

图 2-6-33　板支座负筋、分布筋示意图

板边支座负筋长 L＝左标注(右标注)＋左弯折(右弯折)＋锚固长度(同板面钢筋锚固取值)　(2-6-65)

板中间支座负筋长 L＝左标注＋右标注＋左弯折＋右弯折＋支座宽度　(2-6-66)

(3)板负筋分布钢筋计算(图 2-6-32)。

中间支座负筋分布钢筋长 L＝净跨－两侧负筋标注之和＋2×300(根据图纸实际情况)　(2-6-67)

中间支座负筋分布钢筋数量 n＝(左标注－50)÷分布筋间距＋1＋(右标注－50)÷分布筋间距＋1　(2-6-68)

【例 2-6-3】 根据图 2-6-34，计算Ⓒ轴与②轴相交的 KZ4 框架柱的钢筋工程量(柱纵筋为对焊连接，柱本层高 3.90m，上层层高 3.60m)。

解:中间层柱钢筋长 L＝本层层高－下层柱钢筋外露长度$_{max}$(≥H_n/6，≥500，≥柱截面长边尺寸)＋本层柱钢筋外露长度$_{max}$(≥H_n/6，≥500，≥柱截面长边尺寸)＋搭接长度(对焊接时为 0)

Φ20　L＝[3.90－(3.90－梁高 0.25)÷6＋(3.60－梁高 0.25)÷6]×8 根

＝[(3.90－0.61)＋0.56]×8

＝3.85×8＝30.80(m)

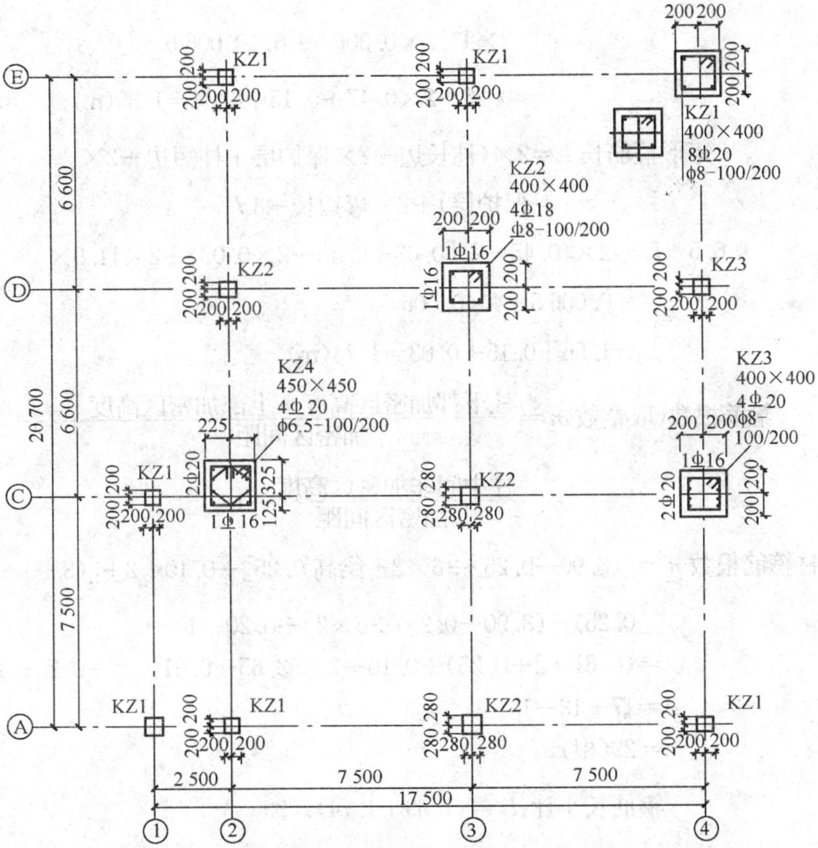

注：本层编号仅用于本层。标高：8.970，层高：3.90，C25混凝土三级抗震

图 2-6-34　三层柱平面整体配筋图（尺寸单位：mm）

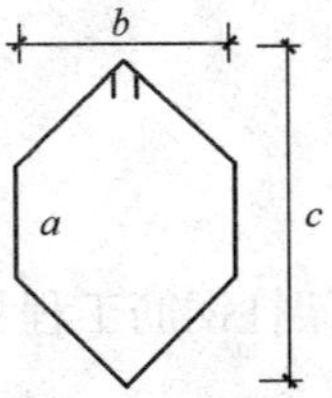

图 2-6-35　六边形箍筋

Φ16　$L=3.85$(同上)×2(根)=7.70(m)

六边形箍筋长 $L=2\times a+2\times\sqrt{(c-a)^2+b^2}+2\times$ 弯钩长 $+6d$

图 2-6-35 中：

$$a=(0.45-0.03\times2)\div3=0.13(\text{m})$$

$$b=0.45-0.03\times2=0.39(\text{m})$$

$$c=0.45-0.03\times2=0.39(\text{m})$$

$$六边形\phi 6.5\quad L=2\times0.13+2\times\sqrt{(0.39-0.13)^2+0.39^2}+2\times11.9\times0.0065+6\times0.0065$$

$$=0.26+2\times0.47+0.15+0.04=1.39(\text{m})$$

$$矩形箍筋长L=2\times(柱长边-2\times保护层+柱短边-2\times保护层)+2\times弯钩长+4d$$

$$\phi 6.5\quad L=2\times(0.45-2\times0.03+0.45-2\times0.03)+2\times11.9\times0.0065+4\times0.0065$$

$$=1.56+0.15+0.03=1.74(\text{m})$$

$$箍筋根数(取整数)n=\frac{柱下部加密区高度+上部加密区高度}{加密区间距}+2+\frac{柱中间非加密区高度}{非加密区间距}-1$$

$$柱箍筋根数n=[(3.90-0.25)\div6\times2+梁高0.25]\div0.10+2+[(3.90-0.25)-(3.90-0.25)\div6\times2]\div0.20-1$$

$$=(0.61\times2+0.25)\div0.10+2+(3.65-0.61\times2)\div0.20-1$$

$$=17+13-1$$

$$=29(根)$$

$$箍筋长小计:L=(1.39+1.74)\times29$$

$$=90.77(\text{m})$$

KZ4 钢筋质量：

柱纵筋　Φ20　30.80×2.47(kg/m)=76.08(kg)

Φ18　7.70×2.00(kg/m)=15.40(kg)

ϕ6.5　90.77×0.26(kg/m)=23.60(kg)

钢筋质量小计：115.08kg

【例 2-6-4】 根据图 2-6-36，计算Ⓑ轴与②轴相交的 KZ3 框架柱钢筋工程量(柱纵筋为对焊连接，本层层高 3.60m)。

解：顶层柱钢筋长

$$L=本层层高-下层柱钢筋外露长度_{max}(\geqslant H_n/6,\geqslant500,\geqslant柱截面长边尺寸)-屋顶节点梁高+锚固长度$$

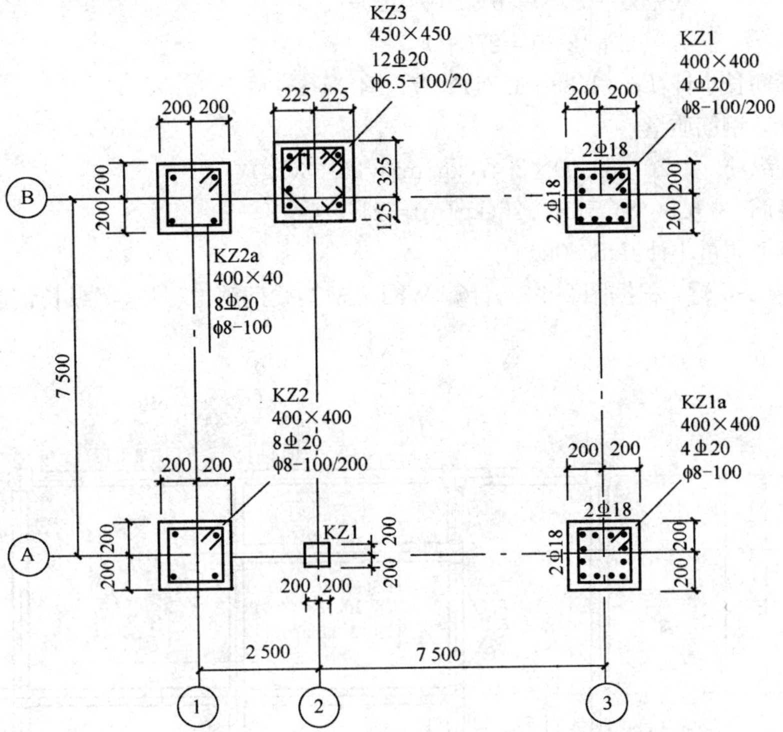

图 2-6-36　顶层柱平面整体配筋图(尺寸单位:mm)

注:本层编号仅用于本层。标高:12.870,层高:3.60,C25 混凝土三级抗震

Φ20　L=[(3.60−(3.60−梁高 0.25)÷6−梁高 0.25+(0.25−0.03+12×0.02)]×12(根)

=(3.04−0.25+0.25−0.03+0.24)×12

=3.25×12=39.00(m)

六边形箍筋长 L 计算同上例,即:

φ6.5　L=1.39(m)

矩形箍筋长 L 计算同上例,即:

φ6.5　L=1.74(m)

箍筋根数(取整数)n 计算同上例,即:

n=[(3.60−0.25)÷6×2+0.25÷0.10+2+[(3.60−0.25)−

$(3.60-0.25)\div6\times2]\div0.20-1$

$=14+2+12-1=27$(根)

箍筋长小计：$L=(1.39+1.74)\times27\times84.51$(m)

KZ3 钢筋质量：

柱纵筋　Φ20　39.00×2.47(kg/m)=96.33(kg)

箍筋　φ6.5　84.51×0.26(kg/m)=21.97(kg)

钢筋质量小计：118.30kg

【例 2-6-5】　根据图 2-6-37，计算 WKL2 框架梁钢筋工程量(梁纵长钢筋为对焊连接)。

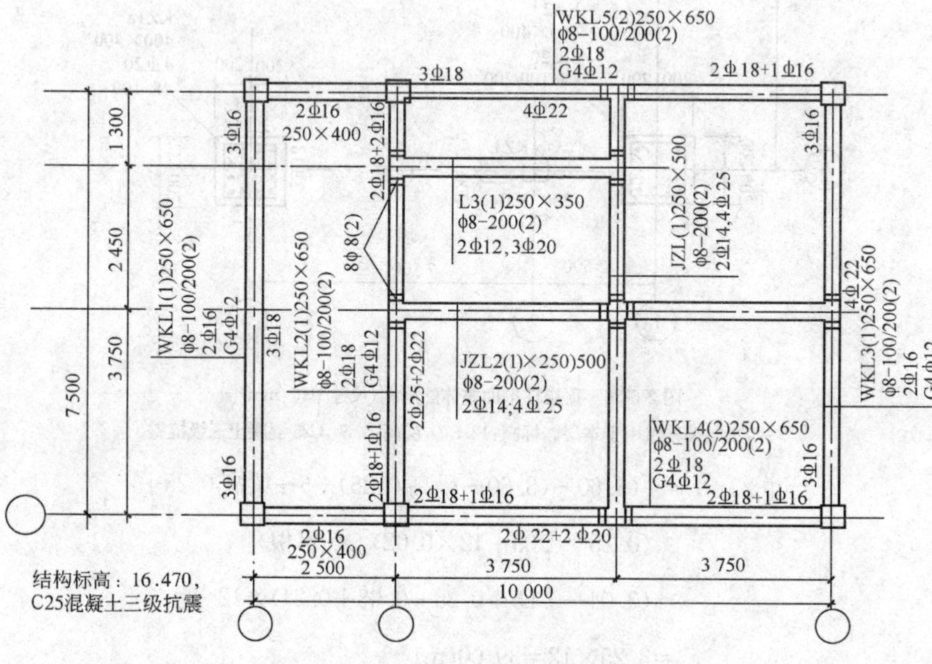

图 2-6-37　屋面梁平面整体配筋图(尺寸单位：mm)

解：上部贯通筋　L=各跨长之和−左支座内侧宽−右支座内侧宽+锚固长度

Φ18　$L=[(7.50-0.20-0.125)+(0.45-0.025+0.25-0.025)+(0.40-0.025+0.25-0.025)]\times2$(根)

$=(7.18+0.65+0.60)\times2=16.86$(m)

端支座负筋　$L=L_n/3$+锚固长度

Φ16 L=[(7.50−0.20−0.125)÷3+(0.45−0.025+0.25−0.025)]×2(根)+
[(7.50−0.20−0.125)÷3+(0.40−0.025+0.25−0.025)]×1(根)
=(7.18÷3+0.65)×2+(7.18÷3+0.60)×1
=6.09+2.99=9.08(m)

下部钢筋 L=净跨长+锚固长度

Φ25 L=[(7.50−0.20−0.125)]+(0.45−0.03+15×0.025)+(0.40−0.03+15×0.025)]×2(根)
=8.73×2=17.46(m)

Φ22 L=[(7.50−0.20−0.125)+(0.45−0.03+15×0.022)+(0.40−0.03+15×0.022)]×2(根)
=(7.18+0.75+0.70)×2(根)=8.63×2
=17.26(m)

箍筋长 L=2×(梁宽−2×保护层+梁高−2×保护层)+2×11.9d+4d

φ8 L=2×(0.25−2×0.025+0.65−2×0.025)+2×11.9×0.008+4×0.008=1.60+0.19+0.03
=1.82(m)

箍筋根数(取整) n=2×[(加密区长−50)/加密区间距+[(非加密区长/非加密区间距)−1]+支梁加密根数
=2×[(0.50−0.05)+0.10+1]+[(7.50−0.20−0.125−0.50×2)÷0.20−1]+8×2(个节点)
=12+30+16=58(根)

箍筋长小计:L=1.82×58=105.56(m)

WKL2 钢筋质量:

梁纵筋 Φ18 16.86(m)×2.00(kg/m)=33.72(kg)

Φ16 9.08(m)×1.58(kg/m)=14.35(kg)

Φ25 17.46(m)×3.85(kg/m)=67.22(kg)

Φ22 17.26(m)×2.98(kg/m)=51.43(kg)

箍筋 φ8 105.56(m)×0.395(kg/m)=41.70(kg)

钢筋质量小计:208.42kg

【例 2-6-6】 根据图 2-6-38,计算屋面板Ⓐ~Ⓒ到①~②范围的部分钢筋工程量。

解:板底钢筋 L=板跨净长+两端锚固$_{max}$(1/2 梁宽,5d)

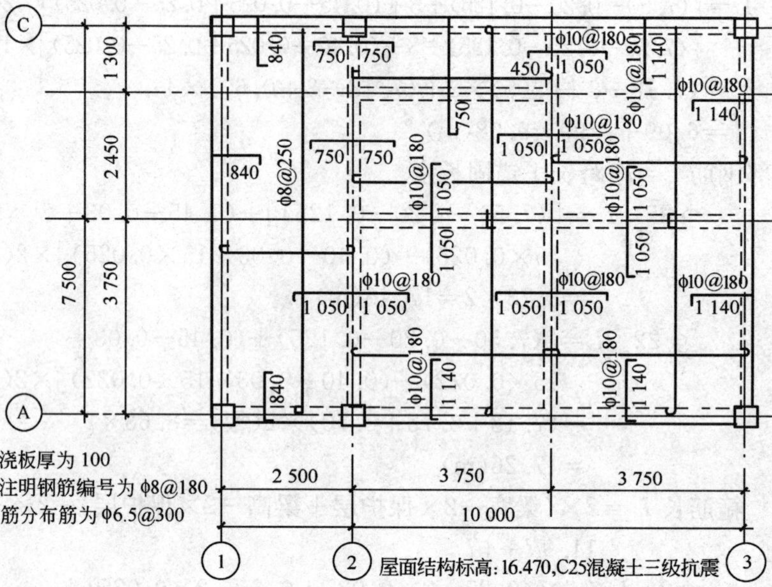

图 2-6-38　屋面配筋图(尺寸单位:mm)

ф8长筋　$L=7.50-0.25+0.25+\overbrace{2\times 6.25\times 0.008}^{\text{弯钩}}$

$=7.60(\text{m})$

长筋根数(取整)　$n=$(板净跨长-2×50)÷间距$+1$

$=(2.50-0.25-2\times 0.05)\div 25+1$

$=9+1=10$(根)

ф 8 短筋　$L=2.50-0.25+0.25+2\times 6.25\times 0.008$

$=2.50+0.10=2.60(\text{m})$

短筋根数(取整)　$n=(7.5-0.25-2\times 0.05)\div 0.18+1$

$=40+1=41$(根)

①轴负筋　$L=$右标注+右弯折+锚固长度

ф8　$L=0.84+(0.10-2\times 0.015)+\overbrace{27\times 0.008}^{L_a}$

$=0.84+0.07+0.22=1.13(\text{m})$

①轴负筋根数(取整)$n=$[板长(宽)$-2\times$保护层]÷间距$+1$

$=(7.5+0.25-2\times 0.015)\div 0.18+1$

=43+1=44(根)

①轴负筋分布筋　L=板长(宽)−2×保护层

ϕ6.5　L=7.50+0.25−2×0.015=7.72(m)

①轴负筋分布筋根数 n =左(右)支座标注÷间距+1

=0.84÷0.30+1=3+1=4(根)

钢筋长小计:

ϕ6.5　7.72×4=30.88(m)

ϕ8　7.60×10+2.60×41+1.13×44=232.32(m)

屋面板部分钢筋质量:

ϕ6.5　30.88(m)×0.26(kg/m)=8.03(kg)

ϕ8　232.32(m)×0.395(kg/m)=91.77(kg)

钢筋质量小计:99.80kg

五 铁件工程量计算

钢筋混凝土构件预埋铁件工程量,按设计图示尺寸以吨计算。

【例 2-6-7】 根据图 2-6-39,计算 5 根预制柱的预埋铁件工程量。

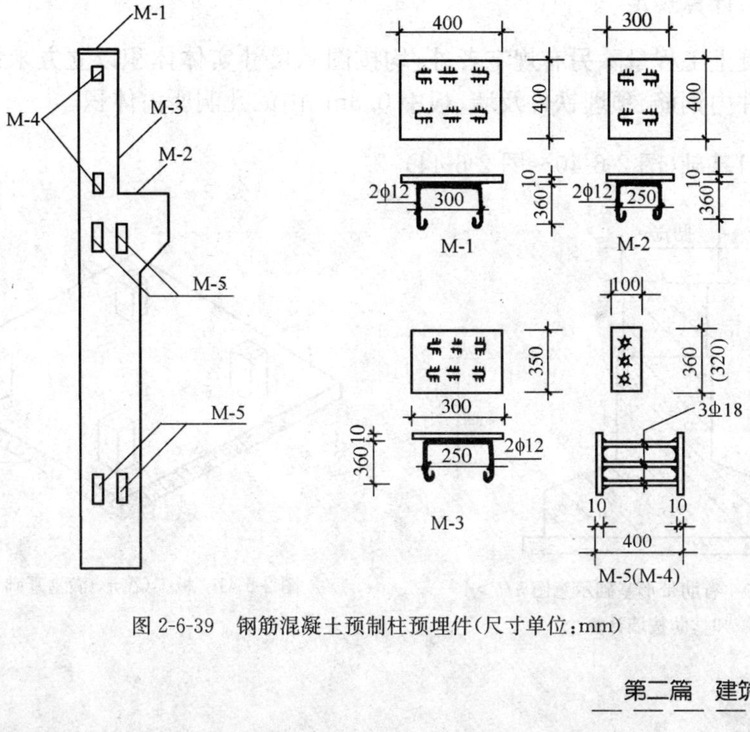

图 2-6-39　钢筋混凝土预制柱预埋件(尺寸单位:mm)

解:(1)每根柱预埋铁件工程量

M-1:钢板　0.4×0.4×78.5(kg/m^2)=12.56(kg)

ϕ12:2×(0.30+0.36×2+12.5×0.012)×0.888(kg/m)=2.08(kg)

M-2:钢板　0.3×0.4×78.5(kg/m^2)=9.42(kg)

ϕ12:2×(0.25+0.36×2+12.5×0.012)×0.888(kg/m)=1.99(kg)

M-3:钢板　0.3×0.35×78.5(kg/m^2)=8.24(kg)

ϕ12:2×(0.25+0.36×2+12.5×0.012)×0.888(kg/m)=1.99(kg)

M-4:钢板　2×0.1×0.32×2×78.5(kg/m^2)=10.05(kg)

　　　ϕ18　2×3×0.38×2.00(kg/m)=4.56(kg)

M-5:钢板　4×0.1×0.36×2×78.5(kg/m^2)=22.61(kg)

　　　ϕ18　4×3×0.38×2.00(kg/m)=9.12(kg)

小计:82.62kg

(2)5 根柱预埋铁件工程量

82.62×5(根)=413.1(kg)=0.413(t)

六 现浇混凝土工程量

(一)计算规定

混凝土工程量除另有规定者外,均按图示尺寸实体体积以立方米计算。不扣除构件内钢筋、预埋铁件及墙、板中 0.3m^2 内的孔洞所占体积。

(二)基础(图 2-6-40～图 2-6-44)

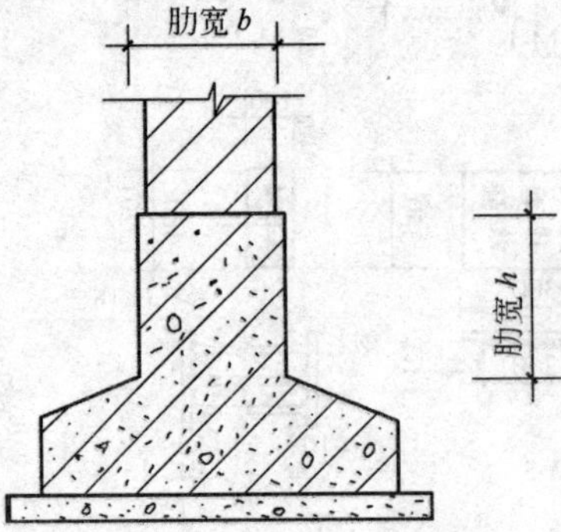

图 2-6-40　有肋带形基础示意图 $h/b>4$ 时,肋按墙计算

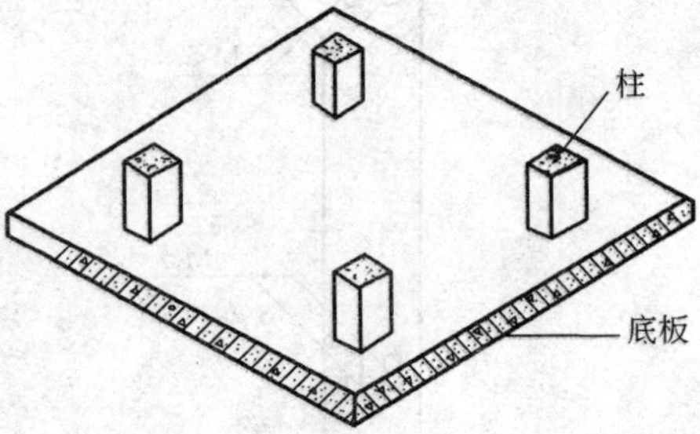

图 2-6-41　板工(筏形)满堂基础示意图

(1)有肋带形混凝土基础(图 2-6-40),其肋高与肋宽之比在 4∶1 以内的按有肋带形基础计算。超过 4∶1 时,其基础底板按板式基础计算,以上部分按墙计算。

(2)箱式满堂基础应分别按无梁式满堂基础、柱、墙、梁、板有关规定计算,套相应定额项目(图 2-6-42)。

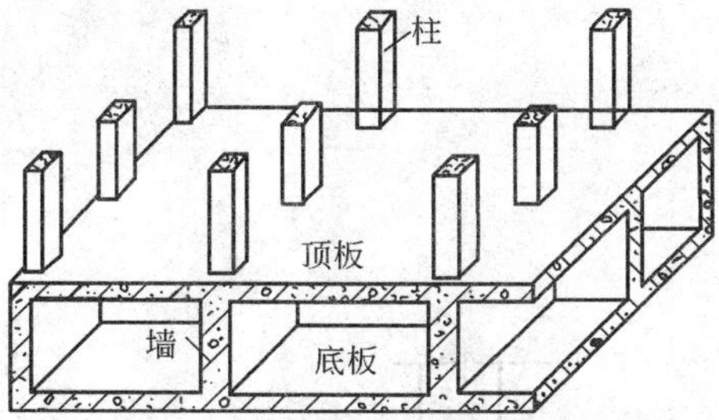

图 2-6-42　箱式满堂基础示意图

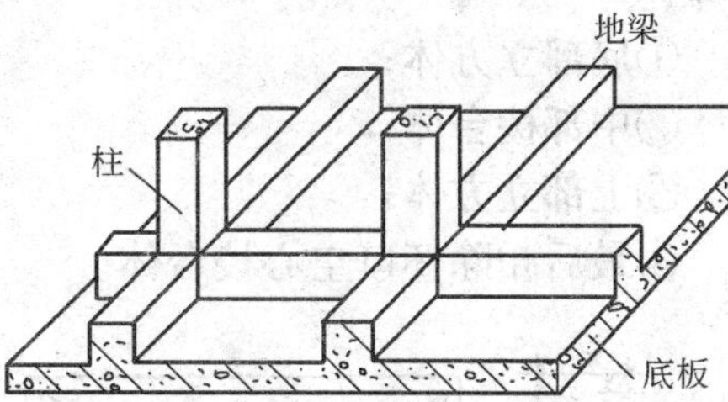

图 2-6-43　梁板式满堂基础

(3)设备基础除块体外,其他类型设备基础分别按基础、梁、柱、板、墙等有关规定计算,套相应的定额项目。

(4)独立基础。钢筋混凝土独立基础与柱在基础上表面分界,见图 2-6-44。

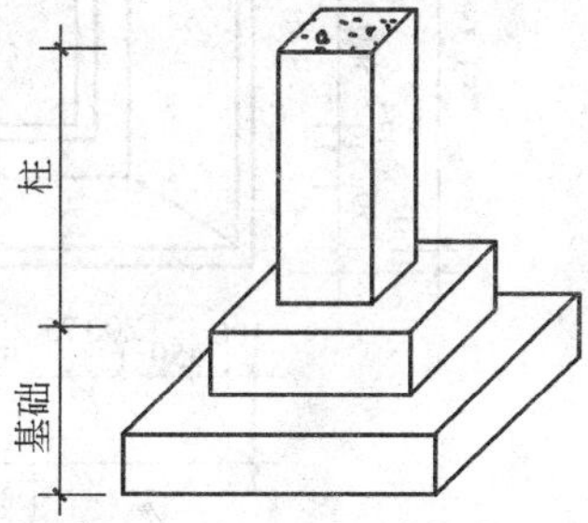

图 2-6-44　钢筋混凝土独立基础

【例 2-6-8】 根据图 2-6-45 计算 3 个钢筋混凝土独立柱基工程量。

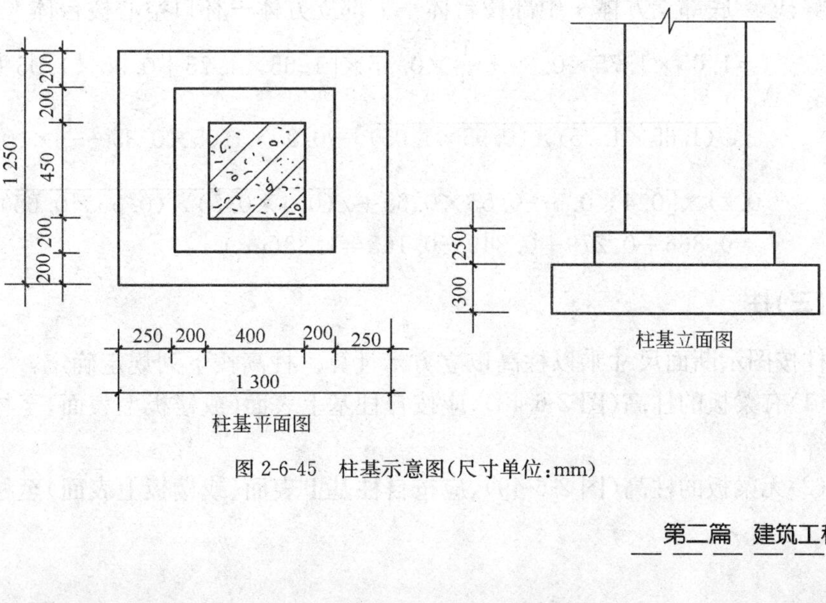

图 2-6-45　柱基示意图(尺寸单位:mm)

解:$V=[1.30\times1.25\times0.30+(0.2+0.4+0.2)\times(0.2+0.45+0.2)\times0.25]\times3$(个)

$=(0.488+0.170)\times3=1.97(m^3)$

(5)杯形基础。现浇钢筋混凝土杯形基础(图 2-6-46)的工程量分四个部分计算:

①底部立方体;

②中部棱台体;

③上部立方体;

④最后扣除杯口空心棱台体。

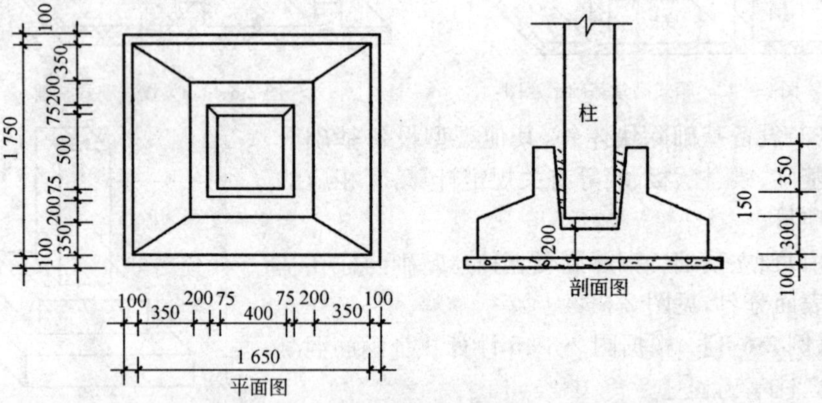

图 2-6-46 杯形基础(尺寸单位:mm)

【例 2-6-9】 根据图 2-6-47 计算现浇钢筋混凝土杯形基础工程量。

解:V =底部立方体+中部棱台体+上部立方体-杯口空心棱台体

$$=1.65\times1.75\times0.30+\frac{1}{3}\times0.15\times[1.65\times1.75+0.95\times1.05+\sqrt{(1.65\times1.75)\times(0.95\times1.05)}]+0.95\times1.05\times0.35-\frac{1}{3}\times(0.8-0.2)\times[0.4\times0.5+0.55\times0.65+\sqrt{(0.4\times0.5)\times(0.55\times0.65)}]$$

$=0.866+0.279+0.349-0.165=1.33(m^3)$

(三)柱

柱按图示断面尺寸乘以柱高以立方米计算。柱高按下列规定确定:

(1)有梁板的柱高(图 2-6-48),应按自柱基上表面(或楼板上表面)至柱顶高度计算;

(2)无梁板的柱高(图 2-6-49),应按自柱基上表面(或楼板上表面)至柱帽下表面之间的高度计算；

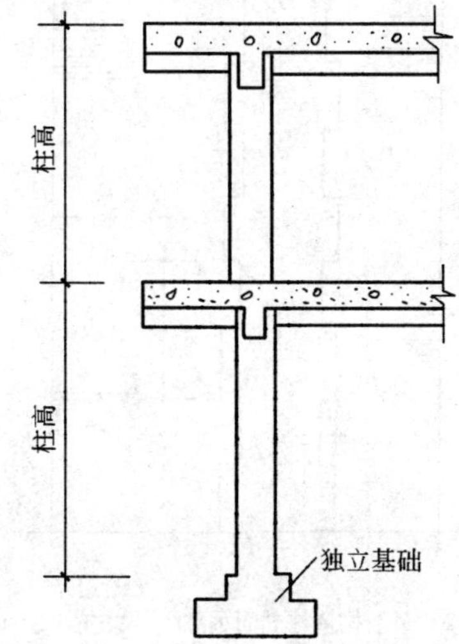

图 2-6-47　有梁板柱高示意图

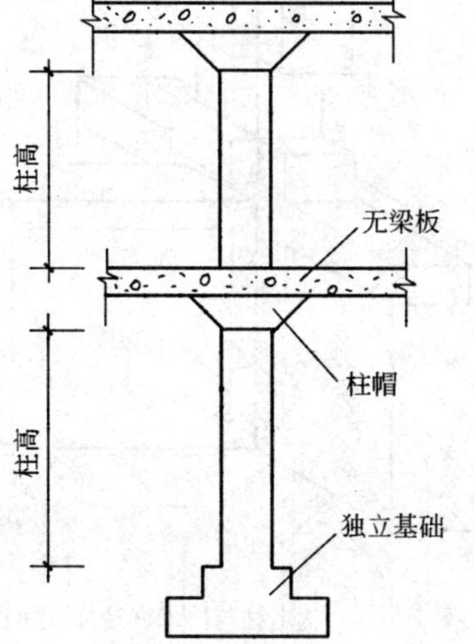

图 2-6-48　无梁板柱高示意图

(3)框架柱的柱高(图 2-6-49)应按自柱基上表面至柱顶高度计算；

(4)构造柱按全高计算，与砖墙嵌接部分的体积并入柱身体积内计算；

(5)依附柱上的牛腿，并入柱身体积计算。

构造柱的形状、尺寸示意图见图 2-6-50～图 2-6-52。

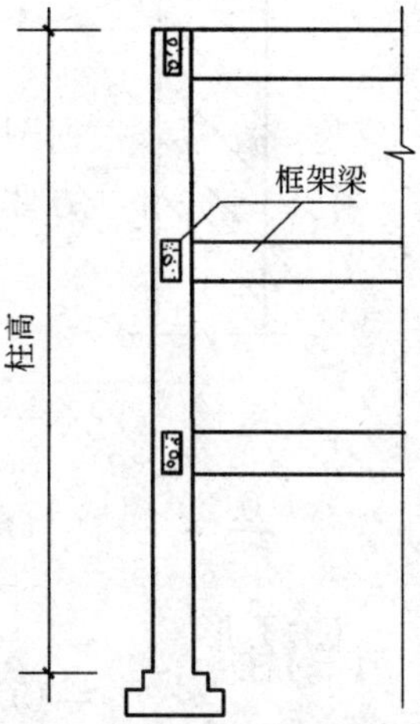

图 2-6-49　框架梁柱高示意图

当墙厚为 240mm 时，构造柱体积计算公式：

V ＝构造柱高×(0.24×0.24＋0.03×0.24×马牙槎边数)

【例 2-6-10】 根据下列数据计算构造柱体积。

90°转角型：墙厚 240mm，柱高 12.0m

T 形接头：墙厚 240mm，柱高 15.0m

十字形接头：墙厚 365mm，柱高 18.0m

一字形：墙厚 240mm，柱高 9.5m

解：(1)90°转角

V ＝12.0×[0.24×0.24＋0.03×0.24×2(边)]

＝0.864(m^3)

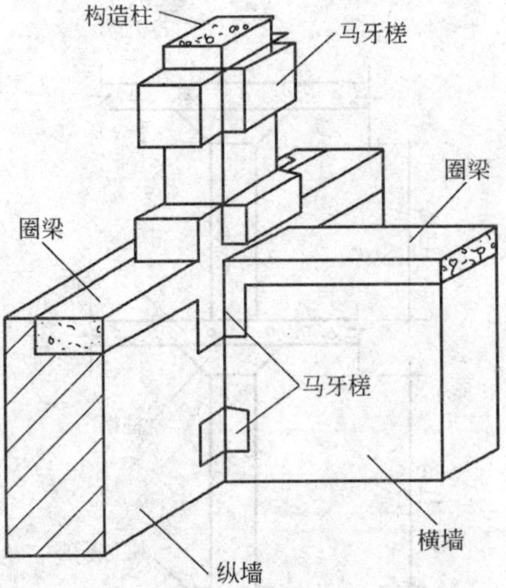

图 2-6-50　构造柱与砖墙嵌接部分体积（马牙槎）示意图

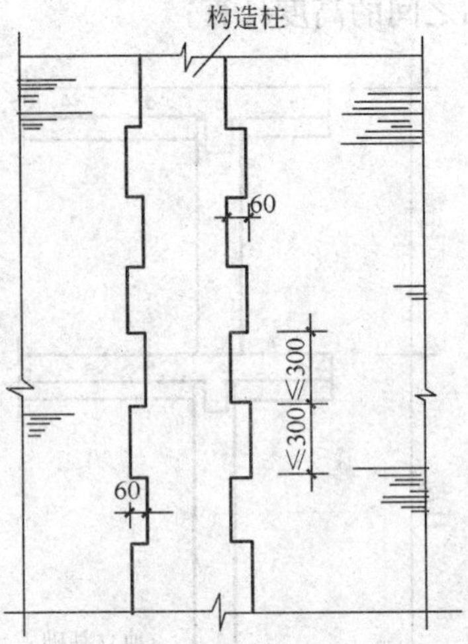

图 2-6-51　构造柱立面示意图（尺寸单位：mm）

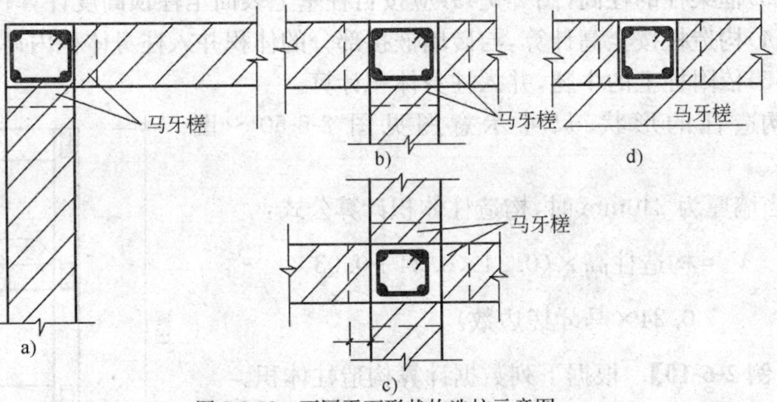

图 2-6-52　不同平面形状构造柱示意图

a)90°转角；b)T 形接头；c)十字形接头；d)一字形

(2)T 形

$$V=15.0\times[0.24\times0.24+0.03\times0.24\times3(\text{边})]=1.188(\text{m}^3)$$

(3)十字形

$$V=18.0\times[0.365\times0.365+0.03\times0.365\times4(\text{边})]=3.186(\text{m}^3)$$

(4)一字形

$$V=9.5\times[0.24\times0.24+0.03\times0.24\times2(\text{边})]$$

$$=0.684(m^3)$$

小计：$0.864+1.188+3.186+0.684=5.92(m^3)$

(四)梁(图 2-6-53～图 2-6-55)

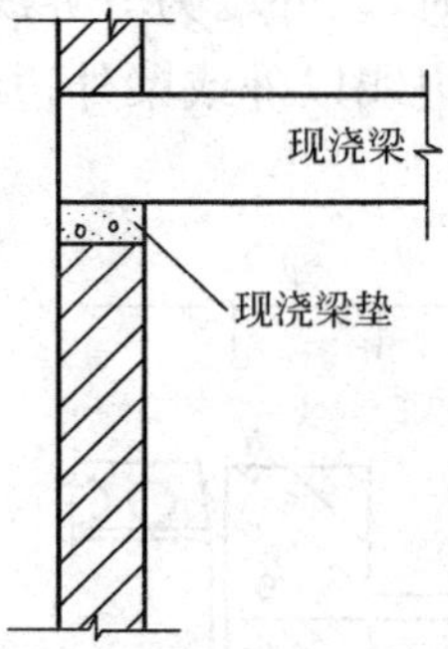

图 2-6-53　现浇梁垫并入现浇梁体积内计算示意图

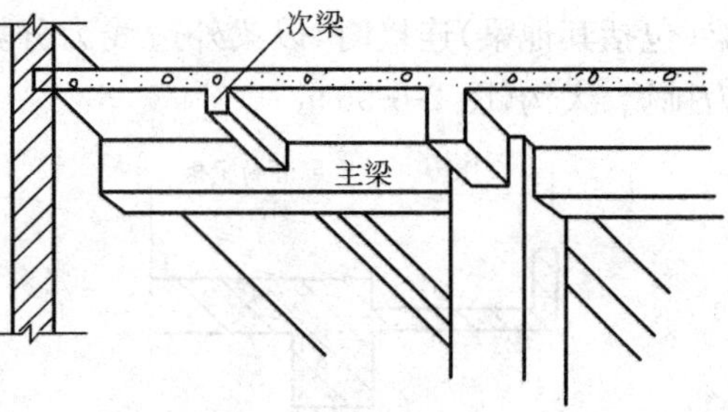

图 2-6-54　主梁、次梁示意图

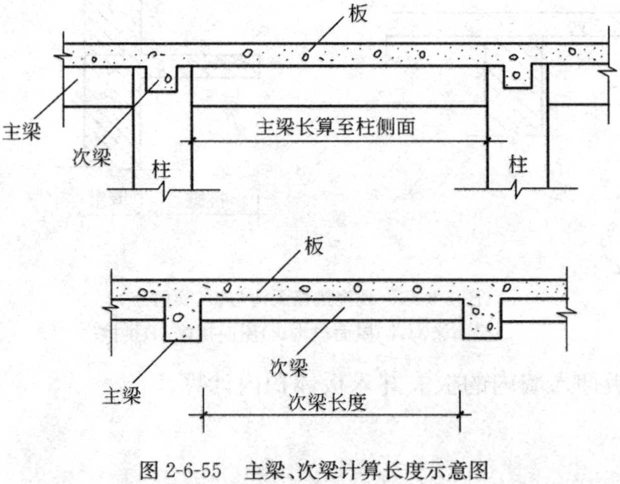

图 2-6-55　主梁、次梁计算长度示意图

梁按图示断面尺寸乘以梁长以立方米计算，梁长按下列规定确定：

(1)梁与柱连接时，梁长算至柱侧面；

(2)主梁与次梁连接时，次梁长算至主梁侧面；

(3)伸入墙内梁头、梁垫体积并入梁体积内计算。

(五)板

现浇板按图示面积乘以板厚以立方米计算。

(1)有梁板包括主、次梁与板,按梁板体积之和计算。

(2)无梁板按板和柱帽体积之和计算。

(3)平板按板实体积计算。

(4)现浇挑檐、天沟与板(包括屋面板、楼板)连接时,以外墙为分界线,与圈梁(包括其他梁)连接时,以梁外边线为分界线。外墙边线以外或梁外边线以外为挑檐、天沟(图 2-6-56)。

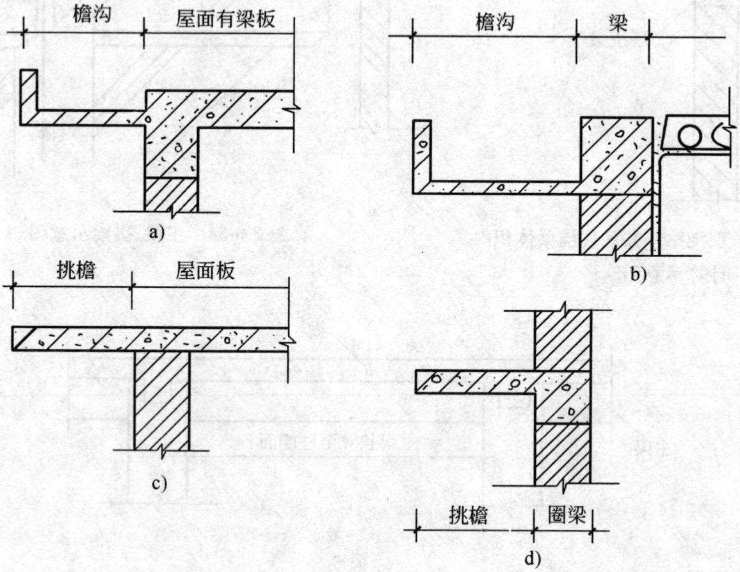

图 2-6-56 现浇挑檐天沟与板、梁划分

a)屋面檐沟;b)屋面檐沟;c)屋面挑檐;d)挑檐

(5)各类板伸入墙内的板头并入板体积内计算。

(六)墙

现浇钢筋混凝土墙按图示中心线长度乘以墙高及厚度,以立方米计算。应扣除门窗洞口及 $0.3m^2$ 以上孔洞的体积,墙垛及凸出部分并入墙体积内计算。

(七)整体楼梯

现浇钢筋混凝土整体楼梯,包括休息平台、平台梁、斜梁及楼梯的连接梁,按水平投影面积计算,不扣除宽度小于 500mm 的楼梯井,伸入墙内部分不另增加。

说明:平台梁、斜梁比楼梯板厚,好像少算了;不扣除宽度小于 500mm 楼梯井,好像多算了;伸入墙内部分不另增加等。这些因素在编制定额时已经作了综合考虑。

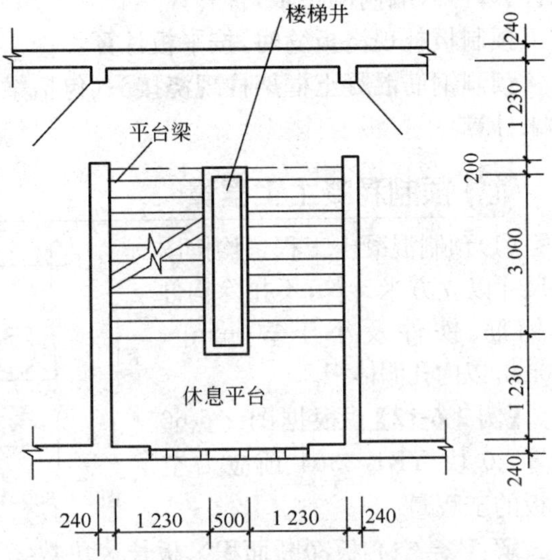

图 2-6-57 楼梯平面图(尺寸单位:mm)

【例 2-6-11】 某工程现浇钢筋混凝土楼梯(图 2-6-57)包括休息平台至平台梁,试计算该楼梯工程量(建筑物 4 层,共 3 层楼梯)。

解: $S=(1.23+0.50+1.23)\times(1.23+3.00+0.20)\times3$

$=2.96\times4.43\times3=13.113\times3=39.34(m^2)$

(八)阳台、雨篷(悬挑板)

阳台、雨篷(悬挑板)按伸出外墙的水平投影面积计算,伸出外墙的牛腿不另计算。带反挑檐的雨篷按展开面积并入雨篷内计算。各示意图见图 2-6-58、图 2-6-59。

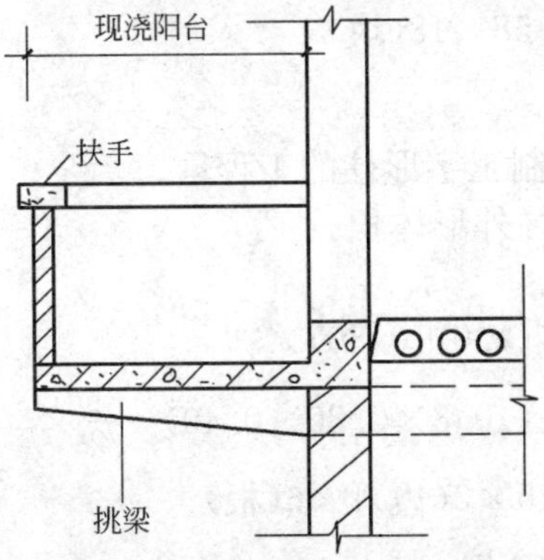

图 2-6-58 有现浇挑梁的现浇阳台

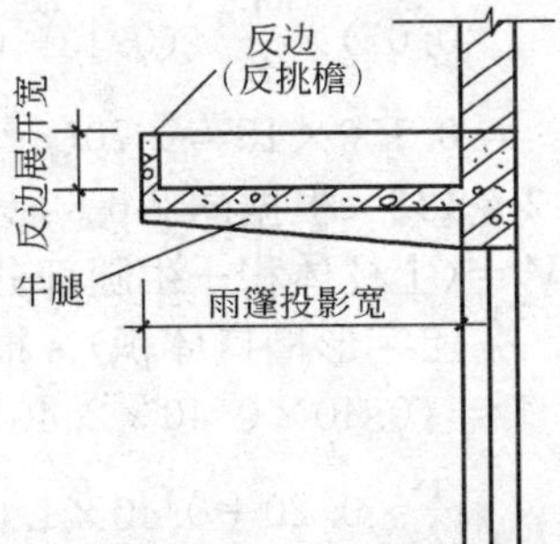

图 2-6-59 带反边雨篷示意图

(九)其他

栏杆按净长度以延长米计算,伸入墙内的长度已综合在定额内;栏板以立方米计算,伸入墙内的栏板,合并计算。

预制板补现浇板缝时,按平板计算。

预制钢筋混凝土框架柱现浇接头(包括梁接头)按设计规定断面和长度以立方米计算。

七 预制混凝土工程量

(1)预制混凝土工程量均按图示尺寸以立方米计算,不扣除构件内钢筋、铁件及小于 300mm×300mm 以内孔洞体积。

【例 2-6-12】 根据图 2-6-60 计算 20 块 YKB-3364 预应力空心板的工程量。

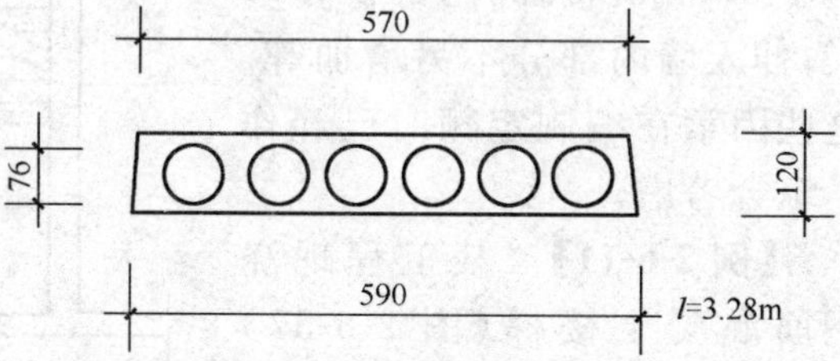

图 2-6-60 YKB-3364 预应力空心板(尺寸单位:mm)

解:V =空心板净断面积×板长×块数

$=[0.12\times(0.57+0.59)\times\frac{1}{2}-0.7854\times(0.076)^2\times6]\times3.28\times20$(块)

$=(0.0696-0.0272)\times3.28\times20=0.0424\times3.28\times20=2.78(m^3)$

【例 2-6-13】 根据图 2-6-61 计算 18 块预制天沟板的工程量。

解:V =断面积×长度×块数

$=[(0.05+0.07)\times\frac{1}{2}\times(0.25-0.04)+0.60\times0.04+(0.05+0.07)\times\frac{1}{2}\times(0.13-0.04)]\times3.58\times18$(块)

$=0.150\times18=2.70(m^3)$

【例 2-6-14】 根据图 2-6-62 计算 6 根预制工字形柱的工程量。

解:V =(上柱体积+牛腿部分体积+下柱外形体积−工字形槽口体积)×根数

$=\{(0.40\times0.40\times2.40)+[0.40\times(1.0+0.80)\times\frac{1}{2}\times0.20+0.40\times1.0\times0.40]+(10.8\times0.80\times0.40)-\frac{1}{2}\times(8.5\times0.50+8.45\times0.45)\times0.15\times2$(边)$\}\times6$(根)

$=(0.384+0.232+3.456-1.208)\times6$

$=2.864\times6=17.18(m^3)$

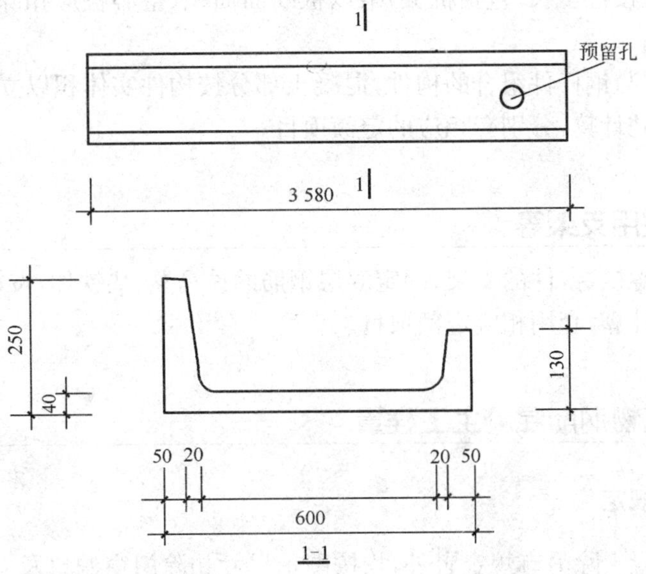

图 2-6-61　预制天沟板(尺寸单位:mm)

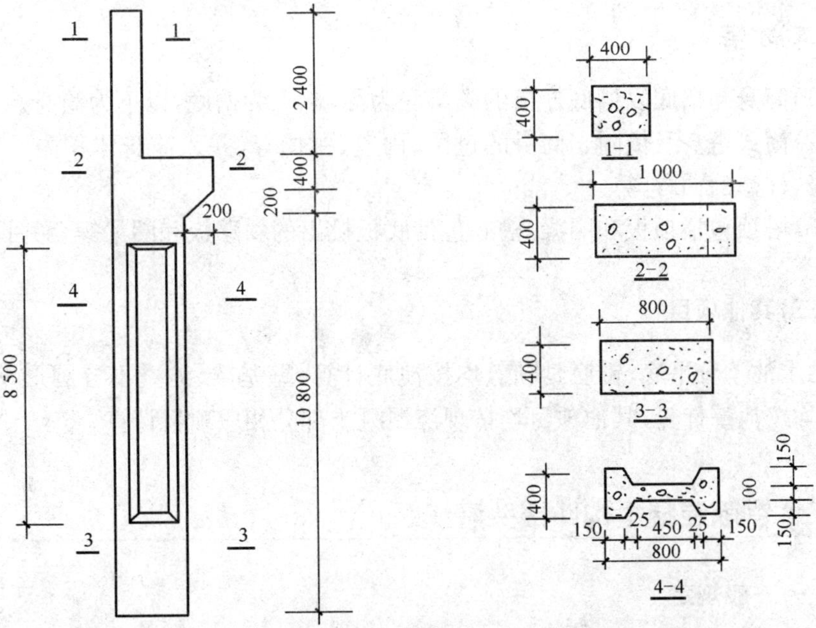

图 2-6-62　预制工字形柱(尺寸单位:mm)

(2)预制桩按桩全长(包括桩尖)乘以桩断面面积(空心桩应扣除孔洞体积)以立方米计算。

(3)混凝土与钢杆件组合的构件,混凝土部分按构件实体积以立方米计算,钢构件部分按吨计算,分别套相应的定额项目。

八 固定用支架等

固定预埋螺栓、铁件的支架、固定双层钢筋的铁马凳、垫铁件,按审定的施工组织设计规定计算,套用相应定额项目。

九 构筑物钢筋混凝土工程量

(一)一般规定

构筑物混凝土除另有规定者外,均按图示尺寸扣除门窗洞口及 0.3m^2 以上孔洞所占体积以实体体积计算。

(二)水塔

(1)筒身与槽底以槽底连接的圈梁底为界,以上为槽底,以下为筒身。

(2)筒式塔身及依附于筒身的过梁、雨篷、挑檐等,并入筒身体积内计算;柱式塔身,柱、梁合并计算。

(3)塔顶包括顶板和圈梁,槽底包括底板挑出的斜壁板和圈梁等合并计算。

(三)其他项目

贮水池不分平底、锥底、坡底,均按池底计算;壁基梁、池壁不分圆形壁和矩形壁,均按池壁计算;其他项目均按现浇混凝土部分相应项目计算。

十 钢筋混凝土构件接头灌缝

(一)一般规定

钢筋混凝土构件接头灌缝,包括构件坐浆、灌缝、堵板孔、塞板梁缝等,均按预制钢筋混凝土构件实体积以立方米计算。

(二)柱的灌缝

柱与柱基的灌缝，按首层柱体积计算，首层以上柱灌缝，按各层柱体积计算。

(三)空心板堵孔

空心板堵孔的人工、材料，已包括在定额内。如不堵孔时，每 10m³ 空心板体积应扣除 0.23m³ 预制混凝土块和 2.2 个工日。

第二节　清单工程量计算

一 主要内容

混凝土及钢筋混凝土工程主要包括现浇混凝土基础、现浇混凝土柱、现浇混凝土梁、现浇混凝土墙、现浇混凝土板、现浇混凝土楼梯、现浇混凝土其他构件、后浇带、预制混凝土柱、预制混凝土梁、预制混凝土屋架、预制混凝土板、预制混凝土楼梯、其他预制构件、混凝土构筑物、钢筋工程、螺栓铁件等。

二 工程量清单项目

(一)带形基础

1. 基本概念

当建筑物上部结构采用墙承重时，基础沿墙设置，多做成长条形，这时称为带形基础。

2. 工程内容

带形混凝土基础的工程内容包括铺设垫层、混凝土制作、运输、浇筑、振捣、养护等。

3. 项目特征

带形混凝土基础的项目特征包括：

(1)垫层材料种类、厚度；

(2)混凝土强度等级；

(3)混凝土拌和料要求；

(4)砂浆强度等级。

4. 计算规则

带形混凝土基础按设计图示尺寸以体积计算，不扣除构件内钢筋、预埋铁件和伸入承台基础的桩头所占体积。

(二)独立基础

1.基本概念

当建筑物上部结构采用框架结构或单层排架结构承重时，基础常采用矩形的单独基础，这类基础称为独立基础。常见的独立基础有阶梯形的、锥形的、杯口形的等。

2.工程内容

独立基础的工程内容同带形基础。

3.项目特征

独立基础的项目特征同带形基础。

4.计算规则

独立基础的计算规则同带形基础。

(三)桩承台基础

桩承台基础项目适用于浇筑在组桩上(如梅花桩)的承台。计算工程量时，不扣除浇入承台体积内的桩头所占体积。

桩承台基础的工程内容、项目特征、计算规则同带形混凝土基础。

(四)满堂基础

满堂基础项目适用于地下室的箱式、筏式基础等。

满堂基础的工程内容、项目特征、计算规则同带形混凝土基础。

(五)现浇矩形柱、异形柱

1.工程内容

现浇矩形柱、异形柱的工程内容包括混凝土制作、运输、浇筑、振捣、养护等。

2.项目特征

现浇矩形柱、异形柱的项目特征包括：

(1)柱高；

(2)柱截面尺寸；

(3)混凝土强度等级；

(4)混凝土拌和料要求。

3.计算规则

现浇矩形柱、异形柱工程量按设计图示尺寸以体积计算。不扣除构件内钢筋、预埋铁件所占体积。

确定柱高的规定如下：

(1)有梁板的柱高，应按自柱基上表面(或楼板上表面)至上一层楼板上表面之间的高度计算；

(2)无梁板的柱高，应按自柱基上表面(或楼板上表面)至柱帽下表面之间的高度计算；

(3)框架柱的柱高，应按自柱基上表面至柱顶高度计算；

(4)构造柱按全高计算，嵌接墙体部分并入柱身体积；

(5)依附柱上的牛腿和升板的柱帽，并入柱身体积计算。

(六)现浇矩形梁

1. 工程内容

现浇混凝土矩形梁工程内容包括混凝土制作、运输、浇筑、振捣、养护等。

2. 项目特征

现浇混凝土矩形梁的项目特征包括：

(1)梁底标高；

(2)梁截面；

(3)混凝土强度等级；

(4)混凝土拌和料要求。

3. 计算规则

现浇混凝土矩形梁工程量按设计图示尺寸以体积计算。不扣除构件内钢筋、预埋铁件所占体积，伸入墙内的梁头、梁垫并入梁体积内。梁长计算的规定是，梁与柱连接时，梁长算至柱侧面；主梁与次梁连接时，次梁长算至主梁侧面。

(七)直形墙

1. 工程内容

现浇直形墙工程内容包括混凝土制作、运输、浇筑、振捣、养护等。

2. 项目特征

现浇直形墙项目特征包括：

(1)墙类型；

(2)墙厚度；

(3)混凝土强度等级；

(4)混凝土拌和料要求。

3. 计算规则

现浇直形墙工程量计算按设计图示尺寸以体积计算。不扣除构件内钢筋、预埋铁件所占体积,扣除门窗洞口及单个面积在 0.3m^2 以上的孔洞所占体积,墙垛及突出墙面部分并入墙体体积内计算。

4. 有关说明

直形墙项目也适用于电梯井。

(八)有梁板

1. 基本概念

现浇有梁板是指在同一平面内相互正交式的密肋板,或者由主梁、次梁相交的井字梁板。

2. 工程内容

现浇有梁板的工程内容包括混凝土制作、运输、浇筑、振捣、养护等。

3. 项目特征

现浇有梁板的项目特征包括:

(1)板底标高;

(2)板厚度;

(3)混凝土强度等级;

(4)混凝土拌和料要求。

4. 计算规则

现浇有梁板工程量按设计图示尺寸以体积计算。不扣除构件内钢筋、预埋铁件及单个面积在 0.3m^2 以内的孔洞所占体积。有梁板(包括主梁、次梁与板)按梁、板体积之和计算,无梁板按板和柱帽体积之和计算,各类板伸入墙内的板头并入板体积内计算,薄壳板的肋、基梁并入薄壳体积内计算。

5. 有关说明

项目特征内的梁底标高、板底标高,不需要每个构件都标注,而是要求选择关键部件的梁、板构件,以便投标人在投标时选择吊装机械和垂直运输机械。

(九)现浇直形楼梯

1. 工程内容

现浇直形楼梯工程内容包括混凝土制作、运输、浇筑、振捣、养护等。

2. 项目特征

现浇直形楼梯的项目特征包括：

(1)混凝土强度等级；

(2)混凝土拌和料要求。

3. 计算规则

现浇直形楼梯按设计图示尺寸以水平投影面积计算。不扣除宽度小于500mm的楼梯井，伸入墙内部分不计算。

4. 有关说明

(1)整体楼梯水平投影面积包括休息平台、平台梁、斜梁及与楼梯连接的梁。当整体楼梯与现浇板无梯梁连接时，以楼梯的最后一个踏步边缘加300mm计算。

(2)单跑楼梯如果无休息平台的，应在工程量清单项目中进行描述。

(十)散水、坡道

1. 工程内容

散水、坡道的工程内容包括地基夯实，铺设垫层，混凝土制作、运输、浇筑、振捣、养护，变形缝填塞等。

2. 项目特征

散水、坡道项目特征包括：

(1)垫层材料种类、厚度；

(2)面层厚度；

(3)混凝土强度等级；

(4)混凝土拌和料要求；

(5)填塞材料种类。

3. 计算规则

散水、坡道工程量按设计图示尺寸以面积计算。不扣除单个面积在0.3m^2以内的孔洞所占面积。

4. 有关问题

如果散水、坡道需抹灰时，应在项目特征中表达清楚。

(十一)后浇带

1. 基本概念

后浇带是为在现浇钢筋混凝土施工过程中，克服由于温度、收缩而可能产生有害裂缝而设置的临时施工缝。该缝需根据设计要求保留一段时间后再浇筑，将整个结构连成整体。

2. 工程内容

后浇带的工程内容包括混凝土制作、运输、浇筑、振捣、养护等。

3. 项目特征

后浇带的项目特征包括：

(1)部位；

(2)混凝土强度等级；

(3)混凝土拌和料要求。

4. 计算规则

后浇带工程量按设计图示尺寸以体积计算。

5. 有关说明

后浇带项目适用于梁、墙、板。

(十二)预制矩形柱、异形柱

1. 工程内容

预制矩形柱、异形柱工程内容包括混凝土制作、运输、浇筑、振捣、养护，构件制作、运输，构件安装，砂浆制作、运输，接头灌浆、养护等。

2. 项目特征

预制矩形柱、异形柱的项目特征包括：

(1)柱类型；

(2)单件体积；

(3)安装高度；

(4)混凝土强度等级。

3. 计算规则

预制矩形柱、异形柱工程量计算有以下两种表达方式：

(1)按设计图示尺寸以体积计算，不扣除构件内钢筋、预埋铁件所占体积；

(2)按设计图示尺寸以“根”计算。

4. 有关说明

有相同截面、长度的预制混凝土柱的工程量可按根数计算。

(十三)预制折线型屋架

1. 工程内容

预制折线型屋架的工程内容包括混凝土制作、运输、浇筑、振捣、养护，构件制作、运输，构件安装，砂浆制作、运输，接头灌浆、养护等。

2. 项目特征

预制折线型屋架的项目特征包括：

(1)屋架的类型、跨度；

(2)单件体积；

(3)安装高度；

(4)混凝土强度等级；

(5)砂浆强度等级。

3. 计算规则

预制折线型屋架的工程量计算按以下两种方式表达：

(1)按设计图示尺寸以“体积”计算，不扣除构件内钢筋、预埋铁件所占体积；

(2)按设计图示尺寸以“榀”计算。

4. 有关说明

同类型、相同跨度的预制混凝土屋架工程量可按榀数计算。

(十四)预制混凝土楼梯

1. 工程内容

预制混凝土楼梯工程内容包括混凝土制作、运输、浇筑、振捣、养护，构件制作、运输，构件安装，砂浆制作、运输，接头灌浆、养护等。

2. 项目特征

预制混凝土楼梯的项目特征包括：

(1)楼梯类型；

(2)单件体积；

(3)混凝土强度等级；

(4)砂浆强度等级。

3. 计算规则

预制混凝土楼梯工程量按设计图示尺寸以体积计算，不扣除构件内钢筋、预埋铁件所占体积，应扣除空心踏步板的空洞体积。

(十五)混凝土水塔

1. 工程内容

混凝土水塔工程内容包括混凝土制作、运输、浇筑、振捣、养护，预制倒圆锥形罐壳、组装、提升、就位，砂浆制作、运输，接头灌缝、养护等。

2. 项目特征

混凝土水塔的项目特征包括：

(1)类型；

(2)支筒高度、水箱容积；

(3)倒圆锥形罐壳厚度、直径；

(4)混凝土强度等级；

(5)混凝土拌和料要求；

(6)砂浆强度等级。

3. 计算规则

混凝土水塔工程量按设计图示尺寸以体积计算。不扣除构件内钢筋、预埋铁件及单个面积在 $0.3m^2$ 以内孔洞所占体积。

4. 有关说明

混凝土水塔基础、塔身、水箱应分别采用第五级编码列项。筒式塔身应以筒座上表面或基础底板上表面为界；柱式(框架式)塔身应以柱脚与基础底板或梁顶为界，与基础板连接的梁应并入基础体积内。塔身与水箱应以箱底相连接的圈梁下表面为界，以上为水箱，以下为塔身。依附于塔身的过梁、雨篷、挑檐等，应并入塔身体积内；柱式塔身应不分柱、梁合并计算。依附于水箱壁的柱、梁，应并入水箱壁体积内。

练习题

一、多选题

1. 光圆钢筋的末端一般要做(　　)弯钩。

A. 180°　　B. 90°　　C. 135°　　D. 45°

2. 弯起钢筋的弯起角度一般有(　　)。

A. 60°　　B. 45°　　C. 30°　　D. 40°

3. 箱式满堂基础分别按(　　)有关规定计算。

A. 无梁式满堂基础　　B. 柱　　C. 梁　　D. 板

4. 现浇混凝土基础有(　　)基础。

A. 有肋带形　　B. 箱式满堂　　C. 独立　　D. 杯形

5. 柱高的确定分为(　　)。

A. 有梁板柱高　　B. 无梁板柱高

C. 框架柱高　　　　D. 构造柱高

6. 不同平面形状构造柱有(　　)。

A. 90°转角　　　　B. T 形接头

C. 十字形接头　　　　D. 一字形接头

7. 有梁板按(　　)体积之和计算。

A. 主梁　　B. 次梁　　C. 板　　D. 次板

8. 现浇混凝土整体楼梯工程量包括(　　)。

A. 休息平台　　B. 平台梁　　C. 斜梁　　D. 梯板

二、判断题

1. 现浇构件与预制构件的钢筋工程量可以合在一起计算。　(　　)
2. 抗震构件箍筋弯钩的平直部分长应不小于箍筋直径的 10 倍。　(　　)
3. 钢筋理论质量计算公式为：每米质量＝0.006 165d^2。　(　　)
4. 1mm 厚钢板每平方米的质量为 7.85kg。　(　　)
5. 钢筋混凝土独立基础与柱的分界线是±0.00 标高。　(　　)
6. 框架柱高应按自柱基上表面至现浇混凝土板底面计算。　(　　)
7. 构造柱按施工平面图尺寸计算工程量。　(　　)
8. 无梁板的柱帽体积合并在柱内计算。　(　　)
9. 现浇平板按面积计算工程量。　(　　)
10. 现浇整体楼梯要扣除楼梯井面积。　(　　)

第七章 门窗及木结构工程量计算

第一节 计价工程量计算

一 一般规定

各类门、窗制作、安装工程量均按门、窗洞口面积计算。

(1)门、窗盖口条、贴脸、披水条，按图示尺寸以延长米计算，执行木装修项目(图 2-7-1)。

(2)普通窗上部带有半圆窗(图 2-7-2)的工程量，应分别按半圆窗和普通窗计算。其分界线以普通窗和半圆窗之间的横框上裁口线为分界线。

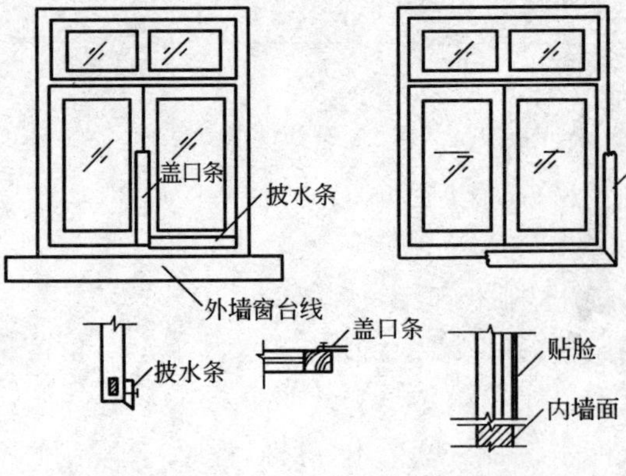

图 2-7-1　窗盖口条、贴脸、披水条示意图

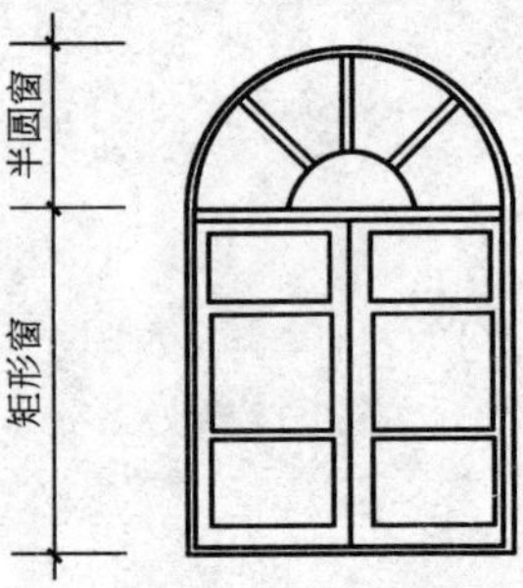

图 2-7-2　带半圆窗示意图

(3)门窗扇包镀锌铁皮，按门、窗洞口面积以平方米计算(图 2-7-3)；门窗框包镀锌铁皮、钉橡皮条、钉毛毡按图示门窗洞口尺寸以延长米计算。

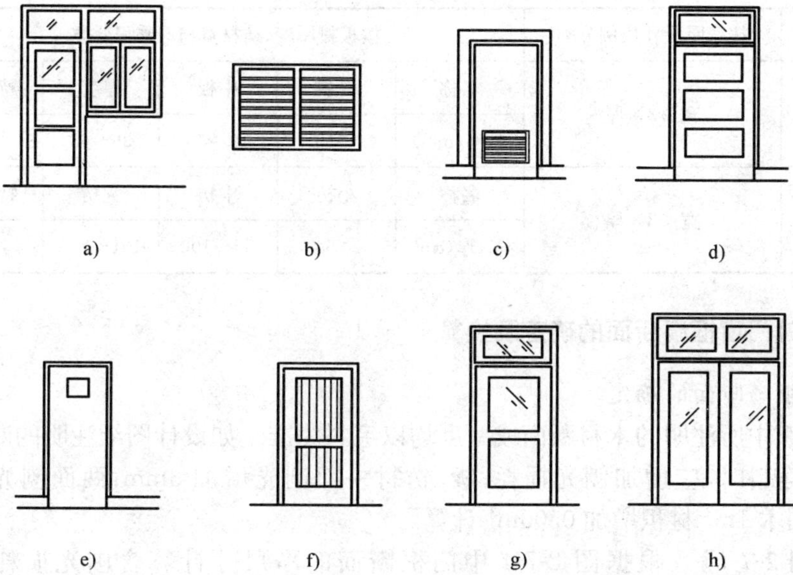

图 2-7-3 各种门窗示意图

a)门带窗；b)固定百叶窗；c)半截百叶门；d)带亮子镶板门；e)带观察窗胶合板门；f)拼板门；g)半玻门；h)全玻门

二 套用定额的规定

(一)木材木种分类

全国统一建筑工程基础定额将木材分为以下四类：

一类：红松、水桐木、樟子松；

二类：白松(方杉、冷杉)、杉木、杨木、柳木、椴木；

三类：青松、黄花松、秋子木、马尾松、东北榆木、柏木、苦楝木、梓木、黄菠萝、椿木、楠木、柚木、樟木；

四类：栎木(柞木)、檀木、色木、槐木、荔木、麻栗木(麻栎、青冈)、桦木、荷木、水曲柳、华北榆木。

(二)板、枋材规格分类(表 2-7-1)

板、枋材规格分类表 表 2-7-1

项　目	按宽厚尺寸比例分类	按板材厚度、枋材宽与厚乘积分类				
板材	宽≥3×厚	名称	薄板	中板	厚度	特厚板
		厚度(mm)	<18	19～35	36～65	≥66
枋材	宽<3×厚	名称	小枋	中枋	大枋	特大枋
		宽×厚(cm^2)	<54	55～100	101～225	≥226

(三)门窗框扇断面的确定及换算

1. 框扇断面的确定

定额中所注明的木材断面或厚度均以毛料为准。如设计图纸注明的断面或厚度为净料时，应增加刨光损耗；板、枋材一面刨光增加 3mm；两面刨光增加 5mm；圆木 $1m^3$ 材积增加 $0.05m^3$ 计算。

【例 2-7-1】 根据图 2-7-4 中门框断面的净尺寸计算含刨光损耗的毛断面。

解:门框毛断面＝(9.5＋0.5)×(4.2＋0.3)＝45(cm^2)

门扇毛断面＝(9.5＋0.5)×(4.0＋0.5)＝45(cm^2)

2. 框扇断面的换算

当图纸设计的木门窗框扇断面与定额规定不同时，应按比例换算。框断面以边框断面为准(框裁口如为钉条者加贴条的断面)；扇断面以主挺断面为准。

框扇断面不同时的定额材积换算公式：

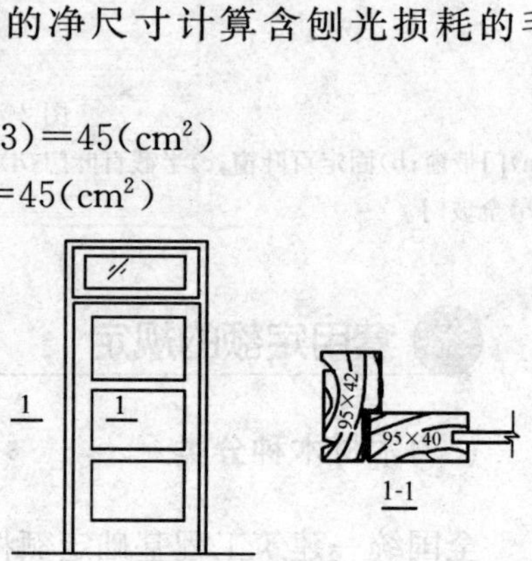

图 2-7-4 木门框扇断面示意图

$$换算后材积=\frac{设计断面(加刨光损耗)}{定额断面}\times 定额材积 \qquad (2\text{-}7\text{-}1)$$

【例 2-7-2】 某工程的单层镶板门框的设计断面为 60mm×115mm(净尺寸)，查定额框断面 60mm×100mm(毛料)，定额枋材耗用量 $2.037m^3/100m^2$，试计算按图纸设计的门框枋材耗用量。

解：$$换算后材积=\frac{设计断面}{定额断面}\times定额材积$$

$$=\frac{63\times120}{60\times100}\times2.037=2.567(m^3/100m^2)$$

三 计算规则

1. 铝合金门窗等

铝合金门窗制作、安装，铝合金、不锈钢门窗、彩板组角钢门窗、塑料门窗、钢门窗安装，均按设计门窗洞口面积计算。

2. 卷闸门

卷闸门安装按洞口高度增加 600mm 乘以门实际宽度以平方米计算。电动装置安装以套计算，小门安装以个计算。

【例 2-7-3】 根据图 2-7-5 所示尺寸计算卷闸门工程量。

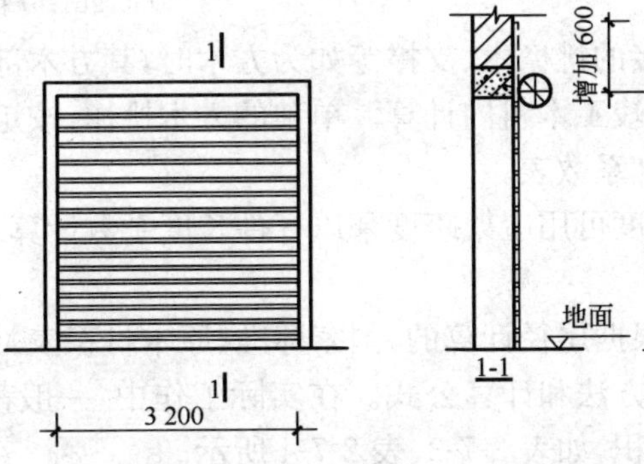

图 2-7-5 卷闸门示意图(尺寸单位：mm)

解：
$$S=3.20\times(3.60+0.60)$$
$$=3.20\times4.20$$
$$=13.44(m^2)$$

3. 包门框、安附框

不锈钢片包门框，按框外表面面积以平方米计算。

彩板组角钢门窗附框安装，按延长米计算。

4. 木屋架

(1)木屋架制作安装均按设计断面竣工木料以立方米计算，其后备长度及配制损耗均不另行计算。

(2)方木屋架一面刨光时增加3mm，两面刨光时增加5mm，圆木屋架按屋架刨光时木材体积按$1m^3$增加$0.05m^3$计算。附属于屋架的夹板、垫木等已并入相应的屋架制作项目中，不另计算；与屋架连接的挑檐木(附木)、支撑等，其工程量并入屋架竣工木料体积内计算。

(3)屋架的制作安装应区别不同跨度，其跨度应以屋架上下弦杆的中心线交点之间的长度为准。带气楼的屋架并入所依附屋架的体积内计算。

(4)屋架的马尾、折角和正交(图2-7-6)部分半屋架，应并入相连接屋架的体积内计算。

(5)钢木屋架区分圆、方木，按竣工木料以立方米计算。

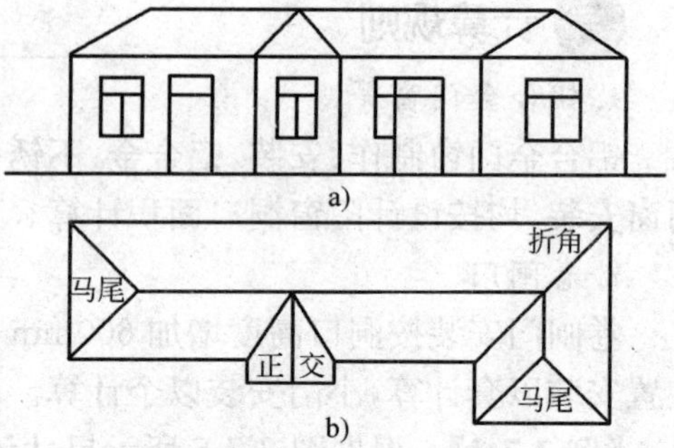

图2-7-6 屋架的马尾、折角和正交示意图
a)立面图；b)平面图

(6)圆木屋架连接的挑檐木、支撑等如为方木时，其方木部分应乘以系数1.7折合成圆木并入屋架竣工木料内计算。单独的方木挑檐，按矩形檩木计算。

(7)屋架杆件长度系数表。

木屋架各杆件长度可用屋架跨度乘以杆件长度系数计算。杆件长度系数见表2-7-2。

(8)原木材积是根据尾径计算的，国家标准《原木材积表》(GB 4814—84)规定了原木材积的计算方法和计算公式。在实际工作中，一般都采取查表的方式来确定圆木屋架的材积，如表2-7-3、表2-7-4所示。

标准规定，检尺径在4～12cm的小径原木材积由以下公式确定：

$$V=0.7854L(D+0.45L+0.2)^2\div10000 \tag{2-7-2}$$

检尺径在14cm以上原木材积由以下公式确定：

$$V=0.7854L[D+0.5L+0.005L^2+0.000125L(14-L)^2(D-10)]^2\div10000 \tag{2-7-3}$$

上两式中：V——原木体积(m^3)；

L——检尺长(m)；

D——检尺径(cm)。

表 2-7-2

屋架杆件长度系数表

屋架形式	角度	杆件编号										
		1	2	3	4	5	6	7	8	9	10	11
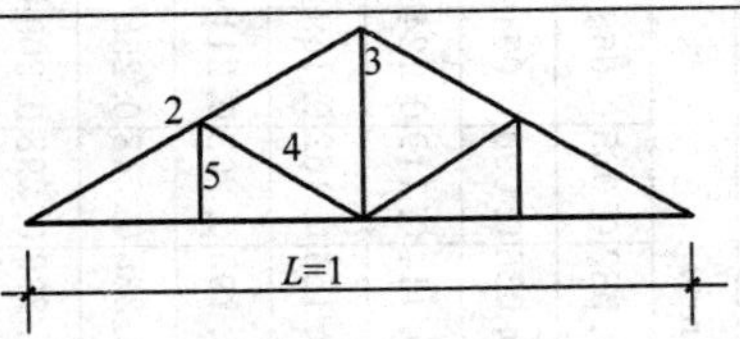	26°34′	1	0.559	0.250	0.280	0.125						
	30°	1	0.577	0.289	0.289	0.144						
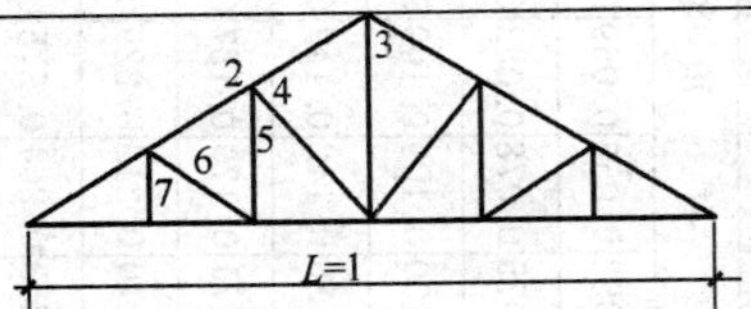	26°34′	1	0.559	0.250	0.236	0.167	0.186	0.083				
	30°	1	0.577	0.289	0.254	0.192	0.192	0.096				
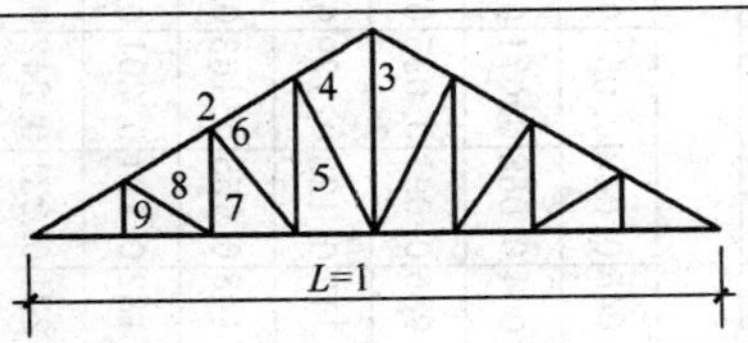	26°34′	1	0.559	0.250	0.225	0.188	0.177	0.125	0.140	0.063		
	30°	1	0.577	0.289	0.250	0.217	0.191	0.144	0.144	0.072		
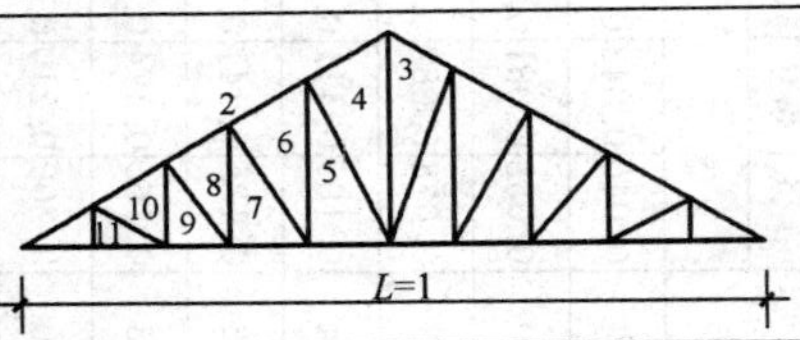	26°34′	1	0.559	0.250	0.224	0.200	0.180	0.150	0.141	0.100	0.112	0.050
	30°	1	0.577	0.289	0.252	0.231	0.200	0.173	0.153	0.116	0.115	0.057

原木材积表(一) 表 2-7-3

检尺径(cm)	检尺长(m)														
	2.0	2.2	2.4	2.5	2.6	2.8	3.0	3.2	3.4	3.6	3.8	4.0	4.2	4.4	4.6
	材积(m^3)														
8	0.013	0.015	0.016	0.017	0.018	0.020	0.021	0.023	0.025	0.027	0.029	0.031	0.034	0.036	0.038
10	0.019	0.022	0.024	0.025	0.026	0.029	0.031	0.034	0.037	0.040	0.042	0.045	0.048	0.051	0.054
12	0.027	0.030	0.033	0.035	0.037	0.040	0.043	0.047	0.050	0.054	0.058	0.062	0.065	0.069	0.074
14	0.036	0.040	0.045	0.047	0.049	0.054	0.058	0.063	0.068	0.073	0.078	0.083	0.089	0.094	0.100
16	0.047	0.052	0.058	0.060	0.063	0.069	0.075	0.081	0.087	0.093	0.100	0.106	0.113	0.120	0.126
18	0.059	0.065	0.072	0.076	0.079	0.086	0.093	0.101	0.108	0.116	0.124	0.132	0.140	0.148	0.156
20	0.072	0.080	0.088	0.092	0.097	0.105	0.114	0.123	0.132	0.141	0.151	0.160	0.170	0.180	0.190
22	0.086	0.096	0.106	0.111	0.116	0.126	0.137	0.147	0.158	0.169	0.180	0.191	0.203	0.214	0.226
24	0.102	0.114	0.125	0.131	0.137	0.149	0.161	0.174	0.186	0.199	0.212	0.225	0.239	0.252	0.266
26	0.120	0.133	0.146	0.153	0.160	0.174	0.188	0.203	0.217	0.232	0.247	0.262	0.277	0.293	0.308
28	0.138	0.154	0.169	0.177	0.185	0.201	0.217	0.234	0.250	0.267	0.284	0.302	0.319	0.337	0.354
30	0.158	0.176	0.193	0.202	0.211	0.230	0.248	0.267	0.286	0.305	0.324	0.344	0.364	0.383	0.404
32	0.180	0.199	0.219	0.230	0.240	0.260	0.281	0.302	0.324	0.345	0.367	0.389	0.411	0.433	0.456
34	0.202	0.224	0.247	0.258	0.270	0.293	0.316	0.340	0.364	0.388	0.412	0.437	0.461	0.486	0.511

原木材积表(二) 表 2-7-4

检尺径(cm)	检尺长(m)														
	4.8	5.0	5.2	5.4	5.6	5.8	6.0	6.2	6.4	6.6	6.8	7.0	7.2	7.4	7.6
	材积(m^3)														
8	0.040	0.043	0.045	0.048	0.051	0.053	0.056	0.059	0.062	0.065	0.068	0.071	0.074	0.077	0.081
10	0.058	0.061	0.064	0.068	0.071	0.075	0.078	0.082	0.086	0.090	0.094	0.098	0.102	0.106	0.111
12	0.078	0.082	0.086	0.091	0.095	0.100	0.105	0.109	0.114	0.119	0.124	0.130	0.135	0.140	0.146
14	0.105	0.111	0.117	0.123	0.129	0.136	0.142	0.149	0.156	0.162	0.169	0.176	0.184	0.191	0.199
16	0.134	0.141	0.148	0.155	0.163	0.171	0.179	0.187	0.195	0.203	0.211	0.220	0.229	0.238	0.247
18	0.165	0.174	0.182	0.191	0.201	0.210	0.219	0.229	0.238	0.248	0.258	0.268	0.278	0.289	0.300
20	0.200	0.210	0.221	0.231	0.242	0.253	0.264	0.275	0.286	0.298	0.309	0.321	0.333	0.345	0.358

续上表

检尺径(cm)	检尺长(m)														
	4.8	5.0	5.2	5.4	5.6	5.8	6.0	6.2	6.4	6.6	6.8	7.0	7.2	7.4	7.6
	材积 (m^3)														
22	0.238	0.250	0.262	0.275	0.287	0.300	0.313	0.326	0.339	0.352	0.365	0.379	0.393	0.407	0.421
24	0.279	0.293	0.308	0.322	0.336	0.351	0.366	0.380	0.396	0.411	0.426	0.442	0.457	0.473	0.489
26	0.324	0.340	0.356	0.373	0.389	0.406	0.423	0.440	0.457	0.474	0.491	0.509	0.527	0.545	0.563
28	0.372	0.391	0.409	0.427	0.446	0.465	0.484	0.503	0.522	0.542	0.561	0.581	0.601	0.621	0.642
30	0.424	0.444	0.465	0.486	0.507	0.528	0.549	0.571	0.592	0.614	0.636	0.658	0.681	0.703	0.726
32	0.479	0.502	0.525	0.548	0.571	0.595	0.619	0.643	0.667	0.691	0.715	0.740	0.765	0.790	0.815
34	0.537	0.562	0.588	0.614	0.640	0.666	0.692	0.719	0.746	0.772	0.799	0.827	0.854	0.881	0.909

注：长度以 20cm 为增进单位，不足 20cm 时，满 10cm 进位，不足 10cm 舍去；径级以 2cm 为增进单位，不足 2cm 时，满 1cm 的进位，不足 1cm 舍去。

【例 2-7-4】 根据图 2-7-7 中的尺寸计算跨度 L＝12m 的圆木屋架工程量。

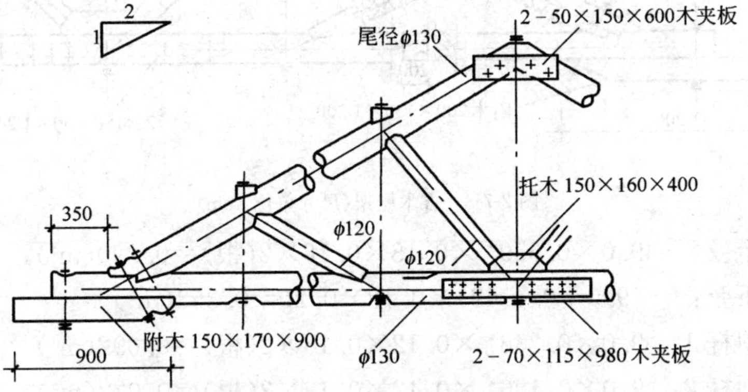

图 2-7-7 圆木屋架(尺寸单位：mm)

解：屋架圆木材积计算见表 2-7-5。

屋架圆木材积计算表 表 2-7-5

名 称	尾径(cm)	数量	长 度(m)	单根材积(m^3)	材积(m^3)
上弦	ϕ13	2	12×0.559*＝6.708	0.169	0.338
下弦	ϕ13	2	6＋0.35＝6.35	0.156	0.312
斜杠 1	ϕ12	2	12×0.236*＝2.832	0.040	0.080
斜杠 2	ϕ12	2	12×0.186*＝2.232	0.030	0.060

续上表

名　称	尾径(cm)	数量	长　　度(m)	单根材积(m^3)	材积(m^3)
托木		1	0.15×0.16×0.40×1.70*		0.016
挑檐木		2	0.15×0.17×0.90×2×1.70*		0.078
小计					0.884

【例 2-7-5】 根据图 2-7-8 中尺寸，计算跨度 $L=9.0$m 的方木屋架工程量。

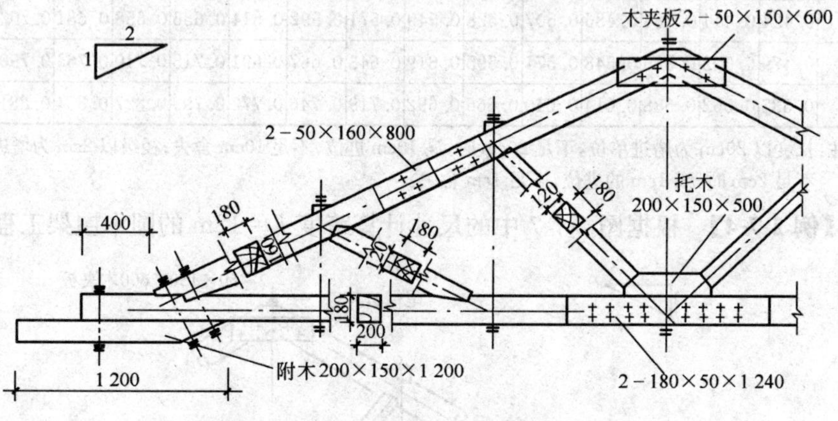

图 2-7-8　方木屋架(尺寸单位:mm)

解:上弦：　9.0×0.559* ×0.18×0.16×2(根)＝0.290(m^3)

下弦：　(9.0＋0.4×2)×0.18×0.20＝0.353(m^3)

斜杆 1：9.0×0.236* ×0.12×0.18×2(根)＝0.092(m^3)

斜杆 2：9.0×0.186* ×0.12×0.18×2(根)＝0.072(m^3)

托木：　0.2×0.15×0.5＝0.015(m^3)

挑檐木：1.20×0.20×0.15×2(根)＝0.072(m^3)

小计：　0.894m^3

注:木夹板、钢拉杆等已包括在定额中。

5. 檩木

(1)檩木按竣工木料以立方米计算。简支檩条长度按设计规定计算，如设计无规定者，按屋架或山墙中距增加 200mm 计算，如两端出山墙，檩条算至博风板。

(2)连续檩条的长度按设计长度计算，其接头长度按全部连续檩木总体积的

5%计算。

檩条托木已计入相应的檩木制作安装项目中，不另计算。

(3)简支檩条增加长度和连续檩条接头见图 2-7-9、图 2-7-10。

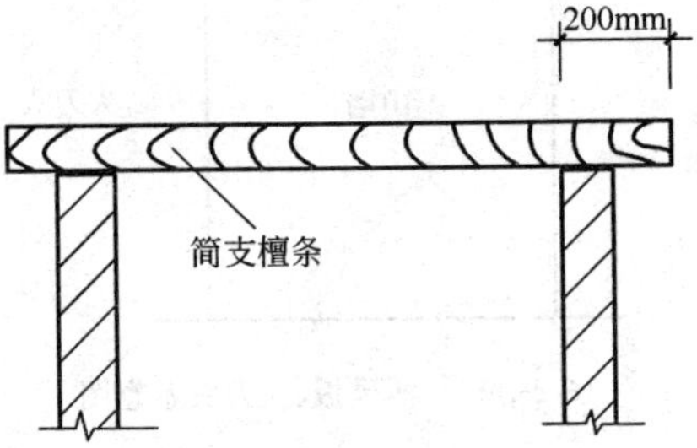

图 2-7-9 简支檩条增加长度示意图

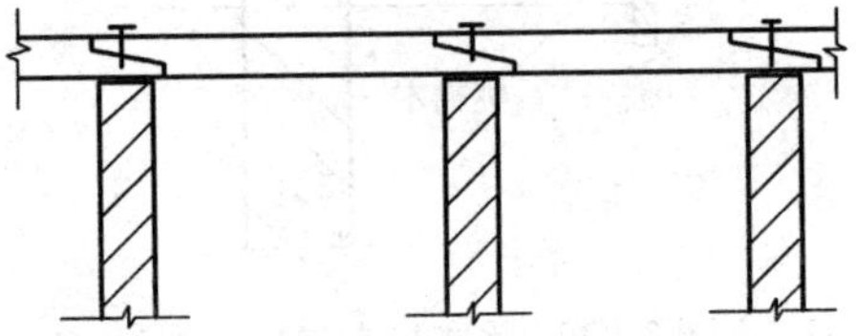

图 2-7-10 连续檩条接头示意图

6. 屋面木基层

屋面木基层(图 2-7-11)，按屋面的斜面积计算。天窗挑檐重叠部分按设计规定计算，屋面烟囱及斜沟部分所占面积不扣除。

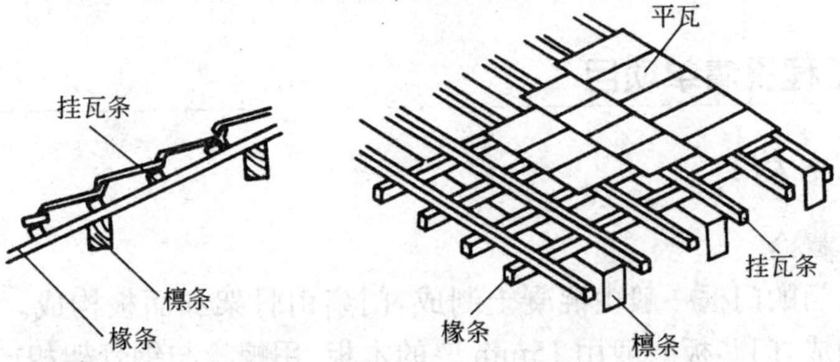

图 2-7-11 屋面木基层示意图

7. 封檐板

封檐板按图示檐口外围长度计算，博风板按斜长计算，每个大刀头增加长度 500mm。

挑檐木、封檐板、博风板、大刀头示意见图 2-7-12、图 2-7-13。

8. 木楼梯

木楼梯按水平投影面积计算，不扣除宽度小于 300mm 的楼梯井，其踢脚板、平台和伸入墙内部分，不另计算。

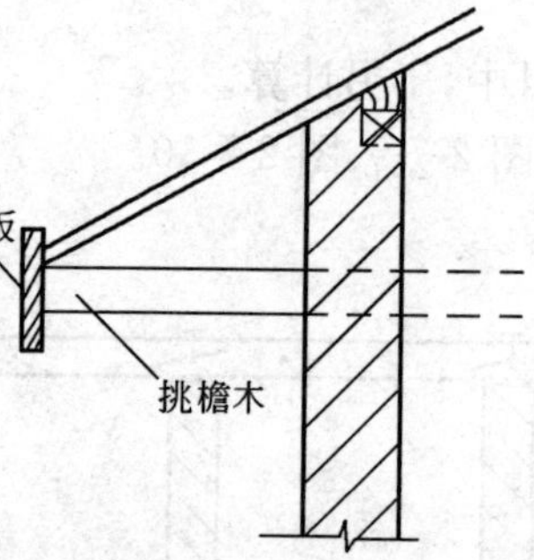

图 2-7-12　挑檐木、封檐板示意图

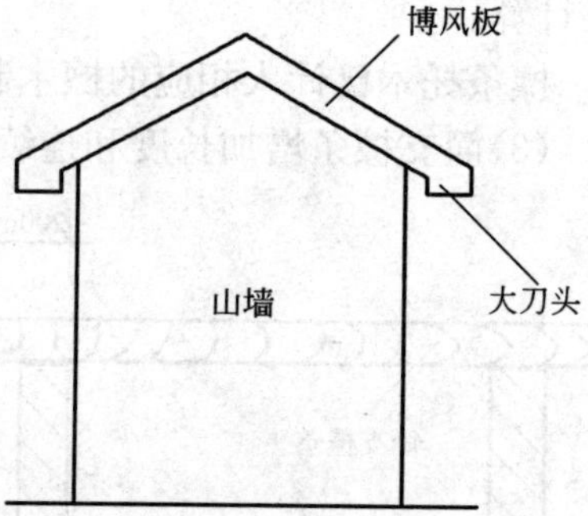

图 2-7-13　博风板、大刀头示意图

第二节　清单工程量计算

一　主要内容

木结构工程主要包括厂库房大门、特种门、木屋架、木构件等。

二　工程量清单项目

(一)钢木大门

1. 基本概念

钢木大门的门框一般由混凝土制成，门扇由骨架和面板构成。门扇的骨架常用型钢制成，门芯板一般用 15mm 厚的木板，用螺栓与钢骨架相连接。

2. 工程内容

钢木大门的工程内容包括门(骨架)制作、运输，门、五金配件安装，刷防护材料、油漆等。

3. 项目特征

钢木大门的项目特征包括：

(1)开启方式；

(2)有框、无框；

(3)含门扇数；

(4)材料品种规格；

(5)五金种类、规格；

(6)防护材料种类；

(7)油漆品种、刷漆遍数。

4. 计算规则

钢木大门工程量按设计图示数量以樘计算。

(二)木楼梯

1. 工程内容

木楼梯工程内容包括木楼梯的制作、运输、安装、刷防护材料、油漆等。

2. 项目特征

木楼梯的项目特征包括：

(1)木材种类；

(2)刨光要求；

(3)防护材料种类；

(4)油漆品种、刷漆遍数。

3. 计算规则

木楼梯工程量按设计图示尺寸以水平投影面积计算。不扣除宽度小于300mm的楼梯井，伸入墙内部分不计算。

练 习 题

一、判断题

1. 各类门窗制作、安装工程量均按框外围面积计算。（　）

2. 门窗贴脸、披水条按面积计算。（　）

3. 枋板材一面刨光增加3mm，两面刨光增加5mm。（　）

4. 铝合金门按洞口面积计算工程量。（　）

5. 木屋架制作安装均按设计断面竣工木料以立方米计算，其后备长度及配料损耗均不另行计算。（　）

6. 封檐板就是指博风板。（　）

二、问答题

1. 常用的木门窗有哪些种类？

2. 木门窗框扇断面怎样换算？

3. 如何计算卷闸门工程量?
4. 如何计算木屋架工程量?
5. 如何计算檩木工程量?
6. 如何计算屋面木基层工程量?
7. 如何计算封檐板工程量?
8. 如何计算木楼梯工程量?

第八章 楼地面工程量计算

第一节 计价工程量计算

一 垫层

地面垫层按室内主墙间净空面积乘以设计厚度以立方米计算。应扣除凸出地面的构筑物、设备基础、室内铁道、地沟等所占体积，不扣除柱、垛、间壁墙、附墙烟囱及面积在 0.3m^2 以内孔洞所占体积。

说明：

(1)不扣除间壁墙是因为间壁墙是在地面完成后做的，所以不扣除；不扣除柱、垛及不增加门洞开口部分面积，是一种综合计算方法。

(2)凸出地面的构筑物、设备基础等，是先做好后再做室内地面垫层，所以要扣除所占体积。

二 整体面层、找平层

整体面层、找平层均按主墙间净空面积以平方米计算。应扣除凸出地面建筑物、设备基础、室内管道、地沟等所占面积，不扣除柱、垛、间壁墙、附墙烟囱及面积在 0.3m^2 以内的孔洞所占面积，但门洞、空圈、暖气包槽、壁龛的开口部分亦不增加。整体面层、找平层如楼地面构造层图 2-8-1 所示。

说明：

(1)整体面层包括水泥砂浆、水磨石、水泥豆石等；

(2)找平层包括水泥砂浆、细石混凝土等；

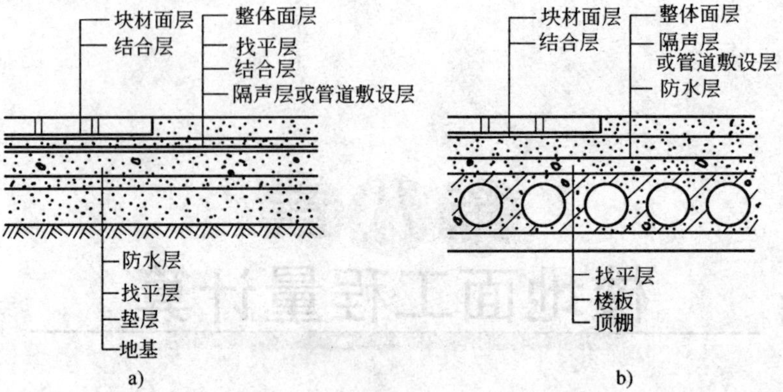

图 2-8-1　楼地面构造层示意图

a)地面各构造层;b)楼面各构造层

(3)不扣除柱、垛、间壁墙等所占面积,不增加门洞、空圈、暖气包槽、壁龛的开口部分,各种面积经过正负抵消后就能确定定额用量,这是编制定额时采用的综合计算方法。

【例 2-8-1】 根据图 2-8-2 计算该建筑物的室内地面面层工程量。

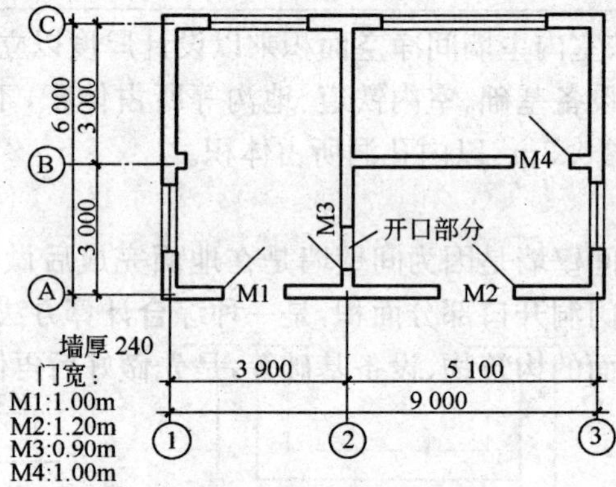

图 2-8-2　某建筑平面图

解:室内地面面积=建筑面积-墙结构面积

=9.24×6.24-[(9+6)×2+6-0.24+5.1-0.24]×0.24

=57.66-40.62×0.24

=57.66-9.75=47.91(m^2)

三 块料面层

块料面层按图示尺寸实铺面积以平方米计算,门洞、空圈、暖气包槽和壁龛的开口部分的工程量并入相应的面层内计算。

说明：块料面层包括大理石、花岗岩、彩釉砖、缸砖、陶瓷锦砖、木地板等。

【例 2-8-2】 根据图 2-8-2 和例 2-8-1 的数据，计算该建筑物室内花岗岩地面工程量。

解：花岗岩地面面积＝室内地面面积＋门洞开口部分面积

＝47.91＋(1.0＋1.2＋0.9＋1.0)×0.24

＝47.91＋0.98＝48.89(m^2)

楼梯面层(包括踏步、平台以及小于 500mm 宽的楼梯井)按水平投影面积计算。

【例 2-8-3】 根据图 2-6-56 的尺寸计算水泥豆石浆楼梯间面层(只算一层)工程量。

解：水泥豆石浆楼梯间面层＝(1.23×2＋0.50)×(0.200＋1.23＋3.0)

＝2.96×4.43＝13.11(m^2)

四 台阶面层

台阶面层(包括踏步及最上一层踏步边沿 300mm)按水平投影面积计算。台阶示意图见图 2-8-3。

说明：台阶的整体面层和块料面层均按水平投影面积计算。这是因为定额已将台阶踢脚立面的工料综合到水平投影面积中了。

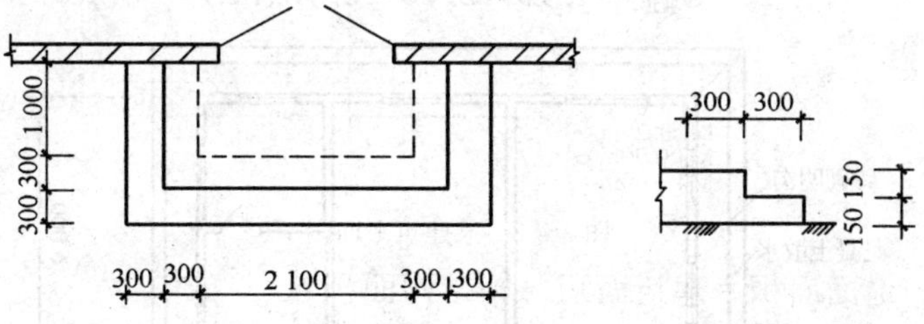

图 2-8-3　台阶示意图(尺寸单位：mm)

【例 2-8-4】 根据图 2-8-3 计算花岗岩台阶面层工程量。

解：花岗岩台阶面层＝台阶中心线长×台阶宽

＝[(0.30×2＋2.1)＋(0.30＋1.0)×2]×(0.30×2)

＝5.30×0.6＝3.18(m^2)

五 其他

(1)踢脚板(线)按延长米计算,洞口、空圈长度不予扣除,洞口、空圈、垛、附墙烟囱等侧壁长度亦不增加。

【例 2-8-5】 根据图 2-8-2 计算各房间 150mm 高瓷砖踢脚线工程量。

解: 瓷砖踢脚线:

$L=\sum$房间净空周长

$=(6.0-0.24+3.9-0.24)\times2+(5.1-0.24+3.0-0.24)\times2+(5.1-0.24+3.0-0.24)\times2$

$=18.84+15.24\times2=49.32$(m)

(2)散水、防滑坡道按图示尺寸以平方米计算。

散水面积计算公式:

$$S_{散水}=(外墙外边周长+散水宽\times4)\times散水宽-坡道、台阶所占面积 \quad (2\text{-}8\text{-}1)$$

【例 2-8-6】 根据图 2-8-4,计算散水工程量。

解: $S_{散水}=[(12.0+0.24+6.0+0.24)\times2+0.80\times4]\times0.80-2.50\times0.80-0.60\times1.50\times2$

$=40.16\times0.80-3.80=28.33(m^2)$

【例 2-8-7】 根据图 2-8-4,计算防滑坡道工程量。

解: $S_{坡道}=1.10\times2.50=2.75(m^2)$

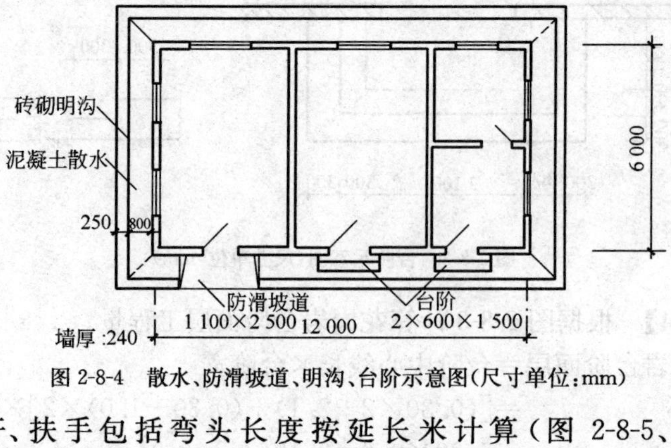

图 2-8-4 散水、防滑坡道、明沟、台阶示意图(尺寸单位:mm)

(3)栏杆、扶手包括弯头长度按延长米计算(图 2-8-5、图 2-8-6、图 2-8-7)。

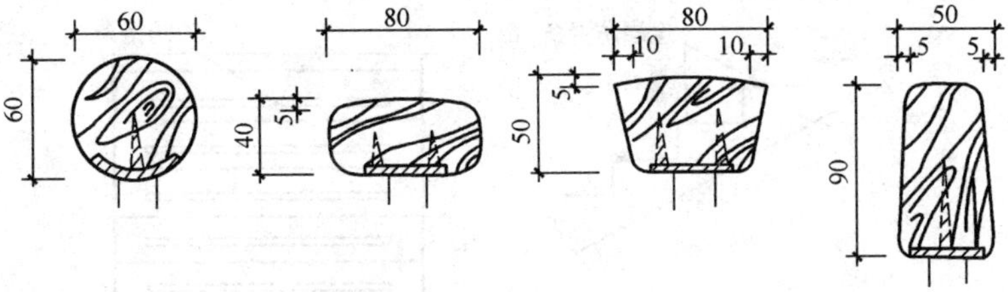

图 2-8-5　硬木扶手(尺寸单位:mm)

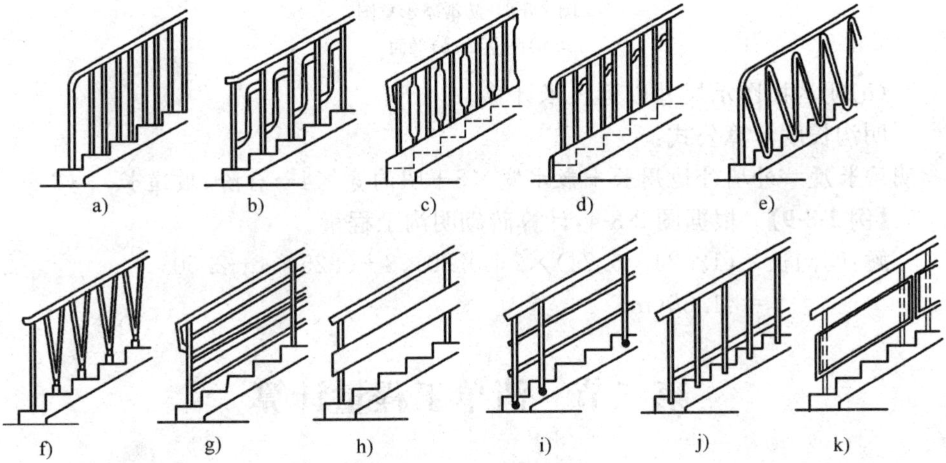

图 2-8-6　各种栏杆示意图

【例 2-8-8】 某大楼有等高的 8 跑楼梯,采用不锈钢管扶手栏杆,每跑楼梯高为1.80m,每跑楼梯扶手水平长为3.80m,扶手转弯处为 0.30m,最后一跑楼梯连接的安全栏杆水平长 1.55m,求该扶手栏杆工程量。

解:不锈钢扶手栏杆长

$=\sqrt{(1.80)^2+(3.80)^2}\times 8$(跑)$+$

0.30(转弯)$\times 7+1.55$(水平)

$=4.205\times 8+2.10+1.55$

$=37.29$(m)

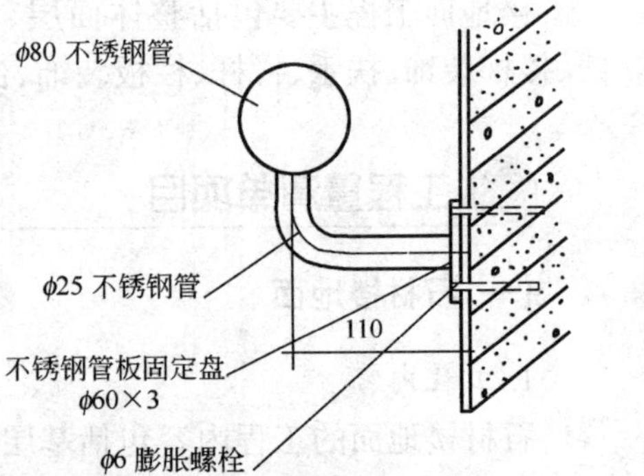

图 2-8-7　不锈钢管靠墙扶手

(4)防滑条按楼梯踏步两端距离减 300mm,以延长米计算(图 2-8-8)。

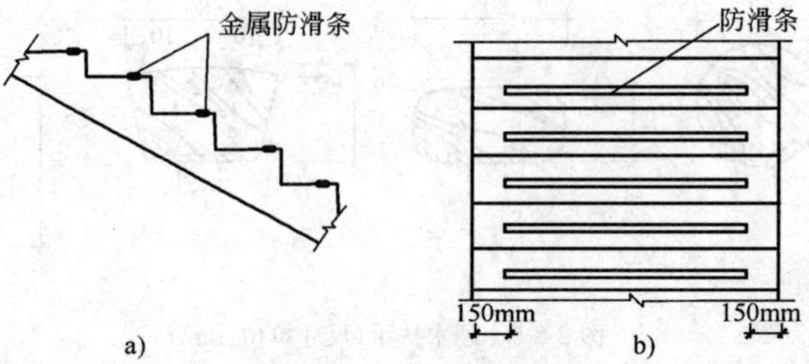

图 2-8-8　防滑条示意图

a)侧立面；b)平面

(5)明沟按图示尺寸以延长米计算。

明沟长度计算公式：

明沟长度＝外墙外边周长＋散水宽×8＋明沟宽×4－台阶、坡道长　(2-8-2)

【例 2-8-9】 根据图 2-8-4，计算砖砌明沟工程量。

解：明沟长＝(12.24＋6.24)×2＋0.80×8＋0.25×4－2.50

＝41.86(m)

第二节　清单工程量计算

一　主要内容

楼地面工程主要包括整体面层、块料面层、橡塑面层、其他材料面层、踢脚线、楼梯装饰、扶手、栏杆、栏板装饰、台阶装饰、零星装饰等项目。

二　工程量清单项目

(一)石材楼地面

1. 工程内容

石材楼地面的工程内容包括基层清理、铺设垫层、抹找平层、防水层铺设、填充层铺设、面层铺设、嵌缝、刷防护材料、酸洗、打蜡、材料运输等。

2. 项目特征

石材楼地面的项目特征包括：

(1)垫层材料的种类、厚度；

(2)找平层厚度、砂浆配合比；

(3)防水层材料种类；

(4)填充材料种类、厚度；

(5)结合层厚度、砂浆配合比；

(6)面层材料品种、规格、品牌、颜色；

(7)嵌缝材料种类；

(8)防护材料种类；

(9)酸洗、打蜡要求。

3. 计算规则

石材楼地面工程量按设计图示尺寸以面积计算，应扣除凸出地面的构筑物、设备基础、室内铁道、地沟等所占面积，不扣除间壁墙和 0.3m^2 以内的柱、垛、附墙烟囱及孔洞所占面积，门洞、空圈、暖气包槽、壁龛的开口部分不增加面积。

4. 有关说明

防护材料是指耐酸、耐碱、耐臭氧、耐老化、防火、防油渗等材料。

(二)硬木扶手带栏杆、栏板

1. 工程内容

硬木扶手带栏杆、栏板的工程内容包括扶手及栏杆、栏板的制作、运输、安装，刷防护材料，刷油漆等。

2. 项目特征

硬木扶手带栏杆、栏板的项目特征包括：

(1)扶手材料的种类、规格、品牌、颜色；

(2)栏杆材料的种类、规格、品牌、颜色；

(3)栏板材料的种类、规格、品牌、颜色；

(4)固定配件种类；

(5)防护材料种类；

(6)油漆品种、刷漆遍数。

3. 计算规则

硬木扶手带栏杆、栏板的工程量按设计图示尺寸以扶手中心线长度(包括弯头长度)计算。

4. 有关说明

扶手、栏杆、栏板项目适用于楼梯、阳台、走廊、回廊及其他装饰性扶手、栏杆、栏板。

(三)块料台阶面

1. 工程内容

块料台阶面的工程内容主要包括基层清理、抹找平层、面层铺贴、贴嵌防滑条、勾缝、刷防护材料、材料运输等。

2. 项目特征

块料台阶面的项目特征包括：

(1)找平层厚度、砂浆配合比；

(2)粘结层材料种类；

(3)面层材料品种、规格、品牌、颜色；

(4)勾缝材料种类；

(5)防滑条材料种类、规格；

(6)防护材料种类。

3. 计算规则

块料台阶面工程量按设计图示尺寸以台阶(包括最上层踏步边沿加300mm)水平投影面积计算。

4. 有关说明

台阶侧面装饰,可按零星装饰项目编码列项。

练习题

一、多选题

1. 整体楼地面面层通常有(　　)。

A. 水泥砂浆　　B. 水磨石

C. 水泥豆石　　D. 马赛克

2. 按平方米计算的项目有(　　)。

A. 楼地面面层　　B. 台阶面层

C. 散水　　D. 防滑坡道

3. 地面垫层不扣除(　　)所占面积。

A. 柱　　B. 垛

C. 间壁墙　　D. 附墙烟囱

二、判断题

1. 地面面层按建筑面积计算。 (　　)
2. 地面垫层按室内主墙间净面积计算。 (　　)
3. 室内地面面积＝建筑面积－墙结构面积。 (　　)
4. 台阶面层按水平投影面积计算。 (　　)
5. 散水面积可以根据 $L_{外}$ 计算。 (　　)
6. 楼梯栏杆按平方米计算。 (　　)
7. 不锈钢楼梯栏杆扶手按重量计算。 (　　)

三、问答题

1. 如何计算楼地面垫层工程量?
2. 如何计算楼地面面层工程量?
3. 如何计算块料面层工程量?
4. 如何计算台阶面层工程量?
5. 如何计算踢脚板工程量?
6. 如何计算楼梯扶手工程量?
7. 如何计算散水工程量?
8. 如何计算明沟工程量?

第九章 屋面防水及防腐、保温、隔热工程量计算

第一节 计价工程量计算

一 有关规则

瓦屋面、金属压型板屋面，均按图示尺寸的水平投影面积乘以屋面坡度系数以平方米计算。不扣除房上烟囱、风帽底座、风道、屋面小气窗、斜沟等所占面积，屋面小气窗的出檐部分亦不增加。

二 屋面坡度系数

利用屋面坡度系数来计算坡屋面工程量是一种简便有效的计算方法。坡度系数的计算方法是：

$$坡度系数=\frac{斜长}{水平长}=\sec\alpha \tag{2-9-1}$$

屋面坡度系数见表 2-9-1，示意见图 2-9-1。

屋面坡度系数表　　表 2-9-1

坡度			延尺系数 C ($A=1$)	隅延尺系数 D ($A=1$)
以高度 B 表示（当 $A=1$ 时）	以高跨比表示 ($B/2A$)	以角度表示 (α)		
1	1/2	45°	1.4142	1.7321
0.75		36°52′	1.2500	1.6008
0.70		35°	1.2207	1.5779

续上表

坡度			延尺系数 C (A=1)	隅延尺系数 D (A=1)
以高度 B 表示 (当 A=1 时)	以高跨比表示 (B/2A)	以角度表示 (α)		
0.666	1/3	33°40′	1.2015	1.5620
0.65		33°01′	1.1926	1.5564
0.60		30°58′	1.1662	1.5362
0.577		30°	1.1547	1.5270
0.55		28°49′	1.1413	1.5170
0.50	1/4	26°34′	1.1180	1.5000
0.45		24°14′	1.0966	1.4839
0.40	1/5	21°48′	1.0770	1.4697
0.35		19°17′	1.0594	1.4569
0.30		16°42′	1.0440	1.4457
0.25		14°02′	1.0308	1.4362
0.20	1/10	11°19′	1.0198	1.4283
0.15		8°32′	1.0112	1.4221
0.125		7°8′	1.0078	1.4191
0.100	1/20	5°42′	1.0050	1.4177
0.083		4°45′	1.0035	1.4166
0.066	1/30	3°49′	1.0022	1.4157

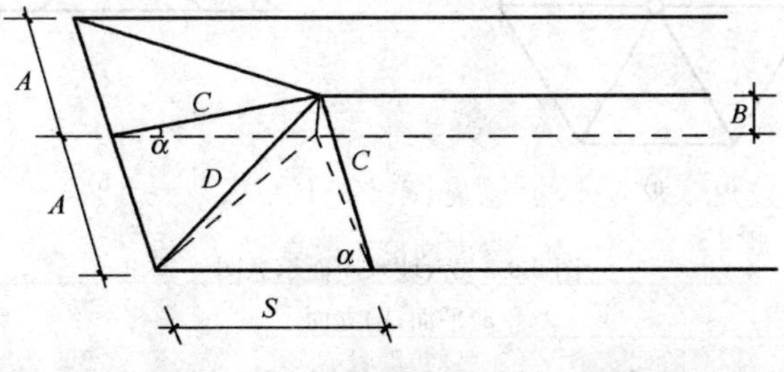

图 2-9-1　放坡系数各字母含义示意图

注：1. 两坡水排水屋面(当 α 角相等时，可以是任意坡水)面积为屋面水平投影面积乘以延尺系数 C。

2. 四坡水排水屋面斜脊长度 $=A\times D$(当 $S=A$ 时)。

3. 沿山墙泛水长度 $=A\times C$

【例 2-9-1】 根据图 2-9-2 图示尺寸,计算四坡水屋面工程量。

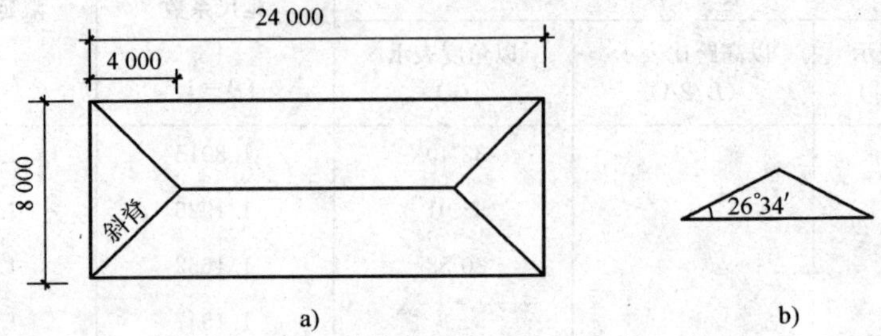

图 2-9-2 四坡水屋面示意图(尺寸单位:mm)

a)平面;b)立面

解:S=水平面积×坡度系数 C

=8.0×24.0×1.118*(查表 2-9-1)

=214.66(m^2)

【例 2-9-2】 据图 2-9-2 中有关数据,计算屋面斜脊的长度。

解:屋面斜脊长=跨长×0.5×隅延尺系数 D×4 根

=8.0×0.5×1.50*(查表 2-9-1)×4=24.0(m)

【例 2-9-3】 根据图 2-9-3 的图示尺寸,计算六坡水(正六边形)屋面的斜面面积。

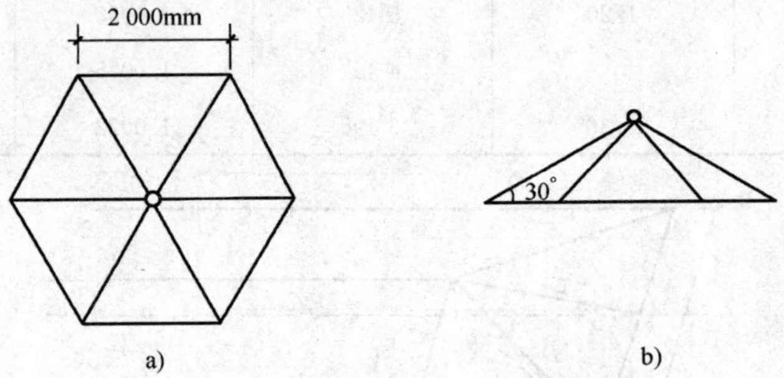

图 2-9-3 六坡水屋面示意图

a)平面;b)立面

解:屋面斜面面积=水平面积×延尺系数 C

$$=\frac{3}{2}\times\sqrt{3}\times(2.0)^2\times1.118^*$$

=10.39×1.118=11.62(m^2)

三 卷材屋面

(1)卷材屋面按图示尺寸的水平投影面积乘以规定的坡度系数以平方米计算。但不扣除房上烟囱、风帽底座、风道、屋面小气窗和斜沟所占的面积。屋面女儿墙、伸缩缝和天窗弯起部分(图 2-9-4、图 2-9-5),按图示尺寸并入屋面工程量计算,如图纸无规定时,伸缩缝、女儿墙的弯起部分可按 250mm 计算,天窗弯起部分可按 500mm 计算。

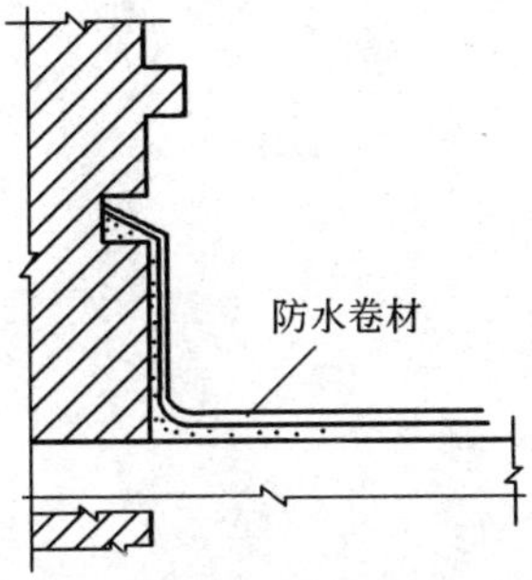

图 2-9-4　屋面女儿墙防水卷材弯起示意图

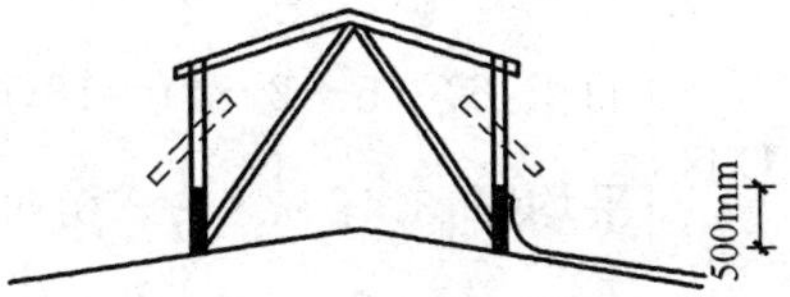

图 2-9-5　卷材屋面天窗弯起部分示意图

(2)屋面找坡一般采用轻质混凝土和保温隔热材料。找坡层的平均厚度需根据图示尺寸计算加权平均厚度,找坡工程量以 m^3 计算。

屋面找坡平均厚计算公式:

$$找坡平均厚=坡宽(L)\times坡度系数(i)\times\frac{1}{2}+最薄处厚 \tag{2-9-2}$$

【例 2-9-4】 根据图 2-9-6 所示尺寸和条件,计算屋面找坡层工程量。

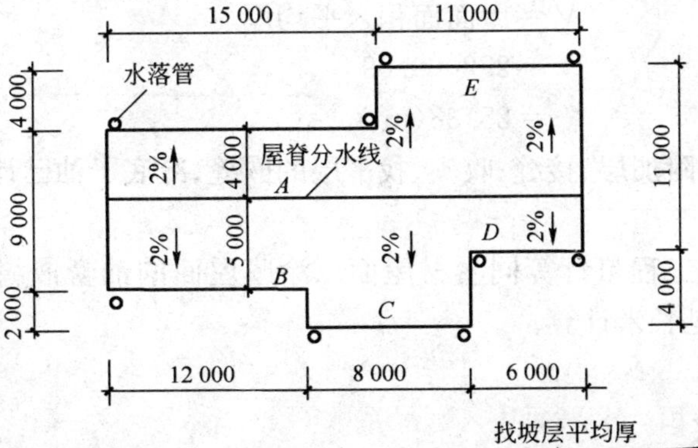

图 2-9-6　平屋面找坡示意图(尺寸单位:mm)

解：(1)计算加权平均厚。

$$A\text{区}\begin{cases}\text{面积}:15\times4=60(\text{m}^2)\\ \text{平均厚}:4.0\times2\%\times\dfrac{1}{2}+0.03=0.07(\text{m})\end{cases}$$

$$B\text{区}\begin{cases}\text{面积}:12\times5=60(\text{m}^2)\\ \text{平均厚}:5.0\times2\%\times\dfrac{1}{2}+0.03=0.08(\text{m})\end{cases}$$

$$C\text{区}\begin{cases}\text{面积}:8\times(5+2)=56(\text{m}^2)\\ \text{平均厚}:7\times2\%\times\dfrac{1}{2}+0.03=0.10(\text{m})\end{cases}$$

$$D\text{区}\begin{cases}\text{面积}:6\times(5+2-4)=18(\text{m}^2)\\ \text{平均厚}:3\times2\%\times\dfrac{1}{2}+0.03=0.06(\text{m})\end{cases}$$

$$E\text{区}\begin{cases}\text{面积}:11\times(4+4)=88(\text{m}^2)\\ \text{平均厚}:8\times2\%\times\dfrac{1}{2}+0.03=0.11(\text{m})\end{cases}$$

$$\begin{aligned}\text{加权平均厚}&=\frac{60\times0.07+60\times0.08+56\times0.10+18\times0.06+88\times0.11}{60+60+56+18+88}\\&=\frac{25.36}{282}\\&=0.0899\\&\approx0.09\text{m}\end{aligned}$$

(2)屋面找坡层体积。

$$\begin{aligned}V&=\text{屋面面积}\times\text{平均厚}\\&=282\times0.09\\&=25.38(\text{m}^3)\end{aligned}$$

(3)卷材屋面的附加层、接缝、收头、找平层的嵌缝、冷底子油已计入定额内，不另计算。

(4)涂膜屋面的工程量计算同卷材屋面。涂膜屋面的油膏嵌缝、玻璃布盖缝、屋面分格缝，以延长米计算。

四 屋面排水

(1)铁皮排水按图示尺寸以展开面积计算，如图纸没有注明尺寸时，可按表2-9-2 规定计算。咬口和搭接用量等已计入定额项目内，不另计算。

铁皮排水单体零件折算表 表 2-9-2

名　　称	单位	水落管(m)	檐沟(m)	水斗(个)	漏斗(个)	下水口(个)		
水落管、檐沟、水斗、漏斗、下水口	m^2	0.32	0.30	0.40	0.16	0.45		
天沟、斜沟、天窗窗台泛水、天窗侧面泛水、烟囱泛水、滴水檐头泛水、滴水	m^2	天沟(m)	斜沟、天窗窗台泛水(m)	天窗侧面泛水(m)	烟囱泛水(m)	通气管泛水(m)	滴水檐头泛水(m)	滴水(m)
		1.30	0.50	0.70	0.80	0.22	0.24	0.11

(2)铸铁、玻璃钢水落管区别不同直径按图示尺寸以延长米计算，雨水口、水斗、弯头、短管以个计算。

五 防水工程

(1)建筑物地面防水、防潮层，按主墙间净空面积计算，扣除凸出地面的构筑物、设备基础等所占的面积，不扣除柱、垛、间壁墙、烟囱及 0.3m^2 以内孔洞所占面积。与墙面连接处高度在 500mm 以内者按展开面积计算，并入平面工程量内；超过 500mm 时，按立面防水层计算。

(2)建筑物墙基防水、防潮层，外墙长度按中心线，内墙长度按净长乘以宽度以平方米计算。

【例 2-9-5】 根据图 2-8-2 的有关数据，计算墙基水泥砂浆防潮层工程量(墙厚均为 240mm)。

解：S＝(外墙中线长＋内墙净长)×墙厚

＝[(6.0＋9.0)×2＋6.0－0.24＋5.1－0.24]×0.24

＝40.62×0.24

＝9.75(m^2)

(3)构筑物及建筑物地下室防水层，按实铺面积计算，但不扣除 0.3m^2 以内的孔洞面积。平面与立面交接处的防水层，其上卷高度超过 500mm 时，按立面防水层计算。

(4)防水卷材的附加层、接缝、收头、冷底子油等人工材料均已计入定额内，不另计算。

(5)变形缝按延长米计算。

六 防腐、保温、隔热工程

(一)防腐工程

(1)防腐工程项目,应区分不同防腐材料种类及其厚度,按设计实铺面积以平方米计算。应扣除凸出地面的构筑物、设备基础等所占的面积,砖垛等突出墙面部分按展开面积计算后并入墙面防腐工程量之内。

(2)踢脚板按实铺长度乘以高度以平方米计算,应扣除门洞所占面积并相应增加侧壁展开面积。

(3)平面砌筑双层耐酸块料时,按单层面积乘以 2 计算。

(4)防腐卷材接缝、附加层、收头等人工材料,已计入定额内,不再加行计算。

(二)保温隔热工程

(1)保温隔热层应区别不同保温隔热材料,除另有规定者外,均按设计实铺厚度以立方米计算。

(2)保温隔热层的厚度按隔热材料(不包括胶结材料)净厚度计算。

(3)地面隔热层按围护结构墙体间净面积乘以设计厚度以立方米计算,不扣除柱、垛所占的体积。

(4)墙体隔热层,外墙按隔热层中心线,内墙按隔热层净长乘以图示尺寸的高度及厚度以立方米计算。应扣除冷藏门洞口和管道穿墙洞口所占体积。

(5)柱包隔热层,按图示柱的隔热层中心线的展开长度乘以图示尺寸高度及厚度以立方米计算。

(三)其他

(1)池槽隔热层按图示池槽保温隔热层的长、宽及其厚度以立方米计算,其中池壁按墙面计算,池底按地面计算。

(2)门洞口侧壁周围的隔热部分,按图示隔热层尺寸以立方米计算,并入墙面的保温隔热工程量内。

(3)柱帽保温隔热层按图示保温隔热层体积并入天棚保温隔热层工程量内。

第二节　清单工程量计算

一　屋面及防水工程

(一)主要内容

屋面及防水工程主要包括瓦屋面、型材屋面、屋面防水、墙防水、地面防水、防潮等。

(二)工程量清单项目

1. 膜结构屋面

(1)基本概念

膜结构,也称索膜结构,是一种以膜布与支撑(柱、网架等)和拉结结构(拉杆、钢丝绳等)组成的屋盖、篷顶结构。

(2)工程内容

膜结构屋面的工程内容包括膜布热压胶接,支柱(网架)制作、安装,膜布安装,穿钢丝绳、锚头锚固、刷油漆等。

(3)项目特征

膜结构屋面项目特征包括:

①膜布品种、规格、颜色;

②支柱(网架)钢材品种、规格;

③钢丝绳品种、规格;

④油漆品种、刷漆遍数。

(4)计算规则

膜结构屋面工程量按设计图示尺寸以需要覆盖的水平面积计算。

(5)有关说明

“需要覆盖的水平面积”是指屋面本身的面积,不是指膜布的实际水平投影面积。

2. 屋面卷材防水

(1)工程内容

屋面卷材防水的工程内容包括基层处理,抹找平层,刷底油,铺油毡卷材、接缝、嵌缝,铺保护层等。

(2)项目特征

屋面卷材防水的项目特征包括：

①卷材品种、规格；

②防水层做法；

③嵌缝材料种类；

④防护材料种类。

(3)计算规则

屋面卷材防水工程量按设计图示尺寸以面积计算，斜屋顶按斜面积计算，平屋顶按水平投影面积计算，不扣除房上烟囱、风帽底座、风道、屋面透气窗和斜沟所占面积。屋面的女儿墙、伸缩缝和天窗等处的弯起部分，并入屋面工程量内。

(4)有关说明

屋面卷材防水项目适用于利用胶结材料粘贴卷材进行防水的屋面。

二 防腐、隔热、保温工程

(一)主要内容

防腐、隔热、保温工程主要包括防腐面层、其他防腐、隔热、保温工程等。

(二)工程量清单项目

1.防腐砂浆面层

(1)工程内容

防腐砂浆面层的工程内容包括基层处理，基层刷稀胶泥，砂浆制作、运输、摊铺、养护等。

(2)项目特征

防腐砂浆面层的项目特征包括：

①防腐部位；

②面层厚度；

③砂浆种类。

(3)计算规则

防腐砂浆面层工程量按设计图示尺寸以面积计算。平面防腐应扣除凸出地面的构筑物、设备基础等所占面积，立面防腐应将砖垛等凸出部分按展开面积并入墙面积内计算。

(4)有关说明

防腐砂浆面层项目适用于平面或立面抹沥青砂浆、沥青胶泥、树脂砂浆、树脂胶泥及聚合物水泥砂浆等防腐工程。

2. 保温隔热天棚

(1)工程内容

保温隔热天棚的工程内容包括基层清理、铺设保温层、刷防护材料等。

(2)项目特征

保温隔热材料的项目特征包括：

①保温隔热部位；

②保温隔热方式(内保温、外保温、夹心保温)；

③保温隔热面层材料品种、规格、性能；

④保温隔热材料品种、规格；

⑤粘结材料种类；

⑥防护材料种类。

(3)计算规则

保温隔热天棚工程量按设计图示尺寸以面积计算。不扣除柱、垛所占面积。

(4)有关说明

保温隔热天棚项目适用于各种材料的下贴式或吊顶上搁式的天棚。

练习题

一、多选题

1. (　　)均按图示尺寸的水平投影面积乘以屋面坡度系数以平方米计算。

A. 平瓦屋面　　B. 金属压型板屋面

C. 小青瓦屋面　　D. 平屋面

2. 计算屋面面积时不扣除(　　)等所占面积。

A. 房上烟囱　　B. 风帽底座

C. 风道　　D. 屋面小气窗

3. 建筑物地面防水、防潮层，按主墙间净面积计算，不扣除(　　)所占面积。

A. 柱　　B. 垛　　C. 间壁墙　　D. 烟囱

二、判断题

1. 屋面坡度系数＝水平长÷斜长。 （ ）
2. 45°坡度的屋面坡度延尺系数为1.414 2。 （ ）
3. 26°34′坡度的屋面坡度延尺系数为1.28。 （ ）
4. 隅延尺系数是计算屋面斜脊长度的。 （ ）
5. 计算卷材屋面工程量应包括女儿墙弯起部分。 （ ）

三、问答题

1. 屋面坡度系数是如何确定的？
2. 如何利用坡度系数C计算屋面工程量？
3. 如何计算卷材屋面工程量？
4. 如何确定屋面找坡层的平均厚度？
5. 如何计算变形缝工程量？
6. 如何计算保温隔热层工程量？

第十章
装饰工程量计算

第一节　计价工程量计算

一　内墙抹灰

(1)内墙抹灰面积,应扣除门窗洞口和空圈所占的面积,不扣除踢脚板、挂镜线(图 2-10-1)、$0.3m^2$ 以内的孔洞和墙与构件交接处的面积,洞口侧壁和顶面亦不增加。墙垛和附墙烟囱侧壁面积与内墙抹灰工程量合并计算。

(2)内墙面抹灰的长度,以主墙间的图示净长尺寸计算,其高度确定如下:

①无墙裙的,其高度按室内地面或楼面至顶棚底面之间距离计算;

②有墙裙的,其高度按墙裙顶至顶棚底面之间距离计算;

③钉板条顶棚的内墙面抹灰,其高度按室内地面或楼面至顶棚底面另加100mm 计算。

说明:

①墙与构件交接处的面积(图 2-10-2),主要指各种现浇或预制梁头伸入墙内所占的面积;

②由于一般墙面先抹灰后做吊顶,所以钉板条顶棚的墙面需抹灰时应抹至顶棚底再加 100mm;

③墙裙单独抹灰时,工程量应单独计算,内墙抹灰也要扣除墙裙工程量。

计算公式:

内墙面抹灰面积=(主墙间净长+墙垛和附墙烟囱侧壁宽)×(室内净高−墙裙高)−门窗洞口及大于 $0.3m^2$ 孔洞面积　(2-10-1)

式中，室内净高＝{ 有吊顶：楼面或地面至顶棚底加 100mm
无吊顶：楼面或地面至顶棚底净高 }

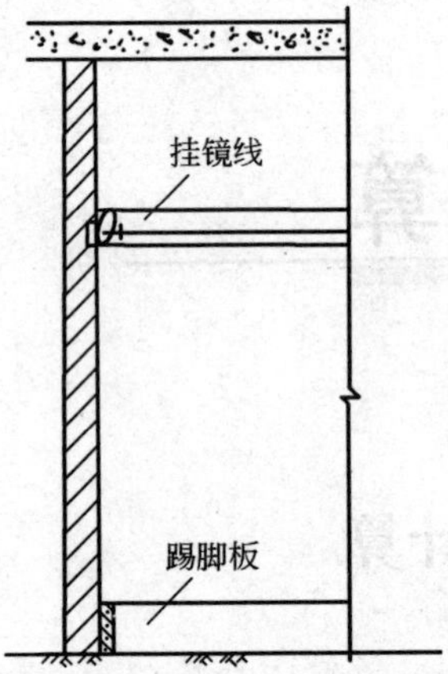

图 2-10-1　挂镜线、踢脚板示意图

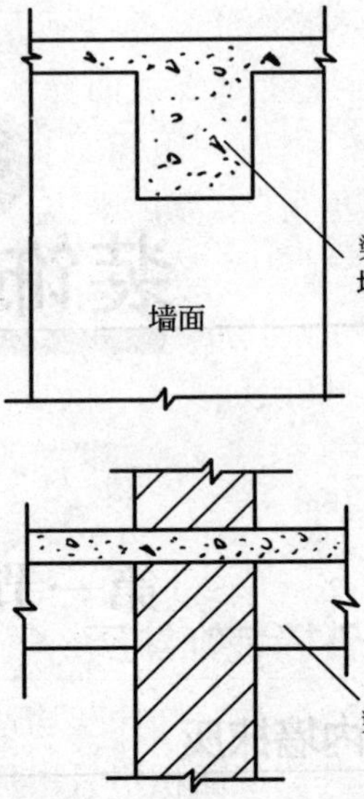

图 2-10-2　墙与构件交接处面积示意图

(3)内墙裙抹灰面积按内墙净长乘以高度计算。应扣除门窗洞口和空圈所占的面积，门窗洞口和空洞的侧壁面积不另增加，墙垛、附墙烟囱侧壁面积并入墙裙抹灰面积内计算。

二 外墙抹灰

(1)外墙抹灰面积，按外墙面的垂直投影面积以平方米计算。应扣除门窗洞口、外墙裙和面积大于 0.3m² 孔洞所占面积，洞口侧壁面积不另增加。附墙垛、梁、柱侧面抹灰面积并入外墙面积抹灰工程量内计算。栏板、栏杆、窗台线、门窗套、扶手、压顶、挑檐、遮阳板、突出墙外的腰线等，另按相应规定计算。

(2)外墙裙抹灰面积按其长度乘高度计算，扣除门窗洞口和面积大于 0.3m² 孔洞所占的面积，门窗洞口及孔洞的侧壁不增加。

(3)窗台线、门窗套、挑檐、腰线、遮阳板等展开宽度在 300mm 以内者，按装饰线以延长米计算；展开宽度超过 300mm 以上时，按图示尺寸以展开面积计算，套零星抹灰定额项目。

(4)栏板、栏杆(包括立柱、扶手或压顶等)抹灰，按立面垂直投影面积乘以系数 2.2 以平方米计算。

(5)阳台底面抹灰按水平投影面积以平方米计算，并入相应顶棚抹灰面积内。阳台如带悬臂梁者，其工程量乘系数 1.30。

(6)雨篷底面或顶面抹灰分别按水平投影面积以平方米计算，并入相应顶棚抹灰面积内。雨篷顶面带反沿或反梁者，其工程量乘系数 1.20；底面带悬臂梁者，其工程量乘以系数 1.20。雨篷外边线按相应装饰或零星项目执行。

(7)墙面勾缝按垂直投影面积计算，应扣除墙裙和墙面抹灰的面积，不扣除门窗洞口、门窗套、腰线等零星抹灰所占的面积，附墙柱和门窗洞口侧面的勾缝面积亦不增加。独立柱、房上烟囱勾缝，按图示尺寸以平方米计算。

三 外墙装饰抹灰

(1)外墙各种装饰抹灰均按图示尺寸以实抹面积计算。应扣除门窗洞口空圈的面积，其侧壁面积不另增加。

(2)挑檐、天沟、腰线、栏杆、栏板、门窗套、窗台线、压顶等，均按图示尺寸展开面积以平方米计算，并入相应的外墙面积内。

四 墙面块料面层

(1)墙面贴块料面层均按图示尺寸以实贴面积计算，其阴阳角处的构造处理见图 2-10-3。

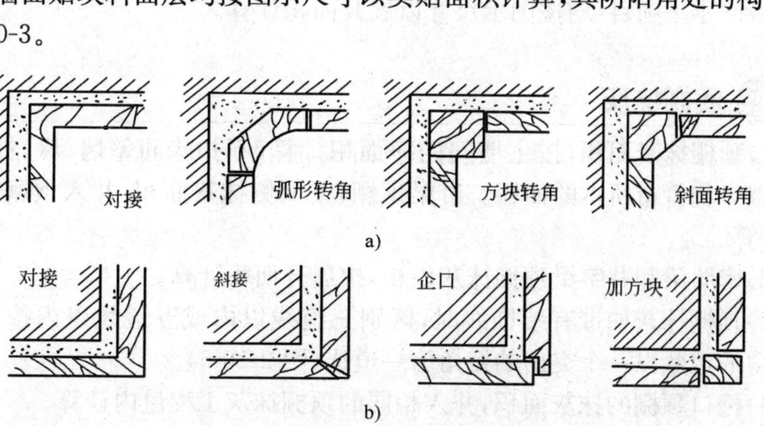

图 2-10-3　阴阳角的构造处理

a)阴角处理；b)阳角处理

(2)墙裙以高度 1 500mm 以内为准,超过 1 500mm 时按墙面计算,高度低于 300mm 时,按踢脚板计算。

五 隔墙、隔断、幕墙

(1)木隔墙、墙裙、护壁板,均按图示尺寸长度乘以高度按实铺面积以平方米计算。

(2)玻璃隔墙按上横挡顶面至下横挡底面之间高度乘以宽度(两边立挺外边线之间)以平方米计算。

(3)浴厕木隔断,按下横挡底面至上横挡顶面高度乘以图示长度以平方米计算,门扇面积并入隔断面积内计算。

(4)铝合金、轻钢隔墙、幕墙,按四周框外围面积计算。

六 独立柱

(1)一般抹灰、装饰抹灰、镶贴块料按结构断面周长乘以柱的高度,以平方米计算。

(2)柱面装饰按柱外围饰面尺寸乘以柱的高,以平方米计算(图 2-10-4)。

七 零星抹灰

各种“零星项目”均按图示尺寸以展开面积计算。

八 顶棚抹灰

(1)顶棚抹灰面积,按主墙间的净面积计算,不扣除间壁墙、垛、柱、附墙烟囱、检查口和管道所占的面积。带梁顶棚,梁两侧抹灰面积,并入顶棚抹灰工程量内计算。

(2)密肋梁和井字梁顶棚抹灰面积,按展开面积计算。

(3)顶棚抹灰如带有装饰线时,区别三道线以内或五道线以内按延长米计算,线角的道数以一个突出的棱角为一道线(图 2-10-5)。

(4)檐口顶棚的抹灰面积,并入相同的顶棚抹灰工程量内计算。

(5)顶棚中的折线、灯槽线、圆弧形线、拱形线等艺术形式的抹灰,按展开面积计算。

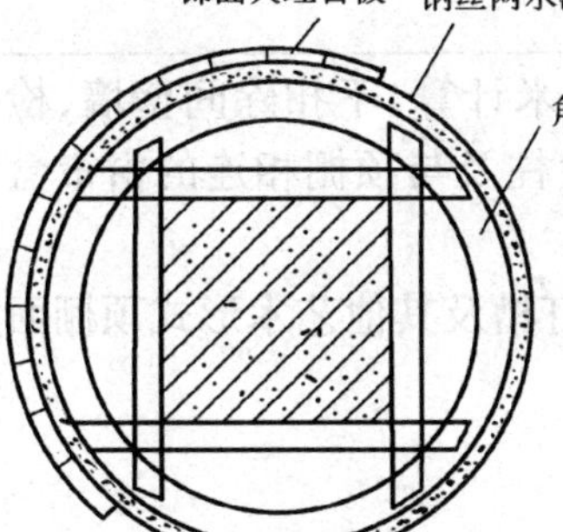

图 2-10-4　镶贴石材饰面板的圆柱构造

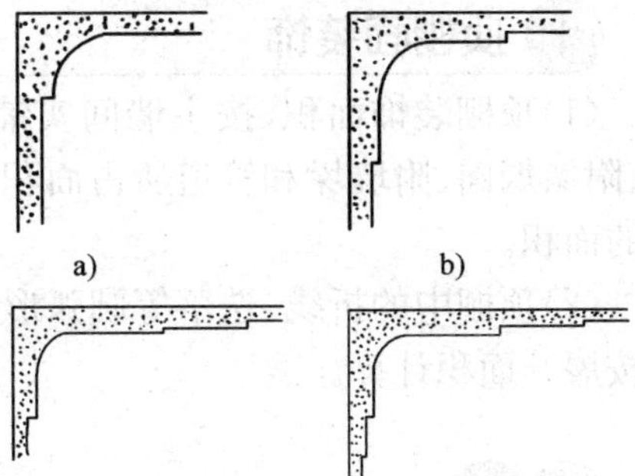

图 2-10-5　顶棚装饰线示意图

a)一道线;b)二道线;c)三道线;d)四道线

九 顶棚龙骨

各种吊顶顶棚龙骨(图 2-10-6、图 2-10-7、图 2-10-8)按主墙间净空面积计算,不扣除间壁墙、检查口、附墙烟囱、柱、垛和管道所占面积。但顶棚中的折线、迭落等圆弧形、高低吊灯槽等面积也不展开计算。

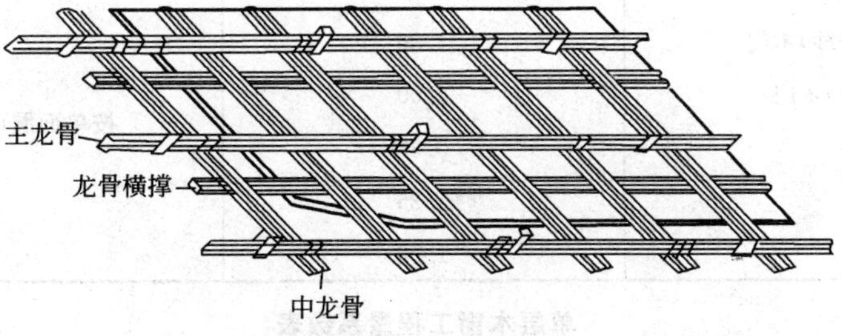

图 2-10-6　U 形轻钢顶棚龙骨构造示意图

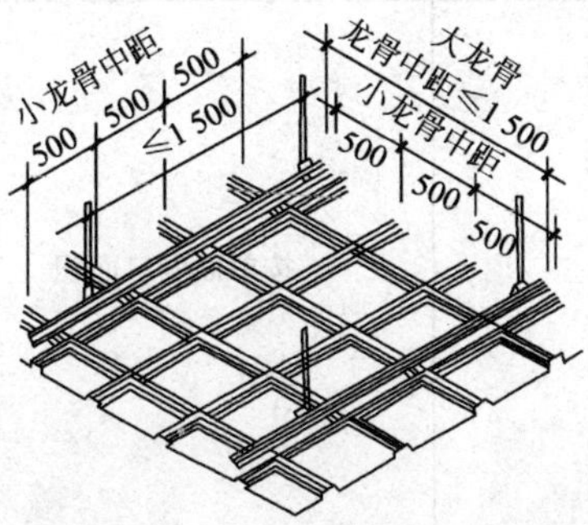

图2-10-7　嵌入式铝合金方板顶棚(尺寸单位:mm)

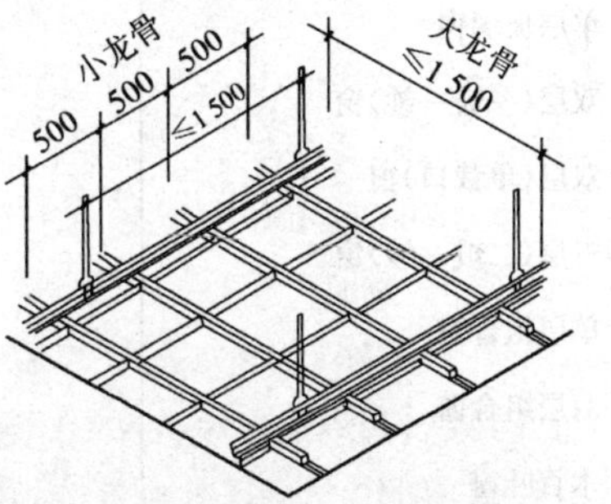

图2-10-8　浮搁式铝合金方板顶棚(尺寸单位:mm)

十 顶棚面装饰

(1)顶棚装饰面积,按主墙间实铺面积以平方米计算,不扣除间壁墙、检查口、附墙烟囱、附墙垛和管道所占面积,应扣除独立柱及与顶棚相连的窗帘盒所占的面积。

(2)顶棚中的折线、迭落等圆弧形、拱形、高低灯槽及其他艺术形式顶棚面层均按展开面积计算。

十一 喷涂、油漆、裱糊

(1)楼地面、顶棚面、墙、柱、梁面的喷(刷)涂料、抹灰面、油漆及裱糊工程,均按楼地面、顶棚面、墙、柱、梁面装饰工程相应的工程量计算规则规定计算。

(2)木材面、金属面、抹灰面油漆、涂料的工程量分别按表2-10-1~表2-10-9规定计算,并乘以表列系数。

单层木门工程量系数表　　表2-10-1

项目名称	系数	工程量计算方法
单层木门	1.00	按单面洞口面积
双层(一板一纱)木门	1.36	
双层(单裁口)木门	2.00	
单层全玻门	0.83	
木百叶门	1.25	
厂库大门	1.20	

单层木窗工程量系数表　　表2-10-2

项目名称	系数	工程量计算方法
单层玻璃窗	1.00	按单面洞口面积
双层(一玻一纱)窗	1.36	
双层(单裁口)窗	2.00	
三层(二玻一纱)窗	2.60	
单层组合窗	0.83	
双层组合窗	1.13	
木百叶窗	1.50	

木扶手(不带托板)工程量系数表

表 2-10-3

项 目 名 称	系　数	工程量计算方法
木扶手(不带托板)	1.00	按延长米
木扶手(带托板)	2.60	
窗帘盒	2.04	
封檐板、顺水板	1.74	
挂衣板、黑板框	0.52	
生活园地框、挂镜线、窗帘棍	0.35	

其他木材面工程量系数表

表 2-10-4

项 目 名 称	系　数	工程量计算方法
木板、纤维板、胶合板	1.00	长×宽
顶棚、檐口	1.07	
清水板条顶棚、檐口	1.07	
木方格吊顶顶棚	1.20	
吸音板、墙面、顶棚面	0.87	
鱼鳞板墙	2.48	
木护墙、墙裙	0.91	
窗台板、筒子板、盖板	0.82	
暖气罩	1.28	
屋面板(带檩条)	1.11	斜长×宽
木间壁、木隔断	1.90	单面外围面积
玻璃间壁露明墙筋	1.65	
木栅栏、木栏杆(带扶手)	1.82	
木屋架	1.79	跨度(长)×中高×$\frac{1}{2}$
衣柜、壁柜	0.91	投影面积(不展开)
零星木装修	0.87	展开面积

木地板工程量系数表

表 2-10-5

项 目 名 称	系　数	工程量计算方法
木地板、木踢脚线	1.00	长×宽
木楼梯(不包括底面)	2.30	水平投影面积

单层钢门窗工程量系数表 表 2-10-6

项目名称	系数	工程量计算方法
单层钢门窗	1.00	洞口面积
双层(一玻一纱)钢门窗	1.48	
钢百叶门窗	2.74	
半截百叶钢门	2.22	
满钢门或包铁皮门	1.63	
钢折叠门	2.30	
射线防护门	2.96	框(扇)外围面积
厂库房平开、推拉门	1.70	
铁丝网大门	0.81	
间壁	1.85	长×宽
平板屋面	0.74	斜长×宽
瓦垄板屋面	0.89	斜长×宽
排水、伸缩缝盖板	0.78	展开面积
吸气罩	1.63	水平投影面积

其他金属面工程量系数表 表 2-10-7

项目名称	系数	工程量计算方法
钢屋架、天窗架、挡风架、屋架梁、支撑、檩条	1.00	按重量(吨)
墙架(空腹式)	0.50	
墙架(格板式)	0.82	
钢柱、吊车梁花式梁柱、空花构件	0.63	
操作台、走台、制动梁、钢梁车挡	0.71	
钢栅栏门、栏杆、窗栅	1.71	
钢爬梯	1.18	
轻型屋架	1.42	
踏步式钢扶梯	1.05	
零星铁件	1.32	

平板屋面涂刷磷化、锌黄底漆工程量系数表　　表 2-10-8

项目名称	系数	工程量计算方法
平板屋面	1.00	斜长×宽
瓦垄板屋面	1.20	
排水、伸缩缝盖板	1.05	展开面积
吸气罩	2.20	水平投影面积
包镀锌铁皮门	2.20	洞口面积

抹灰面油漆、涂料工程量系数表　　表 2-10-9

项目名称	系数	工程量计算方法
槽形底板、混凝土折板	1.30	长×宽
有梁板底	1.10	
密肋、井字梁底板	1.50	
混凝土平板式楼梯底	1.30	水平投影面积

第二节　清单工程量计算

一　墙、柱面工程

(一)主要内容

墙、柱面工程主要包括:墙面抹灰、柱面抹灰、零星抹灰、墙面镶贴块料、零星镶贴块料、墙饰面、柱饰面、梁饰面、隔断、幕墙等项目。

(二)工程量清单项目

1. 块料墙面

(1)工程内容

块料墙面的工程内容主要包括基层清理,砂浆制作、运输,底层抹灰,结合层铺贴,面层铺贴、挂贴或干挂,嵌缝,刷防护材料,磨光,酸洗,打蜡。

(2)项目特征

块料墙面的项目特征包括:

①墙体种类;

②底层厚度、砂浆配合比;

③粘结层厚度、材料种类;

④挂贴方式;

⑤干挂方式(膨胀螺栓、钢龙骨);

⑥面层材料品种、规格、品牌、颜色;

⑦缝宽、嵌缝材料种类;

⑧防护材料种类;

⑨磨光、酸洗、打蜡要求。

(3)计算规则

块料墙面工程量按设计图示尺寸以面积计算。

(4)有关说明

①墙体类型是指砖墙、石墙、混凝土墙、砌块墙及内墙、外墙等。

②块料饰面板是指石材饰面板、陶瓷面砖、玻璃面砖、金属饰面板、塑料饰面板、木质饰面板等。

③挂贴是指对大规格的石材(大理石、花岗石、青石等)使用铁件先挂在墙面后灌浆的方法固定。

④干挂有两种,第一种是直接干挂法,通过不锈钢膨胀螺栓、不锈钢挂件、不锈钢连接件、不锈钢钢针等将外墙饰面板连接在外墙面;第二种是间接干挂法,是通过固定在墙上的钢龙骨,再用各种挂件固定外墙饰面板。

⑤嵌缝材料是指砂浆、油膏、密封胶等材料。

⑥防护材料是指石材正面的防酸涂剂和石材背面的防碱涂剂等。

2. 干挂石材钢骨架

(1)工程内容

干挂石材钢骨架的工程内容包括钢骨架制作、运输、安装、油漆等。

(2)项目特征

干挂石材钢骨架的项目特征包括:

①钢骨架种类、规格;

②油漆品种、刷油遍数。

(3)计算规则

干挂石材钢骨架工程量按设计图示尺寸以质量计算。

3. 全玻幕墙

(1)工程内容

全玻幕墙的主要工程内容包括玻璃幕墙的安装、嵌缝、塞口、清洗等。

(2)项目特征

全玻璃幕墙的项目特征包括:

①玻璃品种、规格、品牌、颜色;

②粘结塞口材料种类；
③固定方式。
(3)计算规则
全玻幕墙按设计图示尺寸以面积计算，带肋全玻幕墙按展开面积计算。

二 顶棚工程

(一)主要内容

顶棚工程主要包括顶棚抹灰、顶棚吊顶、顶棚其他装饰等项目。

(二)工程量清单项目

1. 格栅吊顶
(1)工程内容
格栅吊顶的工程内容包括基层清理，底层抹灰，安装龙骨，基层板铺贴，面层铺贴，刷防护材料、油漆等。
(2)项目特征
格栅吊顶的项目特征包括：
①龙骨类型、材料种类、规格、中距；
②基层材料种类、规格；
③面层材料品种、规格、品牌、颜色；
④防护材料种类；
⑤油漆品种、刷漆遍数。
(3)计算规则
格栅吊顶工程是按设计图示尺寸以水平投影面积计算。
(4)有关说明。
格栅吊顶适用于木格栅、金属格栅、塑料格栅等。
2. 灯带
(1)工程内容
灯带项目的工程内容主要是灯带的安装和固定。
(2)项目特征
灯带项目的主要特征包括：
①灯带形式、尺寸；

②格栅片材料品种、规格、品牌、颜色；

③安装固定方式。

(3)计算规则

灯带工程量按设计图示尺寸以框外围面积计算。

3. 送风口、回风口

(1)工程内容

送风口、回风口项目工程内容有送风口、回风口的安装和固定，刷防护材料等。

(2)项目特征

送风口、回风口的项目特征包括：

①风口材料品种、规格、品牌、颜色；

②安装固定方式；

③防护材料种类。

(3)计算规则

送风口、回风口工程量按设计图数量以个为单位计算。

三 门窗工程

(一)主要内容

门窗工程主要包括木门、金属门、金属卷帘门、其他门、木窗、金属窗、门窗套、窗帘盒、窗帘轨、窗台板等项目。

(二)工程量清单项目

1. 实木装饰门

(1)工程内容

实木装饰门工程内容包括门制作、运输、安装，五金、玻璃安装，刷防护材料、油漆等。

(2)项目特征

实木装饰门的项目特征包括：

①门类型；

②框截面尺寸、单扇面积；

③骨架材料种类；

④面层材料品种、规格、品牌、颜色；

⑤玻璃品种、厚度、五金材料、品种、规格；

⑥防护层材料种类；

⑦油漆品种、刷油遍数。

(3)计算规则

实木装饰门工程量按设计图示数量以樘为单位计算。

(4)有关说明

①实木装饰门项目也适用于竹压板装饰门；

②框截面尺寸(或面积)指边立挺截面尺寸或面积；

③木门窗五金包括折页、插锁、风钩、弓背拉手、搭扣、弹簧折页、管子拉手、地弹簧、滑轮、滑轨、门轧头、铁角、木螺钉等。

2. 彩板门

(1)基本概念

彩板门亦称彩板组角门，是以 0.7～1.1mm 厚的彩色镀锌卷板和 4mm 厚平板玻璃或中空玻璃为主要原料，经机械加工制成的钢门窗。门窗四角用插接件、螺钉连接，门窗全部缝隙用橡胶密封条和密封膏密封。

(2)工程内容

彩板门主要工程内容包括门制作、运输、安装，五金、玻璃安装，刷防护材料、油漆等。

(3)项目特征

彩板门项目特征包括：

①门类型；

②框材质、外围尺寸；

③扇材质、外围尺寸；

④玻璃品种、厚度，五金材料品种、规格；

⑤防护材料种类。

(4)计算规则

彩板门工程量按设计图示数量以樘为单位计算。

3. 金属卷闸门

(1)工程内容

金属卷闸门工程内容包括门制作、运输、安装，启动装置、五金安装，刷防护料、油漆等。

(2)项目特征

金属卷闸门项目特征包括：

①门材质、框外围尺寸；
②启动装置品种、规格、品牌；
③五金材料、品种、规格；
④刷防护材料种类；
⑤油漆品种、刷漆遍数。

(3)计算规则

金属卷闸门工程量按设计图示数量以樘为单位计算。

4. 石材门窗套

(1)工程内容

石材门窗套的工程内容包括清理基层，底层抹灰，立筋制作、安装，基层板安装，面层铺贴，刷防护材料、油漆等。

(2)项目特征

石材门窗套项目特征包括：
①底层厚度、砂浆配合比；
②立筋材料种类、规格；
③基层材料种类；
④面层材料品种、规格、品牌、颜色；
⑤防护材料种类。

(3)计算规则

石材门窗套工程量按设计图示尺寸以展开面积计算。

(4)有关说明

防护材料分防火、防腐、防潮、耐磨等种类。

四 油漆、涂料、裱糊工程

(一)主要内容

油漆、涂料、裱糊工程主要包括门油漆、窗油漆、扶手油漆、板条面油漆、线条面油漆、木材面油漆、金属面油漆、抹灰面油漆、喷刷涂料、裱糊等项目。

(二)工程量清单项目

1. 门油漆

(1)工程内容

门油漆的工程内容包括基层清理，刮腻子，刷防护材料、油漆等。

(2)项目特征

门油漆的项目特征包括：

①门类型；

②腻子种类；

③刮腻子要求；

④防护材料种类；

⑤油漆品种、刷漆遍数。

(3)计算规则

门油漆项目工程量按设计图示数量以樘为单位计算。

(4)有关说明

①门类型应分为镶板门、木板门、胶合板门、装饰实木门、木纱门、木质防火门、连窗门、平开门、推拉门、单扇门、双扇门、带纱门、全玻门、半玻门、半百叶门、全百叶门以及带亮子、不带亮子、有门框、无门框和单独门框等种类；

②腻子种类分石膏油腻子、胶腻子、漆片腻子、油腻子等；

③刮腻子要求分刮腻子遍数以及是满刮还是找补腻子等。

2. 窗油漆

(1)工程内容

窗油漆的工程内容包括基层清理，刮腻子，刷防护材料、油漆等。

(2)项目特征

窗油漆的项目特征包括：

①窗类型；

②腻子种类；

③刮腻子要求；

④防护材料种类；

⑤油漆品种、刷漆遍数。

(3)计算规则

窗油漆项目的工程量按设计图示数量以樘为单位计算。

(4)有关说明

窗类型分为平开窗、推拉窗、提拉窗、固定窗、空花窗、百叶窗以及单扇窗、双扇窗、多扇窗、单层窗、双层窗、带亮子、不带亮子等。

3. 木扶手油漆

(1)工程内容

木扶手油漆工程内容包括基层清理，刮腻子，刷防护材料、油漆等。

(2)项目特征

木扶手油漆的项目特征包括：

①腻子种类；

②刮腻子要求；

③防护材料种类；

④油漆部位单位展开面积；

⑤油漆长度；

⑥油漆品种,刷漆遍数。

(3)计算规则

木扶手油漆工程量按设计图示尺寸以长度计算。

(4)有关说明

木扶手油漆应区分带托板与不带托板分别编码列项。

4.墙纸裱糊

(1)工程内容

墙纸裱糊工程内容主要包括基层清理,刮腻子,面层铺粘,刷防护材料等。

(2)项目特征

墙纸裱糊的项目特征包括：

①基层类型；

②裱糊部位；

③腻子种类；

④刮腻子要求；

⑤粘结材料种类；

⑥防护材料种类；

⑦面层材料品种、规格、品牌、颜色。

(3)计算规则

墙纸裱糊工程量按设计图示尺寸以面积计算。

(4)有关说明

墙纸裱糊应注意对花与不对花的要求。

五 其他工程

(一)主要内容

其他工程主要包括柜类、货架、暖气罩、浴厕配件、压线、装饰线、雨篷、旗杆、招牌、灯箱、美术字等项目。

(二)工程量清单项目

1.收银台

(1)工程内容

收银台项目的工程内容包括台柜制作、运输、安装,刷防护材料、油漆。

(2)项目特征

收银台项目特征包括:

①台柜规格;

②材料种类规格;

③五金种类规格;

④防护材料种类;

⑤油漆品种、刷漆遍数。

(3)计算规则

收银台项目工程量按设计图示数量以个为单位计算。

(4)有关说明

台柜的规格以能分离的成品单体长、宽、高表示。

2.金属字

(1)工程内容

金属字工程内容包括字的制作、运输、安装、刷油漆等。

(2)项目特征

金属字的项目特征包括:

①基层类型;

②镌字材料品种、颜色;

③字体规格;

④固定方式;

⑤油漆品种、刷漆遍数。

(3)计算规则

金属字项目工程量按设计图示数量以个为单位计算。

(4)有关说明

①基层类型是指金属字依托体的材料,如砖墙、木墙、石墙、混凝土墙、钢支架等;

②字体规格以字的外接矩形长、宽和字的厚度表示;

③固定方式是指粘贴、焊接及铁钉、螺栓、铆钉固定等方式。

练习题

一、多选题

1. 内墙抹灰面积计算的规定是(　　)所占面积。
   A. 扣除门窗洞口　　B. 不扣除踢脚板
   C. 不扣除墙裙　　D. 不扣除构件与墙交接处
2. 装饰工程抹灰分为(　　)。
   A. 内墙抹灰　　B. 外墙抹灰
   C. 外墙装饰抹灰　　D. 内墙装饰抹灰
3. 各种吊顶龙骨按主墙间净空面积计算,不扣除(　　)所占面积。
   A. 间壁墙　　B. 检查口　　C. 附墙柱　　D. 管道

二、判断题

1. 墙面抹灰分为一般抹灰和装饰抹灰。(　　)
2. 全国建筑工程基础定额中,水刷石属于一般抹灰。(　　)
3. 混合砂浆抹墙面属于装饰抹灰。(　　)
4. 花岗岩外墙面挂贴属于装饰工程预算项目。(　　)
5、铝合金门窗安装属于装饰工程预算项目。(　　)

三、问答题

1. 内墙面抹灰按规定应扣除哪些面积?
2. 如何确定内墙抹灰的长度和高度?
3. 外墙抹灰按规定应扣除哪些面积?
4. 如何计算窗台线抹灰工程量?
5. 如何计算外墙装饰抹灰工程量?
6. 如何计算幕墙工程量?
7. 如何计算独立柱装饰抹灰工程量?
8. 如何计算顶棚龙骨和顶棚面层工程量?
9. 如何计算油漆工程量?

第十一章 金属结构工程量计算

第一节　计价工程量计算

一　一般规则

金属结构制作按图示钢材尺寸以吨计算，不扣除孔眼、切边的质量，焊条、铆钉、螺栓等质量，已包括在定额内不另计算。在计算不规则或多边形钢板质量时，均按其几何图形的外接矩形面积计算。

二　实腹柱、吊车梁

实腹柱、吊车梁、H 型钢按图示尺寸计算，其中腹板及翼板宽度按每边增加 25mm 计算。

三　制动梁、墙架、钢柱

(1)制动梁的制作工程量包括制动梁、制动桁架、制动板质量；

(2)墙架的制作工程量包括墙架柱、墙架梁及连接柱杆质量；

(3)钢柱制作工程量包括依附于柱上的牛腿及悬臂梁质量(图 2-11-1)。

四　轨道

轨道制作工程量，只计算轨道本身质量，不包括轨道垫板、压板、斜垫、夹板及连接角钢等质量。

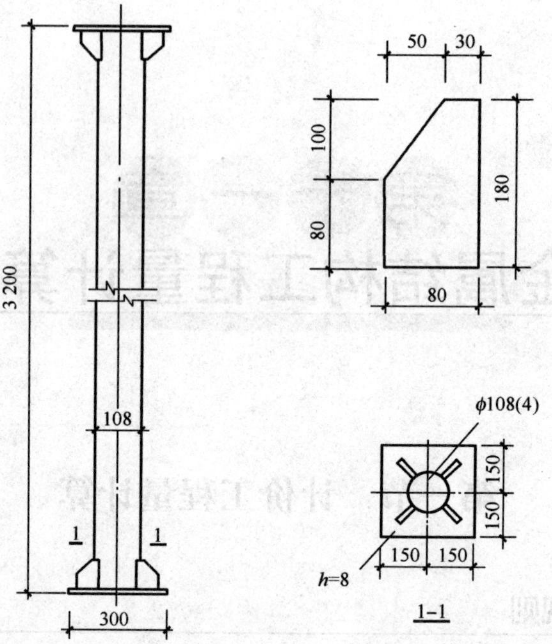

图 2-11-1　钢柱结构图(尺寸单位:mm)

五 铁栏杆

铁栏杆制作,仅适用于工业厂房中平台、操作台的钢栏杆。民用建筑中铁栏杆等按定额其他章节有关项目计算。

六 钢漏斗

钢漏斗制作工程量,矩形按图示分片,圆形按图示展开尺寸,并依钢板宽度分段计算,每段均以其上口长度(圆形以分段展开上口长度)与钢板宽度,按矩形计算,依附漏斗的型钢并入漏斗质量内计算。

【例 2-11-1】 根据图 2-11-2 图示尺寸,计算上柱间支撑的制作工程量。

解:角钢每米质量＝0.007 95×厚×(长边＋短边－厚)

＝0.007 95×6×(75＋50－6)

＝5.68(kg/m)

钢板每平方米质量＝7.85×厚

＝7.85×8＝62.8(kg/m^2)

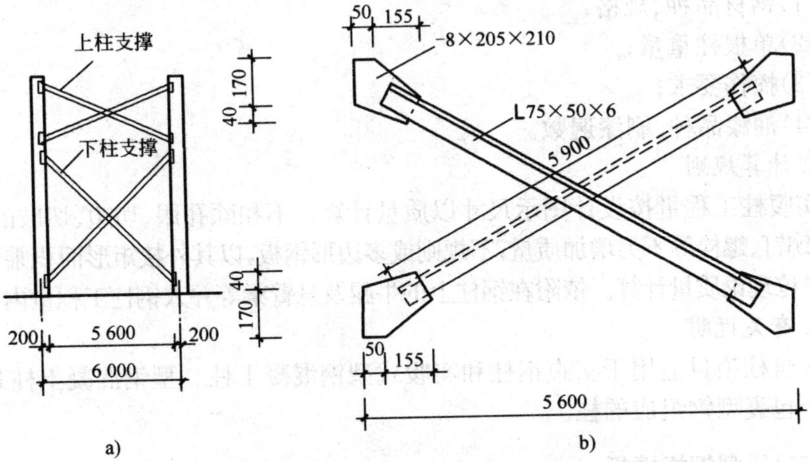

图 2-11-2　柱间支撑(尺寸单位:mm)

a)柱间支撑示意图;b)上柱间支撑详图

角钢质量=5.90×2(根)×5.68(kg/m)=67.02(kg)

钢板质量=[0.205×0.21×4(块)]×62.8

=0.172 2×62.80

=10.81(kg)

上柱间支撑工程量=67.02+10.81=77.83(kg)

第二节　清单工程量计算

一 主要内容

金属结构工程主要包括钢屋架、钢网架、钢托架、钢桁架、钢柱、钢梁、压型钢板楼板、墙板、钢构件、金属网等。

二 工程量清单项目

(一)实腹柱

1. 工程内容

实腹柱的工程内容包括钢柱的制作、运输、拼装、安装、探伤、刷油漆等。

2. 项目特征

实腹柱的项目特征包括:

(1)钢材品种、规格;
(2)单根柱重量;
(3)探伤要求;
(4)油漆品种、刷漆遍数。

3. 计算规则

实腹柱工程量按设计图示尺寸以质量计算。不扣除孔眼、切边、切肢的质量,焊条、铆钉、螺栓等不另增加质量,不规则或多边形钢板,以其外接矩形面积乘以厚度乘以单位理论质量计算。依附在钢柱上的牛腿及悬臂梁等并入钢柱工程量内计算。

4. 有关说明

实腹柱项目适用于实腹钢柱和实腹式型钢混凝土柱。型钢混凝土柱是指由混凝土包裹型钢组成的柱。

(二)压型钢板楼板

1. 工程内容

压型钢板楼板的工程内容包括楼板的制作、运输、安装、刷油漆等。

2. 项目特征

压型钢板楼板的项目特征包括:
(1)钢材品种、规格;
(2)压型钢板厚度;
(3)油漆品种、刷漆遍数。

3. 计算规则

压型钢板楼板工程是按设计图示尺寸以铺设水平投影面积计算。不扣除柱、垛及单个面积在 $0.3m^2$ 以内孔洞所占面积。

4. 有关说明

压型钢板楼板项目适用于现浇混凝土楼板,使用压型钢板作永久性模板,并与混凝土叠合后组成共同受力的构件。压型钢板采用镀锌或经防腐处理的薄钢板。

练 习 题

问答题

1. 10mm 厚的钢板每平方米的质量是多少?
2. 叙述金属结构工程量计算规则。
3. 民用建筑的铁栏杆按平方米计算吗?为什么?
4. 实腹钢柱的清单项目包括哪些工程内容?

第三篇　建筑工程计量与计价实务

第一章 定额计价方式工程造价计算实例

根据某营业用房施工图、全国统一建筑工程基础定额(1995 年版)、某地区人工与材料及机械台班单价、某地区费用定额编制施工图预算,确定营业用房建筑工程造价。

第一节 营业用房施工图

一 建筑设计说明

(一)本工程为营业用房,位于长江路,西面临街修建。

(二)本工程为二层框架结构,局部砖混。

(三)各部分构造如下:

1. 屋面:SBC120 聚乙烯丙纶复合防水卷材;

1∶6 水泥蛭石找坡层,最薄处 60mm;

1∶3 水泥砂浆找平层。

2. 楼面:各房间及走道为 500mm×500mm 地砖面层,卫生间为 300mm×300mm 地砖面层。

3. 地面:主楼、台阶为花岗岩地面,楼梯间、卫生间、盥洗间为地砖面层,全部地面 C10 混凝垫层 60mm 厚。

4. 内墙面:各房间、梯间为混合砂浆抹面,面作仿瓷涂料;卫生间贴

200mm×300mm 瓷砖到顶。

5. 外墙面：墙面砖贴面，局部花岗岩贴面。

6. 顶棚：各房间、梯间混合砂浆抹面，均作仿瓷涂料面层。

7. 踢脚线：各房间、走道瓷砖踢脚线，150mm 高。

8. 油漆：木门浅色调和漆三遍。

9. 散水：C15 混凝土 60mm 厚，600mm 宽，沥青砂浆伸缩缝。

10. 门窗：门窗明细表如表 3-1-1 所示。

(四)各部分建筑施工图见图 3-1-1～图 3-1-11。

门窗明细表　　表 3-1-1

类别	代号	门窗名称	洞口尺寸		数量			备注
			宽(mm)	高(mm)	底层	二层	合计	
门	M1	全玻门加卷帘	6800	4200	2		2	
	M2	全玻固定门	6800	3800	1		1	下砌 400.240 砖墙
	M3	全玻固定门	3880	3800	1		1	下砌 400.240 砖墙
	M4	单扇夹板门	900	2100	5	2	7	
	M5	单扇夹板门	1000	2100	2	8	10	
	M6	双扇夹板门	1800	2100		1	1	
窗	C1	铝合金推拉窗	6800	2000		2	2	
	C1a	铝合金推拉窗	6720	2000		1	1	
	C2	铝合金推拉窗	3000	2000		1	1	
	C3	铝合金推拉窗	1800	2000		11	11	
	C3a	铝合金推拉窗	1800	2000		2	2	
	C4	铝合金推拉窗	1500	2000	3	1	4	
	C5	铝合金推拉窗	1200	2000	1		1	
	C6	铝合金推拉窗	1200	1000	7	2	9	

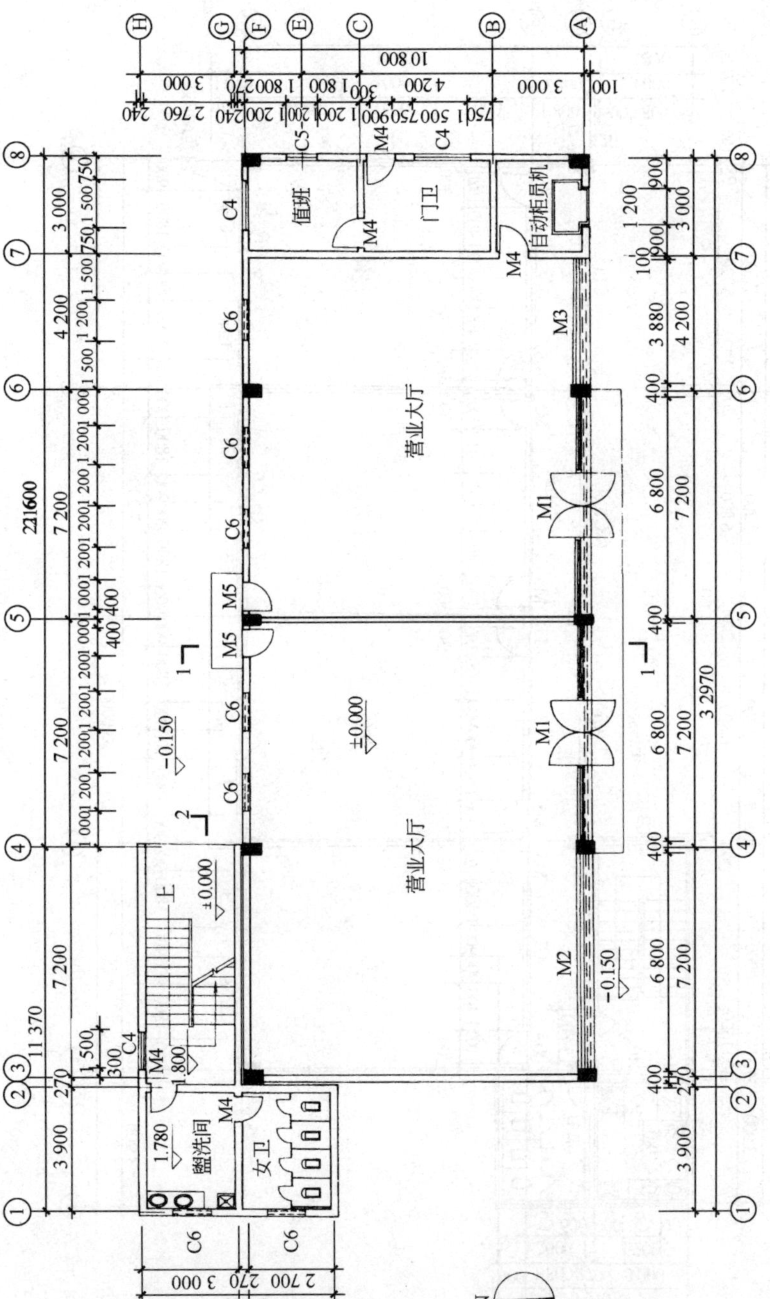

图3-1-1 底层平面图(尺寸单位:mm)

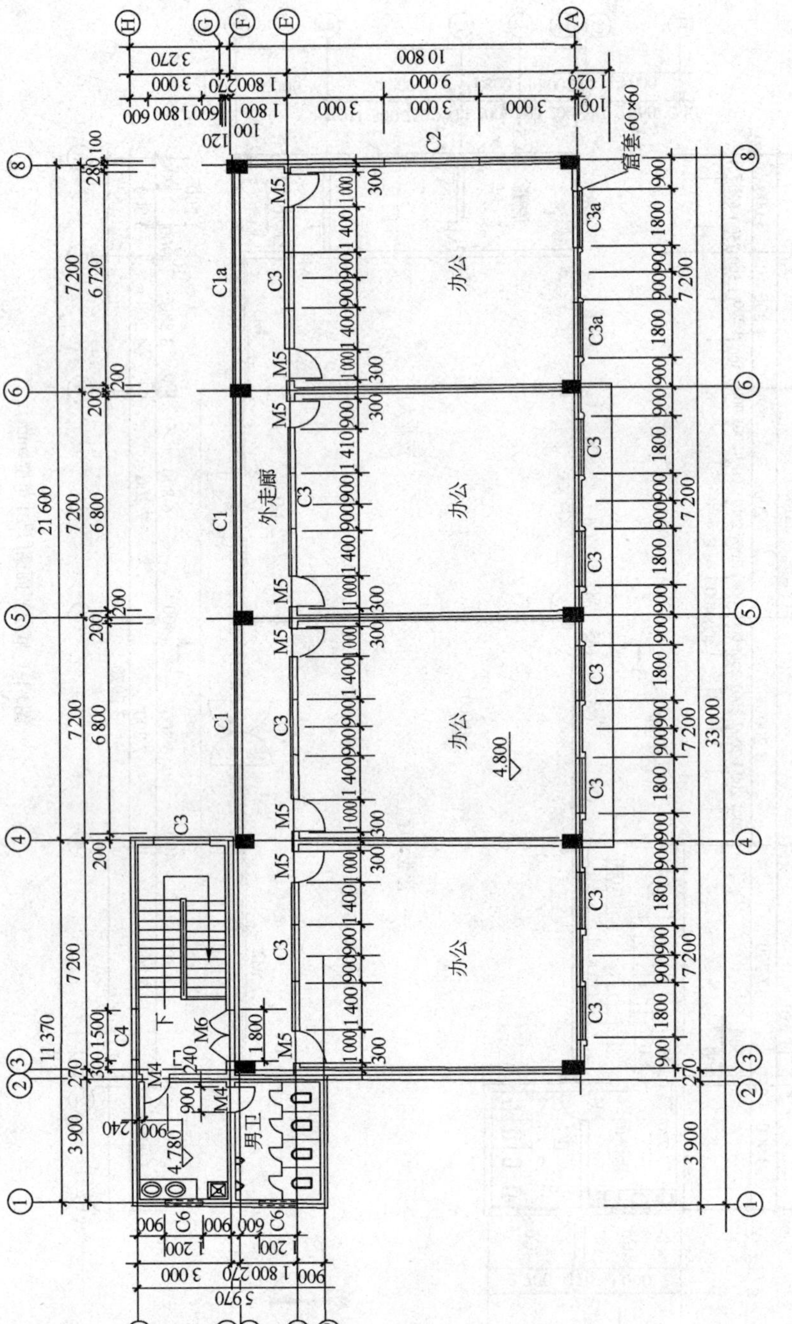

图3-1-2 二层平面图(尺寸单位:mm)

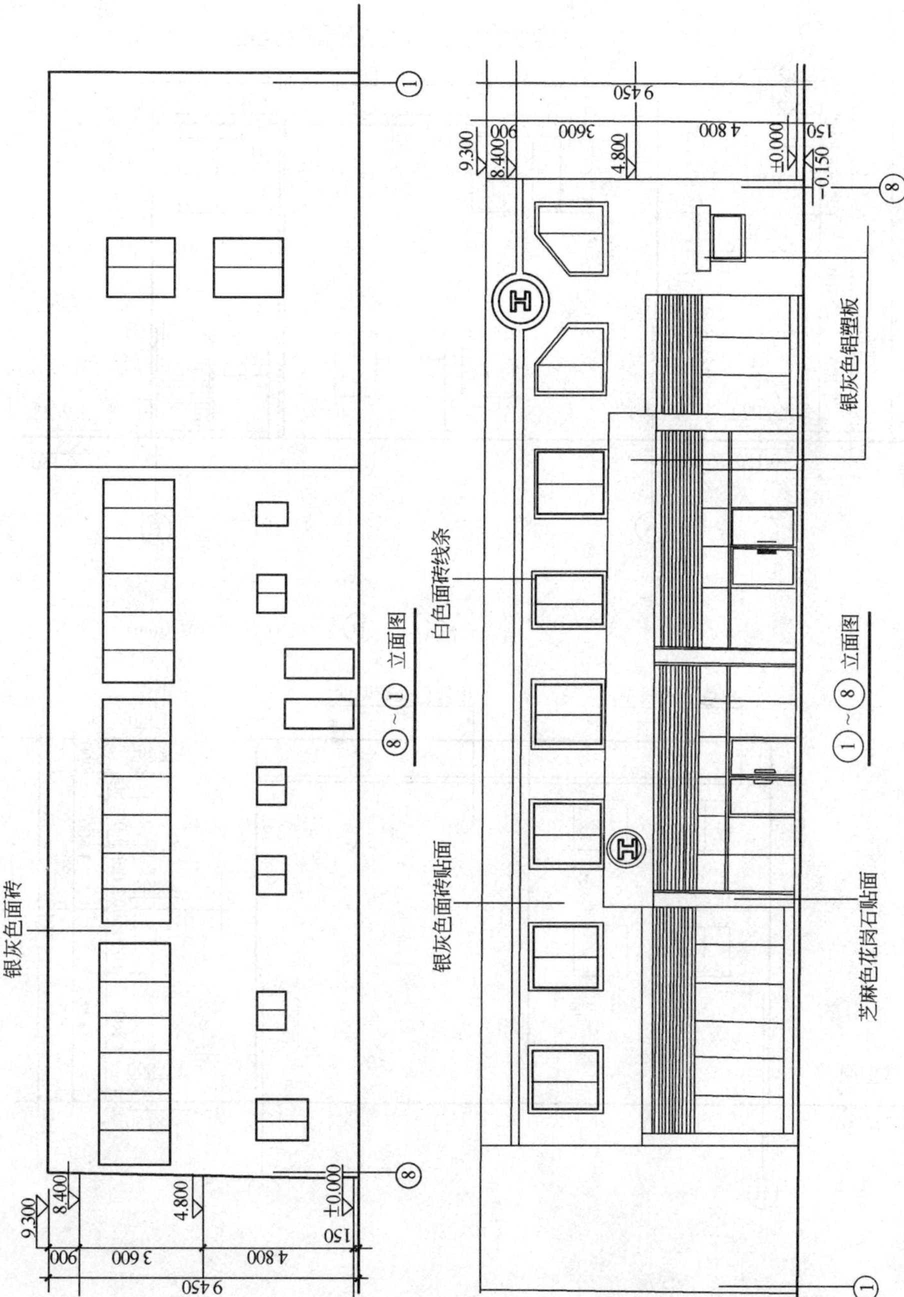

图3-1-3 正立面图(尺寸单位:mm)

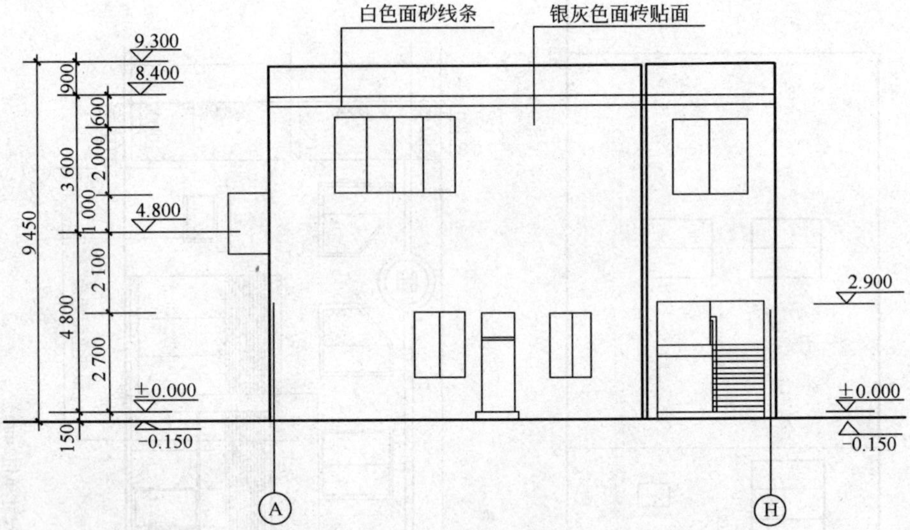

图3-1-4 Ⓐ~Ⓗ立面图(尺寸单位:mm)

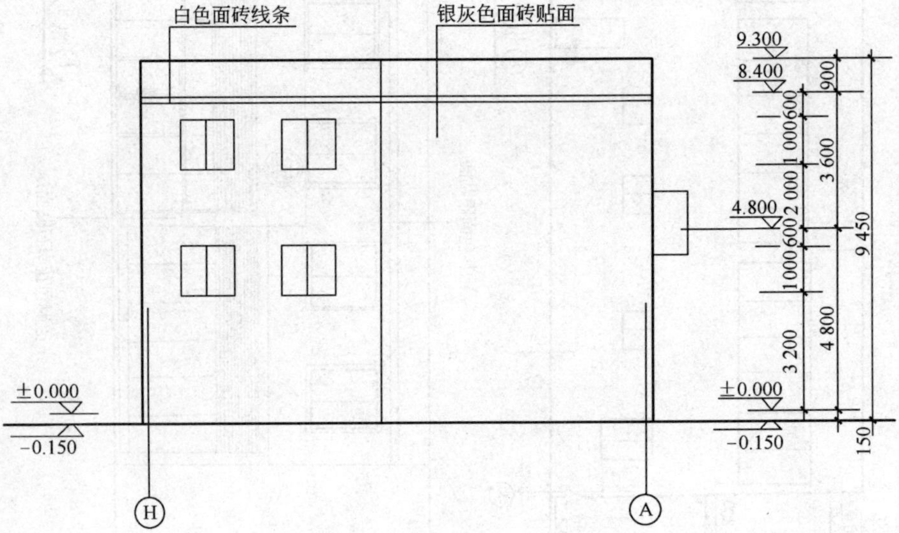

图3-1-5 Ⓗ~Ⓐ立面图(尺寸单位:mm)

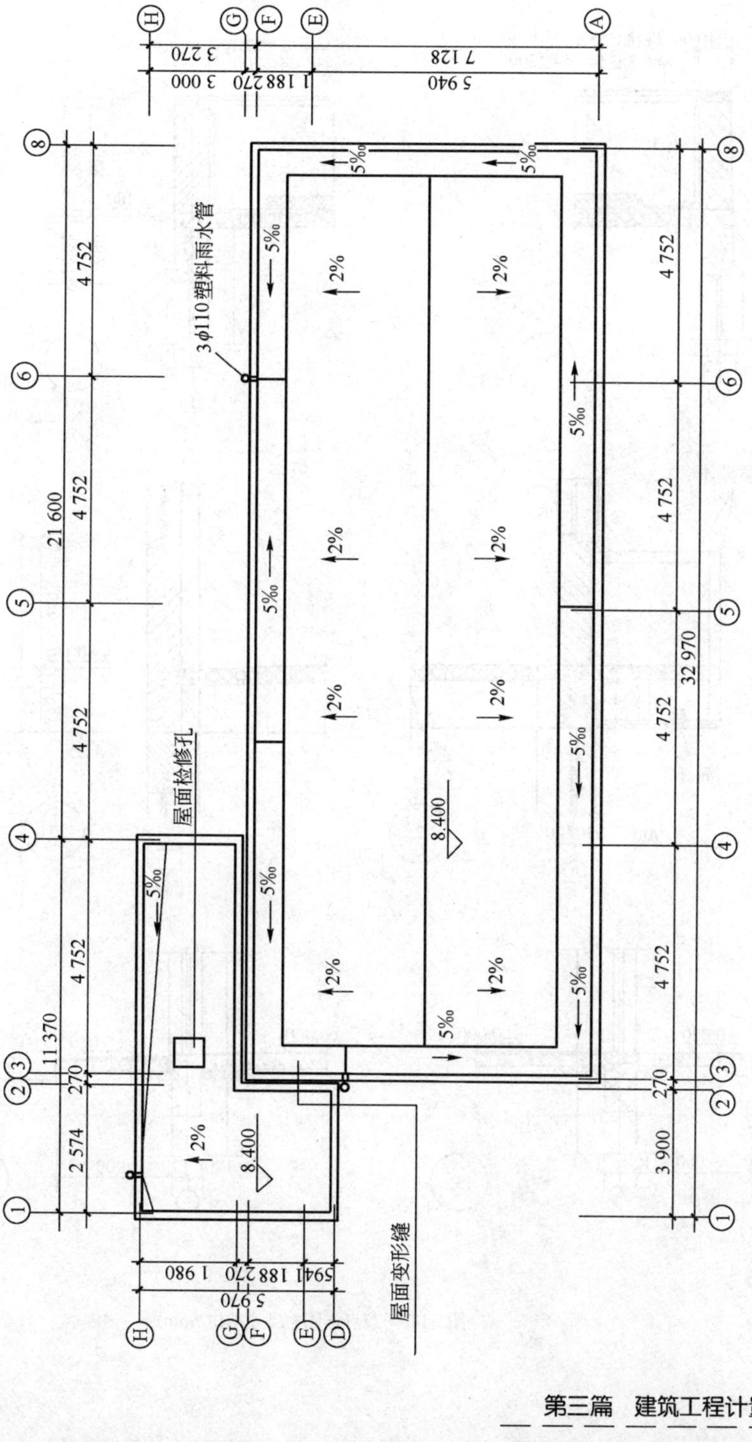

图3-1-6 屋顶平面图（尺寸单位：mm）

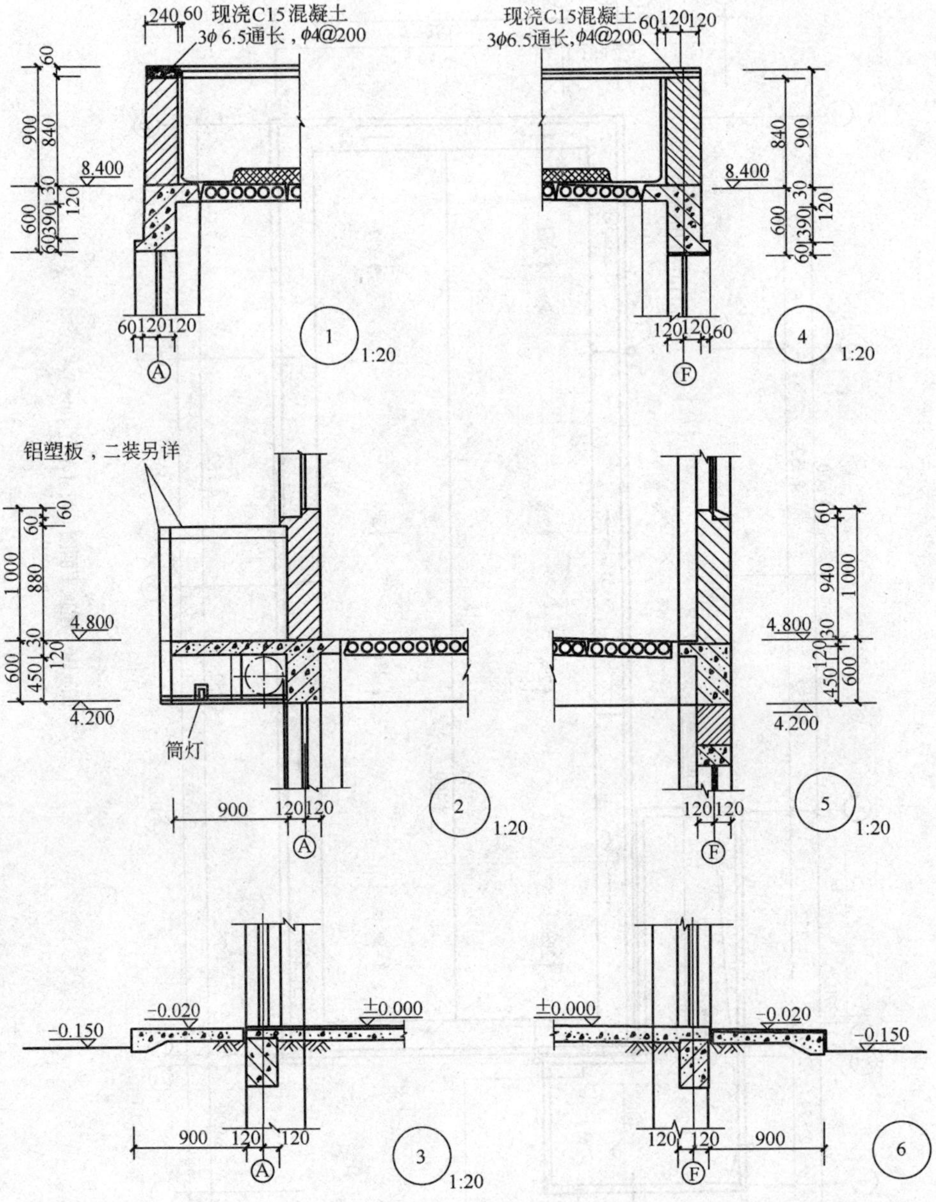

图3-1-7 节点详图（尺寸单位:mm）

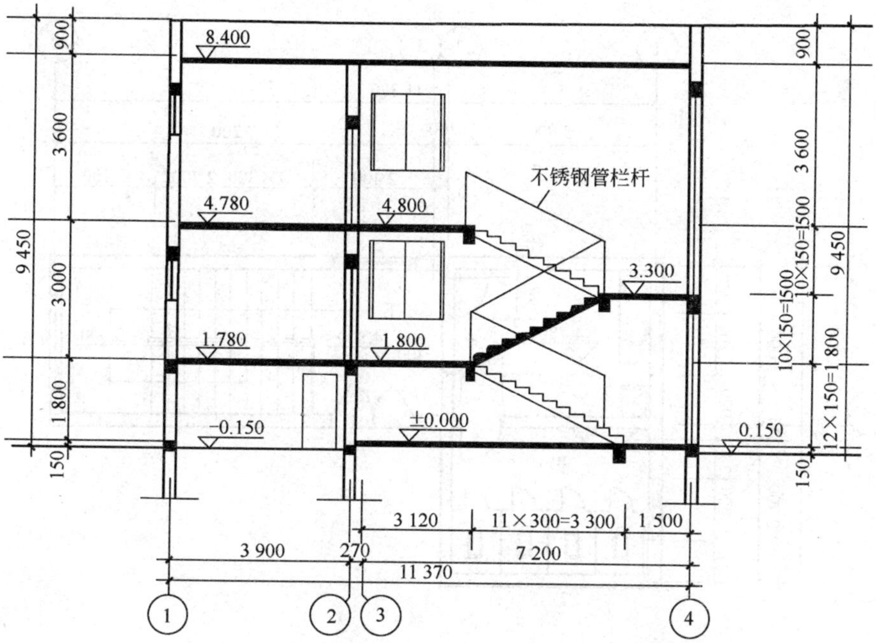

图3-1-8 2-2剖面图(尺寸单位:mm)

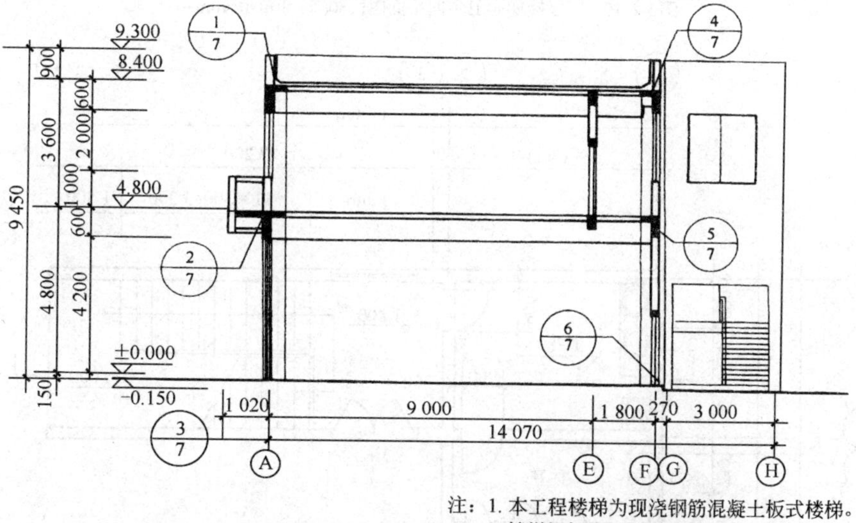

注：1. 本工程楼梯为现浇钢筋混凝土板式楼梯。
2. 楼梯栏杆为不锈钢栏杆，H=1 000。
3. 楼梯踏步面贴 300×300专用防滑楼梯面砖。边作挡水线。
4. 楼梯侧面板底同内墙面装修

图3-1-9 1-1剖面图(尺寸单位:mm)

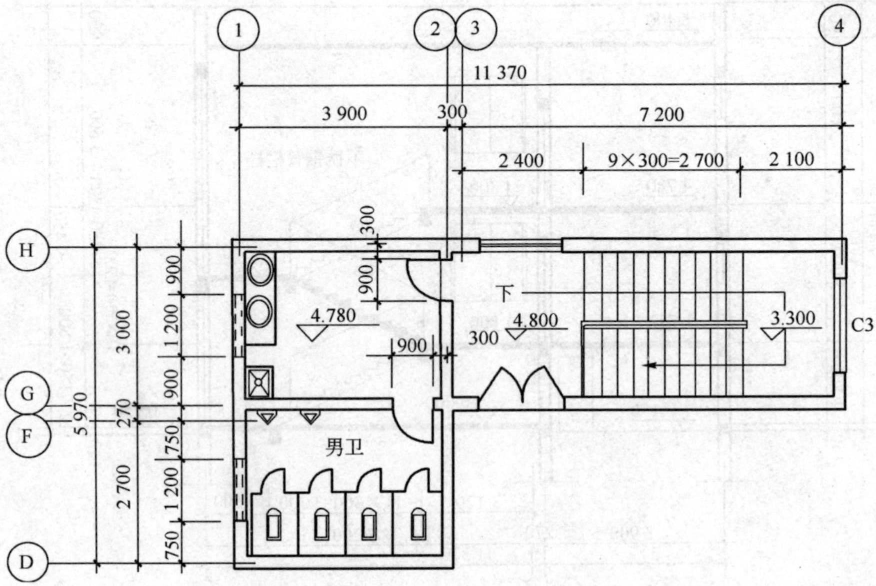

图3-1-10　二层楼梯间卫生间平面图1:80(尺寸单位:mm)

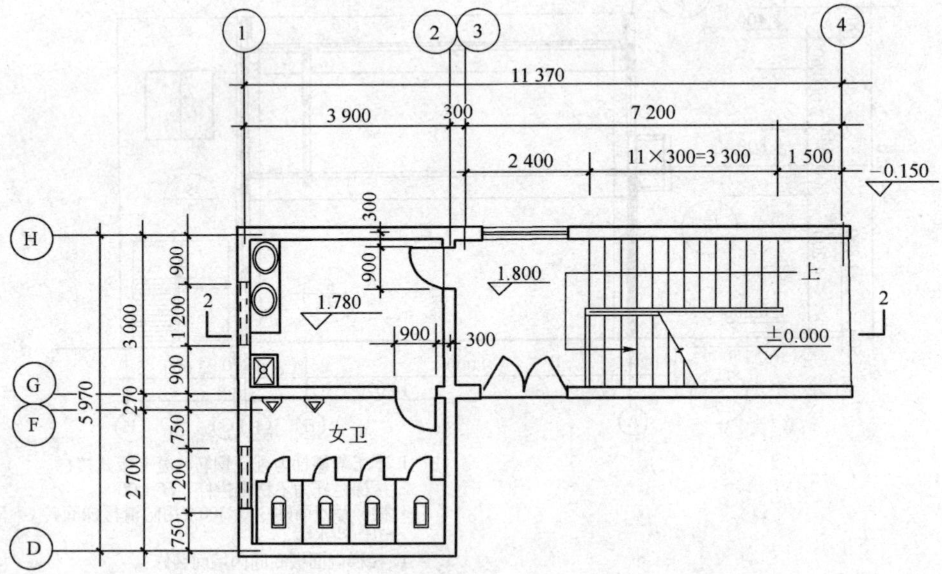

图3-1-11　底层楼梯间卫生间平面图1:80(尺寸单位:mm)

二 结构设计说明

(一)概述

(1)该工程为二层框架结构,附楼为砖混结构,框架抗震等级为四级。一层层高为 4.80m,二层层高为 3.60m。

(2)基础采用柱下独立基础。

(二)混凝土强度等级及保护层

(1)基础垫层 C10。

(2)柱下独立基础 C20,保护层 35mm。

(3)框架柱、梁 C30,保护层 25mm。

(4)连续梁 C30,保护层 25mm。

(5)其余构件 C20。现浇板保护层 10mm。

(三)砌筑砂浆强度等级及种类

(1)基础部分 M5 水泥砂浆。

(2)墙体部分 M5 混合砂浆。

(四)砌体

(1)基础采用 MU7.5 标准砖。

(2)附楼墙体采用 MU7.5 灰砂砖。

(3)主楼除女儿墙外采用 200 厚加气混凝土砌块。

(五)钢筋锚固长度

C20 混凝土:锚固长度 40*d*,搭接长度 48*d*。

C30 混凝土:锚固长度 30*d*,搭接长度 36*d*。

ϕ 为 I 级钢筋,Φ为 II 级钢筋,ϕ6 钢筋按 ϕ6.5 计算。

(六)其他

凡低于梁的洞口处均设预制过梁,由施工单位选用。

各部分结构施工图及配筋表见图 3-1-12～图 3-1-22。

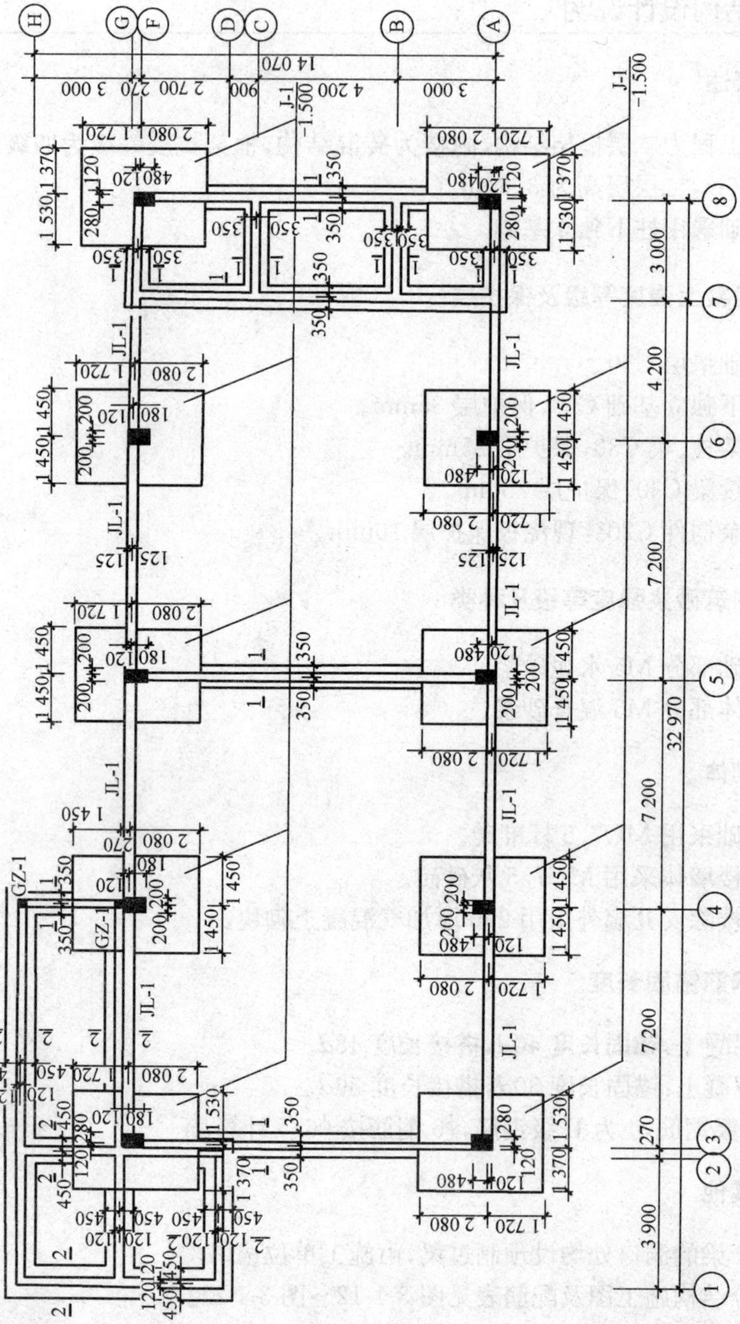

图3-1-12 基础平面布置图1:100(尺寸单位:mm)

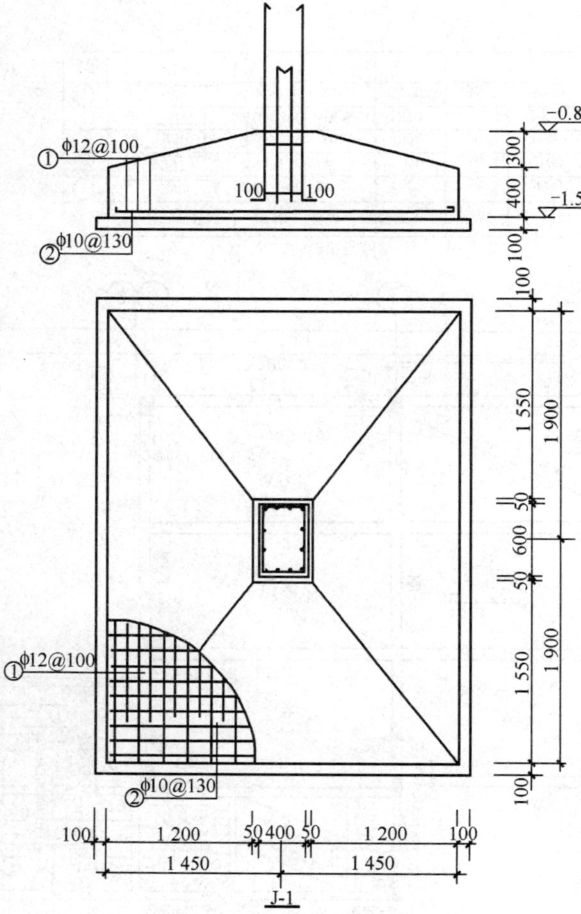

图3-1-13　基础配筋图（尺寸单位:mm）

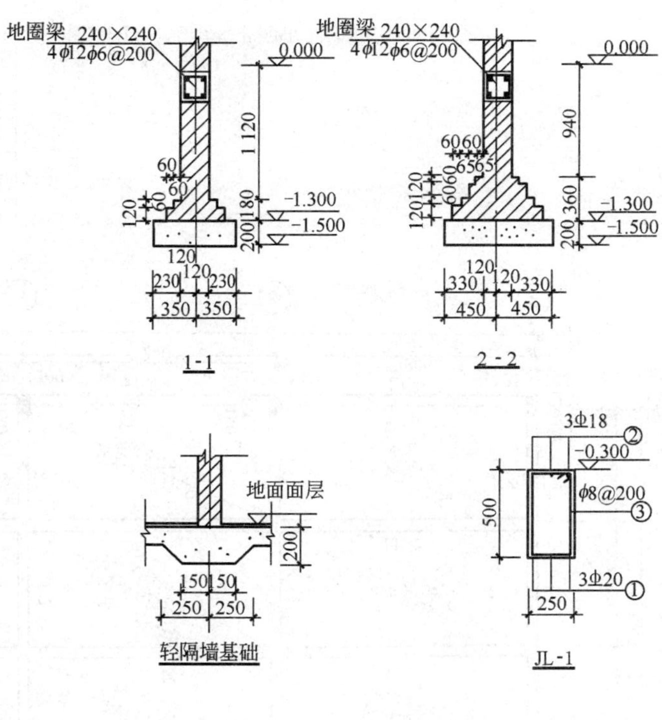

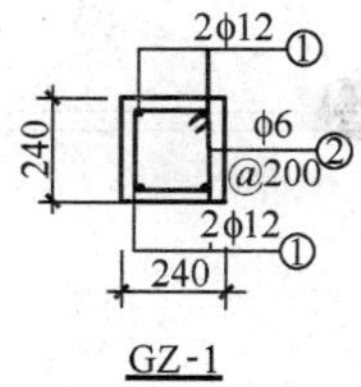

说明：
本工程砖混部分墙体采用MU7.5灰砂砖，±0.000以下墙体采用M5水泥砂浆，±0.000以上墙体采用M5混合砂浆砌筑。

图　3-1-14

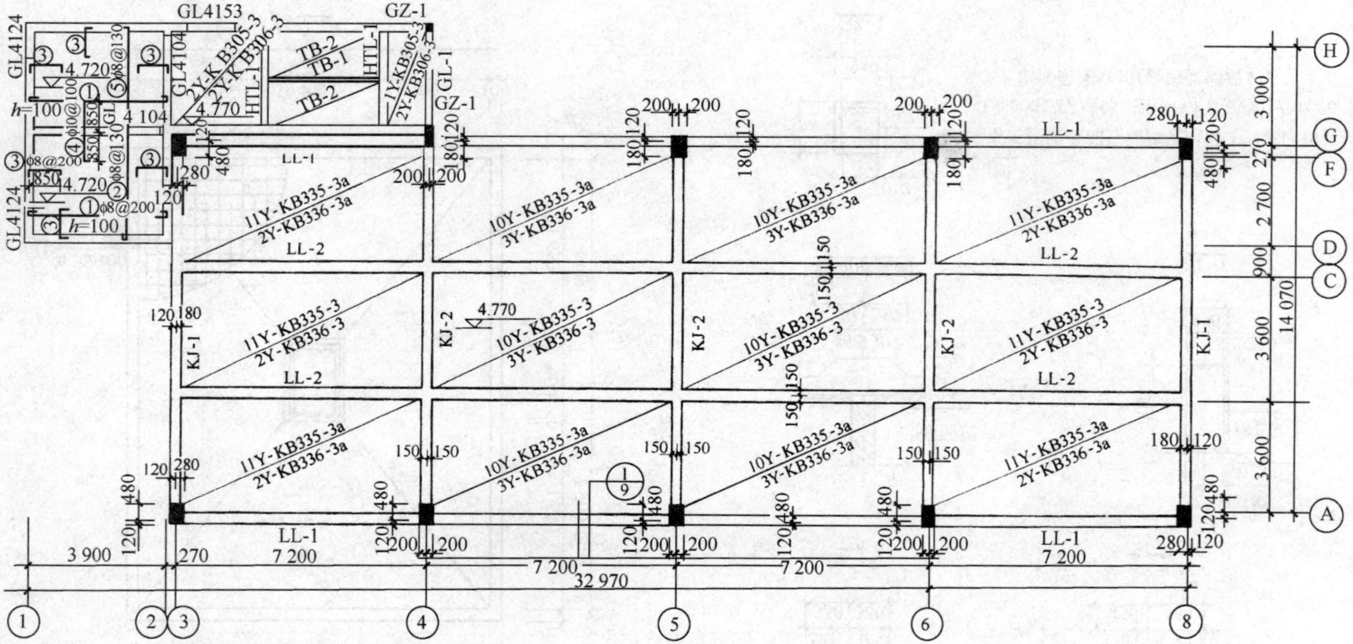

二层楼板钢筋表

编号	钢筋简图	规格	最短长度	最长长度	根数	总长度	质量
①	3900	φ8@200	4000	4000	30	120000	47.4
②	2970	φ8@130	3070	3070	30	92100	36.3
③	85 850	φ8@200	1020	1020	99	100980	39.8
④	85 1700	φ10@200	1870	1870	39	72930	45.0
⑤	3000	φ8@130	3100	3100	30	93000	36.7
总量							20.5

图3-1-15 二层结构平面图（尺寸单位：mm）

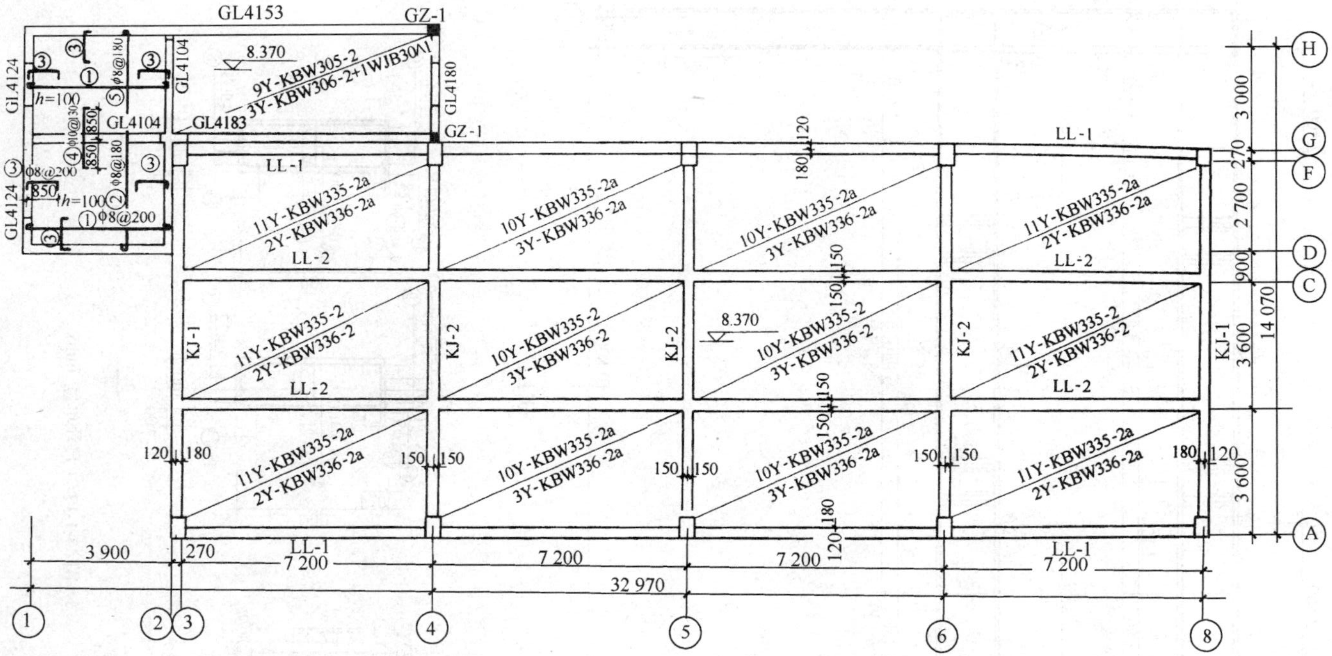

屋面层楼板钢筋表

编号	钢筋简图	规格	最短长度	最长长度	根数	总长度	质量
①	3900	φ8@200	4000	4000	30	120000	47.4
②	2970	φ8@180	3070	3070	22	67540	26.7
③	85 850	φ8@200	1020	1020	99	100980	39.8
④	85 1700	φ10@130	1870	1870	30	56100	34.6
⑤	3000	φ8@180	3100	3100	22	68200	26.9
总量							175

图3-1-16　屋面层结构平面图（尺寸单位:mm）

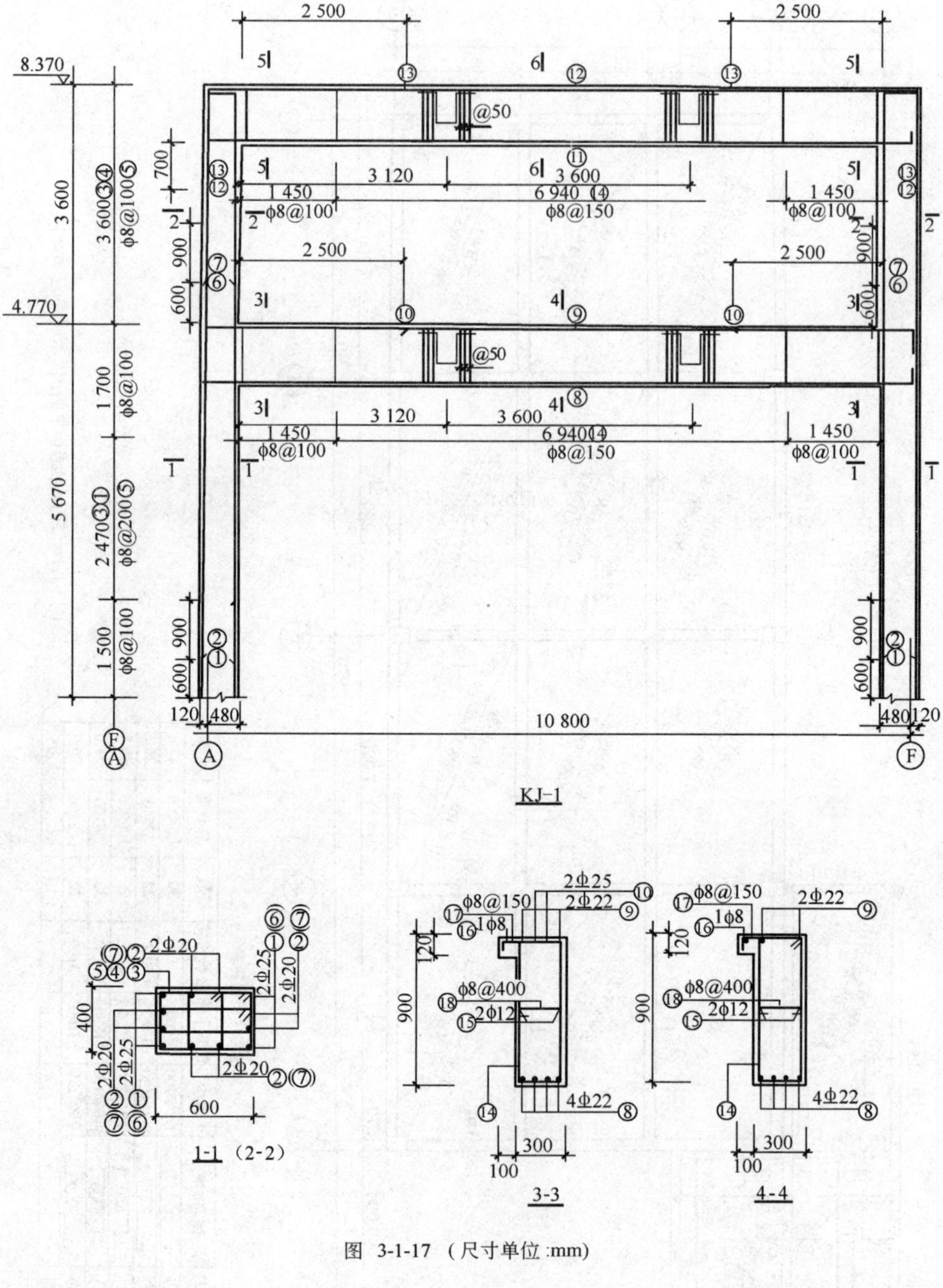

图 3-1-17 （尺寸单位:mm）

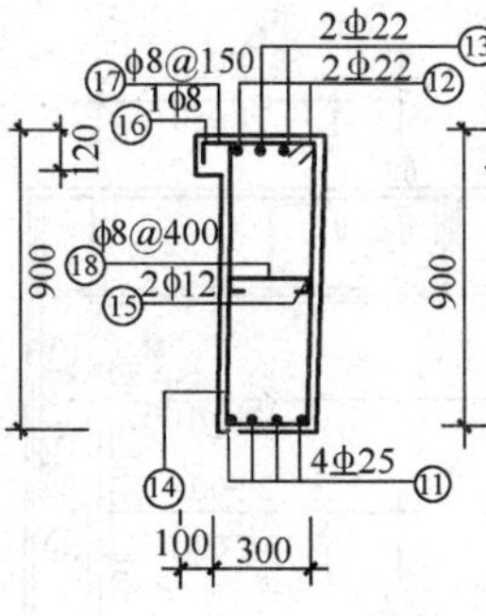

5-5

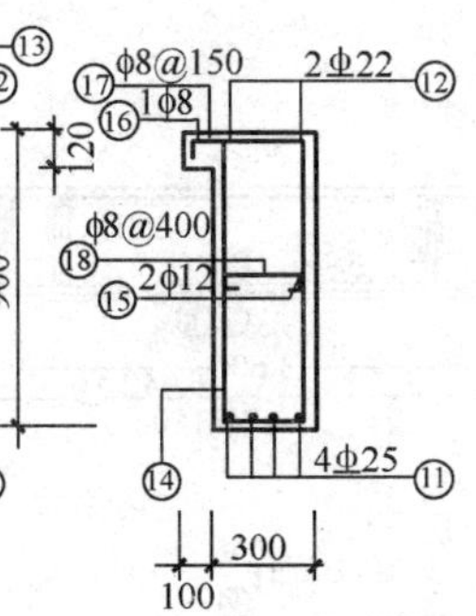

6-6

柱钢筋表

编号	钢筋简图	规格	长度	根数	质量
①	6570	Φ25	6570	8	203
②	6570	Φ20	6570	16	259
③	1350 550	φ8		160	
④	41 550	φ8		160	
⑤	208 350	φ8		160	
⑥	2 970 250	Φ25	3220	8	99
⑦	2 970 250	Φ20	3220	16	127
总质量					

梁钢筋表

编号	钢筋简图	规格	长度	根数	质量
⑧	220 10 900 220	Φ22	11340	4	135
⑨	380 10 980 380	Φ22	11740	2	70
⑩	380 3 070	Φ25	3450	4	53
⑪	250 10 900 250	Φ25	11400	4	176
⑫	1570 10 980 1 570	Φ22	14120	2	84
⑬	1570 3 070	Φ22	4640	4	55
⑭	250 825	φ8		166	
⑮	10 200	φ12	10350	4	37
⑯	10 440	φ8	10400	2	8
⑰	95 350	φ8	495	132	26
⑱	250	φ8	350	50	7
总质量					

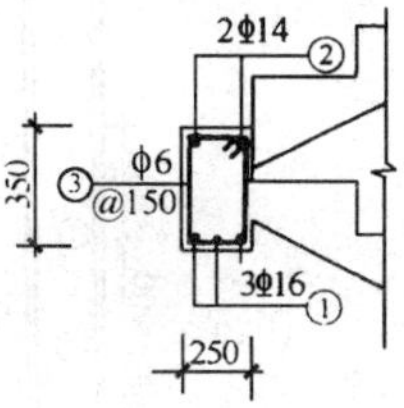

HTL-1

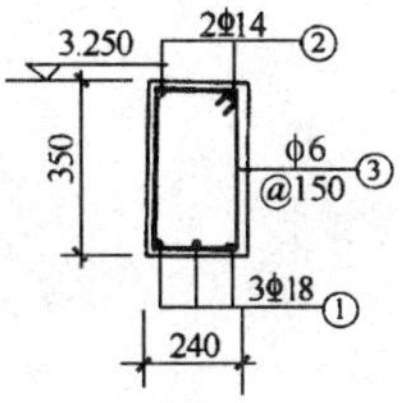

GL-1

主材汇总表

钢筋(KG)	φ8		Φ20	386
	φ12	37	Φ22	344
			Φ25	531
	总质量		总质量	
混凝土	柱		梁	

注：本工程钢筋表仅供参考。

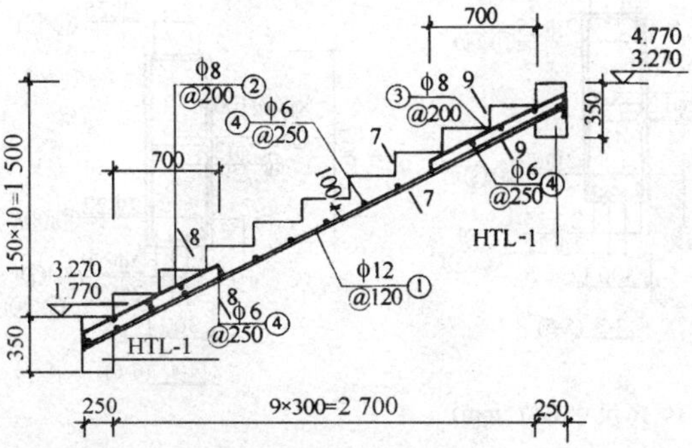

TB-2

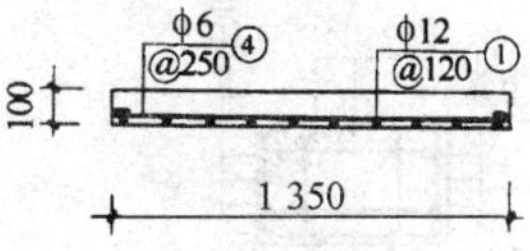

7-7

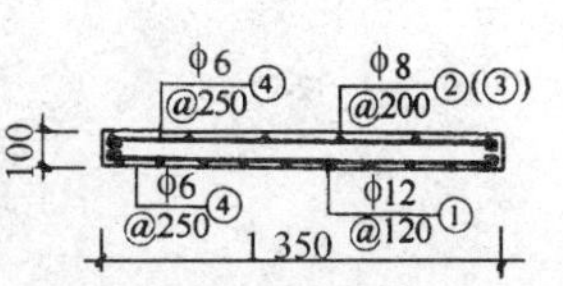

8-8(9-9)

图 3-1-18 （尺寸单位:mm）

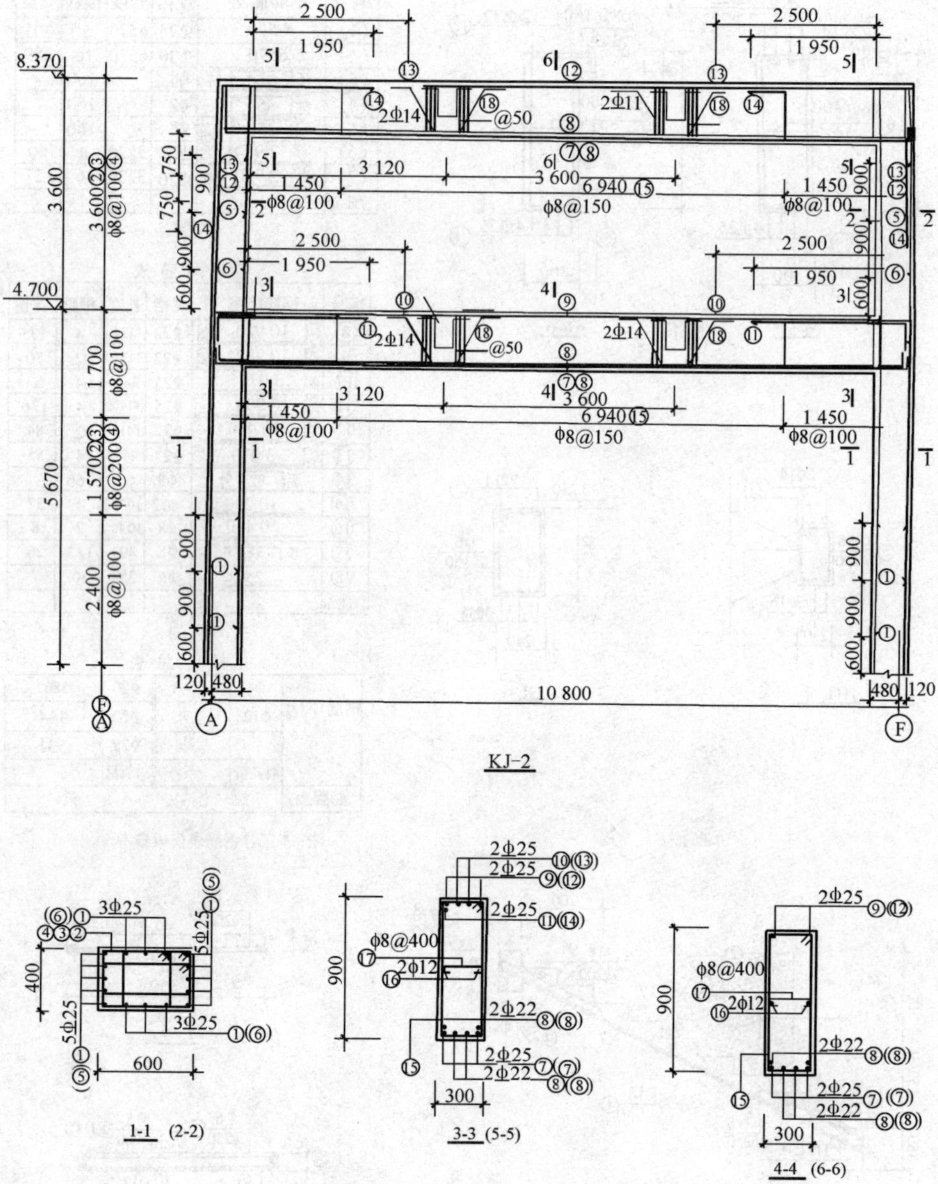

图 3-1-19 (尺寸单位:mm)

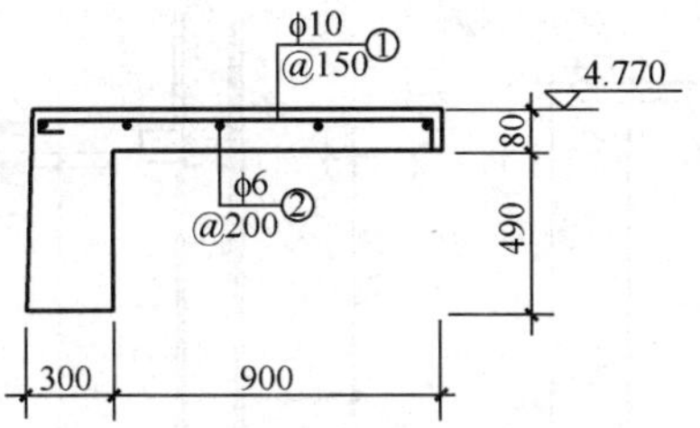

1

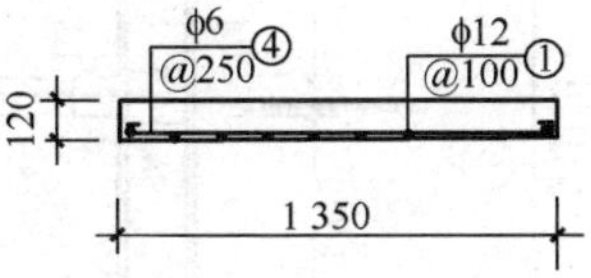

7 - 7

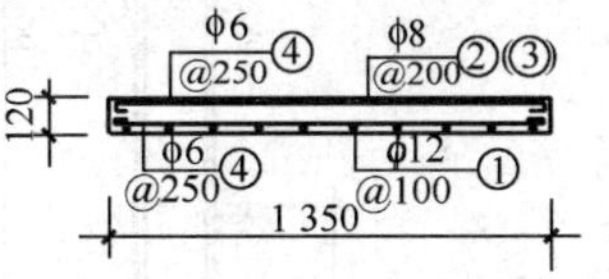

8 - 8（9 - 9）

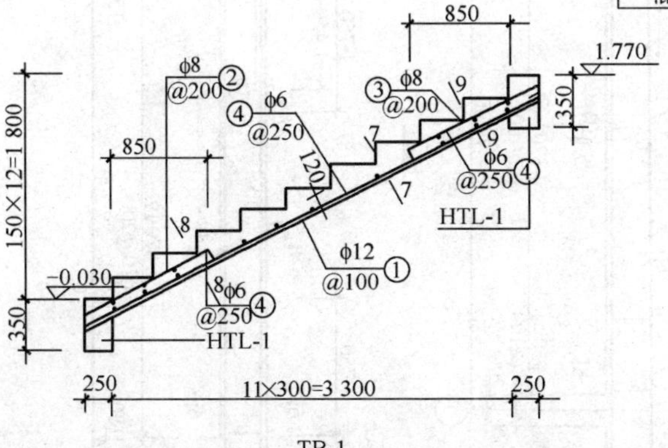

TB-1

柱钢筋表

编号	钢筋简图	规格	长度	根数	质量
①	6570	Φ25	6570	32	
②	350 550 (190)	ϕ8		168	
③	112 550	ϕ8		168	
④	162 350	ϕ8			
⑤	2070 250	Φ25	2320	16	
⑥	2970 250	Φ25	3220	16	
总质量					

梁钢筋表

编号	钢筋简图	规格	长度	根数	质量
⑦	250 10900 250	Φ25	11400	4	176
⑧	250 10900 250	Φ22	11400	8	272
⑨	380 10980 380	Φ25	11740	2	90
⑩	380 3070	Φ25	3450	4	53
⑪	380 2520	Φ25	2900	4	45
⑫	1 620 10980 1 620	Φ25	14220	2	110
⑬	1 620 3070	Φ25	4690	4	72
⑭	2 370 2520	Φ25	4890	4	75
⑮	250 825	ϕ8	2390	166	157
⑯	10200	ϕ12	10350	4	37
⑰	250	ϕ8	350	50	7
⑱	280 400 946	Φ14	2860	8	28
总质量					1 121

主材汇总表

钢筋(KG)	ϕ8		Φ14	
	ϕ12		Φ22	272
			Φ25	
	总质量		总质量	
混凝土	柱		梁	

图 3-1-20（尺寸单位:mm）

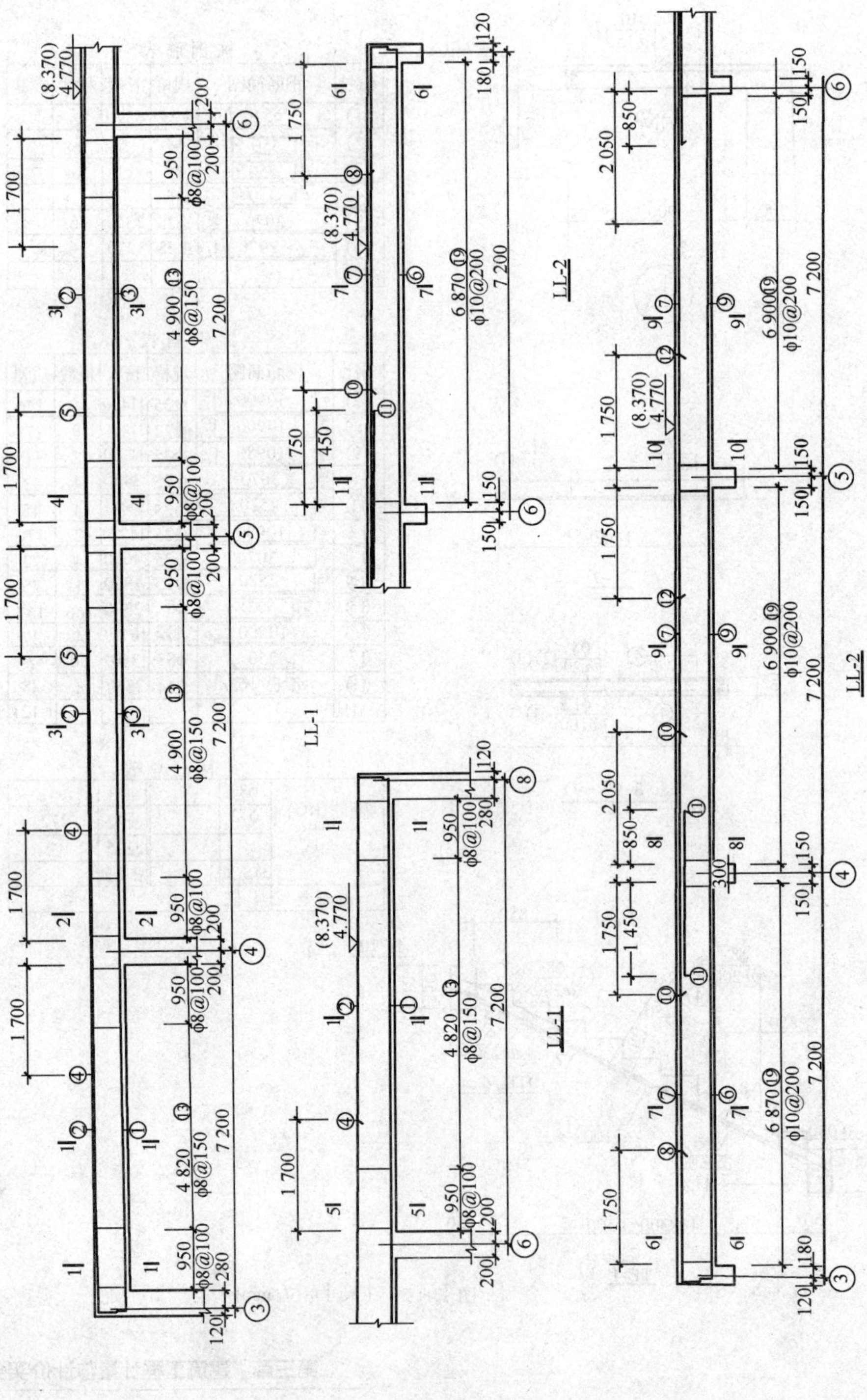

图 3-1-21（尺寸单位:mm）

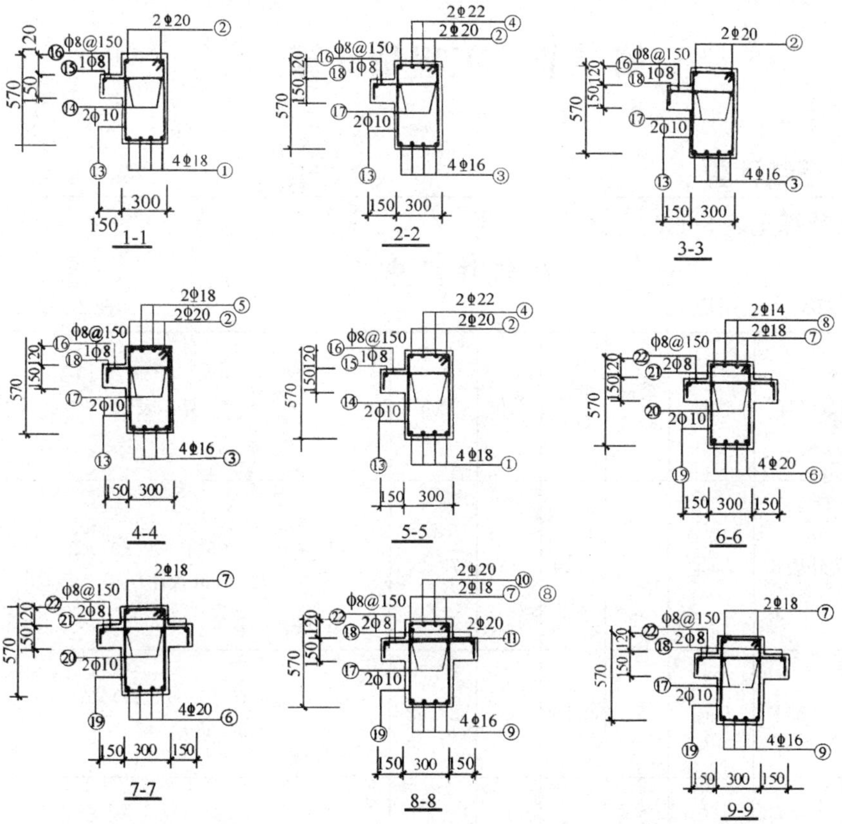

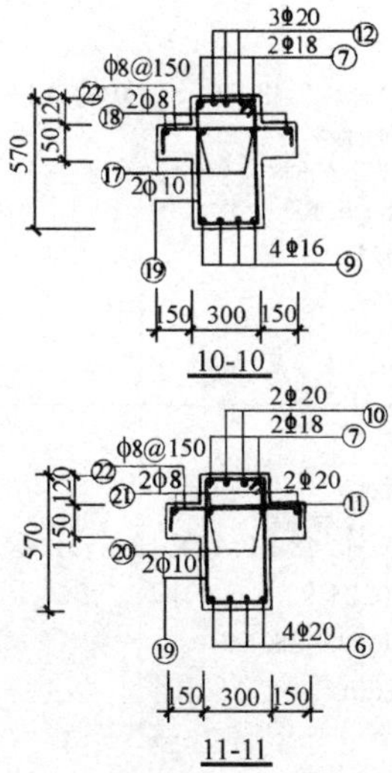

LL-2 梁钢筋表

编号	钢筋简图	规格	长度	根数	质量
⑥	200 7400	Φ20	7600	8	150
⑦	270 28980 270	Φ18	29520	2	118
⑧	270 2020	Φ14	2290	4	11
⑨	7380	Φ16	7380	8	93
⑩	4100	Φ20	4100	4	40
⑪	2600	Φ20	2600	4	26
⑫	3800	Φ20	3800	3	28
⑰	7200	φ10	7200	4	18
⑱	7200	φ8	7200	4	11
⑲	250 520	φ10	7780	136	149
⑳	7170	φ10	7170	4	18
㉑	7170	φ8	7170	4	11
㉒	125 550 125	φ8	800	186	59
总质量					

LL-1 梁钢筋表

编号	钢筋简图	规格	长度	根数	质量
①	180 7430	Φ18	7610	8	122
②	300 28980 300	Φ20	29580	2	146
③	7490	Φ16	7490	8	95
④	3800	Φ22	3800	4	45
⑤	3800	Φ18	3800	2	15
⑬	250 520	φ8		204	
⑭	7120	φ10	7120	4	18
⑮	7120	φ8	7120	2	6
⑯	125 400	φ8	575	182	41
⑰	7200	φ10	7200	4	18
⑱	7200	φ8	7200	2	6
总质量					

图 3-1-22 (尺寸单位:mm)

第二节　工程量计算

一 基数计算

基数计算见表 3-1-2。

基 数 计 算 表

工程名称:营业用房　　　　表 3-1-2

序号	基数名称	代号	墙高(m)	墙厚(m)	单位	数量	计 算 表
1	主楼外墙长	$L_{中主}$		0.24	m	79.20	$L_{中主}$=(7.20×4+10.80)×2 =79.20m(含柱)
2	附楼外墙长	$L_{中附}$		0.24	m	34.68	$L_{中附}$=(5.97+11.37)×2 =34.68m
3	主楼底层内墙净长	$L_{内主底}$		0.24	m	25.92	$L_{内主底}$=$\overset{\text{⑤轴}}{10.80}-\overset{\text{柱}}{0.48}\times2+\overset{\text{⑦轴}}{10.80}-0.12\times2+\overset{\text{©、Ⓑ轴}}{(3.0-0.24)\times2}$ =20.4+5.52 =25.92m
4	主楼楼层内墙净长	$L_{内主楼}$		0.24	m	53.76	$L_{内主楼}$=$\overset{\text{④、⑤、⑥轴}}{(9.0-0.48-0.12)}\times3+\overset{\text{Ⓔ轴}}{7.20}\times4-0.24$ =8.40×3+28.56 =53.76m

续上表

序号	基数名称	代号	墙高(m)	墙厚(m)	单位	数量	计算表
5	附楼 内墙净长	$L_{内附}$		0.24	m	6.42	$L_{内附}$＝(©轴 3.90－0.24)＋(②轴 3.0－0.24) ＝6.42m
6	外墙外 边周长	$L_{外}$			m	95.04	$L_{外}$＝(7.20×4＋0.27＋3.90＋0.24＋10.8＋0.27＋3.0＋0.24)×2 ＝47.52×2 ＝95.04m
7	底层建 筑面积	$S_{底}$			m^2	370.83	$S_{底}$＝(32.97＋0.24)×(10.80＋0.27＋3.0＋0.24)－(7.20×3)×(3.0＋0.12＋0.27－0.12)－(10.80＋0.12－2.7－0.12)×(3.9＋0.24＋0.03) ＝33.21×14.31－21.60×3.27－8.10×4.17 ＝475.24－70.63－33.78 ＝370.83m^2
8	全部 建筑面积	S			m^2	741.66	S＝$S_{底}$×2层 ＝370.83×2＝741.66m^2

二 门窗明细表计算

门窗明细表计算见表3-1-3。

门 窗 明 细 表

工程名称：营业用房　　　　表 3-1-3

序号	门窗(孔洞)名称	代号	框扇断面(cm^2)		洞口尺寸(mm)		樘数	面积(m^2)		所在部位				
			框	扇	宽	高		每樘	小计	$L_{中主}$	$L_{中附}$	$L_{内主底}$	$L_{内主楼}$	$L_{内附}$
1	全玻地弹门	M1			2000	2100	2	4.20	8.40	8.40				
2	铝合金卷帘门	M1			6800	4200 +600	2	28.56 (32.64)	57.12 (65.28)	57.12				
3	铝合金卷帘门	M2			6800	3800 +600	1	25.84 (29.92)	25.84 (29.92)	25.84				
4	铝合金卷帘门	M3			3880	3800 +600	1	14.74 (17.07)	14.74 (17.07)	14.74				
5	单扇胶合板门	M4			900	2100	7	1.89	13.23	1.89		3.78		7.56
6	单扇胶合板门	M5			1000	2100	10	2.10	21.00	4.20			16.80	
7	双扇胶合板门	M6			1800	2100	1	3.78	3.78					3.78
	门小计								144.11	112.19		3.78	16.80	11.34
8	全玻固定窗	M1			6800 −2000	4200 ×2100	2	24.36	48.72	48.72				
9	全玻固定窗	M2			6800	3800	1	25.84	25.84	25.84				
10	全玻固定窗	M3			3880	3800	1	14.74	14.74	14.74				

续上表

序号	门窗(孔洞)名称	代号	框扇断面(cm^2)		洞口尺寸(mm)		樘数	面积(m^2)		所在部位				
			框	扇	宽	高		每樘	小计	$L_{中主}$	$L_{中附}$	$L_{内主底}$	$L_{内主楼}$	$L_{内附}$
11	铝合金推拉窗	C1			6800	2000	2	13.60	27.20	27.20				
12	铝合金推拉窗	C 1a			6720	2000	1	13.44	13.44	13.44				
13	铝合金推拉窗	C2			3000	2000	1	6.00	6.00	6.00				
14	铝合金推拉窗	C3			1800	2000	11	3.60	39.60	21.6	3.60		14.40	
15	铝合金推拉窗	C 3a			$1800-0.9\times0.9\times\frac{1}{2}$	2000	2	3.20	6.40	6.40				
16	铝合金推拉窗	C4			1500	2000	4	3.00	12.00	6.00	6.00			
17	铝合金推拉窗	C5			1200	2000	1	2.40	2.40	2.40				
18	铝合金推拉窗	C6			1200	1000	9	1.20	10.80	6.00	4.80			
19	自动柜员机窗口				1200	900	1	1.08	1.08	1.08				
	窗小计								208.22	179.42	14.40		14.40	
	合计								352.33	291.61	14.40	3.78	31.20	11.34

三 工程量计算

工程量计算见表 3-1-4。

工 程 量 计 算 表

工程名称：营业用房　　　　表 3-1-4

序号	定额编号	分项工程名称	单位	工程量	计 算 式
1	1-48	人工平整场地	m^2	576.91	$S=S_{底}+L_{外}\times2+16$ $=370.83+95.04\times2+16$ $=576.91m^2$
2	1-17	人工挖地坑	m^3	246.79	工作面$=C=0.30m$，$H=1.50+0.10-0.15=1.45m$ $V=(3.10+2\times0.30)\times(4.0+2\times0.30)\times1.45\times10$ $=3.70\times4.60\times1.45\times10$ $=24.679\times10$ $=246.79m^3$
3	1-8	人工挖地槽	m^3	126.74	工作面 $C=0.30m$ 地槽长： 1-1 剖面：$[\overset{\text{③、⑤、⑧轴}}{10.80}-(2.08+0.4)\times2]\times3+\overset{\text{⑦轴}}{10.80}+[\overset{\text{Ⓐ、Ⓕ轴}}{3.0}-(1.53+0.40)]\times2+$ $[\overset{\text{Ⓑ、Ⓒ轴}}{3.0}-(0.70+0.3)]\times2$ $=17.52+10.8+2.14+4.0=34.46m$ 2-2 剖面： $\overset{\text{①轴}}{5.97}+\overset{\text{Ⓗ轴}}{11.37}+\overset{\text{Ⓓ轴}}{3.90}+0.27-\frac{0.7+0.3}{2}+\overset{\text{Ⓒ轴}}{3.9}-\frac{0.9+0.6}{2}-(1.37+0.40)+7.20+$ $0.27-(1.53+0.40+1.45+0.40)+[\overset{\text{②、④轴}}{3.0}-\frac{0.9+0.6}{2}-(1.72+0.40)]\times2$ $=5.97+11.37+3.90+0.27-0.50+3.90-0.75-1.77+7.20+0.27-3.78+0.26$ $=26.34m$

续上表

序号	定额编号	分项工程名称	单位	工程量	计 算 式
3	1-8	人工挖地槽	m^3	126.74	基础梁地槽长： $\{7.20-(1.53+\overset{Ⓐ、Ⓕ轴}{0.4})-(1.45+0.40)+[7.20-(1.45+0.40)\times2]\times2+4.20-(1.45+0.40)-\frac{0.7+0.6}{2}\}\times2-(7.20-\overset{Ⓕ、③、④轴}{1.53}-0.40-1.45-0.40)$ $=(7.20-1.93-1.85+7.0+4.20-1.85-0.65)\times2-3.42$ $=24.24-3.42$ $=20.82m$ 地槽深：$H=1.50-0.15=1.35m$ 基础梁地槽深：$H=0.80-0.15+\overset{砖胎模}{0.08}=0.73m$ $V_{1-1}=34.46\times(0.70+2\times0.30)\times1.35$ $=34.46\times1.30\times1.35$ $=60.48m^3$ $V_{2-2}=26.34\times(0.90+2\times0.30)\times1.35$ $=26.34\times1.50\times1.35$ $=53.34m^3$ $V_{梁槽}=20.82\times(0.25+2\times0.30)\times0.73$ $=20.82\times0.85\times0.73$ $=12.92m^3$ 小计：$60.48+53.34+12.92=126.74m^3$
4	8-16	C10 混凝土基础垫层	m^3	23.46	(1)地坑垫层 10@$(2.90+0.20)\times(3.80+0.20)\times0.10=$10@$1.24=12.40m^3$ (2)地槽垫层 垫层长： 1-1 剖面：$(\overset{③、⑧、⑤轴}{10.80}-2.08)\times3+(\overset{⑦轴}{10.80}+0.35\times2)+(\overset{Ⓑ、Ⓒ轴}{3.0}-0.7)\times2$ $=26.16+10.80+0.70+4.60=42.26m$

续上表

序号	定额编号	分项工程名称	单位	工程量	计　算　式
4	8-16	C10 混凝土基础垫层	m^3	23.46	2-2 剖面：$\overset{\text{①轴}}{5.97}+\left(\overset{\text{Ⓓ轴}}{3.90}+0.27-\frac{0.7}{2}\right)+\overset{\text{Ⓗ轴}}{11.37}+\left(\overset{\text{Ⓒ轴}}{11.37}-2.90-\frac{0.9}{2}-1.45\right)+$ $\left(\overset{\text{②、④轴}}{3.0}-\frac{0.9}{2}-1.72\right)\times 2$ $=5.97+3.82+11.37+6.57+0.83$ $=28.56m$ $V_{1\text{-}1}=42.26\times0.70\times0.20=5.92m^3$ $V_{2\text{-}2}=28.56\times0.90\times0.20=5.14m^3$ 小计：$12.40+5.92+5.14=23.46m^3$
5	4-1	M5 水泥砖浆砌砖基础	m^3	29.22	砖基础长： 1-1 剖面在独立基础上： $(\overset{\text{③、⑤、⑧轴}}{2.08}-0.48)\times2\times3$ 道 $+(\overset{\text{Ⓐ、Ⓕ轴}}{1.53}-0.28)\times2$ 道 $=12.10m$ 1-1 剖面有垫层： $(\overset{\text{③、⑤、⑧轴}}{10.8}-0.48\times2)\times3$ 道 $+\overset{\text{⑦轴}}{10.80}+(\overset{\text{Ⓐ、Ⓕ轴}}{3.0}-0.28)\times2$ 道 $+(\overset{\text{Ⓑ、Ⓒ轴}}{3.0}-0.24)\times$ 2 道 $-\overset{\text{独立基础上}}{12.10}$ $=39.18m$ 2-2 剖面在独立基础上： $(\overset{\text{③、④轴，Ⓒ、Ⓗ轴}}{1.72}-0.12)\times2+(\overset{\text{Ⓒ轴}}{1.90}+1.45)+(\overset{\text{③轴，Ⓓ、Ⓕ轴}}{2.08}+0.12)=8.75m$ 2-2 剖面有垫层： $\overset{\text{①轴}}{5.97}+\overset{\text{Ⓗ轴}}{11.37}+\overset{\text{Ⓓ轴}}{3.90}+(\overset{\text{Ⓒ轴}}{11.37}-0.12)+(\overset{\text{③轴}}{5.97}-0.12-0.24)+$ $\overset{\text{④轴}}{3.0}-\overset{\text{在独立基础上}}{8.75}$ $=32.35m$

续上表

序号	定额编号	分项工程名称	单位	工程量	计 算 式
5	4-1	M5 水泥砖浆砌砖基础	m^3	29.22	砖基础高： 1-1 剖面 { 有垫层高：1.30－0.24＝1.06m 2-2 剖面 { 无垫层平均高：$(0.80+1.10)\times\frac{1}{2}-\overset{圈梁}{0.24}=0.71m$ $V_{1\text{-}1有垫}=39.18\times[1.06\times0.24+0.007875\times(6-1)]=11.51m^3$ $V_{1\text{-}1无垫}=12.10\times0.71\times0.24=2.06m^3$ $V_{2\text{-}2有垫}=32.35\times[1.06\times0.24+0.007875\times(20-4)]$ $=10.27m^3$ $V_{2\text{-}2无垫}=8.75\times0.71\times0.24=1.49m^3$ 基础梁上砖基础： $V=\overset{基础梁长}{54.04}\times0.30\times0.24=3.89m^3$ 小计：$11.51+2.06+10.27+1.49+3.89=29.22m^3$
6	5-408	现浇 C20 混凝土地圈梁	m^3	5.32	1-1 剖面：$(12.10\overset{基础长}{+}39.18)\times0.24\times0.24=2.95m^3$ 2-2 剖面：$(8.75\overset{基础长}{+}32.35)\times0.24\times0.24=2.37m^3$ 小计：$2.95+2.37=5.32m^3$
7	5-396	现浇 C20 混凝土独立基础	m^3	40.16	$10@1.90\times3.80\times0.40+(1.90\times3.80+0.50\times0.70)\times\frac{1}{2}\times0.30$ $=10@2.888+1.136$ $=10@4.016$ $=40.16m^3$

续上表

序号	定额编号	分项工程名称	单位	工程量	计算式
8	8-16	C10 混凝土 独立基础垫层	m^3	8.40	10×2.10×4.00×0.10 =10×0.84 =8.40m^3
9	5-405	现浇 C20 混凝土 基础梁	m^3	6.76	基础梁长：(7.20−0.28−0.20)×4 根=26.88m（两端） (7.20−0.40)×4 根=27.20m（中间） 合计 54.08m V=54.08×0.25×0.50=6.76m^3
10	5-401	现浇 C30 混凝土 框架柱	m^3	22.00	KJ-1：2×(8.37+0.80)×0.60×0.40×2(根)（8.37+0.80=9.17） =2×4.402 =8.80m^3 KJ-2：3×9.17×0.60×0.40×2 根 =3×4.402 =13.20m^3 小计：8.80+13.20=22.00m^3
11	5-406	现浇 C30 混凝土 框架梁	m^3	26.94	KJ-1：2×(10.80−0.48×2)×(0.90×0.30+0.12×0.10)×2 根 =2×9.84×0.282×2 =2×5.50=11.00m^3 KJ-2：3×(10.80−0.96)×0.30×0.90×2 根 =3×5.314 =15.94m^3 小计：11.00+15.94=26.94m^3

续上表

序号	定额编号	分项工程名称	单位	工程量	计 算 式
12	5-406	现浇 C30 混凝土连续梁	m^3	43.99	LL-1:(7.20−0.40)×2=13.60m(挑檐板长) $V=[\overset{基础梁长}{54.08}\times0.30\times0.57+(54.08-13.60)\times0.15\times0.15]\times2$ 层$+13.60\times0.15\times0.15$ $=(9.25+0.91)\times2+0.31$ $=20.32+0.31=20.63m^2$ LL-2: $V=54.08\times(0.57\times0.30+0.15\times0.15\times2)\times2$ 层 $=23.36m^3$ 小计:$20.63+23.36=43.99m^3$
13	5-403	现浇 C20 混凝土构造柱	m^3	1.34	构造柱高(地圈梁至压顶):8.40+0.84+0.06=9.30m $V=(0.24\times0.24+0.24\times0.03\times2)\times9.30\times2$ 根 $=1.34m^3$
14	5-409	现浇 C20 混凝土过梁	m^3	1.00	代号　过梁长　断面尺寸　数量 GL4124　1.20+0.50=1.70m　240×150　4 GL4153　1.50+0.50=2.00m　240×180　2 GL4104　1.00+0.50=1.50m　240×120　2 GL4180　1.80+0.50=2.30m　240×240　1 GL4183　1.80+0.50=2.30m　240×240　1 GL-1　3.0+0.24=2.76　240×350　1 GL4124:$4\times0.15\times0.24\times1.70=4\times0.0612=0.245m^3$ GL4153:$2\times0.18\times0.24\times2.0=2\times0.0864=0.173m^3$

续上表

序号	定额编号	分项工程名称	单位	工程量	计 算 式
14	5-409	现浇 C20 混凝土过梁	m^3	1.00	GL4104：2×0.12×0.24×1.50＝2×0.0432＝0.086m^3 GL4180：1×0.24×0.24×2.30＝0.132m^3 GL4183：1×0.24×0.24×2.30＝0.132m^3 GL-1：1×0.35×0.24×2.76＝0.232m^3 小计：1.00m^3
15	5-419	现浇 C20 混凝土平板	m^3	7.56	3.9×5.97×0.10×3 块＝6.99m^3 反边：(3.9＋5.97)×2×2 块×0.12×0.12＝0.57m^3 } 7.56m^3
16	5-423	现浇 C20 混凝土挑檐板	m^2	13.68	(7.20＋0.40)×2×0.9＝13.68m^2
17	5-421	现浇 C20 混凝土楼梯	m^2	13.96	第 1 跑：(3.30＋0.25×2)×1.35＝5.13m^2 第 2、3 跑：(2.70＋0.25×2)×(3.0－0.24)＝8.83m^2 } 13.96m^2
18	5-432	现浇 C15 混凝土压顶	m^3	2.05	($\overset{L_{中主}}{79.20}$＋$\overset{L_{中附}}{34.68}$)×0.30×0.06＝2.05m^3
19	5-431	现浇 C15 混凝土台阶	m^3	0.67	(7.20×2＋0.2×2)×0.30×0.15＝4.44×0.15＝0.67m^3
20	5-82	现浇地圈梁模板	m^2	10.01	($\overset{基础长}{12.10}$＋8.75)×0.24×2 面＝10.01m^2
21	5-17	现浇独立基础模板	m^2	53.60 14.20	(2.90＋3.80)×2×0.40×10 个＝53.60m^2 (2.90＋0.2＋3.80＋0.2)×2×0.10×10 个＝14.2m^2
22	5-69	现浇基础梁模板	m^2	54.08	侧模：$\overset{长}{54.08}$×0.50×2 边＝54.08m^2 底模用砖胎模

续上表

序号	定额编号	分项工程名称	单位	工程量	计算式
23	5-58	现浇框架柱模板	m^2	183.40	9.17×(0.60+0.40)×2×5 榀×2 根=183.40m^2
24	5-73	现浇框架梁模板	m^2	210.58	侧模：$\overbrace{(10.9-0.48\times2)}^{9.84}$×0.90×2 边×5 榀×2 根=177.12$m^2$ 底模：9.84×0.30×5 榀×2 根+$\overset{挑出}{9.84}$×0.1×4 根=33.46m^2 小计：210.58m^2
25	5-67	框架柱支撑 超高 1.32m	m^2	111.87	$183.40\times\frac{9.17-3.60}{9.17}=183.40\times0.61^{*}=111.87m^2$
26	5-85	框架梁支撑 超高 0.42m	m^2	105.29	$210.58m^2\times\frac{1}{2}=105.29m^2$
27	5-73	现浇连续梁模板	m^2	358.13	侧模：$\overset{梁长}{54.08}$×2×0.57×2 面×2 层=246.60m^2 底模：54.08×(0.30+0.15)×2 层−13.60×0.15=46.63m^2 54.08×(0.30+0.15×2)×2 层=64.90m^2 } 358.13m^2
28	5-85	连续梁支撑超高 0.75m	m^2	182.13	$246.60\times\frac{1}{2}+(46.63+13.60\times0.15)\times\frac{1}{2}+13.60\times0.15+64.90\times\frac{1}{2}=$ 182.13m^2

续上表

序号	定额编号	分项工程名称	单位	工程量	计 算 式
29	5-58	现浇构造柱模板	m^2	7.81	[(0.24+0.06)×2+0.06×2](侧模周长)×9.30(高)×2 根=7.81m^2
30	5-77	现浇过梁模板	m^2	12.22	侧模:(0.15×1.70×4 根+0.18×2.0×2 根+0.12×1.50×2 根+0.24×2.30×1 根+0.24×2.30×1 根+0.35×2.76×1 根)×2 边=8.34m^2 底模:0.24×(1.20×4+1.50×2+1.0×2+1.80×1+1.80×1+2.76×1)=3.88m^2 小计:8.34+3.88=12.22m^2
31	5-108	现浇平板模板	m^2	56.05	3.90×5.97×2(块)=46.57m^2 侧模:(3.90+5.97)×2×2(块)×0.12×2(边)=9.48m^2 } 56.05m^2
32	5-121	现浇挑檐板模板	m^2	7.59	侧模:(7.60×0.9×2)×0.08=0.75m^2 底模:7.60×0.90=6.84m^2 } 7.59m^2
33	5-119	现浇楼梯模板	m^2	13.96	同序号 17
34	5-131 代	现浇压顶模板	m	113.88	79.20+34.68=113.88m
35	5-123	现浇台阶模板	m^2	4.44	同序号 19

续上表

序号	定额编号	分项工程名称	单位	工程量	计算式		
36	5-453	预应力 C25 混凝土空心板制作	m^3	36.68	注：查某地区标准图，a-缩短 30mm		
					代号	数量(块)	计算式(每块体积×块数)
					KB335-3a	126	$0.115\times\frac{3.0}{3.3}\times126=13.17m^3$
					KB336-3a	30	$0.140\times\frac{3.0}{3.3}\times30=3.82m^3$
					KB305-3	3	$0.105\times3=0.32m^3$
					KB306-3	4	$0.127\times4=0.51m^3$
					KBW335-2a	126	$0.115\times\frac{3.0}{3.3}\times126=13.17m^3$
					KBW336-2a	30	$0.140\times\frac{3.0}{3.3}\times30=3.82m^3$
					KBW305-2	9	$0.105\times9=0.95m^3$
					KBW306-2	3	$0.127\times3=0.38m^3$
					体积小计		$36.14m^3$(净)
					空心板制作工程量 $=36.14\times1.015^{*}=36.68m^3$		
37	6-8	空心板运输	m^3	36.61	$36.14\times1.013^{*}=36.61m^3$		
38	6-330	空心板安装	m^3	36.32	$36.14\times1.005^{*}=36.32m^3$		
39	5-529	空心板接头灌浆	m^3	36.14	$36.14m^3$		

续上表

序号	定额编号	分项工程名称	单位	工程量	计算式
40	5-441	预制 C20 混凝土过梁	m^3	1.44	底层:C6 5×1.70×0.20×0.24=0.41 C5 1×1.70×0.20×0.24=0.08 C4 2×2.0×0.20×0.24=0.19 M5 2×1.50×0.20×0.18=0.11 M4 3×1.40×0.20×0.15=0.12 柜员机口 1×1.70×0.20×0.24=0.08 二层:M5 8×1.50×0.20×0.18=0.43 } 1.42m^3×1.015* =1.44m^3
41	5-150	预制过梁模板	m^3	1.42	1.42m^3
42	6-37	过梁运输	m^3	1.44	1.42×1.013* =1.44m^3
43	6-177	过梁安装	m^3	1.43	1.42×1.005* =1.43m^3
44	5-532	过梁接头灌浆	m^2	1.42	
45	7-65	单扇胶合板门框制作	m^2	34.23	13.23+21.00=34.23m^2(见门窗明细表)
46	7-66	单扇胶合板门框安装	m^2	34.23	34.23m^2(见门窗明细表)
47	7-67	单扇胶合板门扇制作	m^2	34.23	24.23m^2(见门窗明细表)
48	7-68	单扇胶合板门扇安装	m^2	34.23	24.23m^2(见门窗明细表)
49	7-69	双扇胶合板门框制作	m^2	3.78	3.78m^2(见门窗明细表)
50	7-70	双扇胶合板门框安装	m^2	3.78	3.78m^2(见门窗明细表)
51	7-71	双扇胶合板门扇制作	m^2	3.78	3.78m^2(见门窗明细表)
52	7-72	双扇胶合板门扇安装	m^2	3.78	3.78m^2(见门窗明细表)
53	7-287	全玻地弹门安装	m^2	8.40	见门窗明细表

续上表

序号	定额编号	分项工程名称	单位	工程量	计 算 式
54	7-294	铝合金卷帘门安装	m^2	112.27	见门窗明细表：65.28＋29.92＋17.07＝112.27m^2
55	7-290	全玻固定窗安装	m^2	89.30	48.72＋25.84＋14.74＝89.30m^2（见门窗明细表）
56	7-289	铝合金推拉窗安装	m^2	117.84	27.20＋13.44＋6.0＋39.60＋6.40＋12.0＋2.40＋10.80＝117.84m^2
57	3-20	现浇框架柱、梁、连续梁、满堂脚手架	m^2		主楼两层： (7.20×4＋0.20)×(10.80＋0.20)×2层＝638.00m^2
58	3-6	双排外脚手架	m^2	898.13	$\overset{L_{外}}{95.04}\times(\overset{高}{9.30}+0.15)=898.13m^2$
59	3-15	里脚手架	m^2	453.72	$\overset{L_{内主底}}{25.92}\times(\overset{高}{4.80}-0.12+0.15)=125.19m^2$ $\overset{L_{内主楼}}{53.76}\times(\overset{高}{8.40}-0.12-4.80)=187.08m^2$ $\overset{L_{内附}}{6.42}\times(\overset{高}{8.40}-0.08\times2层+0.15)=53.86m^2$ $[\overset{②轴,Ⓓ、Ⓕ轴}{(2.70+0.27)}+\overset{Ⓒ轴,③、④轴}{(7.20+0.27)}]\times(\overset{高}{8.40}-0.08\times2层+0.15)=87.59m^2$ 小计：125.19＋187.08＋53.86＋87.59＝453.72m^2
60	1-46	人工地槽、地坑回坑土	m^3	324.18	$\overset{挖方体积}{(246.79+126.74)}-\overset{垫层}{23.46}-\overset{砖基础}{29.22}+\overset{砖基础高出地面体积}{(12.10+39.18+8.75+32.35)\times0.24\times0.15}$ ＝373.53－23.46－29.22＋3.33 ＝324.18m^3
61	6-91	胶合板门运输	m^2	38.01	34.23＋3.78＝38.01m^2
62	11-413	胶合板门调和漆三遍	m^2	38.01	38.01m^2

续上表

序号	定额编号	分项工程名称	单位	工程量	计算式
63	4-35	M5混砂浆砌加气混凝土砌块墙	m^3	88.32	底层： ③、⑤、⑧轴 (10.80−0.48×2)×3×(4.77−0.9)（高）=114.24m^2 ⑦轴　(10.80−0.12)×(4.77−0.12)=49.66m^2 Ⓑ轴　(3.0−0.24)×(4.77−0.57)=11.59m^2 Ⓒ轴　(3.0−0.24)×(4.77−0.12)=12.83m^2 Ⓐ轴，⑦、⑧轴 (3.0−0.28)×(4.77−0.9)=10.53m^2 Ⓐ轴，⑥、⑦轴，③、④轴 [(4.20−0.20−0.12)+(7.20−0.20−0.28)]×0.24=4.24m^2 Ⓕ轴(7.20×4−0.28×2−0.4×3)×(4.77−0.57)=113.57m^2 二层： ⑧轴 (10.80−0.48×2)×(8.37−0.9−4.77)=26.57m^2 ③轴 (9.0−0.48)×(8.73−0.90−4.77)=23.00m^2 ④、⑤、⑥轴 (9.0−0.48−0.12)×(8.37−4.77−0.90)（2.70）×3=68.04m^2 Ⓐ轴 (7.20×4−0.28×2−0.4×3)×(8.37−4.77−0.57)=81.93m^2 Ⓔ轴 (7.20×4−0.12)×(8.37−4.77−0.12)=99.81m^2 Ⓕ轴 (7.20×3−0.28−0.20−0.40×2)×(8.37−4.77−0.57)=61.57m^2 墙面积小计：677.58m^2 应扣除的门窗、洞口面积： 卷帘门　57.12+25.84+14.74=97.70m^2 M4　3×1.89=5.67m^2　C5　1×2.40=2.40m^2 M5　10×2.10=21.00m^2　C6　5×1.20=6.00m^2 柜员机窗口：1.08m^2

续上表

序号	定额编号	分项工程名称	单位	工程量	计 算 式
63	4-35	M5 混砂浆砌加气混凝土砌块墙	m^3	88.32	C1　2×13.60=27.20m^2 C1a　1×13.44=13.44m^2 C2　1×6.0=6.00m^2 C3　10×3.60=36.00m^2 C3a　2×3.20=6.40m^2　　门窗洞口小计=228.89m^2 C4　2×3.00=6.00m^2 砌块墙体积=(墙面积-门窗及洞口面积)×墙厚-过梁 =(677.58-228.89)×0.20-1.42 =448.69×0.20-1.42 =88.32m^3
64	4-10	M5 混合砂浆砌灰砂砖墙	m^3	95.07	附楼： $\overset{L_{中附}}{34.68}$×(8.40+0.9-0.06)+$\overset{L_{内附}}{6.42}$×(8.40-0.10×2) =320.44+52.64 =373.08m^2 主楼女儿墙： $\overset{L_{中主}}{79.20}$×(0.90-0.06) =66.53m^2 墙面积小计：373.08+66.53=439.61m^2 门窗、洞口面积： M4　4×1.89=7.56m^2 M6　1×3.78=3.78m^2

续上表

序号	定额编号	分项工程名称	单位	工程量	计算式
64	4-10	M5 混合砂浆砌灰砂砖墙	m^3	95.07	C4　2×3.0=6.0m^2 C6　4×1.20=4.80m^2 C3　1×3.60=3.60m^2 梯间洞口：2.76×2.90=8.00m^2 门窗、洞口小计：33.74m^2 砖墙体积=(439.61−$\overset{门窗}{33.74}$)×0.24−$\overset{过梁}{1.0}$−$\overset{构造柱}{1.34}$ =405.87×0.24−2.34 =95.07m^3
65	8-18	屋面 1∶3 水泥砂浆找平层	m^2	343.18	主楼：$\overbrace{(7.20\times4-0.24)}^{28.56}\times\overbrace{(10.80-0.24)}^{10.56}$=301.59$m^2$ 附楼：(7.20+0.27)×(3.0−0.24)+(3.9−0.24)×(5.97−0.24)=41.59m^2 小计：301.59+41.59=343.18m^2
66	11-25	1∶2 水泥砂浆抹女儿墙内侧	m^2	94.05	($\overset{L_{中主}}{79.20}$−0.96+$\overset{L_{中附}}{34.68}$−0.96)×0.84=94.05m^2
67	10-202	屋面 1∶6 水泥蛭石找坡层最薄处 60mm	m^3	36.61	平均厚=(10.80−0.24−0.50×2)×$\frac{1}{2}$×2%×$\frac{1}{2}$+0.06 =0.057+0.06=0.12m 面积： 主楼屋面　(28.56−0.5×2)×(10.56−0.5×2)=263.47m^2 附楼屋面　41.59m^2 找坡层体积=(263.47+41.59)×0.12=36.61m^3

续上表

序号	定额编号	分项工程名称	单位	工程量	计 算 式
68	9-41	SBC120 聚乙烯丙纶防水卷材屋面防水层	m^2	441.68	平面:343.18m^2 女儿墙侧面:94.05m^2 排水沟侧面:(7.20×4−0.24−0.50×2+10.80−0.24−0.5×2)×2×0.06=4.45m^2 小计:343.18+94.05+4.45=441.68m^2
69	9-66	φ110 塑料雨水管	m	25.20	8.40×3 根=25.20m
70	9-63	铸铁排水口	个	3	
71	9-70	塑料水斗	个	3	
72	7-361 代	屋面检修孔木盖板 800×800×30	m^2	0.64	0.80×0.80=0.64m^2
73	7-254 代	屋面木盖板包铁皮	m^2	0.81	按展开面积计算: [0.8+(0.03+0.02)×2]×[0.8+(0.03+0.02)×2]=0.81m^2
74	4-60	M5 混合砂浆砌固定窗砖座台	m^3	1.02	[($\overset{M2}{7.20}$−0.30−0.20)+($\overset{M3}{4.20}$−0.20−0.10)]×$\overset{高}{0.4}$×$\overset{厚}{0.24}$=1.02m^3
75	8-57	花岗岩地面面层	m^2	311.76	营业厅:(7.20+7.20−0.20)×(10.80−0.10+0.10)+(7.20+4.20−0.20)×(10.80−0.10+0.10) =153.36+120.96 =274.32m^2 台阶处:(7.2×2+0.40)×(0.90−0.30)=8.88m^2 值班:(3.60−0.20)×(3.0−0.20)=9.52m^2 门卫:(4.20−0.20)×(3.0−0.20)=11.20m^2 柜员机室:(3.0−0.20)×(3.0−0.20)=7.84m^2 小计:274.32+9.52+11.20+7.84+8.88=311.76m^2

续上表

序号	定额编号	分项工程名称	单位	工程量	计 算 式
76	8-72	地砖楼地面	m^2	332.75	地面(楼梯间):(7.20+0.27−0.12+0.12)×(3.0−0.24)=20.62m^2 楼面(办公室):(7.20−0.20)×(9.0−0.20)×4 间=246.40m^2 走廊:(7.20×4+0.27−0.12−0.10)×(1.80−0.20)=46.16m^2 卫生间:(5.97−0.24×2)×(3.90−0.24×2 层=40.19m^2 小计:332.75m^2
77	8-16	C10 混凝土地面垫层	m^3	19.94	序号:311.76 序号:20.62 } ×0.06=332.38×0.06=19.94m^3
78	1-46	室内回填土	m^3	21.60	332.38×(0.15−0.025(面层)−0.06(垫层))=332.38×0.065=21.60m^3
79	1-49	人工运土	m^3	27.75	V=挖方量−回填量 =(246.79+126.74)−(324.18+21.60) =373.53−345.78 =27.75m^3
80	11-290	混合砂浆抹天棚面	m^2	826.78	311.76(花岗岩地面)+332.75(地砖地面)=644.51m^2 梁侧面: 营业厅内框架梁 (10.8−0.40×2)×0.90×2 面×2 根=36.00m^2 营业厅内连续梁 (7.20−0.28−0.20)×2 根×2 段× (0.57−0.12)×2 面=24.19m^2 [(7.2−0.28−0.20)+(4.2−0.2−0.12)]×2 根×2 面×0.45(高) =19.08m^2 } 43.27m^2 门卫内梁 (3.0−0.10−0.28)×0.45×2 面=2.36m^2

续上表

序号	定额编号	分项工程名称	单位	工程量	计 算 式
80	11-290	混合砂浆抹天棚面	m^2	826.78	办公室内梁 (7.2−0.40)×0.45×2 道×2 面×4 间=48.96m^2 走廊内梁 (1.80−0.20)×0.9×2 面×4 道=11.52m^2 楼梯天棚面： 休息平台 (3.12+0.27−0.12)×(3.0−0.24)×2 层+(1.50+0.3×2−0.12)×(3.0−0.24) =9.03×2+5.46=23.52m^2 梯段斜面 (3.3×1.35+2.7×2×1.35)×1.17* =13.74m^2 台口梁侧面：2.76×0.35×3 根=2.90m^2 小计：826.78m^2
81	11-40	混合砂浆抹砌块内墙面	m^2	994.08	营业厅： [(7.20+7.20+10.80−0.20(墙厚)×2−0.40(Ⓐ轴内边))×2+0.40(柱侧)×2]×(4.80−0.12)(高)−6.8×3.8(M2)−6.8×4.2(M1)−1.2×1.0(C6)×2−1.0×2.1(M5) =49.6×4.68−58.90=173.23m^2 [(7.20+4.20−0.20(墙厚)+10.80−0.10(Ⓕ轴墙厚)−0.50(Ⓐ轴墙内边))×2+0.4×2(柱侧面)]×(4.8−0.12)−6.8×4.2(M1)−3.88×3.80(M3)−0.9×2.1(M4)−1.0×2.1(M5)−1.2×1.0(C6)×3 =43.60×4.68−50.89 =153.16m^2 自动柜员机室： (3.0−0.20+3.0−0.20)×2×(4.8−0.12)−0.9×2.1(M4)−1.20×0.90(取款口) =11.20×4.68−2.97 =49.45m^2

续上表

序号	定额编号	分项工程名称	单位	工程量	计　算　式
81	11-40	混合砂浆抹砌块内墙面	m^2	994.08	值班、门卫室： [(3.0−0.20+4.20−0.20)×2+(3.60−0.20+3.0−0.20)×2]×4.68−$\overset{M4}{1.89}$×3 面−$\overset{M4}{3.0}$×2−$\overset{C5}{2.40}$ =(13.6+12.4)×4.68−14.07 =107.61m^2 梯间： (7.20+0.27−0.24+3.0−0.24)×2×(8.40−0.12)−$\overset{C3}{1.8}$×2.0−($\overset{洞口}{3.0}$−0.24)×2.9−$\overset{C4}{1.5}$×2×2 =19.98×8.28−17.60 =147.83m^2 办公室： (7.20−0.20+9.0−0.20)×2×(3.6−0.12)×4 间−$\overset{C3}{3.60}$×10−$\overset{C3a}{3.20}$×2−$\overset{M5}{2.10}$×8−$\overset{C2}{6.0}$ =31.6×3.48×4−65.20 =374.67m^2 走廊： [(7.20×4−0.10+0.10)+(1.80−0.20)]×2×$\overset{高}{3.48}$−$\overset{M5}{2.1}$×8−$\overset{C3}{3.6}$×4−$\overset{C1}{13.6}$×2−$\overset{C1a}{13.44}$−$\overset{M6}{3.78}$ =60.8×3.48−75.62 =135.96m^2 小计：1141.91m^2 {砌块墙面：994.08m^2；砖墙面：147.83m^2}

续上表

序号	定额编号	分项工程名称	单位	工程量	计 算 式
82	11-36	混合砂浆抹砖墙面	m^2	147.83	
83	11-168	卫生间贴瓷砖墙面	m^2	146.80	[(3.0−0.24+3.9−0.24)×2+(2.97−0.24+3.9−0.24)×2]×(3.60(高)+3.0−0.12×2)−1.89(M4)×3 面×2 层−1.20(C6)×2×2 层 =25.62×6.36−16.14 =146.80m^2
84	11-627	天棚面、内墙面仿瓷涂料	m^2	1968.46	826.55(天棚)+1141.91(内墙)=1968.46m^2
85	11-136	花岗岩贴固定窗座台	m^2	12.54	内侧:[(7.20(M2)−0.10+0.20)+(4.20(M3)−0.1+0.20)]×0.40(高)=11.60×0.40 =4.64m^2 窗台:[(7.20(M2)−0.50−0.20)+(4.20(M3)−0.1−0.20)]×(0.24(宽)−0.03(窗厚)) =10.40×0.21=2.18m^2 外侧:10.40(长)×(0.40(高)+0.15)=5.72m^2 小计:12.54m^2
86	8-80	瓷砖踢脚线	m	286.50	营业厅:(10.80−0.50−0.10)×2+7.20×2−0.10(墙厚)−0.10−1.0(M5)+0.4(柱侧面)×2+(10.80−0.50−0.10)×2+7.20+4.20−0.10×2−1.0(M5)+0.4(柱侧面)×2−0.9(M4)+0.10(门框侧面)×2 =34.40+30.7=65.10m 柜员机房:3.0−0.2+3.0−0.2−0.9(M4)=4.70m

续上表

序号	定额编号	分项工程名称	单位	工程量	计 算 式
86	8-80	瓷砖踢脚线	m	286.50	门卫、值班：(3.0－0.2)×4＋(4.2－0.20)×2＋(3.6－0.20)×2－$\overset{M4}{0.9}$×3＋$\overset{M4门框侧面}{0.10}$×2＝23.50m 梯间地面：3.0－0.24＋(7.20＋0.27－0.12＋0.12)×2＝17.70m 走廊：(7.20×4－0.10＋0.27－0.12＋1.8－0.20)×2＋$\overset{柱侧面}{0.60}$＋0.40×5 面－$\overset{M5}{1.0}$×8＋$\overset{M5门框侧面}{0.1}$×2×8 ＝60.9＋2.60－8＋1.60＝57.10m 办公室：[(7.20－0.20＋9.0－0.20)×2－$\overset{M5}{1.00}$×2]×4 间 ＝29.6×4＝118.40m 小计：65.10＋4.70＋23.5＋17.70＋57.10＋118.40＝286.50m
87	8-78	楼梯瓷砖面	m^2	13.96	同序号 17
88	11-174	外墙贴面砖	m^2	635.19	正立面： 附楼　(3.90＋0.24)×(9.30＋0.15)＝39.12m^2 主楼　(7.20×4＋0.20)×(9.30－4.80＋0.60)＝145.86m^2 扣减：$\overset{C3}{3.60}$×8＋$\overset{C3a}{3.20}$×2＋$\overset{柜员机窗}{1.20}$×0.9＝36.28m^2(－) $\overset{扣招牌处}{(7.20×2＋0.40)}$×(1.0＋0.60)＝23.68$m^2$(－) 背立面： (7.20×4＋0.10＋0.27＋0.12＋3.90)×(9.30＋0.15)＝313.65m^2 扣减：$\overset{C1}{27.20}$＋$\overset{C1a}{13.44}$＋$\overset{C4}{3.0}$×3＋$\overset{C6}{1.2}$×5＋$\overset{M5}{2.1}$×2＝59.84m^2(－) 增加窗洞侧面：

续上表

序号	定额编号	分项工程名称	单位	工程量	计算式
88	11-174	外墙贴面砖	m^2	635.19	(6.8(C1)+2.0)×2×2×0.10(宽)=3.52m^2 (6.72(C1a)+2.0)×2×0.10=1.74m^2 (1.5(C4)+2.0)×2×3×0.1=2.10m^2 (1.2(C6)+1.0)×2×5×0.10=2.20m^2 (1.0(M5)+2.1×2)×2×0.10=1.04m^2 以上合计 10.60m^2 Ⓐ～Ⓗ立面： (10.80+0.27+3.0+0.10+0.12)×(9.30+0.15)=135.04m^2 扣减：6.0(C2)+3.0(C4)+2.40(C5)+3.6(C3)+1.89(M4)=16.89m^2(－) 扣梯间洞口：(3.0－0.24)×2.9=8.0m^2(－) 增加门窗侧面： [(3.0(C2)+2.0)×2+(1.5(C4)+2.0)×2+(1.2(C5)+2.0)×2+(1.8(C3)+2.0)×2+0.9(M4)+2.1×2]×0.1(宽)=3.61m^2 Ⓗ～Ⓐ立面： (10.8+0.27+3.0+0.10+0.12)×9.45=135.04m^2 扣减：1.2(C6)×4=4.8m^2(－) 增加窗侧面：(1.2+1.0)×2×10×0.10=1.76m^2 小计：39.12+145.86－36.28－23.68+313.65－59.84+10.60+135.04－16.89－8.0+3.61+135.04－4.80+1.76=635.19m^2

续上表

序号	定额编号	分项工程名称	单位	工程量	计算式
89	11-128	柱面贴花岗岩	m^2	22.10	贴柱面位置示意： ③轴 ⌋500 400　④、⑤、⑥轴 500⌊⌋500 400 柱高：③轴　4.80+0.15=4.95m ④、⑤、⑥轴　4.80−0.60=4.20m 面积： $S_{③}$=4.95×(0.40+0.50)=4.46m^2 $S_{④、⑤、⑥}$=4.20×(0.50×2+0.40)×3 根=17.64m^2 小计：22.10m^2
90	11-180	窗套、装饰线侧面贴瓷砖	m^2	22.16	窗套展开宽：0.06+0.06+0.06+$\overset{窗侧面}{0.20}$−0.10=0.28m 窗套长：$\overset{C3}{(1.8+2.0)}$×2×8+[$\overset{C3a}{(1.8+2.0)}$×2−0.9×2+0.9×1.414*]×2+$\overset{柜员机口}{(1.20}$+0.9)×2=79.15m S=79.15×0.28=22.16m^2
91	8-43	C15 混凝土散水	m^2	49.80	S=[($\overset{L_{外}}{95.04}$+0.60×4)−($\overset{台阶}{7.2×2}$+0.4)]×0.60 =(97.80−14.80)×0.60 =49.80m^2
92	9-143	沥青砂浆散水伸缩缝	m	90.44	墙脚缝：95.04−14.80=80.24m 分格缝：(95.04÷6.0+1)×0.6=16.84×0.6=17×0.6=10.20m 小计：90.44m

续上表

序号	定额编号	分项工程名称	单位	工程量	计　算　式
93	11-30	1∶2 水泥砂浆抹女儿墙压顶	m^2	46.69	抹灰示意：300、60、50 $S=(\overset{L_{中主}}{79.20}+\overset{L_{中附}}{34.68})\times(0.30+0.06+0.05)$ $=113.88\times0.41=46.69m^2$
94	13-16	建筑物垂直运输	m^2	741.66	建筑面积
95	9-136	变形缝油浸麻丝（平面）	m	18.84	墙面：(9.30+0.15)×2 道=18.9m（墙面、屋面、楼面合计 37.74m）
96	9-137	变形缝油浸麻丝（立面）	m	18.90	屋面：(7.20+0.27+0.12−0.12)+(2.70+0.27+0.12−0.12)=10.44m 楼面：7.20+1.80−0.10−0.50=8.40m 其中：平面 18.84m，立面 18.90m
97	9-142	变形缝油管嵌缝	m	37.74	37.74m
98	9-154	墙面铁皮盖伸缩缝	m	18.9	18.9m
99	9-153	屋面变形缝盖铁皮	m	10.44	10.44m
100	9-151	楼面变形缝木盖板	m	8.40	8.40m
101	9-74	卫生间 APP 改性沥青卷材防水层（四周卷高 300）	m^2	55.56	[(3.9−0.24)×(3.0−0.24)+(3.9−0.24+3.0−0.24)×2×0.3]×2 层 =13.95×2=27.90m^2 [$\overset{3.66}{(3.9-0.24)}\times\overset{2.73}{(2.94-0.24)}$+(3.9−0.24+2.97−0.24)×2×0.3]×2 层 =13.83×2=27.66m^2 小计：55.56m^2

续上表

序号	定额编号	分项工程名称	单位	工程量	计 算 式
102	8-149	不锈钢管楼梯栏杆	m	11.94	斜长系数：$\frac{\sqrt{3.0^2+1.8^2}}{3.0}=\frac{3.5}{3.0}=1.17^*$ 栏杆斜长：3.0×3×1.17* =10.53m 水平安全栏杆：1.35+0.06=1.41m 小计：11.94m
103	8-150	不锈钢管栏杆弯头	个	2	2个
		现浇构件钢筋示例			
104	5-294	现浇构件钢筋 制安φ6.5	t	0.067	现浇楼板：0.067t
105	5-295	现浇构件圆钢筋 制安φ8	t	1.321	现浇楼板：0.302t，现浇构架 1.019t
106	5-296	现浇构件圆钢筋 制安φ10	t	0.107	现浇楼板：0.107t
107	5-297	现浇构件圆钢筋 制安φ12	t	0.073	现浇框架：0.073t
108	5-312	现浇构件螺纹钢筋 制安ф20	t	0.773	现浇框架：0.773t
109	5-313	现浇构件螺纹钢筋 制安ф22	t	0.692	现浇框架：0.692t
110	5-314	现浇构件螺纹钢筋 制安ф25	t	1.063	现浇框架：1.063t

四 钢筋工程量计算

钢筋工程量计算见表 3-1-5。

钢筋混凝土构件钢筋计算表

工程名称:营业用房　　　　　　　　　　　　　　　　表 3-1-5

序号	构件名称	件数—代号	形状尺寸(mm)	直径	根数	长度(m) 每根	共长	分规格 直径	长度	单件质量	合计质量
1	现浇C20混凝土楼板	3块	① 3880　② 2950	ф8	11	3.98	43.78	ф6.5	86.02	22.37	67.11
				ф8	23	3.05	70.15	ф8	254.87	100.67	302.01
			③ 80 850 80　④ 80 1700 80	ф8	106	1.01	107.06	ф10	57.66	35.58	106.74
				ф10	31	1.86	57.66				
			⑤ 2980　负筋分布筋 3880×3×2 5930×3×2 3880×7	ф8	11	3.08	33.88				
				ф6.5			86.02				
2	现浇C30混凝土框架	2-KJ-1	① 6570　② 6570	Φ25	8	6.57	52.56	ф8	1290.47	509.74	1019.48
				Φ20	16	6.57	105.12	ф12	41.20	36.59	73.18
			③ 358 558 (190)　④ 141 558 (190)	ф8	160	2.02	323.20	Φ20	156.64	386.27	772.54
				ф8	160	1.588	254.08	Φ22	116.04	345.80	691.60
			⑤ 208 358 (190)　⑥ 2970 250	ф8	160	1.322	211.52	Φ25	138.08	531.61	1063.22
				Φ25	8	3.22	25.76				

续上表

序号	构件名称	件数—代号	形状尺寸(mm)	直径	根数	长度(m) 每根	长度(m) 共长	分规格 直径	分规格 长度	分规格 单件质量	分规格 合计质量
2	现浇C30混凝土框架	2-KJ-1	⑦ 2970 250	Φ20	16	3.22	51.52				
			⑧ 220 10990 220	Φ22	4	11.43	45.72				
			⑨ 380 10990 380	Φ22	2	11.75	23.50				
			⑩ 380 3070	Φ25	4	3.45	13.80				
			⑪ 250 10990 250	φ25	4	11.49	45.96				
			⑫ 1570 10990 1570	Φ22	2	14.13	28.26				
			⑬ 1570 3070	Φ22	4	4.64	18.56				
			⑭ 258 858 (190)	φ8	166	2.422	402.05				
			⑮ 10200	φ12	4	10.30	41.20				
			⑯ 10440	φ8	2	10.44	20.88				
			⑰ 95 350	φ8	132	0.495	65.34				
			⑱ 258	φ8	50	0.268	13.40				

注:其他构件钢筋工程量计算略。

第三节　工料机分析、直接费计算

一　营业用房工日、机械台班、材料用量计算

工日、机械台班、材料用量计算见表 3-1-6。

二　营业用房工日、机械台班、材料用量汇总

汇总见表 3-1-7。

工日、材料、机械台班汇总表

工程名称:营业用房　　　　　　　　　　　　　　　　　　　　　　　　表 3-1-7

序号	名　　称	单位	数 量	其　中
一、	人工			
1	人工	工日	3494.77	土方:349.77;脚手架:140.52;砌筑:279.22;混凝土:971.53;构件运安:72.67;门窗:234.92 楼地面:345.62;屋面:49.25;保温:26.32;装饰:1024.95
二、	机械			
1	电动打夯机	台班	29.33	土方:29.33
2	6t 汽车	台班	18.29	脚手架:1.14;混凝土及钢筋混凝土:3.41;运安:13.74
3	200L 灰浆机	台班	18.74	砌筑:5.94;钢筋混凝土:0.22;楼地面:2.96;装饰:9.62
4	5t 汽车吊	台班	10.97	混凝土及钢筋混凝土:1.80;运安:9.17
5	500mm 圆锯	台班	2.90	混凝土及钢筋混凝土:2.60;木结构:0.302
6	600mm 压刨床	台班	0.01	混凝土及钢筋混凝土:0.01
7	5t 卷扬机	台班	0.71	混凝土及钢筋混凝土:0.71
8	ϕ40 钢筋切断机	台班	0.42	钢筋混凝土:0.42
9	ϕ40 钢筋弯曲机	台班	0.99	钢筋混凝土:0.99
10	直流焊机 30kW	台班	1.23	钢筋混凝土:1.23
11	对焊机 75kVA	台班	0.19	钢筋混凝土:0.19
12	400L 混凝土搅拌机	台班	16.18	钢筋混凝土:10.60;楼地面:5.58
13	插入式振捣器	台班	19.67	钢筋混凝土:19.67

续上表

序号	名　称	单位	数 量	其　中
14	1t 搅拌机翻斗车	台班	5.53	钢筋混凝土:5.53
15	6t 塔吊	台班	0.52	钢筋混凝土:0.52
16	15m 皮带运输机	台班	0.96	钢筋混凝土:0.96
17	10t 龙门吊	台班	0.48	钢筋混凝土:0.48
18	8t 汽车	台班	0.20	运安:0.20
19	450mm 平刨	台班	0.87	木结构:0.87
20	400mm 三面刨	台班	0.83	木结构:0.83
21	50mm 打眼机	台班	1.24	木结构:1.24
22	160mm 开榫机	台班	1.15	木结构:1.15
23	400mm 裁口机	台班	0.37	木结构:0.37
24	平板式震动器	台班	4.57	钢筋混凝土:0.48;楼地面:4.09
25	石料切割机	台班	14.71	楼地面:10.43;装饰:4.28
26	2t 卷扬机	台班	155.75	垂直运输:155.75
三、	材料			
1	钢管	kg	1135.24	钢筋混凝土:482.47;脚手架:652.77
2	直角扣件	个	127.21	脚手架:127.21
3	对接扣件	个	18.04	脚手架:18.04
4	回转扣件	个	7.63	脚手架:7.63
5	底座	个	3.48	脚手架:3.48
6	钢模板	kg	732.85	钢筋混凝土:732.85
7	卡具	kg	571.43	钢筋混凝土:571.43
8	ϕ6.5 圆钢筋	t	0.068	钢筋混凝土:0.068
9	ϕ8 圆钢筋	t	1.347	钢筋混凝土:1.347
10	ϕ10 圆钢筋	t	0.145	钢筋混凝土:0.145
11	ϕ12 圆钢筋	t	0.076	钢筋混凝土:0.076
12	ф20 螺纹钢筋	t	0.81	钢筋混凝土:0.81
13	ф22 螺纹钢筋	t	0.723	钢筋混凝土:0.723
14	ф25 螺纹钢筋	t	1.111	钢筋混凝土:1.111
15	木脚手板	m^3	1.326	脚手架:1.326
16	枋板材	m^3	4.413	钢筋混凝土:2.653;运安:0.047;木结构:1.642;楼地面:0.02
				屋面:0.051

续上表

序号	名　　称	单位	数 量	其　　中
17	方木	m^3	2.271	钢筋混凝土:2.271
18	松厚板	m^3	0.199	装饰:0.199
19	三层板	m^2	77.09	木结构:77.09
20	垫木	m^3	0.134	运安:0.127;木结构:0.007
21	白水泥	kg	92.81	楼地面:64.46;装饰:28.35
22	1∶2.5 水泥砂浆	m^3	12.696	楼地面:10.426;装饰:2.27
23	1∶1.5 水泥砂浆	m^3	0.093	装饰:0.093
24	1∶1∶6 混合砂浆	m^3	27.833	装饰:27.833
25	1∶1∶4 混合砂浆	m^3	17.138	装饰:17.138
26	1∶2 水泥砂浆	m^3	1.989	钢筋混凝土:1.989
27	1∶1 水泥砂浆	m^3	0.25	楼地面:0.25
28	麻刀灰浆	m^3	0.102	木结构:0.102
29	M5 水泥砂浆	m^3	6.896	砌筑:6.896
30	M5 混合砂浆	m^3	28.76	砌筑:28.76
31	混凝土块(加气)	块	4063	砌筑:4063
32	混凝土块	m^3	0.831	钢筋混凝土:0.831
33	黏土标准砖	块	66355	砌筑:66355
34	1∶3 水泥砂浆	m^3	16.862	楼地面:6.93;装饰:9.932
35	C10 混凝土	m^3	52.31	楼地面:52.31
36	C15 混凝土	m^3	6.30	钢筋混凝土:2.76;楼地面:3.54
37	C20 混凝土	m^3	55.36	钢筋混凝土:55.36
38	C25 混凝土	m^3	39.18	钢筋混凝土:39.18
39	C30 混凝土	m^3	93.68	钢筋混凝土:93.68
40	沥青砂浆	m^3	0.434	楼地面:0.434
41	水泥蛭石	m^3	38.07	保温:38.07
42	花岗岩板	m^3	358.75	楼地面:316.44;装饰:42.31
43	石料切割锯片	片	9.16	楼地面:6.58;装饰:2.58
44	面砖	m^2	714.32	楼地面:43.83;装饰:670.49
45	地砖	m^2	359.61	楼地面:359.61
46	瓷板砖	m^2	149.74	装饰:149.74
47	全玻地弹门	m^2	8.40	门窗:8.40

续上表

序号	名　　称	单位	数　量	其　　中
48	卷帘门	m^2	112.27	门窗:112.27
49	10 号厚玻璃固定窗	m^2	90.19	门窗:90.19
50	铝合金推拉窗	m^2	117.84	门窗:117.84
51	26 号镀锌铁皮	m^2	1.79	门窗:1.79
52	不锈钢管栏杆	m	12.66	楼地面:12.66
53	22 号铁丝	kg	16.96	钢筋混凝土:16.96
54	8 号铁丝	kg	347.36	脚手架:188.74;钢筋混凝土:153.37;运安:6.25
55	铁钉	kg	123.44	砌筑:27.38;钢筋混凝土:90.9;门窗:6.16
56	螺栓 110mm	套	17.99	屋面:17.99
57	铁件	kg	10.01	楼地面:3.25 装饰:6.76
58	电焊条	kg	42.24	钢筋混凝土:41.57;运安:0.67
59	垫铁	kg	2.64	运安:2.64
60	水	m^3	337.73	砌筑:22.08;钢筋混凝土:253.64;楼地面:25.90
				保温:25.63;装饰:10.48
61	防锈漆	kg	56.49	脚手架:56.49
62	80 号草板纸	张	114.41	钢筋混凝土:114.41
63	尼龙帽	个	173.41	钢筋混凝土:173.41
64	乳胶漆	kg	0.04	木结构:0.04
65	素水泥浆	m^3	2.418	楼地面:1.003;屋面:0.66;装饰:0.728
66	粗砂	m^3	0.005	楼地面:0.005
67	30 号石油沥青	kg	82.14	楼地面:0.55;屋面:81.59
68	不锈钢管弯头	个	2.02	楼地面:2.02
69	玛蹄脂	kg	0.28	屋面:0.28
70	APP 油毡	m^2	133.23	屋面:133.23
71	SBC120 卷材	m^2	486.29	屋面:486.29
72	107 胶	kg	65.88	屋面:50.26;装饰:15.62
73	聚氨酯甲料	kg	84.10	屋面:84.10
74	聚氨酯乙料	kg	126.14	屋面:126.14

续上表

序号	名　称	单位	数　量	其　中
75	ϕ110 塑料管	m	26.56	屋面:26.56
76	铸铁水口	个	3.03	屋面:3.03
77	塑料水斗	个	3.03	屋面:3.03
78	冷底子油	kg	26.95	屋面:26.95
79	麻丝	kg	20.76	楼地面:20.76
80	木柴	kg	47.55	楼地面:47.55
81	建筑油膏	kg	33.21	楼地面:33.21
82	24 号铁锌铁皮	m^2	16.49	楼地面:16.49
83	调和漆	kg	27.35	装饰:27.35
84	熟桐油	kg	1.62	装饰:1.62
85	砂纸	张	18.24	装饰:18.24
86	石膏粉	kg	1.92	装饰:1.92
87	草袋子	m^2	153.05	钢筋混凝土:153.05
88	钢丝绳	kg	1.21	运安:1.21
89	麻绳	kg	0.187	运安:0.187
90	乳白胶	kg	4.75	木结构:4.75
91	清油	kg	0.67	木结构:0.67
92	溶剂油	kg	0.34	木结构:0.34
93	仿瓷涂料	kg	551.17	装饰:551.17

三 营业用房直接费计算

直接费计算见表 3-1-8。

直接费计算表(实物金额法)

工程名称:营业用房　　　　表 3-1-8

序　号	名　称	单位	数量	单价(元)	金额(元)
一、	人工	工日	3494.77	25.00	87369.25
二、	机械				21074.23
1	电动打夯机	台班	29.33	20.24	593.64
2	6t 载重汽车	台班	18.29	242.62	4437.52

续上表

序　号	名　称	单位	数量	单价(元)	金额(元)
3	200L 灰浆搅拌机	台班	18.74	15.92	298.34
4	5t 汽车吊	台班	10.97	385.53	4229.26
5	500mm 圆锯	台班	2.90	22.29	64.64
6	600mm 压刨床	台班	0.01	24.17	0.24
7	5t 卷扬机	台班	0.71	77.28	54.87
8	ϕ40 钢筋切断机	台班	0.42	36.73	15.43
9	ϕ40 钢筋弯曲机	台班	0.99	24.69	24.44
10	直流焊机 30kW	台班	1.23	47.42	58.33
11	对焊机 75kVA	台班	0.19	69.89	13.28
12	400L 混凝土搅拌机	台班	16.18	94.59	1530.47
13	插入式振捣器	台班	19.67	10.62	208.90
14	1t 翻斗车	台班	5.53	92.03	508.83
15	6t 塔吊	台班	0.52	447.70	232.80
16	15m 皮带运输机	台班	0.96	67.64	64.93
17	10t 龙门吊	台班	0.48	227.14	109.03
18	8t 汽车	台班	0.20	333.87	66.77
19	450mm 平刨	台班	0.87	16.14	14.04
20	400mm 三面刨	台班	0.83	48.15	39.96
21	50mm 打眼机	台班	1.24	10.01	12.41
22	160mm 开榫机	台班	1.15	49.28	56.67
23	400mm 裁口机	台班	0.37	30.16	11.16
24	平板式振动器	台班	4.57	12.77	58.36
25	石料切割机	台班	14.71	18.41	270.81
26	2t 卷扬机	台班	155.75	52.00	8099.00
三、	材料				368528.65
1	钢管	kg	1135.24	3.50	3973.34
2	直角扣件	个	127.21	4.80	610.61
3	对接扣件	个	18.04	4.30	77.57
4	回转扣件	个	7.63	4.80	36.62

续上表

序　号	名　称	单位	数量	单价(元)	金额(元)
5	底座	个	3.48	4.20	14.62
6	钢模板	kg	732.85	4.50	3297.83
7	卡具	kg	571.43	4.60	2628.58
8	ϕ6.5 圆钢筋	t	0.068	2450.00	166.60
9	ϕ8 圆钢筋	t	1.347	2440.00	3286.68
10	ϕ10 圆钢筋	t	0.145	2430.00	352.35
11	ϕ12 圆钢筋	t	0.076	2420.00	183.92
12	ϕ20 螺纹钢筋	t	0.81	2420.00	1960.20
13	ϕ22 螺纹钢筋	t	0.723	2420.00	1749.66
14	ϕ25 螺纹钢筋	t	1.111	2410.00	2677.51
15	木脚手板	m^3	1.326	1500.00	1989.00
16	枋板材	m^3	4.413	1600.00	7060.80
17	方木	m^3	2.271	1400.00	3179.40
18	松厚板	m^3	0.199	1450.00	288.55
19	三层板	m^2	77.09	14.00	1079.26
20	垫木	m^3	0.134	1380.00	184.92
21	白水泥	kg	92.81	0.45	41.76
22	1∶2.5 水泥砂浆	m^3	12.696	210.72	2675.30
23	1∶1.5 水泥砂浆	m^3	0.093	232.64	21.64
24	1∶1∶6 混合砂浆	m^3	27.833	128.22	3568.75
25	1∶1∶4 混合砂浆	m^3	17.138	155.32	2661.87
26	1∶2 水泥砂浆	m^3	1.989	230.02	457.51
27	1∶1 水泥砂浆	m^3	0.25	288.98	72.25
28	麻刀灰浆	m^3	0.102	101.10	10.31
29	M5 水泥砂浆	m^3	6.896	124.32	857.31
30	M5 混合砂浆	m^3	28.76	120.00	3451.20
31	加气混凝土块	块	4063	2.16	8776.08
32	混凝土块	m^3	0.831	100.00	83.10
33	黏土标准砖	块	66355	0.15	9953.25
34	C10 混凝土	m^3	52.31	133.39	6977.63

续上表

序　号	名　称	单位	数量	单价(元)	金额(元)
35	C15 混凝土	m^3	6.30	144.40	909.72
36	C20 混凝土	m^3	55.36	155.93	8632.28
37	C25 混凝土	m^3	39.18	165.80	6496.04
38	C30 混凝土	m^3	93.68	170.64	15985.56
39	沥青砂浆	m^3	0.434	378.92	164.45
40	水泥蛭石	m^3	38.07	172.50	6567.08
41	花岗岩板	m^2	358.75	310.00	111212.50
42	石料切割锯片	片	9.16	65.00	595.40
43	面砖	m^2	714.32	48.00	34287.36
44	地砖	m^2	359.61	52.00	18699.72
45	瓷砖	m^2	149.74	24.00	3593.76
46	全玻地弹门	m^2	8.40	220.00	1848.00
47	卷帘门	m^2	112.27	158.00	17738.66
48	10mm 厚玻璃固定窗	m^2	90.19	210.00	18939.90
49	铝合金推拉窗	m^2	117.84	166.12	19575.58
50	26 号镀锌铁皮	m^2	1.79	18.00	32.22
51	不锈钢管栏杆	m	12.66	235.00	2975.10
52	22 号铁丝	kg	16.96	4.30	72.93
53	8 号铁丝	kg	347.36	4.10	1424.18
54	铁钉	kg	123.44	5.35	660.40
55	螺栓 110mm	套	17.99	2.45	44.08
56	铁件	kg	10.01	3.50	35.04
57	电焊条	kg	42.24	6.00	253.44
58	垫铁	kg	2.64	3.50	9.24
59	水	m^3	337.73	1.20	405.28
60	防锈漆	kg	56.49	14.50	819.11
61	80 号草板纸	张	114.41	1.10	125.85
62	尼龙帽	个	173.41	0.70	121.39
63	乳胶漆	kg	0.04	18.00	0.72
64	素水泥浆	m^3	2.418	461.70	1116.39

续上表

序　号	名　称	单位	数量	单价(元)	金额(元)
65	粗砂	m^3	0.005	45.00	0.23
66	30号石油沥青	kg	82.14	0.88	72.28
67	不锈钢管弯头	个	2.02	25.00	50.50
68	玛蹄脂	kg	0.28	1.25	0.35
69	APP油毡	m^2	133.23	20.00	2664.60
70	SBC120卷材	m^2	486.29	20.00	9725.80
71	107胶	kg	65.88	1.10	72.47
72	聚氨酯甲料	kg	84.10	8.10	681.21
73	聚氨酯乙料	kg	126.14	8.90	1122.65
74	ϕ110塑料水落管	m	26.56	18.00	478.08
75	铸铁水口	个	3.03	26.00	78.78
76	塑料水斗	个	3.03	19.00	57.57
77	冷底子油	kg	26.95	2.10	56.60
78	麻丝	kg	20.76	9.00	186.84
79	木柴	kg	47.55	0.50	23.78
80	建筑油膏	kg	33.21	2.00	66.42
81	24号镀锌铁皮	m^2	16.49	17.00	280.33
82	调和漆	kg	27.35	12.00	328.20
83	熟桐油	kg	1.62	10.00	16.20
84	砂纸	张	18.24	0.80	14.59
85	石膏粉	kg	1.92	0.30	0.58
86	草袋子	m^2	153.05	1.50	229.58
87	钢丝绳	kg	1.21	6.70	8.11
88	麻绳	kg	0.187	10.00	1.87
89	乳白胶	kg	4.75	2.60	12.35
90	清油	kg	0.67	8.10	5.43
91	溶剂油	kg	0.34	7.60	2.58
92	仿瓷涂料	kg	551.17	2.65	1460.60
93	1∶3水泥砂浆	m^3	16.862	182.82	3082.71

四 营业用房脚手架费、模板费分析表

由于在计算工程造价时脚手架费和模板及支架费列入措施费单独计算，所以要根据表3-1-7中的工料机数量和表3-1-8中给定的单价重新计算营业用房

脚手费、模板费。具体计算见表 3-1-9。

营业用房脚手架费、模板费分析表　　表 3-1-9

费用名称		工料机名称	单位	数量	单价(元)	合价(元)	小计(元)	
脚手架费	人工费	人工	工日	140.52	25.00	3513.00	3513.00	
	材料费	钢管	kg	652.77	3.50	2284.70		
		直角扣件	个	127.21	4.80	610.61		
		对接扣件	个	18.04	4.30	77.57		
		回转扣件	个	7.63	4.80	36.62		
		底座	个	3.48	4.20	14.62	6748.26	10537.85
		木脚手板	m^3	1.326	1500.00	1989.00		
		8 号铁丝	kg	188.74	4.10	773.83		
		铁钉	kg	26.58	5.35	142.20		
		防锈漆	kg	56.49	14.50	819.11		
	机械费	6t 载重汽车	台班	1.14	242.62	276.59	276.59	
模板及支架费	人工费	人工	工日	583.10	25.00	14577.50	14577.50	
	材料费	钢模板	kg	732.85	4.50	3297.83		
		枋板材	m^3	2.454	1600.00	726.40		
		卡具	kg	571.43	4.60	2628.58		
		铁钉	kg	90.90	5.35	486.32		
		8 号铁丝	kg	137.47	4.10	563.63		
		80 号草板纸	张	114.41	1.10	125.85	12824.69	
		22 号铁丝	kg	0.42	4.30	1.81		
		钢管	kg	482.47	3.50	1688.65		28957.48
		尼龙帽	个	173.41	0.70	121.39		
		1∶2 水泥砂浆	m^3	0.021	230.02	4.83		
		方木	m^3	2.271	1400.00	3179.40		
	机械费	6t 载重汽车	台班	3.37	242.62	817.63		
		5t 汽车吊	台班	1.80	385.53	693.95	1555.29	
		500mm 圆锯	台班	1.95	22.29	43.47		
		600mm 压刨床	台班	0.01	24.17	0.24		

第四节　工程造价计算

一 计算条件

(一)营业用房属四类工程，工程在市区。

(二)取费等级按二级Ⅱ档计算。

(三)直接工程费　105 806.80元。

其中：人工费　87 369.25元
　　　机械费　21 074.23元　} 476 972.13元
　　　材料费　368 528.65元

扣除：脚手架费　10 537.85元
　　　模板费　28 957.48元　} 39 495.33元

扣除脚手架费、模板费后的直接工程费为：

476 972.13－39 495.33＝437 476.80(元)

(四)按全国或某地区计价文件有关规定，计算下列各项费用：

1.环境保护费

直接工程费×0.4％

2.文明施工费

直接工程费×0.9％

3.安全施工费

直接工程费×1.0％

4.临时设施费

直接工程费×2.0％

5.夜间施工增加费

直接工程费×0.5％

6.二次搬运费

直接工程费×0.3％

7.工程定额测定费

直接工程费×0.12％

8.社会保障费

直接人工费×16％

9. 住房公积金

人工费×6.0%

10. 企业管理费

直接工程费×5.1%

11. 利润

直接工程费×7%

12. 营业税

(直接工程费+措施费+规费+企业管理费+利润)×3.093%

13. 城市维护建设税

营业税×7%

14. 教育费附加

营业税×3%

二 工程造价计算

根据上述条件和表 3-1-6、表 3-1-8、表 3-1-9 中的数据计算营业用房工程造价(见表 3-1-10)。

工程造价计算表　　表 3-1-10

序号	费用名称		计算式	金额(元)
(一)	直接工程费		见计算条件(三)	437476.80
(二)	单项材料价差调整		采用实物金额法不计算此费用	—
(三)	综合系数调整材料价差		采用实物金额法不计算此费用	—
(四)	措施费	环境保护费	437476.80×0.4%=749.91	61806.65
		文明施工费	437476.80×0.9%=3937.29	
		安全施工费	437476.80×1.0%=4374.77	
		临时设施费	437476.80×2.0%=8749.54	
		夜间施工增加费	437476.80×0.5%=2187.38	
		二次搬运费	437476.80×0.3%=1312.43	
		大型机械进出场及安拆费	—	
		脚手架费	(见表 3-1-9)10537.85	
		已完工程及设备保护费	—	
		混凝土及钢筋混凝土模板及支架费	(见表 3-1-9)28957.48	
		施工排降水费	—	

续上表

序号	费用名称		计 算 式	金额(元)
(五)	规费	工程排污费	—	26094.61
		工程定额测定费	437476.80×0.12%=524.97	
		社会保障费	(见表 3-1-8)87369.25×16%=13979.08	
		住房公积金	(见表 3-1-8)87369.25×6.0%=11590.56	
		危险作业意外伤害保险	—	
(六)	企业管理费		437476.80×5.1%=22311.32	22311.32
(七)	利润		437476.80×7%=30623.38	30623.38
(八)	营业税		578312.76×3.093%=17887.21	17887.21
(九)	城市维护建设税		17887.21×7%=1252.10	1252.10
(十)	教育费附加		17887.21×3%=536.62	536.62
	工程造价		(一)~(十)之和	597988.69

第二章
清单计价方式工程造价计算实例

第一节　工程量清单编制实例

根据某接待室工程施工图(见图3-2-1～图3-2-4)和该工程招标文件及《建设工程工程量清单计价规范》(GB 50500—2008)编制工程工程量清单。

一　接待室工程施工图设计说明

1.结构类型及标高

本工程为某单位砖混结构接待室工程。室内地坪标高±0.00,室外地坪标高−0.30。

2.基础

M5水泥砂浆砌砖基础,C20混凝土基础垫层200mm厚,位于−0.06m处做1∶2水泥砂浆防潮层(加6%防水粉)20mm厚。

3.墙、柱

M5混合砂浆砌砖墙、砖柱。

4.地面

基层素土回填夯实,C10混凝土地面垫层80mm厚,面铺400mm×400mm×10mm浅色地砖,1∶2水泥砂浆黏结层20mm厚。1∶2水泥砂浆20mm厚贴瓷砖踢脚线,150mm高。

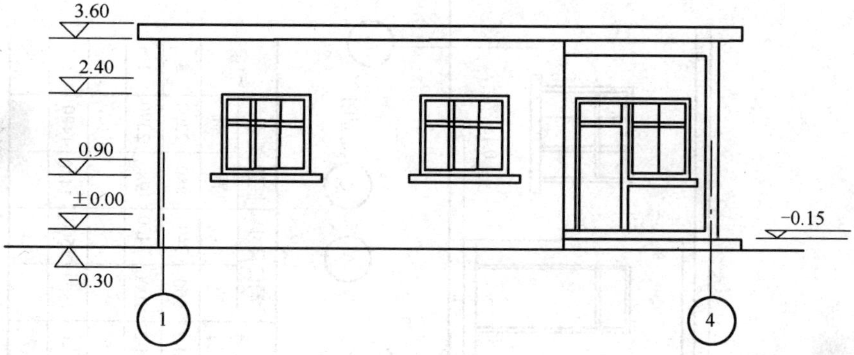

①~④立面图

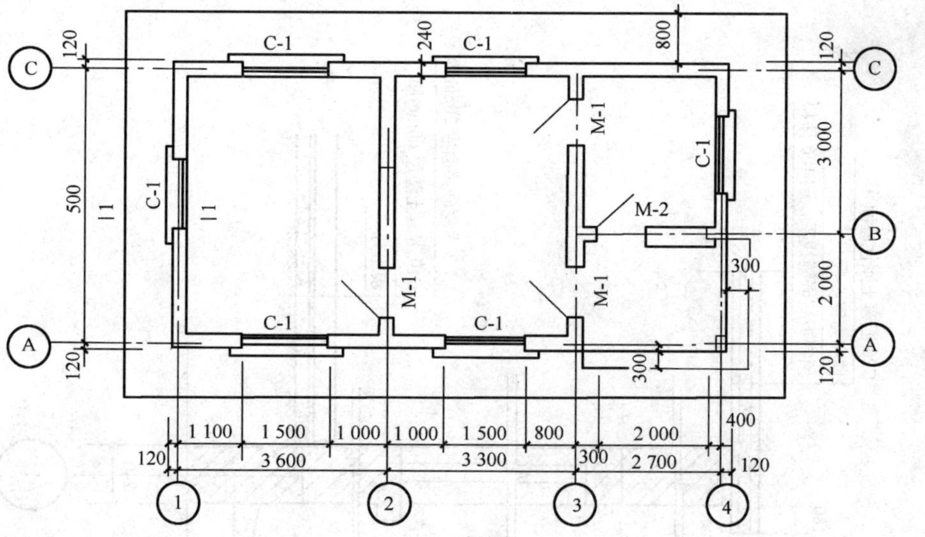

平面图

图 3-2-1　立面图、平面图(尺寸单位:mm)

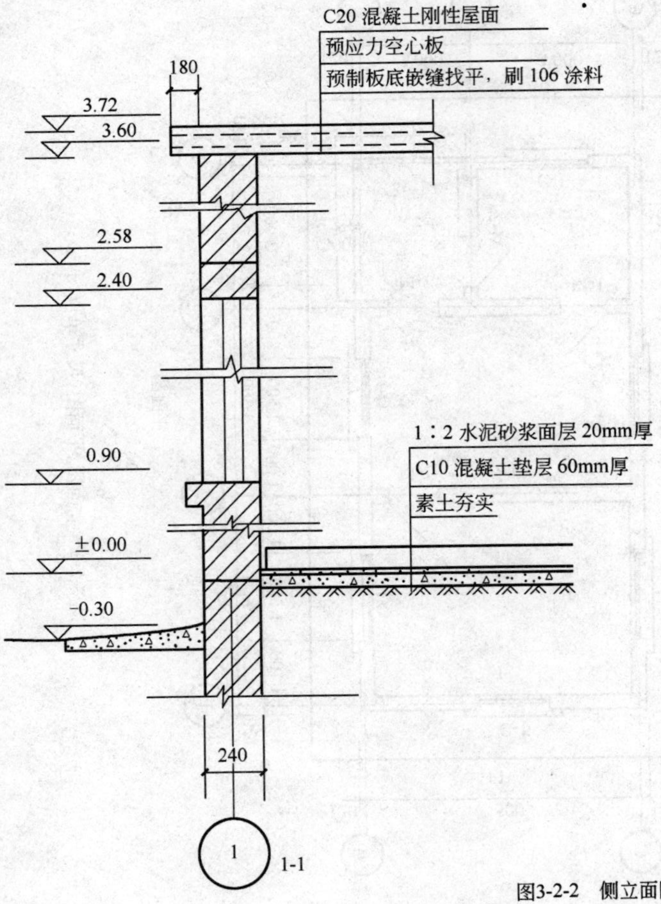

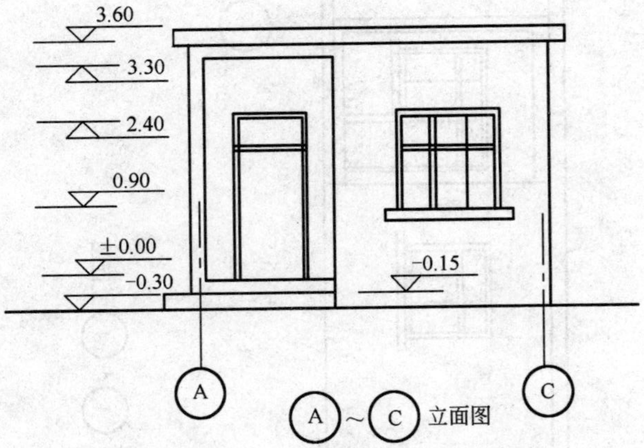

名称	编号	洞口尺寸		框外围尺寸		数量
		宽	高	宽	高	
门	M-1	900	2400	880	2390	3
	M-2	2000	2400	1980	2390	1
窗	C-1	1500	1500	1480	1480	6

图3-2-2　侧立面图、剖面图(尺寸单位:mm)

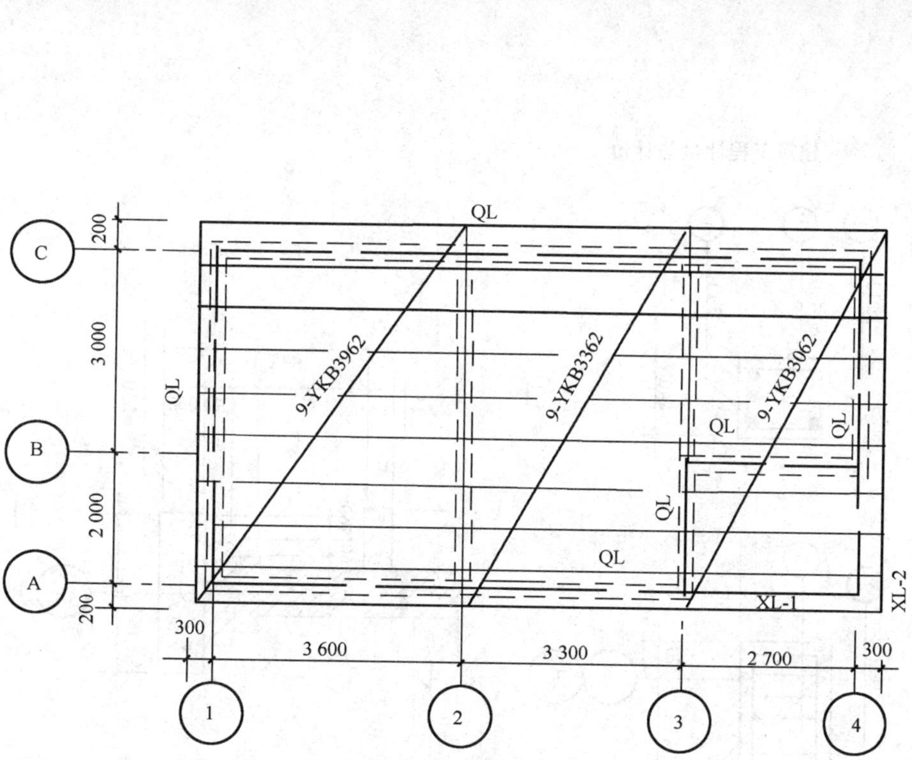

屋面结构布置图

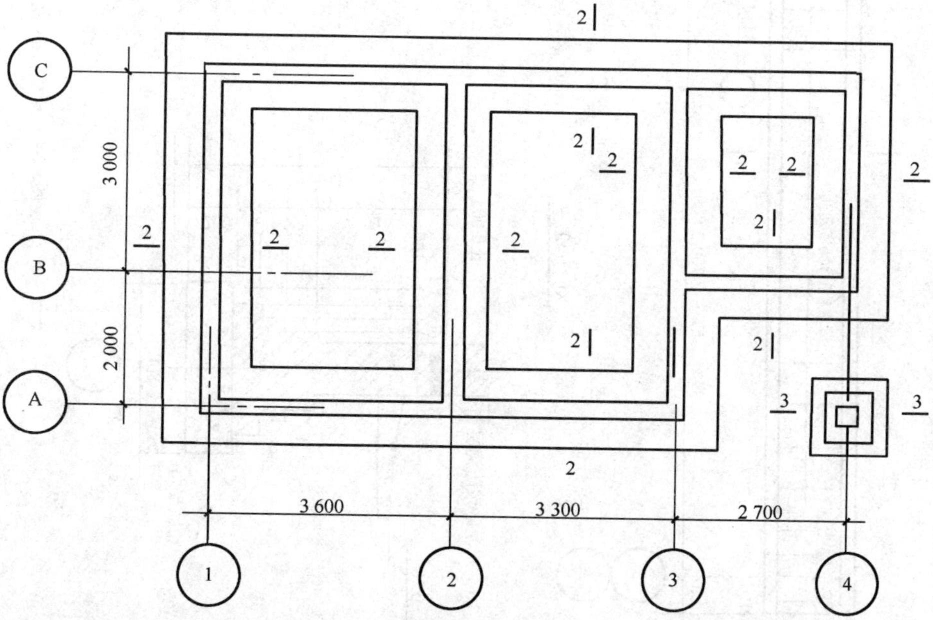

基础平面图

图 3-2-3　屋面结构布置图、基础平面图(尺寸单位:mm)

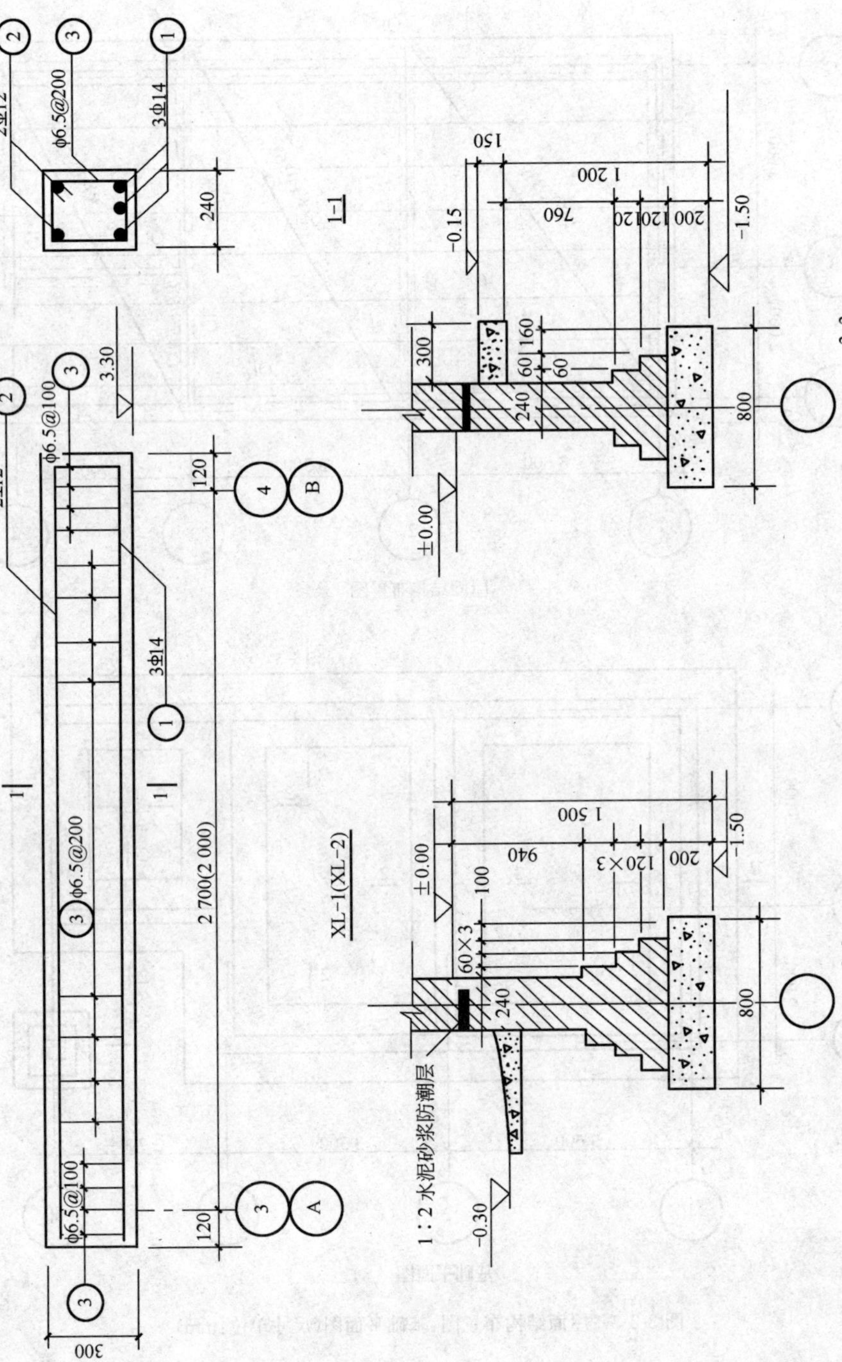

图3-2-4　梁大样图、基础剖面图

5. 屋面

预制空心板屋面 1∶3 水泥砂浆找平层 30mm 厚，C20 混凝土刚性屋面 40mm 厚，1∶2 水泥砂浆防水层 20mm 厚(加 6%防水粉)。

6. 台阶、散水

C10 混凝土基层，1∶2 水泥白石子浆 15mm 厚水磨石台阶。C10 混凝土散水 60mm 厚，沥青砂浆塞伸缩缝。

7. 抹灰

内墙抹面：1∶0.3∶3 混合砂浆底 18mm 厚，1∶0.3∶3 混合砂浆面 8mm 厚，面满刮腻子二遍、刷乳胶漆二遍。天棚面混合砂浆抹面：1∶0.3∶3 混合砂浆底 12mm 厚，1∶0.3∶3 混合砂浆面 5mm 厚，面满刮腻子二遍、刷乳胶漆二遍。

外墙面、梁柱面水刷石：1∶2.5 水泥砂浆底 15mm 厚，1∶2 水泥白石子浆 10mm 厚。

8. 门、窗

实木装饰门：M1、M2 洞口尺寸均为 900mm×2 400mm。塑钢推拉窗：C1 洞口尺寸 1 500mm×1 500mm，C2 洞口尺寸 1 100mm×1 500mm。

9. 现浇构件

圈梁：C20 混凝土

钢筋　HPB235 ϕ12：116.80m　　HPB235 ϕ6.5：122.64m

矩形梁：C20 混凝土

钢筋　HRB335 ϕ14：18.41kg　　HPB235 ϕ12：9.02kg

HPB235 ϕ6.5：8.70kg

10. 预制构件

预应力空心板：C30 混凝土，单件体积及钢筋质量如下：

YKB-3962　0.164m³/块　6.57kg/块(CRB 650 ϕ4)

YKB-3362　0.139m³/块　4.50kg/块(CRB 650 ϕ4)

YKB-3062　0.126m³/块　3.83kg/块(CRB 650 ϕ4)

二 工程量清单编制

编制的工程量清单见表 3-2-1～表 3-2-9。

清单工程量计量表

工程名称：接待室工程　　　　表 3-2-1

序　号	项 目 编 码	项 目 名 称	单位	工程数量	计 算 式
		A.1 土(石)方工程			
1	010101001001	平整场地	m^2	51.56	$S=(5.0+0.24)\times(3.60+3.30+2.70+0.24)$ $=5.24\times9.84$ $=51.56m^2$
2	010101003001	挖基础土方(墙基)	m^3	34.18	基础垫层底面积$=[(5.0+9.6)\times2+(5.0-0.8)+(3.0-0.8)]\times0.8$ $=(29.20+4.2+2.2)\times0.8$ $=35.60\times0.8$ $=28.48m^2$ 基础土方$=28.48\times1.20=34.18m^3$
3	010101003002	挖基础土方(柱基)	m^3	0.77	基础垫层底面积$=0.8\times0.8=0.64m^2$ 基础土方$=0.64\times1.20=0.77m^3$
4	010103001001	人工基础回填土	m^3	16.71	$V=$挖方体积－室外地坪以下基础体积 $=34.18+0.77-15.08+36.72\times0.24\times0.30+0.30\times0.24\times0.24-(28.48+0.64)\times0.2$ $=34.18+0.77-15.08+2.64+0.02-5.82$ $=16.71m^3$
5	010103001002	人工室内回填土	m^3	8.11	$V=$主墙间净面积×回填厚度 =(建筑面积－墙、柱结构面积)×回填厚度 $=(51.56-36.72\times0.24-0.24\times0.24)\times(0.30-0.08-0.02-0.01)$ $=42.69\times0.19$ $=8.11m^3$

续上表

序号	项目编码	项目名称	单位	工程数量	计算式
		A.3 砌筑工程			
6	010301001001	M5 水泥砂浆砌砖基础	m^3	15.08	砖墙基础=(29.20+5.0−0.24+3.0−0.24)×[(1.50−0.20)×0.24+0.007875×12] =36.72×(1.30×0.24+0.0945) =36.72×0.4065 =14.93m^3 砖柱基础=[(0.24+0.0625×4)×(0.24+0.0625×4)+(0.24+0.0625×2)×(0.24+0.0625×2)]×0.126×2+(1.50−0.20−0.126×2)×0.24×0.24 =(0.24+0.133)×0.252+0.06 =0.094+0.06 =0.15m^3 小计:14.93+0.15=15.08m^3
7	010302001001	M5 混合砂浆砌砖墙	m^3	24.91	V=(墙长×墙高−门窗面积)×墙厚−圈梁体积 =(36.72×3.60−0.9×2.40×4−1.50×1.50×6−1.10×1.50)×0.24−29.20×0.18×0.24 =(132.19−5.83−2.16−13.50−1.65)×0.24−1.26 =111.30×0.24−1.26 =24.91m^3
8	010302005001	M5 混合砂浆砌砖柱	m^3	0.19	V=柱断面×柱高 =0.24×0.24×3.30 =0.19m^3

续上表

序号	项目编码	项目名称	单位	工程数量	计算式
		A. 4 混凝土及钢筋混凝土工程			
9	010401006001	C20 混凝土基础垫层	m^3	5.82	$V=[(5.0+9.6)\times2+(5.0-0.8+3.0-0.8)]\times0.80\times0.20+0.80\times0.80\times0.20$ $=(29.20+6.40)\times0.80\times0.20+0.128$ $=35.60\times0.80\times0.20+0.128$ $=5.82m^3$
10	010403002001	现浇 C20 混凝土矩形梁	m^3	0.36	V＝梁长×梁断面面积 $=(2.70+0.12+2.0+0.12)\times0.24\times0.30$ $=0.36m^3$
11	010403004001	现浇 C20 混凝土圈梁	m^3	1.26	V＝圈梁长×断面积 $=29.20\times0.18\times0.24$ $=1.26m^3$
12	010407002001	混凝土散水	m^2	22.63	S＝散水长×散水宽－台阶面积 $=(29.20+0.24\times4)\times0.80-(2.7-0.12+0.12+0.3+2.0-0.12+0.12)\times0.30$ $=24.13-5.0\times0.30$ $=22.63m^2$
13	010412002001	预应力 C30 混凝土空心板	m^3	3.86	YKB-3962　$0.164\times9=1.476(m^3)$ YKB-3662　$0.139\times9=1.251(m^3)$ YKB-3062　$0.126\times9=1.134(m^3)$ 小计：$3.86m^3$

续上表

序 号	项目编码	项目名称	单位	工程数量	计 算 式
14	010416001001	现浇构件钢筋	t	0.172	圈梁：HPB235　φ12　116.80×0.888=103.72kg φ6.5　122.64×0.26=31.89kg 矩形梁：HPB235　φ12　9.02kg φ6.5　8.70kg HRB335　φ14　18.41kg 小计：φ10内：40.59kg φ10外：131.15kg 合计：171.74kg
15	010416005001	先张法预应力钢筋	t	0.134	空心板钢筋：CRB650φ4 YKB-3962　6.57×9=59.13(kg) YKB-3662　4.50×9=40.5(kg) YKB-3062　3.83×9=34.47(kg) 小计：134.10(kg)
		A.7 屋面及防水工程			
16	010702003001	屋面混凝土刚性防水层	m^2	55.08	$S=(5.0+0.2\times2)\times(9.60+0.3\times2)$ $=5.40\times10.2$ $=55.08m^2$
		B.1 楼地面工程			
17	020102002001	块料地面面层	m^2	42.69	S＝室内回填土面积 $=42.69m^2$

续上表

序号	项目编码	项目名称	单位	工程数量	计算式
18	020105003001	块料踢脚线	m^2	6.54	S＝踢脚线长×踢脚线高 ＝[(5.0－0.24＋3.60－0.24)×2－0.9＋(5.0－0.24＋3.30－0.24)×2－(0.9－0.1×2)×1＋(3.0－0.24＋2.70－0.24)×2－(0.9－0.1×2)＋(2.0＋2.7－0.9×2＋0.1×2×2)＋(柱:0.24×4)]×0.15 ＝(15.34＋14.94＋9.04＋3.30＋0.96)×0.15 ＝43.58×0.15 ＝6.54m^2
19	020108004001	现浇水磨石台阶	m^2	2.82	S＝(2.70＋2.0)×0.30×2 ＝2.82m^2
		B.2 墙、柱面工程			
20	020201001001	混合砂浆抹内墙面	m^2	137.92	S＝墙长×墙高－门窗面积 ＝[(5.0－0.24＋3.60－0.24)×2＋(5.0－0.24＋3.30－0.24)×2×＋(2.70－0.24＋3.0－0.24)×2＋2.0＋2.70]×3.60－1.50×1.50×6樘－1.10×1.50－0.9×2.40×8面 ＝(16.24＋15.64＋10.44＋5.0)×3.60－13.50－1.65－17.28 ＝170.35－32.43 ＝137.92m^2
21	020201001002	外墙面水刷石	m^2	85.79	S＝墙长×墙高－窗面积 ＝(29.20＋0.96－2.7－2.0)×(3.60＋0.30)－1.50×1.50×6 ＝25.46×3.90－13.50 ＝85.79m^2

续上表

序号	项目编码	项目名称	单位	工程数量	计算式
22	020202002001	柱面水刷石	m^2	0.19	$S=0.24\times0.24\times3.30$ $=0.19m^2$
23	020203002001	梁面水刷石	m^2	3.75	$S=(2.70-0.12+2.0-0.12)\times(0.3\times2+0.24)$ $=4.46\times0.84=3.75m^2$
		B.3 天棚工程			
24	020301001001	混合砂浆抹天棚	m^2	46.21	S＝屋面面积－墙、柱结构面积 $=55.08-8.87$ $=46.21m^2$
		B.4 门窗工程			
25	020401003001	实木装饰门	樘	4	M-1、M-2：4 樘 洞口尺寸：900mm×2400mm
26	020406007001	塑钢推拉窗 C-1	樘	6	C-1　6 樘
27	020406007002	塑钢推拉窗 C-2	樘	1	C-2　1 樘
		B.5 油漆、涂料、裱糊工程			
28	020507001001	内墙面、天棚面乳胶漆	m^2	184.13	S＝内墙抹灰面积＋天棚抹灰面积 $=137.92+46.21$ $=184.13m^2$

接待室工程　　表 3-2-2

工　程　量　清　单

招标人：××汽车制造厂（单位盖章）

工程造价咨询人：（单位资质专用章）

法定代表人或其授权人：（签字或盖章）

法定代表人或其授权人：（签字或盖章）

编制人：（造价人员签字盖专用章）

复核人：（造价工程师签字盖专用章）

编制时间：2009 年 1 月 5 日

复核时间：2009 年 1 月 8 日

总 说 明 表 3-2-3

工程名称:接待室工程

1. 工程概况:本工程为砖混结构,单层建筑物,建筑面积为 51.56m^2,计划工期为 60 天。

2. 工程招标范围:本次招标范围为施工图范围内的建筑工程和装饰装修工程。

3. 工程量清单编制依据:

(1)接待室施工图。

(2)《建设工程工程量清单计价规范》。

4. 其他需要说明的问题:

招标人供应现浇构件的全部钢筋,单价暂定为 4800 元/t。

分部分项工程量清单与计价表

工程名称：接待室工程　　　　标段：　　　　　　　　　　　　表 3-2-4

序号	项目编码	项目名称	项目特征描述	计量单位	工程量	金额（元）		
						综合单价	合价	其中：暂估价
	A.1　土（石）方工程							
1	010101001001	平整场地	土壤类别：Ⅱ、Ⅲ类土综合 弃土、取土距离：土方就地挖填找平	m^2	51.56			
2	010101003001	挖基础土方（墙基）	土壤类别：Ⅲ类土 基础类型：条形基础 垫层底宽：800mm 挖土深度：1.20m 弃土运距：5km	m^3	34.18			
3	010101003002	挖基础土方（柱基）	土壤类别：Ⅲ类土 基础类型：独立基础 垫层底宽：800mm 底面积：0.64m^2 挖土深度：1.20m 弃土运距：5km	m^3	0.77			
4	010103001001	土方回填（基础）	土质要求：含砾石粉质黏土 密实度要求：密实 粒径要求：10mm～40mm砾石 夯填：分层夯填	m^3	16.71			
5	010103001002	土方回填（室内）	土质要求：含砾石粉质黏土 密实度要求：密实 粒径要求：10mm～40mm砾石 夯填：分层夯填	m^3	8.11			
		分部小计						
本页小计								
合计								

续上表

序号	项目编码	项目名称	项目特征　描述	计量单位	工程量	金额(元)		
						综合单价	合价	其中：暂估价
		A.3　砌筑工程						
6	010301001001	砖基础	砖品种、规格、强度：MU10 标砖 基础类型：带形 基础深度：1.20m 砂浆强度等级：M5 水泥砂浆	m^3	15.08			
7	010302001001	实心砖墙	砖品种、规格、强度：MU7.5 标砖 墙体类型：实砌标准砖墙 墙体厚度：240mm 墙体高度：3.60m 砂浆强度等级：M5 混合砂浆	m^3	24.91			
8	010302005001	实心砖柱	砖品种、规格、强度：MU7.5 标砖 柱类型：标准砖柱 柱截面：240mm×240mm 柱高：3.30m 砂浆强度等级：M5 混合砂浆	m^3	0.19			
			分部小计					
		A.4　混凝土及钢筋混凝土工程						
9	010401006001	垫层	混凝土强度等级：C20	m^3	5.82			
10	010403002001	矩形梁	梁底标高：3.30m 梁截面：240mm×300mm 混凝土强度等级：C20 拌和料要求：中砂，5～20 砾石	m^3	0.36			
11	010403004001	圈梁	梁底标高：2.40m 梁截面：180mm×240mm 混凝土强度等级：C20 拌和料要求：中砂，5～20 砾石	m^3	1.26			
	本页小计							
	合计							

续上表

序号	项目编码	项目名称	项目特征 描述	计量单位	工程量	金额(元)		
						综合单价	合价	其中：暂估价
12	010407002001	散水	垫层材料：素土夯实 散水厚度：60mm 混凝土强度等级：C10 填塞材料：沥青砂浆 混凝土拌和料： 中砂，5～20 砾石	m^2	22.63			
13	010412002001	空心板	混凝土强度等级：C30 构件尺寸： 3900mm×600mm 安装高度：3.60m 构件运距：8km 混凝土拌和料要求： 中砂，5～20 砾石 接头灌浆： C20 细石混凝土	m^3	3.86			
14	010416001001	现浇混凝土钢筋	钢筋种类、规格： HPB235 φ12 HPB235 φ6.5 HRB335 Φ14	t	0.172			
15	010416005001	先张法预应力钢筋	钢筋种类、规格： CRB650 φ4	t	0.134			
			分部小计					
			A.7 屋面及防水工程					
16	010702003001	屋面刚性防水	混凝土厚度：40mm 找平层及厚度： 1：2 水泥砂浆 30mm 防水砂浆及厚度： 1：2 水泥砂浆 20mm (加 6%防水粉) 混凝土强度等级：C20	m^2	55.08			
			分部小计					
		本页小计						
		合计						

续上表

序号	项目编码	项目名称	项目特征　描述	计量单位	工程量	金额(元)		
						综合单价	合价	其中：暂估价
		B.1　楼地面工程						
17	020102002001	块料地面面层	垫层及厚度： C10 混凝土，800mm 厚 结合层及厚度： 1∶2 水泥砂浆 20mm 厚 面层：三元牌 400mm×400mm 奶油色地砖	m^2	42.69			
18	020105003001	块料踢脚线	踢脚线高度：150mm 砂浆配合比：1∶2 黏结层材料种类、厚度：水泥砂浆 20mm 厚 面层：三元牌 150mm×300mm 奶油色踢脚砖	m^2	6.54			
19	020108004001	现浇水磨石台阶面	基层：素土基层，C20 混凝土台阶 面层：1∶2 水泥白石子浆 15mm 厚 石子：方解石，白色 磨光、打蜡要求：普通	m^2	2.82			
			分部小计					
		B.2　墙、柱面工程						
20	020201001001	混合砂浆抹内墙面	墙体类型：标准砖墙 底层、配合比： 1∶0.3∶3 混合砂浆 18mm 厚 面层、配合比： 1∶0.3∶3 混合砂浆 8mm 厚	m^2	137.92			
21	020201002001	外墙面水刷石	墙体类型：标准砖墙 底层、配合比：1∶2.5 水泥砂浆 15mm 厚 面层、配合比：1∶2 水泥白石子浆 10mm 厚	m^2	85.79			
			本页小计					
			合计					

续上表

序号	项目编码	项目名称	项目特征 描述	计量单位	工程量	金额(元)		
						综合单价	合价	其中：暂估价
22	020202002001	柱面水刷石	柱体类型：标准砖墙 底层、配合比： 1∶2.5 水泥砂浆 15mm 厚 面层、配合比： 1∶2 水泥白石子浆 10mm 厚	m^2	3.17			
23	020203002001	梁面水刷石	梁类型：混凝土矩形梁 底层、配合比： 1∶2.5 水泥砂浆 15mm 厚 面层、配合比： 1：2 水泥白石子浆 10mm 厚	m^2	3.75			
			分部小计					
			B.3 天棚工程					
24	020301001001	混合砂浆抹天棚	基层类型：预制空心板 底层、配合比： 1∶0.3∶3 混合砂浆 12mm 厚 面层、配合比： 1∶0.3∶3 混合砂浆 5mm 厚	m^2	46.21			
			分部小计					
			B.4 门窗工程					
25	020401003001	实木装饰门	门类型： 单扇、有亮、平开 门框截面尺寸： 90mm×45mm 单樘面积：2.16m^2 骨架材料：细木工板 面层材料：三利牌棕色胡桃木面胶合板 油漆品种、遍数：聚酯漆，三遍	樘	4			
			本页小计					
			合计					

续上表

序号	项目编码	项目名称	项目特征　描述	计量单位	工程量	金额(元)		
						综合单价	合价	其中：暂估价
26	020406007001	塑钢窗C-1	窗类型：推拉窗 框扇材质：塑钢(浅色) 外围尺寸： 1460mm×1460mm 玻璃品种、厚度： 浮法玻璃，3mm厚	樘	6			
27	020406007002	塑钢窗C-2	窗类型：推拉窗 框扇材质：塑钢(浅色) 外围尺寸： 1060mm×1460mm 玻璃品种、厚度： 浮法玻璃，3mm厚	樘	1			
			分部小计					
			B.5　油漆、涂料、裱糊工程					
28	020507001001	内墙面、天棚面乳胶漆	基层类型：混合砂浆 腻子种类及要求： 石膏腻子满刮二遍 涂料品种及刷喷遍数： 三箭牌乳胶漆二遍	m^2	184.13			
			分部小计					
			本页小计					
			合计					

注：根据建设部、财政部发布的《建筑安装工程费用组成》(建标〔2003〕206号)的规定，为计取规费等的使用，可在表中增设："直接费"、"人工费"或"人工费+机械费"。

措施项目清单与计价表(一)

工程名称:接待室工程　　　　标段:　　　　　　　　　　　　表 3-2-5

序号	项 目 名 称	计 算 基 础	费率(%)	金额(元)
1	安全文明施工费			
2	夜间施工费			
3	二次搬运费			
4	冬雨季施工			
5	大型机械设备进出场及安拆费			
6	施工排水			
7	施工降水			
8	地上、地下设施、建筑物的临时保护设施			
9	已完工程及设备保护			
10	各专业工程的措施项目			
11				
12				
	合计			

注:1. 本表适用于以“项”计价的措施项目。

2. 根据建设部、财政部发布的《建筑安装工程费用组成》(建标〔2003〕206 号)的规定,“计算基础”可为“直接费”、“人工费”或“人工费+机械费”。

措施项目清单与计价表(二)

工程名称:接待室工程　　　　标段:　　　　　　　　　　　表 3-2-6

序号	项目编码	项目名称	项目特征描述	计量单位	工程量	金额(元)	
						综合单价	合价
1	AB001	现浇混凝土矩形梁、圈梁模板及支架	矩形梁断面 240mm×300mm 圈梁断面 180mm×240mm	m^2	19.00		
本页小计							
合计							

注:本表适用于以综合单价形式计价的措施项目。

其他项目清单与计价汇总表

工程名称:接待室工程　　　　标段:　　　　　　　　　　表 3-2-7

序号	项 目 名 称	计算单位	金额(元)	备注
1	暂列金额	项	8000	
2	暂估价			
2.1	材料暂估价			
2.2	专业工程暂估价			明细详见表 3-2-38
3	计日工			明细详见表 3-2-39
4	总承包服务费			明细详见表 3-2-40
合计				

注:材料暂估单价进入清单项目综合单价,此处不汇总。

暂列金额明细表

工程名称：接待室工程　　　　标段：　　　　　　　　　　　　　　　表 3-2-8

序号	项 目 名 称	计算单位	暂定金额金额（元）	备　注
1	工程量清单中工程量偏差和设计变更	项	5000	
2	材料价格风险	项	3000	
3				
4				
5				
6				
7				
8				
9				
10				
11				
合计			8000	

注：此表由招标人填写，如不详列，也可只列暂定金额总额，投标人应将上述暂列金额计人投标总价中。

规费、税金项目清单与计价表

工程名称：接待室工程　　　　标段：　　　　　　　　　　　　　　表 3-2-9

序号	项 目 名 称	计 算 基 础	费率(%)	金额(元)
1	规费			
1.1	工程排污费			
1.2	社会保障费			
(1)	养老保险费			
(2)	失业保险费			
(3)	医疗保险费			
1.3	住房公积金			
1.4	危险作业意外伤害保险			
1.5	工程定额测定费			
2	税金	分部分项工程费＋措施项目费＋其他项目费＋规费		
合计				

注：根据建设部、财政部发布的《建筑安装工程费用组成》(建标〔2003〕206 号)的规定，“计算基础”可为“直接费”、“人工费”或“人工费＋机械费”。

第二节　按清单计价定额编制工程量清单报价实例

按清单计价定额(计价定额法、表式一)及工程量计算规则计算的计价工程量、编制的工程量清单报价见表 3-2-10～表 3-2-25。

计价工程量计算表（按清单计价定额工程量计算规则计算） 表 3-2-10

工程名称：接待室工程

序号	项目编码	项目名称		单位	工程数量	计算式
		A.1 土(石)方工程				
1	010101001001	主项	平整场地	m^2	51.56	人工平整场地： $S=(5.0+0.24)\times(3.60+3.30+2.70+0.24)$ $=5.24\times9.84$ $=51.56m^2$
		附项				
2	010101003001	主项	挖(墙)基础土方	m^3	34.18	基础垫层底面积$=[(5.0+9.6)\times2+(5.0-0.8)+(3.0-0.8)]\times0.8$ $=(29.20+4.2+2.2)\times0.8$ $=35.60\times0.8$ $=28.48m^2$ 基础土方$=28.48\times1.20=34.18m^3$
		附项	土方外运 运距 5km	m^3	57.79	土方外运工程量计算： 墙基础土方，工作面宽 300mm，不放坡 $V=[(5.0+9.6)\times2+(5.0-0.8-0.3\times2)+(3.0-0.8-0.3\times2)]\times(0.80+0.30\times2)\times(1.50-0.30)$ $=(29.20+3.60+1.60)\times1.40\times1.20$ $=57.79m^3$ 土方外运：$57.79m^3$
3	010101003002	主项	挖(柱)基础土方	m^3	0.77	基础垫层底面积$=0.8\times0.8=0.64m^2$ 基础土方$=0.64\times1.20=0.77m^3$
		附项	土方外运 运距：5km	m^3	2.35	土方外运计算： 工作面 300mm，不放坡 $V=(0.80+0.30\times2)\times(0.80+0.30\times2)\times1.20$ $=1.40\times1.40\times1.20$ $=2.35m^3$ 土方外运：$2.35m^3$

续上表

序号	项目编码	项目名称		单位	工程数量	计算式
4	010103001001	主项	基础回填土	m^3	16.71	V＝挖方体积－室外地坪以下基础体积 ＝34.18＋0.77－15.08＋36.72×0.24×0.30＋0.30×0.24×0.24－5.82(垫层) ＝34.95－15.08＋2.66－5.82＝16.25m^3
		附项	买土回填	m^3	41.90	按实际挖方体积： V＝挖方体积－室外地坪以下基础体积 ＝57.79＋2.35－15.08＋36.72×0.24×0.30＋0.30×0.24×0.24－5.82(垫层) ＝41.90m^3
5	010103001002	主项	人工室内回填土	m^3	8.11	V＝主墙间净面积×回填厚度 ＝(建筑面积－墙、柱结构面积)×回填厚度 ＝(51.56－36.72×0.24－0.24×0.24)×(0.30－0.08－0.02－0.01) ＝42.69×0.19 ＝8.11m^3
		附项	买土回填	m^3	8.11	
		A.3 砌筑工程				
6	010301001001	主项	M5 水泥砂浆砌砖基础	m^3	15.08	M5 水泥砂浆砌砖基础： 砖墙基础＝(29.20＋5.0－0.24＋3.0－0.24)×[(1.50－0.20)×0.24＋0.007875×12] ＝36.72×(1.30×0.24＋0.0945) ＝36.72×0.4065 ＝14.93m^3 砖柱基础＝[(0.24＋0.0625×4)×(0.24＋0.0625×4)＋(0.24＋0.0625×2)×(0.24＋0.0625×2)]×0.126×2＋(1.50－0.20－0.126×2)×0.24×0.24 ＝(0.24＋0.133)×0.252＋0.06 ＝0.094＋0.06 ＝0.15m^3 小计：14.93＋0.15＝15.08m^3
		附项	砖基础防潮层	m^2	8.87	防潮层＝36.72×0.24＋0.24×0.24 ＝8.87m^2

续上表

序号	项目编码	项目名称		单位	工程数量	计算式
7	010302001001	主项	M5 混合砂浆砌砖墙	m^3	24.91	V =(墙长×墙高－门窗面积)×墙厚－圈梁体积 =(36.72×3.60－0.9×2.40×4－1.50×1.50×6－1.10×1.50)×0.24－29.20×0.18×0.24 =(132.19－5.83－2.16－13.50－1.65)×0.24－1.26 =111.30×0.24－1.26 =24.91m^3
		附项				
8	010302005001	主项	M5 混合砂浆砌砖柱	m^3	0.19	V =柱断面×柱高 =0.24×0.24×3.30 =0.19m^3
		附项				
		A.4 混凝土及钢筋混凝土工程				
9	010401006001	主项	C20 混凝土基础垫层	m^3	5.82	C20 混凝土基础垫层： V =[(5.0+9.6)×2+(5.0－0.8+3.0－0.8)]×0.80×0.20+0.80×0.80×0.20 =(29.20+6.40)×0.80×0.20+0.128 =35.60×0.80×0.20+0.128 =5.82m^3
		附项				
10	01040300200	主项	现浇 C20 混凝土矩形梁	m^3	0.36	V =梁长×梁断面 =(2.70+0.12+2.0+0.12)×0.24×0.30 =0.36m^3
		附项				

续上表

序号	项目编码	项目名称		单位	工程数量	计算式
11	010403004001	主项	现浇 C20 混凝土圈梁	m^3	1.26	V = 圈梁长×断面积 =29.20×0.18×0.24 =1.26m^3
		附项				
12	010407002001	主项	混凝土散水	m^2	22.63	S = 散水长×散水宽－台阶面积 =(29.20+0.24×4)×0.80－(2.7－0.12+0.12+0.3+2.0－0.12+0.12)×0.30 =24.13－5.0×0.30 =22.63m^2
		附项	伸缩缝沥青砂浆	m	37.48	伸缩缝沥青砂浆： 墙根周长 [5.0+0.24+0.30(台阶)+9.60+0.24+0.30(台阶)]×2 =31.36m 四角 0.80×1.414×4(角)=4.52m A、B 轴各加一道 0.80×2(道)=1.60m 小计：37.48m
13	010412002001	主项	预应力 C30 混凝土空心板	m^3	3.86	YKB-3962 0.164×9=1.476m^3 YKB-3662 0.139×9=1.251m^3 YKB-3062 0.126×9=1.134m^3 小计：3.86m^3
		附项	空心板运输	m^3	3.86	运输：V=净用量=3.86m^3
		附项				

续上表

序号	项目编码	项目名称		单位	工程数量	计算式
14	010416001001	主项	现浇构件钢筋 HPB235 φ12 HPB235 φ6.5 HRB335 φ14	t	0.172	圈梁：HPB235 φ12116.80×0.888=103.72kg φ6.5122.64×0.26=31.89kg 矩形梁：HPB235 φ129.02kg φ6.58.70kg HRB335 φ1418.41kg 小计：HPB235 φ12112.74kg φ6.540.59kg HRB335 φ1418.41kg 合价：0.172t(其中φ10以内0.041t,φ10以外0.131t)
		附项				
15	010416005001	主项	先张法预应力钢筋	t	0.134	空心板钢筋：CRB650 φ4 YKB-3962 6.57×9=59.13kg YKB-3662 4.50×9=40.5kg YKB-3062 3.83×9=34.47kg 小计：134.10kg
		附项				
		A.7屋面及防水工程				
16	010702003001	主项	屋面混凝土刚性防水层	m^2	55.08	屋面C20混凝土40mm厚 $S=(5.0+0.2\times2)\times(9.60+0.3\times2)$ $=5.40\times10.2$ $=55.08m^2$
		附项	1∶2水泥砂浆找平层30mm厚	m^2	55.08	1∶2水泥砂浆找平层30mm厚：$55.08m^2$
			1∶2防水砂浆(加6%防水粉)	m^2	55.08	1∶2防水砂浆(加6%防水粉)：$55.08m^2$

续上表

序号	项目编码	项目名称		单位	工程数量	计算式
			B.1 楼地面工程			
17	020102002001	主项	块料地面面层(400mm×400mm地砖)	m^2	42.69	S＝室内回填土面积 ＝42.69m^2
		附项	C10 混凝土垫层	m^3	3.41	C10 混凝土垫层工程量:42.69×0.08＝3.41m^3
18	020105003001	主项	块料踢脚线(150mm×300mm踢脚砖)	m^2	6.54	S＝踢脚线长×踢脚线高 ＝[(5.0－0.24＋3.60－0.24)×2－0.9＋(5.0－0.24＋3.30－0.24)×2－(0.9－0.1×2)×1＋(3.0－0.24＋2.70－0.24)×2－(0.9－0.1×2)＋(2.0＋2.7－0.9×2＋0.1×2×2)＋(柱:0.24×4)]×0.15 ＝(15.34＋14.94＋9.04＋3.30＋0.96)×0.15 ＝43.58×0.15 ＝6.54m^2
		附项				
19	020108004001	主项	现浇水磨石台阶	m^2	2.82	S＝(2.70＋2.0)×0.30×2＝2.82m^2 折合体积＝2.82×(0.30＋0.15)÷2＝2.82×0.225＝0.6345m^3
		附项	台阶打蜡	m^2	2.82	台阶打蜡:2.82m^2

续上表

序号	项目编码	项目名称		单位	工程数量	计算式
		B.2 墙、柱面工程				
20	020201001001	主项	混合砂浆抹内墙面	m^2	137.92	S＝墙长×墙高－门窗面积 ＝[(5.0－0.24＋3.60－0.24)×2＋(5.0－0.24＋3.30－0.24)×2＋(2.70－0.24＋3.0－0.24)×2＋2.0＋2.70]×3.60－1.50×1.50×6(樘)－1.10×1.50－0.9×2.40×8(面) ＝(16.24＋15.64＋10.44＋5.0)×3.60－13.50－1.65－17.28 ＝170.35－32.43 ＝137.92m^2
		附项				
21	020201002001	主项	外墙面水刷石	m^2	85.79	S＝墙长×墙高－窗面积 ＝(29.20＋0.96－2.7－2.0)×(3.60＋0.30)－1.50×1.50×6 ＝25.46×3.90－13.50 ＝85.79m^2
		附项				
22	020202002001	主项	柱面水刷石	m^2	3.17	S＝0.24×4×3.30＝3.17m^2
		附项				
23	020203002001	主项	梁面水刷石	m^2	3.75	S＝(2.70－0.12＋2.0－0.12)×(0.3×2＋0.24) ＝4.46×0.84＝3.75m^2
		附项				
		B.3 天棚工程				
24	020301001001	主项	混合砂浆抹天棚	m^2	46.21	S＝屋面面积－墙、柱结构面积 ＝55.08－8.87 ＝46.21m^2
		附项				

续上表

序号	项目编码	项目名称		单位	工程数量	计算式
			B.4 门窗工程			
25	020401003001	主项	实木装饰门	樘	4	M-1、M-2:4 樘 洞口尺寸:900mm×2400mm 门面积:0.90×2.40×4=2.16×4=8.64m^2
		附项				
26	020406007001	主项	塑钢推拉窗 C-1	樘	6	6 樘 1500mm×1500mm
		附项				
27	020406007002	主项	塑钢推拉窗 C-2	樘	1	1 樘 1100mm×1500mm
		附项				
			B.5 油漆、涂料、裱糊工程			
28	020507001002	主项	内墙面、天棚面乳胶漆	m^2	184.13	S=内墙抹灰面积+天棚抹灰面积 =137.92+46.21 =184.13m^2
		附项	满刮腻子两遍	m^2	184.13	满刮腻子两遍:184.13m^2

表 3-2-11

投标总价(表式一)

招　　标　　人：××汽车制造厂

工 程 名 称：接待室工程

投标总价(小写)：52301 元

(大写)：伍万贰仟叁佰零壹元整

投　　标　　人：×××建筑公司
(单位盖章)

法定代表人
或其授权人：×××
(签字或盖章)

编　　制　　人：×××
(造价人员签字盖专用章)

编制时间：×年×月×日

总 说 明

工程名称：接待室工程　　　　表 3-2-12

1. 工程概况：本工程为砖混结构，单层建筑物，建筑面积为 51.56 平方米，计划工期为 60 天。
2. 投标报价包括范围：为本次招标的接待室工程施工图范围内的建筑工程和装饰工程。
3. 投标报价编制依据：
(1)招标文件及其所提供的工程量清单和有关报价的要求，招标文件的补充通知和答疑纪要。
(2)接待室工程施工图及投标施工组织设计。
(3)有关的技术标准、规范和安全管理规定等。
(4)省建设主管部门颁发的计价定额和计价管理办法及相关计价文件

单位工程招标控制价/投标报价汇总表

工程名称： 表 3-2-13

序号	单项工程名称	金额(元)	其中：暂估价(元)
1	分部分项工程	37438.03	
1.1	A.1 土(石)方工程	2322.04	
1.2	A.3 砌筑工程	6582.44	
1.3	A.4 混凝土及钢筋混凝土工程	4868.99	
1.4	A.7 屋面及防水工程	1721.80	
1.5	B.1 楼地面工程	4448.13	
1.6	B.2 墙、柱面工程	3757.77	
1.7	B.3 天棚工程	574.85	
1.8	B.4 门窗工程	4524.47	
1.9	B.5 油漆、涂料、裱糊工程	8637.54	
2	措施项目	2858.70	
2.1	安全文明施工费	2328.18	—
3	其他项目	8000.00	—
3.1	暂列金额	8000.00	—
3.2	专业工程暂估价	—	—
3.3	计日工	—	—
3.4	总承包服务费	—	—
4	规费	2279.39	—
5	税金	1724.65	—
招标控制价/投标报价合计=1+2+3+4+5		52300.77	

注：本表适用于单位工程招标控制价或投票报价的汇总，如无单位工程划分，单项工程也使用本表汇总。

分部分项工程量清单与计价表

工程名称：接待室工程　　　　标段：　　　　　　　　　　　　表 3-2-14

序号	项目编码	项目名称	项目特征描述	计量单位	工程量	金额（元）		
						综合单价	合价	其中：暂估价
			A.1　土（石）方工程					
1	010101001001	平整场地	土壤类别：II、III 类土综合弃土、取土距离：土方就地挖填找平	m^2	51.56	0.77	39.70	
2	010101003001	挖基础土方（墙基）	土壤类别：III 类土 基础类型：条形基础 垫层底宽：800mm 挖土深度：1.20m 弃土运距：5km	m^3	34.18	36.99	1264.32	
3	010101003002	挖基础土方（柱基）	土壤类别：III 类土 基础类型：独立基础 垫层底宽：800mm 底面积：0.64m^2 挖土深度：1.20m 弃土运距：5km	m^3	0.77	24.59	18.93	
4	010103001001	土方回填（基础）	土质要求：含砾石粉质黏土 密实度要求：密实 粒径要求：10mm～40mm 砾石 夯填：分层夯填	m^3	16.71	48.70	813.78	
5	010103001002	土方回填（室内）	土质要求：含砾石粉质黏土 密实度要求：密实 粒径要求：10mm～40mm 砾石 夯填：分层夯填	m^3	8.11	22.85	185.31	
			分部小计				2322.04	
			本页小计				2322.04	
			合计				2322.04	

注：根据建设部、财政部发布的《建筑安装工程费用组成》（建标〔2003〕206 号）的规定，为计取规费等的使用，可在表中增设："直接费"、"人工费"或"人工费＋机械费"。

分部分项工程量清单与计价表

工程名称：接待室工程　　　　　标段：

序号	项目编码	项目名称	项目特征描述	计量单位	工程量	金额（元）		
						综合单价	合价	其中：暂估价
			A.3　砌筑工程					
6	010301001001	砖基础	砖品种、规格、强度：MU10 标砖 基础类型：带形 基础深度：1.20m 砂浆强度等级：M5 水泥砂浆	m^3	15.08	157.50	2375.10	
7	010302001001	实心砖墙	砖品种、规格、强度：MU7.5 标砖 墙体类型：实砌标准砖墙 墙体厚度：240mm 墙体高度：3.60m 砂浆强度等级：M5 混合砂浆	m^3	24.91	167.50	4172.43	
8	010302005001	实心砖柱	砖品种、规格、强度：MU7.5 标砖 柱类型：标准砖柱 柱截面：240mm×240mm 柱高：3.30m 砂浆强度等级：M5 混合砂浆	m^3	0.19	183.75	34.91	
			分部小计				6582.44	
			A.4　混凝土及钢筋混凝土工程					
9	010401006001	基础垫层	混凝土强度等级：C20	m^3	5.82	200.29	1165.69	
10	010403002001	矩形梁	梁底标高：3.30m 梁截面：240mm×300mm 混凝土强度等级：C20 拌和料要求：中砂，5～20 砾石	m^3	0.36	216.07	77.79	
11	010403004001	圈梁	梁底标高：2.40m 梁截面 180mm×240mm 混凝土强度等级：C20 拌和料要求：中砂，5～20 砾石	m^3	1.26	239.08	301.24	
			本页小计				8127.16	
			合计				10449.20	

注：根据建设部、财政部发布的《建筑安装工程费用组成》（建标〔2003〕206 号）的规定，为计取规费等的使用，可在表中增设："直接费"、"人工费"或"人工费＋机械费"。

分部分项工程量清单与计价表

工程名称：接待室工程　　　　标段：

序号	项目编码	项目名称	项目特征描述	计量单位	工程量	金额（元）		
						综合单价	合价	其中：暂估价
12	010407002001	散水	垫层材料：素土夯实 散水厚度：60mm 混凝土强度等级：C10 填塞材料：沥青砂浆 混凝土拌和料：中砂，5～20 砾石	m^2	22.63	24.76	560.32	
13	010412002001	空心板	混凝土强度等级：C30 构件尺寸：3900mm×600mm 安装高度：3.60mm 构件运距：8km 混凝土拌和料要求：中砂，5～20 砾石 接头灌浆：C20 细石混凝土	m^3	3.86	449.28	1734.22	
14	010416001001	现浇混凝土钢筋	钢筋种类、规格： HPB235 ϕ12 HPB235 ϕ6.5 HRB335 ϕ14	t	0.172	3187.22	548.20	
15	010416005001	先张法预应力钢筋	钢筋种类、规格：CRB650 ϕ4	t	0.134	3593.49	481.53	
			分部小计				4868.99	
			A.7　屋面及防水工程					
16	010702003001	屋面刚性防水	混凝土厚度：40mm 找平层及厚度：1∶2 水泥砂浆 30mm 防水砂浆及厚度：1∶2 水泥砂浆 20mm（加 6%防水粉） 混凝土强度等级：C20	m^2	55.08	31.26	1721.80	
			分部小计				1721.80	
			本页小计				5046.07	
			合计				15495.27	

注：根据建设部、财政部发布的《建筑安装工程费用组成》（建标〔2003〕206 号）的规定，为计取规费等的使用，可在表中增设："直接费"、"人工费"或"人工费＋机械费"。

分部分项工程量清单与计价表

工程名称:接待室工程　　　　　标段:

序号	项目编码	项目名称	项目特征描述	计量单位	工程量	金额(元)		
						综合单价	合价	其中:暂估价
			B.1　楼地面工程					
17	020102002001	块料地面面层	垫层及厚度:C10 混凝土,800mm 厚 结合层及厚度:1∶2 水泥砂浆 20mm 厚 面层:三元牌 400mm×400mm 奶油色地砖	m^2	42.69	82.25	3511.25	
18	020105003001	块料踢脚线	踢脚线高度:150mm 砂浆配合比:1∶2 水泥砂浆 20mm 厚 黏结层厚度、材料种类: 面层:三元牌 150mm×300mm 奶油色踢脚砖	m^2	6.54	68.74	449.56	
19	020108004001	现浇水磨石台阶面	基层:素土基层,C20 混凝土台阶 面层:1∶2 水泥白石子浆 15mm 厚 石子:方解石,白色 磨光、打蜡要求:普通	m^2	2.82	172.81	487.32	
			分部小计				4448.13	
			B.2　墙、柱面工程					
20	020201001001	混合砂浆抹内墙面	墙体类型:标准砖墙 底层、配合比:1∶0.3∶3 混合砂浆 18mm 厚 面层、配合比:1∶0.3∶3 混合砂浆 8mm 厚	m^2	137.92	9.54	1315.76	
21	020201002001	外墙面水刷石	墙体类型:标准砖墙 底层、配合比:1∶2.5 水泥砂浆 15mm 厚 面层、配合比:1∶2 水泥白石子浆 10mm 厚	m^2	85.79	25.61	2197.08	
			本页小计				7960.97	
			合计				23456.24	

注:根据建设部、财政部发布的《建筑安装工程费用组成》(建标〔2003〕206 号)的规定,为计取规费等的使用,可在表中增设:"直接费"、"人工费"或"人工费+机械费"。

分部分项工程量清单与计价表

工程名称:接待室工程　　　　标段:

序号	项目编码	项目名称	项目特征描述	计量单位	工程量	金额(元)		
						综合单价	合价	其中:暂估价
22	020202002001	柱面水刷石	柱体类型:标准砖墙 底层、配合比:1∶2.5水泥砂浆15mm厚 面层、配合比:1∶2水泥白石子浆10mm厚	m^2	3.17	29.46	93.39	
23	020203002001	梁面水刷石	梁类型:混凝土矩形梁 底层、配合比:1∶2.5水泥砂浆15mm厚 面层、配合比:1∶2水泥白石子浆10mm厚	m^2	3.75	40.41	151.54	
			分部小计				3757.77	
			B.3　天棚工程					
24	020301001001	混合砂浆抹天棚	基层类型:预制空心板 底层、配合比:1∶0.3∶3混合砂浆12mm厚 面层、配合比:1∶0.3∶3混合砂浆5mm厚	m^2	46.21	12.44	574.85	
			分部小计				574.85	
			B.4　门窗工程					
25	020401003001	实木装饰门	门类型:单扇、有亮、平开 门框截面尺寸:90mm×45mm 单樘面积:2.16m^2 骨架材料:细木工板 面层材料:三利牌棕色胡桃木面胶合板 油漆品种、遍数:聚酯漆,三遍	樘	4	367.88	1471.52	
			本页小计				2291.30	
			合计				25747.54	

注:根据建设部、财政部发布的《建筑安装工程费用组成》(建标〔2003〕206号)的规定,为计取规费等的使用,可在表中增设:"直接费"、"人工费"或"人工费+机械费"。

分部分项工程量清单与计价表

工程名称：接待室工程　　　　标段：

序号	项目编码	项目名称	项目特征描述	计量单位	工程量	金额（元）		
						综合单价	合价	其中：暂估价
26	020406007001	塑钢窗 C-1	窗类型：推拉窗 框扇材质：塑钢（浅色） 外围尺寸：1460mm×1460mm 玻璃品种、厚度：浮法玻璃，3mm 厚	樘	6	453.41	2720.46	
27	020406007002	塑钢窗 C-2	窗类型：推拉窗 框扇材质：塑钢（浅色） 外围尺寸：1060mm×1460mm 玻璃品种、厚度：浮法玻璃，3mm 厚	樘	1	332.49	332.49	
			分部小计				4524.47	
			B.5　油漆、涂料、裱糊工程					
28	020507001001	内墙面、天棚面乳胶漆	基层类型：混合砂浆 腻子种类及要求：石膏腻子满刮二遍 涂料品种及刷喷遍数：三箭牌乳胶漆二遍	m^2	184.13	46.91	8637.54	
			分部小计				8637.54	
			本页小计				11690.49	
			合计				37438.03	

注：根据建设部、财政部发布的《建筑安装工程费用组成》（建标〔2003〕206 号）的规定，为计取规费等的使用，可在表中增设："直接费"、"人工费"或"人工费＋机械费"。

分部分项工程人工费计算表

工程名称:接待室工程　　　　标段:　　　　　　　　　　　　　表 3-2-15

序号	项目编码	项 目 名 称	计量单位	工程量	金 额(元)	
					人工费单价	合价
		A.1 土(石)方工程				
1	010101001001	平整场地	m^2	51.56	0.21	10.83
2	010101003001	挖基础土方(墙基)	m^3	34.18	13.08	447.07
3	010101003002	挖基础土方(柱基)	m^3	0.77	10.80	8.32
4	010103001001	土方回填(基础)	m^3	16.71	14.06	234.94
5	010103001002	土方回填(室内)	m^3	8.11	7.67	62.20
		分部小计				763.36
		A.3 砌筑工程				
6	010301001001	砖基础	m^3	15.08	31.63	476.98
7	010302001001	实心砖墙	m^3	24.91	41.14	1024.80
8	010302005001	实心砖柱	m^3	0.19	50.74	9.64
		分部小计				1511.42
		A.4 混凝土及钢筋混凝土工程				
9	010401006001	基础垫层	m^3	5.82	35.70	207.77
10	010403002001	矩形梁	m^3	0.36	43.08	15.51
11	010403004001	圈梁	m^3	1.26	58.66	73.91
12	010107002001	散水	m^3	22.63	4.83	109.30
13	010412002001	空心板	m^3	3.86	91.83	354.46
14	010416001001	现浇混凝土钢筋	t	0.172	258.52	44.47
15	010416005001	先张法预应力钢筋	t	0.134	395.55	53.00
		分部小计				858.42
		本页小计				3133.20

续上表

序号	项目编码	项 目 名 称	计量单位	工程量	金 额（元）	
					人工费单价	合价
		A.7 屋面及防水工程				
16	010702003001	屋面刚性防水	m^2	55.08	8.59	473.14
		分部小计				473.14
		B.1 楼地面工程				
17	020102002001	块料地面面层	m^2	42.69	13.38	571.19
18	020105003001	块料踢脚线	m^2	6.54	21.56	141.00
19	020108004001	现浇水磨石台阶面	m^2	2.82	81.75	230.54
		分部小计				942.73
		B.2 墙、柱面工程				
20	020201001001	混合砂浆抹内墙面	m^2	137.92	4.87	671.67
21	020201002001	外墙面水刷石	m^2	85.79	12.53	1074.95
22	020202001001	柱面水刷石	m^2	3.17	15.90	50.40
23	020203001001	梁面水刷石	m^2	3.75	24.66	92.48
		分部小计				1889.50
		B.3 天棚工程				
24	020301001001	混合砂浆抹天棚	m^2	46.21	5.32	245.84
		分部小计				245.84
		B.4 门窗工程				
25	020401003001	实木装饰门	樘	4	9.00	36.00
26	020406007001	塑钢窗 C-1	樘	6	38.81	232.86
27	020406007002	塑钢窗 C-2	樘	1	28.46	28.46
		分部小计				297.32
		B.5 油漆、涂料、裱糊工程				
28	020507001001	内墙面、天棚面乳胶漆	m^2	184.13	4.23	778.87
		本页小计				4627.40
		合计				7760.60

措施项目清单与计价表(一)

工程名称:接待室工程　　　　标段:　　　　　　　　　　　　　　　　　　表 3-2-16

序号	项 目 名 称	计算基础	费率(%)	金额(元)
1	安全文明施工费	人工费	30	2328.18
2	夜间施工费	人工费	1.5	116.41
3	二次搬运费	人工费	1.0	77.61
4	冬雨季施工	人工费	0.6	46.56
5	大型机械设备进出场及安拆费	—		
6	施工排水	—		
7	施工降水	—		
8	地上、地下设施、建筑物的临时保护设施	—		
9	已完工程及设备保护	—		
10	各专业工程的措施项目	—		
11				
12				
	合计			2568.76

注:1. 本表适用于以“项”计价的措施项目。

2. 根据建设部、财政部发布的《建筑安装工程费用组成》(建标〔2003〕206 号)的规定,“计算基础”可为“直接费”、“人工费”或“人工费+机械费”。

措施项目清单与计价表(二)

工程名称:接待室工程　　　　标段:　　　　　　　　　　表 3-2-17

序号	项目编码	项目名称	项目特征描述	计量单位	工程量	金额(元)	
						综合单价	合　价
1	AB001	现浇混凝土矩形梁、圈梁模板及支架	矩形梁断面 240mm×300mm 圈梁断面 180mm×240mm	m^2	19.00	15.26	289.94
本页小计						289.94	
合计						289.94	

注:本表适用于以综合单价形式计价的措施项目。

其他项目清单与计价汇总表

工程名称:接待室工程　　　　标段:　　　　　　　　　　　　　　　表 3-2-18

序号	项目名称	计算单位	金额(元)	备注
1	暂列金额	项	8000	
2	暂估价			
2.1	材料暂估价			
2.2	专业工程暂估价			明细详见表 3-2-20
3	计日工			明细详见表 3-2-21
4	总承包服务费			明细详见表 3-2-22
	合计		8000	—

注:材料暂估单价进入清单项目综合单价,此处不汇总。

材料暂估单价表

工程名称：接待室工程　　　　标段：　　　　　　　　　　　　　　表 3-2-19

序号	材料名称、规格、型号	计算单位	单 价（元）	备　注

注：1. 此表由招标人填写，并在备注栏说明暂估价的材料拟用在哪些清单项目上，投标人应将上述材料暂估单价计入工程量清单综合单价报价中。

2. 材料包括原材料、燃料、构配件以及按规定应计入建筑安装工程造价的设备。

专业工程暂估价表

工程名称：接待室工程　　　　标段：　　　　　　　　　　　　　　表 3-2-20

序号	工　程　名　称	工程内容	金 额（元）	备　　注
合计				

注：此表由招标人填写，投标人应将上述专业工程暂估价计入投标总价中。

计 日 工 表

工程名称：接待室工程　　　　标段：　　　　　　　　　　表 3-2-21

编号	项 目 名 称	单位	暂定数量	综合单价	合价
一	人工				
1					
2					
3					
4					
	人工小计				
二	材 料				
1					
2					
3					
4					
5					
6					
	材料小计				
三	施 工 机 械				
1					
2					
3					
4					
	施工机械小计				
	总计				

注：此表项目名称、数量由招标人填写，编制招标控制价时，单价由招标人按有关计价规定确定；投标时，单价由投标人自主报价，计入投标总价中。

总承包服务费计价表

工程名称:接待室工程　　　　标段:　　　　　　　　　　　　　　表 3-2-22

序号	项 目 名 称	项目价值(元)	服务内容	费率(%)	金额(元)
1	发包人发包专业工程				
2	发包人供应材料				
合计					

暂列金额明细表

工程名称：接待室工程　　　标段：　　　　　　　　　　　　表 3-2-23

序号	项 目 名 称	计算单位	暂定金额金额（元）	备　注
1	工程量清单中工程量偏差和设计变更	项	5000	
2	材料价格风险	项	3000	
3				
4				
5				
6				
7				
8				
9				
10				
11				
合计			8000	—

注：此表由招标人填写，如不详列，也可只列暂定金额总额，投标人应将上述暂列金额计入投标总价中。

规费、税金项目清单与计价表

工程名称:接待室工程　　　　标段:　　　　　　　　　　　　　　　表 3-2-24

序号	项目名称	计算基础	费率(%)	金额(元)
1	规费			2279.39
1.1	工程排污费	按工程所在地环保部门规定按实计算		
1.2	社会保障费	(1)+(2)+(3)		1707.33
(1)	养老保险费	人工费	14	1086.48
(2)	失业保险费	人工费	2	155.21
(3)	医疗保险费	人工费	6	465.64
1.3	住房公积金	人工费	6	465.64
1.4	危险作意外伤害保险	人工费	0.5	38.80
1.5	工程定额测定费	税前工程造价	0.14	67.62
2	税金	分部分项工程费+措施项目费+其他项目费+规费	3.41	1724.65
合计				4004.04

注:根据建设部、财政部发布的《建筑安装工程费用组成》(建标〔2003〕206 号)的规定,“计算基础”可为“直接费”、“人工费”或“人工费+机械费”。

工程量清单综合单价分析表(表式一) 表 3-2-25

工程名称:接待室工程 标段: 第 1 页共 28 页

项目编码	010101001001	项目名称	平整场地	计量单位	m^2

清单综合单价组成明细											
定额编号	定额名称	定额单位	数量	单价				合价			
				人工费	材料费	机械费	管理费和利润	人工费	材料费	机械费	管理费和利润
AA0001	平整场地	$100m^2$	0.010	21.18		46.01	10.08	0.21		0.46	0.10
人工单价		小计						0.21		0.46	0.10
25 元/工日		未计价材料费									
清单项目综合单价								0.77			

材料费明细	主要材料名称、规格、型号	单位	数量	单价(元)	合价(元)	暂估单价(元)	暂估合价(元)
	其他材料费			—		—	
	材料费小计			—		—	

注:1. 如不使用省级或行业建设主管部门发布的计价依据,可不填定额项目、编号等。

2. 招标文件提供了暂估单价的材料,按暂估的单价填入表内“暂估单价”栏及“暂估合价”栏。

工程量清单综合单价分析表(表式一)

工程名称:接待室工程　　　　标段:　　　　　　　　　　第2页共28页

项目编码	010101003001	项目名称	墙基土方	计量单位	m^3

清单综合单价组成明细											
定额编号	定额名称	定额单位	数量	单价				合价			
				人工费	材料费	机械费	管理费和利润	人工费	材料费	机械费	管理费和利润
AA0004	挖基础土方	$10m^3$	0.100	79.56			11.93	7.96			1.19
AA0013	机械运土方	$10m^3$	0.305	14.78		31.28	6.91	4.51		9.54	2.11
AA0014×4	机械运土方	$10m^3$	0.305	2.00		31.28	5.00	0.61		9.54	1.53
人工单价	小计							13.08		19.08	4.83
25元/工日	未计价材料费										
清单项目综合单价								36.99			

材料费明细	主要材料名称、规格、型号	单位	数量	单价(元)	合价(元)	暂估单价(元)	暂估合价(元)
	其他材料费			—		—	
	材料费小计			—		—	

注:1.如不使用省级或行业建设主管部门发布的计价依据,可不填定额项目、编号等。

2.招标文件提供了暂估单价的材料,按暂估的单价填入表内"暂估单价"栏及"暂估合价"栏。

工程量清单综合单价分析表(表式一)

工程名称:接待室工程　　　　　标段:　　　　　　　　　　第3页共28页

项目编码	010101003002	项目名称	柱基土方	计量单位	m^3

清单综合单价组成明细											
定额编号	定额名称	定额单位	数量	单价				合价			
				人工费	材料费	机械费	管理费和利润	人工费	材料费	机械费	管理费和利润
AA0004	挖基础土方	$10m^3$	0.100	79.56			11.93	7.96			1.19
AA0013	机械运土方	$10m^3$	0.169	14.78		31.28	6.91	2.50		5.29	1.17
AA0014×4	机械运土方	$10m^3$	0.169	2.00		31.28	5.00	0.34		5.29	0.85
人工单价		小计						10.80		10.58	3.21
25元/工日		未计价材料费									
清单项目综合单价								24.59			

材料费明细	主要材料名称、规格、型号	单位	数量	单价(元)	合价(元)	暂估单价(元)	暂估合价(元)
	其他材料费			—		—	
	材料费小计			—		—	

注:1.如不使用省级或行业建设主管部门发布的计价依据,可不填定额项目、编号等。

2.招标文件提供了暂估单价的材料,按暂估的单价填入表内“暂估单价”栏及“暂估合价”栏。

工程量清单综合单价分析表（表式一）

工程名称：接待室工程　　　　标段：　　　　第4页共28页

项目编码	010103001001			项目名称		基础回填土		计量单位		m³	
清单综合单价组成明细											
定额编号	定额名称	定额单位	数量	单价				合价			
				人工费	材料费	机械费	管理费和利润	人工费	材料费	机械费	管理费和利润
AA0039	基础回填土	10m³	0.100	34.38	0.21	15.27	7.45	3.44	0.02	1.53	0.75
AA0041	买土回填	10m³	0.251	42.30	104.93	15.27	8.64	10.62	26.34	3.83	2.17
人工单价	小计							14.06	26.36	5.36	2.92
25元/工日	未计价材料费										
清单项目综合单价								48.70			
材料费明细	主要材料名称、规格、型号					单位	数量	单价（元）	合价（元）	暂估单价（元）	暂估合价（元）
	水					m³	0.35	1.30	0.46		
	土					m³	3.238	8.00	25.90		
	其他材料费							—		—	
	材料费小计							—	26.36	—	

注：1.如不使用省级或行业建设主管部门发布的计价依据，可不填定额项目、编号等。

2.招标文件提供了暂估单价的材料，按暂估的单价填入表内“暂估单价”栏及“暂估合价”栏。

工程量清单综合单价分析表(表式一)

工程名称:接待室工程　　　　标段:　　　　第5页共28页

项目编码	010103001002	项目名称	室内回填土	计量单位	m^3

清单综合单价组成明细

定额编号	定额名称	定额单位	数量	单价				合价			
				人工费	材料费	机械费	管理费和利润	人工费	材料费	机械费	管理费和利润
AA0039	室内回填土	$10m^3$	0.100	34.38	0.21	15.27	7.45	3.44	0.02	1.53	0.75
AA0041	买土回填	$10m^3$	0.100	42.30	104.93	15.27	8.64	4.23	10.49	1.53	0.86
人工单价		小计						7.67	10.51	3.06	1.61
25元/工日		未计价材料费									
清单项目综合单价								22.85			

	主要材料名称、规格、型号	单位	数量	单价(元)	合价(元)	暂估单价(元)	暂估合价(元)
材料费明细	水	m^3	0.149	1.30	0.19		
	土	m^3	1.29	8.00	10.32		
	其他材料费			—		—	
	材料费小计			—	10.51	—	

注:1.如不使用省级或行业建设主管部门发布的计价依据,可不填定额项目、编号等。

2.招标文件提供了暂估单价的材料,按暂估的单价填入表内“暂估单价”栏及“暂估合价”栏。

工程量清单综合单价分析表 （表式一）

工程名称：接待室工程　　　　标段：　　　　　　　　　　　第 6 页共 28 页

项目编码	010301001001	项目名称	砖基础	计量单位	m^3

清单综合单价组成明细

定额编号	定额名称	定额单位	数量	单价				合价			
				人工费	材料费	机械费	管理费和利润	人工费	材料费	机械费	管理费和利润
AC0003	砖基础	$10m^3$	0.100	302.90	1073.89	6.10	139.05	30.29	107.39	0.61	13.91
AG0523	防潮层	$100m^2$	0.00588	227.84	565.65	3.97	104.31	1.34	3.33	0.02	0.61
人工单价		小计						31.63	110.72	0.63	14.52
25 元/工日		未计价材料费									
清单项目综合单价								157.50			

	主要材料名称、规格、型号	单位	数量	单价（元）	合价（元）	暂估单价（元）	暂估合价（元）
材料费明细	防水粉	kg	0.39	1.20	0.47		
	水泥 32.5	kg	61.09	0.30	18.33		
	中砂	m^3	0.0126	50.00	0.63		
	水	m^3	0.202	1.30	0.26		
	红砖	块	524	0.15	78.60		
	细砂	m^3	0.276	45.00	12.43		
	其他材料费			—		—	
	材料费小计			—	110.72	—	

注：1. 如不使用省级或行业建设主管部门发布的计价依据，可不填定额项目、编号等。

2. 招标文件提供了暂估单价的材料，按暂估的单价填入表内“暂估单价”栏及“暂估合价”栏。

工程量清单综合单价分析表(表式一)

工程名称:接待室工程　　　　标段:　　　　第7页共28页

项目编码	010302001001	项目名称	实心砖墙	计量单位	m^3

清单综合单价组成明细

定额编号	定额名称	定额单位	数量	单价				合价			
				人工费	材料费	机械费	管理费和利润	人工费	材料费	机械费	管理费和利润
AC0011	M5混合砂浆砌砖墙	$10m^3$	0.100	411.40	1070.33	5.64	187.69	41.14	107.03	0.56	18.77
人工单价		小计						41.14	107.03	0.56	18.77
25元/工日		未计价材料费									
清单项目综合单价								167.50			

	主要材料名称、规格、型号	单位	数量	单价(元)	合价(元)	暂估单价(元)	暂估合价(元)
材料费明细	水泥32.5	kg	40.10	0.30	12.03		
	水	m^3	0.173	1.30	0.23		
	红砖	块	531	0.15	79.66		
	细砂	m^3	0.26	45.00	11.70		
	石灰膏	m^3	0.031	98.00	3.04		
	其他材料费			—	0.36	—	
	材料费小计			—	107.02	—	

注:1.如不使用省级或行业建设主管部门发布的计价依据,可不填定额项目、编号等。

2.招标文件提供了暂估单价的材料,按暂估的单价填入表内“暂估单价”栏及“暂估合价”栏。

工程量清单综合单价分析表(表式一)

工程名称:接待室工程　　　　标段:　　　　　　　　第8页共28页

项目编码	010302005001	项目名称	实心砖柱	计量单位	m^3

清单综合单价组成明细

定额编号	定额名称	定额单位	数量	单价				合价			
				人工费	材料费	机械费	管理费和利润	人工费	材料费	机械费	管理费和利润
AC0049	M5混合砂浆砌砖柱	$10m^3$	0.100	507.40	1093.13	5.95	231.01	50.74	109.31	0.60	23.10
人工单价		小　　计						50.74	109.31	0.60	23.10
25元/工日		未计价材料费									
清单项目综合单价								183.75			

	主要材料名称、规格、型号	单位	数量	单价(元)	合价(元)	暂估单价(元)	暂估合价(元)
材料费明细	红砖	块	543	0.15	81.45		
	水泥32.5	kg	41.35	0.30	12.41		
	石灰膏	m^3	0.0323	98.00	3.16		
	细砂	m^3	0.268	45.00	12.06		
	水	m^3	0.178	1.30	0.23		
	其他材料费			—		—	
	材料费小计			—	109.31	—	

注:1.如不使用省级或行业建设主管部门发布的计价依据,可不填定额项目、编号等。

2.招标文件提供了暂估单价的材料,按暂估的单价填入表内“暂估单价”栏及“暂估合价”栏。

工程量清单综合单价分析表(表式一)

工程名称:接待室工程　　　标段:　　　　　第9页共28页

项目编码	010401006001	项目名称	基础垫层	计量单位	m^3

清单综合单价组成明细

定额编号	定额名称	定额单位	数量	单价				合价			
				人工费	材料费	机械费	管理费和利润	人工费	材料费	机械费	管理费和利润
AD0018	混凝土基础垫层C20	$10m^3$	0.100	356.95	1441.21	30.43	174.32	35.70	144.12	3.04	17.43
人工单价		小　计						35.70	144.12	3.04	17.43
25元/工日		未计价材料费									
清单项目综合单价								200.29			

	主要材料名称、规格、型号	单位	数量	单价(元)	合价(元)	暂估单价(元)	暂估合价(元)
材料费明细	水泥32.5	kg	299.97	0.30	89.98		
	中砂	m^3	0.495	50.00	24.75		
	卵石5～40mm	m^3	0.889	32.00	28.45		
	水	m^3	0.725	1.30	0.94		
	其他材料费			—		—	
	材料费小计			—	144.12	—	

注:1.如不使用省级或行业建设主管部门发布的计价依据,可不填定额项目、编号等。

2.招标文件提供了暂估单价的材料,按暂估的单价填入表内"暂估单价"栏及"暂估合价"栏。

工程量清单综合单价分析表(表式一)

工程名称:接待室工程　　　　标段:　　　　　　　　第10页共28页

项目编码	010403002001	项目名称	矩形梁	计量单位	m^3

清单综合单价组成明细

定额编号	定额名称	定额单位	数量	单价				合价			
				人工费	材料费	机械费	管理费和利润	人工费	材料费	机械费	管理费和利润
AD0111	C20混凝土矩形梁	$10m^3$	0.100	430.84	1465.25	48.78	215.83	43.08	146.53	4.88	21.58
人工单价		小　　计						43.08	146.53	4.88	21.58
25元/工日		未　计　价　材　料　费									
清单项目综合单价								216.07			

	主要材料名称、规格、型号	单位	数量	单价(元)	合价(元)	暂估单价(元)	暂估合价(元)
材料费明细	水泥32.5	kg	301.46	0.30	90.44		
	中砂	m^3	0.4974	50.00	24.87		
	卵石5～40mm	m^3	0.893	32.00	28.58		
	水	m^3	1.073	1.30	1.39		
	其他材料费			—	1.24	—	
	材料费小计			—	146.52	—	

注:1.如不使用省级或行业建设主管部门发布的计价依据,可不填定额项目、编号等。

2.招标文件提供了暂估单价的材料,按暂估的单价填入表内"暂估单价"栏及"暂估合价"栏。

工程量清单综合单价分析表(表式一)

工程名称:接待室工程　　　　标段:　　　　　　　　　　第 11 页共 28 页

项目编码	010403004001	项目名称	圈梁	计量单位	m^3

清单综合单价组成明细

定额编号	定额名称	定额单位	数量	单价				合价			
				人工费	材料费	机械费	管理费和利润	人工费	材料费	机械费	管理费和利润
AD0131	C20 混凝土圈梁	$10m^3$	0.100	586.63	1469.46	48.78	285.93	58.66	146.95	4.88	28.59
人工单价	小　　计							58.66	146.95	4.88	28.59
25 元/工日	未　计　价　材　料　费										
清单项目综合单价								239.08			

	主要材料名称、规格、型号	单位	数量	单价(元)	合价(元)	暂估单价(元)	暂估合价(元)
材料费明细	水泥 32.5	kg	301.46	0.30	90.44		
	中砂	m^3	0.4973	50.00	24.87		
	卵石 5～40mm	m^3	0.893	32.00	28.58		
	水	m^3	1.087	1.30	1.41		
	其他材料费			—	1.65	—	
	材料费小计			—	146.95	—	

注:1. 如不使用省级或行业建设主管部门发布的计价依据,可不填定额项目、编号等。

2. 招标文件提供了暂估单价的材料,按暂估的单价填入表内"暂估单价"栏及"暂估合价"栏。

工程量清单综合单价分析表(表式一)

工程名称:接待室工程　　　　标段:　　　　　　　　第12页共28页

项目编码	010407002001	项目名称	散水	计量单位	m^2

清单综合单价组成明细

定额编号	定额名称	定额单位	数量	单价				合价			
				人工费	材料费	机械费	管理费和利润	人工费	材料费	机械费	管理费和利润
AD0437	混凝土散水	$10m^3$	0.006	375.21	1585.19	77.60	203.76	2.25	9.51	0.47	1.22
AG0538	沥青砂浆伸缩缝	10m	0.1656	15.58	45.72		7.01	2.58	7.57		1.16
人工单价		小计						4.83	17.08	0.47	2.38
25元/工日		未计价材料费									
清单项目综合单价								24.76			

	主要材料名称、规格、型号	单位	数量	单价(元)	合价(元)	暂估单价(元)	暂估合价(元)
材料费明细	水泥32.5	kg	20.34	0.30	6.10		
	中砂	m^3	0.030	50.00	1.50		
	卵石5～20mm	m^3	0.05	35.00	1.75		
	汽油	kg	0.203	2.40	0.49		
	石油沥青30号	kg	2.13	1.80	3.84		
	滑石粉	kg	3.96	0.35	1.39		
	中砂	m^3	0.010	50.00	0.50		
	水	m^3	0.074	1.30	0.10		
	其他材料费			—	1.40	—	
	材料费小计			—	17.07	—	

注:1.如不使用省级或行业建设主管部门发布的计价依据,可不填定额项目、编号等。

2.招标文件提供了暂估单价的材料,按暂估的单价填入表内"暂估单价"栏及"暂估合价"栏。

工程量清单综合单价分析表(表式一)

工程名称:接待室工程　　　　标段:　　　　　　　　第13页共28页

项目编码	010412002001	项目名称	空心板	计量单位	m^3

清单综合单价组成明细

定额编号	定额名称	定额单位	数量	单价				合价			
				人工费	材料费	机械费	管理费和利润	人工费	材料费	机械费	管理费和利润
AD0625	预应力C30空心板制安	$10m^3$	0.100	863.41	2345.52	201.73	479.31	86.34	234.55	20.17	47.93
AD0918	空心板运输	$10m^3$	0.100	54.86	28.37	341.25	178.25	5.49	2.84	34.13	17.83
人工单价		小计						91.83	237.39	54.30	65.76
25元/工日		未计价材料费									
清单项目综合单价								449.28			

	主要材料名称、规格、型号	单位	数量	单价(元)	合价(元)	暂估单价(元)	暂估合价(元)
材料费明细	二等锯材	m^3	0.013	1050.00	13.65		
	钢筋φ10内	t	0.002	2500.00	5.00		
	铁件	kg	0.475	3.30	1.57		
	水泥32.5	kg	12.60	0.30	3.78		
	水泥42.5	kg	421.00	0.33	138.93		
	中砂	m^3	0.554	50.00	27.70		
	卵石5～10mm	m^3	0.909	40.00	36.36		
	水	m^3	2.36	1.30	3.06		
	其他材料费			—	7.34	—	
	材料费小计			—	237.39	—	

注:1.如不使用省级或行业建设主管部门发布的计价依据,可不填定额项目、编号等。

2.招标文件提供了暂估单价的材料,按暂估的单价填入表内“暂估单价”栏及“暂估合价”栏。

工程量清单综合单价分析表(表式一)

工程名称:接待室工程　　　　标段:　　　　　　　　　第14页共28页

项目编码	010416001001	项目名称	现浇混凝土钢筋	计量单位	t

清单综合单价组成明细

定额编号	定额名称	定额单位	数量	单价				合价			
				人工费	材料费	机械费	管理费和利润	人工费	材料费	机械费	管理费和利润
AD0897	现浇构件钢筋 ϕ10 内	t	0.762	378.88	2735.64	21.26	180.06	212.51	2084.56	16.20	137.21
AD0898	现浇构件钢筋 ϕ10 外	t	0.238	193.31	2721.21	64.85	116.17	46.01	647.65	15.43	27.65
人工单价		小　　计						258.52	2732.21	31.63	164.86
25元/工日		未　计　价　材　料　费									
清单项目综合单价								3187.22			

	主要材料名称、规格、型号	单位	数量	单价(元)	合价(元)	暂估单价(元)	暂估合价(元)
材料费明细	ϕ10 内钢筋	t	0.823	2500.00	2057.50		
	ϕ10 外钢筋	t	0.25462	2500.00	636.55		
	水	m^3	0.031	1.30	0.04		
	焊条	kg	2.142	4.00	8.57		
	其他材料费			—	29.55	—	
	材料费小计			—	2732.21	—	

注:1.如不使用省级或行业建设主管部门发布的计价依据,可不填定额项目、编号等。

2.招标文件提供了暂估单价的材料,按暂估的单价填入表内"暂估单价"栏及"暂估合价"栏。

工程量清单综合单价分析表(表式一)

工程名称:接待室工程　　　　标段:　　　　　　　　　　第15页共28页

项目编码	010416005001	项目名称	先张法预应力钢筋	计量单位	t

清单综合单价组成明细

定额编号	定额名称	定额单位	数量	单价				合价			
				人工费	材料费	机械费	管理费和利润	人工费	材料费	机械费	管理费和利润
AD0909	先张法预制构件钢丝 φ5 内	t	1.000	395.55	2922.24	67.38	208.32	395.55	2922.24	67.38	208.32
人工单价		小　　计						395.55	2922.24	67.38	208.32
25元/工日		未　计　价　材　料　费									
清单项目综合单价								3593.49			

	主要材料名称、规格、型号	单位	数量	单价(元)	合价(元)	暂估单价(元)	暂估合价(元)
材料费明细	高强钢丝 φ5 内	t	1.11	2500.00	2775.00		
	张拉机具及锚具摊销费	元			138.64		
	其他材料费			—	8.60	—	
	材料费小计			—	2922.24	—	

注:1.如不使用省级或行业建设主管部门发布的计价依据,可不填定额项目、编号等。

2.招标文件提供了暂估单价的材料,按暂估的单价填入表内"暂估单价"栏及"暂估合价"栏。

工程量清单综合单价分析表(表式一)

工程名称:接待室工程　　　　标段:　　　　　　　　　　第16页共28页

项目编码	010702003001	项目名称	屋面刚性防水	计量单位	

清单综合单价组成明细

定额编号	定额名称	定额单位	数量	单价				合价			
				人工费	材料费	机械费	管理费和利润	人工费	材料费	机械费	管理费和利润
AG0424	细石混凝土刚性屋面	100m²	0.010	315.28	867.43	20.81	151.24	3.15	8.67	0.21	1.51
BA0004	1:2水泥砂浆找平层	100m²	0.010	315.92	470.21	5.19	78.98	3.16	4.70	0.05	0.79
AG0523	防水砂浆	100m²	0.010	227.84	565.65	3.97	104.31	2.28	5.66	0.04	1.04
人工单价		小　计						8.59	19.03	0.30	3.34
25元/工日		未计价材料费									
清单项目综合单价								31.26			

材料费明细	主要材料名称、规格、型号	单位	数量	单价(元)	合价(元)	暂估单价(元)	暂估合价(元)
	水泥32.5	kg	41.42	0.30	12.43		
	中砂	m³	0.062	50.00	3.10		
	石油沥青30号	kg	0.0239	1.80	0.04		
	汽油	kg	0.0574	2.40	0.14		
	卵石5～20mm	m³	0.0333	40.00	1.33		
	水	m³	0.1443	1.30	0.19		
	建筑油膏	kg	0.198	1.30	0.26		
	二等锯材	m³	0.0006	1050.00	0.63		
	防水粉	kg	0.664	1.20	0.80		
	其他材料费			—	0.12	—	
	材料费小计			—	19.04	—	

注:1.如不使用省级或行业建设主管部门发布的计价依据,可不填定额项目、编号等。

2.招标文件提供了暂估单价的材料,按暂估的单价填入表内"暂估单价"栏及"暂估合价"栏。

工程量清单综合单价分析表(表式一)

工程名称:接待室工程　　　　标段:　　　　　　　　第17页共28页

项目编码	020102002001	项目名称	块料地面面层	计量单位	m^2

清单综合单价组成明细

定额编号	定额名称	定额单位	数量	单价				合价			
				人工费	材料费	机械费	管理费和利润	人工费	材料费	机械费	管理费和利润
BA0088	彩釉砖楼地面	$100m^2$	0.010	1178.02	3773.26	24.43	765.71	11.78	37.73	0.24	7.66
AD0022	C10混凝土垫层	$10m^2$	0.00799	160.02	2239.72	8.24	75.72	1.60	22.40	0.08	0.76
人工单价		小计						13.38	60.13	0.32	8.42
25元/工日		未计价材料费									
清单项目综合单价								82.25			

材料费明细	主要材料名称、规格、型号	单位	数量	单价(元)	合价(元)	暂估单价(元)	暂估合价(元)
	××牌彩釉地砖400mm×400mm	m^2	1.025	33.00	33.83		
	白水泥	kg	0.15	0.40	0.06		
	水泥32.5	kg	9.12	0.30	2.74		
	中砂	m^3	0.0158	50.00	0.79		
	商品混凝土C10	m^3	1.015	220.00	22.33		
	其他材料费			—	0.35	—	
	材料费小计			—	60.10	—	

注:1.如不使用省级或行业建设主管部门发布的计价依据,可不填定额项目、编号等。

2.招标文件提供了暂估单价的材料,按暂估的单价填入表内"暂估单价"栏及"暂估合价"栏。

工程量清单综合单价分析表(表式一)

工程名称:接待室工程　　　　标段:　　　　　　　　　　第18页共28页

项目编码	020105003001	项目名称	块料踢脚线	计量单位	m^2

清单综合单价组成明细											
定额编号	定额名称	定额单位	数量	单价				合价			
				人工费	材料费	机械费	管理费和利润	人工费	材料费	机械费	管理费和利润
BA0141	彩釉砖踢脚线	$100m^2$	0.010	2155.96	3292.92	24.43	1401.37	21.56	32.93	0.24	14.01
人工单价		小计						21.56	32.93	0.24	14.01
25元/工日		未计价材料费									
清单项目综合单价								68.74			

	主要材料名称、规格、型号	单位	数量	单价(元)	合价(元)	暂估单价(元)	暂估合价(元)
材料费明细	彩釉地砖300mm×300mm	m^2	1.02	28.00	28.56		
	白水泥	kg	0.15	0.40	0.06		
	水泥32.5	kg	9.12	0.30	2.74		
	中砂	m^3	0.0158	50.00	0.79		
	其他材料费			—	0.78	—	
	材料费小计			—	32.93	—	

注:1.如不使用省级或行业建设主管部门发布的计价依据,可不填定额项目、编号等。

2.招标文件提供了暂估单价的材料,按暂估的单价填入表内“暂估单价”栏及“暂估合价”栏。

工程量清单综合单价分析表(表式一)

工程名称:接待室工程　　　标段:　　　第 19 页共 28 页

项目编码	020108004001	项目名称	现浇水磨石台阶面	计量单位	m^2

清单综合单价组成明细											
定额编号	定额名称	定额单位	数量	单价				合价			
				人工费	材料费	机械费	管理费和利润	人工费	材料费	机械费	管理费和利润
AD0439	混凝土台阶	$10m^3$	0.0226	374.46	1598.47	77.60	203.43	8.46	36.13	1.75	4.60
BA0178	水磨石梯面	$100m^2$	0.010	6652.61	2681.93	11.13	1663.15	66.53	26.82	0.11	16.63
BA0252	台阶打蜡	$100m^2$	0.010	677.50	61.65		440.38	6.76	0.62		4.40
人工单价		小计						81.75	63.57	1.86	25.63
25 元/工日		未计价材料费									
清单项目综合单价								172.81			

	主要材料名称、规格、型号	单位	数量	单价(元)	合价(元)	暂估单价(元)	暂估合价(元)
材料费明细	水泥 32.5	kg	125.35	0.30	37.61		
	中砂	m^3	0.1622	50.00	8.11		
	卵石 5~20mm	m^3	0.1915	40.00	7.66		
	水	m^3	0.441	1.30	0.57		
	白砂	kg	43.57	0.20	8.71		
	其他材料费			—	1.81	—	
	材料费小计			—	63.57	—	

注:1.如不使用省级或行业建设主管部门发布的计价依据,可不填定额项目、编号等。

2.招标文件提供了暂估单价的材料,按暂估的单价填入表内"暂估单价"栏及"暂估合价"栏。

工程量清单综合单价分析表(表式一)

工程名称:接待室工程　　　　标段:　　　　　　　　　　第20页共28页

项目编码	020201001001	项目名称	混合砂浆抹内墙面	计量单位	m^2						
清单综合单价组成明细											
定额编号	定额名称	定额单位	数量	单价				合价			
				人工费	材料费	机械费	管理费和利润	人工费	材料费	机械费	管理费和利润
BB0007	混合砂浆墙面	$100m^2$	0.010	487.22	338.89	5.95	121.81	4.87	3.39	0.06	1.22
人工单价	小计							4.87	3.39	0.06	1.22
25元/工日	未计价材料费										
清单项目综合单价								9.54			
材料费明细	主要材料名称、规格、型号				单位	数量		单价(元)	合价(元)	暂估单价(元)	暂估合价(元)
	水泥32.5				kg	6.08		0.30	1.83		
	石灰膏				m^3	0.0035		98.00	0.34		
	细砂				m^3	0.0254		45.00	1.14		
	水				m^3	0.0223		1.30	0.03		
	其他材料费							—	0.05	—	
	材料费小计							—	3.39	—	

注:1.如不使用省级或行业建设主管部门发布的计价依据,可不填定额项目、编号等。

2.招标文件提供了暂估单价的材料,按暂估的单价填入表内"暂估单价"栏及"暂估合价"栏。

工程量清单综合单价分析表(表式一)

工程名称:接待室工程　　　　标段:　　　　　　　　第 21 页共 28 页

项目编码	020201002001	项目名称	外墙面水刷石	计量单位	m^2

<table>
<tr><td colspan="12">清单综合单价组成明细</td></tr>
<tr><td rowspan="2">定额编号</td><td rowspan="2">定额名称</td><td rowspan="2">定额单位</td><td rowspan="2">数量</td><td colspan="4">单价</td><td colspan="4">合价</td></tr>
<tr><td>人工费</td><td>材料费</td><td>机械费</td><td>管理费和利润</td><td>人工费</td><td>材料费</td><td>机械费</td><td>管理费和利润</td></tr>
<tr><td>BB0063</td><td>墙面水刷石</td><td>100m²</td><td>0.010</td><td>1252.84</td><td>986.99</td><td>7.63</td><td>313.21</td><td>12.53</td><td>9.87</td><td>0.08</td><td>3.13</td></tr>
<tr><td></td><td></td><td></td><td></td><td></td><td></td><td></td><td></td><td></td><td></td><td></td><td></td></tr>
<tr><td></td><td></td><td></td><td></td><td></td><td></td><td></td><td></td><td></td><td></td><td></td><td></td></tr>
<tr><td colspan="2">人工单价</td><td colspan="6">小计</td><td>12.53</td><td>9.87</td><td>0.08</td><td>3.13</td></tr>
<tr><td colspan="2">25 元/工日</td><td colspan="6">未计价材料费</td><td colspan="4"></td></tr>
<tr><td colspan="8">清单项目综合单价</td><td colspan="4">25.61</td></tr>
</table>

<table>
<tr><td rowspan="13">材料费明细</td><td>主要材料名称、规格、型号</td><td>单位</td><td>数量</td><td>单价(元)</td><td>合价(元)</td><td>暂估单价(元)</td><td>暂估合价(元)</td></tr>
<tr><td>水泥 32.5</td><td>kg</td><td>17.85</td><td>0.30</td><td>5.36</td><td></td><td></td></tr>
<tr><td>中砂</td><td>m³</td><td>0.0197</td><td>50.00</td><td>0.99</td><td></td><td></td></tr>
<tr><td>白石子</td><td>kg</td><td>16.93</td><td>0.20</td><td>3.38</td><td></td><td></td></tr>
<tr><td>水</td><td>m³</td><td>0.0182</td><td>1.30</td><td>0.02</td><td></td><td></td></tr>
<tr><td></td><td></td><td></td><td></td><td></td><td></td><td></td></tr>
<tr><td></td><td></td><td></td><td></td><td></td><td></td><td></td></tr>
<tr><td></td><td></td><td></td><td></td><td></td><td></td><td></td></tr>
<tr><td></td><td></td><td></td><td></td><td></td><td></td><td></td></tr>
<tr><td></td><td></td><td></td><td></td><td></td><td></td><td></td></tr>
<tr><td></td><td></td><td></td><td></td><td></td><td></td><td></td></tr>
<tr><td colspan="3">其他材料费</td><td>—</td><td>0.12</td><td>—</td><td></td></tr>
<tr><td colspan="3">材料费小计</td><td>—</td><td>9.87</td><td>—</td><td></td></tr>
</table>

注:1. 如不使用省级或行业建设主管部门发布的计价依据,可不填定额项目、编号等。

2. 招标文件提供了暂估单价的材料,按暂估的单价填入表内"暂估单价"栏及"暂估合价"栏。

工程量清单综合单价分析表(表式一)

工程名称:接待室工程　　　　标段:　　　　　　　　第 22 页共 28 页

<table>
<tr><td>项目编码</td><td colspan="2">020202002001</td><td colspan="2">项目名称</td><td colspan="3">柱面水刷石</td><td colspan="2">计量单位</td><td colspan="2">m^2</td></tr>
<tr><td colspan="12">清单综合单价组成明细</td></tr>
<tr><td rowspan="2">定额编号</td><td rowspan="2">定额名称</td><td rowspan="2">定额单位</td><td rowspan="2">数量</td><td colspan="4">单价</td><td colspan="4">合价</td></tr>
<tr><td>人工费</td><td>材料费</td><td>机械费</td><td>管理费和利润</td><td>人工费</td><td>材料费</td><td>机械费</td><td>管理费和利润</td></tr>
<tr><td>BB0108</td><td>柱面水刷石</td><td>$100m^2$</td><td>0.010</td><td>1589.86</td><td>951.92</td><td>7.32</td><td>397.47</td><td>15.90</td><td>9.52</td><td>0.07</td><td>3.97</td></tr>
<tr><td></td><td></td><td></td><td></td><td></td><td></td><td></td><td></td><td></td><td></td><td></td><td></td></tr>
<tr><td></td><td></td><td></td><td></td><td></td><td></td><td></td><td></td><td></td><td></td><td></td><td></td></tr>
<tr><td colspan="2">人工单价</td><td colspan="6">小计</td><td>15.90</td><td>9.52</td><td>0.07</td><td>3.97</td></tr>
<tr><td colspan="2">25 元/工日</td><td colspan="6">未计价材料费</td><td colspan="4"></td></tr>
<tr><td colspan="8">清单项目综合单价</td><td colspan="4">29.46</td></tr>
<tr><td rowspan="12">材料费明细</td><td colspan="5">主要材料名称、规格、型号</td><td>单位</td><td>数量</td><td>单价(元)</td><td>合价(元)</td><td>暂估单价(元)</td><td>暂估合价(元)</td></tr>
<tr><td colspan="5">水泥 32.5</td><td>kg</td><td>17.13</td><td>0.30</td><td>5.14</td><td></td><td></td></tr>
<tr><td colspan="5">白石子</td><td>kg</td><td>16.34</td><td>0.20</td><td>3.27</td><td></td><td></td></tr>
<tr><td colspan="5">中砂</td><td>m^3</td><td>0.019</td><td>50.00</td><td>0.95</td><td></td><td></td></tr>
<tr><td colspan="5">水</td><td>m^3</td><td>0.017</td><td>1.30</td><td>0.02</td><td></td><td></td></tr>
<tr><td colspan="5"></td><td></td><td></td><td></td><td></td><td></td><td></td></tr>
<tr><td colspan="5"></td><td></td><td></td><td></td><td></td><td></td><td></td></tr>
<tr><td colspan="5"></td><td></td><td></td><td></td><td></td><td></td><td></td></tr>
<tr><td colspan="5"></td><td></td><td></td><td></td><td></td><td></td><td></td></tr>
<tr><td colspan="5"></td><td></td><td></td><td></td><td></td><td></td><td></td></tr>
<tr><td colspan="7">其他材料费</td><td>—</td><td>0.14</td><td>—</td><td></td></tr>
<tr><td colspan="7">材料费小计</td><td>—</td><td>9.52</td><td>—</td><td></td></tr>
</table>

注:1. 如不使用省级或行业建设主管部门发布的计价依据,可不填定额项目、编号等。

2. 招标文件提供了暂估单价的材料,按暂估的单价填入表内“暂估单价”栏及“暂估合价”栏。

工程量清单综合单价分析表(表式一)

工程名称:接待室工程　　　　标段:　　　　第23页共28页

项目编码	020203002001	项目名称	梁面水刷石	计量单位	m^2

清单综合单价组成明细											
定额编号	定额名称	定额单位	数量	单价				合价			
				人工费	材料费	机械费	管理费和利润	人工费	材料费	机械费	管理费和利润
BB0126	梁面水刷石	$100m^2$	0.010	2465.52	951.92	7.32	616.38	24.66	9.52	0.07	6.16
人工单价	小计							24.66	9.52	0.07	6.16
25元/工日	未计价材料费										
清单项目综合单价								40.41			

	主要材料名称、规格、型号	单位	数量	单价(元)	合价(元)	暂估单价(元)	暂估合价(元)
材料费明细	水泥32.5	kg	17.13	0.30	5.14		
	白石子	kg	16.34	0.20	3.27		
	中砂	m^3	0.019	50.00	0.95		
	水	m^3	0.017	1.30	0.02		
	其他材料费			—	0.14	—	
	材料费小计			—	9.52	—	

注:1.如不使用省级或行业建设主管部门发布的计价依据,可不填定额项目、编号等。

2.招标文件提供了暂估单价的材料,按暂估的单价填入表内“暂估单价”栏及“暂估合价”栏。

工程量清单综合单价分析表(表式一)

工程名称:接待室工程　　　　标段:　　　　第 24 页共 28 页

项目编码	020301001001			项目名称		混合砂浆抹天棚		计量单位			m²
清单综合单价组成明细											
定额编号	定额名称	定额单位	数量	单价				合价			
				人工费	材料费	机械费	管理费和利润	人工费	材料费	机械费	管理费和利润
BC0005	混合砂浆抹天棚	100m²	0.010	532.42	388.49	5.03	319.45	5.32	3.88	0.05	3.19
人工单价		小计						5.32	3.88	0.05	3.19
25 元/工日		未计价材料费									
清单项目综合单价								12.44			

材料费明细	主要材料名称、规格、型号	单位	数量	单价(元)	合价(元)	暂估单价(元)	暂估合价(元)
	水泥 32.5	kg	8.77	0.30	2.63		
	细砂	m³	0.0177	45.00	0.80		
	107 胶	kg	0.102	1.00	0.10		
	石灰膏	m³	0.0027	98.00	0.26		
	水	m³	0.0182	1.30	0.02		
	其他材料费			—	0.07	—	
	材料费小计			—	3.88	—	

注:1. 如不使用省级或行业建设主管部门发布的计价依据,可不填定额项目、编号等。

2. 招标文件提供了暂估单价的材料,按暂估的单价填入表内“暂估单价”栏及“暂估合价”栏。

工程量清单综合单价分析表(表式一)

工程名称:接待室工程　　　　标段:　　　　　　　　第25页共28页

项目编码	020401003001	项目名称	实木装饰门	计量单位	樘

定额编号	定额名称	定额单位	数量	单价 人工费	单价 材料费	单价 机械费	单价 管理费和利润	合价 人工费	合价 材料费	合价 机械费	合价 管理费和利润
BD0071	成品实木门	扇	1.00	9.00	353.03		5.85	9.00	353.03		5.85
人工单价	小计							9.00	353.03		5.85
25元/工日	未计价材料费										
清单项目综合单价								367.88			

材料费明细	主要材料名称、规格、型号	单位	数量	单价(元)	合价(元)	暂估单价(元)	暂估合价(元)
	成品实木门	樘	1.0	350.00	350.00		
	合页	副	1.0	3.03	3.03		
	其他材料费			—		—	
	材料费小计			—	353.03	—	

注:1.如不使用省级或行业建设主管部门发布的计价依据,可不填定额项目、编号等。

2.招标文件提供了暂估单价的材料,按暂估的单价填入表内"暂估单价"栏及"暂估合价"栏。

工程量清单综合单价分析表(表式一)

工程名称:接待室工程　　　　标段:　　　　　　　　　　第 26 页共 28 页

项目编码	020406007001	项目名称		塑钢窗 C-1		计量单位		樘			
清单综合单价组成明细											
定额编号	定额名称	定额单位	数量	单价				合价			
				人工费	材料费	机械费	管理费和利润	人工费	材料费	机械费	管理费和利润
BD0164	塑钢推拉窗	$100m^2$	0.0225	1725.00	17091.21	214.24	1121.25	38.81	384.55	4.82	25.23
人工单价		小计						38.81	384.55	4.82	25.23
25 元/工日		未计价材料费									
清单项目综合单价								453.41			
材料费明细	主要材料名称、规格、型号				单位	数量		单价(元)	合价(元)	暂估单价(元)	暂估合价(元)
	塑钢推拉窗 C-1				m^2	2.1609		168.00	363.03		
	其他材料费							—	21.52	—	
	材料费小计							—	384.55	—	

注:1. 如不使用省级或行业建设主管部门发布的计价依据,可不填定额项目、编号等。

2. 招标文件提供了暂估单价的材料,按暂估的单价填入表内"暂估单价"栏及"暂估合价"栏。

工程量清单综合单价分析表(表式一)

工程名称:接待室工程　　　　标段:　　　　　　　　　　第27页共28页

项目编码	020406007002	项目名称	塑钢窗C-2	计量单位	樘

清单综合单价组成明细											
定额编号	定额名称	定额单位	数量	单价				合价			
				人工费	材料费	机械费	管理费和利润	人工费	材料费	机械费	管理费和利润
BD0164	塑钢推拉窗	100m²	0.0165	1725.00	17091.21	214.24	1121.25	28.46	282.00	3.53	18.50
人工单价		小计						28.46	282.00	3.53	18.50
25元/工日		未计价材料费									
清单项目综合单价								332.49			

材料费明细	主要材料名称、规格、型号	单位	数量	单价(元)	合价(元)	暂估单价(元)	暂估合价(元)
	塑钢推拉窗C-2	m²	1.58466	168.00	266.22		
	其他材料费			—	15.72	—	
	材料费小计			—	282.00	—	

注:1.如不使用省级或行业建设主管部门发布的计价依据,可不填定额项目、编号等。

2.招标文件提供了暂估单价的材料,按暂估的单价填入表内“暂估单价”栏及“暂估合价”栏。

工程量清单综合单价分析表（表式一）

工程名称：接待室工程　　标段：　　第 28 页共 28 页

项目编码	020507001002	项目名称	内墙面、天棚面乳胶漆	计量单位	m^2

清单综合单价组成明细											
定额编号	定额名称	定额单位	数量	单价				合价			
				人工费	材料费	机械费	管理费和利润	人工费	材料费	机械费	管理费和利润
BE0268	内墙、天棚面乳胶漆	100m^2	0.010	205.14	1593.27		133.34	2.05	15.93		1.33
BE0266	满刮成品腻子膏	100m^2	0.010	218.40	2400.00		141.96	2.18	24.00		1.42
人工单价		小计						4.23	39.93		2.75
25 元/工日		未计价材料费									
清单项目综合单价								46.91			

材料费明细	主要材料名称、规格、型号	单位	数量	单价（元）	合价（元）	暂估单价（元）	暂估合价（元）
	成品腻子	kg	2.00	12.00	24.00		
	乳胶底漆	kg	0.1357	30.75	4.17		
	乳胶面漆	kg	0.353	33.21	11.72		
	其他材料费			—	0.04	—	
	材料费小计			—	39.93	—	

注：1. 如不使用省级或行业建设主管部门发布的计价依据，可不填定额项目、编号等。

2. 招标文件提供了暂估单价的材料，按暂估的单价填入表内"暂估单价"栏及"暂估合价"栏。

第三节　按消耗量定额编制工程量清单报价实例

按消耗量定额（消耗量定额法、表式二）及工程量计算规则计算的计价工程量、编制的工程量清单报价见表 3-2-26～表 3-2-42。

计价工程量计算表(按预算定额工程量计算规则计算)

工程名称:接待室工程　　　　表 3-2-26

序号	项目编码	项目名称		单位	工程数量	计算式
		A.1　土(石)方工程				
1	010101001001	主项	平整场地	m^2	127.88	人工平整场地: $S=(5.24+9.84)\times2+51.56+16$ $=127.88m^2$
		附项				
2	010101003001	主项	挖(墙)基础土方	m^3	57.79	墙基础土方,工作面宽 300mm,不放坡 $V=[(5.0+9.6)\times2+(5.0-0.8-0.3\times2)+(3.0-0.8-0.3\times2)]$ $\times(0.80+0.30\times2)\times(1.50-0.30)$ $=(29.20+3.60+1.60)\times1.40\times1.20$ $=57.79m^3$
		附项	土方外运 运距 5km	m^3	57.79	土方外运:$57.79m^3$
3	010101003002	主项	挖(柱)基础土方	m^3	2.35	工作面 300mm,不放坡 $V=(0.80+0.30\times2)\times(0.80+0.30\times2)\times1.20$ $=1.40\times1.40\times1.20$ $=2.35m^3$
		附项	土方外运 运距:5km	m^3	2.35	土方外运:$2.35m^3$
4	010103001001	主项	基础回填土	m^3	41.49	按实际挖方体积: V=挖方体积－室外地坪以下基础体积 $=57.79+2.35-15.08+36.72\times0.24\times0.30+0.30\times0.24\times$ $0.24-5.82$(垫层) $=41.90m^3$
		附项	买土回填	m^3	41.49	买土数量:$41.90m^3$

续上表

序号	项目编码	项目名称		单位	工程数量	计算式
5	010103001002	主项	人工室内回填土	m^3	8.11	V＝主墙间净面积×回填厚度 ＝(建筑面积－墙、柱结构面积)×回填厚度 ＝(51.56－36.72×0.24－0.24×0.24)×(0.30－0.08－0.02－0.01) ＝42.69×0.19 ＝8.11m^3
		附项	买土回填	m^3	8.11	买土数量：8.11m^3
		A.3 砌筑工程				
6	010301001001	主项	M5水泥砂浆砌砖基础	m^3	15.08	M5水泥砂浆砌砖基础： 砖墙基础＝(29.20＋5.0－0.24＋3.0－0.24)×[(1.50－0.20)×0.24＋0.007875×12] ＝36.72×(1.30×0.24＋0.0945) ＝36.72×0.4065 ＝14.93m^3 砖柱基础＝[(0.24＋0.0625×4)×(0.24＋0.0625×4)＋(0.24＋0.0625×2)×(0.24＋0.0625×2)]×0.126×2＋(1.50－0.20－0.126×2)×0.24×0.24 ＝(0.24＋0.133)×0.252＋0.06 ＝0.094＋0.06 ＝0.15m^3　　小计：14.93＋0.15＝15.08m^3
		附项	砖基础防潮层	m^2	8.87	防潮层＝36.72×0.24＋0.24×0.24 ＝8.87m^2

续上表

序号	项目编码	项目名称		单位	工程数量	计算式
7	010302001001	主项	M5 混合砂浆砌砖墙	m^3	24.91	V＝(墙长×墙高－门窗面积)×墙厚－圈梁体积 ＝(36.72×3.60－0.9×2.40×4－1.50×1.50×6－1.10×1.50)×0.24－29.20×0.18×0.24 ＝(132.19－5.83－2.16－13.50－1.65)×0.24－1.26 ＝111.30×0.24－1.26 ＝24.91m^3
		附项				
8	010302005001	主项	M5 混合砂浆砌砖柱	m^3	0.19	V＝柱断面面积×柱高 ＝0.24×0.24×3.30 ＝0.19m^3
		附项				
		A.4　混凝土及钢筋混凝土工程				
9	010401006001	主项	C20 混凝土基础垫层	m^3	5.82	C20 混凝土基础垫层： V＝[(5.0＋9.6)×2＋(5.0－0.8＋3.0－0.8)]×0.80×0.20＋0.80×0.80×0.20 ＝(29.20＋6.40)×0.80×0.20＋0.128 ＝35.60×0.80×0.20＋0.128 ＝5.82m^3
		附项				
10	01040300200	主项	现浇 C20 混凝土矩形梁	m^3	0.36	V＝梁长×梁断面 ＝(2.70＋0.12＋2.0＋0.12)×0.24×0.30 ＝0.36m^3
		附项				
11	010403004001	主项	现浇 C20 混凝土圈梁	m^3	1.26	V＝圈梁长×断面积 ＝29.20×0.18×0.24 ＝1.26m^3
		附项				

续上表

序号	项目编码	项 目 名 称		单位	工程数量	计 算 式
12	010407002001	主项	混凝土散水	m^2	22.63	S＝散水长×散水宽－台阶面积 ＝(29.20＋0.24×4)×0.80－(2.7－0.12＋0.12＋0.3＋2.0－0.12＋0.12)×0.30 ＝24.13－5.0×0.30 ＝22.63m^2
		附项	伸缩缝沥青砂浆	m	37.48	伸缩缝沥青砂浆： 墙根周长 [5.0＋0.24＋0.30(台阶)＋9.60＋0.24＋0.30(台阶)]×2 ＝31.36m 四角 0.80×1.414×4 角＝4.52m A、B 轴各加一道 0.80×2 道＝1.60m 小计：37.48m
13	010412002001	主项	预应力 C30 混凝土空心板	m^3	3.92	YKB-3962 0.164×9＝1.476m^3 YKB-3662 0.139×9＝1.251m^3 YKB-3062 0.126×9＝1.134m^3 小计：3.86m^3 制作：V＝净用量×1.015＝3.86×1.015＝3.92m^3
		附项	空心板运输	m^3	3.86	运输：V＝净用量＝3.86m^3
		附项	安装、接头灌浆	m^3	3.86	安装、接头灌浆：V＝净用量＝3.86m^3
14	010416001001	主项	现浇构件钢筋 HPB235 φ12 HPB235 φ6.5 HRB335 ф14	t	0.172	圈梁：HPB235 φ12 116.80×0.888＝103.72kg φ6.5 122.64×0.26＝31.89kg 矩形梁：HPB235 φ12 9.02kg φ6.5 8.70kg HRB335 ф14 18.41kg

续上表

序号	项目编码	项目名称		单位	工程数量	计算式
14	010416001001	附项				小计：HPB235 φ12 112.74kg φ6.5 40.59kg HRB335 φ14 18.41kg 合计：0.172(t)
15	010416005001	主项	先张法预应力钢筋	t	0.134	空心板钢筋：CRB650 φ4 YKB-3962 6.57×9=59.13kg YKB-3662 4.50×9=40.5kg YKB-3062 3.83×9=34.47kg 小计：134.10kg
		附项				
		A.7 屋面及防水工程				
16	010702003001	主项	屋面混凝土 刚性防水层	m^2	55.08	屋面C20混凝土40mm厚 $S=(5.0+0.2\times2)\times(9.60+0.3\times2)$ $=5.40\times10.2$ $=55.08m^2$
		附项	1∶2水泥砂浆 找平层30mm厚	m^2	55.08	1∶2水泥砂浆找平层30mm厚：55.08m^2
			1∶2防水砂浆 (加6%防水粉)	m^2	55.08	1∶2防水砂浆(加6%防水粉)：55.08m^2
		B.1 楼地面工程				
17	020102002001	主项	块料地面面层 (400mm×400mm地砖)	m^2	42.69	室内回填土面积 $S=42.69m^2$
		附项	C10混凝土垫层	m^3	3.41	C10混凝土垫层：$42.69\times0.08=3.41m^3$

续上表

序号	项目编码	项目名称		单位	工程数量	计算式
18	020105003001	主项	块料踢脚线（150mm×300mm踢脚砖）	m^2	6.54	S＝踢脚线长×踢脚线高 ＝[(5.0－0.24＋3.60－0.24)×2－0.9＋(5.0－0.24＋3.30－0.24)×2－(0.9－0.1×2)×1＋(3.0－0.24＋2.70－0.24)×2－(0.9－0.1×2)＋(2.0＋2.7－0.9×2＋0.1×2×2)＋(柱：0.24×4)]×0.15 ＝(15.34＋14.94＋9.04＋3.30＋0.96)×0.15 ＝43.58×0.15 ＝6.54m^2
		附项				
19	020108004001	主项	现浇水磨石台阶	m^2	2.82	S＝(2.70＋2.0)×0.30×2 ＝2.82m^2
		附项	台阶打蜡	m^2	2.82	台阶打蜡：2.82m^2
		B.2　墙、柱面工程				
20	020201001001	主项	混合砂浆抹内墙面	m^2	137.92	S＝墙长×墙高－门窗面积 ＝[(5.0－0.24＋3.60－0.24)×2＋(5.0－0.24＋3.30－0.24)×2＋(2.70－0.24＋3.0－0.24)×2＋2.0＋2.70]×3.60－1.50×1.50×6 樘－1.10×1.50－0.9×2.40×8 面 ＝(16.24＋15.64＋10.44＋5.0)×3.60－13.50－1.65－17.28 ＝170.35－32.43 ＝137.92m^2
		附项				
21	020201002001	主项	外墙面水刷石	m^2	85.79	S＝墙长×墙高－窗面积 ＝(29.20＋0.96－2.7－2.0)×(3.60＋0.30)－1.50×1.50×6 ＝25.46×3.90－13.50 ＝85.79m^2
		附项				

续上表

序号	项目编码	项目名称		单位	工程数量	计算式
22	020202002001	主项	柱面水刷石	m^2	3.17	$S=0.24\times4\times3.30$ $=3.17m^2$
		附项				
23	020203002001	主项	梁面水刷石	m^2	3.75	$S=(2.70-0.12+2.0-0.12)\times(0.3\times2+0.24)$ $=4.46\times0.84\times=3.75m^2$
		附项				
		B.3　天棚工程				
24	020301001001	主项	混合砂浆抹天棚	m^2	46.21	$S=$屋面面积－墙、柱结构面积 $=55.08-8.87$ $=46.21m^2$
		附项				
		B.4　门窗工程				
25	020401003001	主项	实木装饰门	樘	4	M-1、M-2:4 樘 洞口尺寸:900mm×2400mm 木门框制安:$0.90\times2.40\times4=8.64m^2$
		附项	木门框制安聚酯漆	m^2	8.64	聚酯漆:$8.64m^2$
26	020406007001	主项	塑钢推拉窗 C-1	樘	6 樘	6 樘　1500mm×1500mm
		附项				
27	020406007002	主项	塑钢推拉窗 C-2	樘	1 樘	1 樘　1100mm×1500mm
		附项				
		B.5　油漆、涂料、裱糊工程				
28	020507001002	主项	内墙面、天棚面乳胶漆	m^2	184.13	$S=$内墙抹灰面积＋天棚抹灰面积 $=137.92+46.21$ $=184.13m^2$
		附项	满刮腻子两遍	m^2	184.13	满刮腻子两遍:$184.13m^2$

投标总价(表式二)

表 3-2-27

招标人：××汽车制造厂

工程名称：接待室工程

投标总价(小写)：77408元

(大写)：柒万柒仟肆百零捌元整

投标人：××建筑公司

(单位盖章)

法定代表人

或其授权人：×××

(签字或盖章)

编制人：×××

(造价人员签字盖专用章)

编制时间：×年×月×日

总 说 明

工程名称:接待室工程　　　　　　　　　　　　　　　　　　　　表 3-2-28

1. 工程概况:本工程为砖混结构,单层建筑物,建筑面积为 51.56m²,计划工期为 60 天。

2. 投标报价包括范围:为本次招标的接待室工程施工图范围内的建筑工程和装饰工程。

3. 投标报价编制依据:

(1)招标文件及其所提供的工程量清单和有关报价的要求,招标文件的补充通知和答疑纪要。

(2)接待室工程施工图及投标施工组织设计。

(3)有关的技术标准、规范和安全管理管理规定等。

(4)省建设主管部门颁发的计价定额和计价管理办法及相关计价文件

单位工程招标控制价/投标报价汇总表

工程名称： 表 3-2-29

序号	单项工程名称	金额(元)	其中:暂估价(元)
1	分部分项工程	53226.17	
1.1	A.1 土(石)方工程	1839.64	
1.2	A.3 砌筑工程	15030.03	
1.3	A.4 混凝土及钢筋混凝土工程	7748.42	
1.4	A.7 屋面及防水工程	3329.04	
1.5	B.1 接地面工程	1659.56	
1.6	B.2 墙、柱面工程	6953.45	
1.7	B.3 天棚工程	875.68	
1.8	B.4 门窗工程	13127.83	
1.9	B.5 油漆、涂料、裱糊工程	2662.52	
2	措施项目	6170.39	—
2.1	安全文明施工费	5329.71	—
3	其他项目	8000.00	—
3.1	暂列金额	8000.00	—
3.2	专业工程暂估价	—	—
3.3	计日工	—	—
3.4	总承包服务费	—	—
4	规费	7459.02	—
5	税金	2552.58	—
招标控制价/投标报价合计=1+2+3+4+5		77408.16	

注：本表适用于单位工程招标控制价或投票报价的汇总，如无单位工程划分，单项工程也使用本表汇总。

分部分项工程量清单与计价表(表式二)

工程名称:接待室工程　　　　标段:　　　　　　　　　　表 3-2-30

序号	项目编码	项目名称	项目特征描述	计量单位	工程量	金额(元)		
						综合单价	合价	其中:暂估价
		A.1 土(石)方工程						
1	010101001001	平整场地	土壤类别:II、III 类土综合 弃土、取土距离: 土方就地挖填找平	m^2	51.56	3.35	172.73	
2	010101003001	挖基础土方(墙基)	土壤类别:III 类土 基础类型:条形基础 垫层底宽:800mm 挖土深度:1.20m 弃土运距:5km	m^3	34.18	63.20	97.38	
3	010101003002	挖基础土方(柱基)	土壤类别:III 类土 基础类型:独立基础 垫层底宽:800mm 底面积:0.64m^2 挖土深度:1.20m 弃土运距:5km	m^3	0.77	113.75	87.59	
4	010103001001	土方回填(基础)	土质要求:含砾石粉质黏土 密实度要求:密实 粒径要求:10~40mm 砾石 夯填:分层夯填 运输距离:5km	m^3	16.70	74.34	1241.48	
5	010103001002	土方回填(室内)	土质要求:含砾石粉质黏土 密实度要求:密实 粒径要求:10~40mm 砾石 夯填:分层夯填 运输距离:5km	m^3	8.11	29.65	240.46	
			分部小计				1839.64	
			本页小计				1839.64	
			合计				1839.64	

续上表

序号	项目编码	项目名称	项目特征描述	计量单位	工程量	金额(元)		
						综合单价	合价	其中：暂估价
			A.3　砌筑工程					
6	010301001001	砖基础	砖品种、规格、强度：MU10标砖 基础类型：带形 基础深度：1.20m 砂浆强度等级：M5 水泥砂浆	m^3	15.08	364.11	5490.78	
7	010302001001	实心砖墙	砖品种、规格、强度：MU7.5标砖 墙体类型：实砌标准砖墙 墙体厚度：240mm 墙体高度：3.60m 砂浆强度等级：M5 混合砂浆	m^3	24.91	379.81	9461.07	
8	010302005001	实心砖柱	砖品种、规格、强度：MU7.5标砖 柱类型：标准砖柱 柱截面：240mm×240mm 柱高：3.30m 砂浆强度等级：M5 混合砂浆	m^3	0.19	411.47	78.18	
			分部小计				15030.03	
			A.4　混凝土及钢筋混凝土工程					
9	010401006001	垫层	混凝土强度等级：C20	m^3	5.82	404.12	235.98	
10	010403002001	矩形梁	梁底高程：3.30m 梁截面：240mm×300mm 混凝土强度等级：C20 拌和料要求：中砂，5～20 砾石	m^3	0.36	438.47	157.85	
11	010403004001	圈梁	梁底高程：2.40m 梁截面：180mm×240mm 混凝土强度等级：C20 拌和料要求：中砂，5～20 砾石	m^3	1.26	475.71	599.39	
			本页小计				16023.25	
			合计				17862.89	

续上表

序号	项目编码	项目名称	项目特征描述	计量单位	工程量	金额(元)		
						综合单价	合价	其中：暂估价
12	010407002001	散水	垫层材料：素土夯实 散水厚度：60mm 混凝土强度等级：C10 填塞材料：沥青砂浆 混凝土拌和料：中砂，5～20砾石	m^2	22.63	42.25	956.12	
13	010412002001	空心板	混凝土强度等级：C30 构件尺寸：3900mm × 600mm 安装高度：3.60m 构件运距：8km 混凝土拌和料要求：中砂，5～20砾石 接头灌浆：C20细石混凝土	m^3	3.86	948.97	3663.02	
14	010416001001	现浇混凝土钢筋	钢筋种类、规格： HPB235 ϕ12 HPB235 ϕ6.5 HRB335 Φ14	t	0.172	5871.29	1009.86	
15	010416005001	先张法预应力钢筋	钢筋种类、规格：CRB650 ϕ4	t	0.134	8404.47	1126.20	
			分部小计				7748.42	
			A.7 屋面及防水工程					
16	010702003001	屋面刚性防水	混凝土厚度：40mm 找平层及厚度：1∶2水泥砂浆30mm 防水砂浆及厚度：1∶2水泥砂浆20mm(加6%防水粉) 混凝土强度等级：C20	m^2	55.08	60.44	3329.04	
			分部小计				3329.04	
			本页小计				10084.24	
			合计				27947.13	

续上表

序号	项目编码	项目名称	项目特征描述	计量单位	工程量	金额(元)		
						综合单价	合价	其中：暂估价
			B.1 楼地面工程					
17	020102002001	块料地面面层	垫层及厚度：C10 混凝土，800mm 厚 结合层及厚度：1∶2 水泥砂浆 20mm 厚 面层：三元牌 400mm × 400mm 奶油色地砖	m^2	42.69	112.98	155.67	
18	020105003001	块料踢脚线	踢脚线高度：150mm 砂浆配合比：1∶2 水泥砂浆 20mm 厚 黏结层厚度、材料种类： 面层：三元牌 150mm × 300mm 奶油色踢脚砖	m^2	6.54	117.80	770.41	
19	020108004001	现浇水磨石台阶面	基层：素土基层，C20 混凝土台阶 面层：1∶2 水泥白石子浆 15mm 厚 石子：方解石，白色 磨光、打蜡要求：普通	m^2	2.82	260.10	733.48	
			分部小计				1659.56	
			B.2 墙、柱面工程					
20	020201001001	混合砂浆抹内墙面	墙体类型：标准砖墙 底层、配合比：1∶0.3∶3 混合砂浆 18mm 厚 面层、配合比：1∶0.3∶3 混合砂浆 8mm 厚	m^2	137.92	18.55	2558.42	
21	020201002001	外墙面水刷石	墙体类型：标准砖墙 底层、配合比：1∶2.5 水泥砂浆 15mm 厚 面层、配合比：1∶2 水泥白石子浆 10mm 厚	m^2	85.79	46.82	4016.69	
			本页小计				8234.67	
			合计				36181.80	

续上表

序号	项目编码	项目名称	项目特征描述	计量单位	工程量	金额(元)		
						综合单价	合价	其中：暂估价
22	020202002001	柱面水刷石	柱体类型：标准砖墙 底层、配合比：1∶2.5 水泥砂浆 15mm 厚 面层、配合比：1∶2 水泥白石子浆 10mm 厚	m^2	3.17	54.43	172.54	
23	020203002001	梁面水刷石	梁类型：混凝土矩形梁 底层、配合比：1∶2.5 水泥砂浆 15mm 厚 面层、配合比：1∶2 水泥白石子浆 10mm 厚	m^2	3.75	54.88	205.80	
			分部小计				6953.45	
			B.3 天棚工程					
24	020301001001	混合砂浆抹天棚	基层类型：预制空心板 底层、配合比：1∶0.3∶3 混合砂浆 12mm 厚 面层、配合比：1∶0.3∶3 混合砂浆 5mm 厚	m^2	46.21	18.95	875.68	
			分部小计				875.68	
			B.4 门窗工程					
25	020401003001	实木装饰门	门类型： 单扇、有亮、平开 门框截面尺寸： 90mm×45mm 单樘面积：2.16m² 骨架材料：细木工板 面层材料：三利牌棕色胡桃木面胶合板 油漆品种、遍数： 聚酯漆，三遍	樘	4	1505.95	6023.80	
			本页小计				7277.82	
			合计				43459.62	

续上表

序号	项目编码	项目名称	项目特征描述	计量单位	工程量	金额(元)		
						综合单价	合价	其中：暂估价
26	020406007001	塑钢窗 C-1	窗类型：推拉窗 框扇材质：塑钢(浅色) 外围尺寸：1460mm × 1460 mm 玻璃品种、厚度：浮法玻璃，3mm 厚	樘	6	1032.61	6195.66	
27	020406007002	塑钢窗 C-2	窗类型：推拉窗 框扇材质：塑钢(浅色) 外围尺寸：1060mm × 1460 mm 玻璃品种、厚度：浮法玻璃，3mm 厚	樘	1	908.37	908.37	
			分部小计				13127.83	
			B.5 油漆、涂料、裱糊工程					
28	020507001001	内墙面、天棚面乳胶漆	基层类型：混合砂浆 腻子种类及要求：石膏腻子满刮二遍 涂料品种及刷喷遍数：三箭牌乳胶漆二遍	m^2	184.13	14.46	2662.52	
			分部小计				2662.52	
			本页小计				9766.55	
			合计				53226.17	

注：根据建设部、财政部发布的《建筑安装工程费用组成》(建标〔2003〕206 号)的规定，为计取规费的使用，可在表中增设："直接费"、"人工费"或"人工费＋机械费"。

分部分项工程人工费计算表(表式二)

工程名称:接待室工程　　　　　　标段:　　　　　　　　　　表 3-2-31

序号	项目编码	项目名称	计量单位	工程量	金额(元)	
					人工费单价	合价
		A.1　土(石)方工程				
1	010101001001	平整场地	m^2	51.56	3.10	159.84
2	010101003001	挖基础土方(墙基)	m^3	34.18	47.51	1623.89
3	010101003002	挖基础土方(柱基)	m^3	0.77	85.45	65.80
4	010103001001	土方回填(基础)	m^3	16.71	29.49	492.78
5	010103001002	土方回填(室内)	m^3	8.11	29.65	240.46
		分部小计				2591.77
		A.3　砌筑工程				
6	010301001001	砖基础	m^3	15.08	71.55	1078.97
7	010302001001	实心砖墙	m^3	24.91	92.49	2303.93
8	010302005001	实心砖柱	m^3	0.19	113.16	21.50
		分部小计				3404.40
		A.4　混凝土及钢筋混凝土工程				
9	010401006001	基础垫层	m^3	5.82	71.99	418.98
10	010403002001	矩形梁	m^3	0.36	98.61	35.50
11	010403004001	圈梁	m^3	1.26	132.14	166.50
12	010407002001	散水	m^2	22.63	14.78	334.47
13	010412002001	空心板	m^3	3.86	302.59	1168.00
14	010416001001	现浇混凝土钢筋	t	0.172	561.05	96.50
15	010416005001	先张法预应力钢筋	t	0.134	895.52	112.00
		分部小计				2331.95
		本页小计				8328.12

续上表

序号	项目编码	项目名称	计量单位	工程量	金额(元)	
					人工费单价	合价
		A.7 屋面及防水工程				
16	010702003001	屋面刚性防水	m^2	55.08	22.00	1211.76
		分部小计				1211.76
		B.1 楼地面工程				
17	020102002001	块料地面面层	m^2	42.69	27.00	1152.63
18	020105003001	块料踢脚线	m^2	6.54	38.91	254.47
19	020108004001	现浇水磨石台阶面	m^2	2.82	140.96	397.51
		分部小计				1804.61
		B.2 墙、柱面工程				
20	020201001001	混合砂浆抹内墙面	m^2	137.92	9.50	1310.24
21	020201002001	外墙面水刷石	m^2	85.79	25.50	2187.65
22	020202002001	柱面水刷石	m^2	3.17	32.49	102.99
23	020203002001	梁面水刷石	m^2	3.75	32.53	121.99
		分部小计				3722.87
		B.3 天棚工程				
24	020301001001	混合砂浆抹天棚	m^2	46.21	10.76	497.22
		分部小计				497.22
		B.4 门窗工程				
25	020401003001	实木装饰门	樘	4	234.00	936.00
26	020406007001	塑钢窗 C-1	樘	6	52.00	312.00
27	020406007002	塑钢窗 C-2	樘	1	38.00	38.00
		分部小计				1286.00
		B.5 油漆、涂料、裱糊工程				
28	020507001001	内墙面、天棚面乳胶漆	m^2	184.13	4.97	915.13
		本页小计				9437.59
		合计				17765.71

人工、材料单价表

工程名称：接待室工程　　　　表 3-2-32

序　号	材 料 名 称	规格、型号	单　　位	单　价(元)
1	人工		工日	50.00
2	水泥	32.5	kg	0.40
3	水泥	42.5	kg	0.45
4	白水泥		kg	0.60
5	中砂		m^3	60.00
6	细砂		m^3	55.00
7	卵石	5-40	m^3	55.00
8	卵石	5-20	m^3	60.00
9	白石子		kg	0.50
10	红(青)砖		块	0.40
11	水		m^3	1.50
12	土		m^3	12.00
13	M5 水泥砂浆		m^3	206.00
14	1∶2 水泥砂浆		m^3	420.00
15	1∶3 水泥砂浆		m^3	380.00
16	1∶0.3∶3 混合砂浆		m^3	326.00
17	水泥 107 胶浆		m^3	867.00
18	1∶2 白石子浆		m^3	886.00
19	水泥浆		m^3	753.00
20	C10 混凝土		m^3	198.00
21	C20 混凝土		m^3	295.00
22	C30 混凝土		m^3	327.00
23	一等锯材		m^3	1450
24	二等锯材		m^3	1275
25	钢筋	ϕ10 以内	kg	4.50
26	钢筋	ϕ10 以外	kg	4.40
27	螺纹钢	ϕ10 以外	kg	4.50
28	冷拉刻痕钢筋		kg	6.12
29	铁件		kg	6.40
30	组合钢模		kg	6.50
31	焊条		kg	8.60

续上表

序　号	材 料 名 称	规格、型号	单　　位	单　价
32	地砖	400×400	m^2	55.00
33	彩釉砖踢脚板		m^2	65.00
34	建筑油膏		kg	4.00
35	冷底子油	3∶7	kg	4.35
36	草酸		kg	6.00
37	硬白蜡		kg	5.60
38	煤油		kg	4.50
39	清油		kg	18.00
40	防水粉		kg	2.00
41	成品塑料推拉窗 C-1		樘	900.00
42	成品塑料推拉窗 C-2		樘	800.00
43	成品实木门		樘	980.00
44	铜铰链		副	45.00
45	滑石粉		kg	0.70
46	乳胶		kg	4.50
47	底漆		kg	16.00
48	面漆		kg	25.00
49	稀释剂		kg	12.00
50	乳胶漆		kg	21.00
51	腻子胶		kg	6.45
52	沥青砂浆		m^3	780.00

措施项目清单与计价表(一)

工程名称:接待室工程　　　　标段:　　　　表 3-2-33

序号	项目名称	计算基础	费率(%)	金额(元)
1	安全文明施工费	人工费	30	5329.71
2	夜间施工费	人工费	1.5	266.49
3	二次搬运费	人工费	1.0	177.66
4	冬雨季施工	人工费	0.6	106.59
5	大型机械设备进出场及安拆费	—		
6	施工排水	—		
7	施工降水	—		
8	地上、地下设施、建筑物的临时保护设施	—		
9	已完工程及设备保护	—		
10	各专业工程的措施项目	—		
11				
12				
合计				5880.45

注:1.本表适用于以“项”计价的措施项目。

2.根据建设部、财政部发布的《建筑安装工程费用组成》(建标〔2003〕206号)的规定,“计算基础”可为“直接费”、“人工费”或“人工费+机械费”。

措施项目清单与计价表(二)

工程名称:接待室工程　　　　标段:　　　　表 3-2-34

序号	项目编码	项目名称	项目特征描述	计量单位	工程量	金额(元)	
						综合单价	合价
1	AB001	现浇混凝土矩形梁、圈梁模板及支架	矩形梁断面240mm×300mm圈梁断面180mm×240mm	m^2	19.00	15.26	289.94
本页小计							289.94
合计							289.94

注:本表适用于以综合单价形式计价的措施项目。

其他项目清单与计价汇总表

工程名称:接待室工程　　　　　标段:　　　　　　　　　　　　表 3-2-35

序号	项目名称	计算单位	金额(元)	备注
1	暂列金额	项	8000	
2	暂估价			
2.1	材料暂估价			
2.2	专业工程暂估价			明细详见表 3-2-38
3	计日工			明细详见表 3-2-39
4	总承包服务费			明细详见表 3-2-40
合计			8000	—

注:材料暂估单价进入清单项目综合单价,此处不汇总。

暂列金额明细表

工程名称：接待室工程　　　　标段：　　　　表 3-2-36

序　号	项 目 名 称	计 算 单 位	暂定金额金额(元)	备　　注
1	工程量清单中工程量偏差和设计变更	项	5000	
2	材料价格风险	项	3000	
3				
4				
5				
6				
7				
8				
9				
10				
11				
合计			8000	—

注：此表由招标人填写，如不详列，也可只列暂定金额总额，投标人应将上述暂列金额计入投标总价中。

材料暂估单价表

工程名称：接待室工程　　　　标段：　　　　表 3-2-37

序号	材料名称、规格、型号	计算单位	单价(元)	备注

注：1. 此表由招标人填写，并在备注栏说明暂估价的材料拟用在哪些清单项目上，投标人应将上述材料暂估单价计入工程量清单综合单价报价中。

2. 材料包括原材料、燃料、构配件以及按规定应计入建筑安装工程造价的设备。

专业工程暂估价表

工程名称：接待室工程　　　　标段：　　　　表 3-2-38

序　号	工 程 名 称	工程内容	金　额(元)	备　注
合计				

注：此表由招标人填写，投标人应将上述专业工程暂估价计入投标总价中。

计日工表

工程名称:接待室工程　　　　　标段:　　　　　　　　　　　表 3-2-39

编号	项目名称	单位	暂定数量	综合单价	合价
一	人工				
1					
2					
3					
4					
人工小计					
二	材料				
1					
2					
3					
4					
5					
6					
材料小计					
三	施工机械				
1					
2					
3					
4					
施工机械小计					
总计					

注:此表项目名称、数量由招标人填写,编制招标控制价时,单价由招标人按有关计价规定确定;投标时,单价由投标人自主报价,计入投标总价中。

总承包服务费计价表

工程名称:接待室工程　　　　标段:　　　　表 3-2-40

序　号	项 目 名 称	项目价值(元)	服务内容	费率(%)	金额(元)
1	发包人发包专业工程				
2	发包人供应材料				
		合计			

规费、税金项目清单与计价表

工程名称:接待室工程　　　　　　标段:　　　　　　　　　　表 3-2-41

序　号	项 目 名 称	计 算 基 础	费率(%)	金额(元)
1	规费			5157.58
1.1	工程排污费	按工程所在地环保部门规定按实计算		
1.2	社会保障费	(1)+(2)+(3)		3908.45
(1)	养老保险费	人工费	14	2487.20
(2)	失业保险费	人工费	2	355.31
(3)	医疗保险费	人工费	6	1065.94
1.3	住房公积金	人工费	6	1065.94
1.4	危险作意外伤害保险	人工费	0.5	88.83
1.5	工程定额测定费	税前工程造价(67396.56)	0.14	94.36
2	税金	分部分项工程费+措施项目费+其他项目费+规费	3.41	2552.58
合计				7710.16

注:根据建设部、财政部发布的《建筑安装工程费用组成》(建标〔2003〕206 号)的规定,"计算基础"可为"直接费"、"人工费"或"人工费+机械费"。

分部分项工程量清单综合单价计算表(表式二)

工程名称:接待室工程　　　　　　　　　　　　　　　　　　表 3-2-42

序　　号		1		2			
清单编码		010101001001		010101003001			
清单项目名称		平整场地		人工挖(墙)基础土方			
计量单位		m^2		m^3			
清单工程量		51.56		34.18			
综合单价分析							
定额编号		1A0009		1A0017+1A0018			
定额子目名称		人工平整场地		人工挖沟槽		机械运土方 5km	
定额计量单位		m^2		m^3		m^3	
计价工程量		127.88		57.79		57.79	
工料机名称	单位	耗量 小计	单价(元) 合价(元)	耗量 小计	单价(元) 合价(元)	耗量 小计	单价(元) 合价(元)
人工　人工	工日	0.025 3.20	50.00 160.00	0.402 23.23	50.00 1161.50	0.16 9.25	50.00 462.32
机械　机械费	元						6.51 376.21
工料机小计(元)		160.00		1161.50		838.53	
工料机合计(元)		160.00		2000.03			
管理费(元)		8.00		100.00			
利润(元)		4.80		60.00			
清单合价(元)		172.80		2160.03			
综合单价(元)		3.35		63.20			

其中(元)	人工费	材料费	机械费	管理费和利润	人工费	材料费	机械费	管理费和利润
	3.10			0.25	47.51		11.01	4.68

续上表

序号			3				4	
清单编码			010101003002				010103001001	
清单项目名称			人工挖(柱)基础土方				人工(墙、柱)基础回填土	
计量单位			m^3				m^3	
清单工程量			0.77				16.70	
综合单价分析								
定额编号			1A0003		1A0017+1A0018		1A0010	
定额子目名称			人工挖基坑		机械运土方5km		买土回填	
定额计量单位			m^3		m^3		m^3	
计价工程量			2.35		2.35		41.90	
工料机名称		单位	耗量 小计	单价(元) 合价(元)	耗量 小计	单价(元) 合价(元)	耗量 小计	单价(元) 合价(元)
人工	人工	工日	0.402	50.00	0.16	50.00	0.235	50.00
			0.94	47.00	0.376	18.80	9.85	492.50
材料	水	m^3					0.133	1.50
							5.57	8.36
	土	m^3					1.29	12.00
							54.05	648.60
机械	机械费	元				6.51		
						15.30		
工料机小计(元)			47.00		34.10		1149.46	
工料机合计(元)			81.10				1149.46	
管理费(元)			4.06				57.47	
利润(元)			2.43				34.48	
清单合价(元)			87.59				1241.41	
综合单价(元)			113.75				74.34	

其中(元)	人工费	材料费	机械费	管理费和利润	人工费	材料费	机械费	管理费和利润
	85.45		19.87	8.43	29.49	39.34		5.51

续上表

<table>
<tr><td colspan="3">序　　号</td><td colspan="4">5</td><td colspan="4">6</td></tr>
<tr><td colspan="3">清单编码</td><td colspan="4">010103001002</td><td colspan="4">010301001001</td></tr>
<tr><td colspan="3">清单项目名称</td><td colspan="4">人工室内回填土</td><td colspan="4">M5 水泥砂浆砌砖基础</td></tr>
<tr><td colspan="3">计量单位</td><td colspan="4">m^3</td><td colspan="4">m^3</td></tr>
<tr><td colspan="3">清单工程量</td><td colspan="4">88.11</td><td colspan="4">15.08</td></tr>
<tr><td colspan="11">综合单价分析</td></tr>
<tr><td colspan="3">定额编号</td><td colspan="4">1A0010</td><td colspan="2">1C0003</td><td colspan="2">1H0058</td></tr>
<tr><td colspan="3">定额子目名称</td><td colspan="4">买土回填</td><td colspan="2">M5 水砂砖基础</td><td colspan="2">防水砂浆</td></tr>
<tr><td colspan="3">定额计量单位</td><td colspan="4">m^3</td><td colspan="2">m^3</td><td colspan="2">m^2</td></tr>
<tr><td colspan="3">计价工程量</td><td colspan="4">8.11</td><td colspan="2">15.08</td><td colspan="2">8.87</td></tr>
<tr><td colspan="2" rowspan="2">工料机名称</td><td rowspan="2">单位</td><td colspan="2">耗量</td><td colspan="2">单价(元)</td><td>耗量</td><td>单价(元)</td><td>耗量</td><td>单价(元)</td></tr>
<tr><td colspan="2">小计</td><td colspan="2">合价(元)</td><td>小计</td><td>合价(元)</td><td>小计</td><td>合价(元)</td></tr>
<tr><td rowspan="2">人工</td><td rowspan="2">人工</td><td rowspan="2">工日</td><td colspan="2">0.235</td><td colspan="2">50.00</td><td>1.37</td><td>50.00</td><td>0.104</td><td>50.00</td></tr>
<tr><td colspan="2">1.91</td><td colspan="2">95.50</td><td>20.66</td><td>1033.00</td><td>0.92</td><td>46.00</td></tr>
<tr><td rowspan="14">材料</td><td rowspan="2">水</td><td rowspan="2">m^3</td><td colspan="2">0.133</td><td colspan="2">1.50</td><td>0.176</td><td>1.50</td><td>0.042</td><td>1.50</td></tr>
<tr><td colspan="2">1.08</td><td colspan="2">1.62</td><td>2.65</td><td>3.98</td><td>0.37</td><td>0.56</td></tr>
<tr><td rowspan="2">土</td><td rowspan="2">m^3</td><td colspan="2">1.29</td><td colspan="2">12.00</td><td></td><td></td><td></td><td></td></tr>
<tr><td colspan="2">10.46</td><td colspan="2">125.52</td><td></td><td></td><td></td><td></td></tr>
<tr><td rowspan="2">M5 水泥砂浆</td><td rowspan="2">m^3</td><td colspan="2"></td><td colspan="2"></td><td>0.238</td><td>206.00</td><td></td><td></td></tr>
<tr><td colspan="2"></td><td colspan="2"></td><td>3.589</td><td>739.33</td><td></td><td></td></tr>
<tr><td rowspan="2">标准砖</td><td rowspan="2">块</td><td colspan="2"></td><td colspan="2"></td><td>524</td><td>0.40</td><td></td><td></td></tr>
<tr><td colspan="2"></td><td colspan="2"></td><td>7901.9</td><td>3160.76</td><td></td><td></td></tr>
<tr><td rowspan="2">C20 混凝土</td><td rowspan="2">m^3</td><td colspan="2"></td><td colspan="2"></td><td></td><td></td><td></td><td></td></tr>
<tr><td colspan="2"></td><td colspan="2"></td><td></td><td></td><td></td><td></td></tr>
<tr><td rowspan="2">1∶2 水泥砂浆</td><td rowspan="2">m^3</td><td colspan="2"></td><td colspan="2"></td><td></td><td></td><td>0.0207</td><td>420.00</td></tr>
<tr><td colspan="2"></td><td colspan="2"></td><td></td><td></td><td>0.184</td><td>77.28</td></tr>
<tr><td rowspan="2">防水粉</td><td rowspan="2">kg</td><td colspan="2"></td><td colspan="2"></td><td></td><td></td><td>0.6638</td><td>2.00</td></tr>
<tr><td colspan="2"></td><td colspan="2"></td><td></td><td></td><td>5.89</td><td>11.78</td></tr>
<tr><td rowspan="2">机械</td><td rowspan="2">机械费</td><td rowspan="2">元</td><td colspan="2"></td><td colspan="2"></td><td></td><td>0.615</td><td></td><td>0.04</td></tr>
<tr><td colspan="2"></td><td colspan="2"></td><td></td><td>9.27</td><td></td><td>2.09</td></tr>
<tr><td colspan="3">工料机小计(元)</td><td colspan="4">222.64</td><td colspan="2">4946.34</td><td colspan="2">137.71</td></tr>
<tr><td colspan="3">工料机合计(元)</td><td colspan="4">222.64</td><td colspan="4">5084.05</td></tr>
<tr><td colspan="3">管理费(元)</td><td colspan="4">11.13</td><td colspan="4">254.20</td></tr>
<tr><td colspan="3">利润(元)</td><td colspan="4">6.68</td><td colspan="4">152.52</td></tr>
<tr><td colspan="3">清单合价(元)</td><td colspan="4">240.45</td><td colspan="4">5490.77</td></tr>
<tr><td colspan="3">综合单价(元)</td><td colspan="4">29.65</td><td colspan="4">364.11</td></tr>
<tr><td colspan="3" rowspan="2">其中(元)</td><td>人工费</td><td>材料费</td><td>机械费</td><td>管理费和利润</td><td>人工费</td><td>材料费</td><td>机械费</td><td>管理费和利润</td></tr>
<tr><td>11.78</td><td>15.68</td><td></td><td>2.20</td><td>71.55</td><td>264.83</td><td>0.75</td><td>26.97</td></tr>
</table>

续上表

<table>
<tr><td colspan="3">序　　号</td><td colspan="4">7</td><td colspan="4">8</td></tr>
<tr><td colspan="3">清单编码</td><td colspan="4">010302001001</td><td colspan="4">010302005001</td></tr>
<tr><td colspan="3">清单项目名称</td><td colspan="4">M5 混合砂浆砌砖墙</td><td colspan="4">M5 混合砂浆砌砖柱</td></tr>
<tr><td colspan="3">计量单位</td><td colspan="4">m^3</td><td colspan="4">m^3</td></tr>
<tr><td colspan="3">清单工程量</td><td colspan="4">24.91</td><td colspan="4">0.19</td></tr>
<tr><td colspan="11">综合单价分析</td></tr>
<tr><td colspan="3">定额编号</td><td colspan="4">1C0011</td><td colspan="4">1C0029</td></tr>
<tr><td colspan="3">定额子目名称</td><td colspan="4">M5 混合砂浆砌砖墙</td><td colspan="4">M5 混合砂浆砌砖柱</td></tr>
<tr><td colspan="3">定额计量单位</td><td colspan="4">m^3</td><td colspan="4">m^3</td></tr>
<tr><td colspan="3">计价工程量</td><td colspan="4">24.91</td><td colspan="4">0.19</td></tr>
<tr><td colspan="2" rowspan="2">工料机名称</td><td rowspan="2">单位</td><td colspan="2">耗量</td><td colspan="2">单价(元)</td><td colspan="2">耗量</td><td colspan="2">单价(元)</td></tr>
<tr><td colspan="2">小计</td><td colspan="2">合价(元)</td><td colspan="2">小计</td><td colspan="2">合价(元)</td></tr>
<tr><td rowspan="2">人工</td><td rowspan="2">人工</td><td rowspan="2">工日</td><td colspan="2">1.85</td><td colspan="2">50.00</td><td colspan="2">2.28</td><td colspan="2">50.00</td></tr>
<tr><td colspan="2">46.08</td><td colspan="2">2304.00</td><td colspan="2">0.43</td><td colspan="2">21.50</td></tr>
<tr><td rowspan="14">材料</td><td rowspan="2">M5 混合砂浆</td><td rowspan="2">m^3</td><td colspan="2">0.224</td><td colspan="2">206.00</td><td colspan="2">0.231</td><td colspan="2">206.00</td></tr>
<tr><td colspan="2">5.58</td><td colspan="2">1149.48</td><td colspan="2">0.044</td><td colspan="2">9.06</td></tr>
<tr><td rowspan="2">标准砖</td><td rowspan="2">块</td><td colspan="2">531</td><td colspan="2">0.40</td><td colspan="2">543</td><td colspan="2">0.40</td></tr>
<tr><td colspan="2">13227</td><td colspan="2">5290.80</td><td colspan="2">103.17</td><td colspan="2">41.27</td></tr>
<tr><td rowspan="2">水</td><td rowspan="2">m^3</td><td colspan="2">0.173</td><td colspan="2">1.50</td><td colspan="2">0.178</td><td colspan="2">1.50</td></tr>
<tr><td colspan="2">4.31</td><td colspan="2">6.47</td><td colspan="2">0.30</td><td colspan="2">0.45</td></tr>
<tr><td rowspan="2"></td><td rowspan="2"></td><td colspan="2"></td><td colspan="2"></td><td colspan="2"></td><td colspan="2"></td></tr>
<tr><td colspan="2"></td><td colspan="2"></td><td colspan="2"></td><td colspan="2"></td></tr>
<tr><td rowspan="2"></td><td rowspan="2"></td><td colspan="2"></td><td colspan="2"></td><td colspan="2"></td><td colspan="2"></td></tr>
<tr><td colspan="2"></td><td colspan="2"></td><td colspan="2"></td><td colspan="2"></td></tr>
<tr><td rowspan="2"></td><td rowspan="2"></td><td colspan="2"></td><td colspan="2"></td><td colspan="2"></td><td colspan="2"></td></tr>
<tr><td colspan="2"></td><td colspan="2"></td><td colspan="2"></td><td colspan="2"></td></tr>
<tr><td rowspan="2">其他材料费</td><td rowspan="2">元</td><td colspan="2"></td><td colspan="2">0.325</td><td colspan="2"></td><td colspan="2"></td></tr>
<tr><td colspan="2"></td><td colspan="2">8.10</td><td colspan="2"></td><td colspan="2"></td></tr>
<tr><td rowspan="2">机械</td><td rowspan="2">机械费</td><td rowspan="2">元</td><td colspan="2"></td><td colspan="2">0.057</td><td colspan="2"></td><td colspan="2">0.60</td></tr>
<tr><td colspan="2"></td><td colspan="2">1.42</td><td colspan="2"></td><td colspan="2">0.11</td></tr>
<tr><td colspan="3">工料机小计(元)</td><td colspan="4">8760.27</td><td colspan="4">72.39</td></tr>
<tr><td colspan="3">工料机合计(元)</td><td colspan="4">8760.27</td><td colspan="4">72.39</td></tr>
<tr><td colspan="3">管理费(元)</td><td colspan="4">438.01</td><td colspan="4">3.62</td></tr>
<tr><td colspan="3">利润(元)</td><td colspan="4">262.81</td><td colspan="4">2.17</td></tr>
<tr><td colspan="3">清单合价(元)</td><td colspan="4">9461.09</td><td colspan="4">78.18</td></tr>
<tr><td colspan="3">综合单价(元)</td><td colspan="4">379.81</td><td colspan="4">411.47</td></tr>
<tr><td colspan="3" rowspan="2">其中(元)</td><td>人工费</td><td>材料费</td><td>机械费</td><td>管理费和利润</td><td>人工费</td><td>材料费</td><td>机械费</td><td>管理费和利润</td></tr>
<tr><td>92.49</td><td>259.13</td><td>0.06</td><td>28.13</td><td>113.16</td><td>267.26</td><td>0.58</td><td>30.47</td></tr>
</table>

续上表

序号			9		10	
清单编码			010401006001		010403002001	
清单项目名称			基础垫层		现浇 C20 混凝土矩形梁	
计量单位			m^3		m^3	
清单工程量			5.82		0.36	
综合单价分析						
定额编号			1E0293		1E0094	
定额子目名称			C20 基础垫层		现浇 C20 混凝土梁	
定额计量单位			m^3		m^3	
计价工程量			5.82		0.36	
工料机名称		单位	耗量 小计	单价(元) 合价(元)	耗量 小计	单价(元) 合价(元)
人工	人工	工日	1.44	50.00	1.982	50.00
			8.38	419.00	0.71	35.50
材料	水	m^3	0.725	1.50	1.073	1.50
			4.22	6.33	0.39	0.59
	C20 混凝土	m^3	1.01	295.00	1.015	295.00
			5.88	1734.60	0.365	107.68
	其他材料费	元				1.87
						0.67
机械	机械费	元		3.066		4.78
				17.84		1.72
工料机小计(元)			2177.77		146.16	
工料机合计(元)			2177.77		146.16	
管理费(元)			108.89		7.31	
利润(元)			65.33		4.38	
清单合价(元)			2351.99		157.85	
综合单价(元)			404.12		438.47	

其中(元)	人工费	材料费	机械费	管理费和利润	人工费	材料费	机械费	管理费和利润
	71.99	299.13	3.07	29.93	98.61	302.61	4.78	32.47

续上表

序号					11	
清单编码					010403004001	
清单项目名称					现浇 C20 混凝土圈梁	
计量单位					m^3	
清单工程量					1.26	
综合单价分析						
定额编号					1E0090	
定额子目名称					现浇 C20 圈梁	
定额计量单位					m^3	
计价工程量					1.26	
工料机名称		单位	耗量 小计	单价(元) 合价(元)	耗量 小计	单价(元) 合价(元)
人工	人工	工日			2.64 3.33	50.00 166.50
材料	组合钢模	kg				
材料	卡具、支撑钢材	kg				
材料	二等锯材	m^3				
材料	C20 混凝土	m^3			1.015 1.279	295.00 377.31
材料	水	m^3			1.085 1.37	1.50 2.06
材料	其他材料费	元				2.47 3.11
机械	机械费	元				4.78 6.02
工料机小计(元)					555.00	
工料机合计(元)					555.00	
管理费(元)					27.75	
利润(元)					16.65	
清单合价(元)					599.40	
综合单价(元)					475.71	
其中(元)			人工费	材料费	机械费	管理费和利润
			132.14	303.56	4.78	35.24

续上表

序号			12							
清单编码			010407002001							
清单项目名称			C10 混凝土散水							
计量单位			m^2							
清单工程量			22.63							
综合单价分析										
定额编号			1M0068		1H0117					
定额子目名称			混凝土散水		沥青砂浆伸缩缝					
定额计量单位			m^2		m					
计价工程量			22.63		37.48					
工料机名称		单位	耗量	单价(元)	耗量	单价(元)	耗量	单价(元)	耗量	单价(元)
			小计	合价(元)	小计	合价(元)	小计	合价(元)	小计	合价(元)
人工	人工	工日	0.18	50.00	0.07	50.00				
			4.07	203.50	2.62	131.00				
材料	42.5 水泥	kg	20.51	0.45						
			464.14	208.86						
	中砂	m^3	0.0398	60.00						
			0.901	54.06						
	5～20 卵石	m^3	0.0503	60.00						
			1.138	68.28						
	水	m^3	0.0614	1.50						
			1.39	2.09						
	冷底子油	kg			0.16	4.35				
					6.00	26.10				
	沥青砂浆	m^3			0.005	780.00				
					0.187	145.86				
	其他材料费	元		0.64		0.62				
				14.48		23.24				
机械	机械费	元		0.35						
				7.92						
工料机小计(元)			559.19		326.20					
工料机合计(元)			885.39							
管理费(元)			44.27							
利润(元)			26.56							
清单合价(元)			956.22							
综合单价(元)			42.25							
其中(元)			人工费	材料费	机械费	管理费和利润				
			14.78	23.99	0.35	3.13				

续上表

序　　号			13					
清单编码			010412002001					
清单项目名称			预应力 C30 混凝土空心板					
计量单位			m^3					
清单工程量			3.86					
综合单价分析								
定额编号			1E0462		1E0572+1E0573		1E0533	
定额子目名称			预应力空心板制作		空心板运输		空心板安装、接头灌浆	
定额计量单位			m^3		m^3		m^3	
计价工程量			3.92		3.86		3.86	
工料机名称		单位	耗量	单价(元)	耗量	单价(元)	耗量	单价(元)
			小计	合价(元)	小计	合价(元)	小计	合价(元)
人工	人工	工日	2.17	50.00	0.78	50.00	2.52	50.00
			10.62	531.00	3.01	150.50	9.73	486.50
材料	钢模板		3.47	6.50				
			13.60	88.40				
	二等锯材	m^3	0.0034	1275.00	0.006	1275.00	0.0075	1275.00
			0.013	16.58	0.023	29.33	0.029	36.98
	C30 混凝土	m^3	1.015	327.00			0.078	327.00
			3.98	1301.46			0.301	98.43
	水	m^3	2.069	1.50			0.235	1.50
			8.11	12.17			0.91	1.37
	$\phi 10$ 内钢筋	kg					2.20	4.50
							8.49	38.21
	铁件	kg					0.475	6.40
							1.83	11.71
	1∶2 水泥砂浆	m^3					0.021	420.00
							0.081	34.02
		m^3						
	其他材料费	元		4.59		2.19		6.87
				17.99		8.45		26.52
机械	机械费	元		15.18		62.39		52.26
				59.51		240.83		201.72
工料机小计(元)			2027.11		429.11		935.46	
工料机合计(元)			3391.66					
管理费(元)			169.58					
利润(元)			101.75					
清单合价(元)			3663.01					
综合单价(元)			948.97					
其中(元)			人工费	材料费	机械费	管理费和利润		
			302.59	446.02	130.07	70.29		

续上表

序号			14					
清单编码			010416001001					
清单项目名称			现浇构件钢筋					
计量单位			t					
清单工程量			0.172					
综合单价分析								
定额编号			1E0577		1E0578		1E0579	
定额子目名称			φ10内钢筋制安		φ10外钢筋制安		螺纹钢筋制安	
定额计量单位			t		t		t	
计价工程量			0.041		0.113		0.018	
工料机名称		单位	耗量	单价(元)	耗量	单价(元)	耗量	单价(元)
			小计	合价(元)	小计	合价(元)	小计	合价(元)
人工	人工	工日	17.11	50.00	9.39	50.00	9.23	50.00
			0.70	35.00	1.06	53.00	0.17	8.50
材料	φ10内钢筋	t	1.08	4500.00				
			0.044	198.00				
	φ10外钢筋	t			1.07	4400.00		
					0.121	532.40		
	焊条	kg			9	8.60	8.64	8.60
					1.02	8.77	0.16	1.38
	水	m^3			0.13	1.50	0.16	1.50
					0.01	0.02	0.003	0.01
	φ10外螺纹钢筋	t					1.065	4500
							0.019	85.50
	其他材料费	元		35.64		10.09		12.45
				1.46		1.14		0.22
机械	机械费	元		23.76		66.81		63.44
				0.97		7.55		1.14
工料机小计(元)			235.43		602.88		96.75	
工料机合计(元)			935.06					
管理费(元)			46.75					
利润(元)			28.05					
清单合价(元)			1009.86					
综合单价(元)			5871.29					
其中(元)			人工费	材料费	机械费	管理费和利润		
			561.05	4819.19	56.16	434.88		

续上表

序号		15					
清单编码		010416005001					
清单项目名称		先张法预应力钢筋					
计量单位		t					
清单工程量		0.134					
综合单价分析							
定额编号		1E0585					
定额子目名称		先张法预应力钢筋					
定额计量单位		t					
计价工程量		0.134					
工料机名称	单位	耗量 小计	单价(元) 合计(元)	耗量 小计	单价(元) 合计(元)	耗量 小计	单价(元) 合计(元)
人工 人工	工日	17.88 2.40	50.00 120.00				
材料 冷拉刻痕钢筋	t	1.11 0.149	6120.00 911.88				
锚具摊销费	元						
其他材料费	元		8.60 1.15				
机械 机械费	元		72.74 9.75				
工料机小计(元)		1042.78					
工料机合计(元)		1042.78					
管理费(元)		52.14					
利润(元)		31.28					
清单合价(元)		1126.20					
综合单价(元)		8404.47					
其中(元)		人工费 895.52	材料费 6813.66	机械费 72.76	管理费和利润 622.54		

续上表

序号			16					
清单编码			010702003001					
清单项目名称			屋面混凝土刚性防水					
计量单位			m^2					
清单工程量			55.08					
综合单价分析								
定额编号			1H0052		1J0004×1.5		1H0058	
定额子目名称			C20 刚性屋面		1：2 水泥砂浆 30mm 厚		防水砂浆	
定额计量单位			m^2		m^2		m^2	
计价工程量			55.08		55.08		55.08	
工料机名称		单位	耗量	单价(元)	耗量	单价(元)	耗量	单价(元)
			小计	合价(元)	小计	合价(元)	小计	合价(元)
人工	人工	工日	0.142	50.00	0.194	50.00	0.104	50.00
			7.82	391.00	10.69	534.50	5.73	286.50
材料	C20 混凝土	m^3	0.0406	295.00				
			2.236	659.62				
	水泥浆	m^3	0.0012	753.00				
			0.066	49.70				
	二等锯材	m^3	0.0006	1275.00				
			0.033	42.08				
	建筑油膏	kg	0.198	4.00				
			10.91	43.64				
	冷底子油 3：7	kg	0.0746	4.35				
			4.11	17.88				
	水	m^3	0.0872	1.50	0.0121	1.50	0.042	1.50
			4.80	7.20	0.67	1.01	2.31	3.47
	1：2 水泥砂浆	m^3			0.0202	420.00	0.0207	420.00
					1.113	467.46	1.14	478.80
	防水粉	kg					0.6638	2.00
							36.56	73.12
	其他材料费	元		0.18				
				9.91				
机械	机械费	元		0.21		0.05		0.04
				11.57		2.74		2.20
工料机小计(元)			1232.60		1005.71		844.09	
工料机合计(元)			3082.40					
管理费(元)			154.12					
利润(元)			92.47					
清单合价(元)			3328.99					
综合单价(元)			60.44					
其中(元)			人工费	材料费	机械费		管理费和利润	
			22.00	33.66	0.30		4.48	

续上表

序号			17				18	
清单编码			020102002001				020105003001	
清单项目名称			块料地面面层（400mm×400mm 地砖）				块料踢脚线（150mm×300mm 踢脚砖）	
计量单位			m^2				m^2	
清单工程量			42.69				6.54	
综合单价分析								
定额编号			2A0020		1E0291		2A0023	
定额子目名称			楼地面彩釉砖		C10 混凝土垫层		彩釉砖踢脚板	
定额计量单位			m^2		m^3		m^2	
计价工程量			42.69		3.41		6.54	
工料机名称		单位	耗量	单价(元)	耗量	单价(元)	耗量	单价(元)
			小计	合价(元)	小计	合价(元)	小计	合价(元)
人工	普工	工日	0.085	50.00			0.156	50.00
			3.63	181.50			1.02	51.00
	技工	工日	0.34	50.00	1.44	50.00	0.623	50.00
			14.51	725.50	4.91	245.50	4.07	203.50
材料	400×400 地砖	m^2	1.03	55.00				
			43.97	2418.35				
	425 水泥	kg	7.12	0.45			7.12	0.45
			303.95	136.78			46.56	20.95
	中砂	m^3	0.011	60.00			0.011	60.00
			0.470	28.20			0.072	4.32
	C10 混凝土	m^3			1.01	198.00		
					3.44	681.12		
	水	m^3			0.725	1.50		
					2.685	4.03		
	彩釉砖踢脚板	m^2					1.02	65.00
							6.67	433.55
机械	机械费	元		0.81		3.07		
				34.58		10.47		
工料机小计(元)			3524.91		941.12		713.32	
工料机合计(元)			4466.03				713.32	
管理费(元)			223.30				35.67	
利润(元)			133.98				21.40	
清单合价(元)			4823.31				770.39	
综合单价(元)			112.98				117.80	

其中(元)	人工费	材料费	机械费	管理费和利润	人工费	材料费	机械费	管理费和利润
	27.00	76.56	1.06	8.37	38.91	70.16		8.73

续上表

序号			19				20	
清单编码			020108004001				020201001001	
清单项目名称			现浇水磨石台阶				混合砂浆抹内墙面	
计量单位			m^2				m^2	
清单工程量			2.82				137.92	
综合单价分析								
定额编号			1M0052		1J0119		1J0162	
定额子目名称			混凝土台阶磨石面		台阶打蜡		混合砂浆抹内墙	
定额计量单位			m^2		m^2		m^2	
计价工程量			2.82		2.82		137.92	
工料机名称		单位	耗量	单价(元)	耗量	单价(元)	耗量	单价(元)
			小计	合价(元)	小计	合价(元)	小计	合价(元)
人工	人工	工日	2.55	50.00	0.27	50.00	0.19	50.00
			7.19	359.50	0.76	38.00	26.20	1310.00
材料	425水泥	m^2	98.05	0.45				
			276.5	124.43				
	中砂	m^3	0.182	60.00				
			0.513	30.78				
	5～40mm卵石	m^3	0.203	55.00				
			0.572	31.46				
	白石子	kg	40.77	0.50				
			114.97	57.49				
	水	m^3	0.46	1.50			0.0218	1.50
			1.30	1.95			3.007	4.51

续上表

序号			19				20			
材料	草酸	kg			0.016	6.00				
					0.05	0.30				
	硬白蜡	kg			0.0424	5.60				
					0.12	0.67				
	煤油	kg			0.064	4.50				
					0.18	0.81				
	清油	kg			0.0085	18.00				
					0.02	0.36				
	1∶0.3∶3 混合砂浆	m^3					0.0231			326.00
							3.186			1038.64
	其他材料费	元		7.90		0.15				0.05
				22.28		0.42				6.90
机械	机械费	元		3.79						0.06
				10.69						8.28
工料机小计(元)			638.58		40.56		2368.33			
工料机合计(元)			679.14				2368.33			
管理费(元)			33.96				118.42			
利润(元)			20.37				71.05			
清单合价(元)			733.47				2557.80			
综合单价(元)			260.10				18.55			
其中(元)			人工费	材料费	机械费	管理费和利润	人工费	材料费	机械费	管理费和利润
			140.96	96.08	3.79	19.27	9.50	7.61	0.06	1.37

续上表

序号			21		22		23		24	
清单编码			020201001002		020202002001		020203002001		020301001001	
清单项目名称			外墙面水刷石		柱面水刷石		梁面水刷石		混合砂浆抹天棚	
计量单位			m^2		m^2		m^2		m^2	
清单工程量			85.79		3.17		3.75		46.21	
综合单价分析										
定额编号			1J0192		1J0194		1J0194		1J0271	
定额子目名称			外墙面水刷石		柱面水刷石		梁面水刷石		混合砂浆抹天棚	
定额计量单位			m^2		m^2		m^2		m^2	
计价工程量			85.79		3.17		3.75		46.21	
工料机名称		单位	耗量	单价(元)	耗量	单价(元)	耗量	单价(元)	耗量	单价(元)
			小计	合价(元)	小计	合价(元)	小计	合价(元)	小计	合价(元)
人工	人工	工日	0.51	50.00	0.65	50.00	0.65	50.00	0.215	50.00
			43.75	2187.50	2.06	103.00	2.44	122.00	9.94	497.00
材料	1∶3水泥砂浆	m^3	0.0173	380.00	0.0167	380.00	0.0167	380.00		
			1.484	563.92	0.053	20.14	0.063	23.94		
	1∶2白石子浆	m^3	0.0115	886.00	0.0111	886.00	0.0111	886.00		
			0.99	877.14	0.035	31.01	0.042	37.21		
	水泥浆	m^3	0.0011	753.00	0.001	753.00	0.001	753.00		
			0.094	70.78	0.003	2.26	0.004	3.01		
	水	m^3	0.0182	1.50	0.0183	1.50	0.0183	1.50		
			1.56	2.34	0.06	0.09	0.07	0.11		
	水泥107胶浆	m^3			0.001	867.00	0.001	867.00	0.001	867.00
					0.003	2.60	0.004	3.47	0.05	43.35
	1∶0.3∶3混合砂浆	m^3							0.0176	326.00
									0.813	265.04
	其他材料费	元		0.12		0.137		0.137		0.066
				10.29		0.43		0.51		3.05
机械	机械费	元		0.08		0.077		0.077		0.051
				6.86		0.24		0.29		2.36
工料机小计(元)			3718.83		159.77		190.54		810.80	
工料机合计(元)			3718.83		159.77		190.54		810.80	
管理费(元)			185.94		7.99		9.53		40.54	
利润(元)			111.56		4.79		5.72		24.32	
清单合价(元)			4016.33		172.55		205.79		875.66	
综合单价(元)			46.82		54.43		54.88		18.95	
其中(元)			人工费		人工费		人工费		人工费	
			25.50		32.49		32.53		10.76	

续上表

序　号			25							
清单编码			020401003001							
清单项目名称			实木装饰门							
计量单位			樘							
清单工程量			4							
综合单价分析										
定额编号			2D0063		1G0107×2		1K0041			
定额子目名称			实木装饰门		木门框制安		木门聚酯漆			
定额计量单位			樘		m^2		m^2			
计价工程量			4		8.64		8.64			
工料机名称		单位	耗量	单价(元)	耗量	单价(元)	耗量	单价(元)	耗量	单价(元)
			小计	合价(元)	小计	合价(元)	小计	合价(元)	小计	合价(元)
人工	人工	工日	3.60	50.00	0.11	50.00	0.39	50.00		
			14.40	720.00	0.95	47.50	3.37	168.50		
材料	成品实木门	樘		980.00						
				3920.00						
	铜铰链	副		45.00						
				180.00						
	一等锯材	m^3			0.017	1450.00				
					0.15	217.50				
	乳胶	kg			0.006	4.50				
					0.052	0.23				
	底漆	kg					0.33	16.00		
							2.85	45.60		
	面漆	kg					0.88	25.00		
							7.60	190.00		
	稀释剂	kg					0.76	12.00		
							6.57	78.84		
	其他材料费	元				0.06		0.17		
						0.52		1.47		
机械	机械费	元				0.85				
						7.43				
工料机小计(元)			4820.00		273.18		484.41			
工料机合计(元)			5577.59							
管理费(元)			278.88							
利润(元)			167.33							
清单合价(元)			6023.80							
综合单价(元)			1505.95							
其中(元)			人工费		材料费		机械费		管理费和利润	
			234.00		1158.54		1.86		111.55	

续上表

序　号			26		27	
清单编码			020406007001		020406007002	
清单项目名称			塑钢窗 C-1		塑钢窗 C-2	
计量单位			樘		樘	
清单工程量			6		1	
综合单价分析						
定额编号			2D0056		2D0056	
定额子目名称			塑钢窗安装		塑钢窗安装	
定额计量单位			樘		樘	
计价工程量			6		1	
工料机名称		单位	耗量	单价(元)	耗量	单价(元)
			小计	合价(元)	小计	合价(元)
人工	人工	工日	1.04	50.00	0.76	50.00
			6.24	312.00	0.76	38.00
材料	塑钢推拉窗	樘		900.00		800.00
				5400.00		800.00
机械	机械费	元		4.12		3.09
				24.72		3.09
工料机小计(元)			5736.72		841.09	
工料机合计(元)			5736.72		841.09	
管理费(元)			286.84		42.05	
利润(元)			172.10		25.23	
清单合价(元)			6195.66		908.37	
综合单价(元)			1032.61		908.37	

其中(元)	人工费	材料费	机械费	管理费和利润	人工费	材料费	机械费	管理费和利润
	52.00	900.00	4.12	76.49	38.00	800.00	3.09	67.28

续上表

序号			28							
清单编码			020507001001							
清单项目名称			内墙面、天棚面乳胶漆							
计量单位			m^2							
清单工程量			184.13							
综合单价分析										
定额编号			2E0131		2E0108		2E0107			
定额子目名称			抹灰面乳胶漆		墙面满刮腻子		天棚满刮腻子			
定额计量单位			m^2		m^2		m^2			
计价工程量			184.13		137.92		46.21			
工料机名称		单位	耗量	单价(元)	耗量	单价(元)	耗量	单价(元)	耗量	单价(元)
			小计	合价(元)	小计	合价(元)	小计	合价(元)	小计	合价(元)
人工	普工	工日	0.0096	50.00	0.01	50.00	0.0112	50.00		
			1.77	88.50	1.38	69.00	0.52	26.00		
	技工	工日	0.0348	50.00	0.04	50.00	0.0444	50.00		
			7.07	353.50	5.52	276.00	2.05	102.50		
材料	乳胶漆	kg	0.3082	21.00						
			56.75	1191.75						
	滑石粉	kg			0.49	0.70	0.49	0.70		
					67.58	47.31	22.64	15.85		
	腻子胶	kg			0.152	6.45	0.152	6.45		
					34.48	222.40	7.02	45.28		
	白水泥	kg			0.25	0.60	0.25	0.60		
					34.48	20.69	11.55	6.93		
机械										
工料机小计(元)			1633.75		635.40		196.56			
工料机合计(元)			2465.71							
管理费(元)			123.29							
利润(元)			73.97							
清单合价(元)			2662.97							
综合单价(元)			14.46							
其中(元)			人工费		材料费		机械费		管理费和利润	
			4.97		8.42		1.07			

注：管理费率：5%；利润率：3%

第三章 工程结算编制

第一节 工程结算概述

一 工程结算概念

工程结算亦称工程竣工结算，是指单位工程竣工后，施工单位根据施工实施过程中实际发生的变更情况，对原施工图预算工程造价或工程承包价进行调整、修正、重新确定工程造价的经济文件。

虽然承包商与业主签订了工程承包合同，按合同价支付工程价款，但施工过程中往往会发生地质条件的变化、设计变更、业主新的要求、施工情况发生了变化等。这些变化通过工程索赔已确认，那么，工程竣工后就要在原承包合同价格的基础上进行调整，重新确定工程造价。这一过程就是编制工程结算的主要过程。

二 工程结算与竣工决算的联系和区别

工程结算是由施工单位编制的，一般以单位工程为对象；竣工决算是由建设单位编制的，一般以一个建设项目或单项工程为对象。

工程结算如实反映了单位工程竣工后的工程造价；竣工决算综合反映了竣工项目建设成果和财务情况。

竣工决算由若干个工程结算和费用概算汇总而成。

第二节　工程结算的内容

工程结算一般包括下列内容：

1. 封面

内容包括：工程名称、建设单位、建筑面积、结构类型、结算造价、编制日期等，并设有施工单位、审查单位及编制人、复核人、审核人的签字盖章的位置。

2. 编制说明

内容包括：编制依据、结算范围、变更内容、双方协商处理的事项及其他必须说明的问题。

3. 工程结算直接费计算表

内容包括：定额编号、分项工程名称、单位、工程量、定额基价、合价、人工费、机械费等。

4. 工程结算费用计算表

内容包括：费用名称、费用计算基础、费率、计算式、费用金额等。

5. 附表

内容包括：工程量增减计算表、材料价差计算表、补充基价分析表等。

第三节　工程结算编制依据

编制工程结算除了应具备全套竣工图纸、预算定额、材料价格、人工单价、取费标准外，还应具备以下资料：

(1)工程施工合同；

(2)施工图预算书；

(3)设计变更通知单；

(4)施工技术核定单；

(5)隐蔽工程验收单；

(6)材料代用核定单；

(7)分包工程结算书；

(8)经业主、监理工程师同意确认的应列入工程结算的其他事项。

第四节 工程结算的编制程序

单位工程竣工结算的编制，是在施工图预算的基础上，根据业主和监理工程师确认的设计变更资料、修改后的竣工图、其他有关工程索赔资料，先进行直接费的增减调整计算，再按取费标准计算各项费用，最后汇总为工程结算造价。其编制程序和方法概述为：

(1)收集、整理、熟悉有关原始资料；

(2)深入现场，对照观察竣工工程；

(3)认真检查复核有关原始资料；

(4)计算调整工程量；

(5)套定额基价，计算调整直接费；

(6)计算结算造价。

第五节 工程量清单下的工程结算

一 工程量调整

(一)调整规定

工程量清单中的工程量，是编制标底和投标报价的共同基础，工程竣工结算时，应根据招标文件规定对实际完成的工程量进行调整。

(二)调整方法

工程竣工时，承包人应根据工程量清单中的工程量和实际完成的工程量，提出调整意见，经发包人(或工程师)核实确认后，作为工程竣工结算的依据。

(三)综合单价的确定

(1)清单报价中已有适用于工程量变更的综合单价，按已有的综合单价结算工程价款。

(2)原清单报价中有类似综合单价的，可参照类似综合单价计算。

(3)原清单报价中没有适用或类似变更工程综合单价的，由承包人提出适当的综合单价，经发包人(或工程师)确认后，作为结算的依据。

二 甲供材料发生费用的处理

甲方供应的材料、设备与清单不符，可按下列情况分别处理：

(1)材料、设备单价与清单不符时，由甲方承担所有差价。

(2)材料、设备的种类、规格、质量等级与清单不符时，乙方可以拒绝接受保管，由甲方运出施工现场并重新采购。设备到货时如不能开箱检验，可以只验收箱子数量，但乙方开箱时需请甲方到场，出现缺件或质量等级、规格与清单不符，由甲方负责补足缺件或者重新采购。

(3)甲方供应材料与清单的规格型号不符时，乙方可以代为调剂串换，甲方应承担相应的费用。

(4)到货地点与清单不符，甲方负责倒运至清单指定地点。

(5)供应数量少于清单约定的数量时，甲方将数量补齐。供应数量多于清单约定数量时，甲方负责将多余部分运出施工现场。

(6)供应时间早于清单约定日期，甲方承担因此发生的保管费用。

(7)因甲方供应材料、设备的时间发生延误，应相应顺延工期，甲方赔偿由此给乙方造成的损失。

三 零星工作项目的报价和调整方法

零星工作项目是招标人视工程的具体情况在工程量清单的零星工作项目表中列出的内容，并标明了暂定数量，这是招标人对未来可能发生的工程量清单项目以外的零星工作的预测。投标人根据表中的内容响应报价。这里的报价是综合单价的报价，应考虑管理费、利润、风险等。若招标人没有列出，而实际工作中发生了工程量清单以外的零星工程项目，投标人可按合同规定或按计价规范的规定，进行变更工程量调整。

第六节　工程结算编制实例

营业用房工程已竣工，在工程施工过程中发生了一些变更情况，根据这些情况需要编制工程结算。

一 营业用房工程变更值况

营业用房基础平面图见图 3-3-1，基础详图见图 3-3-2。

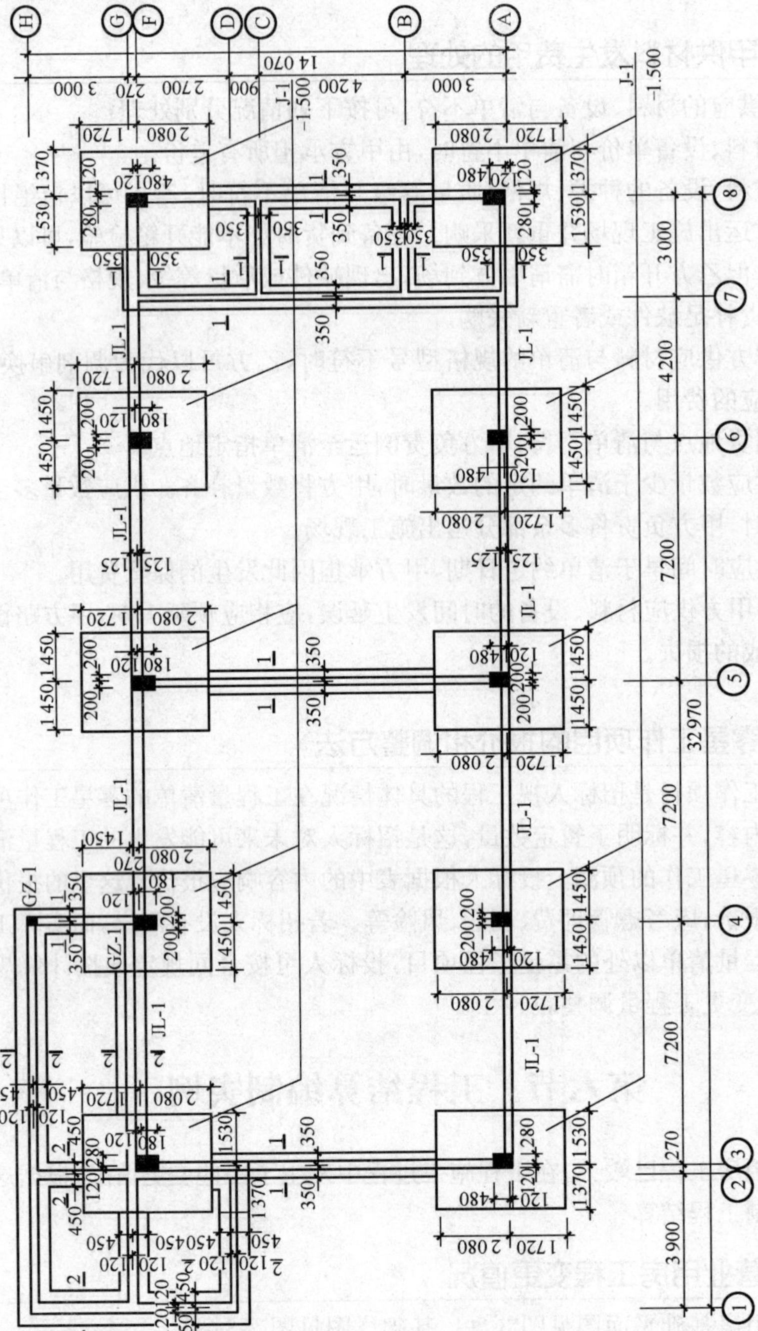

图3-3-1 基础平面布置图（尺寸单位：mm）

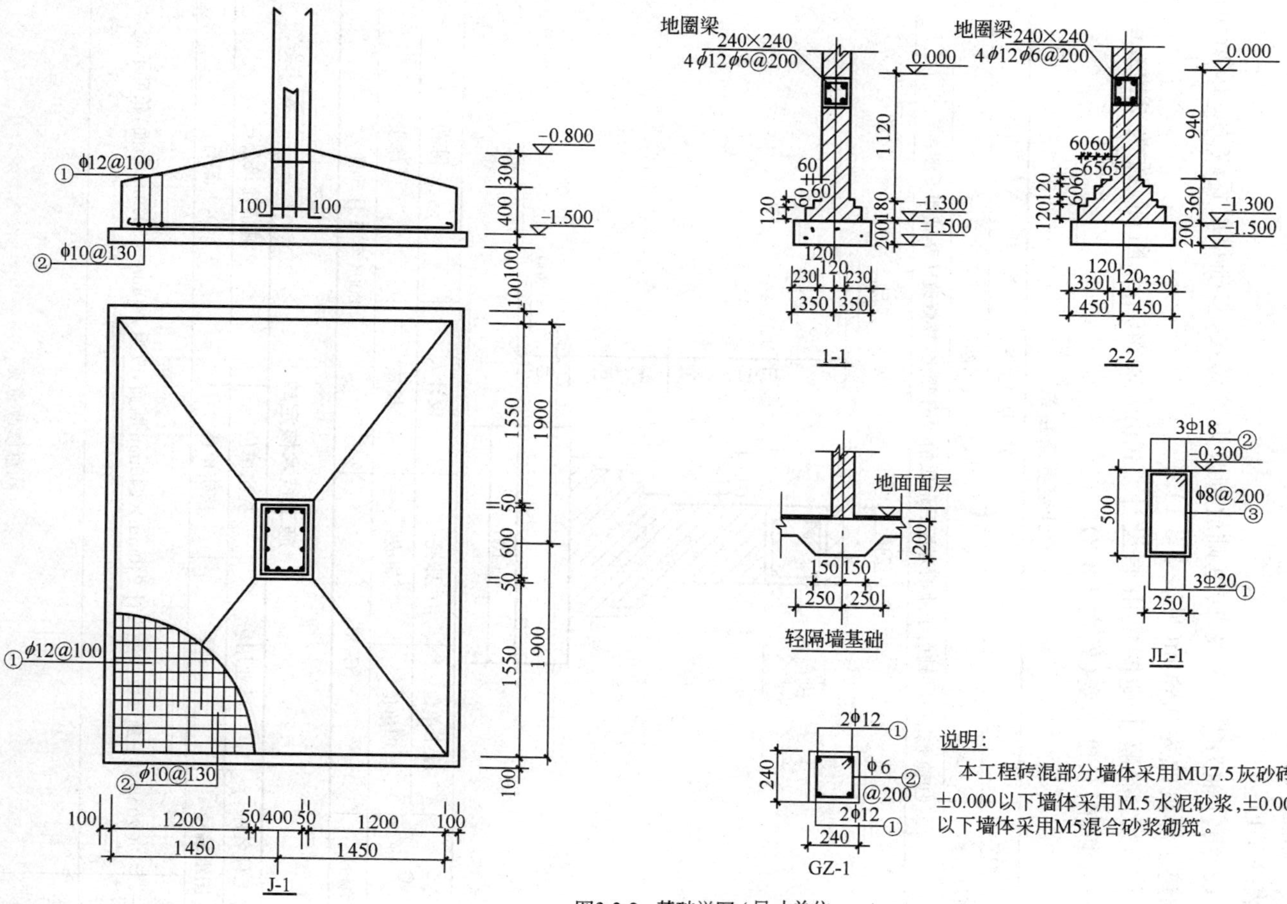

说明：

本工程砖混部分墙体采用MU7.5灰砂砖，±0.000以下墙体采用M.5水泥砂浆，±0.000以下墙体采用M5混合砂浆砌筑。

图3-3-2 基础详图（尺寸单位：mm）

(1)第Ⓗ轴的①～④段，基础底高程由原设计高程－1.50m改为－1.80m(见表3-3-1)。

(2)第Ⓗ轴为①～④段，砖基础放脚改为等高式，基础垫层宽改为1 100mm，基础垫层厚度改为0.30m(见表3-3-1)。

(3)C20混凝土地圈梁由原设计240mm×240mm断面，改为240mm×300mm断面，长度不变(见表3-3-2)。

设计变更通知单 表3-3-1

<table>
<tr><td>工程名称</td><td colspan="4">营 业 用 房</td></tr>
<tr><td>项目名称</td><td colspan="4">砖 基 础</td></tr>
<tr><td colspan="5">Ⓗ轴上①～④轴由于地槽开挖后地质情况有变化，故修改砖基础如下图：</td></tr>
<tr><td colspan="5">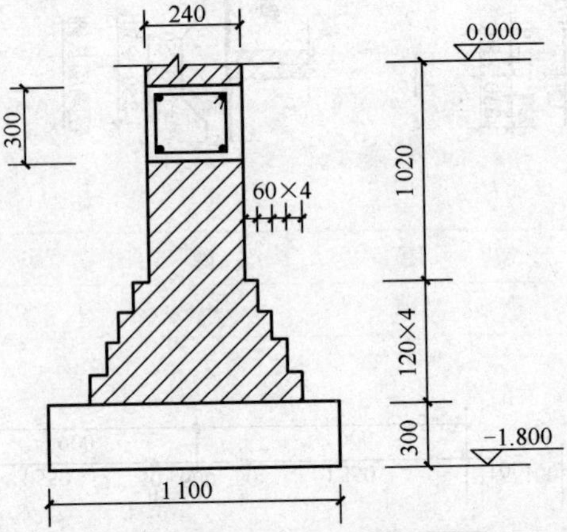
</td></tr>
<tr><td rowspan="2">审 查 人</td><td>施工单位</td><td>张亮</td><td>设计人</td><td>陈功</td></tr>
<tr><td>监理单位</td><td>胡成</td><td>校核</td><td>徐义</td></tr>
<tr><td>编号</td><td colspan="2">G-003</td><td colspan="2">2004年5月5日</td></tr>
</table>

施工技术核定单 表3-3-2

<table>
<tr><td>工程名称</td><td>营业用房</td><td>提出单位</td><td>诚信建筑公司</td></tr>
<tr><td>图纸编号</td><td>G-101</td><td>核定单位</td><td>××银行</td></tr>
<tr><td>核定内容</td><td colspan="3">C20混凝土地圈梁由原设计240mm×240mm断面，改为240mm×300mm断面，长度不变</td></tr>
<tr><td>建设单位意见</td><td colspan="3">同意修改意见</td></tr>
</table>

续上表

设计单位意见	同意
监理单位意见	同意

提出单位	核定单位	监理单位
技术负责人(签字) 张亮 2004年5月5日	核定人(签字) 赵润 2004年5月5日	现场代表(签字) 胡成 2004年5月5日

(4)基础施工图2-2剖面有垫层砖基础计算结果有误,需更正(见表3-3-3)。

隐藏工程验收单 表3-3-3

建设单位:××银行 施工单位:

工程名称	营业用房	隐蔽日期	2004年5月6日
项目名称	砖基础	施工图号	G-101

施工说明及简图:

按照5月5日签发的设计变更通知单,Ⓗ轴上①～④轴的地槽、砖基础、混凝土垫层、施工后的验收情况如下图:

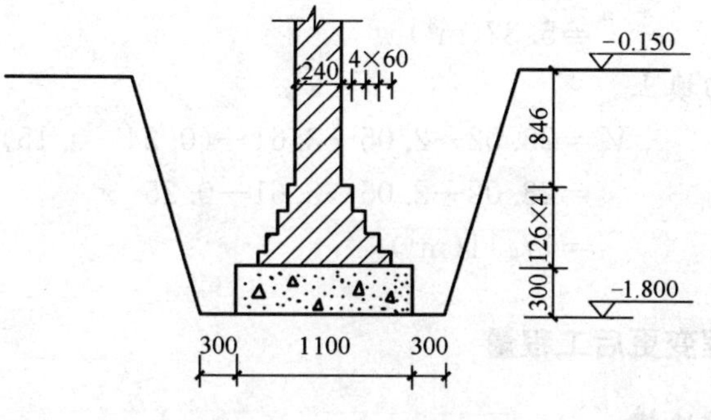

建设单位:××银行	监理单位:公正监理公司	施工单位:诚信建筑公司
主管负责人:赵润	现场代表:胡成	施工负责人:张亮 质检员:孙力

2004年5月6日

二 计算调整工程量

(一)原预算工程量

1. 人工挖地槽

$$
\begin{aligned}
V &= (3.90+0.27+7.20)\times(0.90+2\times0.30)\times1.35\\
&= 11.37\times1.50\times1.35\\
&= 23.02(\text{m}^3)
\end{aligned}
$$

2. C10 混凝土基础垫层

$$
\begin{aligned}
V &= 11.37\times0.90\times0.20\\
&= 2.05(\text{m}^3)
\end{aligned}
$$

3. M5 水泥砂浆砌砖基础

$$
\begin{aligned}
V &= 11.37\times[1.06\times0.24+0.007\,875\times(12-4)]\\
&= 11.37\times0.317\,4\\
&= 3.61(\text{m}^3)
\end{aligned}
$$

4. C20 混凝土地圈梁

$$
\begin{aligned}
V &= (12.10+39.18+8.75+32.35)\times0.24\times0.24\\
&= 92.38\times0.24\times0.24\\
&= 5.32(\text{m}^3)
\end{aligned}
$$

5. 地槽回填土

$$
\begin{aligned}
V &= 23.02-2.05-3.61-(0.24-0.15)\times0.24\times11.37\\
&= 23.02-2.05-3.61-0.25\\
&= 17.11(\text{m}^3)
\end{aligned}
$$

(二)工程变更后工程量

1. 人工挖地槽

$$
\begin{aligned}
V &= 11.37\times[1.10+0.3\times2+\overbrace{(1.80-0.15)}^{1.65\text{深}}\times\overset{\text{放坡系数}}{0.30}]\times1.65\\
&= 11.37\times2.195\times1.65\\
&= 41.18(\text{m}^3)
\end{aligned}
$$

2. C10 混凝土基础垫层

$$V = 11.37 \times 1.10 \times 0.30 = 3.75(m^3)$$

3. M5 水泥砂浆砌砖基础

$$砖基础深 = 1.80 - \overset{垫层}{0.30} - \overset{圈梁}{0.30} = 1.20(m)$$

$$V = 11.37 \times (1.20 \times 0.24 + 0.007\,875 \times 20) = 11.37 \times 0.445\,5 = 5.07(m^3)$$

4. C20 混凝土地圈梁

$$V = 92.38 \times 0.24 \times 0.30 = 6.65(m^3)$$

5. 地槽回填土

$$V = 41.18 - 3.75 - 5.07 - 6.65 - (0.30 - 0.15) \times 0.24 \times 11.37 = 25.71 - 0.41 = 25.30(m^3)$$

(三)Ⓗ轴①～④段工程变更后工程量调整

1. 人工挖地槽

$$V = 41.18 - 23.02 = 18.16(m^3)$$

2. C10 混凝土基础垫层

$$V = 3.75 - 2.05 = 1.70(m^3)$$

3. M5 水泥砂浆砌砖基础

$$V = 5.07 - 3.61 = 1.46(m^3)$$

4. C20 混凝土地圈梁

$$V = 6.65 - 5.32 = 1.33(m^3)$$

5. 地槽回填土

$$V = 25.30 - 17.11 = 8.19(m^3)$$

(四)C20 混凝土圈梁变更后,砖基础工程量调整

1. 需调整的砖基础长

$$L=92.38-11.37=81.01(\mathrm{m})$$

2. 圈梁高度调整为 0.30m 后,砖基础减少

$$V=81.01\times(0.30-0.24)\times0.24$$
$$=81.01\times0.0144$$
$$=1.17(\mathrm{m}^3)$$

(五)原预算砖基础工程量计算有误调整

1. 原预算有垫层砖基础 2-2 剖面工程量

$$V=10.27(\mathrm{m}^3)$$

2. 2-2 剖面更正后工程量

$$V=32.35\times[1.06\times0.24+0.007875\times(20-4)]$$
$$=12.31(\mathrm{m}^3)$$

3. 砖基础工程量调增

$$V=12.31-10.27=2.04(\mathrm{m}^3)$$

4. 由砖基础增加引起地槽回填土减少

$$V=-2.04(\mathrm{m}^3)$$

5. 由砖基础增加引起人工运土增加

$$V=2.04(\mathrm{m}^3)$$

三 调整项目工、料、机分析

调整项目工、料、机分析见表 3-3-4。

四 调整项目直接费计算

调整项目直接费计算见表 3-3-5。

调整项目工、料、机分析表

工程名称：营业用房　　　　表 3-3-4

序号	定额编号	项目名称	单位	工程数量	综合工日	机械台班						材料用量								
						电动打夯机	200L 灰浆机	平板振动器	400L 搅拌机	插入式振动器			M5 水泥砂浆（m^3）	黏土砖（块）	水（m^3）	C20 混凝土（m^3）	草袋子（m^3）	C10 混凝土（m^3）		
		一、调增项目																		
1	1-46	人工地槽回填土	m^3	18.16	$\frac{0.294}{5.34}$	$\frac{0.08}{1.45}$														
2	8-16	C10 混凝土基础垫层	m^3	1.70	$\frac{1.225}{2.08}$			$\frac{0.079}{0.13}$	$\frac{0.101}{0.17}$						$\frac{0.05}{0.85}$			$\frac{1.01}{1.72}$		
3	4-1	M5 水泥砂浆砌砖基础	m^3	1.46	$\frac{1.218}{1.78}$		$\frac{0.039}{0.06}$						$\frac{0.236}{0.345}$	$\frac{524}{765}$	$\frac{0.105}{0.15}$					
4	5-408	C20 混凝土地圈梁	m^3	1.33	$\frac{2.41}{3.21}$				$\frac{0.039}{0.05}$	$\frac{0.077}{0.10}$					$\frac{0.984}{1.31}$	$\frac{1.015}{1.35}$	$\frac{0.826}{1.10}$			
5	1-46	人工地槽回填土	m^3	8.19	$\frac{0.294}{2.41}$	$\frac{0.08}{0.66}$														
6	4-1	M5 水泥砂浆砌砖基础	m^3	2.04	$\frac{1.218}{2.48}$		$\frac{0.039}{0.08}$						$\frac{0.236}{0.48}$	$\frac{524}{1\,069}$	$\frac{0.105}{0.21}$					

续上表

序号	定额编号	项目名称	单位	工程数量	综合工日	机械台班						材料用量							
						电动打夯机	200L灰浆机	平板振动器	400L搅拌机	插入式振动器		M5水泥砂浆（m^3）	黏土砖（块）	水（m^3）	C20混凝土（m^3）	草袋子（m^3）	C10混凝土（m^3）		
7	1-49	人工运土	m^3	2.04	0.204/0.42														
		调增小计			17.22	2.11	0.14	0.13	0.22	0.10		0.83	1834	2.52	1.35	1.10	1.72		
		二、调减项目																	
8	4-1	M5水泥砂浆砌砖基础	m^3	1.17	1.218/1.43		0.039/0.05					0.236/0.28	524/613	0.105/0.12					
9	1-46	人工回填土	m^3	2.04	0.294/0.60	0.08/0.16													
		调减小计			2.03	0.16	0.05					0.28	613	0.12					
		合计			15.69	1.95	0.09	0.13	0.22	0.10		0.55	1.221	2.40	1.35	1.10	1.72		

调整项目直接费计算表(实物金额法)

工程名称:营业用房 表 3-3-5

序号	名 称	单位	数量	单价(元)	金额(元)
一、	人工	工日	15.69	25.00	392.25
二、	机械				64.43
1.	电动打夯机	台班	1.95	20.24	39.47
2.	200L 灰浆搅拌机	台班	0.09	15.92	1.43
3.	400L 混凝土搅拌机	台班	0.22	94.59	20.81
4.	平板振动器	台班	0.13	12.77	1.66
5.	插入式振动器	台班	0.10	10.62	1.06
三、	材料				696.00
	M5 水泥砂浆	m^3	0.55	124.32	68.38
	黏土砖	块	1 221	0.15	183.15
	水	m^3	2.40	1.20	2.88
	C20 混凝土	m^3	1.35	155.93	210.51
	草袋子	m^2	1.10	1.50	1.65
	C10 混凝土	m^3	1.72	133.39	229.43
	小计				1 152.68

五 营业用房调整项目工程造价计算

营业用房调整项目工程造价计算的费用项目及费率完全同预算造价计算过程,见表 3-3-6。

营业用房调整项目工程造价计算表

表 3-3-6

序号	费用名称		计算式	金额(元)
(一)	直接工程费		见表 3-3-5	1152.68
(二)	单项材料价差调整		采用实物金额法不计算此费用	—
(三)	综合系数调整材料价差		采用实物金额法不计算此费用	—
(四)	措施费	环境保护费	1152.68×0.4%=4.61 元	58.78
		文明施工费	1152.68×0.9%=10.37 元	
		安全施工费	1152.68×1.0%=11.53 元	
		临时设施费	1152.68×2.0%=23.05 元	
		夜间施工增加费	1152.68×0.5%=5.76 元	
		二次搬运费	1152.68×0.3%=3.46 元	
		大型机械进出场及安拆费	—	
		脚手架费	—	
		已完工程及设备保护费	—	
		混凝土及钢筋混凝土模板及支架费	—	
		施工排、降水费	—	
(五)	规费	工程排污费	—	87.68
		工程定额测定费	1152.68×0.12%=1.38 元	
		社会保障费	见表 3-3-5：392.25×16%=62.76 元	
		住房公积金	见表 3-3-5：392.25×6.0%=23.54 元	
		危险作业意外伤害保险	—	
(六)	企业管理费		1152.68×5.1%=58.79 元	58.79
(七)	利润		1152.68×7%=80.69 元	80.69
(八)	营业税		1438.62×3.093%=44.50 元	44.50
(九)	城市维护建设税		44.50×7%=3.12 元	3.12
(十)	教育费附加		44.50×3%=1.34 元	1.34
	工程造价		(一)～(十)之和	1487.58

六 营业用房工程结算造价

1. 营业用房原工程预算造价

预算造价＝590 861.22 元

2. 营业用房调整后增加的工程造价

调增造价＝1 487.58 元(见表 3-3-6)

3. 营业用房工程结算造价

工程结算造价＝590 861.22＋1 487.58

＝592 348.80(元)

练习题

一、多选题

1. 工程结算是对原施工图预算或工程承包价进行(　)重新确定工程造价的经济文件。

A. 调整　B. 修正　C. 推翻　D. 认定

2. 下列提法正确的是(　)。

A. 工程结算由施工单位编制　B. 工程结算由建设单位编制

C. 竣工决算由施工单位编制　D. 竣工决算由建设单位编制

3. 编制工程结算应具备的资料有(　)。

A. 设计变更　B. 施工技术核定单

C. 施工合同　D. 分包工程结算

二、判断题

1. 工程结算亦称竣工结算。(　　)

2. 工程结算一般以一个单项工程为对象。(　　)

3. 工程结算可以自行调整工程量。(　　)

附录　中华人民共和国国家标准《建设工程工程量清单计价规范》(GB 50500—2008)摘录

建设工程工程量清单计价规范
GB 50500—2008

1　总　　则

1.0.1　为规范工程造价计价行为，统一建设工程工程量清单的编制和计价方法，根据《中华人民共和国建筑法》、《中华人民共和国合同法》、《中华人民共和国招标投标法》等法律法规，制定本规范。

1.0.2　本规范适用于建设工程工程量清单计价活动。

1.0.3　全部使用国有资金投资或国有资金投资为主(以下二者简称"国有资金投资")的工程建设项目.必须采用工程量清单计价。

1.0.4　非国有资金投资的工程建设项目，可采用工程量清单计价。

1.0.5　工程量清单、招标控制价、投标报价、工程价款结算等工程造价文件的编制与核对应由具有资格的工程造价专业人员承担。

1.0.6　建设工程工程量清单计价活动应遵循客观、公正、公平的原则。

1.0.7　本规范附录A、附录B、附录C、附录D、附录E、附录F应作为编制工程量清单的依据。

1　附录A为建筑工程工程量清单项目及计算规则，适用于工业与民用建筑物和构筑物工程。

2　附录B为装饰装修工程工程量清单项目及计算规则，适用于工业与民用建筑物和构筑物的装饰装修工程。

3　附录C为安装工程工程量清单项目及计算规则，适用于工业与民用安装工程。

4　附录D为市政工程工程量清单项目及计算规则，适用于城市市政建设工程。

5　附录E为园林绿化工程工程量清单项目及计算规则，适用于园林绿化工程。

6　附录F为矿山工程工程量清单项目及计算规则，适用于矿山工程。

1.0.8　建设工程工程量清单计价活动，除应遵守本规范外，尚应符合国家现行有关标准的规定。

2　术　　语

2.0.1　工程量清单

建设工程的分部分项工程项目、措施项目、其他项目、规费项目和税金项目的名称和相应数量等的明细清单。

2.0.2　项目编码

分部分项工程量清单项目名称的数字标志。

2.0.3　项目特征

构成分部分项工程量清单项目、措施项目自身价值的本质特征。

2.0.4　综合单价

完成一个规定计量单位的分部分项工程量清单项目或措施清单项目所需的人工费、材料费、施工机械使用费和企业管理费与利润，以及一定范围内的风险费用。

2.0.5　措施项目

为完成工程项目施工，发生于该工程施工准备和施工过程中的技术、生活、安全、环境保护等方面的非工程实体项目。

2.0.6　暂列金额

招标人在工程量清单中暂定并包括在合同价款中的一笔款项。用于施工合同签订时尚未确定或者不可预见的所需材料、设备、服务的采购，施工中可能发生的工程变更、合同约定调整因素出现时的工程价款调整以及发生的索赔、现场签证确认等的费用。

2.0.7　暂估价

招标人在工程量清单中提供的用于支付必然发生但暂时不能确定的材料的单价以及专业工程的金额。

2.0.8　计日工

在施工过程中，完成发包人提出的施工图纸以外的零星项目或工作，按合同中约定的综合单价计价。

2.0.9 总承包服务费

总承包人为配合协调发包人进行的对工程分包自行采购的设备、材料等进行管理、服务以及施工现场管理、竣工资料汇总整理等服务所需的费用。

2.0.10 索赔

在合同履行过程中，对于非己方的过错而应由对方承担责任的情况造成的损失，向对方提出补偿的要求。

2.0.11 现场签证

发包人现场代表与承包人现场代表就施工过程中涉及的责任事件所作的签证证明。

2.0.12 企业定额

施工企业根据本企业的施工技术和管理水平而编制的人工、材料和施工机械台班等的消耗标准。

2.0.13 规费

根据省级政府或省级有关权力部门规定必须缴纳的，应计入建筑安装工程造价的费用。

2.0.14 税金

国家税法规定的应计入建筑安装工程造价内的营业税、城市维护建设税以及教育费附加等。

2.0.15 发包人

具有工程发包主体资格和支付工程价款能力的当事人以及取得该当事人资格的合法继承人。

2.0.16 承包人

被发包人接受的具有工程施工承包主体资格的当事人以及取得该当事人资格的合法继承人。

2.0.17 造价工程师

取得《造价工程师注册证书》，在一个单位注册从事建设工程造价活动的专业人员。

2.0.18 造价员

取得《全国建设工程造价员资格证书》，在一个单位注册从事建设工程造价活动的专业人员。

2.0.19 工程造价咨询人

取得工程造价咨询资质等级证书，接受委托从事建设工程造价咨询活动的企业。

2.0.20 招标控制价

招标人根据国家或省级、行业建设主管部门颁发的有关计价依据和办法，按设计施工图纸计算的，对招标工程限定的最高工程造价。

2.0.21 投标价

投标人投标时报出的工程造价。

2.0.22 合同价

发、承包人在施工合同中约定的工程造价。

2.0.23 竣工结算价

发、承包双方依据国家有关法律、法规和标准规定，按照合同约定的最终工程造价。

3 工程量清单编制

3.1 一般规定

3.1.1 工程量清单应由具有编制能力的招标人或受其委托，具有相应资质的工程造价咨询人编制。

3.1.2 采用工程量清单方式招标，工程量清单必须作为招标文件的组成部分，其准确性和完整性由招标人负责。

3.1.3 工程量清单是工程量清单计价的基础，应作为标准招标控制价、投标报价、计算工程量。支付工程款、调整合同价款、办理竣工结算以及工程索赔等的依据。

3.1.4 工程量清单应由分部分项工程量清单、措施项目清单、其他项目清单、规范项目清单、税金项目清单组成。

3.1.5 编制工程量清单的依据：

1 本规范；

2 国家或省级、行业建设主管部门颁发的计价依据和办法；

3 建设工程设计文件；

4 与建设工程项目有关的标准、规范、技术资料；

5 招标文件及其补充通知、答疑纪要；

6 施工现场情况、工程特点及常规施工方案；

7 其他相关资料。

3.2 分部分项工程量清单

3.2.1 分部分项工程量清单应包括项目编码、项目名称、项目特征、计量单位和工程量。

3.2.2 分部分项工程量清单应根据附录规定的项目编码、项目名称、项目特征、计量单位和工程量计算规则进行编制。

3.2.3 分部分项工程量清单的项目编码，应采用十二位阿拉伯数字表示。一至九位应按附录的规定设置，十至十二位应根据拟建工程的工程量清单项目名称设置，同一招标工程的项目编码不得有重码。

3.2.4 分部分项工程量清单的项目名称应按附录的项目名称结合拟建工程的实际确定。

3.2.5 分部分项工程量清单中所列工程量应按附录中规定的工程量计算规则计算。

3.2.6 分部分项工程量清单的计量单位应按附录中规定的计量单位确定。

3.2.7 分部分项工程量清单项目特征应按附录中规定的项目特征，结合拟建工程项目的实际予以描述。

3.2.8 编制工程量清单出现附录中未包括的项目，编制人应作补充，并报省级或行业工程造价管理机构备案，省级或行业工程造价管理机构应汇总报往住房和城乡建设部标准定额研究所。

补充项目的编码由附录的顺序码与B和三位阿拉伯数字组成，并应从×B001起顺序编制，同一招标工程的项目不得重码。工程量清单中需附有补充项目的名称、项目特征、计量单位、工程量计算规则、工程内容。

3.3 措施项目清单

3.3.1 措施项目清单应根据拟建工程的实际情况列项。通用措施项目可按表3.3.1选择列项，专业工程的措施项目可按附录中规定的项目选择列项。若出现本规范未列的项目，可根据工程实际情况补充。

通用措施项目一览表 表3-3-1

序 号	项 目 名 称
1	安全文明施工（含环境保护、文明施工、安全施工、临时设施）
2	夜间施工
3	二次搬运
4	冬雨季施工

续表 3-3-1

序　号	项 目 名 称
5	大型机械设备进出场及安拆
6	施工排水
7	施工降水
8	地上、地下设施。建筑物的临时保护设施
9	已完工程及设备保护

3.3.2 措施项目中可以计算工程量的项目清单宜采用分部分项工程量清单的方式编制，列出项目编码、项目名称、项目特征、计量单位和工程量计算规则；不能计算工程量的项目清单，以"项"为计量单位。

3.4 其他项目清单

3.4.1 其他项目清单宜按照下列内容列项：

1 暂列金额；

2 暂估价：包括材料暂估价、专业工程暂估价；

3 计日工；

4 总承包服务费。

3.4.2 出现本规范第 3.4.1 条未列的项目，可根据工程实际情况补充。

3.5 规费项目清单

3.5.1 规费项目清单应按照下列内容列项：

1 工程排污费；

2 工程定额测定费；

3 社会保障费：包括养老保险费、失业保险费、医疗保险费；

4 住房公积金；

5 危险作业意外伤害保险。

3.5.2 出现本规范第 3.5.1 条未列的项目，应根据省级政府或省级有关权力部门的规定列项。

3.6 税金项目清单

3.6.1 税金项目清单应包括下列内容：

1 营业税；

2 城市维护建设税；

3　教育费附加。

3.6.2　出现本规范第3.6.1条未列的项目，应根据税务部门的规定列项。

4　工程量清单计价

4.1　一 般 规 定

4.1.1　采用工程量清单计价，建设工程造价由分部分项工程费、措施项目费、其他项目费、规费和税金组成。

4.1.2　分部分项工程量清单应采用综合单价计价。

4.1.3　招标文件中的工程量清单标明的工程量是投标人投标报价的共同基础，竣工结算的工程量按发、承包双方在合同中约定应予以计量且实际完成的工程量确定。

4.1.4　措施项目清单计价应根据拟建工程的施工组织设计，可以计算工程量的措施项目，应按分部分项工程量清单的方式采用综合单价计价；其余的措施项目可以"项"为单位的方式计价，应包括除规费、税金外的全部费用。

4.1.5　措施项目清单中的安全文明施工费应按照国家或省级、行业建设主管部门的规定计价，不得作为竞争性费用。

4.1.6　其他项目清单应根据工程特点和本规范第4.2.6、4.3.6、4.8.6条的规定计价。

4.1.7　招标人在工程量清单中提供了暂估价的材料和专业工程属于依法必须招标的，由承包人和招标人共同通过招标确定材料单价与专业工程分包价。

若材料不属于依法必须招标的，经发、承包双方协商确认单价后计价。

若专业工程不属于依法必须招标的，由发包人、总承包人与分包人按有关计价依据进行计价。

4.1.8　规费和税金应按国家或省级、行业建设主管部门的规定计算，不得作为竞争性费用。

4.1.9　采用工程量清单计价的工程，应在招标文件或合同中明确风险内容及其范围(幅度)，不得采用无限风险、所有风险或类似语句规定风险内容及其范围(幅度)。

4.2 招标控制价

4.2.1 国有资金投资的工程建设项目应实行工程量清单招标，并应编制招标控制价。招标控制价超过批准的概算时，招标人应将其报原概算部门审核。投标人的投标报价高于招标控制价的，其投标应予以拒绝。

4.2.2 招标控制价应由具有编制能力的招标人，或受其委托具有相应资质的工程造价咨询人编制。

4.2.3 招标控制价应根据下列依据编制：

1 本规范；

2 国家或省级、行业建设主管部门颁发的计价定额和计价办法；

3 建设工程设计文件及相关资料；

4 招标文件中的工程量清单及有关要求；

5 与建设项目相关的标准、规范、技术资料；

6 工程造价管理机构发布的工程造价信息；工程造价信息没有发布的参照市场价；

7 其他的相关资料。

4.2.4 分部分项工程费应根据招标文件中的分部分项工程量清单项目的特征描述及有关要求，按本规范第4.2.3条的规定确定综合单价计算。

综合单价中应包括招标文件中要求投标人承担的风险费用。

招标文件提供了暂估单价的材料，按暂估的单价计入综合单价。

4.2.5 措施项目费应根据招标文件中的措施项目清单按本规范第4.1.4、4.1.5和4.2.3条的规定计价。

4.2.6 其他项目费应按下列规定计价：

1 暂列金额应根据工程特点，按有关计价规定估算；

2 暂估价中的材料单价应根据工程造价信息或参照市场价格估算；暂估价中的专业工程金额应分不同专业，按有关计价规定估算；

3 计日工应根据工程特点和有关计价依据计算；

4 总承包服务费应根据招标文件列出的内容和要求估算。

4.2.7 规费和税金应按本规范第4.1.8条的规定计算。

4.2.8 招标控制价应在招标时公布，不应上调或下浮，招标人应将招标控制价及有关资料报送工程所在地工程造价管理机构备查。

4.2.9 投标人经复核认为招标人公布的招标控制价未按照本规范的规定编制的，应在开标前5天向招投标监督机构或(和)工程造价管理机构投诉。

招投标监督机构应会同工程造价管理机构对投诉进行处理，发现有错误的，应责成招标人修改。

4.3 投 标 价

4.3.1 除本规范强制性规定外，投标价由投标人自主确定，但不得低于成本。

投标价应由投标人或受其委托具有相应资质的工程造价咨询人编制。

4.3.2 投标人应按招标人提供的工程量清单填报价格。填写的项目编码、项目名称、项目特征、计量单位、工程量必须与招标人提供的一致。

4.3.3 投标报价应根据下列依据编制：

1 本规范；

2 国家或省级、行业建设主管部门颁发的计价办法；

3 企业定额，国家或省级、行业建设主管部门颁发的计价定额；

4 招标文件、工程量清单及其补充通知、答疑纪要；

5 建设工程设计文件及相关资料；

6 施工现场情况、工程特点及拟定的投标施工组织设计或施工方案；

7 与建设项目相关的标准、规范等技术资料；

8 市场价格信息或工程造价管理机构发布的工程造价信息；

9 其他的相关资料。

4.3.4 分部分项工程费应依据本规范第 2.0.4 条综合单价的组成内容，按招标文件中分部分项工程量清单项目的特征描述确定综合单价计算。

综合单价中应考虑招标文件中要求投标人承担的风险费用。

招标文件中提供了暂估单价的材料，按暂估的单价计入综合单价。

4.3.5 投标人可根据工程实际情况结合施工组织设计，对招标人所列的措施项目进行增补。

措施项目费应根据招标文件中的措施项目清单及投标时拟定的施工组织设计或施工方案按本规范第 4.1.4 条的规定自主确定。其中安全文明施工费应按照本规范第 4.1.5 条的规定确定。

4.3.6 其他项目费应按下列规定报价：

1 暂列金额应按招标人在其他项目清单中列出的金额填写；

2 材料暂估价应按招标人在其他项目清单中列出的单价计入综合单价；专业工程暂估价应按招标人在其他项目清单中列出的金额填写；

3 计日工按招标人在其他项目清单中列出的项目和数量，自主确定综合单价并计算计日工费用；

4　总承包服务费根据招标文件中列出的内容和提出的要求自主确定。

4.3.7　规费和税金应按本规范第4.1.8条的规定确定。

4.3.8　投标总价应当与分部分项工程费、措施项目费、其他项目费和规费、税金的合计金额一致。

5　工程量清单计价表格

5.1　计价表格组成

5.1.1　封面

1　工程量清单：封-1

2　招标控制价：封-2

3　投标总价：封-3

4　竣工结算总价：封-4

5.1.2　总说明：表-01

5.1.3　汇总表：

1　工程项目招标控制价/投标报价汇总表：表-02

2　单项工程招标控制价/投标报价汇总表：表-03

3　单位工程招标控制价/投标报价汇总表：表-04

4　工程项目竣工结算汇总表：表-05

5　单项工程竣工结算汇总表：表-06

6　单位工程竣工结算汇总表：表-07

5.1.4　分部分项工程量清单表：

1　分部分项工程量清单与计价表：表-08

2　工程量清单综合单价分析表：表-09

5.1.5　措施项目清单表：

1　措施项目清单与计价表（一）：表-10

2　措施项目清单与计价表（二）：表-11

5.1.6　其他项目清单表：

1　其他项目清单与计价汇总表：表-12

2　暂列金额明细表：表-12-1

3　材料暂估单价表：表-12-2

4 专业工程暂估价表:表-12-3

5 计日工表:表-12-4

6 总承包服务费计价表:表-12-5

7 索赔与现场签证计价汇总表:表-12-6

8 费用索赔申请(核准)表:表-12-7

9 现场签证表:表-12-8

5.1.7 规费、税金项目清单与计价表:表-13

5.1.8 工程款支付申请(核准)表:表-14

_____________工程

工程量清单

工 程 造 价

招标人：_____________　　咨 询 人：_____________

（单位盖章）　　（单位资质专用章）

法定代表人
或其授权人：_____________　　法定代表人
或其授权人：_____________

（签字或盖章）　　（签字或盖章）

编制人：_____________　　复核人：_____________

（造价人员签字盖专用章）　　（造价工程师签字盖专用章）

编制时间：　年　月　日　　复核时间：　年　月　日

封-1

投 标 总 价

招　标　人：________________

工 程 名 称：________________

投标总价(小写)：________________

　　　　(大写)：________________

投　标　人：________________

(单位盖章)

法定代表人

或其授权人：________________

(签字或盖章)

编　制　人：________________

(造价人员签字盖专用章)

编制时间：　　年　月　日

封-3

总 说 明

工程名称：　　　　　　　　　　　　　　　　　　　　第　页　共　页

表-01

单项工程招标控制价/投标报价汇总表

工程名称：　　　　　　　　　　　　　　　　　　　　　　第　页　共　页

序号	单位工程名称	金额(元)	其中		
			暂估价(元)	安全文明施工费(元)	规费(元)
	合计				

注：本表适用于单项工程招标控制价或投标报价的汇总。暂估价包括分部分项工程中的暂估价和专业工程暂估价。

表-03

单位工程招标控制价/投标报价汇总表

工程名称：　　　　　　　　标段：　　　　　　　　　第　页　共　页

序号	汇 总 内 容	金额(元)	其中:暂估价(元)
1	分部分项工程		
1.1			
1.2			
1.3			
1.4			
1.5			
2	措施项目		
2.1	安全文明施工费		
3	其他项目		
3.1	暂列金额		
3.2	专业工程暂估价		
3.3	计日工		
3.4	总承包服务费		
4	规费		
5	税金		
招标控制价合计＝1＋2＋3＋4＋5			

注:本表适用于单位工程招标控制价或投标报价的汇总,如无单位工程划分,单项工程也使用本表汇总。

表 0-4

分部分项工程量清单与计价表

工程名称：　　　　　　　　　　标段：　　　　　　　　　　第　页　共　页

序号	项目编码	项目名称	项目特征描述	计量单位	工程量	金额(元)		
						综合单价	合价	其中：暂估价
本页小计								
合计								

注：根据建设部、财政部发布的《建筑安装工程费用组成》(建标〔2003〕206号)的规定，为计取规费等的使用，可在表中增设，其中："直接费"、"人工费"或"人工费＋机械费"。

表-08

工程量清单综合单价分析表

工程名称： 标段： 第 页 共 页

<table>
<tr><td colspan="2">项目编码</td><td colspan="2"></td><td colspan="2">项目名称</td><td colspan="2"></td><td colspan="2">计量单位</td><td colspan="2"></td></tr>
<tr><td colspan="12">清单综合单价组成明细</td></tr>
<tr><td rowspan="2">定额编号</td><td rowspan="2">定额名称</td><td rowspan="2">定额单位</td><td rowspan="2">数量</td><td colspan="4">单价</td><td colspan="4">合价</td></tr>
<tr><td>人工费</td><td>材料费</td><td>机械费</td><td>管理费和利润</td><td>人工费</td><td>材料费</td><td>机械费</td><td>管理费和利润</td></tr>
<tr><td></td><td></td><td></td><td></td><td></td><td></td><td></td><td></td><td></td><td></td><td></td><td></td></tr>
<tr><td></td><td></td><td></td><td></td><td></td><td></td><td></td><td></td><td></td><td></td><td></td><td></td></tr>
<tr><td></td><td></td><td></td><td></td><td></td><td></td><td></td><td></td><td></td><td></td><td></td><td></td></tr>
<tr><td></td><td></td><td></td><td></td><td></td><td></td><td></td><td></td><td></td><td></td><td></td><td></td></tr>
<tr><td></td><td></td><td></td><td></td><td></td><td></td><td></td><td></td><td></td><td></td><td></td><td></td></tr>
<tr><td colspan="2">人工单价</td><td colspan="6">小计</td><td></td><td></td><td></td><td></td></tr>
<tr><td colspan="2">元/工日</td><td colspan="6">未计价材料费</td><td colspan="4"></td></tr>
<tr><td colspan="8">清单项目综合单价</td><td colspan="4"></td></tr>
<tr><td rowspan="8">材料费明细</td><td colspan="4">主要材料名称、规格、型号</td><td colspan="2">单位</td><td>数量</td><td>单价（元）</td><td>合价（元）</td><td>暂估单价（元）</td><td>暂估合价（元）</td></tr>
<tr><td colspan="4"></td><td colspan="2"></td><td></td><td></td><td></td><td></td><td></td></tr>
<tr><td colspan="4"></td><td colspan="2"></td><td></td><td></td><td></td><td></td><td></td></tr>
<tr><td colspan="4"></td><td colspan="2"></td><td></td><td></td><td></td><td></td><td></td></tr>
<tr><td colspan="4"></td><td colspan="2"></td><td></td><td></td><td></td><td></td><td></td></tr>
<tr><td colspan="4"></td><td colspan="2"></td><td></td><td></td><td></td><td></td><td></td></tr>
<tr><td colspan="7">其他材料费</td><td>—</td><td></td><td>—</td><td></td></tr>
<tr><td colspan="7">材料费小计</td><td>—</td><td></td><td>—</td><td></td></tr>
</table>

注：1. 如不使用省级或行业建设主管部门发布的计价依据，可不填定额项目、编号等。

2. 招标文件提供了暂估单价的材料，按暂估的单价填入表内“暂估单价”栏及“暂估合价”栏。

表-09

措施项目清单与计价表(一)

工程名称：　　　　　　　　标段：　　　　　　　　第　页　共　页

序号	项目名称	计算基础	费率(%)	金额(元)
1	安全文明施工费			
2	夜间施工费			
3	二次搬运费			
4	冬雨季施工			
5	大型机械设备进出场及安拆费			
6	施工排水			
7	施工降水			
8	地上、地下设施、建筑物的临时保护设施			
9	已完工程及设备保护			
10	各专业工程的措施项目			
11				
12				
合计				

注：1. 本表适用于以“项”计价的措施项目。

2. 根据建设部、财政部发布的《建筑安装工程费用组成》(建标〔2003〕206 号)的规定，“计算基础”可为“直接费”、“人工费”或“人工费＋机械费”。

表-10

措施项目清单与计价表(二)

工程名称：　　　　　　　　标段：　　　　　　　　第　页　共　页

序号	项目编码	项目名称	项目特征描述	计量单位	工程量	金额(元)	
						综合单价	合价
本页小计							
合计							

注：本表适用于以综合单价形式计价的措施项目。

表-11

其他项目清单与计价汇总表

工程名称：　　　　　　　　标段：　　　　　　　　第　页　共　页

序号	项 目 名 称	计量单位	金额(元)	备　注
1	暂列金额			明细详见表-12-1
2	暂估价			
2.1	材料暂估价		—	明细详见表-12-2
2.2	专业工程暂估价			明细详见表-12-3
3	计日工			明细详见表-12-4
4	总承包服务费			明细详见表-12-5
5				
	合计			

注：材料暂估单价进入清单项目综合单价，此处不汇总。

表-12

暂列金额明细表

工程名称：　　　　　　　　　标段：　　　　　　　　　第　页　共　页

序号	项目名称	计量单位	暂定金额(元)	备　注
1				
2				
3				
4				
5				
6				
7				
8				
9				
10				
11				
合计				—

注：此表由招标人填写，也可只列暂定金额总额，投标人应将上述暂列金额计入投标总价中。

表-12-1

材料暂估单价表

工程名称：　　　　　　　　　　　　标段：　　　　　　　　　　　　第　页　共　页

序号	材料名称、规格、型号	计量单位	单价(元)	备　注

注：1. 此表由招标人填写，并在备注栏说明暂估价的材料拟用在哪些清单项目上，投标人应将上述材料暂估单价计入工程量清单综合单价报价中。

2. 材料包括原材料、燃料、构配件以及按规定应计入建筑安装工程造价的设备。

表-12-2

专业工程暂估价表

工程名称：　　　　　　　　　　标段：　　　　　　　　　　第　页　共　页

序号	工 程 名 称	工 程 内 容	金额(元)	备　注
	合计			—

注：此表由招标人填写，投标人应将上述专业工程暂估价计入投标总价中。

表-12-3

计 日 工 表

工程名称：　　　　　　　　　　　标段：　　　　　　　　　　　第　页　共　页

编号	项 目 名 称	单位	暂定数量	综合单价	合　价
一	人工				
1					
2					
3					
4					
	人工小计				
二	材料				
1					
2					
3					
4					
5					
6					
	材料小计				
三	施工机械				
1					
2					
3					
4					
	施工机械小计				
	合计				

注：此表项目名称、数量由招标人填写，编制招标控制价时。单价由招标人按有关计价规定确定；投标时，单价由投标人自助报价，计入投标总价中。

表-12-4

总承包服务费计价表

工程名称：　　　　　　　　　　　　标段：　　　　　　　　　　　　第　页　共　页

序号	工 程 名 称	项目价值(元)	服务内容	费率(%)	金额(元)
1	发包人发包专业工程				
2	发包人供应材料				
		合计			

注：此表由招标人填写，投标人应将上述专业工程暂估价计入投标总价中。

表-12-5

规费、税金项目清单与计价表

工程名称：　　　　　　　　　　　标段：　　　　　　　　　　　第　页　共　页

序号	项 目 名 称	计算基础	费率(%)	金额(元)
1	规费			
1.1	工程排污费			
1.2	社会保障费			
(1)	养老保险费			
(2)	失业保险费			
(3)	医疗保险费			
1.3	住房公积金			
1.4	危险作业意外伤害保险			
1.5	工程定额测定费			
2	税金	分部分项工程费＋措施项目费＋其他项目费＋规费		
合计				

注：根据建设部、财政部发布的《建筑安装工程费用组成》(建标〔2003〕206 号)的规定，"计算基础"可为"直接费""人工费"或"人工费＋机械费"。

表-13

5.2 计价表格使用规定

5.2.1 工程量清单与计价宜采用统一格式。各省、自治区、直辖市建设行政主管部门和行业建设主管部门可根据本地区、本行业的实际情况,在本规范计价表格的基础上补充完善。

5.2.2 工程量清单的编制应符合下列规定:

1 工程量清单编制使用表格包括:封-1、表-01、表-08、表-10、表-11、表-12(不含表-12-6～表-12-8)、表-13。

2 封面应按规定的内容填写、签字、盖章,造价员编制的工程量清单应有负责审核的造价工程师签字、盖章。

3 总说明应按下列内容填写:

1)工程概况:建设规模、工程特征、计划工期、施工现场实际情况、自然地理条件、环境保护要求等。

2)工程招标和分包范围。

3)工程量清单编制依据。

4)工程质量、材料、施工等的特殊要求。

5)其他需要说明的问题。

5.2.3 招标控制价、投标报价、竣工结算的编制应符合下列规定:

1 使用标格:

1)招标控制价使用表格包括:封-2、表-01、表-02、表-03、表-04、表-08、表-09、表-10、表-11、表-12(不含表-12-6～表-12-8)、表-13。

2)投标报价使用的表格包括:封-3、表-01、表-02、表-03、表-04、表-08、表-09、表-10、表-11、表-12(不含表-12-6～表-12-8)、表-13。

3)竣工结算使用的表格包括:封-4、表-01、表-05、表-06、表-07、表-08、表-09、表-10、表-11、表-12、表-13、表-14。

2 封面应按规定的内容填写、签字、盖章,除承包人自行编制的投标报价和竣工结算外,受委托编制的招标控制价、投标报价、竣工结算若为造价员编制的,应有负责审核的造价工程师签字、盖章以及工程造价咨询人盖章。

3 总说明应按下列内容填写:

1)工程概况:建设规模、工程特征、计划工期、合同工期、实际工期、施工现场及变化情况、施工组织设计的特点、自然地理条件、环境保护要求等。

2)编制依据等。

5.2.4 投标人应按照招标文件的要求，附工程量清单综合单价分析表。

5.2.5 工程量清单与计价表中列明的所有需要填写的单价和合价，投标人均应填写，未填写单价和合价，视为此项费用已包含在工程量清单的其他单价和合价中。

附录A　建筑工程工程量清单项目及计算规则(摘录)

一、实 体 项 目

A.1　土(石)方工程

A.1.1　土方工程。工程量清单项目设置及工程量计算规则,应按表A.1.1的规定执行。

土方工程(编码:010101)　　表A.1.1

项目编码	项目名称	项 目 特 征	计量单位	工程量计算规则	工程内容
010101001	平整场地	1.土壤类别 2.弃土运距 3.取土运距	m^2	按设计图示尺寸以建筑物首层面积计算	1.土方挖填 2.场地找平 3.运输
010101002	挖土方	1.土壤类别 2.挖土平均厚度 3.弃土运距	m^3	按设计图示尺寸以体积计算	1.排地表水 2.土方开挖 3.挡土板支拆 4.截桩头 5.基底钎探 6.运输
010101003	挖基础土方	1.土壤类别 2.基础类型 3.垫层底宽、底面积 4.挖土深度 5.弃土运距		按设计图示尺寸以基础垫层底面积乘以挖土深度计算	
010101004	冻土开挖	1.冻土厚度 2.弃土运距		按设计图示尺寸开挖面积乘以厚度以体积计算	1.打眼、装药、爆破 2.开挖 3.清理 4.运输
010101005	挖淤泥、流砂	1.挖掘深度 2.弃淤泥、流砂距离		按设计图示位置、界限以体积计算	1.挖淤泥、流砂 2.弃淤泥、流砂
010101006	管沟土方	1.土壤类别 2.管外径 3.挖沟平均深度 4.弃土石运距 5.回填要求	m	按设计图示以管道中心线长度计算	1.排地表水 2.土方开挖 3.挡土板支拆 4.运输 5.回填

A.1.3 土石方运输与回填。工程量清单项目设置及工程量计算规则，应按表A.1.3的规定执行。

土石方回填(编码:010103)　　　表A.1.3

项目编码	项目名称	项 目 特 征	计量单位	工程量计算规则	工程内容
010103001	土(石)方回填	1.土质要求 2.密实度要求 3.粒径要求 4.夯填(碾压) 5.松填 6.运输距离	m^3	按设计图示尺寸以体积计算 注:1.场地回填:回填面积乘以平均回填厚度 2.中内回填:主墙间净面积乘以回填厚度 3.基础回填:挖方体积减去设计室外地坪以下埋没的基础体积(包括基础垫层及其他构筑物)	1.挖土方 2.装卸、运输 3.回填 4.分层碾压、夯实

2　土石方体积应按挖掘前的天然密实体积计算。如需按天然密实体积折算时，应按表A.1.4-2系数计算。

土石方体积折算系数表　　　表A.1.4-2

天然密实度体积	虚 方 体 积	夯实后体积	松 填 体 积
1.00	1.30	0.87	1.08
0.77	1.00	0.67	0.83
1.15	1.49	1.00	1.24
0.93	1.20	0.81	1.00

3　挖土方平均厚度应按自然地面测量高程至设计地坪高程间的平均厚度确定。基础土方、石方开挖深度应按基础垫层底表面高程至交付施工场地高程确定，无交付施工场地高程时，应按自然地面高程确定。

4　建筑物场地厚度在±30cm以内的挖、填、运、找平，应按A.1.1中平整场地项目编码列项。±30cm以外的竖向布置挖土或山坡切土，应按A.1.1中挖土方项目编码列项。

5　挖基础土方包括带形基础、独立基础、满堂基础(包括地下室基础)及设备基础、人工挖孔桩等的挖方。带形基础应按不同底宽和深度，独立基础和满堂基础应按不同底面积和深度分别编码列项。

6 管沟土(石)方工程量应按设计图示尺寸以长度计算。有管沟设计时，平均深度以沟垫层底表面高程至交付施工场地高程计算；无管沟设计时，直埋管深度应按管底外表面高程至交付施工场地高程的平均高度计算。

7 设计要求采用减震孔方式减弱爆破振动波时，应按A.1.2中预裂爆破项目编码列项。

8 湿土的划分应按地质资料提供的地下常水位为界，地下常水位以下为湿土。

9 挖方出现流砂、淤泥时，可根据实际情况由发包人与承包人双方认证。

A.3 砌筑工程

A.3.1 砖基础。工程量清单项目设置及工程量计算规则，应按表A.3.1的规定执行。

砖基础(编码:010301) 表A.3.1

项目编码	项目名称	项目特征	计量单位	工程量计算规则	工程内容
010301001	砖基础	1. 砖品种、规格、强度等级 2. 基础类型 3. 基础深度 4. 砂浆强度等级	m^3	按设计图示尺寸以体积计算。包括附墙垛基础宽出部分体积，扣除地梁(圈梁)、构造柱所占体积，不扣除基础大放脚T形接头处的重叠部分及嵌入基础内的钢筋、铁件、管道、基础砂浆防潮层和单个面积0.3m^2以内的孔洞所占体积，靠墙暖气沟的挑檐不增加 基础长度：外墙按中心线，内墙按净长线计算	1. 砂浆制作、运输 2. 砌砖 3. 防潮层铺设 4. 材料运输

A.3.2 砖砌体。工程量清单项目设置及工程量计算规则，应按表A.3.2的规定执行。

砖砌体(编码:010302)　　表 A.3.2

项目编码	项目名称	项目特征	计量单位	工程量计算规则	工程内容
010302001	实心砖墙	1.砖品种、规格、强度等级 2.墙体类型 3.墙体厚度 4.墙体高度 5.勾缝要求 6.砂浆强度等级、配合比	m^3	按设计图示尺寸以体积计算。 扣除门窗洞口、过人洞、空圈、嵌入墙内的钢筋混凝土柱、梁、圈梁、挑梁、过梁及凹进墙内的壁龛、管槽、暖气槽、消火栓箱所占体积。不扣除梁头、板头、檩头、垫木、木楞头、沿缘木、木砖、门窗走头、砖墙内加固钢筋、木筋、铁件、钢管及单个面积 0.3m^2 以内的孔洞所占体积。凸出墙面的腰线、挑檐、压顶、窗台线、虎头砖、门窗套的体积亦不增加。凸出墙面的砖垛并入墙体体积内计算 1.墙长度:外墙按中心线,内墙按净长计算; 2.墙高度:(1)外墙:斜(坡)屋面无檐口天棚者算至屋面板底;有屋架且室内外均有天棚者算至屋架下弦底另加200mm;无天棚者算至屋架下弦底另加300mm,出檐宽度超过600mm时按实砌高度计算;平屋面算至钢筋混凝土板底 (2)内墙:位于屋架下弦者,算至屋架下弦底;无屋架者算至天棚底另加100mm;有钢筋混凝土楼板隔层者算至楼板顶;有框架梁时算至梁底 (3)女儿墙:从屋面板上表面算至女儿墙顶面(如有混凝土压顶时算至压顶下表面) (4)内、外山墙:按其平均高度计算 3.围墙:高度算至压顶上表面(如有混凝土压顶时算至压顶下表面),围墙柱并入围墙体积内	1.砂浆制作、运输 2.砌砖 3.勾缝 4.砖压顶砌筑 5.材料运输

续上表

项目编码	项目名称	项目特征	计量单位	工程量计算规则	工程内容
010302002	空斗墙	1. 砖品种、规格、强度等级 2. 墙体类型 3. 墙体厚度 4. 勾缝要求 5. 砂浆强度等级、配合比	m^3	按设计图示尺寸以空斗墙外形体积计算，墙角、内外墙交接处、门窗洞口立边、窗台砖、屋檐处的实砌部分体积并入空斗墙体积内	1. 砂浆制作、运输 2. 砌砖 3. 装填充料 4. 勾缝 5. 材料运输
010302003	空花墙	1. 砖品种、规格、强度等级 2. 墙体类型 3. 墙体厚度 4. 勾缝要求 5. 砂浆强度等级		按设计图示尺寸以空花部分外形体积计算，不扣除空洞部分体积	
010302004	填充墙	1. 砖品种、规格、强度等级 2. 墙体厚度 3. 填充材料种类 4. 勾缝要求 5. 砂浆强度等级		按设计图示尺寸以填充墙外形体积计算	
010302005	实心砖柱	1. 砖品种、规格、强度等级 2. 柱类型 3. 柱截面 4. 柱高 5. 勾缝要求 6. 砂浆强度等级、配合比		按设计图示尺寸以体积计算。扣除混凝土及钢筋混凝土梁垫、梁头、板头所占体积	1. 砂浆制作、运输 2. 砌砖 3. 勾缝 4. 材料运输
010302006	零星砌砖	1. 零星砌砖名称、部位 2. 勾缝要求 3. 砂浆强度等级、配合比	m^3（m^2、m、个）		

A.3.4 砌块砌体。工程量清单项目设置及工程量计算规则，应按表A.3.4的规定执行。

砌块砌体（编码：010304）　　表A.3.4

项目编码	项目名称	项目特征	计量单位	工程量计算规则	工程内容
010304001	空心砖墙、砌块墙	1.墙体类型 2.墙体厚度 3.空心砖、砌块品种、规格、强度等级 4.勾缝要求 5.砂浆强度等级、配合比	m^3	按设计图示尺寸以体积计算。扣除门窗洞口、过人洞、空圈、嵌入墙内的钢筋混凝土柱、梁、圈梁、挑梁、过梁及凹进墙内的壁龛、管槽、暖气槽、消火栓箱所占体积，不扣除梁头、板头、檩头、垫木、木楞头、沿缘木、木砖、门窗走头、砖墙内加固钢筋、木筋、铁件、钢管及单个面积0.3m^2以内的孔洞所占体积，凸出墙面的腰线、挑檐、压顶、窗台线、虎头砖、门窗套的体积不增加，凸出墙面的砖垛并入墙体体积内 1.墙长度：外墙按中心线，内墙按净长计算 2.墙高度： (1)外墙：斜（坡）屋面无檐口天棚者算至屋面板底；有屋架且室内外均有天棚者算至屋架下弦底另加200mm；无天棚者算至屋架下弦底另加300mm，出檐宽度超过600mm时按实砌高度计算；平屋面算至钢筋混凝土板底 (2)内墙：位于屋架下弦者，算至屋架下弦底；无屋架者算至天棚底另加100mm；有钢筋混凝土楼板隔层者算至楼板顶；有框架梁时算至梁底 (3)女儿墙：从屋面板上表面算至女儿墙顶面（如有压顶时算至压顶下表面） (4)内、外山墙：按其平均高度计算 3.围墙：高度算至压顶上表面（如有混凝土压顶时算至压顶下表面），围墙柱并入围墙体积内	1.砂浆制作、运输 2.砌砖、砌块 3.勾缝 4.材料运输
010304002	空心砖柱、砌块柱	1.墙体类型 2.墙体厚度 3.空心砖、砌块品种、规格、强度等级 4.勾缝要求 5.砂浆强度等级、配合比		按设计图示尺寸以体积计算。扣除混凝土及钢筋混凝土梁垫、梁头、板头所占体积	

A.3.5 石砌体。工程量清单项目设置及工程量计算规则，应按表 A.3.5 的规定执行。

石砌体(编码:010305)　　表 A.3.5

项目编码	项目名称	项目特征	计量单位	工程量计算规则	工程内容
010305001	石基础	1.石料种类、规格 2.基础深度 3.基础类型 4.砂浆强度等级、配合比	m^3	按设计图示尺寸以体积计算。包括附墙垛基础宽出部分体积，不扣除基础砂浆防潮层及单个面积 0.3m^2以内的孔洞所占体积，靠墙暖气沟的挑檐不增加体积。基础长度：外墙按中心线，内墙按净长计算	1.砂浆制作、运输 2.砌石 3.防潮层铺设 4.材料运输
010305002	石勒脚	1.石料种类、规格 2.石表面加工要求 3.勾缝要求 4.砂浆强度等级、配合比		按设计图示尺寸以体积计算。扣除单个 0.3m^2 以外的孔洞所占的体积	
010305003	石墙	1.石料种类、规格 2.墙厚 3.石表面加工要求 4.勾缝要求 5.砂浆强度等级、配合比		按设计图示尺寸以体积计算。扣除门窗洞口、过人洞、空圈、嵌入墙内的钢筋混凝土柱、梁、圈梁、挑梁、过梁及凹进墙内的壁龛、管槽、暖气槽、消火栓箱所占体积，不扣除梁头、板头、檩头、垫木、木楞头、沿缘木、木砖、门窗走头、砖墙内加固钢筋、木筋、铁件、钢管及单个面积 0.3m^2以内的孔洞所占体积，凸出墙面的腰线、挑檐、压顶、窗台线、虎头砖、门窗套不增加体积，凸出墙面的砖垛并入墙体体积内 1.墙长度：外墙按中心线，内墙按净长计算 2.墙高度：(1)外墙：斜(坡)屋面无檐口天棚者算至屋面板底；有屋架且室内外均有天棚者算至屋架下弦底另加 200mm；无天棚者算至屋架下弦底另加 300mm，出檐宽度超过 600mm 时按实砌高度计算；平屋面算至钢筋混凝土板底	1.砂浆制作、运输 2.砌石 3.石表面加工 4.勾缝 5.材料运输

续上表

项目编码	项目名称	项目特征	计量单位	工程量计算规则	工程内容
010305003	石墙	1. 石料种类、规格 2. 墙厚 3. 石表面加工要求 4. 勾缝要求 5. 砂浆强度等级、配合比	m^3	(2)内墙：位于屋架下弦者，算至屋架下弦底；无屋架者算至天棚底另加 100mm；有钢筋混凝土楼板隔层者算至楼板顶；有框架梁时算至梁底 (3)女儿墙：从屋面板上表面算至女儿墙顶面（如有压顶时算至压顶下表面） (4)内、外山墙：按其平均高度计算 3. 围墙：高度算至压顶上表面（如有混凝土压顶时算至压顶下表面），围墙柱、砖压顶并入围墙体积内	1. 砂浆制作、运输 2. 砌石 3. 石表面加工 4. 勾缝 5. 材料运输
010305004	石挡土墙	1. 石料种类、规格 2. 墙厚 3. 石表面加工要求 4. 勾缝要求 5. 砂浆强度等级、配合比	m^3	比按设计图示尺寸以体积计算	1. 砂浆制作、运输 2. 砌石 3. 压顶抹灰 4. 勾缝 5. 材料运输
010305005	石柱	1. 石料种类、规格 2. 柱截面 3. 石表面加工要求 4. 勾缝要求 5. 砂浆强度等级、配合比			1. 砂浆制作、运输 2. 砌石 3. 石表面加工 4. 勾缝 5. 材料运输
010305006	石栏杆		m	按设计图示尺寸以长度计算	
010305007	石护坡	1. 垫层材料种类、厚度 2. 石料种类、规格 3. 护坡厚度、高度 4. 石表面加工要求 5. 勾缝要求 6. 砂浆强度等级、配合比	m^3	按设计图示尺寸以体积计算	
010305008	石台阶				1. 铺设垫层 2. 石料加工 3. 砂浆制作、运输 4. 砌石 5. 石表面加工 6. 勾缝 7. 材料运输
010305009	石坡道		m^2	按设计图示尺寸以水平投影面积计算	

续上表

项目编码	项目名称	项目特征	计量单位	工程量计算规则	工程内容
010305010	石地沟、石明沟	1. 沟截面尺寸 2. 垫层种类、厚度 3. 石料种类、规格 4. 石表面加工要求 5. 勾缝要求 6. 砂浆强度等级、配合比	m	按设计图示以中心线长度计算	1. 土石挖运 2. 砂浆制作、运输 3. 铺设垫层 4. 砌石 5. 石表面加工 6. 勾缝 7. 回填 8. 材料运输

A.3.6 砖散水、地坪、地沟。工程量清单项目设置及工程量计算规则，应按表A.3.6的规定执行。

砖散水、地坪、地沟(编码：010306)　　表A.3.6

项目编码	项目名称	项目特征	计量单位	工程量计算规则	工程内容
010306001	砖散水、地坪	1. 垫层材料种类、厚度 2. 散水、地坪厚度 3. 面层种类、厚度 4. 砂浆强度等级、配合比	m^2	按设计图示尺寸以面积计算	1. 地基找平、夯实 2. 铺设垫层 3. 砌砖散水、地坪 4. 抹砂浆面层
010306002	砖地沟、明沟	1. 沟截面尺寸 2. 垫层材料种类、厚度 3. 混凝土强度等级 4. 砂浆强度等级、配合比	m	按设计图示以中心线长度计算	1. 挖运土石 2. 铺设垫层 3. 底板混凝土制作、运输、浇筑、振捣、养护 4. 砌砖 5. 勾缝、抹灰 6. 材料运输

A.3.7 其他相关问题应按下列规定处理：

1　基础垫层包括在基础项目内。

2　标准砖尺寸应为240mm×115mm×53mm。标准砖墙厚度应按表A.3.7计算：

标准墙计算厚度表　　表 A.3.7

砖数(厚度)	1/4	1/2	3/	1	$1\frac{1}{2}$	2	$2\frac{1}{2}$	3
计算厚度(mm)	53	115	180	240	365	490	615	740

3　砖基础与砖墙(身)划分应以设计室内地坪为界(有地下室的按地下室室内设计地坪为界)以下为基础,以上为墙(柱)身。基础与墙身使用不同材料,位于设计室内地坪±300mm 以内时以不同材料为界,超过±300mn,应以设计室内地坪为界。砖围墙应以设计室外地坪为界,以下为基础,以上为墙身。

4　框架外表面的镶贴砖部分,应单独按 A.3.2 中相关零星项目编码列项。

5　附墙烟囱、通风道、垃圾道,应按设计图示尺寸以体积(扣除孔洞所占体积)计算,并入所依附的墙体体积内。当设计规定孔洞内需抹灰时,应按 B.2 中相关项目编码列项。

6　空斗墙的窗间墙、窗台下、楼板下等的实砌部分,应按 A.3.2 中零星砌砖项目编码列项。

7　台阶、台阶挡墙、梯带、锅台、炉灶、蹲台、池槽、池槽腿、花台、花池、楼梯栏板、阳台栏板、地垄墙、屋面隔热板下的砖墩、$0.3m^2$ 以内孔洞填塞等,应按零星砌砖项目编码列项。砖砌锅台与炉灶可按外形尺寸以个计算,砖砌台阶可按水平投影面积以平方米计算,小便槽、地垄墙可按长度计算,其他工程量按立方米计算。

8　砖烟囱应按设计室外地坪为界,以下为基础,以上为筒身。

9　砖烟囱体积可按下式分段计算:$V=\sum H\times C\times \pi D$。式中:$V$ 表示筒身体积,H 表示每段筒身垂直高度,C 表示每段筒壁厚度,D 表示每段筒壁平均直径。

10　砖烟道与炉体的划分应按第一道闸门为界。

11　水塔基础与塔身划分应以砖砌体的扩大部分顶面为界,以上为塔身,以下为基础。

12　石基础、石勒脚、石墙身的划分:基础与勒脚应以设计室外地坪为界,勒脚与墙身应以设计室内地坪为界。石围墙内外地坪高程不同时,应以较低地坪高程为界,以下为基础;内外高程之差为挡土墙时,挡土墙以上为墙身。

13　石梯带工程量应计算在石台阶工程量内。

14　石梯膀应按 A.3.5 石挡土墙项目编码列项。

15　砌体内加筋的制作、安装,应按 A.4 相关项目编码列项。

A.4 混凝土及钢筋混凝土工程

A.4.1 现浇混凝土基础。工程量清单项目设置及工程量计算规则，应按表A.4.1的规定执行。

现浇混凝土基础(编码:010401) 表A.4.1

项目编码	项目名称	项目特征	计量单位	工程量计算规则	工程内容
010401001	带形基础	1.混凝土强度等级 2.混凝土拌和料要求 3.砂浆强度等级	m^3	按设计图示尺寸以体积计算。不扣除构件内钢筋、预埋铁件和伸入承台基础的桩头所占体积	1.铺设垫层 2.混凝土制作、运输、浇筑、振捣、养护 3.地脚螺栓二次灌浆
010401002	独立基础				
010401003	满堂基础				
010401004	设备基础				
010401005	桩承台基础				
010401006	垫层				

A.4.2 现浇混凝土柱。工程量清单项目设置及工程量计算规则，应按表A.4.2的规定执行。

现浇混凝土柱(编码:010402) 表A.4.2

项目编码	项目名称	项目特征	计量单位	工程量计算规则	工程内容
010402001	矩形柱	1.柱高度 2.柱截面尺寸 3.混凝土强度等级 4.混凝土拌和料要求	m^3	按设计图示尺寸以体积计算。不扣除构件内钢筋、预埋铁件所占体积 柱高： 1.有梁板的柱高，应自柱基上表面(或楼板上表面)至上一层楼板上表面之间的高度计算 2.无梁板的柱高，应自柱基上表面(或楼板上表面)至柱帽下表面之间的高度计算 3.框架柱的柱高，应自柱基上表面至柱顶高度计算 4.构造柱按全高计算，嵌接墙体部分并入柱身体积 5.依附柱上的牛腿和升板的柱帽，并入柱身体积计算	混凝土制作、运输、浇筑、振捣、养护
010402002	异形柱				

A. 4. 3 现浇混凝土梁。工程量清单项目设置及工程量计算规则,应按表 A. 4. 3 的规定执行。

现浇混凝土梁(编码:010403) 表 A. 4. 3

项目编码	项目名称	项目特征	计量单位	工程量计算规则	工程内容
010403001	基础梁	1. 梁底高程 2. 梁截面 3. 混凝土强度等级 4. 混凝土拌和料要求	m^3	按设计图示尺寸以体积计算。不扣除构件内钢筋、预埋铁件所占体积,伸入墙内的梁头、梁垫并入梁体积内 梁长: 1. 梁与柱连接时,梁长算至柱侧面 2. 主梁与次梁连接时,次梁长算至主梁侧面	混凝土制作、运输、浇筑、振捣、养护
010403002	矩形梁				
010403003	异形梁				
010403004	圈梁				
010403005	过梁				
010403006	弧形、拱形梁				

A. 4. 4 现浇混凝土墙。工程量清单项目设置及工程量计算规则,应按表 A. 4. 4 的规定执行。

现浇混凝土墙(编码:010404) 表 A. 4. 4

项目编码	项目名称	项目特征	计量单位	工程量计算规则	工程内容
010404001	直形墙	1. 墙类型 2. 墙厚度 3. 混凝土强度等级 4. 混凝土拌和料要求	m^3	按设计图示尺寸以体积计算。不扣除构件内钢筋、预埋铁件所占体积,扣除门窗洞口及单个面积 $0.3m^2$ 以外的孔洞所占体积,墙垛及突出墙面部分并入墙体体积计算内	混凝土制作、运输、浇筑、振捣、养护
010404002	弧形墙				

A. 4. 5 现浇混凝土板。工程量清单项目设置及工程量计算规则,应按表 A. 4. 5 的规定执行。

现浇混凝土板（编码：010405） 表 A.4.5

项目编码	项目名称	项目特征	计量单位	工程量计算规则	工程内容
010405001	有梁板	1. 板底高程 2. 板厚度 3. 混凝土强度等级 4. 混凝土拌和料要求	m^3	按设计图示尺寸以体积计算。不扣除构件内钢筋、预埋铁件及单个面积 $0.3m^2$ 以内的孔洞所占体积。有梁板（包括主、次梁与板）按梁、板体积之和计算，无梁板按板和柱帽体积之和计算，各类板伸入墙内的板头并入板体积内计算，薄壳板的肋、基梁并入薄壳体积内计算	混凝土制作、运输、浇筑、振捣、养护
010405002	无梁板				
010405003	平板				
010405004	拱板				
010405005	薄壳板				
010405006	栏板				
010405007	天沟、挑檐板	1. 混凝土强度等级 2. 混凝土拌和料要求		按设计图示尺寸以体积计算	
010405008	雨篷、阳台板			按设计图示尺寸以墙外部分体积计算。包括伸出墙外的牛腿和雨篷反挑檐的体积	
010405009	其他板			按设计图示尺寸以体积计算	

A.4.6 现浇混凝土楼梯。工程量清单项目设置及工程量计算规则，应按表 A.4.6 的规定执行。

现浇混凝土楼梯（编码：010406） 表 A.4.6

项目编码	项目名称	项目特征	计量单位	工程量计算规则	工程内容
010406001	直形楼梯	1. 混凝土强度等级 2. 混凝土拌和料要求	m^3	按设计图示尺寸以水平投影面积计算。不扣除宽度小于 500mm 的楼梯井，伸入墙内部分不计算	混凝土制作、运输、浇筑、振捣、养护
010406002	弧形楼梯				

A.4.7 现浇混凝土其他构件。工程量清单项目设置及工程量计算规则，应按表 A.4.7 的规定执行。

现浇混凝土其他构件（编码：010407）　　表 A.4.7

项目编码	项目名称	项目特征	计量单位	工程量计算规则	工程内容
010407001	其他构件	1. 构件的类型 2. 构件规格 3. 混凝土强度等级 4. 混凝土拌和要求	m^3（m^2、m）	按设计图示尺寸以体积计算。不扣除构件内钢筋、预埋铁件所占体积	混凝土制作、运输、浇筑、振捣、养护
010407002	散水、坡道	1. 垫层材料种类、厚度 2. 面层厚度 3. 混凝土强度等级 4. 混凝土拌和料要求 5. 填塞材料种类	m^2	按设计图示尺寸以面积计算。不扣除单个面积 0.3m^2 以内的孔洞所占面积	1. 地基夯实 2. 铺设垫层 3. 混凝土制作、运输、浇筑、振捣、养护 4. 变形缝填塞
010407003	电缆沟、地沟	1. 沟截面 2. 垫层材料种类、厚度 3. 混凝土强度等级 4. 混凝土拌和料要求 5. 防护材料种类	m	按设计图示以中心线长度计算	1. 挖运土石 2. 铺设垫层 3. 混凝土制作、运输、浇筑、振捣、养护 4. 刷防护材料

A.4.8　后浇带。工程量清单项目设置及工程量计算规则，应按表 A.4.8 的规定执行。

后浇带（编码：010408）　　表 A.4.8

项目编码	项目名称	项目特征	计量单位	工程量计算规则	工程内容
010408001	后浇带	1. 部位 2. 混凝土强度等级 3. 混凝土拌和料要求	m^3	按设计图示尺寸以体积计算	混凝土制作、运输、浇筑、振捣、养护

A.4.9　预制混凝土柱。工程量清单项目设置及工程量计算规则，应按表 A.4.9 的规定执行。

预制混凝土柱(编码:010409)　　表 A.4.9

项目编码	项目名称	项目特征	计量单位	工程量计算规则	工程内容
010409001	矩形柱	1.柱类型 2.单件体积 3.安装高度 4.混凝土强度等级 5.砂浆强度等级	m^3 (根)	1.按设计图示尺寸以体积计算。不扣除构件内钢筋、预埋铁件所占体积 2.按设计图示尺寸以"数量"计算	1.混凝土制作、运输、浇筑、振捣、养护 2.构件制作、运输 3.构件安装 4.砂浆制作、运输 5.接头灌缝、养护
010409002	异形柱				

A.4.10 预制混凝土梁。工程量清单项目设置及工程量计算规则,应按表 A.4.10 的规定执行。

预制混凝土梁(编码:010410)　　表 A.4.10

项目编码	项目名称	项目特征	计量单位	工程量计算规则	工程内容
010410001	矩形梁	1.单件体积 2.安装高度 3.混凝土强度等级 4.砂浆强度等级	m^3 (根)	按设计图示尺寸以体积计算。不扣除构件内钢筋、预埋铁件所占体积	1.混凝土制作、运输、浇筑、振捣、养护 2.构件制作、运输 3.构件安装 4.砂浆制作、运输 5.接头灌缝、养护
010410002	异形梁				
010410003	过梁				
010410004	拱形梁				
010410005	鱼腹式吊车梁				
010410006	风道梁				

A.4.11 预制混凝土屋架。工程量清单项目设置及工程量计算规则,应按表 A.4.11 的规定执行。

预制混凝土屋架(编码:010411)　　表 A.4.11

项目编码	项目名称	项目特征	计量单位	工程量计算规则	工程内容
010411001	折线型屋架	1.屋架的类型、跨度 2.单件体积 3.安装高度 4.混凝土强度等级 5.砂浆强度等级	m^3 (榀)	按设计图示尺寸以体积计算。不扣除构件内钢筋、预埋铁件所占体积	1.混凝土制作、运输、浇筑、振捣、养护 2.构件制作、运输 3.构件安装 4.砂浆制作、运输 5.接头灌缝、养护
010411002	组合屋架				
010411003	薄腹屋架				
010411004	门式刚架屋架				
010411005	天窗架屋架				

A.4.12 预制混凝土板。工程量清单项目设置及工程量计算规则，应按表 A.4.12 的规定执行。

预制混凝土板（编码：010412）　　A.4.12

项目编码	项目名称	项目特征	计量单位	工程量计算规则	工程内容
010412001	平板	1. 构件尺寸 2. 安装高度 3. 混凝土强度等级 4. 砂浆强度等级	m^3 （块）	按设计图示尺寸以体积计算。不扣除构件内钢筋、预埋铁件及单个尺寸 300mm × 300mm 以内的孔洞所占体积，扣除空心板空洞体积	1. 混凝土制作、运输、浇筑、振捣、养护 2. 构件制作、运输 3. 构件安装 4. 升板提升 5. 砂浆制作、运输 6. 接头灌缝、养护
010412002	空心板				
010412003	槽形板				
010412004	网架板				
010412005	折线板				
010412006	带肋板				
010412007	大型板				
010412008	沟盖板、井盖板、井圈	1. 构件尺寸 2. 安装高度 3. 混凝土强度等级 4. 砂浆强度等级	m^3 （块、套）	按设计图示尺寸以体积计算。不扣除构件内钢筋、预埋铁件所占体积	1. 混凝土制作、运输、浇筑、振捣、养护 2. 构件制作、运输 3. 构件安装 4. 砂浆制作、运输 5. 接头灌缝、养护

A.4.13 预制混凝土楼梯。工程量清单项目设置及工程量计算规则，应按表 A.4.13 的规定执行。

预制混凝土楼梯（编码：010413）　　A.4.13

项目编码	项目名称	项目特征	计量单位	工程量计算规则	工程内容
010413001	楼梯	1. 楼梯类型 2. 单件体积 3. 混凝土强度等级 4. 砂浆强度等级	m^3	按设计图示尺寸以体积计算。不扣除构件内钢筋、预埋铁件所占体积，扣除空心踏步板空洞体积	1. 混凝土制作、运输、浇筑、振捣、养护 2. 构件制作、运输 3. 构件安装 4. 砂浆制作、运输 5. 接头灌缝、养护

A.4.14 其他预制构件。工程量清单项目设置及工程量计算规则，应按表 A.4.14 的规定执行。

其他预制构件(编码:010414)　　　　表 A.4.14

项目编码	项目名称	项目特征	计量单位	工程量计算规则	工程内容
010414001	烟道、垃圾道、通风道	1.构件类型 2.单件体积 3.安装高度 4.混凝土强度等级 5.砂浆强度等级	m³	按设计图示尺寸以体积计算。不扣除构件内钢筋、预埋铁件及单个尺寸300mm×300mm以内的孔洞所占体积,扣除烟道、垃圾道、通风道的孔洞所占体积	1.混凝土制作、运输、浇筑、振捣、养护 2.(水磨石)构件制作、运输 3.构件安装 4.砂浆制作、运输 5.接头灌缝、养护 6.酸洗、打蜡
010414002	其他构件	1.构件的类型 2.单件体积 3.水磨石面层厚度 4.安装高度 5.混凝土强度等级 6.水泥石子浆配合比 7.石子品种、规格、颜色 8.酸洗、打蜡要求			
010414003	水磨石构件				

A.4.16　钢筋工程。工程量清单项目设置及工程量计算规则,应按表A.4.16的规定执行。

钢筋工程(编码:010416)　　　　表 A.4.16

项目编码	项目名称	项目特征	计量单位	工程量计算规则	工程内容
010416001	现浇混凝土钢筋	钢筋种类、规格	t	按设计图示钢筋(网)长度(面积)乘以单位理论质量计算	1.钢筋(网、笼)制作、运输 2.钢筋(网、笼)安装
010416002	预制构件钢筋				
010416003	钢筋网片				
010416004	钢筋笼				
010416005	先张法预应力钢筋	1.钢筋种类、规格 2.锚具种类		按设计图示钢筋长度乘以单位理论质量计算	1.钢筋制作、运输 2.钢筋张拉

续上表

<table>
<tr><th>项目编码</th><th>项目名称</th><th>项目特征</th><th>计量单位</th><th>工程量计算规则</th><th>工程内容</th></tr>
<tr><td>010416006</td><td>后张法预应力钢筋</td><td rowspan="3">1. 钢筋种类、规格
2. 钢丝束种类、规格
3. 钢绞线种类、规格
4. 锚具种类
5. 砂浆强度等级</td><td rowspan="3">t</td><td rowspan="3">按设计图示钢筋(丝束、绞线)长度乘以单位理论质量计算
1. 低合金钢筋两端均采用螺杆锚具时,钢筋长度按孔道长度减 0.35m 计算,螺杆另行计算
2. 低合金钢筋一端采用镦头插片、另一端采用螺杆锚具时,钢筋长度按孔道长度计算,螺杆另行计算
3. 低合金钢筋一端采用镦头插片、另一端采用帮条锚具时,钢筋增加 0.15m 计算;两端均采用帮条锚具时,钢筋长度按孔道长度增加 0.3m 计算
4. 低合金钢筋采用后张混凝土自锚时,钢筋长度按孔道长度增加 0.35m 计算
5. 低合金钢筋(钢绞线)采用 JM、XM、QM 型锚具,孔道长度在 20m 以内时,钢筋长度增加 1m 计算;孔道长度 20m 以外时,钢筋(钢绞线)长度按、孔道长度增加 1.8m 计算
6. 碳素钢丝采用锥形锚具,孔道长度在 20m 以内时,钢丝束长度按孔道长度增加 1m 计算;孔道长在 20m 以上时,钢丝束长度按孔道长度增加 1.8m 计算
7. 碳素钢丝束采用镦头锚具时,钢丝束长度按孔道长度增力 0.35m 计算</td><td rowspan="3">1. 钢筋、钢丝束、钢绞线制作、运输
2. 钢筋、钢丝束、钢绞线安装
3. 预埋管孔道铺设
4. 锚具安装
5. 砂浆制作、运输
6. 孔道压浆、养护</td></tr>
<tr><td>010416007</td><td>预应力钢丝</td></tr>
<tr><td>010416008</td><td>预应力钢绞线</td></tr>
</table>

A.4.17 螺栓、铁件,工程量清单项目设置及工程量计算规则,应按表 A.4.17的规定执行。

螺栓、铁件(编码:010417)　　表 A.4.17

<table>
<tr><th>项目编码</th><th>项目名称</th><th>项目特征</th><th>计量单位</th><th>工程量计算规则</th><th>工程内容</th></tr>
<tr><td>010417001</td><td>螺栓</td><td rowspan="2">1. 钢材种类、规格
2. 螺栓长度
3. 铁件尺寸</td><td rowspan="2">t</td><td rowspan="2">按设计图示尺寸以质量计算</td><td rowspan="2">1. 螺栓(铁件)制作、运输
2. 螺栓(铁件)安装</td></tr>
<tr><td>010417002</td><td>预埋铁件</td></tr>
</table>

A.4.18 其他相关问题应按下列规定处理：

1 混凝土垫层包括在基础项目内。

2 有肋带形基础、无肋带形基础应分别编码（第五级编码）列项，并注明肋高。

3 箱式满堂基础，可按 A.4.1、A.4.2、A.4.3、A.4.4、A.4.5 中满堂基础、柱、梁、墙、板分别编码列项；也可利用 A.4.1 的第五级编码分别列项。

4 框架式设备基础，可按 A.4.1、A.4.2、A.4.3、A.4.4、A.4.5 中设备基础、柱、梁、墙、板分别编码列项；也可利用 A.4.1 的第五级编码分别列项。

5 构造柱应按 A.4.2 中矩形柱项目编码列项。

6 现浇挑檐、天沟板、雨篷、阳台与板（包括屋面板、楼板）连接时，以外墙外边线为分界线；与圈梁（包括其他梁）连接时，以梁外边线为分界线。外边线以外为挑檐、天沟、雨篷或阳台。

7 整体楼梯（包括直形楼梯、弧形楼梯）水平投影面积包括休息平台、平台梁、斜梁和楼梯的连接梁。当整体楼梯与现浇楼板无梯梁连接时，以楼梯的最后一个踏步边缘加 300mm 为界。

8 现浇混凝土小型池槽、压顶、扶手、垫块、台阶、门框等，应按 A.4.7 中其他构件项目编码列项。其中扶手、压顶（包括伸入墙内的长度）应按延长米计算，台阶应按水平投影面积计算。

9 三角形屋架应按 A.4.11 中折线型屋架项目编码列项。

10 不带肋的预制遮阳板、雨篷板、挑檐板、栏板等，应按 A.4.12 中平板项目编码列项。

11 预制 F 形板、双 T 形板、单肋板和带反挑檐的雨篷板、挑檐板、遮阳板等，应按 A.4.12 中带肋板项目编码列项。

12 预制大型墙板、大型楼板、大型屋面板等，应按 A.4.12 中大型板项目编码列项。

13 预制钢筋混凝土楼梯，可按斜梁、踏步分别编码（第五级编码）列项。

14 预制钢筋混凝土小型池槽、压顶、扶手、垫块、隔热板、花格等，应按 A.4.14中其他构件项目编码列项。

15 储水（油）池的池底、池壁、池盖可分别编码（第五级编码）列项。有壁基梁的，应以壁基梁底为界，以上为池壁、以下为池底；无壁基梁的，锥形坡底应算至其上口，池壁下部的八字靴脚应并入池底体积内。无梁池盖的柱高应从池底上表面算至池盖下表面，柱帽和柱座应并在柱体积内。肋形池盖应包括主、次梁体积；球形池盖应以池壁顶面为界，边侧梁应并入球形池盖体积内。

16　储仓立壁和储仓漏斗可分别编码（第五级编码）列项，应以相互交点水平线为界，壁上圈梁应并入漏斗体积内。

17　滑模筒仓按 A.4.15 中储仓项目编码列项。

18　水塔基础、塔身、水箱可分别编码（第五级编码）列项。筒式塔身应以筒座上表面或基础底板上表面为界；柱式（框架式）塔身应以柱脚与基础底板或梁顶为界，与基础板连接的梁应并入基础体积内。塔身与水箱应以箱底相连接的圈梁下表面为界，以上为水箱，以下为塔身。依附于塔身的过梁、雨篷、挑檐等，应并入塔身体积内；柱式塔身应不分柱、梁合并计算。依附于水箱壁的柱、梁，应并入水箱壁体积内。

19　现浇构件中固定位置的支撑钢筋、双层钢筋用的“铁马”、伸出构件的锚固钢筋、预制构件的吊钩等，应并入钢筋工程量内。

A.5　厂库房大门、特种门、木结构工程

项目编码	项目名称	项目特征	计量单位	工程量计算规则	工程内容
010501001	木板大门	1.开启方式 2.有框、无框 3.含门扇数 4.材料品种、规格 5.五金种类、规格 6.防护材料种类 7.油漆品种、刷漆遍数	樘/m^2	按设计图示数量计算或按设计图示洞口尺寸以面积计算	1.门（骨架）制作、运输 2.门、五金配件安装 3.刷防护材料、油漆
010501002	钢木大门				
010501003	全钢板大门				
010501004	特种门				
010501005	围墙铁丝门				

A.6　金属结构工程

A.6.6　钢构件。工程量清单项目设置及工程量计算规则，应按表 A.6.6 的规定执行。

钢构件（编码：010606） 表 A.6.6

项目编码	项目名称	项目特征	计量单位	工程量计算规则	工程内容
010606001	钢支撑	1. 钢材品种、规格 2. 单式、复式 3. 支撑高度 4. 探伤要求 5. 油漆品种、刷漆遍数	t	按设计图示尺寸以质量计算。不扣除孔眼、切边、切肢的质量，焊条、铆钉、螺栓等不另增加质量。不规则或多边形钢板以其外接矩形面积乘以厚度乘以单位理论质量计算	1. 制作 2. 运输 3. 安装 4. 探伤 5. 刷油漆
010606002	钢檩条	1. 钢材品种、规格 2. 型钢式、格构式 3. 单根质量 4. 安装高度 5. 油漆品种、刷漆遍数			
010606003	钢天窗架	1. 钢材品种、规格 2. 单榀质量 3. 安装高度 4. 探伤要求 5. 油漆品种、刷漆遍数			
010606004	钢挡风架	1. 钢材品种、规格 2. 单榀质量 3. 探伤要求 4. 油漆品种、刷漆遍数			
010606005	钢墙架				
010606006	钢平台	1. 钢材品种、规格 2. 油漆品种、刷漆遍数			
010606007	钢走道				
010606008	钢梯	1. 钢材品种、规格 2. 钢梯形式 3. 油漆品种、刷漆遍数			
010606009	钢栏杆	1. 钢材品种、规格 2. 油漆品种、刷漆遍数			
010606010	钢漏斗	1. 钢材品种、规格 2. 方形、圆形 3. 安装高度 4. 探伤要求 5. 油漆品种、刷漆遍数		按设计图示尺寸以质量计算。不扣除扎眼、切边、切肢的质量，焊条、铆钉、螺栓等不另增加质量。不规则或多边形钢板以其外接矩形面积乘以厚度乘以单位理论质量计算，依附漏斗的型钢并入漏斗工程量中	
010606011	钢支架	1. 钢材品种、规格 2. 单件质量 3. 油漆品种、刷漆遍数		按设计图示尺寸以质量计算。不扣除孔眼、切边、切肢的质量，焊条、铆钉、螺栓等不另增加质量。不规则或多边形钢板以其外接矩形面积乘以厚度乘以单位理论质量计算	
010606012	零星钢构件	1. 钢材品种、规格 2. 构件名称 3. 油漆品种、刷漆遍数			

A.6.7 金属网。工程量清单项目设置及工程量计算规则，应按表 A.6.7 的规定执行。

表 A.6.7

金属网（编码：010607）

项目编码	项目名称	项目特征	计量单位	工程量计算规则	工程内容
010607001	金属网	1. 材料品种、规格 2. 边框及立柱型钢品种、规格 3. 油漆品种、刷漆遍数	m^2	按设计图示尺寸以面积计算	1. 制作 2. 运输 3. 安装 4. 刷油漆

A.6.8 其他相关问题应按下列规定处理：

1 型钢混凝土柱、梁浇筑混凝土和压型钢板楼板上浇筑钢筋混凝土，混凝土和钢筋应按 A.4 中相关项目编码列项。

2 钢墙架项目包括墙架柱、墙架梁和连接杆件。

3 加工铁件等小型构件，应按 A.6.6 中零星钢构件项目编码列项。

A.7 屋面及防水工程

A.7.1 瓦、型材屋面。工程量清单项目设置及工程量计算规则，应按表 A.7.1 的规定执行。

表 A.7.1

瓦、型材屋面（编码：010701）

项目编码	项目名称	项目特征	计量单位	工程量计算规则	工程内容
010701001	瓦屋面	1. 瓦品种、规格、品牌、颜色 2. 防水材料种类 3. 基层材料种类 4. 楔条种类、截面 5. 防护材料种类	m^2	按设计图示尺寸以斜面积计算。不扣除房上烟囱、风帽底座、风道、小气窗、斜沟等所占面积，小气窗的出檐部分不增加面积	1. 檩条、椽子安装 2. 基层铺设 3. 铺防水层 4. 安顺水条和挂瓦条 5. 安瓦 6. 刷防护材料
010701002	型材屋面	1. 型材品种、规格、品牌、颜色 2. 骨架材料品种、规格 3. 接缝、嵌缝材料种类			1. 骨架制作、运输、安装 2. 屋面型材安装 3. 接缝、嵌缝
010701003	膜结构屋面	1. 膜布品种、规格、颜色 2. 支柱（网架）钢材品种、规格 3. 钢丝绳品种、规格 4. 油漆品种、刷漆遍数		按设计图示尺寸以需要覆盖的水平面积计算	1. 膜布热压胶接 2. 支柱（网架）制作、安装 3. 膜布安装 4. 穿钢丝绳、锚头锚固 5. 刷油漆

A. 7. 2 屋面防水。工程量清单项目设置及工程量计算规则，应按表A. 7. 2的规定执行。

屋面防水（编码：010702） 表 A. 7. 2

项目编码	项目名称	项目特征	计量单位	工程量计算规则	工程内容
010702001	屋面卷材防水	1. 卷材品种、规格 2. 防水层做法 3. 嵌缝材料种类 4. 防护材料种类		按设计图示尺寸以面积计算 1. 斜屋顶（不包括平屋顶找坡）按斜面积计算，平屋顶按水平投影面积计算 2. 不扣除房上烟囱、风帽底座、风道、屋面小气窗和斜沟所占面积 3. 屋面的女儿墙、伸缩缝和天窗等处的弯起部分，并入屋面工程量内	1. 基层处理 2. 抹找平层 3. 刷底油 4. 铺油毡卷材、接缝、嵌缝 5. 铺保护层
010702002	屋面涂膜防水	1. 防水膜品种 2. 涂膜厚度、遍数、增强材料种类 3. 嵌缝材料种类 4. 防护材料种类	m^2		1. 基层处理 2. 抹找平层 3. 涂防水膜 4. 铺保护层
010702003	屋面刚性防水	1. 防水层厚度 2. 嵌缝材料种类 3. 混凝土强度等级		按设计图示尺寸以面积计算。不扣除房上烟囱、风帽底座、风道等所占面积	1. 基层处理 2. 混凝土制作、运输、铺筑、养护
010702004	屋面排水管	1. 排水管品种、规格、品牌、颜色 2. 接缝、嵌缝材料种类 3. 油漆品种、刷漆遍数	m	按设计图示尺寸以长度计算。如设计未标注尺寸，以檐口至设计室外散水上表面垂直距离计算	1. 排水管及配件安装、固定 2. 雨水斗、雨水箅子安装 3. 接缝、嵌缝
010702005	屋面天沟沿沟	1. 材料品种 2. 砂浆配合比 3. 宽度、坡度 4. 接缝、嵌缝材料种类 5. 防护材料种类	m^2	按设计图示尺寸以面积计算。铁皮和卷材天沟按展开面积计算	1. 砂浆制作、运输 2. 砂浆找坡、养护 3. 天沟材料铺设 4. 天沟配件安装 5. 接缝、嵌缝 6. 刷防护材料

A.7.3 墙、地面防水、防潮。工程量清单项目设置及工程量计算规则，应按表 A.7.3 的规定执行。

墙、地面防水、防潮(编码:010703)　　表 A.7.3

项目编码	项目名称	项目特征	计量单位	工程量计算规则	工程内容
010703001	卷材防水	1. 卷材、涂膜品种 2. 涂膜厚度、遍数、增强材料种类 3. 防水部位 4. 防水做法 5. 接缝、嵌缝材料种类 6. 防护材料种类	m^2	按设计图示尺寸以面积计算 1. 地面防水：按主墙间净空面积计算，扣除凸出地面的构筑物、设备基础等所占面积，不扣除间壁墙及单个 0.3m^2 以内的柱、垛、烟囱和孔洞所占面积 2. 墙基防水：外墙按中心线，内墙按净长乘以宽度计算	1. 基层处理 2. 抹找平层 3. 刷黏结剂 4. 铺防水卷材 5. 铺保护层 6. 接缝、嵌缝
010703002	涂膜防水				1. 基层处理 2. 抹找平层 3. 刷基层处理剂 4. 铺涂膜防水层 5. 铺保护层
010703003	砂浆防水(潮)	1. 防水(潮)部位 2. 防水(潮)厚度、层数 3. 砂浆配合比 4. 外加剂材料种类			1. 基层处理 2. 挂钢丝网片 3. 设置分格缝 4. 砂浆制作、运输、摊铺、养护
010703004	变形缝	1. 变形缝部位 2. 嵌缝材料种类 3. 止水带材料种类 4. 盖板材料 5. 防护材料种类	m	按设计图示以长度计算	1. 清缝 2. 填塞防水材料 3. 止水带安装 4. 盖板制作 5. 刷防护材料

A.7.4 其他相关问题应按下列规定处理：

1　小青瓦、水泥平瓦、琉璃瓦等，应按 A.7.1 中瓦屋面项目编码列项。

2　压型钢板、阳光板、玻璃钢等，应按 A.7.1 中型材屋面编码列项。

A.8 防腐、隔热、保温工程

A.8.3 隔热、保温。工程量清单项目设置及工程量计算规则，应按表A.8.3的规定执行。

隔热、保温(编码:010803)　　表A.8.3

项目编码	项目名称	项目特征	计量单位	工程量计算规则	工程内容
010803001	保温隔热屋面	1.保温隔热部位 2.保温隔热方式(内保温、外保温、夹心保温) 3.踢脚线、勒脚线保温做法 4.保温隔热面层材料品种、规格、性能 5.保温隔热材料品种、规格 6.隔气层厚度 7.粘结材料种类 8.防护材料种类	m^2	按设计图示尺寸以面积计算。不扣除柱、垛所占面积	1.基层清理 2.铺粘保温层 3.刷防护材料
010803002	保温隔热天棚				
010803003	保温隔热墙			按设计图示尺寸以面积计算。扣除门窗洞口所占面积;门窗洞口侧壁需做保温时，并入保温墙体工程量内	1.基层清理 2.底层抹灰 3.粘贴龙骨 4.填贴保温材料 5.粘贴面层 6.嵌缝 7.刷防护材料
010803004	保温柱			按设计图示以保温层中心线展开长度乘以保温层高度计算	
010803005	隔热楼地面			按设计图示尺寸以面积计算。不扣除柱、垛所占面积	1.基层清理 2.铺设粘贴材料 3.铺贴保温层 4.刷防护材料

A.8.4 其他相关问题应按下列规定处理:

1 保温隔热墙的装饰面层，应按B.2中相关项目编码列项。

2 柱帽保温隔热应并入天棚保温隔热工程量内。

3 池槽保温隔热，池壁、池底应分别编码列项，池壁应并入墙面保温隔热工程量内，池底应并入地面保温隔热工程量内。

二、措 施 项 目

序号	项目名称
1.1	混凝土、钢筋混凝土模板及支架
1.2	脚手架
1.3	垂直运输机械

附录B　装饰装修工程工程量清单项目及计算规则(摘录)

一、实体项目

B.1　楼地面工程

B.1.1　整体面层。工程量清单项目设置及工程量计算规则,应按表B.1.1的规定执行。

整体面层(编码:020101)　表B.1.1

项目编码	项目名称	项目特征	计量单位	工程量计算规则	工程内容
020101001	水泥砂浆楼地面	1.垫层材料种类、厚度 2.找平层厚度、砂浆配合比 3.防水层厚度、材料种类 4.面层厚度、砂浆配合比	m^2	按设计图示尺寸以面积计算。扣除凸出地面构筑物、设备基础、室内铁道、地沟等所占面积,不扣除间壁墙和0.3m^2以内的柱、垛、附墙烟囱及孔洞所占面积。门洞、空圈、暖气包槽、壁龛的开口部分不增加面积	1.基层清理 2.垫层铺设 3.抹找平层 4.防水层铺设 5.抹面层 6.材料运输
020101002	现浇水磨石楼地面	1.垫层材料种类、厚度 2.找平层厚度、砂浆配合比 3.防水层厚度、材料种类 4.面层厚度、水泥石子浆配合比 5.嵌条材料种类、规格 6.石子种类、规格、颜色 7.颜料种类、颜色 8.图案要求 9.磨光、酸洗、打蜡要求			1.基层清理 2.垫层铺设 3.抹找平层 4.防水层铺设 5.面层铺设 6.嵌缝条安装 7.磨光、酸洗、打蜡 8.材料运输
020101003	细石混凝土地面	1.垫层材料种类、厚度 2.找平层厚度、砂浆配合比 3.防水层厚度、材料种类 4.面层厚度、混凝土强度等级			1.基层清理 2.垫层铺设 3.抹找平层 4.防水层铺设 5.面层铺设 6.材料运输

B.1.2 块料面层。工程量清单项目设置及工程量计算规则，应按表 B.1.2 的规定执行。

块料面层（编码：020102） 表 B.1.2

项目编码	项目名称	项目特征	计量单位	工程量计算规则	工程内容
020102001	石材楼地面	1.垫层材料种类、厚度 2.找平层厚度、砂浆配合比 3.防水层、材料种类 4.填充材料种类、厚度 5.结合层厚度、砂浆配合比 6.面层材料品种、规格、品牌、颜色 7.嵌缝材料种类 8.防护层材料种类 9.酸洗、打蜡要求	m^2	按设计图示尺寸以面积计算。扣除凸出地面构筑物、设备基础、室内铁道、地沟等所占面积，不扣除间壁墙和 0.3m^2 以内的柱、垛、附墙烟囱及孔洞所占面积。门洞、空圈、暖气包槽、壁龛的开口部分不增加面积	1.基层清理、铺设垫层、抹找平层 2.防水层铺设、填充层 3.面层铺设 4.嵌缝 5.刷防护材料 6.酸洗、打蜡 7.材料运输
020102002	块料楼地面				

B.1.3 橡塑面层。工程量清单项目设置及工程量计算规则，应按表 B.1.3 的规定执行。

橡塑面层（编码：020103） 表 B.1.3

项目编码	项目名称	项目特征	计量单位	工程量计算规则	工程内容
020103001	橡胶板楼地面	1.找平层厚度、砂浆配合比 2.填充材料种类、厚度 3.黏结层厚度、材料种类 4.面层材料品种、规格、品牌、颜色 5.压线条种类	m^2	按设计图示尺寸以面积计算。门洞、空圈、暖气包槽、壁龛的开口部分并入相应的工程量内	1.基层清理、抹找平层 2.铺设填充层 3.面层铺贴 4.压缝条装钉 5.材料运输
020103002	橡胶卷材楼地面				
020103003	塑料板楼地面				
020103004	塑料卷材楼地面				

B.1.5 踢脚线。工程量清单项目设置及工程量计算规则，应按表 B.1.5 的规定执行。

踢脚线（编码：020105） 表 B.1.5

项目编码	项目名称	项目特征	计量单位	工程量计算规则	工程内容
020105001	水泥砂浆踢脚线	1. 踢脚线高度 2. 底层厚度、砂浆配合比 3. 面层厚度、砂浆配合比	m²	按设计图示长度乘以高度以面积计算	1. 基层清理 2. 底层抹灰 3. 面层铺贴 4. 勾缝 5. 磨光、酸洗、打蜡 6. 刷防护材料 7. 材料运输
020105002	石材踢脚线	1. 踢脚线高度 2. 底层厚度、砂浆配合比 3. 粘贴层厚度、材料种类 4. 面层材料品种、规格、品牌、颜色 5. 勾缝材料种类 6. 防护材料种类			
020105003	块料踢脚线				
020105004	现浇水磨石踢脚线	1. 踢脚线高度 2. 底层厚度、砂浆配合比 3. 面层厚度、水泥石子浆配合比 4. 石子种类、规格、颜色 5. 颜料种类、颜色 6. 磨光、酸洗、打蜡要求			
020105005	塑料板踢脚线	1. 踢脚线高度 2. 底层厚度、砂浆配合比 3. 粘结层厚度、材料种类 4. 面层材料种类、规格、品牌、颜色			
020105006	木质踢脚线	1. 踢脚线高度 2. 底层厚度、砂浆配合比 3. 基层材料种类 4. 面层材料品种、规格、品牌、颜色 5. 防护材料种类 6. 油漆品种、刷漆遍数			1. 基层清理 2. 底层抹灰 3. 基层铺贴 4. 面层铺贴 5. 刷防护材料 6. 刷油漆 7. 材料运输
020105007	金属踢脚线				
020105008	防静电踢脚线				

B.1.6 楼梯装饰，工程量清单项目设置及工程量计算规则，应按表 B.1.6 的规定执行。

楼梯装饰（编码：020106）　　表 B.1.6

<table>
<tr><th>项目编码</th><th>项目名称</th><th>项目特征</th><th>计量单位</th><th>工程量计算规则</th><th>工程内容</th></tr>
<tr><td>020106001</td><td>石材楼梯面层</td><td rowspan="2">1. 找平层厚度、砂浆配合比
2. 黏结层厚度、材料种类
3. 面层材料品种、规格、品牌、颜色
4. 防滑条材料种类、规格
5. 勾缝材料种类
6. 防护层材料种类
7. 酸洗、打蜡要求</td><td rowspan="6">m²</td><td rowspan="6">按设计图示尺寸以楼梯（包括踏步、休息平台及500mm以内的楼梯井）水平投影面积计算。楼梯与楼地面相连时，算至梯口梁内侧边沿；无梯口梁者，算至最上一层踏步边沿加300mm</td><td rowspan="2">1. 基层清理
2. 抹找平层
3. 面层铺贴
4. 贴嵌防滑条
5. 勾缝
6. 刷防护材料
7. 酸洗、打蜡
8. 材料运输</td></tr>
<tr><td>020106002</td><td>块料楼梯面层</td></tr>
<tr><td>020106003</td><td>水泥砂浆楼梯面</td><td>1. 找平层厚度、砂浆配合比
2. 面层厚度、砂浆配合比
3. 防滑条材料种类、规格</td><td>1. 基层清理
2. 抹找平层
3. 抹面层
4. 抹防滑条
5. 材料运输</td></tr>
<tr><td>020106004</td><td>现浇水磨石楼梯面</td><td>1. 找平层厚度、砂浆配合比
2. 面层厚度、水泥石子浆配合比
3. 防滑条材料种类、规格
4. 石子种类、规格、颜色
5. 颜料种类、颜色
6. 磨光、酸洗、打蜡要求</td><td>1. 基层清理
2. 抹找平层
3. 抹面层
4. 贴嵌防滑条
5. 磨光、酸洗、打蜡
6. 材料运输</td></tr>
<tr><td>020106005</td><td>地毯楼梯面</td><td>1. 基层种类
2. 找平层厚度、砂浆配合比
3. 面层材料品种、规格、品牌、颜色
4. 防护材料种类
5. 黏结材料种类
6. 固定配件材料种类、规格</td><td>1. 基层清理
2. 抹找平层
3. 铺贴面层
4. 固定配件安装
5. 刷防护材料
6. 材料运输</td></tr>
<tr><td>020106006</td><td>木板楼梯面</td><td>1. 找平层厚度、砂浆配合比
2. 基层材料种类、规格
3. 面层材料品种、规格、品牌、颜色
4. 黏结材料种类
5. 防护材料种类
6. 油漆品种、刷漆遍数</td><td>1. 基层清理
2. 抹找平层
3. 基层铺贴
4. 面层铺贴
5. 刷防护材料、油漆
6. 材料运输</td></tr>
</table>

B.1.7 扶手、栏杆、栏板装饰。工程量清单项目设置及工程量计算规则，应按表B.1.7的规定执行。

扶手、栏杆、栏板装饰(编码:020107)　　表B.1.7

项目编码	项目名称	项目特征	计量单位	工程量计算规则	工程内容
020107001	金属扶手带栏杆、栏板	1. 扶手材料种类、规格、品牌、颜色 2. 栏杆材料种类、规格、品牌、颜色 3. 栏板材料种类、规格、品牌、颜色 4. 固定配件种类 5. 防护材料种类 6. 油漆品种、刷漆遍数	m	按设计图纸尺寸以扶手中心线长度(包括弯头长度)计算	1. 制作 2. 运输 3. 安装 4. 刷防护材料 5. 刷油漆
020107002	硬木扶手带栏杆、栏板				
020107003	塑料扶手带栏杆、栏板				
020107004	金属靠墙扶手	1. 扶手材料种类、规格、品牌、颜色 2. 固定配件种类 3. 防护材料种类 4. 油漆品种、刷漆遍数			
020107005	硬木靠墙扶手				
020107006	塑料靠墙扶手				

B.1.8 台阶装饰。工程量清单项目设置及工程量计算规则,应按表B.1.8的规定执行。

台阶装饰(编码:020108)　　表B.1.8

<table>
<tr><th>项目编码</th><th>项目名称</th><th>项目特征</th><th>计量单位</th><th>工程量计算规则</th><th>工程内容</th></tr>
<tr><td>020108001</td><td>石材台阶面</td><td rowspan="2">1.垫层材料种类、厚度
2.找平层厚度、砂浆配合比
3.黏结层材料种类
4.面层材料品种、规格、品牌、颜色
5.勾缝材料种类
6.防滑条材料种类、规格
7.防护材料种类</td><td rowspan="5">m²</td><td rowspan="5">按设计图示尺寸以台阶(包括最上层踏步边沿加300mm)水平投影面积计算</td><td rowspan="2">1.基层清理
2.铺设垫层
3.抹找平层
4.面层铺贴
5.贴嵌防滑条
6.勾缝
7.刷防护材料
8.材料运输</td></tr>
<tr><td>020108002</td><td>块料台阶面</td></tr>
<tr><td>020108003</td><td>水泥砂浆台阶面</td><td>1.垫层材料种类、厚度
2.找平层厚度、砂浆配合比
3.面层厚度、砂浆配合比
4.防滑条材料种类</td><td>1.清理基层
2.铺设垫层
3.抹找平层
4.抹面层
5.抹防滑条
6.材料运输</td></tr>
<tr><td>020108004</td><td>现浇水磨石台阶面</td><td>1.垫层材料种类、厚度
2.找平层厚度、砂浆配合比
3.面层厚度、水泥石子浆配合比
4.防滑条材料种类、规格
5.石子种类、规格、颜色
6.颜料种类、颜色
7.磨光、酸洗、打蜡要求</td><td>1.清理基层
2.铺设垫层
3.抹找平层
4.抹面层
5.贴嵌防滑条
6.打磨、酸洗、打蜡
7.材料运输</td></tr>
<tr><td>020108005</td><td>剁假石台阶面</td><td>1.垫层材料种类、厚度
2.找平层厚度、砂浆配合比
3.面层厚度、砂浆配合比
4.剁假石要求</td><td>1.清理基层
2.铺设垫层
3.抹找平层
4.抹面层
5.剁假石
6.材料运输</td></tr>
</table>

B.1.9 零星装饰项目。工程量清单项目设置及工程量计算规则，应按表B.1.9的规定执行。

零星装饰项目(编码:020109)　　表B.1.9

项目编码	项目名称	项目特征	计量单位	工程量计算规则	工程内容
020109001	石材零星项目	1. 工程部位 2. 找平层厚度、砂浆配合比 3. 贴结合层厚度、材料种类 4. 面层材料品种、规格、品牌、颜色 5. 勾缝材料种类 6. 防护材料种类 7. 酸洗、打蜡要求	m^2	按设计图示尺寸以面积计算	1. 清理基层 2. 抹找平层 3. 面层铺贴 4. 勾缝 5. 刷防护材料 6. 酸洗、打蜡 7. 材料运输
020109002	碎拼石材零星项目				
020109003	块料零星项目				
020109004	水泥砂浆零星项目	1. 工程部位 2. 找平层厚度、砂浆配合比 3. 面层厚度、砂浆厚度			1. 清理基层 2. 抹找平层 3. 抹面层 4. 材料运输

B.2 墙、柱面工程

B.2.1 墙面抹灰。工程量清单项目设置及工程量计算规则，应按表B.2.1的规定执行。

墙面抹灰(编码:020201) 表B.2.1

项目编码	项目名称	项目特征	计量单位	工程量计算规则	工程内容
020201001	墙面一般抹灰	1.墙体类型 2.底层厚度、砂浆配合比 3.面层厚度、砂浆配合比 4.装饰面材料种类 5.分格缝宽度、材料种类	m^2	按设计图示尺寸以面积计算。扣除墙裙、门窗洞口及单个面积0.3m^2以外的孔洞面积，不扣除踢脚线、挂镜线和墙与构件交接处的面积，门窗洞口和孔洞的侧壁及顶面不增加面积。附墙柱、梁、垛、烟囱侧壁并入相应的墙面面积内 1.外墙抹灰面积按外墙垂直投影面积计算 2.外墙裙抹灰面积按其长度乘以高度计算 3.内墙抹灰面积按主墙间的净长乘以高度计算 (1)无墙裙的，高度按室内楼地面至天棚底面计算 (2)有墙裙的，高度按墙裙顶至天棚底面计算 4.内墙裙抹灰面按内墙净长乘以高度计算	1.基层清理 2.砂浆制作、运输 3.底层抹灰 4.抹面层 5.抹装饰面 6.勾分格缝
020201002	墙面装饰抹灰				
020201003	墙面勾缝	1.墙体类型 2.勾缝类型 3.勾缝材料种类			1.基层清理 2.砂浆制作、运输 3.勾缝

B. 2. 2 柱面抹灰。工程量清单项目设置及工程量计算规则，应按表 B. 2. 2 的规定执行。

柱面抹灰（编码：020202）　　表 B. 2. 2

项目编码	项目名称	项目特征	计量单位	工程量计算规则	工程内容
020202001	柱面一般抹灰	1. 柱体类型 2. 底层厚度、砂浆配合比 3. 面层厚度、砂浆配合比 4. 装饰面材料种类 5. 分格缝宽度、材料种类	m^2	按设计图示柱断面周长乘以高度以面积计算	1. 基层清理 2. 砂浆制作、运输 3. 底层抹灰 4. 抹面层 5. 抹装饰面 6. 勾分格缝
020202002	柱面装饰抹灰				
020202003	柱面勾缝	1. 墙体类型 2. 勾缝类型 3. 勾缝材料种类			1. 基层清理 2. 砂浆制作、运输 3. 勾缝

B. 2. 3 零星抹灰。工程量清单项目设置及工程量计算规则，应按表 B. 2. 3 的规定执行。

零星抹灰（编码：020203）　　表 B. 2. 3

项目编码	项目名称	项目特征	计量单位	工程量计算规则	工程内容
020203001	零星项目一般抹灰	1. 墙体类型 2. 底层厚度、砂浆配合比 3. 面层厚度、砂浆配合比 4. 装饰面材料种类 5. 分格缝宽度、材料种类	m^2	按设计图示尺寸以面积计算	1. 基层清理 2. 砂浆制作、运输 3. 底层抹灰 4. 抹面层 5. 抹装饰面 6. 勾分格缝
020203002	零星项目装饰抹灰				

B. 2. 5 柱面镶贴块料。工程量清单项目设置及工程量计算规则，应按表 B. 2. 5 的规定执行。

柱面镶贴块料(编码:020205)　　表 B.2.5

项目编码	项目名称	项目特征	计量单位	工程量计算规则	工程内容
020205001	石材柱面	1.柱体材料 2.柱截面类型、尺寸 3.底层厚度、砂浆配合比 4.粘结层厚度、材料种类 5.挂贴方式 6.干贴方式 7.面层材料品种、规格、品牌、颜色 8.缝宽、嵌缝材料种类 9.防护材料种类 10.磨光、酸洗、打蜡要求	m^2	按设计图示尺寸以镶贴表面积计算	1.基层清理 2.砂浆制作、运输 3.底层抹灰 4.结合层铺贴 5.面层铺贴 6.面层挂贴 7.面层于挂 8.嵌缝 9.刷防护材料 10.磨光、酸洗、打蜡
020205002	拼碎石材柱面				
020205003	块料柱面				
020205004	石材梁面	1.底层厚度、砂浆配合比 2.黏结层厚度、材料种类 3.面层材料品种、规格、品牌、颜色 4.缝宽、嵌缝材料种类 5.防护材料种类 6.磨光、酸洗、打蜡要求			1.基层清理 2.砂浆制作、运输 3.底层抹灰 4.结合层铺贴 5.面层铺贴 6.面层挂贴 7.嵌缝 8.刷防护材料 9.磨光、酸洗、打蜡
020205005	块料梁面				

B.2.8 柱(梁)饰面。工程量清单项目设置及工程量计算规则,应按表B.2.8的规定执行。

柱(梁)饰面(编码:020208) 表B.2.8

项目编码	项目名称	项目特征	计量单位	工程量计算规则	工程内容
020208001	柱(梁)面装饰	1.柱(梁)体类型 2.底层厚度、砂浆配合比 3.龙骨材料种类、规格、中距 4.隔离层材料种类 5.基层材料种类、规格 6.面层材料品种、规格、品种、颜色 7.压条材料种类、规格 8.防护材料种类 9.油漆品种、刷漆遍数	m^2	按设计图示饰面外围尺寸以面积计算。柱帽、柱墩并入相应柱饰面工程量内	1.清理基层 2.砂浆制作、运输 3.底层抹灰 4.龙骨制作、运输、安装 5.钉隔离层 6.基层铺钉 7.面层铺贴 8.刷防护材料、油漆

B.2.11 其他相关问题应按下列规定处理:

1 石灰砂浆、水泥砂浆、水泥混合砂浆、聚合物水泥砂浆、麻刀石灰、纸筋石灰、石膏灰等的抹灰应按B.2.1中一般抹灰项目编码列项;水刷石、斩假石(剁斧石、剁假石)、干粘石、假面砖等的抹灰应按B.2.1中装饰抹灰项目编码列项。

2 0.5m^2以内少量分散的抹灰和镶贴块料面层,应按B.2.1和B.2.6中相关项目编码列项。

B.3 天 棚 工 程

B.3.1 天棚抹灰。工程量清单项目设置及工程量计算规则,应按表B.3.1的规定执行。

天棚抹灰(编码:020301) 表B.3.1

项目编码	项目名称	项目特征	计量单位	工程量计算规则	工程内容
020301001	天棚抹灰	1.基层类型 2.抹灰厚度、材料种类 3.装饰线条道数 4.砂浆配合比	m^2	按设计图示尺寸以水平投影面积计算。不扣除间壁墙、垛、柱、附墙烟囱、检查口和管道所占的面积,带梁天棚、梁两侧抹灰面积并入天棚面积内,板式楼梯底面抹灰按斜面积计算,锯齿形楼梯底板抹灰按展开面积计算	1.基层清理 2.底层抹灰 3.抹面层 4.抹装饰线条

B.3.2 天棚吊顶。工程量清单项目设置及工程量计算规则，应按表B.3.2的规定执行。

天棚吊顶（编码：020302）　　表B.3.2

项目编码	项目名称	项目特征	计量单位	工程量计算规则	工程内容
020302001	天棚吊顶	1. 吊顶形式 2. 龙骨类型、材料种类、规格、中距 3. 基层材料种类、规格 4. 面层材料品种、规格、品牌、颜色 5. 压条材料种类、规格 6. 嵌缝材料种类 7. 防护材料种类 8. 油漆品种、刷漆遍数	m^2	按设计图示尺寸以水平投影面积计算。天棚面中的灯槽及跌级、锯齿形、吊挂式、藻井式天棚面积不展开计算。不扣除间壁墙、检查口、附墙烟囱、柱垛和管道所占面积，扣除单个面积0.3m^2以外的孔洞、独立柱及与天棚相连的窗帘盒所占的面积	1. 基层清理 2. 龙骨安装 3. 基层板铺贴 4. 面层铺贴 5. 嵌缝 6. 刷防护材料、油漆

B.4 门窗工程

B.4.1 木门。工程量清单项目设置及工程量计算规则，应按表B.4.1的规定执行。

木门（编码：020401）　　表B.4.1

项目编码	项目名称	项目特征	计量单位	工程量计算规则	工程内容
020401001	镶板木门	1. 门类型 2. 框截面尺寸、单扇面积 3. 骨架材料种类 4. 面层材料品种、规格、品牌、颜色 5. 玻璃品种、厚度、五金材料、品种、规格 6. 防护层材料种类 7. 油漆品种、刷漆遍数	樘/m^2	按设计图示数量或设计图示洞口尺寸以面积计算	1. 门制作、运输、安装 2. 五金、玻璃安装 3. 刷防护材料、油漆
020401002	企口木板门				
020401003	实木装饰门				
020401004	胶合板门				
020401005	夹板装饰门	1. 门类型 2. 框截面尺寸、单扇面积 3. 骨架材料种类 4. 防火材料种类 5. 门纱材料品种、规格 6. 面层材料品种、规格、品牌、颜色 7. 玻璃品种、厚度、五金材料、品种、规格 8. 防护材料种类 9. 油漆品种、刷漆遍数按设计图示数量计算			
020401006	木质防火门				
020401007	木纱门				

续上表

项目编码	项目名称	项目特征	计量单位	工程量计算规则	工程内容
020401008	连窗门	1.门窗类型 2.框截面尺寸、单扇面积 3.骨架材料种类 4.面层材料品种、规格、品牌、颜色 5.玻璃品种、厚度、五金材料、品种、规格 6.防护材料种类 7.油漆品种、刷漆遍数	樘/m^2	按设计图示数量或设计图示洞口尺寸以面积计算	1.门制作、运输、安装 2.五金、玻璃安装 3.刷防护材料、油漆

B.4.2 金属门。工程量清单项目设置及工程量计算规则，应按表B.4.2的规定执行。

金属门(编码:020402)　　表B.4.2

项目编码	项目名称	项目特征	计量单位	工程量计算规则	工程内容
020402001	金属平开门	1.门类型 2.框材质、外围尺寸 3.扇材质、外围尺寸 4.玻璃品种、厚度、五金材料、品种、规格 5.防护材料种类 6.油漆品种、刷漆遍数	樘/m^2	按设计图示数量或设计图示洞口尺寸以面积计算	1.门制作、运输、安装 2.五金、玻璃安装 3.刷防护材料、油漆
020402002	金属推拉门				
020402003	金属地弹门				
020402004	彩板门				
020402005	塑钢门				
020402006	防盗门				
020402007	钢质防火门				

B.4.5 木窗。工程量清单项目设置及工程量计算规则，应按表B.4.5的规定执行。

其他门（编码：020405） 表B.4.5

项目编码	项目名称	项目特征	计量单位	工程量计算规则	工程内容
020405001	木质平开窗	1.窗类型 2.框材质、外围尺寸 3.扇材质、外围尺寸 4.玻璃品种、厚度、五金材料、品种、规格 5.防护材料种类 6.油漆品种、刷漆遍数	樘/m^2	按设计图示数量或设计图示洞口尺寸以面积计算	1.窗制作、运输、安装 2.五金、玻璃安装 3.刷防护材料、油漆
020405002	木质推拉窗				
020405003	矩形木百叶窗				
020405004	异形木百叶窗				
020405005	木组合窗				
020405006	木天窗				
020405007	矩形木固定窗				
020405008	异形木固定窗				
020405009	装饰空花木窗				

B.4.6 金属窗。工程量清单项目设置及工程量计算规则，应按表B.4.6的规定执行。

金属窗（编码：020406） 表B.4.6

项目编码	项目名称	项目特征	计量单位	工程量计算规则	工程内容
020406001	金属推拉窗	1.窗类型 2.框材质、外围尺寸 3.扇材质、外围尺寸 4.玻璃品种、厚度、五金材料、品种、规格 5.防护材料种类 6.油漆品种、刷漆遍数	樘/m^2	按设计图示数量或设计图示洞口尺寸以面积计算	1.窗制作、运输、安装 2.五金、玻璃安装 3.刷防护材料、油漆
020406002	金属平开窗				
020406003	金属固定窗				
020406004	金属百叶窗				
020406005	金属组合窗				
020406006	彩板窗				
020406007	塑钢窗				
020406008	金属防盗窗				
020406009	金属格栅窗				
020406010	特殊五金	1.五金名称、用途 2.五金材料、品种、规格	个/套	按设计图示数量计算	1.五金安装 2.刷防护材料、油漆

B.4.7 门窗套。工程量清单项目设置及工程量计算规则,应按表 B.4.7 的规定执行。

其他门(编码:020407) 表 B.4.7

项目编码	项目名称	项目特征	计量单位	工程量计算规则	工程内容
020407001	木门窗套	1. 底层厚度、砂浆配合比 2. 立筋材料种类、规格 3. 基层材料种类 4. 面层材料品种、规格、品种、品牌、颜色 5. 防护材料种类 6. 油漆品种、刷油遍数	m^2	按设计图示尺寸以展开面积计算	1. 清理基层 2. 底层抹灰 3. 立筋制作、安装 4. 基层板安装 5. 面层铺贴 6. 刷防护材料、油漆
020407002	金属门窗套				
020407003	石材门窗套				
020407004	门窗木贴脸				
020407005	硬木筒子板				
020407006	饰面夹板筒子板				

B.4.8 窗帘盒、窗帘轨。工程量清单项目设置及工程量计算规则,应按表 B.4.8 的规定执行。

窗帘盒、窗帘轨(编码:020408) 表 B.4.8

项目编码	项目名称	项目特征	计量单位	工程量计算规则	工程内容
020408001	木窗帘盒	1. 窗帘盒材质、规格、颜色 2. 窗帘轨材质、规格 3. 防护材料种类 4. 油漆种类、刷漆遍数	m	按设计图示尺寸以长度计算	1. 制作、运输、安装 2. 刷防护材料、油漆
020408002	饰面夹板、塑料窗帘盒				
020408003	铝合金属窗帘盒				
020408004	窗帘轨				

B.4.9 窗台板。工程量清单项目设置及工程量计算规则,应按表 B.4.9 的规定执行。

窗台板(编码:020409)　　表 B.4.9

项目编码	项目名称	项目特征	计量单位	工程量计算规则	工程内容
020409001	木窗台板	1.找平层厚度、砂浆配合比 2.窗台板材质、规格、颜色 3.防护材料种类 4.油漆种类、刷漆遍数	m	按设计图示尺寸以长度计算	1.基层清理 2.抹找平层 3.窗台板制作、安装 4.刷防护材料、油漆
020409002	铝塑窗台板				
020409003	石材窗台板				
020409004	金属窗台板				

B.4.10 其他相关问题应按下列规定处理：

1 玻璃、百叶面积占其门扇面积一半以内者应为半玻门或半百叶门，超过一半时应为全玻门或全百叶门。

2 木门五金应包括：折页、插销、风钩、弓背拉手、搭扣、木螺丝、弹簧折页(自动门)、管子拉手(自由门、地弹门)、地弹簧(地弹门)、角铁、门轧头(地弹门、自由门)等。

3 木窗五金应包括：折页、插销、风钩、木螺丝、滑轮滑轨(推拉窗)等。

4 铝合金窗五金应包括：卡锁、滑轮、铰拉、执手、拉把、拉手、风撑、角码、牛角制等。

5 铝合门五金应包括：地弹簧、门锁、拉手、门插、门铰、螺丝等。

6 其他门五金应包括L型执手插锁(双舌)、球形执手锁(单舌)、门轧头、地锁、防盗门扣、门眼(猫眼)、门碰珠、电子销(磁卡销)、闭门器、装饰拉手等。

B.5 油漆、涂料、裱糊工程

B.5.1 门油漆。工程量清单项目设置及工程量计算规则，应按表B.5.1的规定执行。

门油漆(编码:020501)　　表 B.5.1

项目编码	项目名称	项目特征	计量单位	工程量计算规则	工程内容
020501001	门油漆	1.门类型 2.腻子种类 3.刮腻子要求 4.防护材料种类 5.油漆品种、刷漆遍数	樘/m^2	按设计图示数量或设计图示单面洞口面积计算	1.基层清理 2.刮腻子 3.刷防护材料、油漆

B.5.2 窗油漆。工程量清单项目设置及工程量计算规则，应按表 B.5.2 的规定执行。

窗油漆(编码：020502)　　表 B.5.2

项目编码	项目名称	项目特征	计量单位	工程量计算规则	工程内容
020502001	窗油漆	1. 窗类型 2. 腻子种类 3. 刮腻子要求 4. 防护材料种类 5. 油漆品种、刷漆遍数	樘/m^2	按设计图示数量或设计图示单面洞口面积计算	1. 基层清理 2. 刮腻子 3. 刷防护材料、油漆

B.5.3 木扶手及其他板条线条油漆。工程量清单项目设置及工程量计算规则，应按表 B.5.3 的规定执行。

木扶手及其他板条线条油漆(编码：020503)　　表 B.5.3

项目编码	项目名称	项目特征	计量单位	工程量计算规则	工程内容
020503001	木扶手油漆	1. 腻子种类 2. 刮腻子要求 3. 油漆体单位展开面积 4. 油漆体长度 5. 防护材料种类 6. 油漆品种、刷漆遍数	m	按设计图示尺寸以长度计算	1. 基层清理 2. 刮腻子 3. 刷防护材料、油漆
020503002	窗帘盒油漆				
020503003	封檐板、顺水板油漆				
020503004	挂衣板、黑板框油漆				
020503005	挂镜线、窗帘棍、单独木线油漆				

B.5.4 木材面油漆。工程量清单项目设置及工程量计算规则，应按表 B.5.4的规定执行。

木材面油漆(编码:020504)　　　　表 B.5.4

项目编码	项目名称	项目特征	计量单位	工程量计算规则	工程内容
020504001	木板、纤维板、胶合板油漆	1.腻子种类 2.刮腻子要求 3.防护材料种类 4.油漆品种、刷漆遍数	m^2	按设计图示尺寸以面积计算	1.基层清理 2.刮腻子 3.刷防护材料、油漆
020504002	木护墙、木墙裙油漆				
020504003	窗台板、筒子板、盖板、门窗套、踢脚线油漆				
020504004	清水板条天棚、檐口油漆				
020504005	木方格吊顶天棚油漆				
020504006	吸音板墙面、天棚面油漆				
020504007	暖气罩油漆				
020504008	木间壁、木隔断油漆			按设计图示尺寸以单面外围面积计算	
020504009	玻璃间壁露明墙筋油漆				
020504010	木栅栏、木栏杆(带扶手)油漆				
020504011	衣柜、壁柜油漆			按设计图示尺寸以油漆部分展开面积计算	
020504012	梁柱饰面油漆				
020504013	零星木装修油漆				
020504014	木地板油漆			按设计图示尺寸以面积计算。空洞、空圈、暖气包槽、壁龛的开口部分并入相应的工程量内	
020504015	木地板烫硬蜡面	1.硬蜡品种 2.面层处理要求			1.基层清理 2.烫蜡

B.5.5 金属面油漆。工程量清单项目设置及工程量计算规则，应按表B.5.5的规定执行。

金属面油漆(编码:020505) 表B.5.5

项目编码	项目名称	项目特征	计量单位	工程量计算规则	工程内容
020505001	金属面油漆	1.腻子种类 2.刮腻子要求 3.防护材料种类 4.油漆品种、刷漆遍数	t	按设计图示尺寸以质量计算	1.基层清理 2.刮腻子 3.刷防护材料、油漆

B.5.6 抹灰面油漆。工程量清单项目设置及工程量计算规则，应按表B.5.6的规定执行。

抹灰面油漆(编码:020506) 表B.5.6

项目编码	项目名称	项目特征	计量单位	工程量计算规则	工程内容
020506001	抹灰面油漆	1.基层类型 2.线条宽度、道数 3.腻子种类 4.刮腻子要求 5.防护材料种类 6.油漆品种、刷漆遍数	m^2	按设计图示尺寸以面积计算	1.基层清理 2.刮腻子 3.刷防护材料、油漆
020506002	抹灰线条油漆		m	按设计图示尺寸以长度计算	

B.5.7 喷塑、涂料。工程量清单项目设置及工程量计算规则，应按表B.5.7的规定执行。

喷刷、涂料(编码:020507) 表B.5.7

项目编码	项目名称	项目特征	计量单位	工程量计算规则	工程内容
020507001	刷喷涂料	1.基层类型 2.腻子种类 3.刮腻子要求 4.涂料品种、刷喷遍数	m^2	按设计图示尺寸以面积计算	1.基层清理 2.刮腻子 3.刷、喷涂料

B.5.8 花饰、线条刷涂料。工程量清单项目设置及工程量计算规则，应按表B.5.8的规定执行。

花饰、线条刷涂料(编码:020508)　　表 B.5.8

项目编码	项目名称	项目特征	计量单位	工程量计算规则	工程内容
020508001	空花格、栏杆刷涂料	1.腻子种类 2.线条宽度 3.刮腻子要求 4.涂料品种、刷喷遍数	m^2	按设计图示尺寸以单面外围面积计算	1.基层清理 2.刮腻子 3.刷、喷涂料
020508002	线条刷涂料		m	按设计图示尺寸以长度计算	

B.5.9 裱糊。工程量清单项目设置及工程量计算规则,应按表 B.5.9 的规定执行。

裱糊(编码:020509)　　表 B.5.9

项目编码	项目名称	项目特征	计量单位	工程量计算规则	工程内容
020509001	墙纸裱糊	1.基层类型 2.裱糊构件部位 3.腻子种类 4.刮腻子要求 5.黏结材料种类 6.防护材料种类 7.面层材料品种、规格、品牌、颜色	m^2	按设计图示尺寸以面积计算	1.基层清理 2.刮腻子 3.面层铺粘 4.刷防护材料
020509002	织锦缎裱糊				

B.5.10 其他相关问题应按下列规定处理:

1　门油漆应区分单层木门、双层(一玻一纱)木门、双层(单裁口)木门、全玻自由门、半玻自由门、装饰门及有框门或无框门等,分别编码列项。

2　窗油漆应区分单层玻璃窗、双层(一玻一纱)木窗、双层框扇(单裁口)木窗、双层框三层(二玻一纱)木窗、单层组合窗、双层组合窗、木百叶窗、木推拉窗等,分别编码列项。

3　木扶手应区分带托板与不带托板,分别编码列项。

B.6.4 压条、装饰线。工程量清单项目设置及工程量计算规则,应按表 B.6.4的规定执行。

压条、装饰线（编码：020604）　　表 B.6.4

项目编码	项目名称	项目特征	计量单位	工程量计算规则	工程内容
020604001	金属装饰线	1.基层类型 2.线条材料品种、规格、颜色 3.防护材料种类 4.油漆品种、刷漆遍数	m	按设计图示尺寸以长度计算	1.线条制作、安装 2.刷防护材料、油漆
020604002	木质装饰线				
020604003	石材装饰线				
020604004	石膏装饰线				
020604005	镜面玻璃线				
020604006	铝塑装饰线				
020604007	塑料装饰线				

二、措 施 项 目

序　　号	项 目 名 称
1	脚手架
2	垂直运输机械
3	室内空气污染测试

参考文献

[1] GB 50500—2008 建设工程工程量清单计价规范.北京:中国计划出版社,2008.

[2] 袁建新,迟晓明.建筑工程预算.北京:中国建筑工业出版社,2005.

[3] 袁建新.工程量清单计价.北京:中国建筑工业出版社,2004.